同济大学“十四五”重点规划教材
同济大学工程力学系列教材
同济大学本科教材出版基金资助

理论力学

（第4版）

同济大学航空航天与力学学院
基础力学教学研究部　编

·上海·

内容提要

本书按照理论力学课程基本内容编写，保持了同济大学航空航天与力学学院基础力学教学研究部2018年《理论力学（第3版）》的风格，增加了章节的知识点、重点、难点和章节小结，部分重点、难点内容的微课以及课程思政“济事小课堂”等数字资源，形成了一本立体化的新形态教材。

本书以土木、桥梁、汽车、机械等领域为工程背景，注重物理概念的阐述和力学建模能力的培养，通过对课程内容与体系的整合与提升，努力做到理论与应用并重。配置的例题与练习题具有工程与生活实际背景，使学生通过学习能够熟练掌握基本理论和方法，提升分析和解决问题的能力。

本书主要用作普通工科院校土建、桥梁、机械、汽车以及力学等专业的教材，也可供有关工程技术人员参考。书中的数字资源均可通过扫描二维码进行学习。

图书在版编目(CIP)数据

理论力学/同济大学航空航天与力学学院基础力学教学研究部编. —4版. —上海：同济大学出版社，2024.5

ISBN 978-7-5765-1001-0

Ⅰ. ①理… Ⅱ. ①同… Ⅲ. ①理论力学 Ⅳ. ①O31

中国国家版本馆CIP数据核字(2024)第058611号

同济大学“十四五”重点规划教材
同济大学工程力学系列教材

理论力学(第4版)

同济大学航空航天与力学学院基础力学教学研究部　编

责任编辑　胡晗欣　　责任校对　徐逢乔　　封面设计　潘向蓁

出版发行　同济大学出版社　　www.tongjipress.com.cn
（地址：上海市四平路1239号　邮编：200092　电话：021-65985622）
经　　销　全国各地新华书店
印　　刷　常熟市华顺印刷有限公司
开　　本　710mm×1000mm　1/16
印　　张　28.25
字　　数　586000
版　　次　2024年5月第4版
印　　次　2024年5月第1次印刷
书　　号　ISBN 978-7-5765-1001-0

定　　价　86.00元

前　言

《理论力学(第4版)》以教育部高等学校力学教学指导委员会(以下简称“教指委”)力学基础课程分委员会制定的“理论力学课程基本要求(A类)”中的内容为依据,结合使用本教材十多年的教师和学生的反馈意见,在前3版的基础上进行修改和完善,同时嵌入数字资源,是一本新形态教材。第4版教材保留了前3版教材的起点高、内容广、简明扼要等特色,并在以下几方面作了修改和补充。

(1) 保留了前3版教材中概念准确和推导严谨的特点,对教材中不恰当之处进行了修正,删除了质点动力学和动力学三定理中与大学物理重复的部分内容。

(2) 结合教指委理论力学课程基本要求(A类),补充了刚体平面运动求解任意点速度和加速度的解析法,第一类拉格朗日方程。

(3) 在教材中嵌入数字资源,将各章主要知识点、重点、难点、章节小结以及部分重点、难点内容的微课,采用二维码形式植入教材中。读者可以通过扫描书中二维码使用数字资源。

(4) 针对新时期的育人需求,添加“济事小课堂”栏目,涵盖经典力学发展史、科学思维以及国家重大工程中的力学问题等内容。读者可通过扫描书中二维码阅读并拓展相关数字资源。

参与本次教材修订的是同济大学航空航天与力学学院基础力学教学研究部经验丰富的理论力学授课教师。其中第1—4章由汤可可修订,第5—8章由蒋丰修订,第9—13章、附录B由温建明修订,第14—17章由方明霞修订,“济事小课堂”由汤可可编写,全书由王华宁统稿。

由于编者和修订者水平有限,书中难免有不妥之处,敬请读者批评指正。

编　者

2024年1月

第 3 版　前言

为使理论力学教材内容安排更加合理，修订教材中出现的各种错误，特对《理论力学（第 2 版）》教材进行局部的重新编写和全部内容的修订。具体修订说明如下：

（1）对第 2 版教材第 1—4 章内容重新整合和编写。

（2）将力的基本概念、基本公理、力的投影、力矩和力偶整合为第 1 章，着重介绍力的基本概念和基本计算。

（3）将力系的简化、重心、约束与约束力、物体的受力分析整合为第 2 章，先介绍力系简化和结果，再介绍约束力简化和物体受力分析，从力系简化的角度解释约束力的简化。

（4）将力系的平衡整合为第 3 章，首先导出空间任意力系的平衡方程，然后作为特例给出其他特殊力系的平衡方程。

（5）将第 1 章和第 2 章内容独立于静力学篇之外，作为课程的基础内容。

（6）在点的合成运动中修订了速度与加速度合成定理的推导。

（7）在达朗贝尔原理中给出质点系向任一动点进行惯性力系的简化过程和结果。

（8）修改第 2 版全书中的错误与不合适论述。

其中第 1 章由孙杰编写，第 2 章由蒋丰编写，第 3 章由温建明编写，第 4—8 章由王华宁修订，第 9—12 章由汤可可修订，第 13—16 章由方明霞修订，全书由王华宁统稿。

由于编者和修订者的水平有限，书中难免还有不妥之处，恳请读者批评指正。

编　者

2018 年 3 月

第2版 前言

按照教育部力学基础课程教学指导委员会最新制定的“理论力学课程教学基本要求(A类)”,本书的第1版内容基本能覆盖A类要求中主要的知识点。

本次改版除保留了图书原有特点外,在着重引导读者学习力学原理的同时,还加强了对读者分析问题能力的培养。基于此目的,本书作了以下六个方面的重点修改:

1. 将自由度与广义坐标的概念移到运动学部分(见9.4节)。自由度与广义坐标的概念是运动学的基本概念,是描述物体位形空间的独立变量。所有动力学问题的独立未知量一般是运动学独立未知量和未知力(约束力)的总和。因此,将自由度与广义坐标移至运动学部分,使对动力学的问题分析都可以明确其中的运动学独立变量,从而在全局上把握对所研究问题的分析。

2. 在动量定理章节中,调整动量定理与质心运动定理的次序,突出动量定理。

3. 在动量矩定理章节中,在推出质点系对任意点动量矩的计算公式后,讨论运动刚体对任意点的动量矩计算,并指明从动力学角度能将空间问题化为平面问题的条件。

4. 在动能定理中,将弹簧力、万有引力这样的“成对力”(对系统而言是内力),归到质点系内力功中去,使读者了解内力做功的条件,这样有利于读者对理想约束的约束力不做功的理解。同时,通过对刚体上外力功的推导,得到力矩功的表达式,避免了力矩做功只能从定轴转动刚体推出的情况。这样不但使力学模型更加一般化,而且有助于进一步开拓读者的思维。

5. 在碰撞章节中,为了避免与大学物理的简单重复,本书特别注意到,在一般的工程问题中,主要研究的对象不是质点,也很少有两个自由物体的对心碰撞,所以,在碰撞这一章中着重研究受约束物体的偏心碰撞。

6. 本书配置了光盘。光盘中每章设有“内容提要”“基本要求”“典型例题”和“补充习题”,起到归纳、提示和拓展的作用。特别是典型例题,依照《理论力学练习册》(修订版)的题型来配置,方便学生对照学习和完成作业。光盘中内容第1—5章,第10—13章,由温建明老师负责制作;第6—9章,第14—18章由王斌耀老师负责制作。

此外,在所有的例题中,将题图与分析图分开,明确受力分析、运动分析不是题给条件,而是读者自己要学习、掌握的内容。另外,还统一了重力的符号并对第1版的错误作了修正。

在本教材第2版的修改工作中，温建明老师负责修改第10—13章，王斌耀老师负责修改第14章，并对全书进行统稿。

在教材编写和修改过程中得到了各方面的鼓励和支持，在此表示深深的谢意。

由于编者水平有限，若有不妥之处，敬请读者批评指正。

编　者

2012年6月

第1版　前言

本书是近年来同济大学理论力学教学实践的总结。同济大学原理论力学教研室编写的1990年版《理论力学》教材凝聚了众多老教师历年来的教学经验和成果，一直受到广大师生和兄弟院校同行的好评，被许多学校的土建、交通、桥梁、水利、机械等专业所选用。为此，本书作者力求保持同济大学理论力学教材的基本体系和风格，并考虑到近年来课时有所减少的事实，对1990年版《理论力学》内容和习题作了部分调整，并删除了多年来在教学中长期不选用的部分内容后正式出版。

本教材适宜教学时数为70～90学时。

作者根据多年来在理论力学教学中积累的经验，并注意汲取各类教材的精华，特别注意汲取欧美同类教材的优点，编写了这部既能融合我国传统教材理论性强、内容系统和全面等特色，又能融合欧美教材起点高、内容广、简明扼要等特点的新型教材，以适应现代教学改革的要求。

本书注意汲取德国同类教材的优点，并结合我国高等教育的实际情况，在以下几方面作了探索性的改革。

1. 提高起点。考虑到现今高中教学中已经引入了许多现代数学知识，并经过高等数学的学习，学生对矢量知识已有相当基础，作者努力将矢量方法运用于公式推导和定理证明中。特别在动量矩定理中动矩心等公式的推导，运用了矢量方法，证明过程简捷，与原教材相比有较大的变化。

2. 对静力学部分的内容作了较大幅度的整合和调整。尽管还是把汇交力系、力矩和力偶理论、任意力系分为3章，但空间任意力系不再单独成为一章，而桁架、摩擦和悬索作为静力学的应用问题放在一章里。公式推导都是从空间问题出发，将平面问题作为空间力系的特例来处理，但解题重点仍放在平面力系上，这样就收到删减重复内容、减少公式推导、减少教学时数、减少教材篇幅的效果。

3. 本书注重以工程实际为背景，加深物理概念的阐述和强调对学生工程建模能力的培养。

4. 本书继承了理论力学课程理论严谨、逻辑性强的特点，同时附有大量的例题和习题供教师选用和学生练习。

5. 本书注意加强与相关课程的融合和贯通，增加了工程构件的概念，力求使质点、质点系、刚体物理概念的叙述更加完整。

本书由周松鹤编写第1—5章，第10—14章；由王斌耀编写第6—9章，第15—18章及附录。

冯国屏教授认真、细致地审阅了全书，并在本书编写的整个过程中提出了许多宝贵意见和建议，在此表示衷心的感谢。

本书得到了同济大学出版社的大力支持，在编写过程中，还得到了唐寿高教授、徐鉴教授以及基础力学教学研究部各位同仁的热情帮助和支持，在此一并致谢。

由于本书在诸多方面作了改革和探索，同时限于编者的水平，如书中有不妥之处，敬请广大读者批评指正。

编　者

2004 年 6 月

目　　录

第 1 篇　静力学

第2篇　运动学

第3篇　动力学

0 绪 论

0.1 理论力学的研究内容

理论力学作为高等工科院校的专业基础课程，是一门研究物体机械运动一般规律的学科。"机械运动"是指物体在空间的位置随时间的变化，它是物质运动最简单、最基本的形式。平衡（例如物体相对于地球处于静止的状态）是机械运动的特殊情况。

理论力学研究的内容是运动速度远小于光速的宏观物体的机械运动。它以伽利略和牛顿总结的基本定律为基础，属于经典力学的范畴。经典力学的规律不适用于运动速度接近光速的宏观物体的运动，也不适用于微观粒子的运动（前者可用相对论力学来研究，而后者可用量子力学来研究），这说明经典力学有其局限性。但是，在一般工程技术问题中所研究的物体，都是运动速度远小于光速的宏观物体，用经典力学来解决问题，不仅方便，而且能够保证足够的精确性。因此，经典力学至今仍有很大的实用意义。目前，经典力学的分支，如分析力学、振动理论、运动稳定性、多刚体动力学等正在迅速发展。

理论力学起源于物理学的一个分支，它的内容密切联系工程实际和应用。它不仅建立了与力学有关的各种基本概念和理论，而且要求学生能够运用理论知识对从实际问题中抽象出来的力学模型进行分析和计算。

研究物体机械运动的普遍规律有两种基本方法，从而形成理论力学的两大体系：一是用矢量的方法研究物体机械运动的普遍规律，称为矢量力学；二是用数学分析的方法进行研究形成的力学体系，称为分析力学。本书在以矢量研究方法为主的基础上，也对分析力学基础有着系统的介绍。

0.2 学习理论力学的任务

与其他科学领域一样，对力学基本规律的研究源于对实际现象的观察和归纳。在生产活动中，人类很早就开始积累经验并逐渐形成初步的力学知识。理论力学是一门理论性很强的技术基础课。在日常生活和工程技术实践中，广泛存在着机械运动，学习理论力学，掌握机械运动的客观规律，就能够理解机械运动现象，从而把这些力学基本规律应用到生产实践中去，为祖国建设服务。

土木、水利、机械的许多工程实际问题，都可以直接应用理论力学的基本理论去解决，如土木和水利工程中的平衡问题、传动机械的运动分析、机器和机械设计中的振动问题等。至于一些比较复杂的工程实际问题，则需要用书中的理论和其他专业的知识共同解决。许多尖端科学技术问题，如人造地球卫星和载人航天器的发射及运行等，更包含了许多动力学问题。理论力学的知识是研究和解决这些复杂问题的不可缺少的基础。

理论力学研究力学中最普遍、最基本的规律，是学习一系列后继课程的基础。很多工程类其他专业的课程，如材料力学、结构力学、流体力学、振动理论、机械原理等课程，都是理论力学的后继课程，需要用到理论力学的知识。

0.3 理论力学的研究方法

进行现场观察和实验是认识力学规律的重要实践性环节。将实践过程中所得结果，利用抽象化的方法，加以分析、归纳、综合，可得到一些最普遍的公理或定律，再通过严格的数学推演，可得到运用于工程的力学公式。学习理论力学，并不要求去重复经历力学的发展过程，而是要深刻理解工程力学中已被实践证明是正确的基本概念和基本定律，这些是力学知识的基础，由基本概念和基本定律导出的理论力学定理和公式，必须熟练地掌握。演算一定数量的习题，把学到的理论知识不断地运用到实践中去，是巩固和加深理解所学知识的重要途径。

自然界与各种工程中涉及机械运动的物体有时是很复杂的，理论力学研究其机械运动时，必须忽略一些次要因素的影响，对其进行合理的简化，抽象出研究模型。研究不同的问题，采用不同的力学模型，是研究工程力学问题的重要方法。

由于计算机技术的飞速发展和广泛应用，除传统的力学研究方法（理论方法和实验方法）外，一种新的研究方法，即计算机分析方法应运而生。对于一些较为复杂的力学问题，人们可以借助计算机推导那些难以导出的公式，利用计算机整理数据、绘制实验曲线、显示图形等。力学＋计算机已成为工程新设计的主要手段。

0.4 理论力学在工科各专业中的地位和作用

“理论力学”是工科类各专业的重要技术基础课，对建筑工程、桥梁、航天、机械、汽车等专业尤为重要，它为建筑和各类机械的设计、专业设备及机器的机械运动分析和强度计算提供必要的理论基础。理论力学中讲述的基础理论和基本知识，在基础课与专业课之间起着桥梁作用。

理论力学的理论既抽象而又紧密结合实际，研究的问题涉及面广，系统性、逻辑性强。

理论力学的主要内容由静力学、运动学和动力学三部分组成。静力学研究物体在力系作用下的平衡规律。运动学从几何学的观点研究物体的运动。动力学则研究物体的运动与作用于物体上的力之间的关系。静力学中所讨论的静止和平衡是运动的一种特殊形态，可认为是动力学的一种特殊情况。不过由于工程技术发展的需要，静力学已积累了丰富的内容而成为一个相对独立的部分。

1 基本概念与基本原理

本章所述的基本概念、基本原理以及一些基本运算是理论力学课程的基础。

1.1 基本概念

1.1.1 力的概念

力是物体间的相互机械作用。力的作用有两种效应：使物体产生运动状态变化和形状变化，分别称为运动效应和变形效应。在理论力学中只讨论力的运动效应，力的变形效应将在材料力学中讨论。

应当指出，既然力是物体间的相互作用，那么力就不能脱离物体而存在。有一个力，就必然有一个施力体和一个受力体，离开了物体间的相互作用是不能进行受力分析的。

力对物体作用的效应取决于力的三要素：力的大小、方向和作用点。所以力是矢量，应符合矢量运算法则。力的方向是指力在空间中的方位和指向。力的作用点是指力在物体上的作用位置。力矢量 $\boldsymbol{F}$ 可以用带箭矢的线段 $\overrightarrow{AB}$ 表示，过力的作用点沿力的矢量方向画出的直线（图 1-1 中的 KL），称为力的作用线。

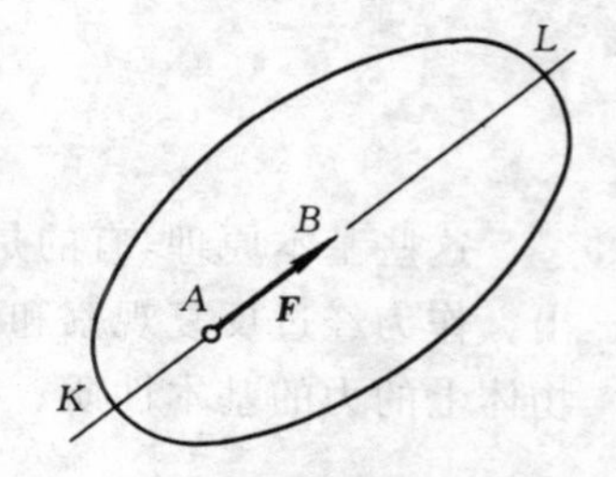

图 1-1 力的作用线

度量力的大小通常采用国际单位制（SI），力的单位是牛顿（N）或千牛顿（kN）。定义使 1 kg 质量的物体产生 1 m/s^2 加速度的力为 1 N。

力作用的理想化情况可视为集中力或分布力。当力的作用面积小到可以不计其大小时，就抽象为一个点，这个点就是力的作用点，而这种作用于一点的力称为集中力；当作用力分布在有限范围（面积上或体积内）内时，称为分布力。分布力的分布规律一般比较复杂，也需要简化。实际上，集中力是分布力的理想化模型。

1.1.2 力学模型

一般来讲，工程实际中所研究的物体受力分析有时是相当复杂的。为了便于进行力学分析和计算，我们常根据所研究问题的不同，找到研究对象的某些共性和影响研究结果的某些主要因素，而将某些次要因素忽略不计，从而把复杂的工程实际问题简化为合理的力学模型，这一过程称为“建模”。然后，再在该数学力学模型基础上进行求解。建模并不是一项很容易的工作，往往需要进行多次反复和改进才能完成。力学模型的合理性直接决定计算结果的正确与否。建模能力只有在不断实践的过程中才能得到提高。这里仅介绍在工程力学中常见的质点、刚体和质点系三种简单的理想模型。

(1) 质点。当物体的大小和形状对于所讨论的问题无关紧要时，可以忽略不计，而只需计其质量，因此可将该物体视为只有质量而不计大小的点，这个点称为质点。

(2) 刚体。在任何外力作用下都不变形的物体称为刚体。对所讨论的问题而言，刚体的大小和形状是不能忽略的，而仅仅是忽略了它的变形。自然界中绝对不变形的物体实际上是不存在的，刚体只是被理想化了的力学模型。这样的力学模型只考虑了物体的运动效应，而不考虑物体的变形效应，既简化了计算过程，又符合工程精度的要求。

(3) 质点系。它是相互间有一定联系的有限或无限多个质点的总称，有时也称为机械系统。刚体可视为由无限多个质点组成的不变形的质点系。由若干个刚体组成的系统称为刚体系统，也称为物体系统。

上述几种力学模型，只要不考虑变形，在研究它们的平衡或运动时，并不特指某些具体物体，即既不考虑其材质，也不考虑其在工程中的实际用途，而只是客观存在的实际物体的科学抽象。

1.2 基本原理

这些基本原理，有的是牛顿运动定律本身的内容，有的则可由牛顿运动定律导出。作为经过反复观察和实践总结出来的客观规律，这些原理正确地反映了作用于物体上的力的基本性质。在这里，我们不加证明地讲述这几个原理。

1.2.1 二力平衡原理

同一刚体上只有两个力作用时，使刚体平衡的必要和充分条件是：这两个力等值、反向、共线。

例如，在图 1-2 中，若各物体均在力 $\boldsymbol{F}_1$ 及 $\boldsymbol{F}_2$ 的作用下保持平衡，则此两力必等值、反向，并沿着其作用点 A，B 的连线，作用在同一物体上；否则，该物体就不能保持平衡。

在机械及土建结构中，常有仅在两端各受一力作用而平衡的直杆或构件。通常称为二力杆（图 1-2a)，b)）或二力构件（图 1-2c)）。

二力平衡原理是论证刚体平衡条件的基础。二力平衡原理对于刚体是必要和充分的，但对于变形体是不充分的。

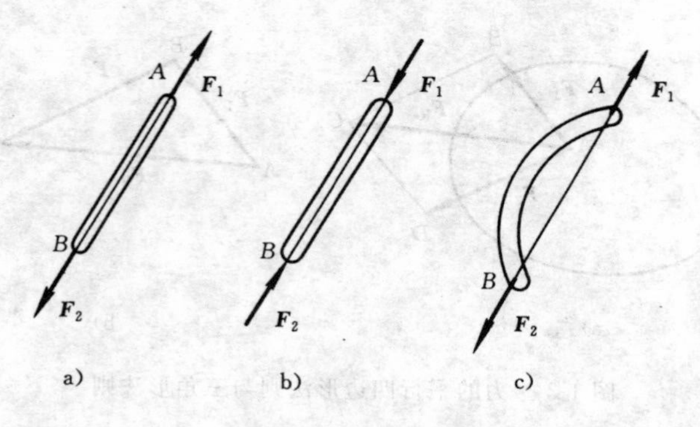

图 1-2　二力平衡

1.2.2　加减平衡力系原理

在作用于刚体上的任一力系中，加上或减去一个平衡力系，所得新力系与原力系对刚体的运动效应相同。

这个原理不适用于变形体。

应用加减平衡力系原理可以得出一个重要推论：作用于刚体的力可沿其作用线移动而不改变其对刚体的运动效应。例如，为使小车运动，在车后点 A 处用力 $\boldsymbol{F}$ 推车与在车前点 B 处用同样的力 $\boldsymbol{F}$ 拉车，可达到一样的效果。力的这一性质称为力的可传性原理。当然，力的可传性只适用于刚体。

因为力对于刚体具有可传性，所以力矢 $\boldsymbol{F}$ 相对于刚体是滑移矢量。这样，对于刚体，力的三要素又可表述为：力的大小、方向和作用线。

1.2.3　力的平行四边形法则

作用于物体上同一点的两个力可以合成为作用于该点的一个合力，合力的大小和方向由以这两个力矢量为邻边所构成的平行四边形的对角线表示。这一矢量和的运算法则称为力的平行四边形法则，如图 1-3a）所示。以矢量方程表示为

$$\boldsymbol{F}_R = \boldsymbol{F}_1 + \boldsymbol{F}_2 \tag{1-1}$$

有时，我们也用三角形法则求合力的大小和方向：首先作矢量 $\overrightarrow{AB}$ 代表分力 $\boldsymbol{F}_1$，再从 $\boldsymbol{F}_1$ 的终点 B 作矢量 $\overrightarrow{BC}$ 代表分力 $\boldsymbol{F}_2$，最后从点 A 指向终点 C 的矢量 $\overrightarrow{AC}$ 就代表了合力 $\boldsymbol{F}_R$，如图 1-3b）所示。

三角形法则与分力的次序无关，即也可先作 $\boldsymbol{F}_2$，再从 $\boldsymbol{F}_2$ 的终点作 $\boldsymbol{F}_1$，所得合力相同。但应注意，力三角形只表明力的大小和方向，并不表示力的作用点或作用线。

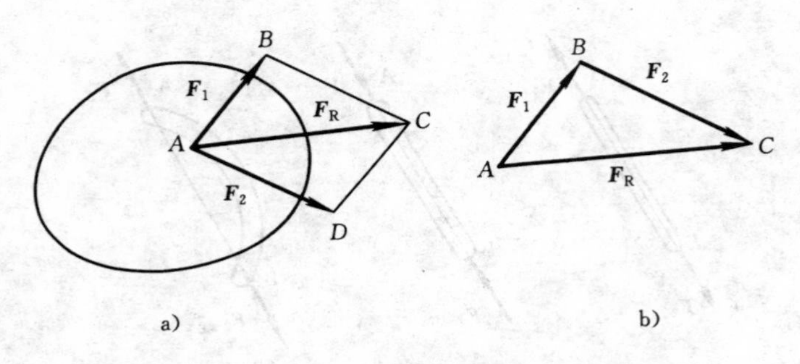

图 1-3　力的平行四边形法则与三角形法则

1.2.4　作用与反作用定律

两物体间相互作用的一对力，总是等值、反向、共线，但分别作用在这两个物体上。

这就是牛顿第三定律。力学中一切相互作用的现象，无论是静止的还是运动着的，这一定律都普遍适用。作用力与反作用力是成对出现的，二者总是同时存在，又同时消失。

应该注意的是，不能把该定律与二力平衡原理相混淆：二力平衡原理的两个力是作用在同一刚体上；而作用力与反作用力是分别作用在两个相互作用的物体上。因此，作用力与反作用力不是一对平衡力。

1.2.5　刚化原理

当变形体在已知力系作用下处于平衡时，若将此变形体刚化为刚体，其平衡状态不变。

此原理表明，对已知处于平衡状态的变形体，可以应用刚体静力学的平衡条件。这样，我们就能把刚体的平衡条件应用到变形体的平衡问题中去，从而扩大了刚体静力学的应用范围。

必须指出，刚体静力学中得到的平衡条件，对于刚体而言是充分和必要的；对于变形体而言，只是必要的而不一定是充分的，它还需要满足由变形体的物理性质所决定的其他附加条件。例如，对一根质量忽略不计的绳索来说，二力平衡条件只是必要条件，而不是充分条件，即除此之外，需要一个附加条件：此二力必须是拉力，而不能是压力。

1.3　力的分解与力的投影

力的分解与力的投影是两个不同的概念。一个力可分解成两个或两个以上的分力，力沿坐标轴分解的分力是矢量，因此，力的分解应满足矢量运算法则；而力在坐标轴上的投影，是该力的起点与终点分别向该坐标轴作垂线而截得的线段。它们在概念上的区别，在非正交坐标轴情况下最易说明。

显然，图1-4a）中分力$\boldsymbol{F}_1$，$\boldsymbol{F}_2$的大小，并不等于图1-4b）中投影OA，OB的大小。唯有当力沿正交坐标轴分解和投影时，其分力与投影的值才会相等。

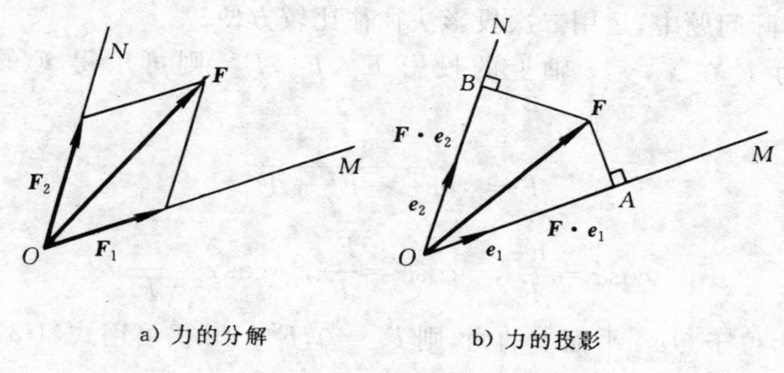

图1-4　力的分解与投影

最常见的是将一个力分解为沿直角坐标轴x，y，z的分力，如图1-5所示。根据矢量运算法则，力$\boldsymbol{F}$的矢量分解公式为

$$\boldsymbol{F}=F_x\boldsymbol{i}+F_y\boldsymbol{j}+F_z\boldsymbol{k} \tag{1-2}$$

式中，$\boldsymbol{i}$，$\boldsymbol{j}$，$\boldsymbol{k}$是沿直角坐标轴正向的单位矢量；F_x，F_y，F_z分别是力$\boldsymbol{F}$在x，y，z轴上的投影。可见，力的分解是矢量，而力的投影则是标量。

$$F_x=F\cos\alpha,\quad F_y=F\cos\beta,\quad F_z=F\cos\gamma \tag{1-3}$$

如图1-5所示，图中α，β，γ分别为力$\boldsymbol{F}$与x，y，z轴正向的夹角。α，β，γ可以是锐角，也可以是钝角，由夹角的余弦即知力的投影的正负号。

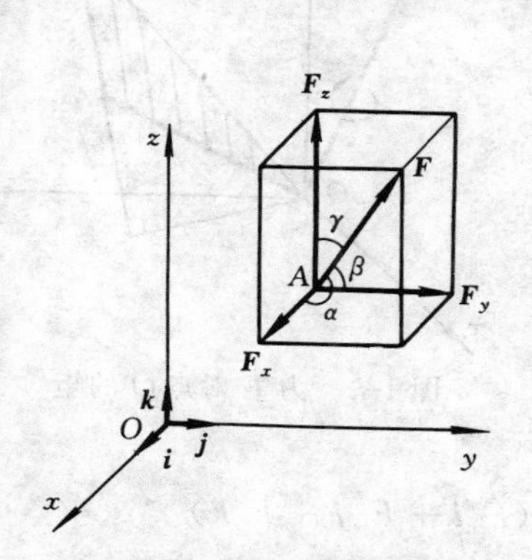

图1-5　力沿直角坐标轴的分解

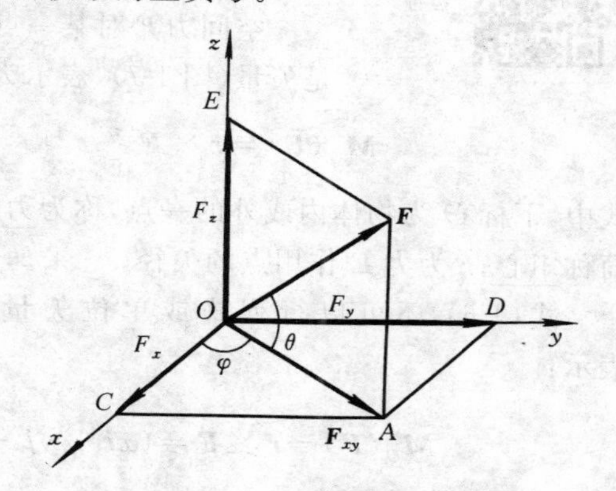

图1-6　二次投影法

当力与三个坐标轴的夹角不易直接确定时，常用二次投影法求该力在坐标轴上的投影（图1-6）。先将力$\boldsymbol{F}$投影到z轴上和Oxy平面上（要注意的是，空间力$\boldsymbol{F}$在Oxy平面上的投影$\boldsymbol{F}_{xy}$仍是矢量），再将$\boldsymbol{F}_{xy}$投影到x，y轴上。于是得到力$\boldsymbol{F}$在三个

坐标轴上的投影为

$$\left.\begin{aligned}F_x &= F\cos\theta\cos\varphi \\ F_y &= F\cos\theta\sin\varphi \\ F_z &= F\sin\theta\end{aligned}\right\} \tag{1-4}$$

在许多实际问题中，运用二次投影法往往比较方便。

若已知力 $\boldsymbol{F}$ 在 x,y,z 轴上的投影 F_x,F_y,F_z，则可求得 $\boldsymbol{F}$ 的大小及方向余弦：

$$F = \sqrt{F_x^2 + F_y^2 + F_z^2}$$

$$\cos\alpha = \frac{F_x}{F}, \quad \cos\beta = \frac{F_y}{F}, \quad \cos\gamma = \frac{F_z}{F} \tag{1-5}$$

如果 $\boldsymbol{F}$ 为位于 Oxy 平面上的力，则 $F_z=0$，F_x,F_y 仍可用式(1-3)或式(1-4)的前两项求得(此时 $\cos\theta=1$)。

1.4 力矩理论

对于一般情况，作用在物体上质心以外点的力将使物体产生移动，同时也能使物体产生相对于质心的转动。力对物体的转动效应用力矩来度量：力对某点的矩是力使物体绕该点转动效应的度量，而力对某轴的矩是力使物体绕该轴转动效应的度量。

1.4.1 力对点的矩

空间力 $\boldsymbol{F}$ 对某一点 O 的矩是矢量(图 1-7)，表示为

$$\boldsymbol{M}_O(\boldsymbol{F}) = \boldsymbol{r} \times \boldsymbol{F} \tag{1-6}$$

式中，下标 O 为物体内或外的一点，称为力矩中心，简称矩心；$\boldsymbol{r}$ 为力 $\boldsymbol{F}$ 作用点的矢径。

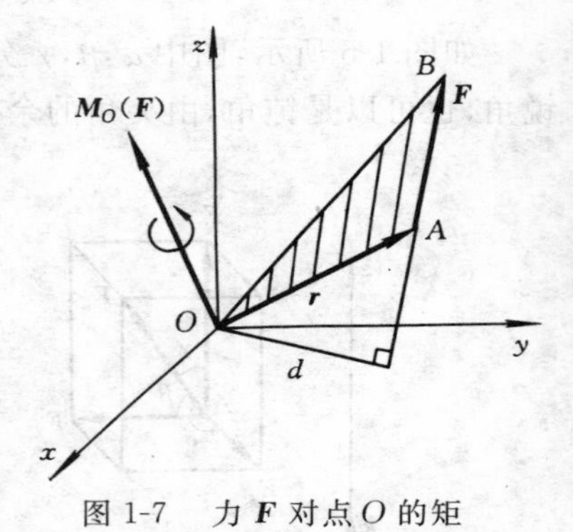

图 1-7　力 $\boldsymbol{F}$ 对点 O 的矩

式(1-6)还可以行列式或单位矢量的形式表示：

$$\boldsymbol{M}_O(\boldsymbol{F}) = \boldsymbol{r} \times \boldsymbol{F} = (x\boldsymbol{i} + y\boldsymbol{j} + z\boldsymbol{k}) \times (F_x\boldsymbol{i} + F_y\boldsymbol{j} + F_z\boldsymbol{k})$$

$$= \begin{vmatrix} \boldsymbol{i} & \boldsymbol{j} & \boldsymbol{k} \\ x & y & z \\ F_x & F_y & F_z \end{vmatrix}$$

$$= (yF_z - zF_y)\boldsymbol{i} + (zF_x - xF_z)\boldsymbol{j} + (xF_y - yF_x)\boldsymbol{k} \tag{1-7}$$

力矩的矢量表达式包含了力 $\boldsymbol{F}$ 对点 O 的矩的全部要素：

（1）大小 $|\boldsymbol{M}_O(\boldsymbol{F})| = F \cdot d = 2A_{\triangle OAB}$；

（2）方向按右手法则（$\boldsymbol{r} \times \boldsymbol{F}$）确定；

（3）作用在点 O。

由此可知，同一力 $\boldsymbol{F}$ 对不同点的矩，一般是不同的，即力矩矢 $\boldsymbol{M}_O(\boldsymbol{F})$ 与矩心的位置有关。因此，力矩矢是定位矢，其矢端只能画在矩心点 O 处。

此外，对于刚体力是滑移矢量，当力 $\boldsymbol{F}$ 沿其作用线移动时，其大小、方向及由点 O 到力作用线的距离都不变，力 $\boldsymbol{F}$ 与矩心 O 构成的力矩平面方位也不变，因而上述力矩矢的三要素均没有发生变化。

若力位于 Oxy 平面上，则力的作用点坐标 $z=0$，任一力在 z 轴上的投影 $F_z=0$，于是式(1-7)为只与 $\boldsymbol{k}$ 相关的一项，即

$$\boldsymbol{M}_O(\boldsymbol{F}) = \begin{vmatrix} x & y \\ F_x & F_y \end{vmatrix} \boldsymbol{k} = (xF_y - yF_x)\boldsymbol{k} \tag{1-8}$$

1.4.2 力对轴的矩

由实践知，只有作用于门上点 A 的力 $\boldsymbol{F}$ 在垂直于 z 轴的 P 平面上的分力 $\boldsymbol{F}_{xy}$ 才能使门转动（图 1-8a)），而与 z 轴平行的分力 $\boldsymbol{F}_z$ 对门无转动效应。因此，力对轴的矩定义为：力 $\boldsymbol{F}$ 对 z 轴的矩等于该力在垂直于 z 轴的平面上的投影对 z 轴与此平面交点的矩。即 $M_z(\boldsymbol{F}) = M_z(\boldsymbol{F}_{xy}) = \pm F_{xy}d = \pm 2A_{\triangle OAB}$，$z$ 轴也称为矩轴。

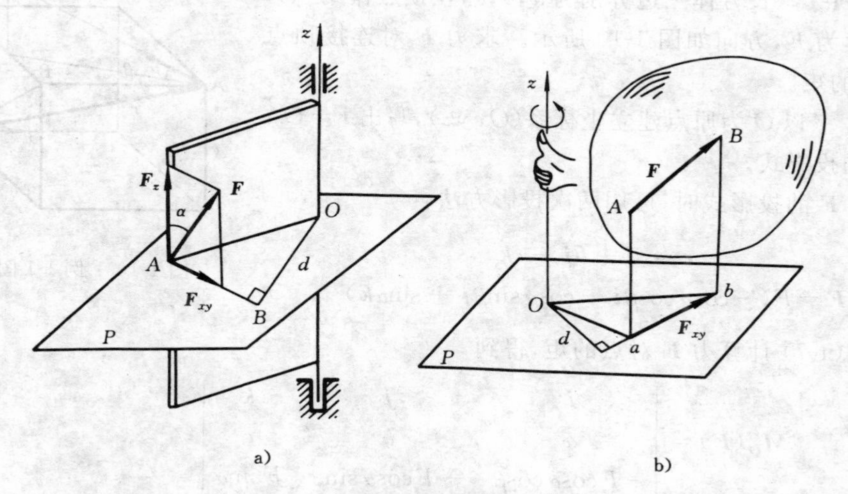

图 1-8　力对轴的矩

其正负号依右手法则：以右手四指握起的方向表示力 $\boldsymbol{F}$ 使物体绕 z 轴转动的方向，若拇指指向与 z 轴正向一致则为正，反之为负（图 1-8b)）。

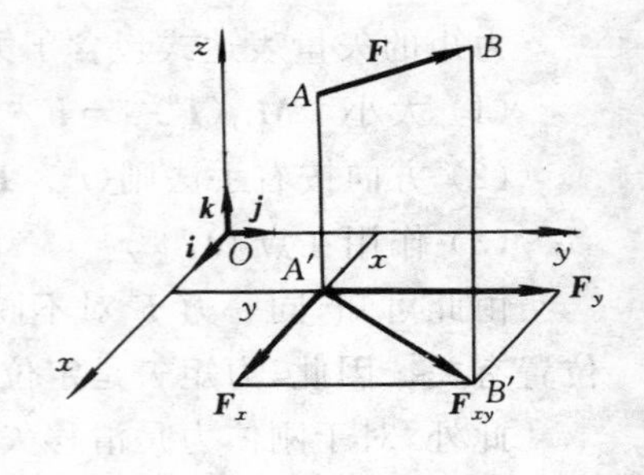

图 1-9　力对 z 轴的矩

由定义知，在下面两种情况下，力对某轴的矩等于零：① 力与矩轴平行；② 力与矩轴相交。这两种情况又可概括为一个条件：力与矩轴在同一平面内。

在许多问题中，常利用力在直角坐标轴上的投影及其作用点的坐标来计算力对某轴的矩。

如图 1-9 所示，力 $\boldsymbol{F}$ 对 z 轴的矩可表示为

$$M_z(\boldsymbol{F}) = M_z(\boldsymbol{F}_{xy}) = M_O(\boldsymbol{F}_{xy}) = xF_y - yF_x$$

用相似方法可求得力 $\boldsymbol{F}$ 对 x，y 轴的矩，即

$$M_x(\boldsymbol{F}) = yF_z - zF_y,\quad M_y(\boldsymbol{F}) = zF_x - xF_z,\ M_z(\boldsymbol{F}) = xF_y - yF_x \tag{1-9}$$

1.4.3　力对点的矩与力对轴的矩的关系 —— 力矩关系定理

比较式(1-7)与式(1-9)，可见式(1-7)中各单位矢量前面的系数分别等于力 $\boldsymbol{F}$ 对 x，y，z 轴的矩。这就表示：一个力对一点的矩在经过该点的任一轴上的投影等于该力对该轴的矩。即

$$\boldsymbol{M}_O(\boldsymbol{F})\cdot\boldsymbol{i} = M_x(\boldsymbol{F}),\quad \boldsymbol{M}_O(\boldsymbol{F})\cdot\boldsymbol{j} = M_y(\boldsymbol{F}),\quad \boldsymbol{M}_O(\boldsymbol{F})\cdot\boldsymbol{k} = M_z(\boldsymbol{F}) \tag{1-10}$$

这一结论可推广到力 $\boldsymbol{F}$ 对任一轴的矩。若选该轴为 z 轴，则可表示为

$$M_z(\boldsymbol{F}) = M_{Oz}(\boldsymbol{F}) = (\boldsymbol{r}\times\boldsymbol{F})\cdot\boldsymbol{k} \tag{1-11}$$

例 1-1　长方体三边分别为 a，b，c，在顶点作用一力 $\boldsymbol{F}$，其模为 F，方向如图 1-10 所示。求力 $\boldsymbol{F}$ 对连接顶点 $\overrightarrow{OB}$ 轴的矩。

图 1-10　例 1-1 图

解　以 O 为原点建立坐标系($Oxyz$)，写出 $\boldsymbol{r} = \overrightarrow{OA}$ 和 $\boldsymbol{F}$ 的投影式。

写 $\boldsymbol{F}$ 的投影式时，可用两次投影方法：

$$\boldsymbol{r} = a\boldsymbol{i} + b\boldsymbol{j} + c\boldsymbol{k}$$

$$\boldsymbol{F} = F(-\cos\alpha\cos\beta\boldsymbol{i} - \cos\alpha\sin\beta\boldsymbol{j} + \sin\alpha\boldsymbol{k})$$

代入式(1-7)计算力 $\boldsymbol{F}$ 对点的矩，得到

$$\begin{aligned}\boldsymbol{M}_O(\boldsymbol{F}) &= \begin{vmatrix} \boldsymbol{i} & \boldsymbol{j} & \boldsymbol{k} \\ a & b & c \\ -F\cos\alpha\cos\beta & -F\cos\alpha\sin\beta & F\sin\alpha \end{vmatrix} \\ &= F[(b\sin\alpha + c\cos\alpha\sin\beta)\boldsymbol{i} - (a\sin\alpha + c\cos\alpha\cos\beta)\boldsymbol{j} + \\ &\quad (-a\cos\alpha\sin\beta + b\cos\alpha\cos\beta)\boldsymbol{k}]\end{aligned}$$

设 $\boldsymbol{e}$ 为轴 $\overrightarrow{OB}$ 的基矢量，即

$$e=\frac{\overrightarrow{OB}}{|\overrightarrow{OB}|}=\frac{bj+ck}{\sqrt{b^2+c^2}}$$

则有 $M_{OB}(F)=M_O(F)\cdot e=-\frac{Fa(b\sin\alpha+c\cos\alpha\sin\beta)}{\sqrt{b^2+c^2}}$。

1.5 力偶的概念

1.5.1 力偶与力偶矩

大小相等、方向相反、作用线相互平行的两个力所组成的力系称为力偶(图 1-11)。其二力构成的平面称为力偶作用面。二力作用线之间的距离 d 称为力偶臂。

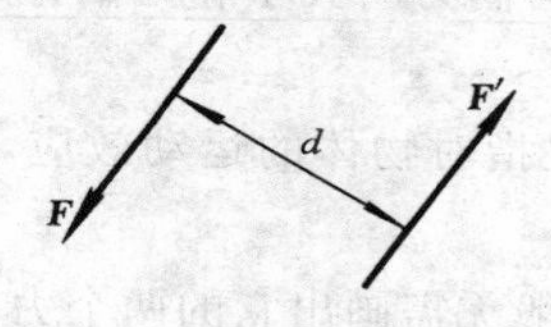

图 1-11　力偶

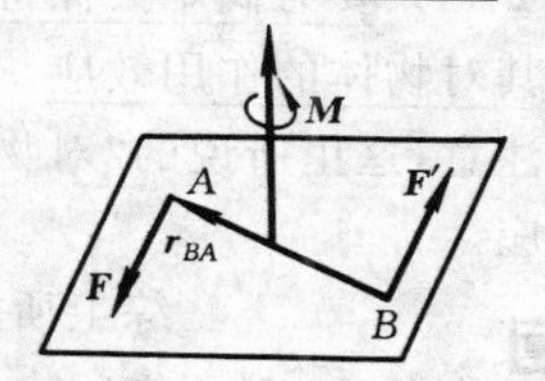

图 1-12　力偶矩矢量

力偶只使刚体产生转动效应。力偶对刚体的作用完全取决于力偶矩矢量(图 1-12),力偶矩矢量表示为

$$M=r_{BA}\times F \tag{1-12}$$

力偶矩矢量的三个要素为:

(1) 力偶矩 M 的大小等于力偶的力与力偶臂的乘积,$M=Fd$;

(2) 其方位垂直于力偶所在的平面;

(3) 力偶矩矢量 M 的指向符合右手螺旋法则。

力偶矩的单位与力矩单位相同。

力偶具有一些独特的性质:

性质 1　力偶没有合力

由力偶的定义可知,组成力偶的两个力矢量之和等于零。这表明不可能将组成力偶的两个力 F 和 F' 合成为一个合力,即力偶不能用一个力等效,因而也不能与一个力平衡。

这一性质表明,力和力偶是两个非零的最简单力系,不能进一步简化。

性质 2　力偶对空间任意点的矩都等于其本身的力偶矩矢(图 1-13)

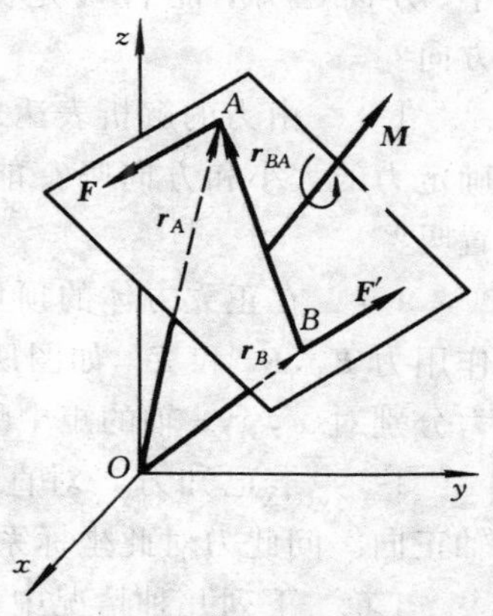

图 1-13　力偶对空间任意点的矩

$$M_O=M_O(F)+M_O(F')=r_A\times F+r_B\times F'$$

$$=(\boldsymbol{r}_B+\boldsymbol{r}_{BA})\times\boldsymbol{F}+\boldsymbol{r}_B\times(-\boldsymbol{F})=\boldsymbol{r}_{BA}\times\boldsymbol{F}=\boldsymbol{M}$$

这一性质表明，力偶对刚体的作用效应完全取决于力偶矩矢量。

1.5.2　力偶的等效条件

既然力偶无合力，其对刚体的作用效应又完全取决于力偶矩矢，因此力偶矩矢相等的两力偶等效。

于是，又可得力偶性质的两个推论：

推论 1　只要力偶矩矢保持不变，力偶可在同一刚体中其作用面内及彼此平行的平面内任意搬移而不改变其对刚体的作用效应。由此可见，只要不改变力偶矩矢 $\boldsymbol{M}$ 的模和方向，不论将 $\boldsymbol{M}$ 画在同一刚体上的什么地方都一样，即力偶矩矢是自由矢。

推论 2　只要力偶矩矢保持不变，可同时改变力偶力的大小和力偶臂的长短，而不会改变其对物体的作用效应。

应当注意，这里所说的“对物体的作用效应”，仅指对物体的运动效应，而不适用于变形效应。

本章小结

综上所述，表示力偶时，一般无需画出它的两个力 $\boldsymbol{F}$ 及 $\boldsymbol{F}'$。对于空间力偶，只要画出垂直于其作用面的 $\boldsymbol{M}$ 矢量，并按右手法则再附加一旋转箭头即可。而在平面问题中，只需在力偶所在平面内画↶ M 或↷ M 来表示即可。

思　考　题

1-1　试说明下列式子的意义和区别：

(1) $\boldsymbol{F}_1=\boldsymbol{F}_2$；(2) $F_1=F_2$。

1-2　两个共点力可以合成一合力，此合力的大小、方向都能唯一确定。那么一力 $\boldsymbol{F}_{\mathrm{R}}$ 的大小、方向已知，能否确定其两分力的大小和方向？

1-3　由力的解析表达式 $\boldsymbol{F}=F_x\boldsymbol{i}+F_y\boldsymbol{j}$ 能确定力的大小和方向吗？能确定力的作用线位置吗？

1-4　在正立方体的顶角 A, B 和 C 处，分别作用力 $\boldsymbol{F}_1$, $\boldsymbol{F}_2$ 和 $\boldsymbol{F}_3$，如图所示。试指出此三个力分别对 x, y, z 轴的矩中哪些等于零？

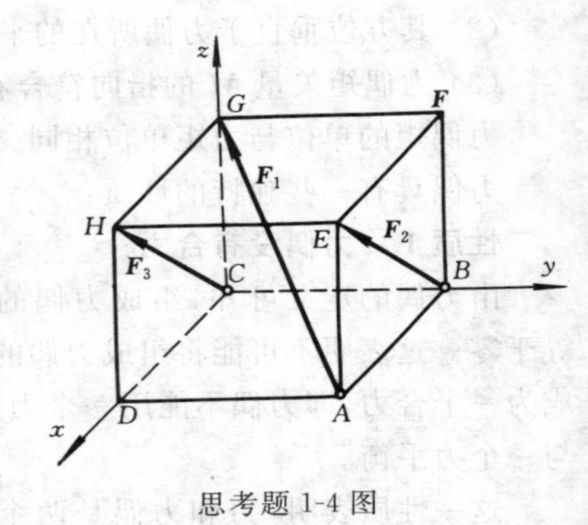

思考题 1-4 图

1-5　若已知力 $\boldsymbol{F}$ 对直角坐标系原点 O 的力矩矢的大小为 $|\boldsymbol{M}_O(\boldsymbol{F})|$，方向沿 y 轴正向。问此力对此坐标系中各轴的矩为多少？

1-6　下列几种情况中，力 $\boldsymbol{F}$ 的作用线与 x 轴的关系如何？

(1) $F_x=0$, $M_x(\boldsymbol{F})\neq0$；　(2) $F_x\neq0$, $M_x(\boldsymbol{F})=0$；　(3) $F_x=0$, $M_x(\boldsymbol{F})=0$。

1-7　有两个相同的圆盘如图所示。a) 圆盘上作用一力偶，b) 圆盘上作用一力，若有 $Fr=M$，试问它们对圆盘的作用效果是否一样？能否说一个力与一个力偶等效？为什么？

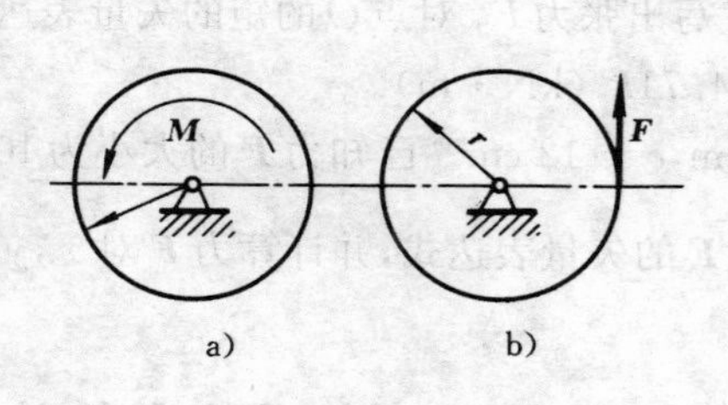

思考题 1-7 图　　　　思考题 1-8 图

1-8　皮带传动的 O 轮如图所示，若将包角 α 由 90° 变为 180°，而其他条件均保持不变。试问使皮带转动的力矩是否有变化？为什么？

1-9　力偶的二力是等值、反向的，作用力与反作用力是等值、反向的，而二力平衡条件中的两个力也是等值、反向的。试问这三者有何区别？

1-10　正立方体两个侧面上作用着两个力偶（$\boldsymbol{F}_1,\boldsymbol{F}_1'$）与（$\boldsymbol{F}_2,\boldsymbol{F}_2'$），其力偶矩大小相等。试问这两个力偶是否等效？为什么？

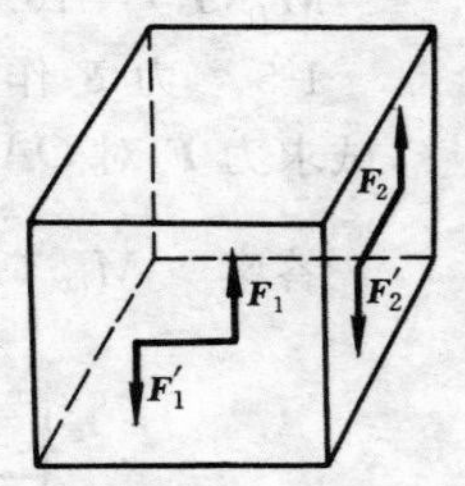

思考题 1-10 图

习　题

1-1　已知力 $\boldsymbol{F}$ 在直角坐标轴 y,z 方向上的投影 $F_y=12\ \text{N}$，$F_z=-5\ \text{N}$。若力 $\boldsymbol{F}$ 与 x 轴正向之间的夹角为 $\alpha=30^\circ$，求此力 $\boldsymbol{F}$ 的大小和方向。问此时力 $\boldsymbol{F}$ 在 x 轴上的投影是多少？

答案　$F=26\ \text{N}$，$F_x=22.52\ \text{N}$。

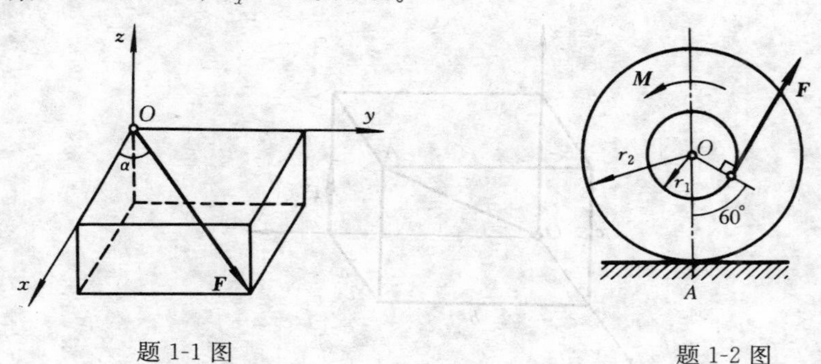

题 1-1 图　　　　题 1-2 图

1-2　如图所示，已知：$F=300\ \mathrm{N}$，$r_1=0.2\ \mathrm{m}$，$r_2=0.5\ \mathrm{m}$，力偶矩 $M=8\ \mathrm{N\cdot m}$。试求力 $\boldsymbol{F}$ 和力偶矩 M 对点 A 及点 O 的矩的代数和。

答案　$\sum M_A(\boldsymbol{F})=-7\ \mathrm{N\cdot m}$，　$\sum M_O(\boldsymbol{F})=68\ \mathrm{N\cdot m}$。

1-3　缆索 AB 中的张力 $F_\mathrm{T}=10\ \mathrm{kN}$。试写出张力 F_T 对点 O 的矩的矢量表达式。

答案　$\boldsymbol{M}_O(\boldsymbol{F}_\mathrm{T})=-9.43\boldsymbol{i}+9.43\boldsymbol{j}-4.71\boldsymbol{k}$（$\mathrm{kN\cdot m}$）。

1-4　长方体三边长 $a=16\ \mathrm{cm}$，$b=15\ \mathrm{cm}$，$c=12\ \mathrm{cm}$。已知力 $\boldsymbol{F}$ 的大小为 100 N，方位角 $\alpha=\arctan\dfrac{3}{4}$，$\beta=\arctan\dfrac{4}{3}$，试写出力 $\boldsymbol{F}$ 的矢量表达式，并计算力 $\boldsymbol{F}$ 对 x，y，z 三轴及对点 D 的矩。

答案　$\boldsymbol{F}=48\boldsymbol{i}-64\boldsymbol{j}+60\boldsymbol{k}$；$M_x(\boldsymbol{F})=16.68\ \mathrm{N\cdot m}$，$M_y(\boldsymbol{F})=5.76\ \mathrm{N\cdot m}$，$M_z(\boldsymbol{F})=-7.20\ \mathrm{N\cdot m}$；

$\boldsymbol{M}_D(\boldsymbol{F})=16.68\boldsymbol{i}+15.36\boldsymbol{j}+3.04\boldsymbol{k}$（$\mathrm{N\cdot m}$）。

1-5　力 $\boldsymbol{F}$ 作用于长方体的一棱边上，如图所示。已知长方体的三边长为 a，b，c，试求力 $\boldsymbol{F}$ 对 OA 轴的矩。

答案　$M_{OA}(\boldsymbol{F})=\dfrac{Fab}{\sqrt{a^2+b^2+c^2}}$。

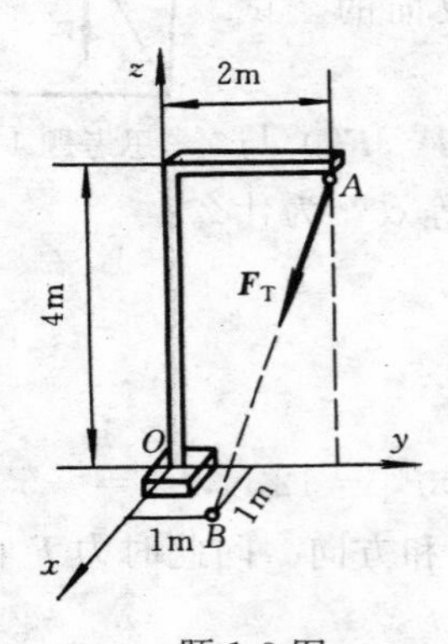

题 1-3 图

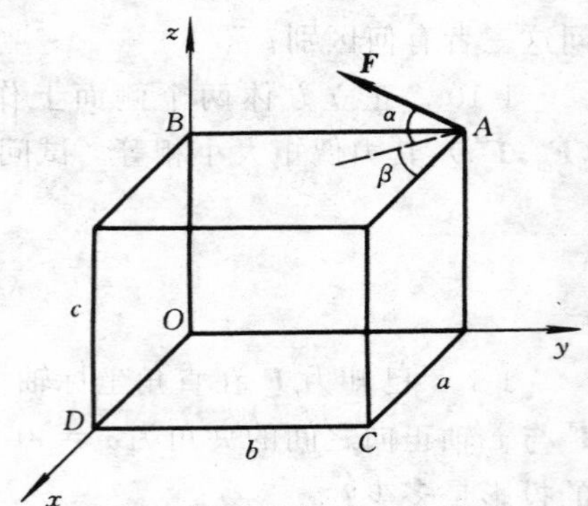

题 1-4 图

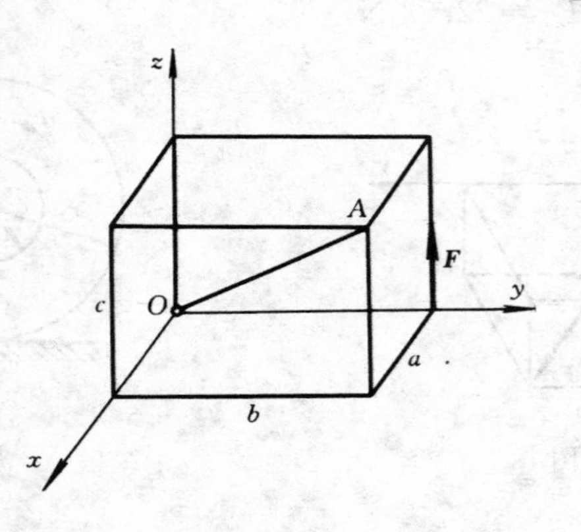

题 1-5 图

2 力系的简化

依据力的平移定理，将力系向一点简化，这是一种简便的具有普遍性的力系简化方法。力系简化理论与方法是解决所有刚体静力学和动力学问题的基础。

2.1 力系的分类

同时作用在物体上的一群力称为**力系**。工程中常见的力系无论是简单还是复杂，按其作用线所在的位置，总可以归纳为两大类：一类是力系中所有力的作用线都位于同一平面内，这类力系称为**平面力系**；另一类是力系中所有力的作用线位于不同的平面内，这类力系称为**空间力系**。如果按照力系中各个力的作用线的相互关系进行分类，一般可将力系分为汇交力系、力偶系、平行力系和任意力系等。

2.2 力的平移定理

本章将提出一种具有普遍意义的力系合成方法 —— 力系向一点简化。该方法的理论基础是力的平移定理。

力可以沿其作用线移动，那么当力在同一刚体上作平行移动时情况又如何呢？

如图 2-1 所示，设作用于刚体上点 A 的力 $\boldsymbol{F}_A$，若欲将其等效地平行移动到刚体上的任一点 B，可在点 B 上加一对大小相等、方向相反且共线、作用线与 $\boldsymbol{F}_A$ 平行的一对平衡力 $\boldsymbol{F}_B$，$\boldsymbol{F}'_B$，并令 $F_A=F_B=F'_B$。根据加减平衡力系原理，这并不改变力 $\boldsymbol{F}_A$ 对刚体的作用效应。现在将这三个力看成是一个作用于点 B 的力 $\boldsymbol{F}_B$ 和一个附加力偶($\boldsymbol{F}_A$，$\boldsymbol{F}'_B$)，这就完成了将力 $\boldsymbol{F}_A$ 从点 A 平行移动到点 B 的过程。附加力偶($\boldsymbol{F}_A$，$\boldsymbol{F}'_B$)的力偶矩大小为

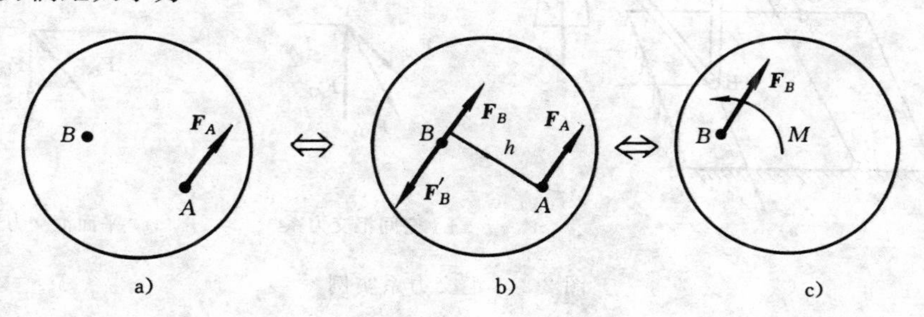

图 2-1　力的平移定理

$$M = F_A \cdot h = | \boldsymbol{M}_B(\boldsymbol{F}_A) | \tag{2-1}$$

由此可得力的平移定理：作用于刚体上的力，可以等效地平移到同一刚体上任一指定点，但必须同时附加一力偶，其力偶矩等于原来的力对此指定点的矩。

显然，图 2-1 所示的逆过程也同样成立：同平面的一个力和力偶总可以合成为一个力，此力的大小和方向与原力相同，但它们的作用线要保持一定的距离：

$$h = \frac{|M|}{F} \tag{2-2}$$

需要注意的是，力的平移定理中所说的“等效”，是指力对刚体的运动效应不变，当研究变形体问题时，力是不能移动的。

力的平移定理是力系简化的理论依据。

2.3 汇交力系的简化

2.3.1 汇交力系实例

作用在刚体上各力的作用线，如果汇交于一点，则这种力系称为汇交力系。由力在刚体上的可传性知，汇交力系中的各力都可在刚体内移到作用线的汇交点，所以汇交力系有时也称为共点力系。作用于质点上的力系必是汇交力系。

汇交力系是力系中最基本的且在工程中相当常见的力系，其理论既可用来解决一些实际工程问题，又是研究复杂力系的基础。如果汇交力系各力的作用线都位于同一平面内，则该汇交力系称为平面汇交力系；否则就称为空间汇交力系。

如图 2-2a) 所示的简易起重构架，设钢索 AE，AD，AC 及杆 AB，BC 的自重不计，销钉 A 受钢索 AD，AE，AC 的拉力 $\boldsymbol{F}_{AD}$，$\boldsymbol{F}_{AE}$，$\boldsymbol{F}_{AC}$ 和杆 AB 的反力 $\boldsymbol{F}_{AB}$ 的作用，这些力构成空间汇交力系(图 2-2b))。而销钉 C 受到钢索 AC，CG 的拉力 $\boldsymbol{F}'_{AC}$，$\boldsymbol{F}_{GC}$ 和杆 BC 反力 $\boldsymbol{F}_{BC}$ 的作用，这些力构成平面汇交力系(图 2-2c))。

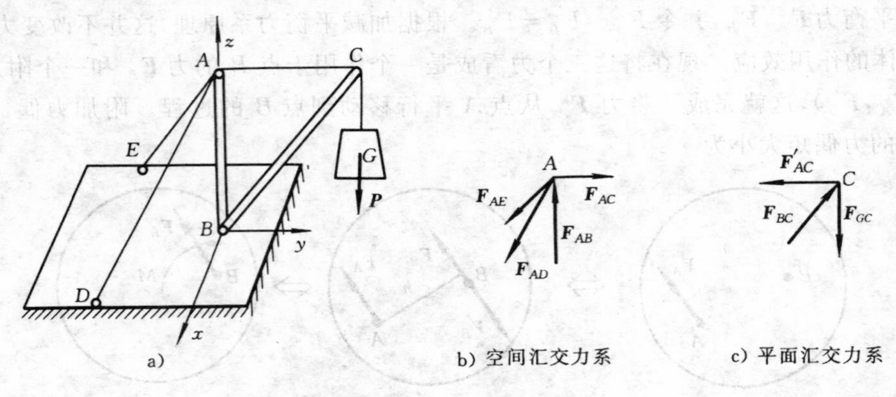

图 2-2 汇交力系实例

2.3.2 汇交力系的简化

若刚体受一汇交力系的作用，根据力的可传性，可将各力沿作用线移至汇交点，根据力的平行四边形法则，将各力两两合成，最后可得到一通过汇交点的合力，此力与原力系等效。因此作用于刚体上点 A 的汇交力系 $\boldsymbol{F}_1,\boldsymbol{F}_2,\boldsymbol{F}_3,\cdots,\boldsymbol{F}_n$，可以简化为一个作用于同一点的合力 $\boldsymbol{F}_{\mathrm{R}}$，这一简化的过程可分别用几何法和解析法予以说明。

1. 汇交力系简化的几何法

设作用于刚体上点 A 的汇交力系由 $\boldsymbol{F}_1,\boldsymbol{F}_2,\boldsymbol{F}_3,\boldsymbol{F}_4$ 四个力组成(图 2-3a))。可以利用平行四边形法则或三角形法则，先将其中某两个力(如 $\boldsymbol{F}_1,\boldsymbol{F}_2$) 合成为一个合力，此合力等于这两个分力的矢量和，并仍作用于公共作用点 A。这样，对此汇交力系只需连续应用三角形法则将各力依次合成，便可得该汇交力系的合力 $\boldsymbol{F}_{\mathrm{R}}$，$\boldsymbol{F}_{\mathrm{R}}$ 为 $\boldsymbol{F}_1,\boldsymbol{F}_2,\boldsymbol{F}_3,\boldsymbol{F}_4$ 的矢量和。实际上，作图时中间合力的过程可以不画，直接将所有分力首尾依次相连，组成一个“开口”的力多边形 $Aabcd$，其从起始点 A 指向终点 d 的力 $\boldsymbol{F}_{\mathrm{R}}$ 即为此汇交力系的合力。用力多边形求合力的方法称为力多边形法则。

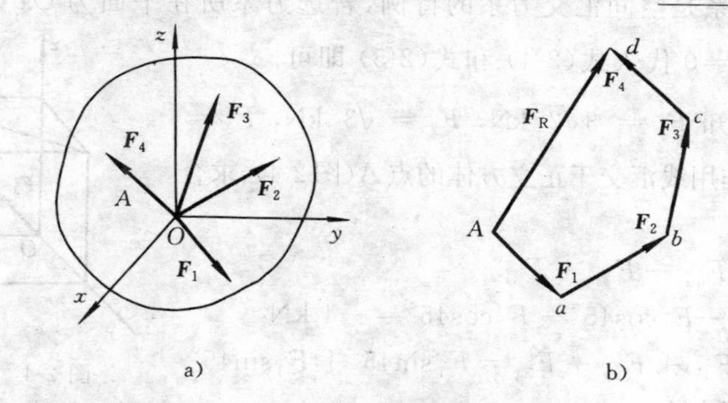

图 2-3　汇交力系的合成

推广到有 n 个力的汇交力系，可表述为：汇交力系简化的结果是一个合力，它等于原力系各力的矢量和，合力的作用线通过力系的汇交点。其数学表达式为

$$\boldsymbol{F}_{\mathrm{R}}=\boldsymbol{F}_1+\boldsymbol{F}_2+\cdots+\boldsymbol{F}_n=\sum\boldsymbol{F}_i \tag{2-3}$$

对于平面汇交力系，应用力多边形法则求其合力直观可行，但对于空间汇交力系，由于力多边形是空间图形，这种方法并不方便。

2. 汇交力系简化的解析法

由式(2-3)可知，汇交力系的合力等于各个分力的矢量和。对于作用于刚体上点 O 的汇交力系 $\boldsymbol{F}_1,\boldsymbol{F}_2,\boldsymbol{F}_3,\cdots,\boldsymbol{F}_n$，设其合力为 $\boldsymbol{F}_{\mathrm{R}}$，取直角坐标系 $Oxyz$(通常将坐标原点与汇交点重合)，则各分力的解析表达式为

$$\boldsymbol{F}_i=F_{ix}\boldsymbol{i}+F_{iy}\boldsymbol{j}+F_{iz}\boldsymbol{k}\ (i=1,2,\cdots,n)$$

合力 $\boldsymbol{F}_{\mathrm{R}}$ 的解析表达式为

$$\boldsymbol{F}_{\mathrm{R}}=F_{\mathrm{R}x}\boldsymbol{i}+F_{\mathrm{R}y}\boldsymbol{j}+F_{\mathrm{R}z}\boldsymbol{k}$$

代入式(2-3),有

$$F_{Rx}\boldsymbol{i}+F_{Ry}\boldsymbol{j}+F_{Rz}\boldsymbol{k}=(\sum F_{ix})\boldsymbol{i}+(\sum F_{iy})\boldsymbol{j}+(\sum F_{iz})\boldsymbol{k}$$

即

$$\left.\begin{aligned}F_{Rx}&=F_{1x}+F_{2x}+\cdots+F_{nx}=\sum F_{ix}\\F_{Ry}&=F_{1y}+F_{2y}+\cdots+F_{ny}=\sum F_{iy}\\F_{Rz}&=F_{1z}+F_{2z}+\cdots+F_{nz}=\sum F_{iz}\end{aligned}\right\}\tag{2-4}$$

式(2-4)表明:合力在任一轴上的投影,等于各分力在同一轴上投影的代数和。这一结论称为合力投影定理。

这一定理可推广到其他矢量,称为矢量投影定理:合矢量在任一轴上的投影,等于各分矢量在同一轴上投影的代数和。

$$F_R=\sqrt{F_{Rx}^2+F_{Ry}^2+F_{Rz}^2}$$

$$\cos(\boldsymbol{F}_R,x)=\frac{F_{Rx}}{F_R},\quad \cos(\boldsymbol{F}_R,y)=\frac{F_{Ry}}{F_R},\quad \cos(\boldsymbol{F}_R,z)=\frac{F_{Rz}}{F_R}\tag{2-5}$$

平面汇交力系是空间汇交力系的特例,若选力系所在平面为 Oxy 平面,则只需将 $F_{Rz}=\sum F_{iz}=0$ 代入式(2-4)和式(2-5)即可。

例 2-1 已知 $F_1=3\sqrt{2}$ kN, $F_2=\sqrt{3}$ kN, $F_3=4\sqrt{2}$ kN,三力的作用线汇交于正立方体的点 A(图 2-4),求合力 $\boldsymbol{F}_R$。

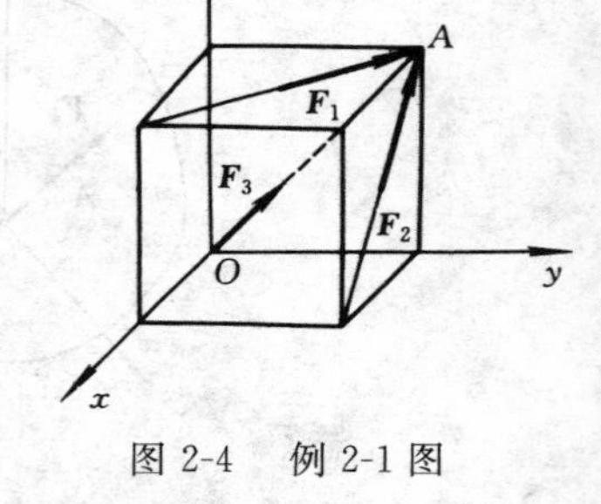

图 2-4 例 2-1 图

解

$$\begin{aligned}F_{Rx}&=F_{1x}+F_{2x}+F_{3x}\\&=-F_1\cos45^\circ-F_2\cos45^\circ=-4\text{ kN}\\F_{Ry}&=F_{1y}+F_{2y}+F_{3y}=F_1\sin45^\circ+F_3\sin45^\circ\\&=7\text{ kN}\\F_{Rz}&=F_{1z}+F_{2z}+F_{3z}=F_2\sin45^\circ+F_3\sin45^\circ=5\text{ kN}\\F_R&=\sqrt{F_{Rx}^2+F_{Ry}^2+F_{Rz}^2}=\sqrt{90}\text{ kN}\end{aligned}$$

$$\cos\alpha=\frac{-4}{\sqrt{90}},\quad \cos\beta=\frac{7}{\sqrt{90}},\quad \cos\gamma=\frac{5}{\sqrt{90}}$$

3. 汇交力系的合力矩定理

如图 2-5 所示,$\boldsymbol{F}_1$ 和 $\boldsymbol{F}_2$ 汇交于点 A,它们的合力为 $\boldsymbol{F}_R$,则

$$\begin{aligned}\boldsymbol{M}_O(\boldsymbol{F}_R)&=\boldsymbol{r}\times\boldsymbol{F}_R=\boldsymbol{r}\times(\boldsymbol{F}_1+\boldsymbol{F}_2)\\&=\boldsymbol{r}\times\boldsymbol{F}_1+\boldsymbol{r}\times\boldsymbol{F}_2\end{aligned}$$

即

$$\boldsymbol{M}_O(\boldsymbol{F}_R)=\boldsymbol{M}_O(\boldsymbol{F}_1)+\boldsymbol{M}_O(\boldsymbol{F}_2)\tag{2-6}$$

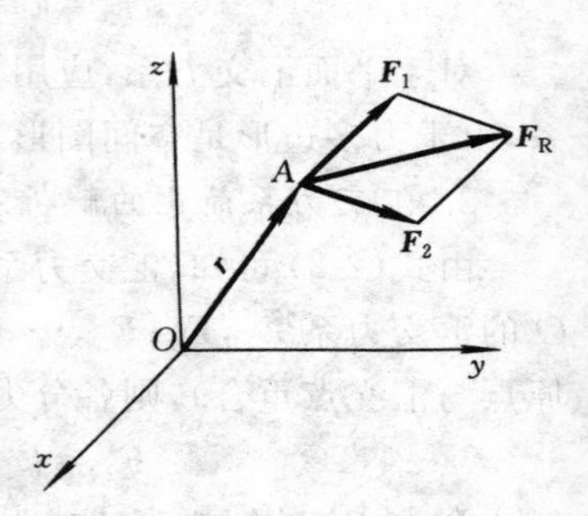

图 2-5 汇交力系的合力矩定理示意图

式(2-6)在任一轴上的投影也成立。这表明:汇交力系的合力对某点 O(或某轴)的矩等于其各分力对

同点(或同轴)的矩的矢量(或代数)和。这就是汇交力系的合力矩定理。

例 2-2 如图 2-6 所示,作用于 AB 杆端点 B 的力 $\boldsymbol{F}$ 大小为 50 N,$OA=20$ cm,$AB=18$ cm,$\varphi=45°$,$\theta=60°$。试求力 $\boldsymbol{F}$ 对点 O 的矩 $\boldsymbol{M}_O(\boldsymbol{F})$ 及对各坐标轴的矩。

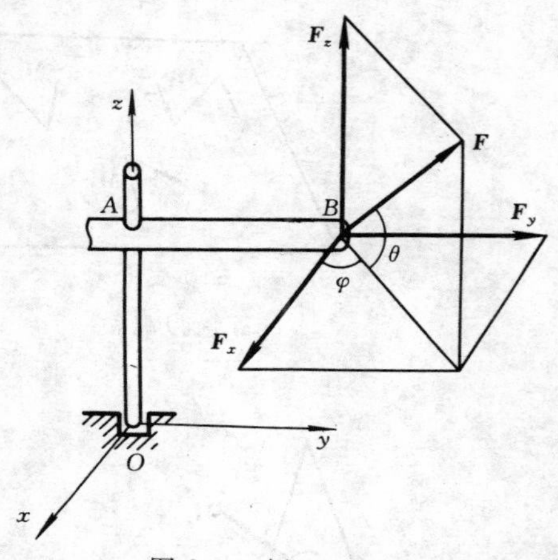

图 2-6 例 2-2 图

解 若直接从几何关系中求出 $\boldsymbol{F}$ 与点 O 的距离 d,显然比较麻烦,因此可以采用以下方法。

方法 1:直接运用力对点的矩的定义式计算。

$$F_x=F\cos\theta\cos\varphi=17.7\ \text{N}$$
$$F_y=F\cos\theta\sin\varphi=17.7\ \text{N}$$
$$F_z=F\sin\theta=43.3\ \text{N}$$

B 点坐标为:$x=0,y=18$ cm,$z=20$ cm。则

$$\begin{aligned}\boldsymbol{M}_O(\boldsymbol{F})&=(F_zy-F_yz)\boldsymbol{i}+(F_xz-F_zx)\boldsymbol{j}+(F_yx-F_xy)\boldsymbol{k}\\&=425.4\boldsymbol{i}+354\boldsymbol{j}-318.6\boldsymbol{k}\\&=M_x(\boldsymbol{F})\boldsymbol{i}+M_y(\boldsymbol{F})\boldsymbol{j}+M_z(\boldsymbol{F})\boldsymbol{k}\end{aligned}$$

$$|\boldsymbol{M}_O(\boldsymbol{F})|=\sqrt{M_x(\boldsymbol{F})^2+M_y(\boldsymbol{F})^2+M_z(\boldsymbol{F})^2}=638.6\ \text{N}\cdot\text{cm}$$

方法 2:根据合力矩定理计算,考虑力对轴的矩等于零的两种情况,先求出力 $\boldsymbol{F}$ 对过点 O 的各坐标轴的矩。

$$M_x(\boldsymbol{F})=-F_y\cdot OA+F_z\cdot AB=425.4\ \text{N}\cdot\text{cm}$$
$$M_y(\boldsymbol{F})=F_x\cdot OA=354\ \text{N}\cdot\text{cm}$$
$$M_z(\boldsymbol{F})=-F_x\cdot AB=-318.6\ \text{N}\cdot\text{cm}$$
$$M_O(\boldsymbol{F})=\sqrt{M_x(\boldsymbol{F})^2+M_y(\boldsymbol{F})^2+M_z(\boldsymbol{F})^2}=638.6\ \text{N}\cdot\text{cm}$$

$M_O(\boldsymbol{F})$ 的方向可用方向余弦表达。

2.4 力偶系的简化

作用于刚体上的一群力偶称为力偶系。若力偶系中的各力偶都位于同一平面,则为平面力偶系(图 2-7a));否则为空间力偶系(图 2-7b))。

作用于空间任意两相交平面Ⅰ和Ⅱ的任意力偶 $\boldsymbol{M}_1$ 和 $\boldsymbol{M}_2$(图 2-8a)),根据力偶的性质,总可以表示为力偶臂同为 AB,力分别为 $\boldsymbol{F}_1,\boldsymbol{F}'_1$ 及 $\boldsymbol{F}_2,\boldsymbol{F}'_2$ 的两个力偶(图 2-8b)),则两力偶分别为

$$\boldsymbol{M}_1=\boldsymbol{r}_{AB}\times\boldsymbol{F}_1,\quad \boldsymbol{M}_2=\boldsymbol{r}_{AB}\times\boldsymbol{F}_2$$

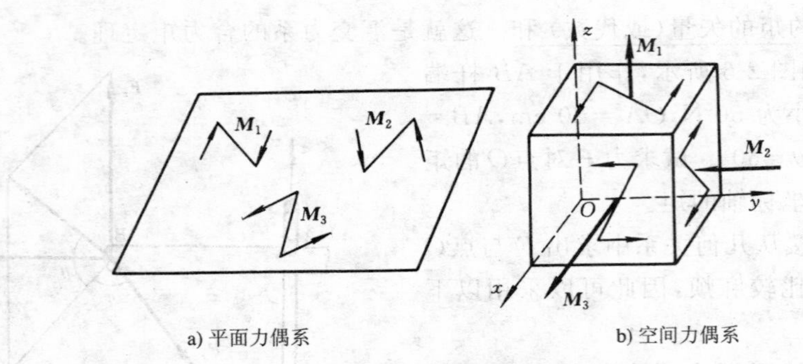

a) 平面力偶系　　　　b) 空间力偶系

图 2-7　力偶系实例

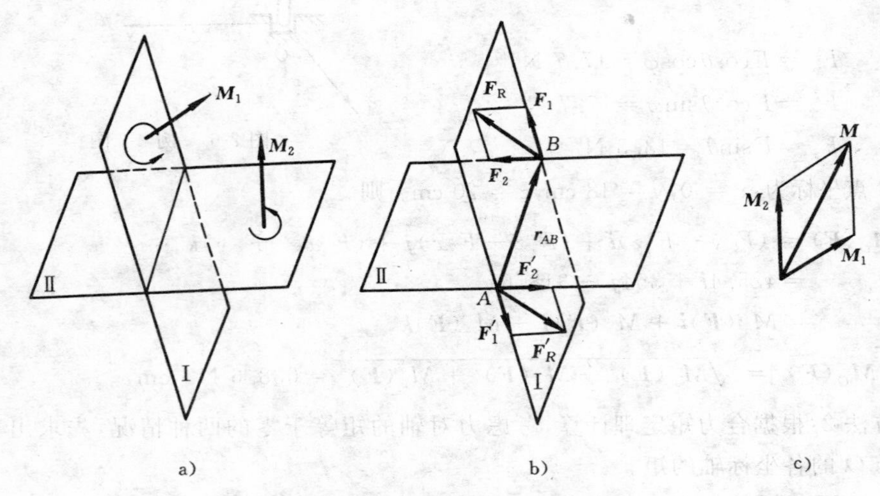

a)　　　　b)　　　　c)

图 2-8　力偶系的简化

将作用于点 A 的两个力合成为 $\boldsymbol{F}'_{\mathrm{R}}$，而将作用于点 B 的两个力合成为 $\boldsymbol{F}_{\mathrm{R}}$，即

$$\boldsymbol{F}_{\mathrm{R}}=\boldsymbol{F}_1+\boldsymbol{F}_2,\quad \boldsymbol{F}'_{\mathrm{R}}=\boldsymbol{F}'_1+\boldsymbol{F}'_2$$

于是 $\boldsymbol{F}_{\mathrm{R}}$ 与 $\boldsymbol{F}'_{\mathrm{R}}$ 组成一对新的力偶$(\boldsymbol{F}_{\mathrm{R}},\boldsymbol{F}'_{\mathrm{R}})$，这就是 $\boldsymbol{M}_1$ 与 $\boldsymbol{M}_2$ 的合力偶，其合力偶的矩矢为

$$\boldsymbol{M}=\boldsymbol{r}_{AB}\times\boldsymbol{F}_{\mathrm{R}}=\boldsymbol{r}_{AB}\times(\boldsymbol{F}_1+\boldsymbol{F}_2)=\boldsymbol{r}_{AB}\times\boldsymbol{F}_1+\boldsymbol{r}_{AB}\times\boldsymbol{F}_2=\boldsymbol{M}_1+\boldsymbol{M}_2$$

两个力偶矢量可合成为一合力偶矢，其矩矢等于原来两个力偶的矢量和。

推广到 n 个力偶，则为

$$\boldsymbol{M}=\boldsymbol{M}_1+\boldsymbol{M}_2+\cdots+\boldsymbol{M}_n=\sum\boldsymbol{M}_i \tag{2-7}$$

即空间力偶系简化的结果是一个合力偶，该合力偶矩等于所有分力偶矩的矢量和。

利用矢量投影定理，有

$$\boldsymbol{M}=M_x\boldsymbol{i}+M_y\boldsymbol{j}+M_z\boldsymbol{k}=[\sum M_x(\boldsymbol{F}_i)]\boldsymbol{i}+[\sum M_y(\boldsymbol{F}_i)]\boldsymbol{j}+[\sum M_z(\boldsymbol{F}_i)]\boldsymbol{k}$$

合力偶的大小及方向可表示为

$$M=\sqrt{M_x^2+M_y^2+M_z^2}=\sqrt{[\sum M_x(\boldsymbol{F})]^2+[\sum M_y(\boldsymbol{F})]^2+[\sum M_z(\boldsymbol{F})]^2}$$

$$\cos\alpha=\frac{M_x}{M},\quad \cos\beta=\frac{M_y}{M},\quad \cos\gamma=\frac{M_z}{M} \tag{2-8}$$

对于平面力偶系，各力偶矩矢量$\boldsymbol{M}_1,\boldsymbol{M}_2,\cdots,\boldsymbol{M}_n$成为共线矢量，其指向均垂直于力偶平面，于是式(2-7)成为代数式：

$$M=M_1+M_2+\cdots+M_n=\sum M_i \tag{2-9}$$

例 2-3 图 2-9 所示五面体上作用着三个力偶$(\boldsymbol{F}_1,\boldsymbol{F}_1')$，$(\boldsymbol{F}_2,\boldsymbol{F}_2')$，$(\boldsymbol{F}_3,\boldsymbol{F}_3')$，已知$F_1=F_1'=5\ \text{N}$，$F_2=F_2'=10\ \text{N}$，$F_3=F_3'=10\sqrt{2}\ \text{N}$，$a=0.2\ \text{m}$，求三个力偶的合成结果。

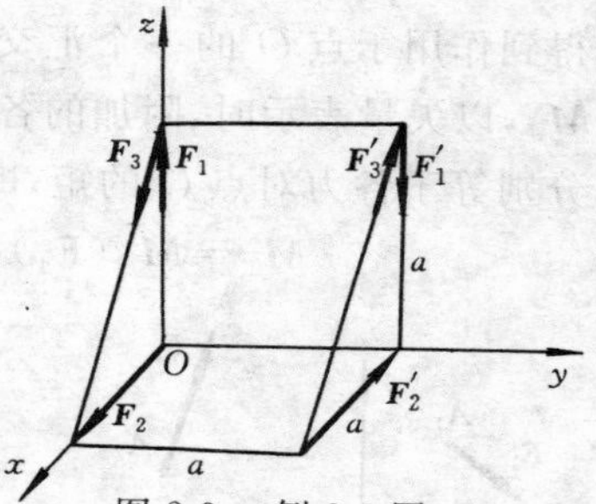

图 2-9 例 2-3 图

解 $\boldsymbol{M}=(-F_1a+F_3a\sin45^\circ)\boldsymbol{i}+(F_2a+F_3a\cos45^\circ)\boldsymbol{k}$

$$M_x=-F_1\cdot a+F_3\cdot a\cdot\sin45^\circ=1\ \text{N}\cdot\text{m}$$

$$M_y=0$$

$$M_z=F_2\cdot a+F_3a\cos45^\circ=4\ \text{N}\cdot\text{m}$$

$$M=\sqrt{M_x^2+M_y^2+M_z^2}=\sqrt{1^2+0+4^2}=\sqrt{17}\ \text{N}\cdot\text{m}$$

$$\cos\alpha=\frac{M_x}{M}=\frac{1}{\sqrt{17}},\quad \cos\beta=0,\quad \cos\gamma=\frac{M_z}{M}=\frac{4}{\sqrt{17}}$$

2.5 任意力系的简化

力系中各力的作用线既不汇交于一点，又不全部相互平行，这样的力系称为任意力系。若力系中各力的作用线位于同一平面，该力系称为平面任意力系；否则称为空间任意力系。图 2-10a) 所示的构架受力可视为平面任意力系，图 2-10b) 所示的皮带轮装置受力则为空间任意力系。

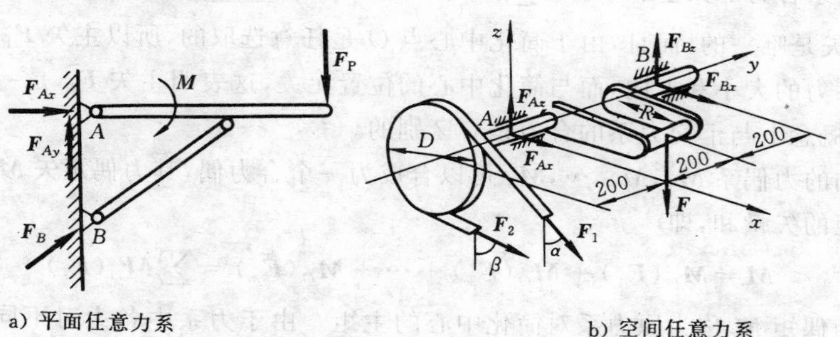

a) 平面任意力系　　b) 空间任意力系

图 2-10 任意力系

空间任意力系是物体受力的最一般情况。其他各种力系都是空间任意力系的特例。平面任意力系则是工程中最常见的力系，许多实际问题都可以简化为平面任意力系问题来处理。

2.5.1 空间任意力系的简化

考虑作用于$A_1,A_2,\cdots,A_n$各点的空间任意力系$\boldsymbol{F}_1,\boldsymbol{F}_2,\cdots,\boldsymbol{F}_n$向任意点$O$简化（图 2-11a)），根据力的平移定理，可将各力平行移动到点O，并各自附加一力偶，于是得到作用于点O的一个汇交力系$\boldsymbol{F}_1,\boldsymbol{F}_2,\cdots,\boldsymbol{F}_n$和一个附加的力偶系$\boldsymbol{M}_1,\boldsymbol{M}_2,\cdots,\boldsymbol{M}_n$，以矢量表示时，附加的各力偶应分别垂直于对应的各力与点O所决定的平面，并分别等于各力对点O的矩，即

$$\boldsymbol{M}_1=\boldsymbol{M}_O(\boldsymbol{F}_1),\quad \boldsymbol{M}_2=\boldsymbol{M}_O(\boldsymbol{F}_2),\quad \cdots,\quad \boldsymbol{M}_n=\boldsymbol{M}_O(\boldsymbol{F}_n)$$

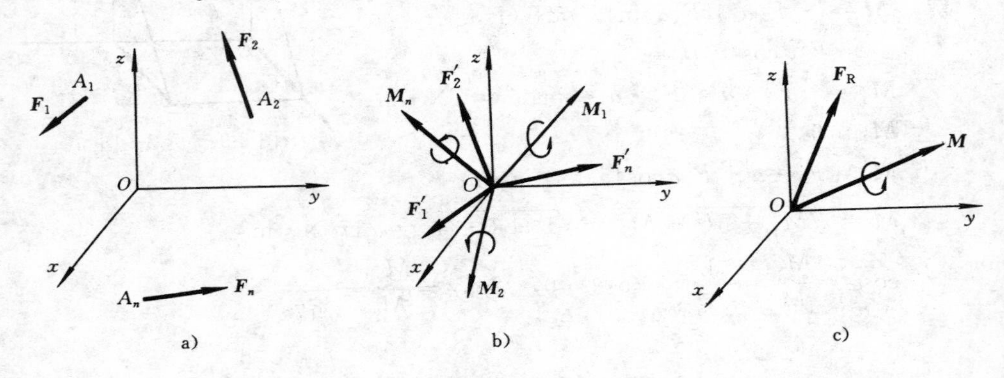

图 2-11 空间任意力系的简化

汇交力系$\boldsymbol{F}_1,\boldsymbol{F}_2,\cdots,\boldsymbol{F}_n$可合成为一个作用于简化中心$O$的力$\boldsymbol{F}_\mathrm{R}$，该力矢量等于各力的矢量和，即

$$\boldsymbol{F}_\mathrm{R}=\boldsymbol{F}_1+\boldsymbol{F}_2+\cdots+\boldsymbol{F}_n=\sum \boldsymbol{F}_i \tag{2-10}$$

原力系各力的矢量和$\boldsymbol{F}_\mathrm{R}=\sum \boldsymbol{F}_i$称为该力系的<u>主矢量</u>，简称<u>主矢</u>。对于给定的力系，主矢是唯一的，而且，由于简化中心点O是任意选取的，所以主矢$\boldsymbol{F}_\mathrm{R}$仅取决于力系中各力的大小和方向，而与简化中心的位置无关，这表明主矢$\boldsymbol{F}_\mathrm{R}$是一个自由矢量，其在概念上与汇交力系的合力是有区别的。

附加的力偶系$\boldsymbol{M}_1,\boldsymbol{M}_2,\cdots,\boldsymbol{M}_n$可以合成为一个合力偶，其力偶矩矢$\boldsymbol{M}$等于各附加力偶矩的矢量和，即

$$\boldsymbol{M}=\boldsymbol{M}_O(\boldsymbol{F}_1)+\boldsymbol{M}_O(\boldsymbol{F}_2)+\cdots+\boldsymbol{M}_O(\boldsymbol{F}_n)=\sum \boldsymbol{M}_O(\boldsymbol{F}_i) \tag{2-11}$$

合力偶矩$\boldsymbol{M}$称为原力系对简化中心的<u>主矩</u>。由于力系中各力对不同简化中心的矩是不同的，因而主矩一般随简化中心位置不同而改变。对于不同的两个简化中心O_1和O_2，力系对它们的主矩之间存在如下的关系：

$$\boldsymbol{M}_2=\boldsymbol{M}_1+\boldsymbol{r}\times\boldsymbol{F}_{\mathrm{R}}=\boldsymbol{M}_1+\boldsymbol{M}_{O_2}(\boldsymbol{F}_{\mathrm{R}}) \tag{2-12}$$

其中,$\boldsymbol{M}_1$,$\boldsymbol{M}_2$ 分别是力系对点 O_1,O_2 的主矩,$\boldsymbol{r}$ 是由点 O_2 引向点 O_1 的矢径。唯有当点 O_2 沿 $\boldsymbol{F}_{\mathrm{R}}$ 的作用线变动时,由于 $\boldsymbol{r}$ 与 $\boldsymbol{F}_{\mathrm{R}}$ 共线,故有 $\boldsymbol{r}\times\boldsymbol{F}_{\mathrm{R}}=\boldsymbol{0}$,则有 $\boldsymbol{M}_2=\boldsymbol{M}_1$。

主矢与主矩的解析计算公式与汇交力系合力的计算式(2-4)、式(2-5) 以及力偶系合力偶的计算式(2-8) 相同。其中主矩在各坐标轴上的投影 M_x,M_y,M_z 应分别等于各力对点 O 的矩在对应轴上的投影之和,亦等于各力对所对应轴的矩之和,即

$$\left.\begin{aligned}M_x&=\sum M_x(\boldsymbol{F}_i)=\sum(y_iF_{iz}-z_iF_{iy})\\M_y&=\sum M_y(\boldsymbol{F}_i)=\sum(z_iF_{ix}-x_iF_{iz})\\M_z&=\sum M_z(\boldsymbol{F}_i)=\sum(x_iF_{iy}-y_iF_{ix})\end{aligned}\right\} \tag{2-13}$$

2.5.2 空间任意力系简化结果讨论

空间任意力系向任意一点简化,一般得到一个主矢和一个主矩,但这并不是简化的最终或最简单的结果,可能有以下几种情况:

(1) 主矢 $\boldsymbol{F}_{\mathrm{R}}=\boldsymbol{0}$ 而主矩 $\boldsymbol{M}_O\neq\boldsymbol{0}$:因主矢与简化中心无关,不管向哪一点简化,主矢都等于零,因此,原力系简化为一个合力偶,其力偶矩等于原力系对简化中心的主矩。在这种情况下,简化结果将不因简化中心位置的不同而改变。

(2) 主矢 $\boldsymbol{F}_{\mathrm{R}}\neq\boldsymbol{0}$,主矩 $\boldsymbol{M}_O\neq\boldsymbol{0}$,且 $\boldsymbol{F}_{\mathrm{R}}\perp\boldsymbol{M}_O$,这表明 $\boldsymbol{M}_O$ 所代表的力偶与主矢 $\boldsymbol{F}_{\mathrm{R}}$ 在同一平面内(图 2-12a))。根据力的平移定理的逆过程,还可再进一步简化为一个作用于另一点 O_1 的合力 $\boldsymbol{F}'_{\mathrm{R}}$,$\boldsymbol{F}'_{\mathrm{R}}$与主矢 $\boldsymbol{F}_{\mathrm{R}}$的距离 $h=\dfrac{M_O}{F_{\mathrm{R}}}$。

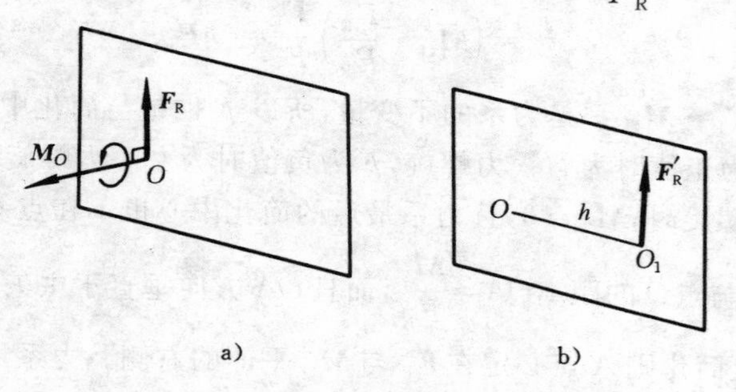

图 2-12 共面的一个力和力偶

(3) 主矢 $\boldsymbol{F}_{\mathrm{R}}\neq\boldsymbol{0}$,主距 $\boldsymbol{M}_O\neq\boldsymbol{0}$,且 $\boldsymbol{F}_{\mathrm{R}}\,/\!/\,\boldsymbol{M}_O$,这样的一个力和力偶组合称为力螺旋(图 2-13),这是空间任意力系简化的一种最终结果,不能再进一步简化。拧螺钉就是力螺旋的一个例子。当 $\boldsymbol{M}_O$ 与 $\boldsymbol{F}_{\mathrm{R}}$ 方向一致时,称为正螺旋(或右手力螺旋);当 $\boldsymbol{M}_O$ 与 $\boldsymbol{F}_{\mathrm{R}}$ 方向相反时,称为反螺旋(或左手力螺旋)。

(4) 主矢 $\boldsymbol{F}_{\mathrm{R}}\neq\boldsymbol{0}$,主矩 $\boldsymbol{M}\neq\boldsymbol{0}$,但 $\boldsymbol{F}_{\mathrm{R}}$ 与 $\boldsymbol{M}_O$ 成任意角度,可再进一步简化。将

$\boldsymbol{M}_O$ 分解成平行于$\boldsymbol{F}_{\mathrm{R}}$ 的 $\boldsymbol{M}_1$ 与垂直于 $\boldsymbol{F}_{\mathrm{R}}$ 的 $\boldsymbol{M}_2$，其中 $\boldsymbol{M}_2$ 可如情况(2)中的力线平移进一步简化为一个作用于点 O' 的力 $\boldsymbol{F}'_{\mathrm{R}}$，而 $\boldsymbol{M}_1$ 如情况(3)中与 $\boldsymbol{F}'_{\mathrm{R}}$组成一个力螺旋(图 2-14)。这是空间任意力系简化的最一般情况，其最终结果的计算公式推导如下。

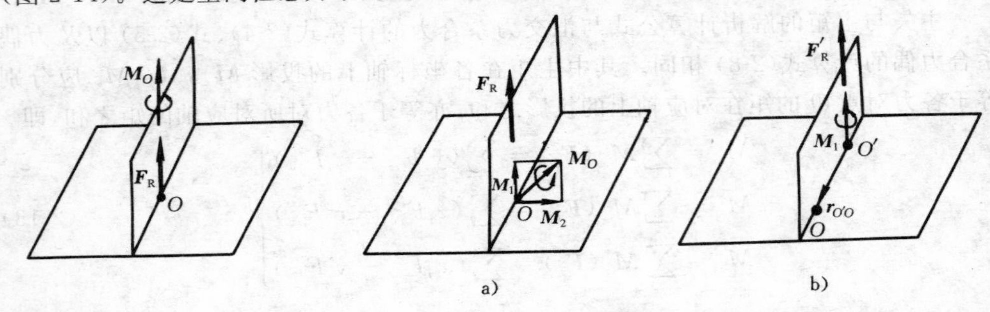

图 2-13　力螺旋　　　图 2-14　任意力系简化的最一般情况

主矢$\boldsymbol{F}_{\mathrm{R}}$与简化中心无关，而主矩 $\boldsymbol{M}_O$ 与简化中心的位置有关，故主矢 $\boldsymbol{F}_{\mathrm{R}}$ 称简化不变量，也称力系的第一不变量。若选取点 O' 为新的简化中心，则主矢 $\boldsymbol{F}_{\mathrm{R}}$ 不变，主矩

$$\boldsymbol{M}_{O'} = \boldsymbol{M}_O + \boldsymbol{r}_{O'O} \times \boldsymbol{F}_{\mathrm{R}}$$

以 $\boldsymbol{F}_{\mathrm{R}}$ 点乘上式，并且考虑混合积 $\boldsymbol{r}_{O'O} \times \boldsymbol{F}_{\mathrm{R}} \cdot \boldsymbol{F}_{\mathrm{R}}$ 等于零，所以得

$$\boldsymbol{M}_{O'} \cdot \boldsymbol{F}_{\mathrm{R}} = (\boldsymbol{M}_O + \boldsymbol{r}_{O'O} \times \boldsymbol{F}_{\mathrm{R}}) \cdot \boldsymbol{F}_{\mathrm{R}} = \boldsymbol{M}_O \cdot \boldsymbol{F}_{\mathrm{R}}$$

可见，主矢与主矩的点积也与简化中心无关，这就是力系的第二不变量。在 $\boldsymbol{F}_{\mathrm{R}} \cdot \boldsymbol{M}_O \neq 0$ 的情况下，把对简化中心 O 的主矩分解成平行于主矢$\boldsymbol{F}_{\mathrm{R}}$ 的分量 $\boldsymbol{M}_1$ 和垂直于主矢 $\boldsymbol{F}_{\mathrm{R}}$ 的分量 $\boldsymbol{M}_2$，则有

$$\boldsymbol{M}_1 = \left(\boldsymbol{M}_O \cdot \frac{\boldsymbol{F}_{\mathrm{R}}}{F_{\mathrm{R}}}\right) \frac{\boldsymbol{F}_{\mathrm{R}}}{F_{\mathrm{R}}} = p\boldsymbol{F}_{\mathrm{R}} \tag{2-14}$$

由于 $\boldsymbol{F}_{\mathrm{R}}$ 与 $\boldsymbol{F}_{\mathrm{R}} \cdot \boldsymbol{M}_O$ 都是力系的不变量，所以 p 也是与简化中心无关的量，p 称为螺旋参数。p 为正值时为右手力螺旋，p 为负值时为左手力螺旋。必须说明，当力系最终简化为力螺旋时，$\boldsymbol{M}_2 = \boldsymbol{0}$，且力系最后的简化中心也不在点 O。

设有一点 A 与点O 的距离$\overline{OA} = \dfrac{M_2}{F_{\mathrm{R}}}$，而且 OA 方向垂直于主矢与主矩$\boldsymbol{M}_2$ 确定的平面，要保证等效简化则 A 点必定在$\boldsymbol{F}_{\mathrm{R}}$ 与$\boldsymbol{M}_O$ 平面的右侧。力系最终简化结果主矢位置相对于简化中心 O 的矢径 $\boldsymbol{r}_{OA}$ 如下：

$$\boldsymbol{r}_{OA} = \frac{M_2}{F_{\mathrm{R}}} \cdot \frac{\boldsymbol{F}_{\mathrm{R}} \times \boldsymbol{M}_2}{|\boldsymbol{F}_{\mathrm{R}} \times \boldsymbol{M}_2|} = \frac{\boldsymbol{F}_{\mathrm{R}} \times \boldsymbol{M}_2}{F_{\mathrm{R}}^2} = \frac{\boldsymbol{F}_{\mathrm{R}} \times (\boldsymbol{M}_O - \boldsymbol{M}_1)}{F_{\mathrm{R}}^2} = \frac{\boldsymbol{F}_{\mathrm{R}} \times \boldsymbol{M}_O}{F_{\mathrm{R}}^2} \tag{2-15}$$

力螺旋中力的作用线也称中心轴，要建立中心轴线的方程，可在轴线上任取一点 M，其矢径 $\boldsymbol{r}_{OM}$ 是从点 O 指向点 M，则

$$\boldsymbol{M}_O = \boldsymbol{M}_1 + \boldsymbol{r}_{OM} \times \boldsymbol{F}_{\mathrm{R}}$$

$$\boldsymbol{M}_1=\boldsymbol{M}_O-\boldsymbol{r}_{OM}\times\boldsymbol{F}_{\mathrm{R}}=p\boldsymbol{F}_{\mathrm{R}}$$

上式为中心轴的矢量表达式，也可用坐标形式表达：

$$\frac{M_{Ox}-(yF_{\mathrm{R}z}-zF_{\mathrm{R}y})}{F_{\mathrm{R}x}}=\frac{M_{Oy}-(zF_{\mathrm{R}x}-xF_{\mathrm{R}z})}{F_{\mathrm{R}y}}=\frac{M_{Oz}-(xF_{\mathrm{R}y}-yF_{\mathrm{R}x})}{F_{\mathrm{R}z}}=p$$

上式也是螺旋中心轴的参数形式。

(5) 主矢 $\boldsymbol{F}_{\mathrm{R}}=\mathbf{0}$，主矩 $\boldsymbol{M}_O=\mathbf{0}$，这就是力系平衡情况，或称为零力系。这类情况将在下一章中具体介绍。

例 2-4 在边长为 l_1,l_2,l_3 的长方体顶点 A,B 处，分别作用大小均为 F 的力 $\boldsymbol{F}_1$ 和 $\boldsymbol{F}_2$，如图 2-15 所示。试求其简化结果。

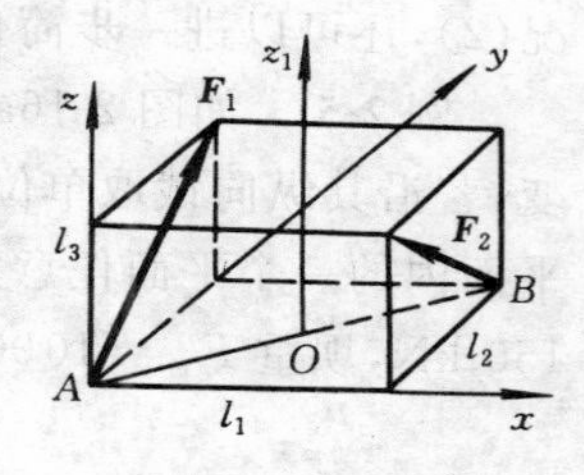

图 2-15 例 2-4 图

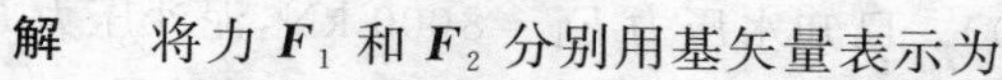

解 将力 $\boldsymbol{F}_1$ 和 $\boldsymbol{F}_2$ 分别用基矢量表示为

$$\boldsymbol{F}_1=F(l_2\boldsymbol{j}+l_3\boldsymbol{k})/\sqrt{l_2^2+l_3^2}$$

$$\boldsymbol{F}_2=F(-l_2\boldsymbol{j}+l_3\boldsymbol{k})/\sqrt{l_2^2+l_3^2}$$

两力作用点 A,B 相对 A 的矢径分别为

$$\boldsymbol{r}_1=\mathbf{0},\ \boldsymbol{r}_2=\overrightarrow{AB}=l_1\boldsymbol{i}+l_2\boldsymbol{j}$$

将两力向点 A 简化，得到主矢 $\boldsymbol{F}_{\mathrm{R}'}$ 和主矩 $\boldsymbol{M}_A$：

$$\boldsymbol{F}_{\mathrm{R}'}=\sum_{i=1}^{2}\boldsymbol{F}_i=\frac{2Fl_3\boldsymbol{k}}{\sqrt{l_2^2+l_3^2}},\quad \boldsymbol{M}_A=\sum_{i=1}^{2}\boldsymbol{r}_i\times\boldsymbol{F}_i=\frac{F(l_2l_3\boldsymbol{i}-l_1l_3\boldsymbol{j}-l_1l_2\boldsymbol{k})}{\sqrt{l_2^2+l_3^2}}$$

由于 $\boldsymbol{F}_{\mathrm{R}'}\cdot\boldsymbol{M}_A=-\dfrac{2F^2l_1l_2l_3}{l_2^2+l_3^2}<0$，因此二力可简化为一左手力螺旋。力螺旋中的力即为 $\boldsymbol{F}_{\mathrm{R}'}$，根据式(2-14)，力偶矩为

$$\boldsymbol{M}=\frac{\boldsymbol{M}_A\cdot\boldsymbol{F}_{\mathrm{R}'}}{F_{\mathrm{R}}}\cdot\frac{\boldsymbol{F}_{\mathrm{R}}}{F_{\mathrm{R}}}=\frac{(\boldsymbol{M}_A\cdot\boldsymbol{F}_{\mathrm{R}'})\boldsymbol{F}_{\mathrm{R}}}{F_{\mathrm{R}}^2}=-\frac{Fl_1l_2\boldsymbol{k}}{\sqrt{l_2^2+l_3^2}}$$

力螺旋中心通过点 O，根据式(2-15)，点 O 相对点 A 的矢径为

$$\boldsymbol{r}=\overrightarrow{AO}=\frac{\boldsymbol{F}_{\mathrm{R}}\times\boldsymbol{M}_A}{F_{\mathrm{R}'}^2}=\frac{1}{2}(l_1\boldsymbol{i}+l_2\boldsymbol{j})$$

即 $\boldsymbol{F}_1$ 和 $\boldsymbol{F}_2$ 构成一中心轴为 Oz_1 轴的左手力螺旋。

2.5.3 平面任意力系的简化结果

空间任意力系是最一般的力系，其他各种力系（例如空间平行力系、平面任意力系、空间力偶系、空间汇交力系等）都是空间任意力系的特殊情况。平面任意力系是工程中最常见的力系。

若选力系所在平面为 Oxy 平面，则 $F_{\mathrm{R}z}\equiv 0$，$M_x=M_y\equiv 0$，此时主矢 $\boldsymbol{F}_{\mathrm{R}}$ 仅在 x，y 轴上有投影。

$$
\left.\begin{aligned}
&F_{Rx}=\sum F_{ix},\quad F_{Ry}=\sum F_{iy},\quad F_{R}=\sqrt{F_{Rx}^{2}+F_{Ry}^{2}}\\
&\cos(\boldsymbol{F}_{R},\boldsymbol{i})=\frac{F_{Rx}}{F_{R}},\quad \cos(\boldsymbol{F}_{R},\boldsymbol{j})=\frac{F_{Ry}}{F_{R}},\quad \cos(\boldsymbol{F}_{R},\boldsymbol{k})=0
\end{aligned}\right\} \tag{2-16}
$$

而主矩 $\boldsymbol{M}_O$ 垂直于 Oxy 平面，即 $\boldsymbol{F}_R$ 与 $\boldsymbol{M}_O$ 垂直。此时，力系的主矩可用代数式表示：

$$
M_O=\sum M_O(\boldsymbol{F}_i) \tag{2-17}
$$

当平面任意力系的主矢、主矩都不等于零时，根据空间任意力系简化结果讨论情况(2)，还可以进一步简化为一个合力。读者可自行推导其他各种力系的简化结果。

例 2-5 如图 2-16a) 所示的水坝沿其纵向长度横截面相同，受力情况可视为不变，若沿其纵向截取单位长度(如 1 m)分析，则可将此力系简化为位于此段中心对称平面内的一个平面任意力系(图 2-16b))。已知水压力 $F_1=8000$ kN，泥沙压力 $F_2=150$ kN，坝重 $F_P=10000$ kN。试将三力向点 O 简化，并求简化的最后结果。

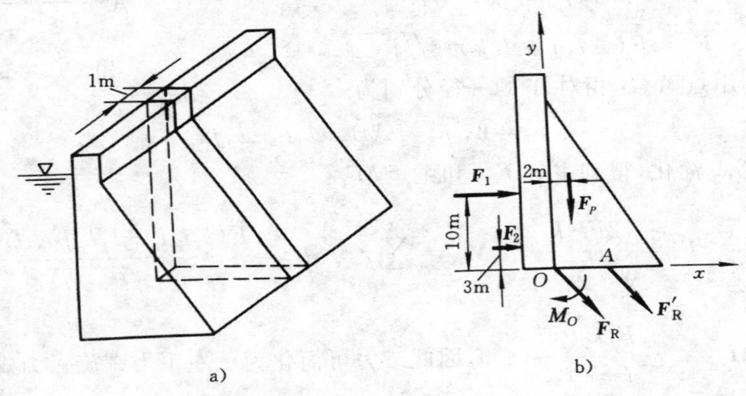

图 2-16 例 2-5 图

解 先求主矢：

$$F_{Rx}=F_1+F_2=8150\ \text{kN}$$

$$F_{Ry}=-F_P=-10000\ \text{kN}$$

$$F_R=\sqrt{F_{Rx}^2+F_{Ry}^2}=12900.5\ \text{kN}$$

$$\cos\alpha=\frac{F_{Rx}}{F_R}=0.6318,\quad \cos\beta=\frac{F_{Ry}}{F_R}=-0.7752$$

$$\alpha=50°49'$$

再求主矩：

$$M_O=-F_1\times 10-F_2\times 3-F_P\times 2=-100450\ \text{kN}\cdot\text{m}$$

负号表示 M_O 为顺时针转向。

本例主矢、主矩都不等于零，且主矢垂直于主矩，故还可进一步简化为一个合力 $\boldsymbol{F}'_R$，$\boldsymbol{F}'_R=\boldsymbol{F}_R$，平移到点 A，点 A 的 x 坐标 $x=\dfrac{M_O}{F_{Ry}}=10.05$ m。

2.6 平行力系的简化与应用

平行力系在工程中相当常见，例如建筑物上的风荷载、水坝上的水压力等。物体的重心分析是工程中空间平行力系简化的一个典型应用。

距离地表较近的物体，在每一小部分上都受到一铅垂向下的力，严格地讲，这些力并不平行，而是相交于地心附近某一点的汇交力系，但是由于这些力作用线之间的夹角非常小，将其看成空间平行力系仍然具有足够的精确度。该空间平行力系的合力的大小即为物体的重力，而该空间平行力系的合力的作用线总是通过一个确定的空间点，即物体的重心。若将物体看成刚体，则不管物体在空间中处于什么样的位置，其重心相对于物体本身而言是一个确定的几何点。因此，本节首先以物体的重心分析为例来讨论空间平行力系的简化问题。

2.6.1 物体的重心

重心的位置与物体的平衡和运动有很大关系。在工程实际中，常常需要计算物体的重心位置。例如，为了安全起吊大型预制构件，就需知道构件的重心位置，以合理安排起吊点；为使挡土墙、水坝以及行驶的汽车不至于倾翻，也需准确确定其重心位置。

如前所述，将物体看作由很多微小部分组成，每一个微小部分都受到一个重力作用。如以 $\Delta\boldsymbol{P}_i$ 表示作用于第 i 部分的重力，则所有 $\Delta\boldsymbol{P}_i$ 可近似地看成一组空间平行力系。其合力 $\boldsymbol{P}$ 的大小是物体的重量，而合力 $\boldsymbol{P}$ 的作用线总是通过物体上一个确定的点C，即物体的重心。这样，合力 $\boldsymbol{P}$ 的大小(即整个物体的重量)为 $P=\sum\Delta P_i$，由于平行力系可以看成作用线相交于无穷远处的汇交力系，故物体重心的坐标(x_C,y_C,z_C)可由空间力系的合力矩定理求得。

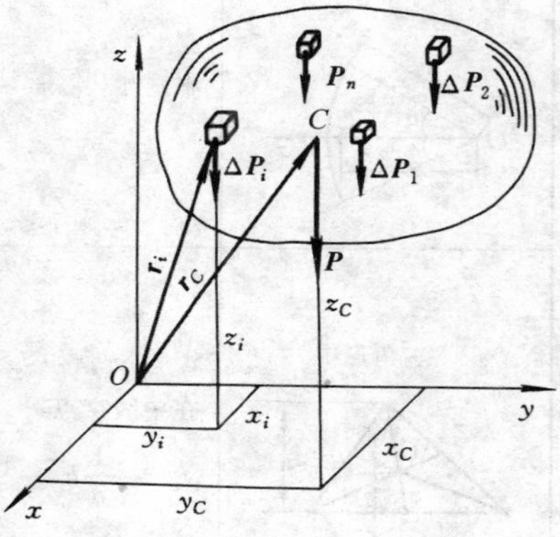

图 2-17 重心坐标

如图 2-17 所示，物体的重力对某一坐标轴的矩，等于其各微元部分的重力对同一轴矩的代数和。

以 x 轴为例，

$$-P\cdot y_C=-\Delta P_1\cdot y_1-\Delta P_2\cdot y_2-\cdots-\Delta P_n\cdot y_n$$

或

$$x_C=\frac{\sum\Delta P_i x_i}{P},\quad y_C=\frac{\sum\Delta P_i y_i}{P},\quad z_C=\frac{\sum\Delta P_i z_i}{P} \tag{2-18}$$

也可表示成矢径的形式：

$$\boldsymbol{r}_C = x_C\boldsymbol{i} + y_C\boldsymbol{j} + z_C\boldsymbol{k} = \frac{\sum \Delta P_i}{P}(x_i\boldsymbol{i} + y_i\boldsymbol{j} + z_i\boldsymbol{k}) = \frac{\sum \Delta P_i \boldsymbol{r}_i}{P}$$

即

$$\boldsymbol{r}_C = \frac{\Delta P \boldsymbol{r}_i}{P} \tag{2-19}$$

如果物体是匀质的，其容重 γ 为常量，则重心与物体几何形体的形心重合，其重心（或形心）坐标公式还可以体积的形式来表示：

$$x_C = \frac{\sum \Delta V_i x_i}{V},\quad y_C = \frac{\sum \Delta V_i y_i}{V},\quad z_C = \frac{\sum \Delta V_i z_i}{V} \tag{2-20}$$

其积分形式为

$$x_C = \frac{\int x\,\mathrm{d}V}{\int \mathrm{d}V},\quad y_C = \frac{\int y\,\mathrm{d}V}{\int \mathrm{d}V},\quad z_C = \frac{\int z\,\mathrm{d}V}{\int \mathrm{d}V} \tag{2-21}$$

当物体是匀质薄板或细长杆时，重心（或形心）坐标公式还可以面积或长度的形式表示，读者可自行推导。简单形体的形心可查阅表 2-1。

表 2-1　　　　简单形体的形心

图形	形心坐标	图形	形心坐标
圆　弧 （图：r, α, O, C, x_C, x）	$x_C = \frac{r\sin\alpha}{\alpha}$ 半圆弧：$\alpha = \frac{\pi}{2}$ $x_C = \frac{2r}{\pi}$	椭　圆 （图：y, b, x_C, C, y_C, O, a, x）	$x_C = \frac{4a}{3\pi}$ $y_C = \frac{4b}{3\pi}$ $\left(A = \frac{1}{4}\pi ab\right)$
三角形 （图：C, h, y_C）	在中线交点： $y_C = \frac{1}{3}h$	抛物线 （图：y, $x=py^n$, x_C, C, h, y_C, O, l, x）	$x_C = \frac{n+1}{2n+1}l$ $y_C = \frac{n+1}{2(n+2)}h$ $\left(A = \frac{n}{n+1}lh\right)$ 当 $n = 2$ 时， $x_C = \frac{3}{5}l, y_C = \frac{3}{8}h$
梯　形 （图：b, C, y_C, h, a）	在上、下底中点的连线上： $y_C = \frac{h(a+2b)}{3(a+b)}$	半球体 （图：z, C, R, O, z_C, y, x）	$z_C = \frac{3}{8}R$ $\left(V = \frac{2}{3}\pi R^3\right)$

续表

图形	形心坐标	图形	形心坐标
扇　形 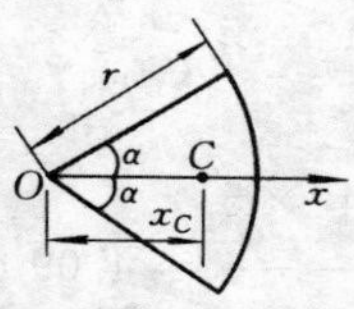	$x_C=\dfrac{2r\sin\alpha}{3\alpha}(A=r^2\alpha)$ 半圆：$\alpha=\dfrac{\pi}{2}$ $x_C=\dfrac{4r}{3\pi}$	锥　体 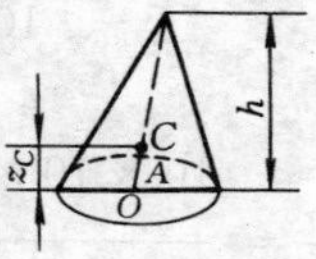	在顶点与底面中心 O 的连线上： $z_C=\dfrac{1}{4}h$ $\left(V=\dfrac{1}{3}Ah, A\text{ 是底面积}\right)$

注：α 的量以弧度计。

例 2-6　图 2-18 所示为一抛物线 $y=\dfrac{b}{a^2}x^2$ 与直线 $x=a, y=0$ 所围成的面积，a,b 均为常数，求此面积的重心。

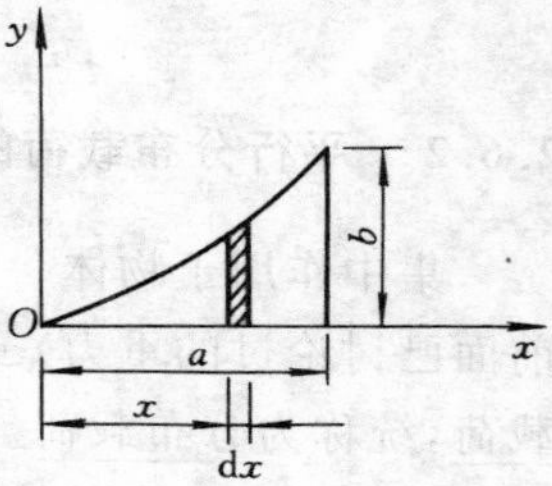

图 2-18　例 2-6 图

解　取微元如图 2-18 所示，其面积为 $\mathrm{d}A=y\mathrm{d}x$，重心坐标$\left(x,\dfrac{y}{2}\right)$由面积形式的重心坐标公式计算。

$$x_C=\frac{\int x\mathrm{d}A}{\int \mathrm{d}A}=\frac{\int_0^a x\cdot y\mathrm{d}x}{\int_0^a y\mathrm{d}x}=\frac{\int_0^a x\cdot\frac{b}{a^2}x^2\mathrm{d}x}{\int_0^a\frac{b}{a^2}x^2\mathrm{d}x}=\frac{\frac{1}{4}ba^2}{\frac{1}{3}ab}=\frac{3}{4}a$$

$$y_C=\frac{\int\frac{1}{2}y\mathrm{d}A}{\int\mathrm{d}A}=\frac{\int_0^a\frac{1}{2}y\cdot y\mathrm{d}x}{\int_0^a y\mathrm{d}x}=\frac{\int_0^a\left(\frac{b}{2a^2}x^2\right)^2\mathrm{d}x}{\int_0^a\frac{b}{a^2}x^2\mathrm{d}x}=\frac{\frac{1}{10}ab^2}{\frac{1}{3}ab}=\frac{3}{10}b$$

具有对称面、对称轴或对称中心的匀质物体，其重心（或形心）必定在对称面、对称轴或对称中心上。对于那些由若干个简单形体组合而成的物体，可运用上述公式中的叠加形式求得，遇有挖去部分的则可冠以负号。

例 2-7　求图 2-19 所示形体的重心（尺寸单位以 cm 计，圆形为挖去部分）。

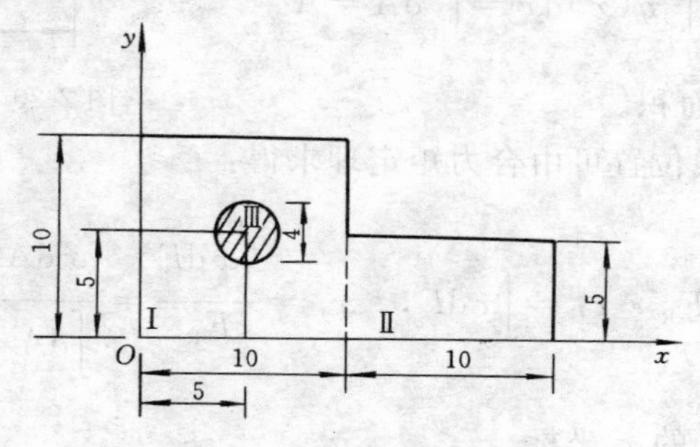

图 2-19　例 2-7 图

解 将该组合图形划分为三部分，如图 2-19 所示。

$$x_C=\frac{A_1x_1+A_2x_2+A_3x_3}{A_1+A_2+A_3}=\frac{10\times10\times5+10\times5\times15-\frac{1}{4}\pi\times4^2\times5}{10\times10+10\times5-\frac{1}{4}\pi\times4^2}=8.64\ \text{cm}$$

$$y_C=\frac{A_1y_1+A_2y_2+A_3y_3}{A_1+A_2+A_3}=\frac{10\times10\times5+10\times5\times2.5-\frac{1}{4}\pi\times4^2\times5}{10\times10+10\times5-\frac{1}{4}\pi\times4^2}=4.09\ \text{cm}$$

2.6.2 平行分布载荷的简化

集中作用于物体一个点的力称为集中载荷(或集中力)；对于作用于物体体内(如前面已讨论过的重力)或物体表面上(如水压力)的力，前者称为体载荷，后者称为面载荷，统称为分布载荷。如分布荷载的作用线彼此平行，则称为平行分布载荷。

对于平行分布的体载荷和面载荷，求其合力大小及作用线位置的方法，与前述的求物体重量及重心方法相同，不再赘述。这里只介绍工程中常见的平行分布载荷沿狭长面积分布(如梁上的载荷)时的简化方法。这种分布载荷可简化为沿物体中心线的平行力，称为线载荷。

表示力的分布情况的图形称为载荷图，某一单位长度或单位面积上所受的力称为载荷集度。面载荷集度的单位为 N/m^2 或 kN/m^2，线荷载集度的单位为 N/m 或 kN/m。

平行分布载荷 $a'abb'$ 如图 2-20 所示，其载荷集度 q 的分布线与 $a'b'$ 垂直，选取直角坐标系如图 2-20 所示。设距原点 x 处的载荷集度为 $q(x)$，长度为 $\mathrm{d}x$ 线段的载荷为 $\mathrm{d}F=q(x)\mathrm{d}x$，即等于 $\mathrm{d}x$ 长度上载荷图的面积 $\mathrm{d}A$，因而 $a'b'$ 线段上载荷的合力大小为

$$F_R=\int_A \mathrm{d}F=\int_{a'}^{b'}q(x)\mathrm{d}x=\int_A \mathrm{d}A=A$$

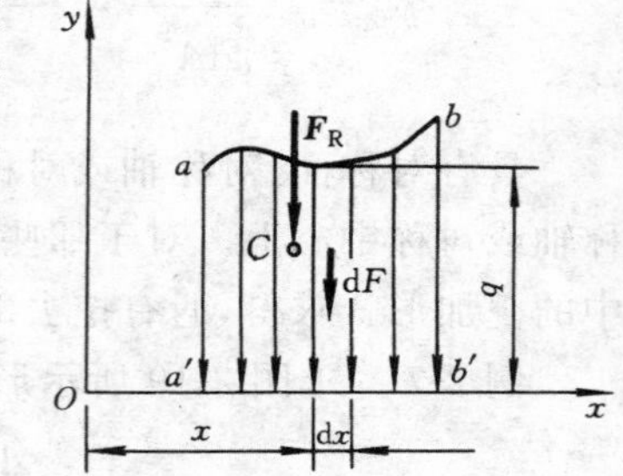

图 2-20 平行分布载荷的简化

A 表示整个载荷图的面积。

合力 $\boldsymbol{F}_R$ 的作用线位置可由合力矩定理求得：

$$F_R\cdot x_C=\int x\,\mathrm{d}F,\quad x_C=\frac{\int x\,\mathrm{d}F}{F_R}=\frac{\int x\,\mathrm{d}A}{\int \mathrm{d}A}$$

x_C 为载荷图的形心 C 的 x 坐标。

可见，沿直线平行分布线载荷与该直线垂直时，分布载荷的合力大小等于载荷图的面积，合力作用线通过载荷图的形心。

这一结论也可推广到沿曲线平行分布线载荷的情况。例如，图 2-21a）所示的载荷情况，可简化为图 2-21b）的形式。

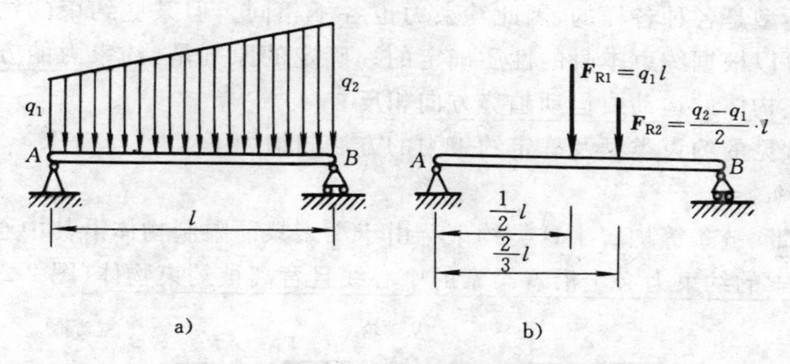

图 2-21　平行分布载荷简化实例

如果沿直线平行分布力不与该直线垂直，则可以证明该载荷的合力大小不等于载荷图的面积，但合力作用线仍通过载荷图的形心。以图 2-22 为例，合力的大小与力作用线的长度有关。

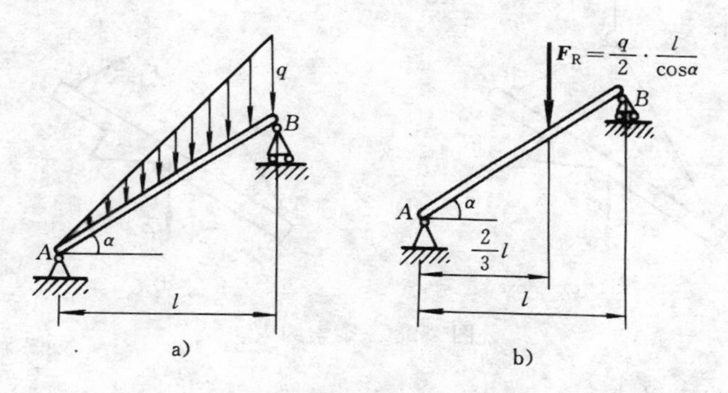

图 2-22　平行分布载荷与直线 AB 不垂直时的简化实例

2.7　约束与约束力

2.7.1　约束的概念

力学中所研究的物体，就其运动情况而言，可分为两类：一类物体在空间的运动不受其他物体的限制，例如飞机、人造卫星等，称为自由体；另外一类物体在空间的运动受到其他物体的限制，例如安装在基础上的机械、支承在柱子上的屋架等，称为非自由体或受约束体。

阻碍物体运动的限制物称为约束；约束施加于被约束物体的力称为约束力或约束反力。除约束力以外的其他力称为主动力或载荷，如重力、水压力、雪载荷等。

一般情况下，主动力是已知的，而约束力是未知的。

2.7.2　约束的基本类型与约束力

约束的类型是各种各样的，因此约束力也各不相同。但某些约束的约束力作用点或方向是可以根据约束本身的性质确定的。确定的原则是：约束力的方向总是与约束所能阻止物体的运动或运动趋势方向相反。

工程中常见的约束类型及确定约束力的方法归纳如下：

1. 柔索约束

绳索、皮带、链条等均属于这类约束。由于柔索只能限制物体沿其中心线方向的运动，所以柔索的约束力必定沿着柔索的中心线且背离被约束物体（图 2-23）。

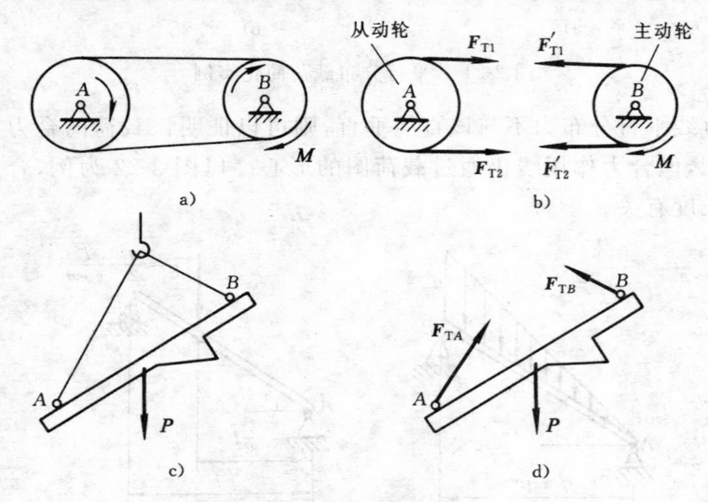

图 2-23　柔索约束

2. 光滑接触面约束

当物体与约束间的接触面非常光滑、摩擦可忽略不计时，可简化为光滑接触面约束。支持物体的固定面、啮合齿轮的齿面等都属这类约束（图 2-24）。

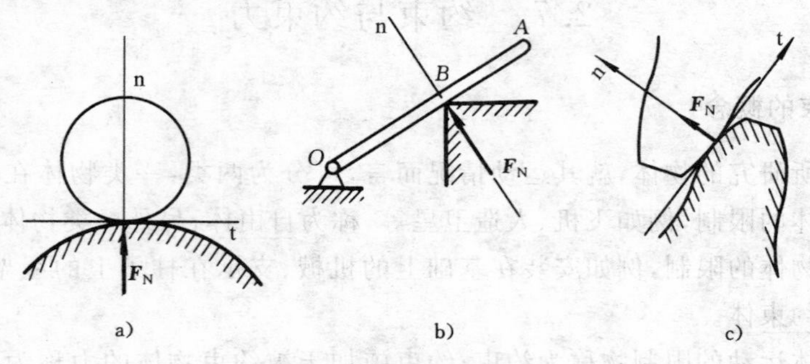

图 2-24　光滑接触面约束

这类约束只能阻碍物体沿接触面的公法线方向往约束内部的运动，而不能阻碍物体在切线方向的运动，所以光滑接触面的约束力作用在接触点，方向沿接触表面的公法线，并指向被约束物体。

3. 铰链约束和固定铰支座约束

1）铰链约束

两个构件用光滑圆柱销钉连接起来的约束称为铰链约束(图 2-25)。铰链约束只能限制构件在垂直于销钉轴线的平面内作任意方向的运动，但不能限制构件绕销钉的转动和沿其轴线方向的滑动。销钉与构件可以在销钉柱面的任意一条母线上接触，由于光滑曲面约束力沿着公法线，光滑铰链约束力的作用线必通过圆孔的中心，但是约束力的大小和方向都是未知的。因此，铰链的约束力作用在垂直于销钉轴线的平面内，通过销钉中心，而方向待定，故通常将其分解为两个互相垂直的未知分力，其指向可以假定(图 2-25)。

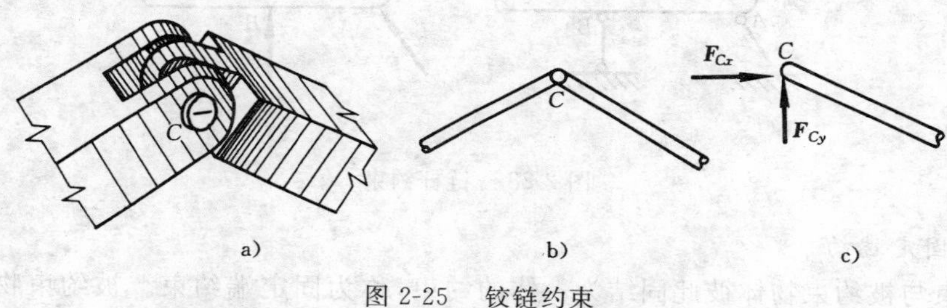

图 2-25　铰链约束

2）固定铰支座约束

将构件用光滑圆柱销钉与固定支座连接，构成固定铰支座约束，简称铰支座，图 2-26a) 是固定铰支座约束的示意图。固定铰支座约束是一种常见的平面力系的约束类型。铰支座的约束特性与铰链约束对于构件的约束特性相同。在工程中，常用的方法是将其约束力表示为两个互相垂直的未知力 F_{Ax} 和 F_{Ay} (图 2-26c))。

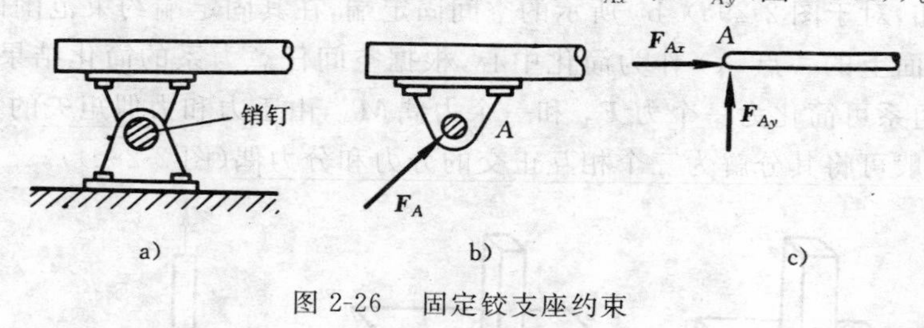

图 2-26　固定铰支座约束

4. 辊轴约束

辊轴约束由几个圆柱滚轮支承结构，以允许物体沿支承面方向运动。桥梁、屋架等工程结构经常采用这类约束。

辊轴支座不能阻止构件沿着支承面运动，但一般能阻止物体与支座连接处向着支承面或沿着支承面运动。所以，其约束力通过销钉中心，垂直于支承面，指向可假定(图 2-27)。

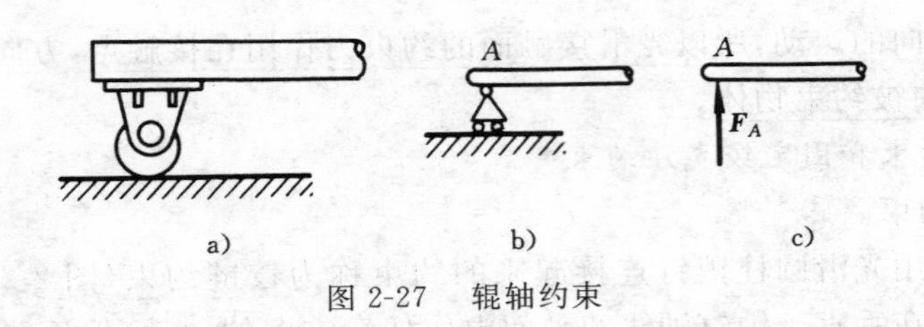

图 2-27　辊轴约束

5. 链杆约束

两端用光滑销钉与物体连接而中间不受力的直杆，称为链杆(图 2-28a))。链杆只能阻止物体上与链杆连接的一点沿着链杆中心线趋向运动，并且链杆满足二力杆的受力特点，因此，链杆的约束力沿着链杆中心线，指向可以假定(图 2-28)。

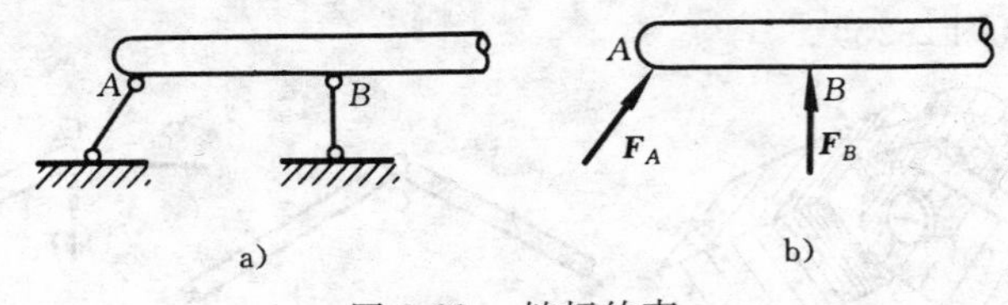

图 2-28　链杆约束

6. 固定端约束

约束与被约束物体彼此固结为一体的约束，称为固定端约束。被约束物体的空间位置被完全固定而没有任何相对活动余地。常见的地面对电线杆、墙对悬臂梁、刀架对车刀等都构成固定端约束。这些约束具有共同的特点：被约束物体既不能移动，也不能在约束处绕任意轴转动。固定端约束与铰链约束不同的是约束物与被约束物之间是线接触(平面问题) 和面接触(空间问题)，因而约束力为作用在接触面上的分布力系。因此，固定端的约束力可以作为任意力系向一点简化的分析结果的应用来分析。例如，对于图 2-29a)，b) 所示的空间固定端，在其固定端约束范围内任选一点(例如选地面上的一点 A) 作为简化中心，根据空间任意力系的简化结果，物体所受到的约束力系可简化为一个力 $\boldsymbol{F}_A$ 和一个力偶 $\boldsymbol{M}_A$，由于力和力偶矩矢的大小和方向均未知，一般可将其分解为三个相互正交的分力和分力偶(图 2-29c))。

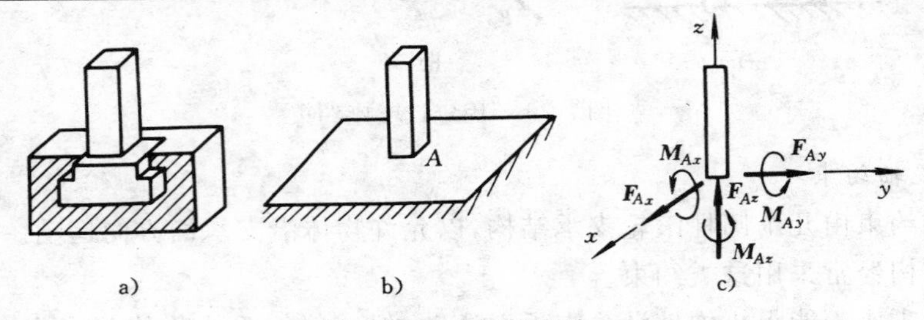

图 2-29　空间固定端

平面固定端约束除了限制物体在水平和铅垂方向的移动外，还限制物体绕夹持点转动。类似空间固定端约束力的分析，根据平面任意力系的简化结果，物体所受到的约束力系可简化为同一平面(例如 Oxy 平面)内的一个力 $\boldsymbol{F}_A$ 和一个力偶 $\boldsymbol{M}_A$,由于力的大小和方向、力偶矩的大小均未知,于是,一般用沿 x,y 坐标轴的两个分力 $\boldsymbol{F}_{Ax}$,$\boldsymbol{F}_{Ay}$ 和一个约束力偶 $\boldsymbol{M}_A$ 来表示(图 2-30)。

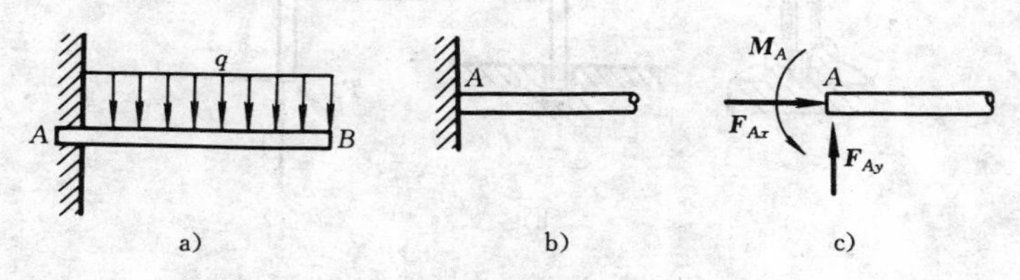

图 2-30　平面固定端

7. 球铰支座约束

将物体的一端制成球状,并置于与基础固结的半径近似相等的球窝内,构成球铰支座,简称球铰。球铰支座是用于空间力系问题的约束。球心相对于基础是固定不动的,被约束物体只能绕球心作相对转动。与光滑铰链的分析类似,球铰支座给予被约束物体的约束力必通过球的中心,指向不定。为方便计算,可将其分解为三个相互正交的分力 $\boldsymbol{F}_x$,$\boldsymbol{F}_y$,$\boldsymbol{F}_z$(图 2-31)。

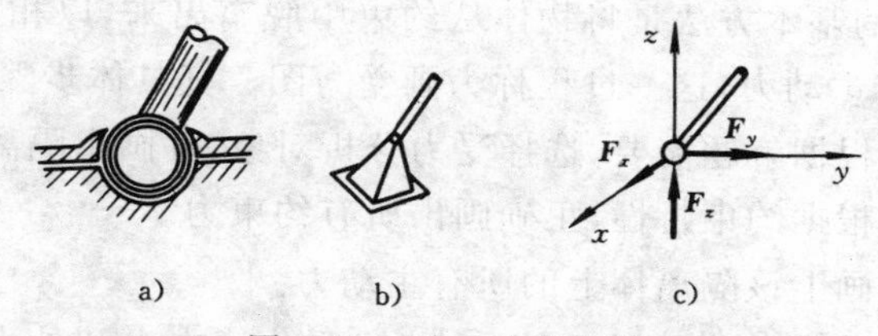

图 2-31　球铰支座约束

8. 径向轴承与止推轴承

1) 径向轴承

径向轴承是机械中对转动轴的约束,它允许转轴转动,但限制转轴在垂直于轴的中心线的任何方向上移动。因此,径向轴承的约束力应在与轴线垂直的平面内,通过圆轴中心,但指向不定。通常用垂直于轴线的两个相互垂直的合力 $\boldsymbol{F}_x$,$\boldsymbol{F}_z$ 来表示(图 2-32)。

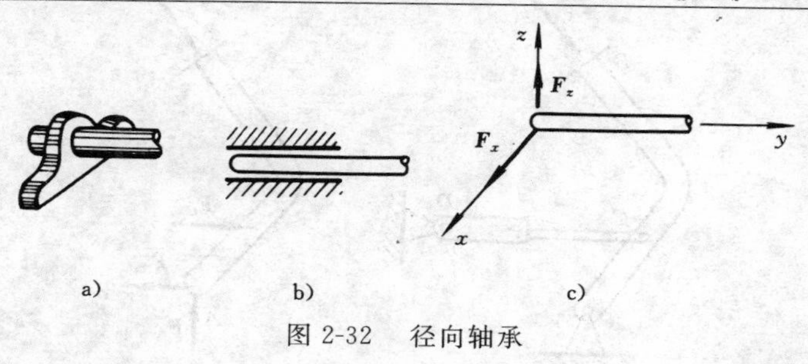

图 2-32　径向轴承

2) 止推轴承

止推轴承与径向轴承的区别是止推轴承还能限制转轴沿轴向的移动。因此,止推轴承的约束力增加了沿轴向的一个分力(图 2-33)。

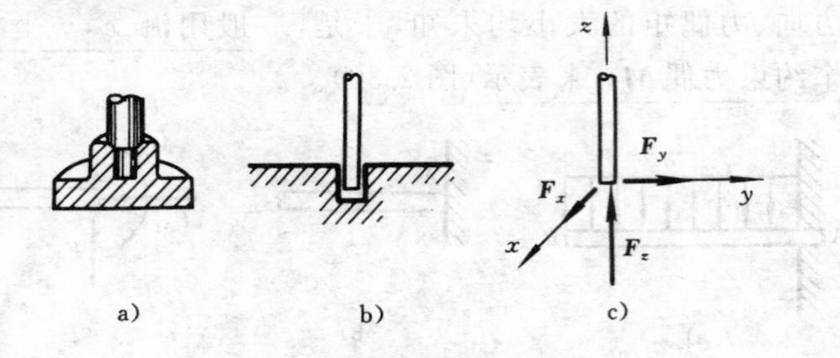

图 2-33　止推轴承

2.8　受约束物体的受力分析

在工程问题中,为了求出未知的约束力,必须先分析物体的受力情况,明确构件受哪些力的作用,每个力的作用位置和作用方向,哪些力是已知的,哪些力是未知的,这一过程称为物体的受力分析。在此基础上,才能运用平衡条件求解。

物体受力分析的基本方法是将物体从约束中脱离出来,以相应的约束力代替约束,然后再画上所有主动力,这一过程称为画受力图。其具体步骤大致如下:

(1) 取隔离体:根据解题需要,选择受力分析对象,并画出隔离体图。

(2) 画约束力:根据约束特性,正确画出所有约束力。

(3) 画主动力:画上该隔离体上的所有主动力。

要注意:考虑多个物体组成的系统受力时,要分清内力和外力,因内力是成对出现的,可不画。两个以上相互约束的物体须分别画受力图时,要注意作用力与反作用力之间的相互关系。

例 2-8　刹车机构简化为平面图形(图 2-34)。其曲杆 AB 可绕点 A 处转动,当仅考虑曲杆 AB 受力情况时,连接其他刹车部件的液压构件可视为在点 D 处铰接。试画出曲杆 AB 的受力图。

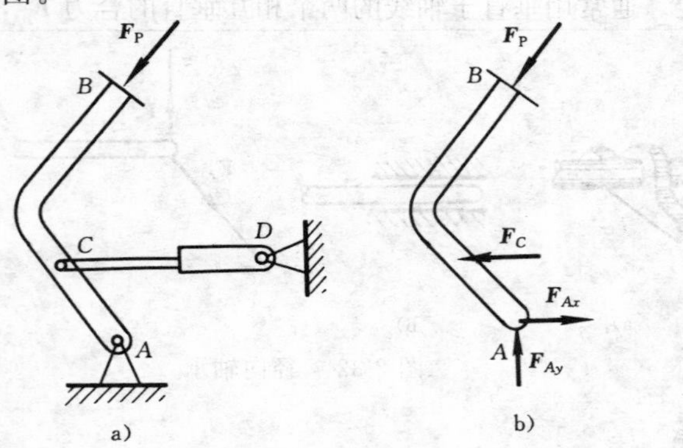

图 2-34　例 2-8 图

解　画出曲杆 AB 的隔离体图；点 A 处为固定铰支座，约束力以 $\boldsymbol{F}_{Ax}$，$\boldsymbol{F}_{Ay}$ 表示，指向假定；CD 视为二力杆，$\boldsymbol{F}_C$ 沿 CD 轴线，假设为压力。

例 2-9　如图 2-35 所示组合梁，试画出梁 AB、梁 BC 的受力图。

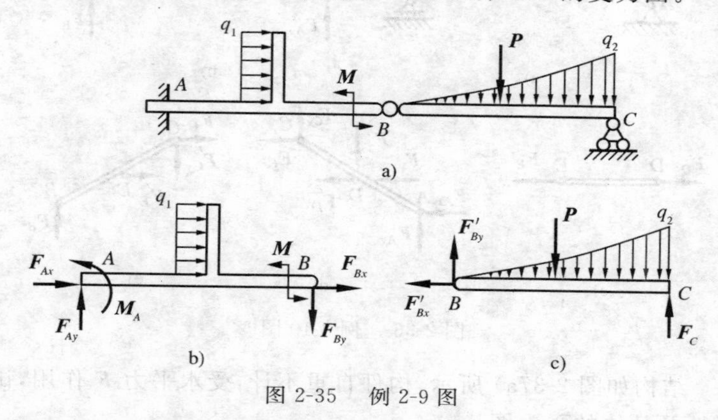

图 2-35　例 2-9 图

解　首先画出梁 AB 的隔离体图，主动力照原样画出；点 A 处为平面固定端，约束力以 $\boldsymbol{F}_{Ax}$，$\boldsymbol{F}_{Ay}$ 表示，指向假定，约束力偶以 $\boldsymbol{M}_A$ 表示，转向假定；点 B 处为铰链，约束力以 $\boldsymbol{F}_{Bx}$，$\boldsymbol{F}_{By}$ 表示，指向假定。

接着画出梁 BC 的隔离体图，主动力照原样画出；点 B 处的约束力 $\boldsymbol{F}'_{Bx}$，$\boldsymbol{F}'_{By}$ 分别为 $\boldsymbol{F}_{Bx}$，$\boldsymbol{F}_{By}$ 的反作用力；点 C 处为辊轴支座，约束力以 $\boldsymbol{F}_C$ 表示，指向假定。

例 2-10　如图 2-36 所示为上弦杆 AC，BC 和横杆 DE 组成的简单屋架。点 C，D 和 E 处都是铰链连接，屋架的支承情况和所受载荷 $\boldsymbol{F}_1$，$\boldsymbol{F}_2$ 如图所示。不计各杆自重，试分别画出横杆 DE、上弦杆 AC 和 BC 以及整个屋架的受力图。

解　(1) 考虑横杆 DE。横杆 DE 的两端是铰链连接，中间不受力作用，且不计杆的自重，为二力杆，所以 $\boldsymbol{F}_D$，$\boldsymbol{F}_E$ 的作用线必定沿着 D，E 的连线。其受力图如图 2-36c) 所示。

(2) 考虑上弦杆 AC。A 处为铰链支座，其约束力可用 $\boldsymbol{F}_{Ax}$，$\boldsymbol{F}_{Ay}$ 表示，指向假设如图中所示；C 处为铰链，其约束力可用 $\boldsymbol{F}_{Cx}$，$\boldsymbol{F}_{Cy}$ 表示，指向假设如图中所示；而 D 处应为 $\boldsymbol{F}_D$ 的反作用力 $\boldsymbol{F}'_D$，方向与 $\boldsymbol{F}_D$ 相反。杆上作用主动力 $\boldsymbol{F}_1$ 与 $\boldsymbol{F}_2$。上弦杆 AC 的受力图如图 2-36d) 所示。

(3) 考虑上弦杆 BC。其受力图如图 2-36e) 所示。注意 $\boldsymbol{F}'_{Cx}$ 与 $\boldsymbol{F}_{Cx}$、$\boldsymbol{F}'_{Cy}$ 与 $\boldsymbol{F}_{Cy}$ 以及 $\boldsymbol{F}'_E$ 与 $\boldsymbol{F}_E$ 分别是作用力与反作用力的关系。

(4) 考虑整个屋架。其受力图如图 2-36b) 所示。注意铰链支座 A 和辊轴支座 B 的约束力方向应与图 2-36d)，e) 中相应约束力方向一致。在整体受力图中，物体系统内部各物体之间相互作用的力是内力，根据作用与反作用定律，内力总是成对出现的，彼此等值、反向共线。在以系统为研究对象时，成对的内力并不影响平衡，因此在系统受力图上不必画出内力。

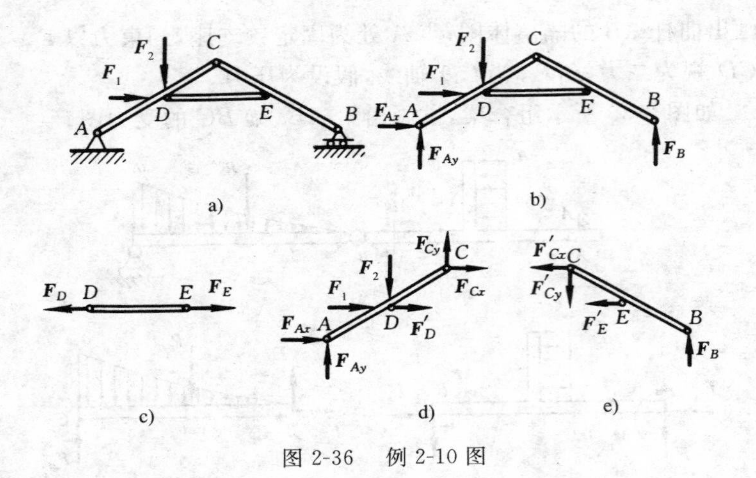

图 2-36　例 2-10 图

例 2-11　结构如图 2-37a）所示，构件自重不计，受水平力 $\boldsymbol{F}$ 作用，试画出板、杆连同滑块、滑轮及整体的受力图。

解　（1）先取板为研究对象：主动力为 $\boldsymbol{F}$；约束力未知，在 A 处受铰支座约束，用两正交的分力 $\boldsymbol{F}_{Ax}$，$\boldsymbol{F}_{Ay}$ 表示，在 C 处受杆上滑块的光滑接触面约束，则约束力沿公法线方向，即垂直于板上的滑槽，用 $\boldsymbol{F}_C$ 表示（图 2-37b））。

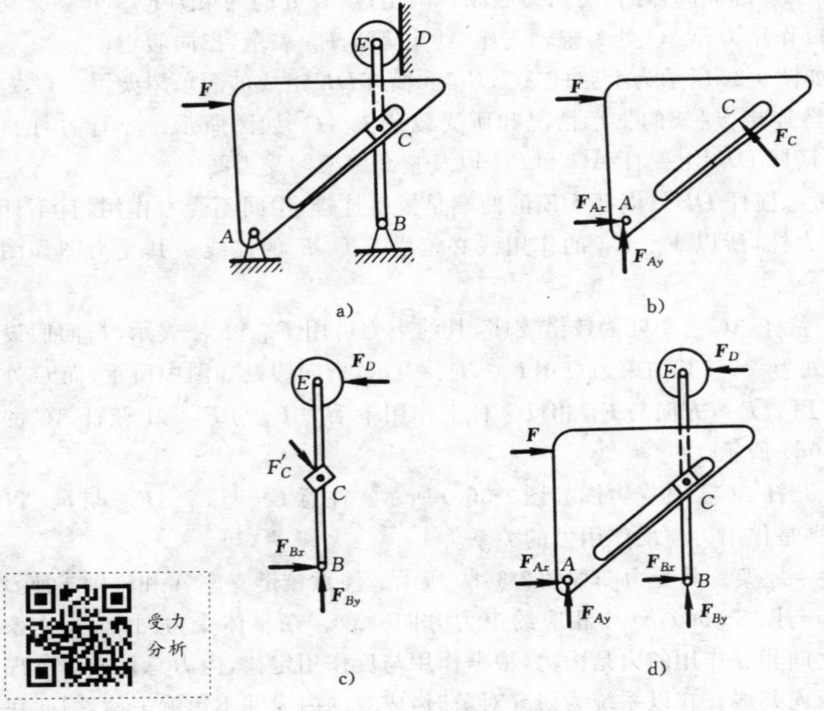

图 2-37　例 2-11 图

(2) 再取杆连同滑块和滑轮分析：虽然杆同滑块 C 和滑轮 E 均为铰接，但滑块 C 与滑轮 E 在点 C 与点 D 处均为光滑接触面约束，故其约束力均应沿公法线方向，分别以 $\boldsymbol{F}'_C(\boldsymbol{F}'_C=-\boldsymbol{F}_C)$ 及 $\boldsymbol{F}_D$ 表示，点 B 受铰支座约束，用两正交分力 $\boldsymbol{F}_{Bx}$，$\boldsymbol{F}_{By}$ 表示(图 2-37c))。

(3) 最后考虑整体受力情况：在整体受力图上只需画出全部外力，内力不必画出。整体受力图如图 2-37d) 所示。

对有轮(滑轮)系统，若没有特定要求，不必将滑轮单独取出分析。研究对象可以是几个物体的组合。

思　考　题

2-1　由平面汇交力系 $\boldsymbol{F}_1$，$\boldsymbol{F}_2$，$\boldsymbol{F}_3$ 和 $\boldsymbol{F}_4$ 组成的力多边形如图所示。试用矢量式来表示这四个力之间的关系。

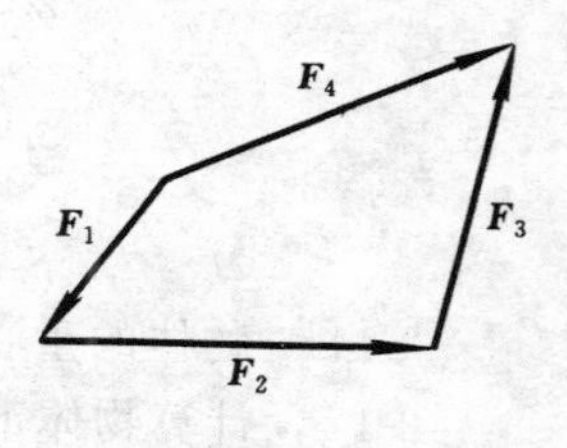

思考题 2-1 图

2-2　平面汇交力系向汇交点以外一点简化，其结果可能是一个力吗？可能是一个力偶吗？可能是一个力和一个力偶吗？

2-3　设一空间任意力系向点 O 简化的主矢为 $\boldsymbol{F}_R$，主矩为 $\boldsymbol{M}_O$，试问该力系向另一简化中心 A 简化，所得的主矩 $\boldsymbol{M}_A$ 与 $\boldsymbol{M}_O$ 之间的关系如何？在什么条件下，$\boldsymbol{M}_A$ 与 $\boldsymbol{M}_O$ 才是一样的？

2-4　空间任意力系向两个不同的点简化，试问下述情况是否可能：(1) 主矢相等、主矩也相等；(2) 主矢不相等、主矩相等；(3) 主矢相等、主矩不相等；(4) 主矢、主矩都不相等。

2-5　空间平行力系简化的最后结果有哪些可能？是否可能简化为一个力螺旋？为什么？

2-6　某平面力系向同平面内任一点简化的结果都相同，此力系简化的最终结果可能是什么？

2-7　一平面任意力系，已知 x 轴与点 A 在此力系平面内，并有 $\sum F_{ix}=0$，$\sum M_A(\boldsymbol{F}_i)=0$，则此力系简化的结果有几种可能？

2-8　一平面任意力系，已知 A，B 两点在此力系平面内，并有 $\sum M_A(\boldsymbol{F}_i)=0$，$\sum M_B(\boldsymbol{F}_i)=0$，则此力系简化的结果有几种可能？

2-9　图 a) 所示矩形闸门 AB 所受的静水压力可简化为三角形载荷，其载荷图为梯形 $AabB$。求这载荷的合力有哪几种方法？若水的容重为 γ，试问载荷集度的最大值 q_m 等于多少？试画出图 b) 中闸门 AB 静水压力载荷图，其 q_m 等于多少？

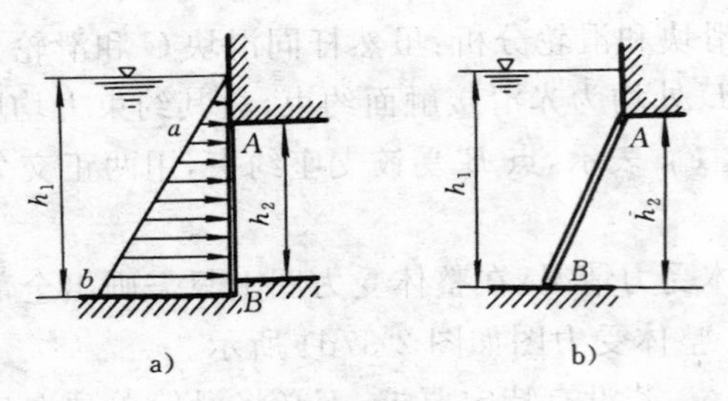

思考题 2-9 图

2-10　组合梁上作用均布载荷 q，求点 A，B，D 处反力时，可否用作用线通过点 C 的合力 $F_R=2qa$ 来代替(图 b))？为什么？

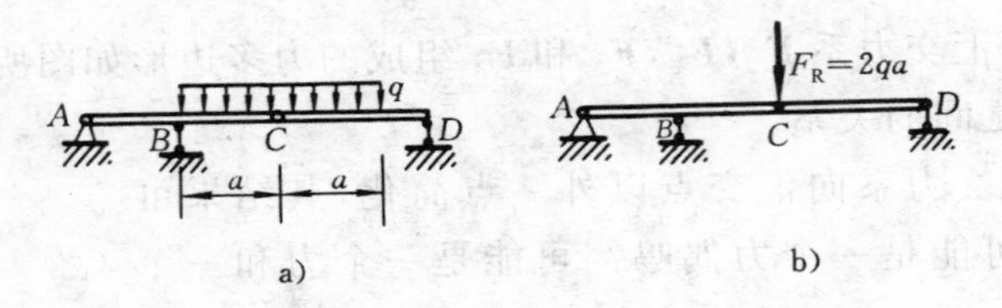

思考题 2-10 图

2-11　物体的重心是否一定在物体上？为什么？

2-12　计算物体重心时，如果选取两个不同的坐标系，则得出的重心坐标是否不同？如果不同，是否意味着物体的重心相对物体的位置不是确定的？

2-13　“物体的重心即是形心”，这句话正确吗？在什么条件下重心与形心重合？

2-14　凡两点受力的杆件都是二力杆吗？凡两端用铰链连接的杆都是二力杆吗？

2-15　人字形梯子受载荷 $\boldsymbol{P}$ 的作用，A 为铰链，DE 为绳索，地面是光滑的(图 a))。试指出人字形梯子及其各物体的受力图 b)，c)，d)，…，i) 中哪些是正确的，哪些是错误的或不符合要求的。

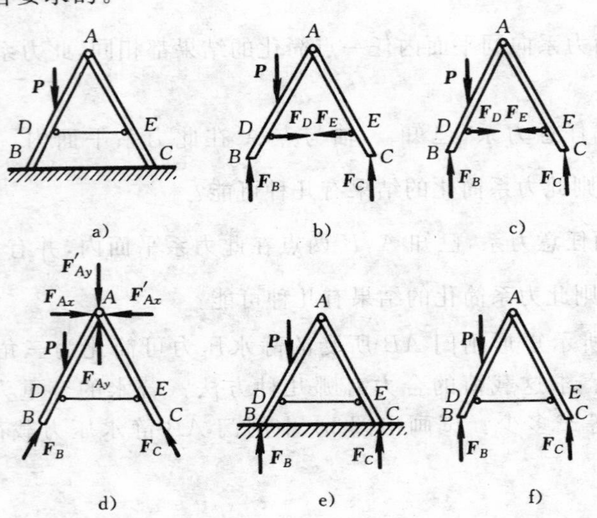

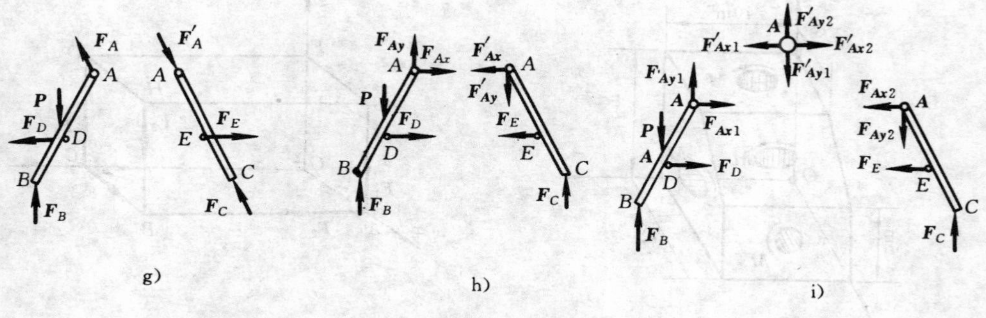

思考题 2-15 图

习　题

2-1　三绳索的拉力作用于光滑的固定环上，力的大小 $F_1=3$ kN，$F_2=6$ kN，$F_3=12$ kN，方向如图所示。试求这三个力的合力。

答案　$F_R=14.39$ kN，$\alpha=65.36°$，$\beta=68.83°$，$\gamma=33.50°$。

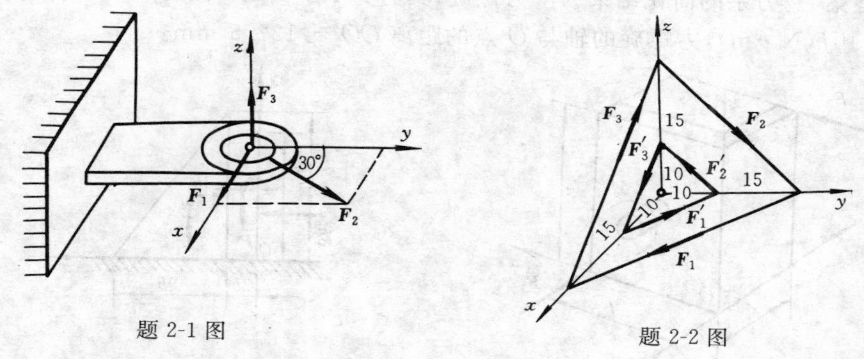

题 2-1 图　　　　　　　　题 2-2 图

2-2　求图示三个力偶($\boldsymbol{F}_1$，$\boldsymbol{F}'_1$)，($\boldsymbol{F}_2$，$\boldsymbol{F}'_2$)，($\boldsymbol{F}_3$，$\boldsymbol{F}'_3$)的合成结果。已知各力偶的力的大小为 $F_1=F'_1=400$ N，$F_2=F'_2=200$ N，$F_3=F'_3=200$ N(图中尺寸以 cm 计)。

答案　$M=3\,000\sqrt{3}$ N·cm，$\cos\alpha=\cos\beta=-0.408\,2$，$\cos\gamma=-0.816\,5$，$\alpha=\beta=114.1°$，$\gamma=144.7°$。

2-3　在图示工件上同时钻 4 个孔，每孔所受的切削力偶矩均为 8 N·m，每孔的轴线垂直于相应的平面。求合成的结果。

答案　$M=20.86$ N·m，$\alpha=127.85°$，$\beta=112.55°$，$\gamma=133.65°$。

2-4　图示的力系由 F_1，F_2，F_3，F_4 和 F_5 组成，其作用线分别沿六面体棱边。已知：$F_1=F_3=F_4=F_5=5$ kN，$F_2=10$ kN，$\overline{OA}=\dfrac{\overline{OC}}{2}=1.2$ m。试求力系的简化结果。

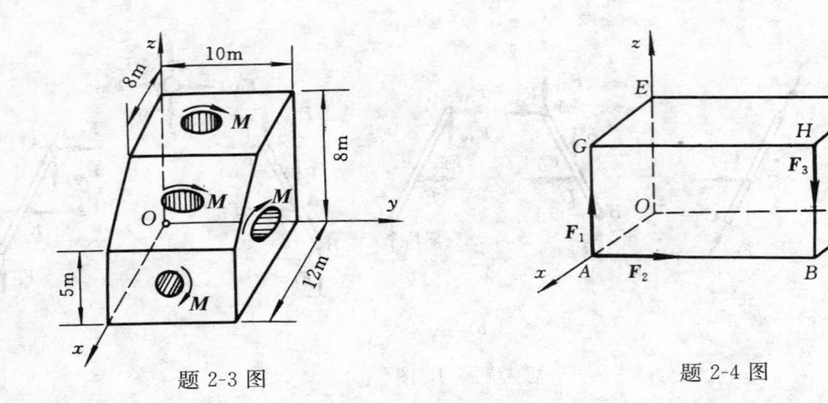

题 2-3 图　　　　题 2-4 图

答案　力系简化为一合力，合力作用线通过点 O，其大小和方向为 $\boldsymbol{F}=5\boldsymbol{i}+10\boldsymbol{j}+5\boldsymbol{k}$(kN)；合力作用线方程为 $x=\dfrac{y}{2}=z$。

2-5　一空间力系如图所示。已知：$F_1=F_2=100$ N，$M=20$ N·m，$b=300$ mm，$l=h=400$ mm。试求力系的简化结果。

答案　力系的简化结果为一力螺旋，其力为 $\boldsymbol{F}=100\boldsymbol{i}+100\boldsymbol{j}$(N)，力偶为 $\boldsymbol{M}'=10\boldsymbol{i}+10\boldsymbol{j}$(N·m)，力螺旋的轴与 O 点的距离 $OO'=122.5$ mm。

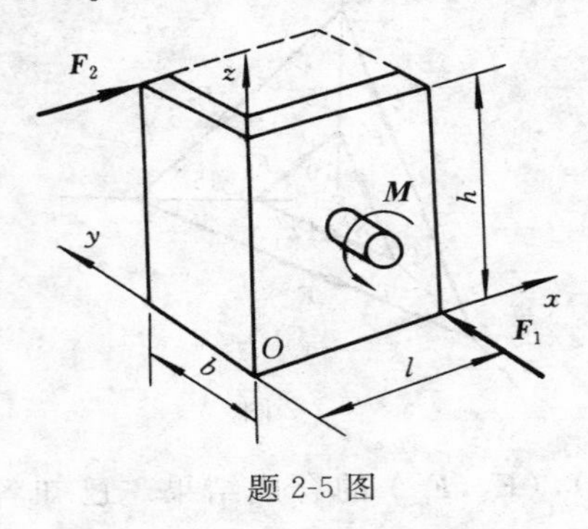

题 2-5 图

题 2-6 图

2-6　重力坝受力如图所示。已知：坝体自重分别为 $P_1=9\,600$ kN，$P=21\,600$ kN，水压力 $F=10\,120$ kN，$b=4$ m，$h=5$ m。试求此力系的合力。

答案　合力大小 $F_R=32\,800$ kN，合力与 x 轴的交点与 O 点的距离 $d=19.94$ m，合力与 x 轴的夹角 $\varphi=-72.03°$。

2-7　一绞盘有三个等长的柄，长度为 l，其间夹角 φ 均为 120°，每个柄端各作用一垂直于柄的力 $\boldsymbol{F}$。试求：(1) 向中心点 O 简化的结果；(2) 向 BC 连线的中点 D 简化的结果。这两个结果说明什么问题？

答案　(1) $F'_R=0$，$M=3Fl$；(2) $F'_R=0$，$M=3Fl$。

2-8　在半径为 R 的圆面积内挖去一半径为 r 的圆孔，如图所示。试求剩余面积的重心。

题 2-7 图　　　　题 2-8 图

答案　$x_C = -\frac{r^2 R}{2(R^2 - r^2)}, y_C = 0$。

2-9　图示正方形 $OADB$ 中，已知其边长为 l，试在其中求出一点 E，使此正方形在被截去等腰三角形 OEB 后，点 E 即为剩余面积的重心。

答案　$x_C = \frac{l}{2},\ y_C = 0.634l$。

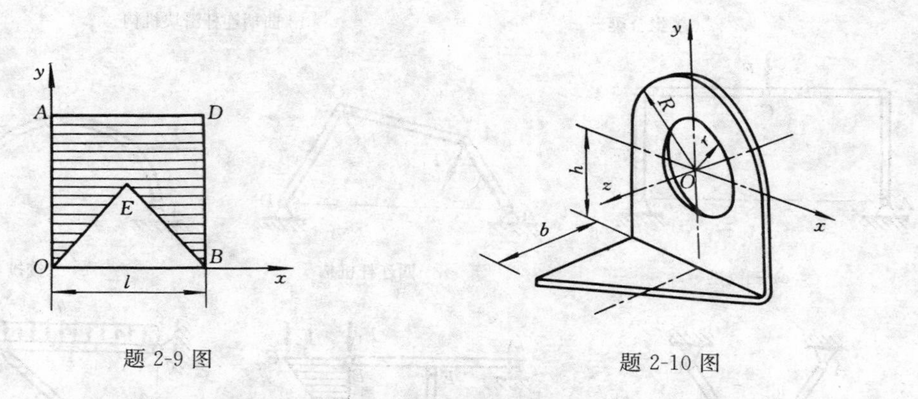

题 2-9 图　　　　题 2-10 图

2-10　图示支架由等厚度的匀质板料所制成。尺寸为 $r = 40$ mm，$R = 80$ mm，$h = 80$ mm，$b = 100$ mm。试求其重心的位置。

答案　$x_C = 8.26$ mm，$y_C = -31.4$ mm，$z_C = 10.33$ mm。

2-11　试分别画出图示物体的受力图。物体的重量除图上注明外，其余均略去不计，所有接触处均为光滑。

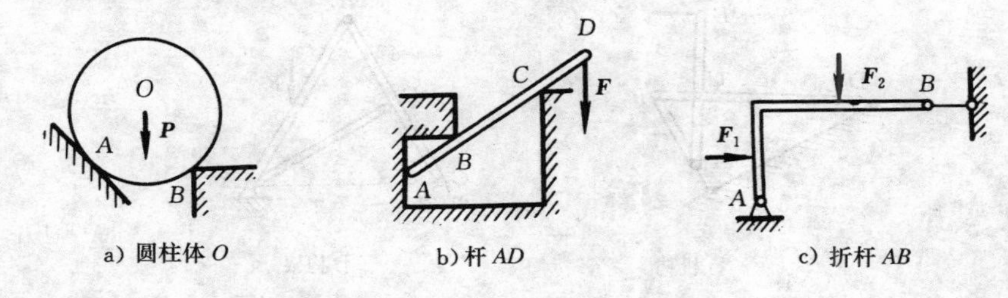

a) 圆柱体 O　　b) 杆 AD　　c) 折杆 AB

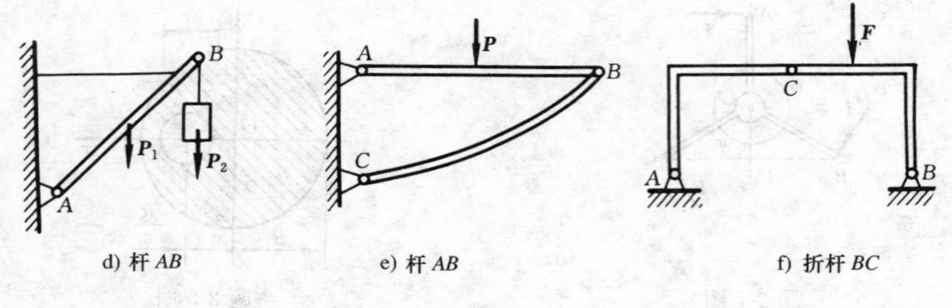

题 2-11 图

2-12　试分别画出图示各物体系统中每个物体及整体的受力图。物体的重量除图上注明外，其余均略去不计，所有接触处均为光滑。

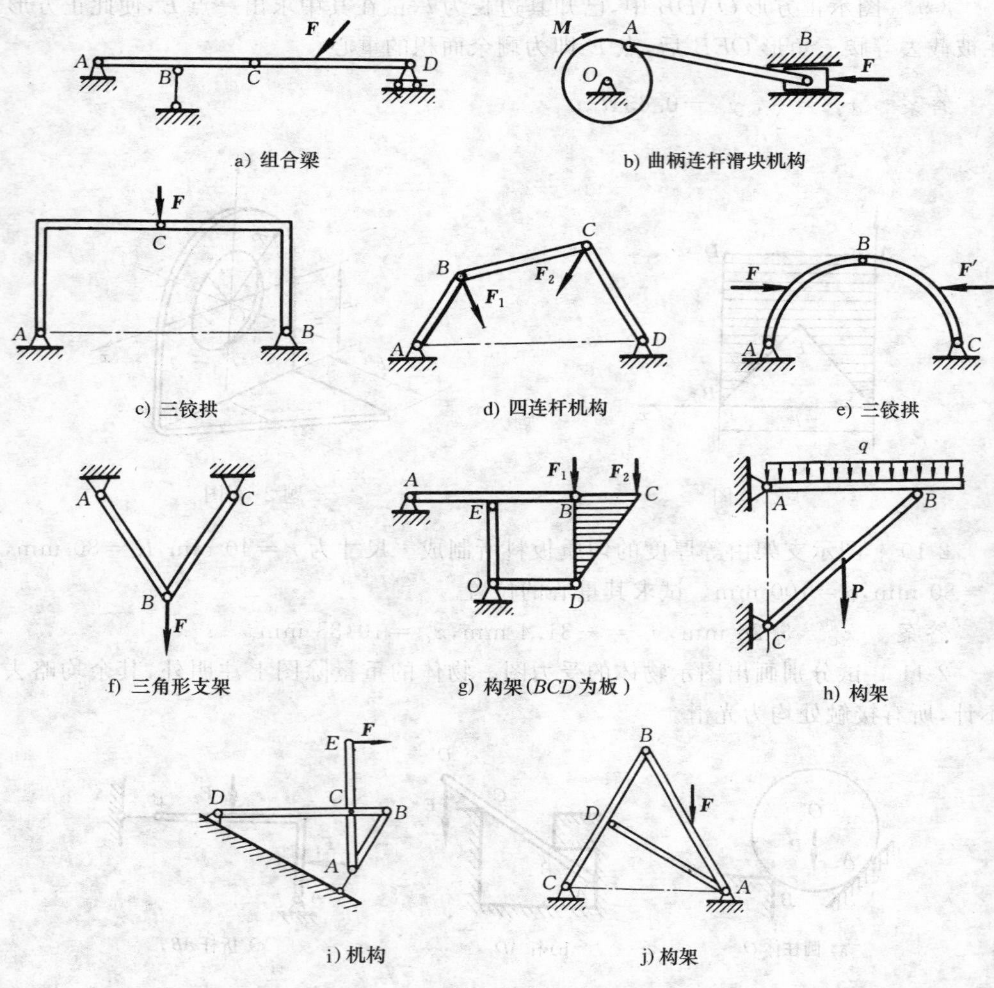

题 2-12 图

2-13　图示构架，E 为铰链，B，D 均为铰链支座，不计各杆重量。画出滑轮 A，F 和杆 AB，CD 的受力图。

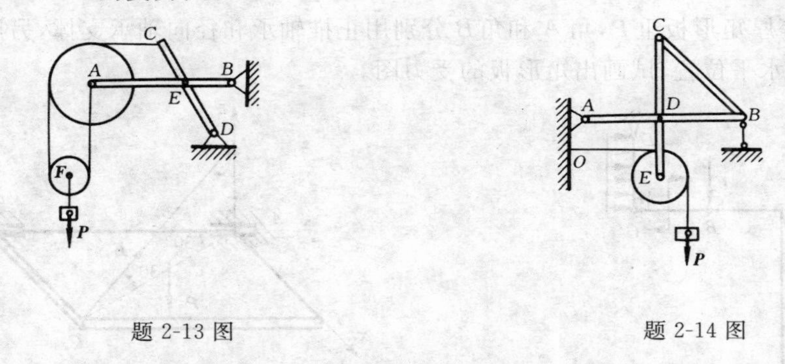

题 2-13 图　　　　　　题 2-14 图

2-14　图示构架，C，D，E 为铰链，A 为铰链支座，B 为链杆，绳索的一端固定在点 F，另一端绕过滑轮 E 并与重为 P 的重物连接。不计各构件的重量。画出构件 AB，CB，CE 和滑轮 E 的受力图。

2-15　在图示构架中，E 或 G 为圆柱销子，不计各构件的自重，试分别画出：图 a）中构件 AB，BC，DEG 的受力图；图 b）中构件 AB，CD 和轮 B 的受力图。

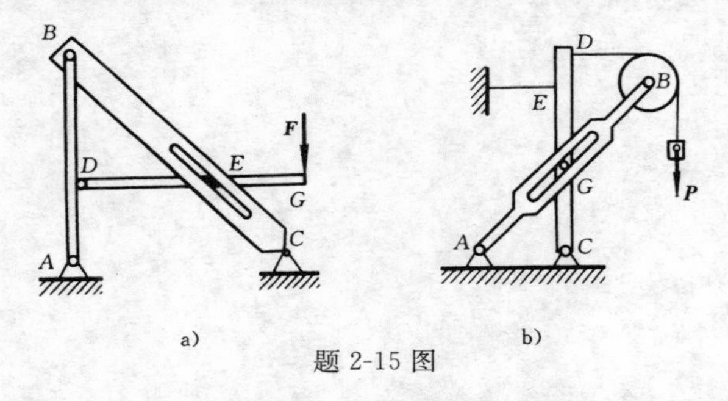

题 2-15 图

2-16　试画出图 a）中构件 AB，BC 的受力图及整体受力图，并画出图 b）中构件 $ABCD$，DE，EC，圆柱 A 的受力图及整体受力图。物体的重力均不计。

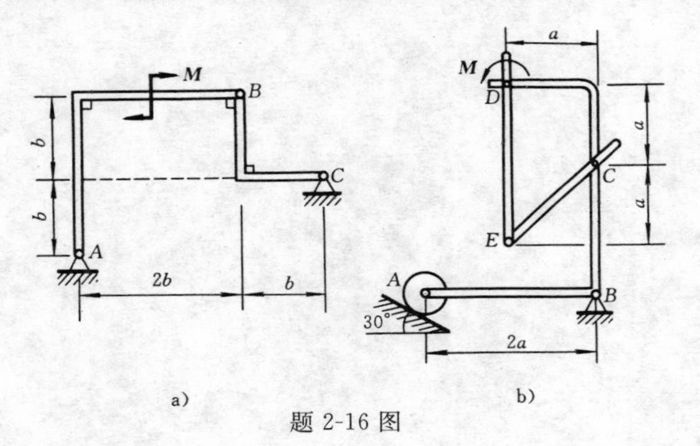

题 2-16 图

2-17　如图所示构架，不计各杆的重量，试分别画出构件 AB，BC 与 CD 组合体，以及整体的受力图。

2-18　等厚矩形板重 $\boldsymbol{P}$，角 A 和角 B 分别用止推轴承和径向轴承支撑，另用一绳 EC 使板保持水平位置，试画出矩形板的受力图。

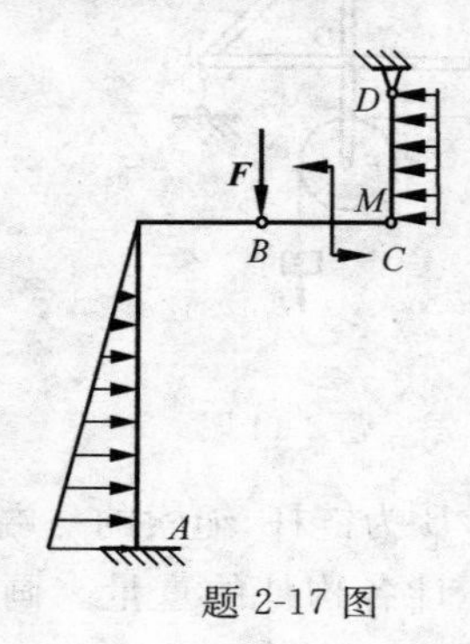

题 2-17 图

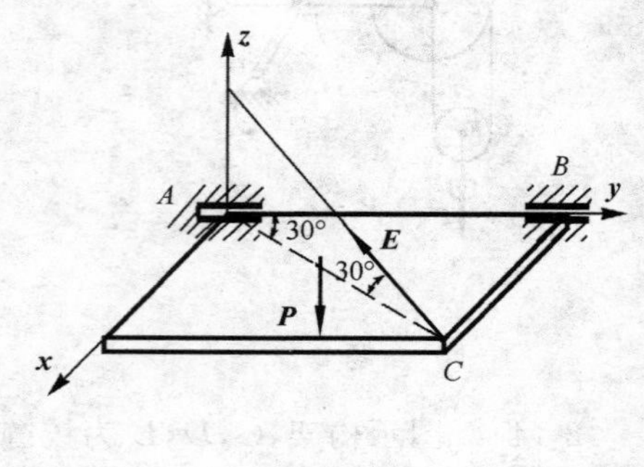

题 2-18 图

第1篇 静力学

静力学是研究物体在力作用下的平衡规律的科学。所谓平衡,一般是指物体相对于地面保持静止或作匀速直线运动,它是机械运动的特殊情况。物体的平衡总是相对的、暂时的。若一个力系作用于物体并使其平衡,则此力系称为平衡力系。

3 力系的平衡

物体处于平衡状态时,作用在物体上的力系所应满足的条件称为力系的平衡条件。由力系的等效简化可知,力系简化得到的主矢 $\boldsymbol{F}_{\mathrm{R}}$ 与对简化中心 O 的主矩 $\boldsymbol{M}_O$ 组成力系的基本特征量,因此力系平衡的充要条件是力系的主矢和主矩分别等于零。

3.1 力系的平衡条件

当力系的主矢及对任一简化中心的主矩都等于零时,该力系成为平衡力系。因此,空间任意力系平衡的充要条件是:该力系的主矢量与力系对任一点的主矩都等于零,即

$$\boldsymbol{F}_{\mathrm{R}}=\mathbf{0},\quad \boldsymbol{M}_O=\mathbf{0} \tag{3-1}$$

上述条件可用代数方程表示:

$$\sum F_{ix}=0,\quad \sum F_{iy}=0,\quad \sum F_{iz}=0$$

$$\sum M_x(\boldsymbol{F}_i)=0,\quad \sum M_y(\boldsymbol{F}_i)=0,\quad \sum M_z(\boldsymbol{F}_i)=0 \tag{3-2}$$

式(3-2)称为空间任意力系的平衡方程。这一组平衡方程表示,力系中所有力在直角坐标轴的每一轴上的投影的代数和等于零,所有的力对每一轴的矩的代数和等于零。这6个方程是彼此独立的,对空间任意力系问题,运用这一组方程可求解6个未知量。

空间任意力系是最一般的力系,其平衡方程是最一般的平衡方程。所有其他力系都可看作是空间任意力系的特殊形式,它们的平衡方程可由式(3-2)进一步简化得到。

3.1.1 汇交力系的平衡

空间汇交力系的简化结果是一个作用在汇交点的合力 $\boldsymbol{F}_R$，汇交力系平衡的充要条件是：合力等于零。在式(3-2)中，$\sum M_x(\boldsymbol{F}_i)=0$，$\sum M_y(\boldsymbol{F}_i)=0$，$\sum M_z(\boldsymbol{F}_i)=0$ 都成了恒等式，因此，空间汇交力系的平衡方程为

$$\sum F_{ix}=0,\quad \sum F_{iy}=0,\quad \sum F_{iz}=0 \tag{3-3}$$

对于平面汇交力系，若选取 Oxy 平面为力系所在平面，则式(3-3)中，$\sum F_{iz}=0$ 成为恒等式，因此，平面汇交力系的平衡方程为

$$\sum F_{ix}=0,\quad \sum F_{iy}=0 \tag{3-4}$$

空间汇交力系有三个独立的平衡方程，可以求解三个未知量。而平面汇交力系只有两个独立的平衡方程，可以求解两个未知量。

式(3-3)的几何解释为：汇交力系平衡的几何条件是力多边形自行封闭。

3.1.2 力偶系的平衡

空间力偶系可简化为一个合力偶，其合力偶矩矢等于各分力偶矩矢的矢量和。空间力偶系平衡的充要条件是：合力偶矩矢等于零。在式(3-2)中，$\sum F_{ix}=0$，$\sum F_{iy}=0$，$\sum F_{iz}=0$ 都成了恒等式。因此，空间力偶系的平衡方程为

$$\sum M_{ix}=0,\quad \sum M_{iy}=0,\quad \sum M_{iz}=0 \tag{3-5}$$

对于平面力偶系，若取力偶所在平面为 Oxy 平面，则式(3-5)中，$\sum M_{ix}=0$，$\sum M_{iy}=0$ 成为恒等式。因此，平面力偶系的平衡方程为

$$\sum M_{iz}=0 \tag{3-6}$$

与空间汇交力系平衡的几何条件相似，空间力偶系平衡的几何条件是：各分力偶矩矢所组成的矢量多边形自行封闭。

3.1.3 平行力系的平衡

对于空间平行力系，我们可选 z 轴与各力的作用线方向一致，于是，在式(3-2)中，$\sum M_z(\boldsymbol{F}_i)=0$，$\sum F_{ix}=0$，$\sum F_{iy}=0$ 都成了恒等式，因此，空间平行力系的平衡方程为

$$\sum M_x(\boldsymbol{F}_i)=0,\quad \sum M_y(\boldsymbol{F}_i)=0,\quad \sum F_{iz}=0 \tag{3-7}$$

对于平面平行力系，若选取 Oyz 平面为力系所在平面，z 轴依然与各力的作用线方向一致，则式(3-7)中，$\sum M_y(\boldsymbol{F}_i)=0$ 成为恒等式。因此，平面平行力系的平衡方程为

$$\sum M_x(\boldsymbol{F}_i)=0,\quad \sum F_{iz}=0 \tag{3-8}$$

3.1.4 平面任意力系的平衡

在工程实践中，许多空间任意力系问题可简化为平面任意力系问题，因此平面任意力系成为最常见的力系，研究平面任意力系平衡问题具有重要意义。

将力系所在平面确定为 Oxy 平面，式(3-2) 中的 $\sum F_{iz}=0$，$\sum M_x(\boldsymbol{F}_i)=0$，$\sum M_y(\boldsymbol{F}_i)=0$ 成为恒等式。因此，平面任意力系的平衡方程为

$$\sum F_{ix}=0,\quad \sum F_{iy}=0,\quad \sum M_{Oz}(\boldsymbol{F}_i)=0 \tag{3-9}$$

即力系中各力在作用面内两个直角坐标轴上的投影的代数和等于零，以及这些力对该平面内任一点的矩的代数和也等于零。式(3-9) 是平面任意力系平衡方程的基本形式，三个方程是彼此独立的，因此，可以而且只能求解三个未知量。

例 3-1 如图 3-1a) 所示，三连杆 AB，AC，AD 铰接于点 A，且三杆自重不计，在点 A 处沿 x 轴线负向作用一力 $\boldsymbol{F}$，B，C，D 三点位于水平面半径 $r=3$ m 的圆周上，试求三杆的内力。

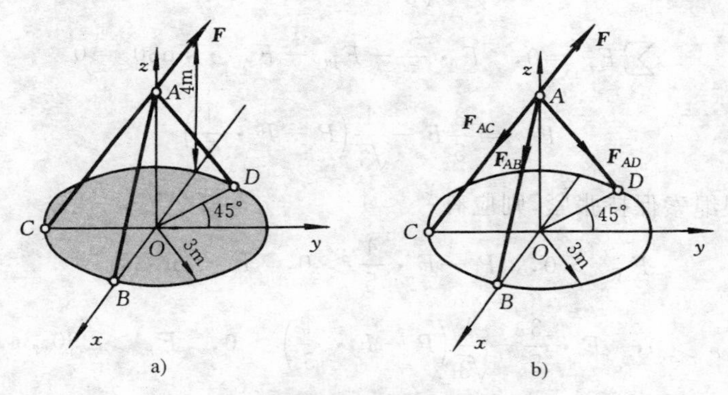

图 3-1 例 3-1 图

解 选铰 A 为分析对象，AB，AC，AD 均为二力杆。假设这些杆都为受拉杆，则铰 A 的受力如图 3-1b) 所示，构成空间汇交力系。

根据受力图列出平衡方程：

$$\sum F_{ix}=0,\quad F_{AB}\cdot\frac{3}{5}-F-F_{AD}\cdot\frac{3}{5}\cos45^\circ=0$$

$$\sum F_{iy}=0,\quad -F_{AC}\cdot\frac{3}{5}+F_{AD}\cdot\frac{3}{5}\sin45^\circ=0$$

$$\sum F_{iz}=0,\quad -\left(F_{AC}\cdot\frac{4}{5}+F_{AB}\cdot\frac{4}{5}+F_{AD}\cdot\frac{4}{5}\right)=0$$

解得：$F_{AB}=1.18F$，$F_{AC}=-0.489F$，$F_{AD}=-0.69F$。

可见 AB 杆受拉力，而 AC，AD 杆实际为受压杆。

例 3-2　结构如图 3-2a）所示，已知 $P=534\ \mathrm{N}$，试求使两根绳索 AC，BC 始终保持张紧所需力 $\boldsymbol{F}$ 的取值范围。

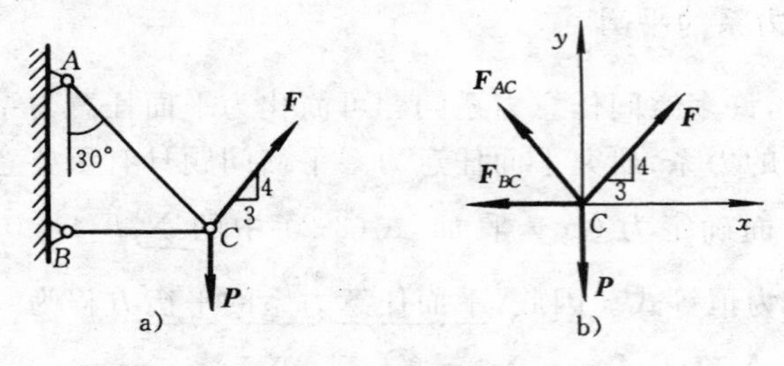

图 3-2　例 3-2 图

解　选点 C 为分析对象，画出受力图如图 3-2b）所示，构成平面汇交力系。根据受力图列平衡方程：

$$\sum F_{iy}=0,\quad F\cdot\frac{4}{5}-P+F_{AC}\cdot\cos30^{\circ}=0$$

得
$$F_{AC}=\frac{2}{\sqrt{3}}\left(P-F\cdot\frac{4}{5}\right)$$

$$\sum F_{ix}=0,\quad F\cdot\frac{3}{5}-F_{BC}-F_{AC}\cdot\sin30^{\circ}=0$$

得
$$F_{BC}=\frac{3}{5}F-\frac{1}{\sqrt{3}}\left(P-F\cdot\frac{4}{5}\right)$$

为使两根绳索保持张紧，则应有

$$F_{AC}>0,\quad P-F\cdot\frac{4}{5}>0,\quad F<667.5\ \mathrm{N}$$

$$F_{BC}>0,\quad F\cdot\frac{3}{5}-\frac{1}{\sqrt{3}}\left(P-F\cdot\frac{4}{5}\right)>0,\quad F_{P}>290.34\ \mathrm{N}$$

所以力 $\boldsymbol{F}$ 的取值范围为：$290.34\ \mathrm{N}<F<667.5\ \mathrm{N}$。

例 3-3　图 3-3a）所示为桥梁施工的简易悬索起吊装置，主索 DE 悬挂在两个三脚支架的顶端，骑马滑轮 M 可在主索上滚动。主索 DE 和杆 AD，EH 均在同一铅垂面内，平面 DBC 和 EFG 都与水平地面垂直。三脚支架的尺寸如图 3-3a）所示，各杆两端均为铰链连接。已知被吊构件重 $P=3\ \mathrm{kN}$。当骑马滑轮在主索的中点时，试求主索的拉力和三脚架中各杆的反力。不计主索和各杆的自重。

解　先选骑马滑轮连同一小段主索为研究对象，其受力图如图 3-3b）所示，为平面汇交力系，列平衡方程：

$$\sum F_{iy}=0,\quad F_{\mathrm{T2}}\cos5^{\circ}-F_{\mathrm{T1}}\cos5^{\circ}=0,\quad F_{\mathrm{T2}}=F_{\mathrm{T1}}$$

$$\sum F_{ix}=0,\quad F_{\mathrm{T1}}\sin5^{\circ}+F_{\mathrm{T2}}\sin5^{\circ}-P=0,\quad F_{\mathrm{T1}}=F_{\mathrm{T2}}=17.21\ \mathrm{kN}$$

再选节点 D 为研究对象，作用在节点 D 上的力有三脚架各杆的反力 $\boldsymbol{F}_{AD}$，$\boldsymbol{F}_{BD}$，

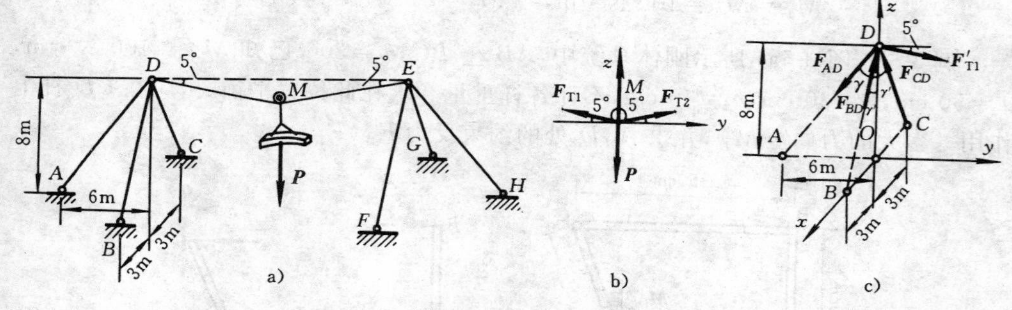

图 3-3　例 3-3 图

$\boldsymbol{F}_{CD}$ 以及主索的拉力$\boldsymbol{F}'_{T1}$，这些力组成空间汇交力系，如图 3-3c）所示。在图示坐标系中，注意到 $\boldsymbol{F}_{AD}$，$\boldsymbol{F}'_{T1}$ 在 Oyz 平面内，它们在 x 轴上的投影等于零；$\boldsymbol{F}_{BD}$，$\boldsymbol{F}_{CD}$ 在 Oxz 平面内，它们在 y 轴上的投影等于零，于是

$$\sum F_{ix}=0,\quad -F_{BD}\sin\gamma'+F_{CD}\sin\gamma'=0,\quad F_{BD}=F_{CD} \tag{①}$$

$$\sum F_{iy}=0,\quad F'_{T1}\cos5°-F_{AD}\sin\gamma=0 \tag{②}$$

$$\sum F_{iz}=0,\quad -F_{AD}\cos\gamma+F_{BD}\cos\gamma'+F_{CD}\cos\gamma'-F'_{T1}\sin5°=0 \tag{③}$$

在图 3-3c）中，由 $\triangle AOD$ 和 $\triangle BOD$ 可得

$$\sin\gamma=\frac{6}{\sqrt{36+64}}=0.6,\quad \cos\gamma=\frac{8}{\sqrt{36+64}}=0.8,\quad \cos\gamma'=\frac{8}{\sqrt{9+64}}=0.936$$

代入式 ② 和式 ③，得

$$F_{BD}=F_{CD}=13.01\ \text{kN},\quad F_{AD}=28.6\ \text{kN}$$

例 3-4　三角形棱柱体的三个侧面上各受一力偶作用，如图 3-4a）所示，其力偶矩矢分别为 $\boldsymbol{M}_1$，$\boldsymbol{M}_2$，$\boldsymbol{M}_3$，已知 $M_1=100\ \text{N}\cdot\text{m}$。试问欲保持物体平衡，$\boldsymbol{M}_2$，$\boldsymbol{M}_3$ 的大小应为多少？

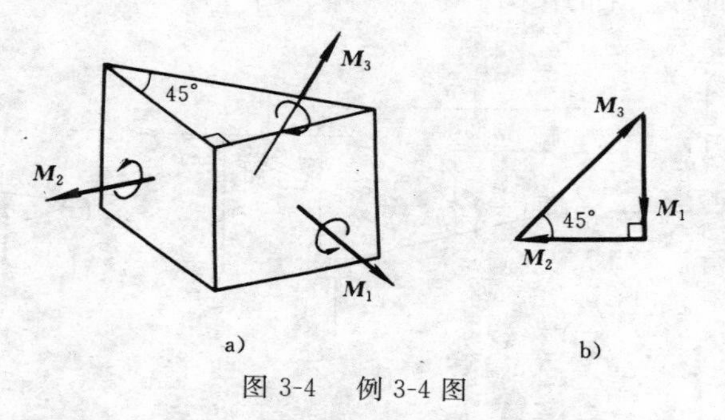

图 3-4　例 3-4 图

解　根据力偶系的平衡条件，力偶矩矢 $\boldsymbol{M}_1$，$\boldsymbol{M}_2$ 和 $\boldsymbol{M}_3$ 应组成一封闭的三角形，如图 3-4b）所示。

$$M_1 = M_2 = 100\ \text{N} \cdot \text{m}, \quad M_3 = \sqrt{2} M_1 = 141\ \text{N} \cdot \text{m}$$

例 3-5 图 3-5a) 所示刚体系统中，$AB \perp BC$，$\theta = 30°$，已知 $M_A = 100\ \text{N} \cdot \text{m}$，$a = 50\ \text{cm}$，$b = 30\ \text{cm}$，$h = 40\ \text{cm}$，不计各杆重量。求在此位置平衡时，应在 CD 杆上作用一多大的力偶矩 M_D，并求 A，D 处的约束反力 F_A，F_D。

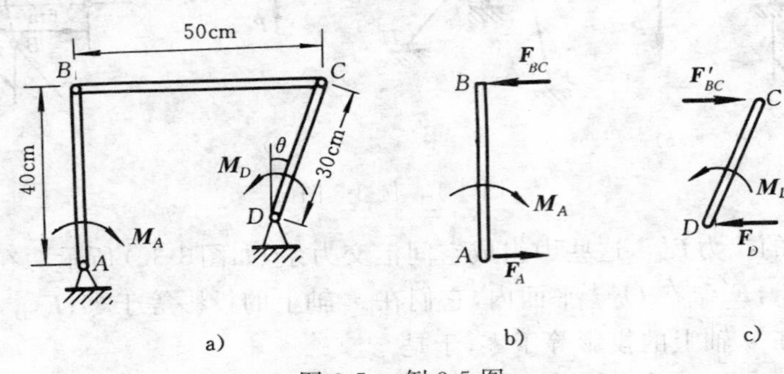

图 3-5 例 3-5 图

解 BC 杆只有两端受力，为二力杆，可知 F_{BC} 应沿 BC 杆轴线，指向可假设。另外，杆 AB，CD 分别受到主动力偶 M_A，M_D 作用，根据力偶的性质，$\boldsymbol{F}_A$ 应与 $\boldsymbol{F}_{BC}$ 组成一对力偶与 M_A 平衡，$\boldsymbol{F}_D$ 与 $\boldsymbol{F}'_{BC}$ 组成一对力偶与 M_D 平衡，受力如图 3-5b)，c) 所示。

AB 杆：$\sum M_i = 0, \quad -M_A + F_{BC} h = 0, \quad F_{BC} = 250\ \text{N}$

CD 杆：$\sum M_i = 0, \quad M_D - F'_{BC} a \cos\theta = 0, \quad M_D = 64.95\ \text{N} \cdot \text{m}$

所以 $F_A = F_{BC} = F'_{BC} = F_D = 250\ \text{N}$

例 3-6 图 3-6a)，b) 所示为一小型起重机，已知：$a_1 = 0.9\ \text{m}$，$a_2 = 2\ \text{m}$，$a_3 = 0.6\ \text{m}$，$b_1 = 0.2\ \text{m}$，$b_2 = 1.3\ \text{m}$，机身重 $P_1 = 12.5\ \text{kN}$，作用在 C_1 处。试求起吊重物 $P_2 = 5\ \text{kN}$ 时，地面对车轮的反力。

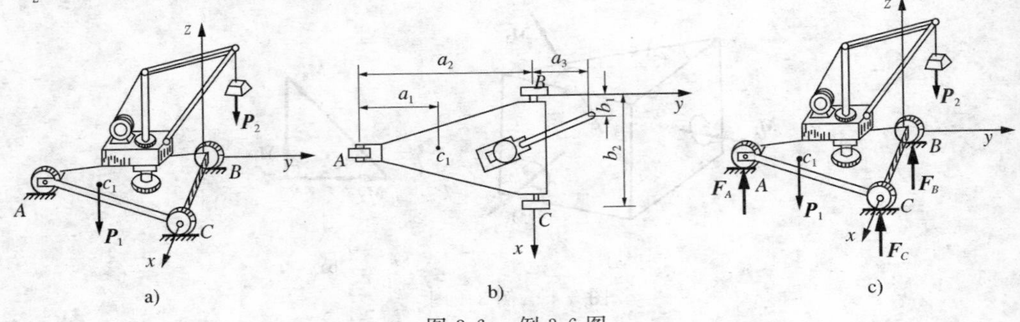

图 3-6 例 3-6 图

解 取小型起重机为研究对象，受力如图 3-6c) 所示。从图中可以看出，这 5 个力全是互相平行的，构成空间平行力系。在这个力系中：$\sum F_{ix} = 0$，$\sum F_{iy} = 0$，

$\sum M_{iz}=0$,故仅有三个独立的平衡方程,可解三个约束反力。根据受力图列平衡方程:

$$\sum M_{ix}=0,\quad -P_2a_3+P_1(a_2-a_1)-F_Aa_2=0,\qquad F_A=5.38\ \text{kN}$$

$$\sum M_{iy}=0,\quad P_1\frac{b_2}{2}+P_2b_1-F_Cb_2-F_A\frac{b_2}{2}=0,\qquad F_C=4.33\ \text{kN}$$

$$\sum F_{iz}=0,\quad F_A+F_B+F_C-P_1-P_2=0,\qquad F_B=7.79\ \text{kN}$$

例 3-7 如图 3-7a) 所示简支梁 AB 上作用有 $\boldsymbol{F}_1$,$\boldsymbol{F}_2$ 及力偶 M,已知 $F_1=10$ kN,$F_2=20$ kN,$M=15$ kN·m,$l=1$ m。试求支座 A,B 的约束力。

解 选 AB 梁为分析对象,受力图如图 3-7b) 所示。其中,约束力 F_{Ax},F_{Ay},F_B 的指向为假设。

由式(3-9) 得

$$\sum F_{ix}=0,\quad F_{Ax}-F_2\cdot\cos45°=0,\quad F_{Ax}=14.14\ \text{kN}$$

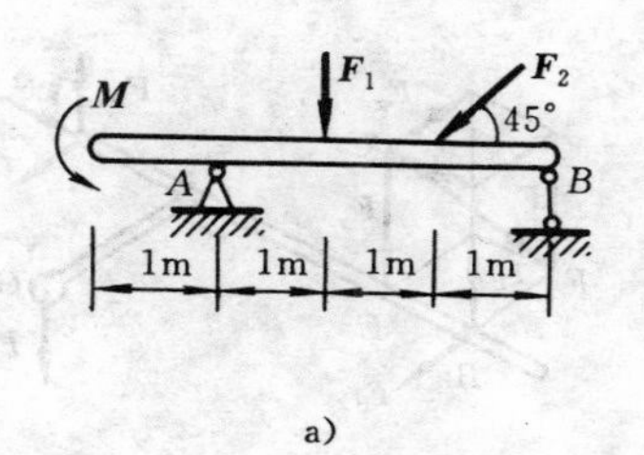

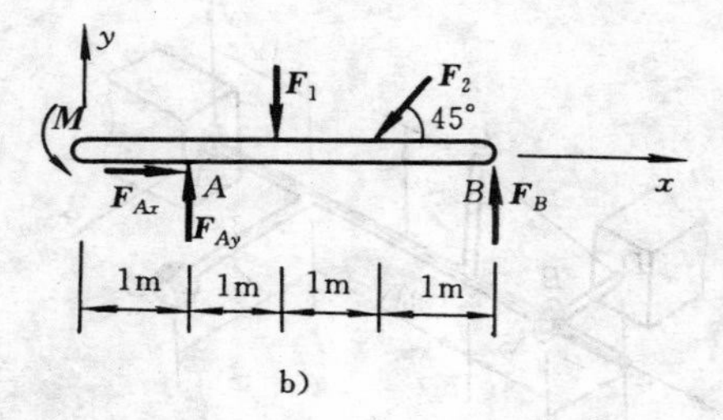

图 3-7 例 3-7 图

$$\sum M_A(\boldsymbol{F}_i)=0,\quad F_B\cdot3l-F_1\cdot l-F_2\cdot\sin45°\cdot2l+M=0,\quad F_B=7.76\ \text{kN}$$

$$\sum F_{iy}=0,\ F_{Ay}+F_B-F_1-F_2\cdot\sin45°=0,\quad F_{Ay}=16.38\ \text{kN}$$

解得的三个未知力都是正值,表示原先假设的指向都与实际一致。

例 3-8 在图 3-8a) 所示钢架中,$q=3$ kN/m,$F=6\sqrt{2}$ kN,$M=10$ kN·m,$l=3$ m,$h=4$ m,$\theta=45°$,不计钢架的自重,求固定端 A 的约束力。

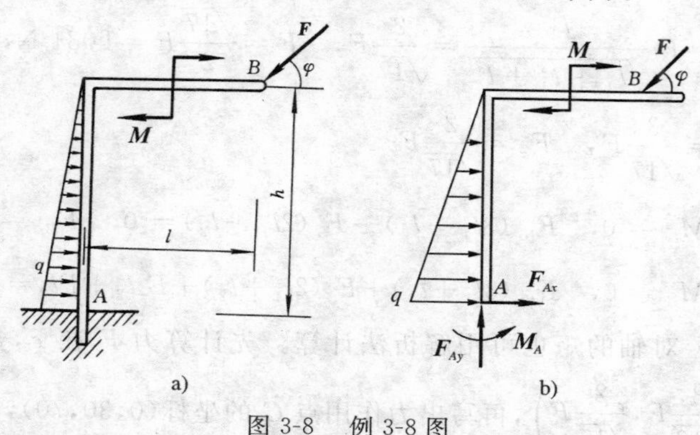

图 3-8 例 3-8 图

解 取整体作为研究对象，固定端 A 处的约束力未知量为三个，受力分析如图 3-8b) 所示。

$$\sum F_y=0,\quad F_{Ay}-F\sin\varphi=0,\quad F_{Ay}=6\ \text{kN}$$

$$\sum F_x=0,\quad F_{Ax}+\frac{1}{2}qh-F\cos\varphi=0,\quad F_{Ax}=0$$

$$\sum M_A=0,\quad M_A-\frac{1}{2}qh\cdot\frac{h}{3}-M-Fl\sin\varphi+Fh\cos\varphi=0,\quad M_A=12\ \text{kN}\cdot\text{m}$$

在运用式(3-9) 求解平衡问题时，应尽量考虑使计算简便，通常将矩心选在两个未知力的交点，而坐标轴尽可能选取与力系中未知力的作用线垂直。

例 3-9 杆状物在 A 端用球形铰支承，B 处用光滑圆环支承，并在 C 端用绳子系于点 D，如图 3-9a) 所示。已知小球 G 重 $P=500$ N，$l_1=20$ cm，$l_2=30$ cm。试求圆环 B 对支架的约束力。

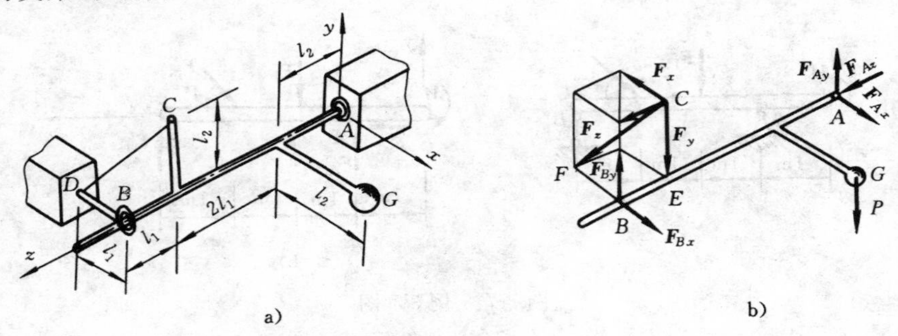

图 3-9 例 3-9 图

解 物体受力分析如图 3-9b) 所示，是空间一般力系，由受力图可知共有 6 个未知量。根据题意需求圆环 B 的约束力，尽量使 A 球铰的约束力不出现在方程中，所以选如图所示坐标系，这样采用三个力矩投影方程就可以解出需求的未知力。

整体 $\sum M_{iz}=0,\quad F_x\cdot l_2-P\cdot l_2=0,\quad$ 得 $\quad F_x=P$

$$F_x=F\frac{l_1}{\sqrt{l_1^2+l_1^2+l_2^2}}=\frac{2}{\sqrt{17}}F,\quad F=\frac{\sqrt{17}}{2}P=1031\ \text{N},$$

$$F_y=\frac{3}{\sqrt{17}}F,\quad F_z=\frac{2}{\sqrt{17}}F$$

$$\sum M_{iy}=0,\quad F_{Bx}(3l_1+l_2)-F_x(2l_1+l_2)=0,\quad F_{Bx}=389\ \text{N}$$

$$\sum M_{ix}=0,\quad F_{By}(3l_1+l_2)+F_y(2l_1+l_2)+F_zl_2+Pl_2=0,\quad F_{By}=917\ \text{N}$$

绳的拉力 F 对轴的矩也可用解析法计算。先计算力 F 在 x,y,z 轴上的投影 $\left(-\frac{2}{\sqrt{17}}F,-\frac{3}{\sqrt{17}}F,\frac{2}{\sqrt{17}}F\right)$，再写出力作用点 C 的坐标(0,30,70)，则

$$M_x(\boldsymbol{F})=30\times\frac{2}{\sqrt{17}}F-70\left(-\frac{3}{\sqrt{17}}F\right)=\frac{270}{\sqrt{17}}F$$

$$M_y(\boldsymbol{F})=70\left(-\frac{2}{\sqrt{17}}F\right)=-\frac{140}{\sqrt{17}}F$$

$$M_z(\boldsymbol{F})=-30\times\frac{2}{\sqrt{17}}F=\frac{60}{\sqrt{17}}F$$

例 3-10 水涡轮如图 3-10a) 所示，作用于水涡轮的主动力偶矩为 $M_z = 1\ \text{kN}\cdot\text{m}$，在锥齿轮 B 的外侧受有切向力 F_t，水涡轮总重为 $P = 10\ \text{kN}$，其作用线沿 Cz 轴，锥齿轮的半径 $OB = r = 0.5\ \text{m}$，$OA = a = 1\ \text{m}$，$AC = b = 3\ \text{m}$。试求当系统平衡时，作用于锥齿轮 B 处的切向力 F_t 以及止推轴承 C、轴承 A 处的约束力。

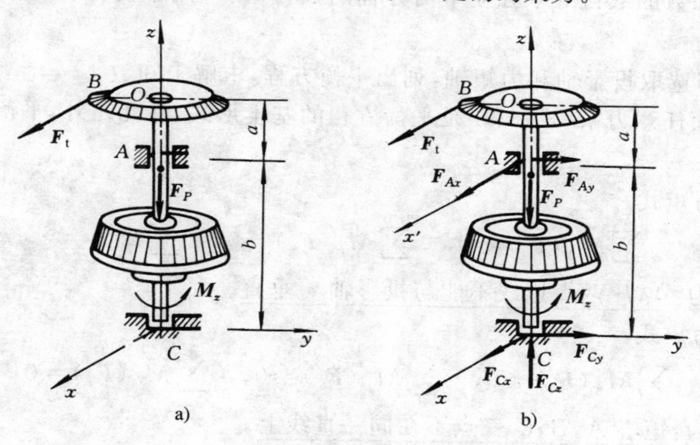

图 3-10 例 3-10 图

解 水涡轮受力情况如图 3-10b) 所示，止推轴承 C 处有三个相互垂直的约束力 F_{Cx}，F_{Cy}，F_{Cz}，普通轴承 A 处是两个约束力 F_{Ax}，F_{Ay}。根据受力图列平衡方程：

$$\sum M_z(\boldsymbol{F}_i)=0,\quad M_z+F_t r=0,\quad F_t=-2\ \text{kN}$$

$$\sum F_{iz}=0,\quad F_{Cz}-P=0,\quad F_{Cz}=10\ \text{kN}$$

$$\sum M_x(\boldsymbol{F}_i)=0,\quad F_{Ay}b=0,\quad F_{Ay}=0$$

$$\sum M_y(\boldsymbol{F}_i)=0,\quad F_t(a+b)+F_{Ax}b=0,\quad F_{Ax}=\frac{4}{3}F_t=-\frac{8}{3}\ \text{kN}$$

$$\sum F_{ix}=0,\quad F_{Cx}+F_{Ax}+F_t=0,\quad F_{Cx}=-\frac{2}{3}\ \text{kN}$$

$$\sum F_{iy}=0,\quad F_{Cy}+F_{Ay}=0,\quad F_{Cy}=0$$

6 个方程求得 6 个未知量。

这 6 个方程中，3 个为力的投影形式，3 个为力矩形式。为了求解方便，我们也可将力的投影式改为力矩式，进而成为四力矩式、五力矩式甚至六力矩式。例如，在求

F_{Cy} 时，我们可选过点 A 而与 x 轴平行的 x' 轴为矩轴，有

$$\sum M_{ix'}(\boldsymbol{F}_i)=0,\quad F_{Cy}b=0,\quad \text{得}\quad F_{Cy}=0$$

其他的方程读者可自行推得。但无论建立多少个平衡方程，每个空间物体真正独立的平衡方程仅有 6 个，如何确定空间任意力系平衡方程的独立性是非常复杂的理论，但只要建立的平衡方程中仅有一个未知量，这个方程必定是独立的方程。

通过以上例题分析，可将求解力系平衡问题的解题步骤及注意事项归纳如下：

(1) 根据题意，选取研究对象，作出受力图。

(2) 计算未知数的数目，并根据相应力系的类型判断所能建立的独立平衡方程数目。如未知数的数目等于独立平衡方程的数目，则应用平衡方程可求得所有的未知数。

(3) 适当选取投影轴和力矩轴，列出平衡方程，求解未知数。

对于平面任意力系，式(3-9)是平衡方程的基本形式，除此之外，平衡方程还有以下两种形式：

(1) 二力矩式。

$$\sum M_A(\boldsymbol{F}_i)=0,\quad \sum M_B(\boldsymbol{F}_i)=0,\quad \sum F_{ix}=0 \tag{3-10}$$

其限制条件为：A，B 两点连线不能与投影轴 x 垂直。

(2) 三力矩式。

$$\sum M_A(\boldsymbol{F}_i)=0,\quad \sum M_B(\boldsymbol{F}_i)=0,\quad \sum M_C(\boldsymbol{F}_i)=0 \tag{3-11}$$

其限制条件为：矩心 A，B，C 三点不在同一直线上。

若满足上述限制条件，则所列的三个平衡方程都是相互独立的，因而能够求解三个未知量；否则，只有两个独立方程。只满足非基本形式而不满足限制条件的力系不一定是平衡力系，上述限制条件的证明，读者可自行推导。

例 3-11 AC 梁由三根链杆支承，并受载荷如图 3-11a) 所示，已知 $F_1=20$ kN，$F_2=40$ kN，$l=2$ m，试求链杆的约束力。

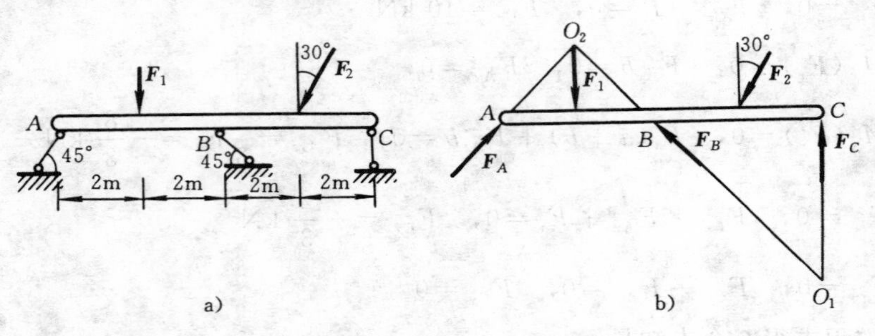

图 3-11　例 3-11 图

解 AC 梁的受力如图 3-11b) 所示。若先列投影方程，则不论怎样选取投影轴，

平衡方程中至少将包含两个未知量，为了便于求解，选 F_B 与 F_C 的交点 O_1 为矩心，由 $\sum M_{O_1}(\boldsymbol{F}_i)=0$ 直接求得 F_A。

$$\sum M_{O_1}(\boldsymbol{F}_i)=0$$

$$F_1 \cdot 3l + F_2 \cdot \cos30° \cdot l + F_2 \cdot \cos30° \cdot 2l - F_A \cdot \sin45° \cdot 4l - F_A \cdot \sin45° \cdot 2l = 0$$

$$F_A = 31.8\ \text{kN}$$

再选取 F_1 与 F_B 的交点 O_2 为矩心，由 $\sum M_{O_2}(\boldsymbol{F}_i)=0$ 可直接求得 F_C。

$$\sum M_{O_2}(\boldsymbol{F}_i)=0,\quad F_C \cdot 3l - F_2 \cdot \cos30° \cdot 2l - F_2 \cdot \sin30° \cdot l = 0,\quad F_C = 29.8\ \text{kN}$$

$$\sum F_{ix}=0,\quad F_A\cos45° - F_B\cos45° - F_2\sin30° = 0,\quad F_B = 3.5\ \text{kN}$$

但若选与 O_1O_2 连线垂直方向为投影轴，则所得的方程是不独立的，解不出 F_B。也可将最后一个投影方程改为力矩式，用 $\sum M_A(\boldsymbol{F}_0)=0$ 或 $\sum M_C(\boldsymbol{F}_i)=0$ 代替，但不能用 $\sum M_B(\boldsymbol{F}_i)=0$ 代替，因为点 B 位于 O_1O_2 连线上，三矩心共线不满足三力矩式的限制条件，同样解不出 F_B。

通过以上例题分析，可将求解平面任意力系平衡问题的解题步骤及注意事项归纳如下：

(1) 根据题意选取研究对象。

(2) 分析研究对象的受力情况，作出受力图。注意在画铰链支座或销钉的约束反力时，一般将其分解为水平和铅垂两个分力；在画固定端支座的约束反力时，除了画上水平和铅垂两个分力外，还必须画上约束反力偶。

(3) 选取适当的投影轴和矩心。选取投影轴和矩心的原则是使所建立的平衡方程包含的未知数越少越好，力求使所建立的每一个平衡方程中只包含一个未知数，避免解联立方程。根据这个原则，投影轴应选择与尽可能多的未知力垂直，使这些未知力在此轴上的投影就等于零，可使所建立的投影方程包含的未知数最少，但也要照顾到计算各力投影的方便；矩心可选在尽可能多的未知力交点上，这样通过矩心的未知力的力矩等于零，可使所建立的力矩方程包含的未知数最少，但也要照顾计算各力的力矩方便。

(4) 列出平衡方程，求解未知量。如研究对象上有力偶作用，则在列投影方程时可以不必考虑力偶。在计算力偶对任一点的力矩时，只需计算力偶的力偶矩。使用平衡方程的基本式求解，还是使用二力矩或三力矩的平衡方程求解，完全取决于计算简便性，应尽量避免求解联立方程。

3.2 静定与超静定概念

每一种类型的力系都有确定的独立平衡方程数目，因此，能求解的未知约束力数目也是确定的。如果所考察问题的未知约束力数目恰好等于独立的平衡方程数目，那么未知约束力就可全部由平衡方程求得，这类问题称为静定问题，相应的结构称为静定结构；如果未知约束力的数目超过独立平衡方程的数目，仅仅运用静力学平衡方程不可能完全求解，这类问题称为超静定问题或静不定问题，相应的结构称为超静定结构。

图 3-12 是超静定问题的几个例子。以图 3-12b）为例，为平面任意力系，应有三个独立的平衡方程，但根据约束类型，有 5 个未知的约束力，因此为超静定问题。

未知约束力数目与独立的平衡方程数目的差，即为超静定次数。图 3-12b）为超静定 2 次，而图 3-12a），c）则均为超静定 1 次。

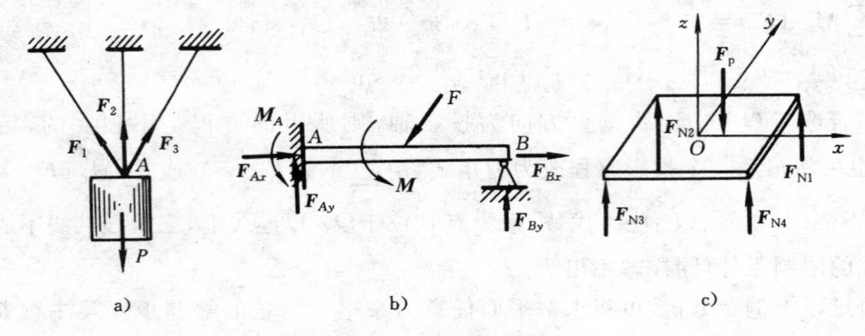

图 3-12 超静定实例

工程中有许多结构都是超静定的。在求解超静定问题时，除了建立静力学平衡方程式之外，还应根据物体的变形协调条件建立补充方程，联立起来才能求解，这将在材料力学和结构力学中加以研究。在理论力学中仅讨论静定问题。

当未知约束力数目小于独立的平衡方程数目时，其运动状态一般都是变化的，工程中将这样的力学系统称为机构，这种情况在工程结构设计中应尽量避免。

3.3 平面刚体系统的平衡

所谓刚体系统，是指由若干个刚体通过适当的约束相互连接而组成的系统。当系统平衡时，根据刚化原理，刚体平衡条件对系统也成立。系统内各刚体之间的联系构成内约束，内约束处的约束力是系统内部刚体之间的作用力，称为内约束力，简称内力。根据作用力与反作用力的关系，内力总是成对出现的，在研究整个系统的平衡时，成对的内力并不影响平衡，故内力可以不考虑。刚体系统以外的物体作用于该系统的力，称为外力。外力通常包括主动力和外约束力。

应当注意，内力与外力是相对的概念，它们将随着研究对象的不同而转化。例如，图 3-13 所示的三铰拱由 AC，BC 两部分组成，当选取三铰拱 ABC 整体为研究对象时，受力图应如图 3-13b）所示，点 C 处的约束力是内力，可以不画，而主动力 $\boldsymbol{F}_1$，$\boldsymbol{F}_2$，力偶矩 M，以及约束力 F_{Ax}，F_{Ay}，F_{Bx}，F_{By} 均是外力；当选取 AC 为研究对象时，点 C 处的约束力 F_{Cx}，F_{Cy} 就应视作外力。

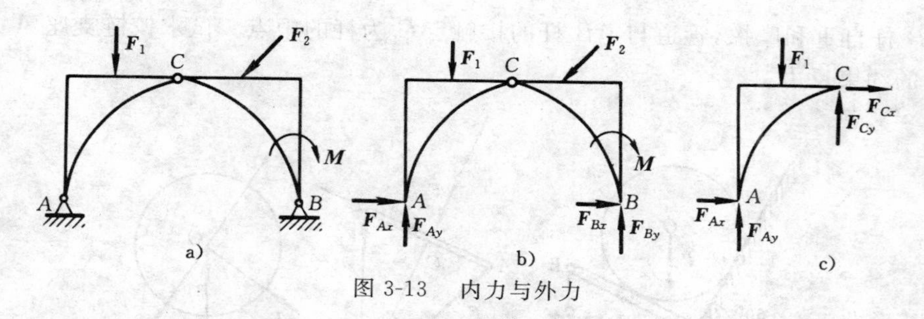

图 3-13　内力与外力

研究刚体系统的平衡问题时，首先要判断它是静定问题还是超静定问题。当整个系统处于平衡时，组成该系统的每一个刚体必处于平衡状态。因此，对于平面刚体系统问题，如果系统中每一个刚体受力构成一个平面任意力系，则均可列出三个独立平衡方程。这样，整个刚体系统就应有 $3n$ 个独立方程。刚体系统的未知约束力数目则应包括系统的外部约束力和刚体之间的所有内部约束力。

刚体系统平衡问题的解法有如下两种。

1. 一般解法

对于平面任意力系问题的刚体系统，总可以建立 $3n$ 个独立的平衡方程。如果该刚体系统是静定的，也应有 $3n$ 个未知的约束力，最终就归结为解 $3n$ 阶的线性代数方程组，利用高斯消元法或主元素消元法，总能在计算机上程式化地实现数值求解。

2. 分析解法

由于许多工程实际问题并不需要求出刚体系统的所有内部和外部的约束力，而通常只需求出某一部分的约束力，因此，利用分析解法以简化运算是必要的，课程中以分析解法为重点。

当刚体系统处于平衡时，系统中的每一个刚体必处于平衡。于是，可以选取整个刚体系统作为研究对象，也可以将刚体系统在连接处拆开，取系统中某一部分作为研究对象。因此，分析解法的关键是选择合适的研究对象。

研究对象的选择很难有统一的方法，一般在明确求解要求后，应先有一个大致的思考，在比较各个选择对象的难易程度后，挑选一个需画受力图最少、需列平衡方程数最少、求解最易的解题途径。大致有以下几个原则：

(1) 能够由整体受力图求出的未知约束力或中间量，应尽量选取整体为研究对象求解。

(2) 通常先考虑受力情形最简单、未知约束力最少的某一刚体或分系统的受力情况。研究对象的选择应尽可能满足一个平衡方程求解一个未知力的要求。

(3) 选择不同平衡对象时要分清内力和外力、施力体与受力体、作用力与反作用力等关系。

(4) 可以用二力平衡条件和三力平衡汇交原理简化计算过程。

例 3-12　管道搁置如图 3-14a) 所示。已知管道和其中液体共重 $P=8$ kN。不

计 AB 杆自重和摩擦，管道与 AB 杆的接触点 C 为杆的中点。试求铰链支座 A 及链杆 B 的约束反力。

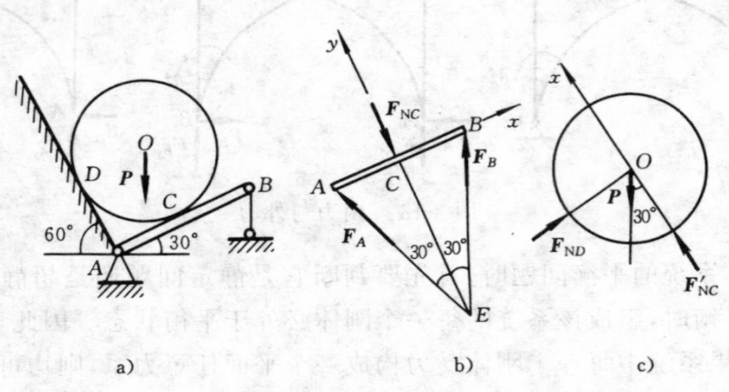

图 3-14　例 3-12 图

解　先选 AB 杆为分析对象，由于 $\boldsymbol{F}_{\mathrm{NC}}$ 与 $\boldsymbol{F}_B$ 交于点 E，根据三力平衡定理，力 $\boldsymbol{F}_A$ 必通过点 E，组成平面汇交力系，受力如图 3-14b) 所示。其中 $\boldsymbol{F}_B$ 与 $\boldsymbol{F}_A$ 的指向是假定的。由于这三个力都是未知量，故应先从管道计算起，管道受力如图 3-14c) 所示。

管道　$\sum F_{ix}=0,\ F'_{\mathrm{NC}}-P\cos30^\circ=0,\quad F'_{\mathrm{NC}}=6.928\ \mathrm{kN}$

杆 AB　$\sum F_{ix}=0,\quad F_B\sin30^\circ-F_A\sin30^\circ=0,\ F_B=F_A$

$$\sum F_{iy}=0,\quad F_B\cos30^\circ+F_A\cos30^\circ-F_{\mathrm{NC}}=0,\quad F_A=F_B=4\ \mathrm{kN}$$

例 3-13　如图 3-15a) 复梁 ABC 上作用一个集中力 $\boldsymbol{F}$ 和三角形分布载荷，最大载荷集度为 $q=2F/a$。试求点 A，C 处的约束力。

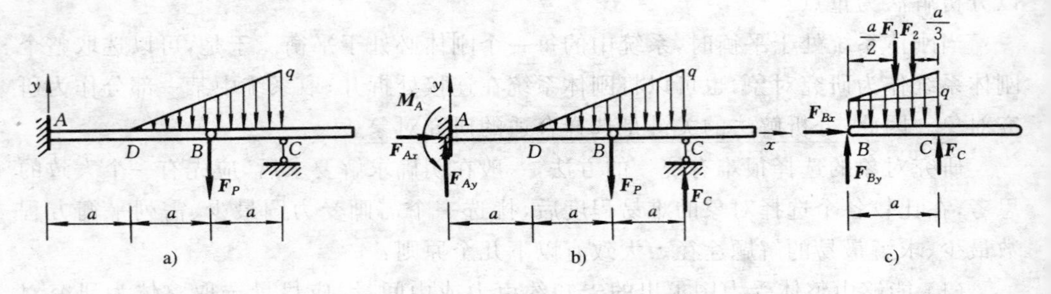

图 3-15　例 3-13 图

解　复梁由 AB，BC 两部分铰接而成，可列 6 个独立的平衡方程，未知约束力为 M_A，F_{Ax}，F_{Ay}，F_C 以及 B 处的内约束力 F_{Bx}，F_{By}，共 6 个，因此是静定问题。

先选 BC 梁为分析对象，其上作用的梯形分布载荷可看作是一个矩形分布载荷（简化为合力 $\boldsymbol{F}_1$）和一个三角形载荷（简化为合力 $\boldsymbol{F}_2$）的叠加，其中：

$$F_1=\frac{q}{2}a=F$$

$$F_2=\frac{1}{2}\cdot\frac{q}{2}\cdot a=\frac{1}{2}F$$

F_1 作用在矩形中心处，即 BC 段中间处；F_2 作用在三角形长边 $\frac{1}{3}$ 处，即距点 C $\frac{1}{3}a$ 处。于是由图 3-15c) 列矩平衡方程：

$$\sum M_B(\boldsymbol{F}_i)=0,\quad F_C\cdot a-F_2\cdot\frac{a}{2}-F_1\cdot\frac{2a}{3}=0,\quad F_C=\frac{5}{6}F$$

再看整体受力图 3-15b)，列平衡方程：

$$\sum F_{ix}=0,\quad F_{Ax}=0$$

$$\sum F_{iy}=0,\quad F_{Ay}+F_C-F-\frac{1}{2}q\cdot 2a=0,\quad F_{Ay}=\frac{13}{6}F$$

$$\sum M_A(\boldsymbol{F}_i)=0,\quad M_A+F_C\cdot 3a-F\cdot 2a-\frac{1}{2}q\cdot 2a\cdot\frac{7a}{3}=0,\quad M_A=\frac{25}{6}aF$$

若要验证以上答案是否正确，可选择 AB 梁为研究对象进行校核。

例 3-14　构架的尺寸及所受载荷如图 3-16a) 所示，图中 $F=500$ N，$l=2$ m，求铰链 E，H 的约束力。

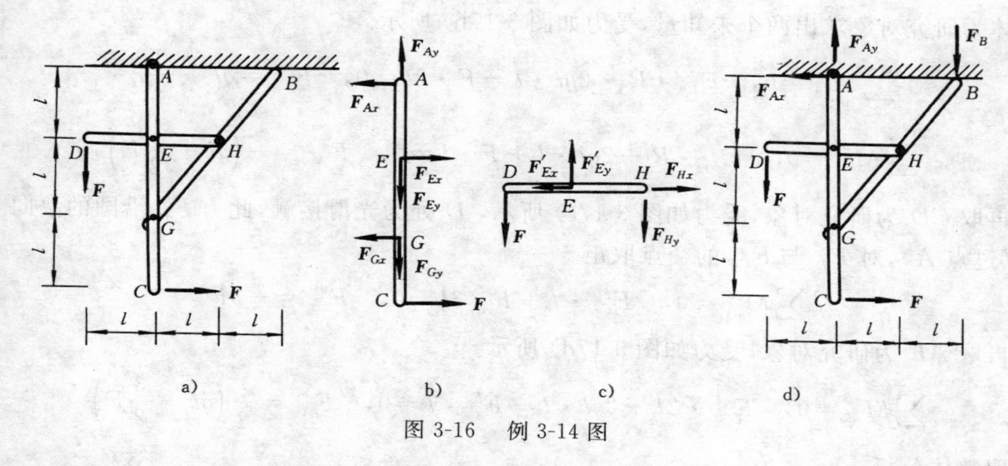

图 3-16　例 3-14 图

解　构架由三根杆件组成，对构架整体而言，铰 E，H 的约束力都是内力，因此不能只考虑构架整体的平衡。

先取杆件 DH 为研究对象，其受力如图 3-16c) 所示。

$$\sum M_E(\boldsymbol{F}_i)=0,\quad -F_{Hy}l+Fl=0,\quad F_{Hy}=500\ \text{N}$$

$$\sum F_{iy}=0,\quad F'_{Ey}-F_{Hy}-F=0,\quad F'_{Ey}=1000\ \text{N}$$

$$\sum F_{ix}=0,\quad F_{Hx}-F'_{EX}=0,\quad F'_{Ex}=F_{Hx}\qquad ①$$

再选取杆 AC 为分析对象，其受力如图 3-16b) 所示。

$$\sum M_G(\boldsymbol{F}_i)=0,\quad F_{Ax}\cdot 2l-F_{Ex}l+Fl=0 \qquad ②$$

最后取构架整体为分析对象，受力如图 3-16d）所示。

$$\sum F_{ix}=0,\quad F-F_{Ax}=0,\quad F_{Ax}=500\ \text{N}$$

将 F_{Ax} 值代入式 ②，得 $F_{Ex}=1500$ N，将 F_{Ex} 值代入式 ①，得 $F_{Hx}=F_{Ex}=1500$ N。

上述解法并不唯一，选取研究对象的先后也不唯一，读者可自行进行分析求解。

例 3-15 结构如图 3-17a）所示，已知 F,q,l，试求支座 A,B 两处的约束力。

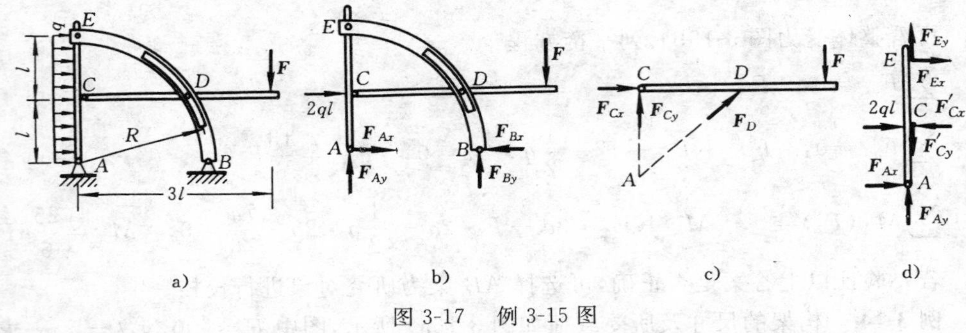

图 3-17 例 3-15 图

解 整体虽有 4 个未知量，但只有两个作用点，两个未知力共线，所以可先以整体为研究对象求出两个未知量，受力如图 3-17b）所示。

$$\sum M_{iA}=0,\quad F_{By}\cdot R-2ql\cdot l-F\cdot 3l=0,\quad F_{By}=ql+\frac{3}{2}F$$

$$\sum M_{iB}=0,\quad F_{Ay}\cdot R+2ql\cdot l+F\cdot l=0,\quad F_{Ay}=-\left(ql+\frac{1}{2}F\right)$$

再取 CD 为研究对象，受力如图 3-17c）所示，D 处为光滑接触，此力 F_D 沿圆的法向（过点 A），对 F_D 与 F_{Cy} 的交点取矩。

$$\sum M_{iA}=0,\quad F_{Cx}\cdot l+F\cdot 3l=0,\quad F_{Cx}=-3F$$

再取 AE 为研究对象，受力如图 3-17d）所示。

$$\sum M_{iE}=0,\quad F_{Ax}\cdot 2l+2ql\cdot l-F'_{Cx}\cdot l=0,\quad F_{Ax}=-\left(ql+\frac{3}{2}F\right)$$

取整体分析：

$$\sum F_{ix}=0,\quad -F_{Bx}+F_{Ax}+2ql=0,\quad F_{Bx}=ql-\frac{3}{2}F$$

通过以上例题分析，现将求解平面刚体系统平衡问题的解题步骤及注意事项归纳如下：

（1）分析刚体系统由几个物体组成，其中有几个未知数，可建立几个独立平衡方程。若未知数的数目等于独立平衡方程的数目，则应用平衡方程即能求出所有未知数。但在具体求解前，应根据题意分析一下哪些未知量是必须求解的，哪些未知量是不需要求解的，不要盲目地将所有的未知量全部求出，从而增加解题的工作量。应该注意，对于由 n 个物体组成的物体系统，如作用在其中每个物体上的力系都是平面任意力系，则每个物体可建立三个独立平衡方程，总共可建立 $3n$ 个独立平衡方程。如其中有些物体所受的力系为平面力偶系或平面汇交力系等，则所建立的独立平衡方程将相应地减少。

(2) 根据题目要求，先考虑一下解题途径，然后适当选取研究对象并作出受力图。研究对象的选取，可以是整个系统，也可取物体系统中的一部分或单个物体。选取的原则是尽量使求解简便。如需要求系统中某些内力，因内力是成对存在的，它们的大小相等、方向相反、共线，所以如以此系统为研究对象建立平衡方程，是求不出这些内力的，必须将与所求内力有关的物体（或物体系统中的某一部分）单独取出，使所求系统的内力成为有关物体（或物体系统中的某一部分）的外力，然后进行求解。一般总是取受力简便、构件简单的物体首先分析。

(3) 对所选取的研究对象建立平衡方程。为使求解简便，在建立平衡方程时，应妥善地选取投影轴和矩心。一般应将矩心取在多个未知力作用线的交点上，以减少方程中的未知数，简化计算。避免解联立方程。使用哪种解题步骤应按题意灵活选取研究对象，尽可能选受力简单而又与待求量有关的刚体为研究对象。若有几个解题方案，应通过对比与分析确定最佳求解方案。

(4) 由平衡方程解出所需求解的未知量。

(5) 可应用不独立的平衡方程，校核计算结果。

思　考　题

3-1　用解析法求解平面汇交力系的平衡问题时，x 轴与 y 轴是否一定要相互垂直？当 x 轴与 y 轴不垂直时，建立的平衡方程 $\sum_{i=1}^{n} F_{ix}=0$，$\sum_{i=1}^{n} F_{iy}=0$ 能否作为力系的平衡条件？

3-2　重力为 P 的圆柱体放置于光滑的 V 形槽中（图 a)），试问：(1) 怎样求 V 形槽中 A，B 处的反力？图 b) 是不是圆柱体的受力图？为什么？(2) 由于 F_{AN} 垂直于力 P（图 b)），所以 $F_{AN}=0$；又有 $F_{BN}=P\cos\theta$，对不对？为什么？

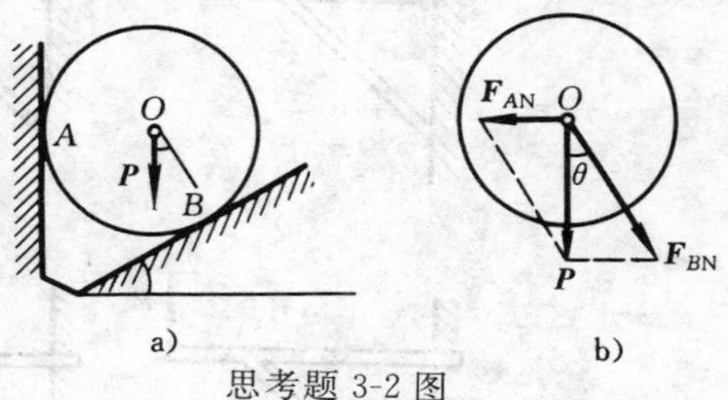

思考题 3-2 图

3-3　不计自重的三角板用三根链杆连接，各链杆的中心线的延长线相交于点 O，如图所示。若在三角板平面 ABC 内加上一力偶，试问三角板在图示位置能否保持平衡？为什么？

3-4　不计自重的三角板用三根链杆连接，A，B 链杆相互平行，C 链杆沿三角板的边 AC，力偶矩为 M 的力偶作用在三角板平面 ABC 内。试从力偶的性质判断链杆

C 的反力应等于多少？

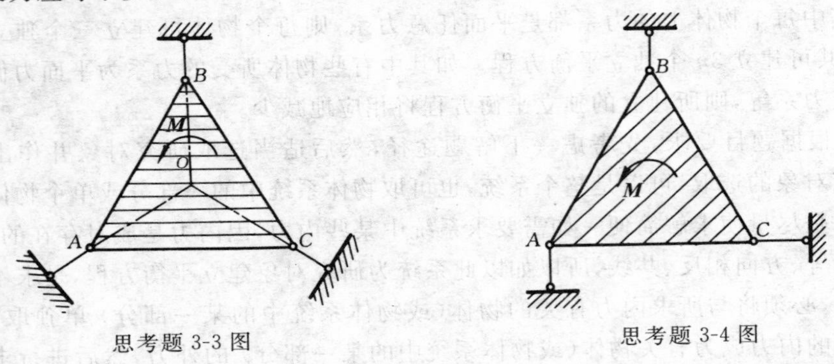

思考题 3-3 图　　　　思考题 3-4 图

3-5　如思考题 3-5 图所示结构，图 a)，b) 中均作用一力偶($\boldsymbol{F}$,$\boldsymbol{F}'$)，构件 AC，BC 的自重不计。试确定 A，B 处约束力的方向，其依据是什么？

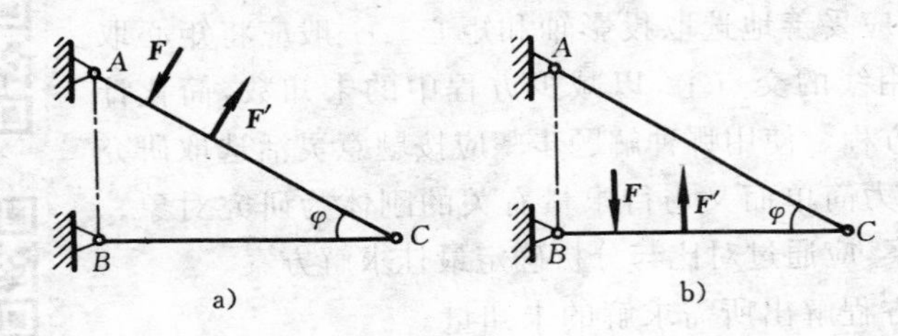

思考题 3-5 图

3-6　平面任意力系的平衡方程能不能全部采用投影方程？为什么？

3-7　试判断图示各平衡问题哪些是静定的，哪些是静不定的。各物体自重不计，已知主动力和几何尺寸。

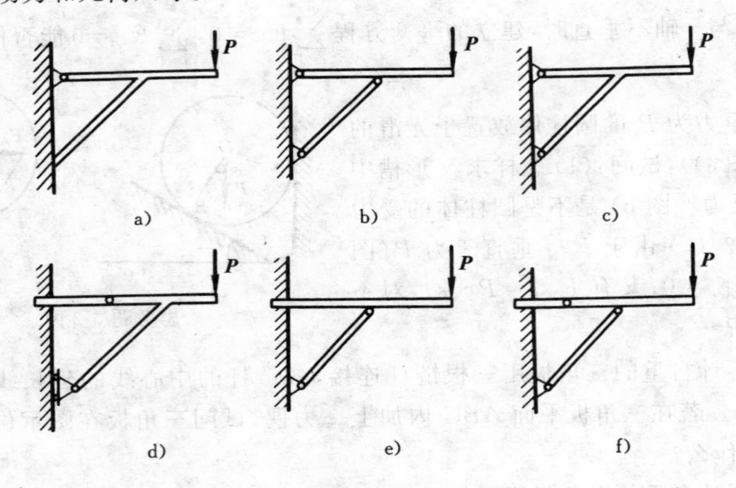

思考题 3-7 图

3-8　空间力系中各力的作用线平行于某一固定平面，试分析这种力系有几个平衡方程。

3-9　为了建立空间任意力系独立的平衡方程，选取不在同一平面内的相互平行的矩轴不可多于三根，为什么？

习　题

3-1　压路机的碾子重 $P=20$ kN，半径 $r=40$ cm。如用一通过其中心的水平力 F 将此碾子拉过高 $h=8$ cm 的石块，试求此力 F 的大小。如果要使作用的力为最小，试问应沿哪个方向拉？并求此最小力的值。

答案　$F=15$ kN。F_{min} 的方向垂直于 OB 连线时，$F_{min}=12$ kN。

3-2　刚架受力和尺寸如图所示，试求支座 A 和 B 的约束反力 F_A 和 F_B。设刚架自重忽略不计。

答案　$F_A=1.118P$，$F_B=0.5P$。

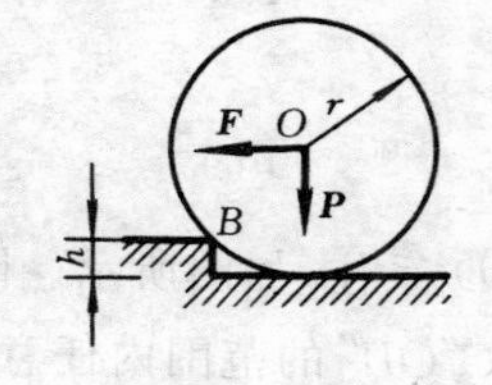

题 3-1 图

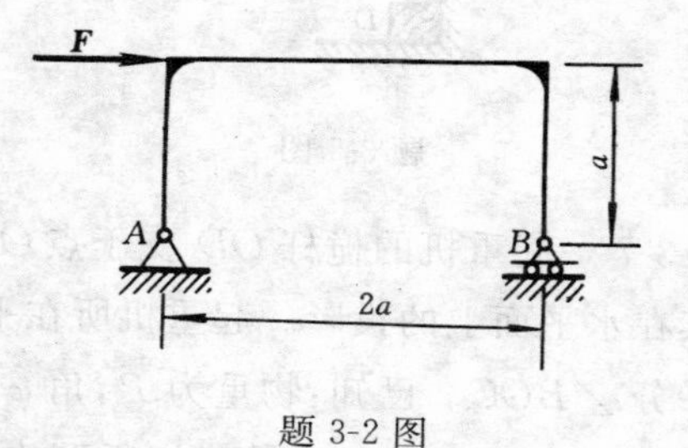

题 3-2 图

3-3　铰接四连杆机构 $CABD$ 如图所示。在节点 A，B 上分别作用着力 $\boldsymbol{F}_1$，$\boldsymbol{F}_2$，已知：$\varphi=45^\circ$，$\theta=30^\circ$，试求当机构处于平衡时力 F_1 和 F_2 的关系。

答案　$F_1:F_2=0.612$。

3-4　图示一拔桩架，ACB 和 CDE 均为柔索，在点 D 用力 F 向下拉，即可将桩向上拔。若 AC 和 CD 各为铅垂和水平，$\varphi=4^\circ$，$F=400$ N，试求桩顶受到的力。

答案　$F_A=81.8$ kN。

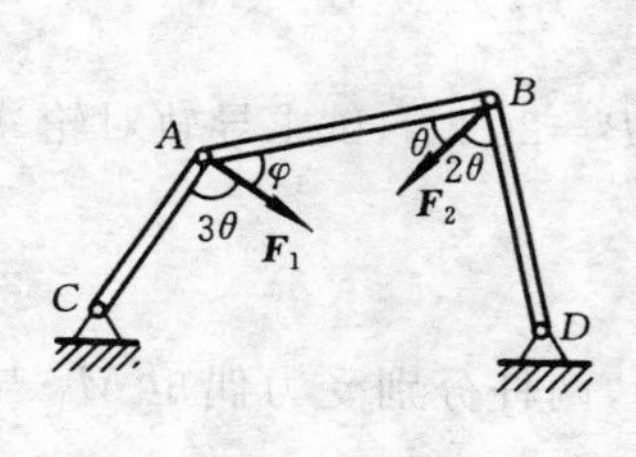

题 3-3 图

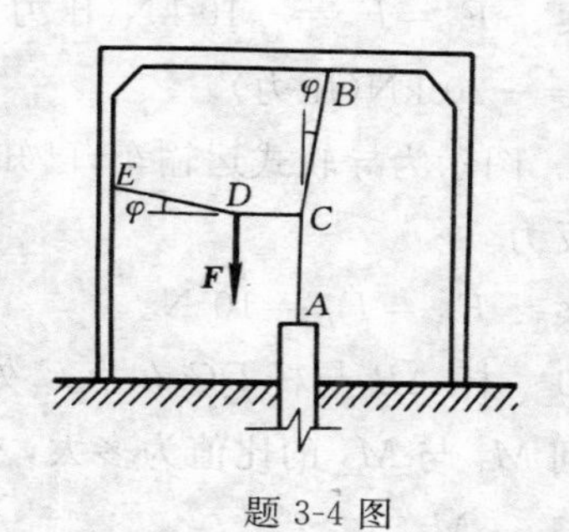

题 3-4 图

3-5　压榨机 ABC 在节点 A 处受到水平力 F 的作用。已知尺寸 l,h，试求物块 D 所受的压力。

答案　$F_D=\dfrac{l}{2h}F$。

3-6　挂物架如图所示。已知 $P=10\ \mathrm{kN}$，$\varphi=45^\circ$，$\theta=15^\circ$。试求三杆的力。

答案　$F_{DA}=F_{DB}=-26.4\ \mathrm{kN}$(压力)，$F_{DC}=33.5\ \mathrm{kN}$(拉力)。

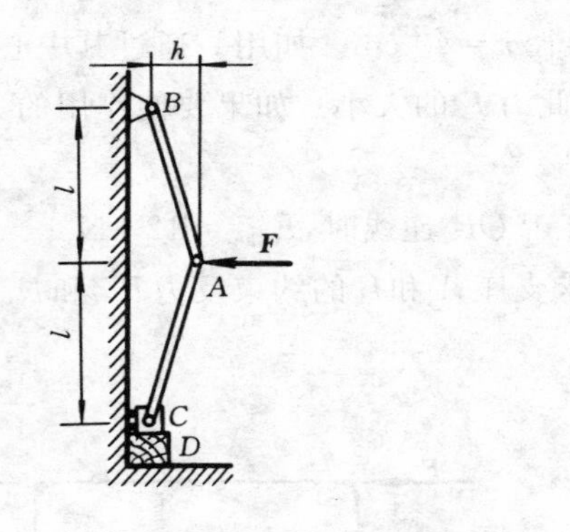

题 3-5 图

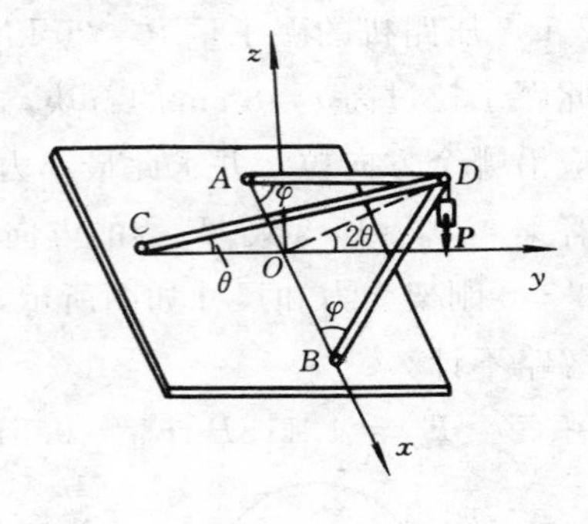

题 3-6 图

3-7　起重机的桅杆 OD 支于点 O，并用索 BD 及 CD 系住，如图所示。图 b）表示其在水平面上的投影。起重机所在平面 OAD 可在 $\angle C''OB''$ 的范围内任意转动，y 轴平分 $\angle BOC$。已知：物重为 P，角 $\varphi=45^\circ$，$\theta=75^\circ$，试求当 OAD 平面与 yz 平面成 β 角时，索 DB，DC 的力及桅杆所受的力。

答案　$F_{DB}=1.366P(\cos\beta+\sin\beta)$，$F_{DC}=1.366P(\cos\beta-\sin\beta)$，

$F_{OD}=P(-1.93\cos\beta+0.366)$。

3-8　支承由 6 根杆铰接而成，如图所示。等腰三角形 $A'AA''$，$B'BB''$ 在顶点 A，B 处，三角形 ODB 在点 D 处均成直角，且 $\triangle A'AA''=\triangle B'BB''$。若节点 A 上在平面 $ABCD$ 内作用一力 $F=20\ \mathrm{kN}$，试求各杆的力。

答案　$F_1=F_2=-10\ \mathrm{kN}$(压力)，$F_3=-10\sqrt{2}\ \mathrm{kN}$(压力)，$F_4=F_5=10\ \mathrm{kN}$(拉力)，$F_6=-20\ \mathrm{kN}$(压力)。

3-9　图示为导轨式运输车，已知重物的重力 $P=20\ \mathrm{kN}$，试求导轨对轮 A 和轮 B 的约束反力。

答案　$F_A=F_B=10\ \mathrm{N}$。

3-10　杆 AB 与杆 DC 在点 C 处为光滑接触，两杆分别受力偶矩 M_1 与 M_2 作用。试问 M_1 与 M_2 的比值为多大，才能在 $\varphi=60^\circ$ 位置平衡？

答案　$\dfrac{M_1}{M_2}=2$。

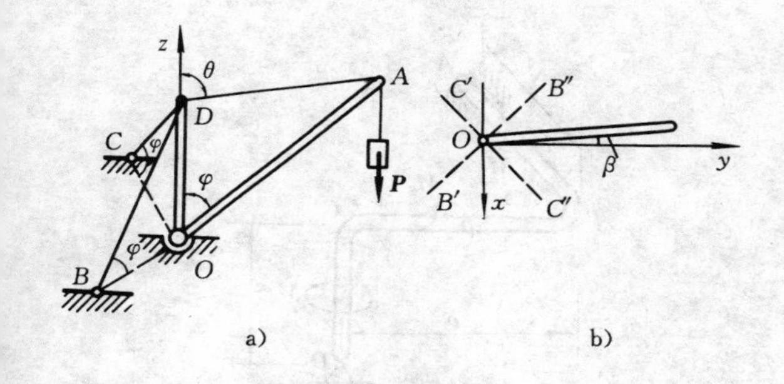

题 3-7 图

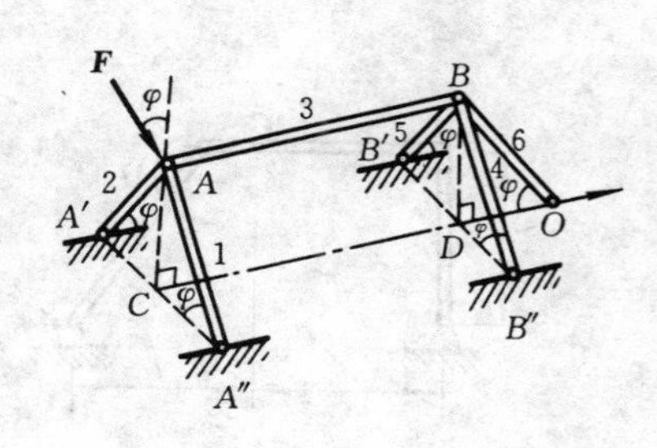

题 3-8 图

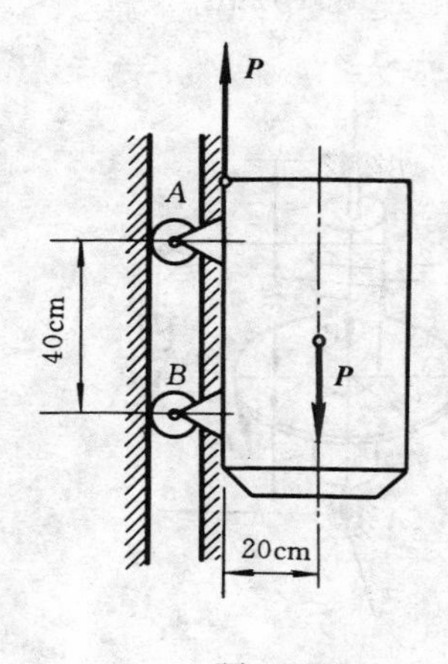

题 3-9 图

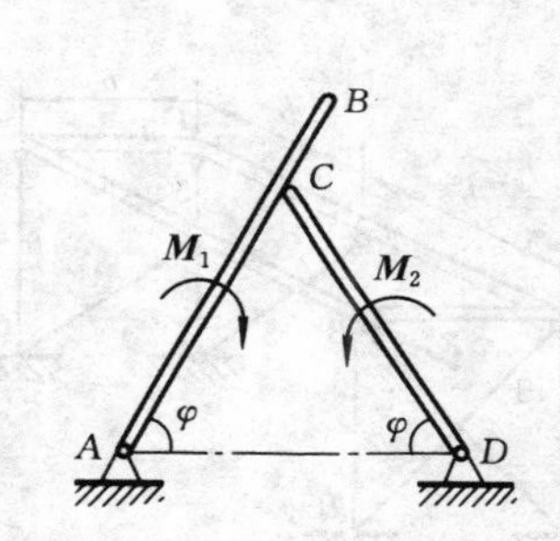

题 3-10 图

3-11　三铰刚架如图所示。已知：$M=50\ \text{kN}\cdot\text{m}$，$l=2\ \text{m}$。试求：(1) 支座 A，B 的力；(2) 如将该力偶移到刚架左半部，两支座的力是否改变？为什么？

答案　(1) $F_A=F_B=17.68\ \text{kN}$；(2) 略。

3-12　曲杆 $ABCD$ 有两个直角，且平面 ABC 与平面 BCD 垂直。三个力偶的力偶矩分别为 M_1，M_2，M_3，其作用平面分别垂直于直杆段 AB，BC 和 CD，AB，BC 和 CD 杆的尺寸分别为 l，b，h。试求曲杆平衡时 M_1 值和支座 A，D 处的力（力以 N 计，长度以 m 计）。

答案　$M_1=\dfrac{b}{l}M_2+\dfrac{h}{l}M_3$，$F_{Ay}=\dfrac{M_3}{l}$，$F_{Ax}=\dfrac{M_2}{l}$，　$F_{Dx}=0$，$F_{Dy}=-\dfrac{M_3}{l}$，$F_{Dz}=-\dfrac{M_2}{l}$。

3-13　图示矩形板用 6 根杆支承于水平位置，在点 A，B 分别作用一力 F（沿 AD 向）与 F'（沿 BC 向），已知：$F=F'=1\ \text{kN}$，$b=1.5\ \text{m}$，$h=2\ \text{m}$。试求各杆的力。

答案　$F_1=F_2=0$，$F_3=1.667\ \text{kN}$，$F_4=-1.667\ \text{kN}$，$F_5=-1.333\ \text{kN}$，$F_6=1.333\ \text{kN}$。

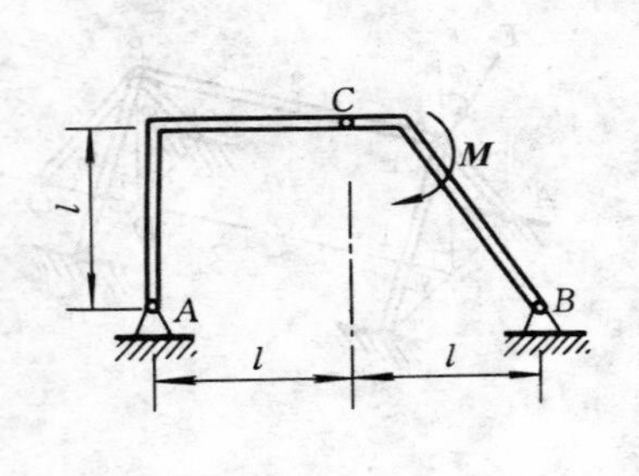

题 3-11 图

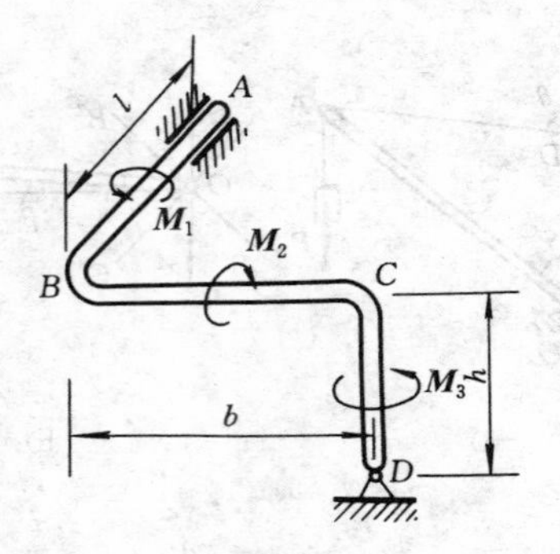

题 3-12 图

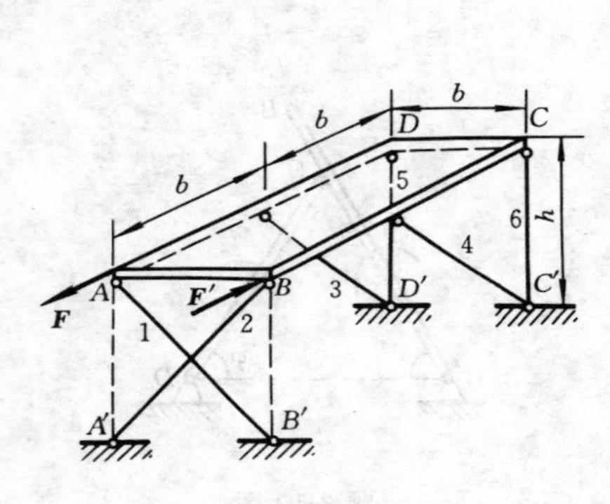

题 3-13 图

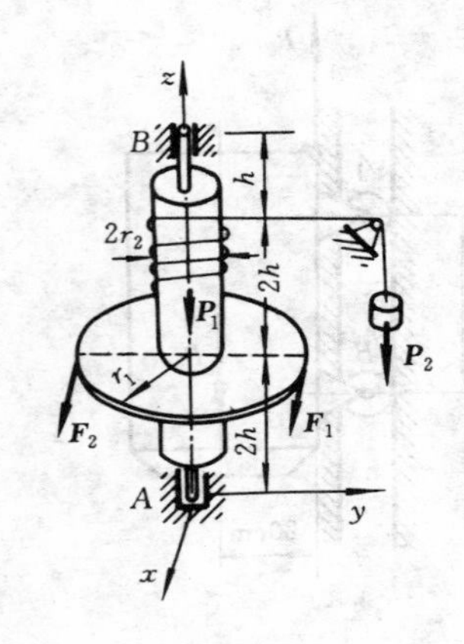

题 3-14 图

3-14　一起重装置如图所示，已知：链轮的半径为 r_1，鼓轮的半径为 r_2（链轮与鼓轮固结成一体），且 $r_1=2r_2$；链轮和鼓轮共重 $P_1=2$ kN，被吊物体重 $P_2=10$ kN，$F_1 /\!/ F_2$ 并沿 x 轴向，且 $F_1=2F_2$，尺寸为 h。试求平衡时链条的拉力及 A，B 轴承处的约束力。

答案　$F_1=10$ kN，$F_2=5$ kN，$F_{Ax}=-9$ kN，$F_{Ay}=-2$ kN，$F_{Az}=2$ kN，$F_{Bx}=-6$ kN，$F_{By}=-8$ kN。

3-15　作用在曲柄脚踏板上的力 $F_1=300$ N，已知：$b=15$ cm，$h=9$ cm，$\varphi=30°$，试求拉力 F_2 及轴承 A，B 处的约束力。

答案　$F_2=577.4$ N，$F_{Az}=265.5$ N，$F_{Bz}=611.9$ N。

3-16　梁的支承和载荷如图 a)，b) 所示。已知：力 F、力偶矩 M 和集度为 q 的均布载荷，尺寸为 l。试求支座 A 和 B 处的力。

答案　(a) $F_{Ax}=0$，$F_{Ay}=-\frac{1}{2}\left(F+\frac{M}{l}\right)$；$F_B=\frac{1}{2}\left(3F+\frac{M}{l}\right)$；

(b) $F_{Ax}=0$，$F_{Ay}=-\frac{1}{2}\left(F+\frac{M}{l}-\frac{5}{2}ql\right)$；$F_B=\frac{1}{2}\left(3F+\frac{M}{l}-\frac{1}{2}ql\right)$。

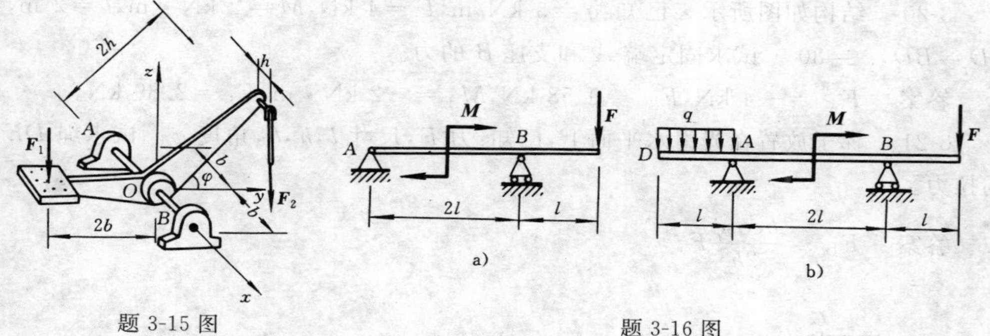

题 3-15 图　　　　题 3-16 图

3-17　挡水闸门板 AB 的长 $l=2$ m，宽 $b=1$ m，如图所示。已知：$\varphi=60°$，水的密度 $\rho=1000$ kg/m^3，试求能拉开闸门板的铅垂力 F。

答案　$F=22.63$ kN。

3-18　两根重力均为 P 的匀质杆连接如图所示。如在 C 点作用一水平力 $F=\frac{\sqrt{3}}{2}P$，系统处于平衡，试求角 φ 与角 θ。

答案　$\varphi=30°$，$\theta=30°$。

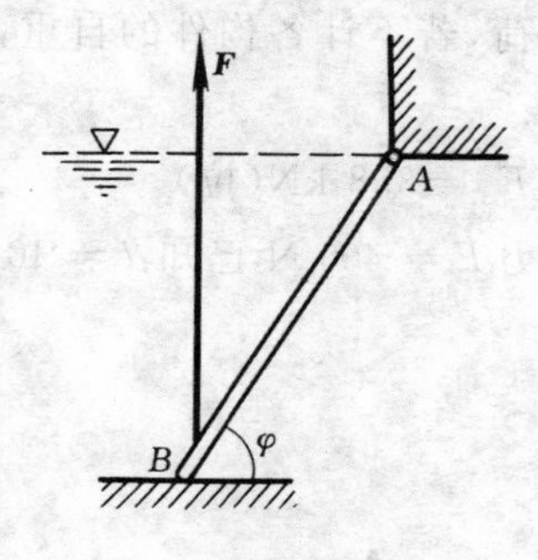

题 3-17 图

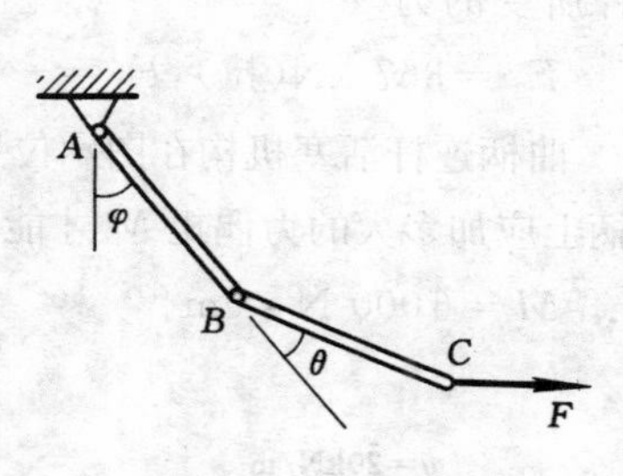

题 3-18 图

3-19　多跨梁 a)，b) 如图所示，已知：$q=5$ kN/m，$l=2$ m，$\varphi=30°$。试求点 A，B，C 处的约束力。

答案　(a) $F_A=-10$ kN，$F_B=25$ kN，$F_D=5$ kN；(b) $F_{Ax}=5.774$ kN，$F_{Ay}=10$ kN，$M_A=40$ kN·m，$F_C=11.547$ kN。

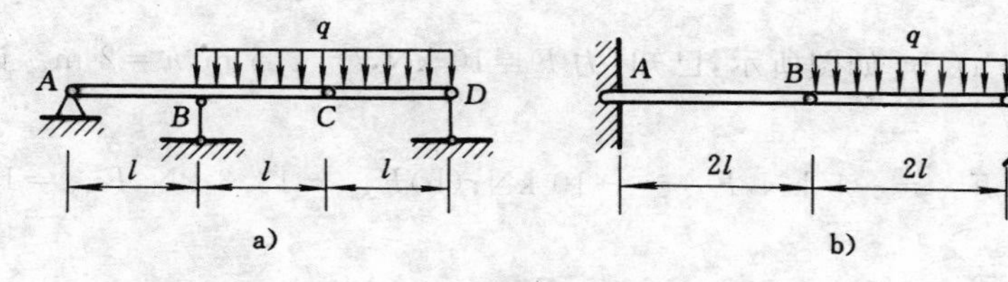

题 3-19 图

3-20　结构如图所示。已知：$q=3\ \text{kN/m}$，$F=4\ \text{kN}$，$M=2\ \text{kN}\cdot\text{m}$，$l=2\ \text{m}$，$CD=BD$，$\varphi=30°$。试求固定端 A 和支座 B 的力。

答案　$F_{Ax}=-4\ \text{kN}$，$F_{Ay}=0.58\ \text{kN}$，$M_A=-2\ \text{kN}\cdot\text{m}$，$F_B=2.89\ \text{kN}$。

3-21　梯子放置在光滑水平面上，已知：力 F，尺寸 l，h，b，角度 φ。试求绳 DE 的拉力。

答案　$F_{DE}=\dfrac{b\cos\varphi}{2h}F$。

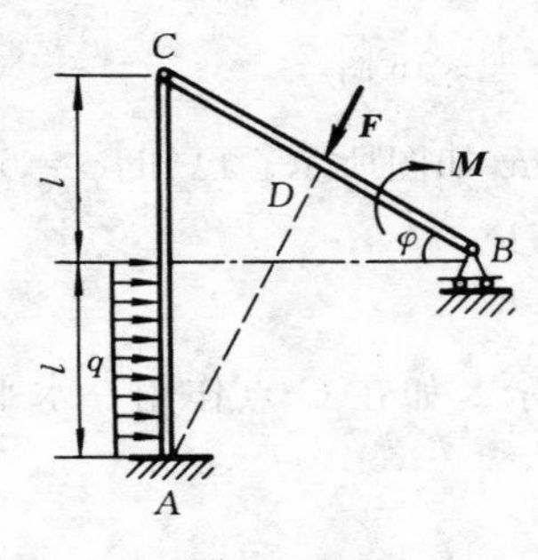

题 3-20 图

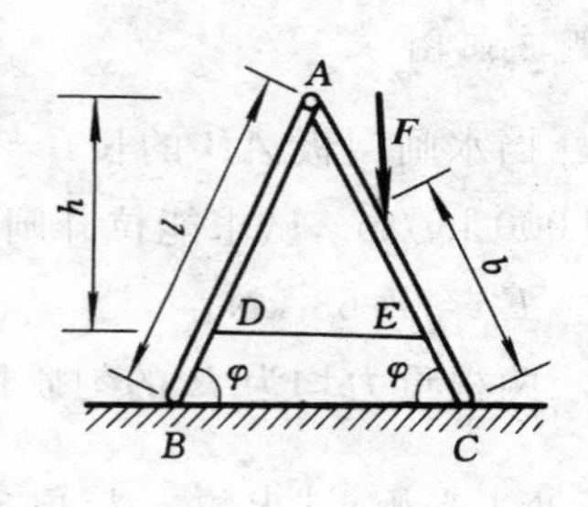

题 3-21 图

3-22　厂房屋架如图所示，其上受有铅垂均布载荷，若不计各构件的自重，试求1，2，3 三杆所受的力。

答案　$F_1=367\ \text{kN}$(拉)，$F_2=-81.9\ \text{kN}$(压)，$F_3=358\ \text{kN}$(拉)。

3-23　曲柄连杆活塞机构在图示位置时，活塞上受力 $F=400\ \text{N}$，已知：$l=10\ \text{cm}$。试问在曲柄上应加多大的力偶矩 M 才能使机构平衡。

答案　$M=6\,000\ \text{N}\cdot\text{cm}$。

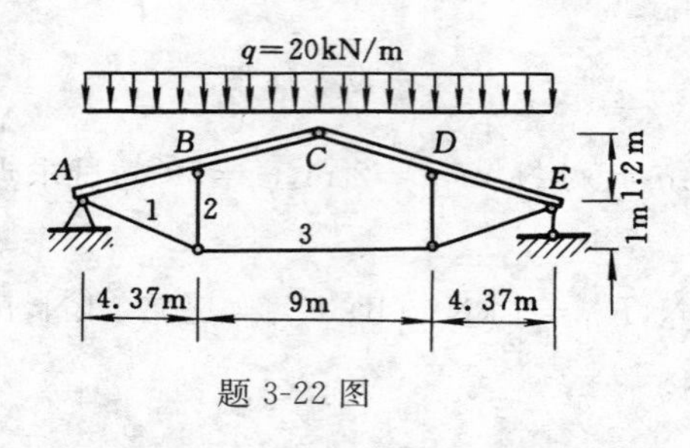

题 3-22 图

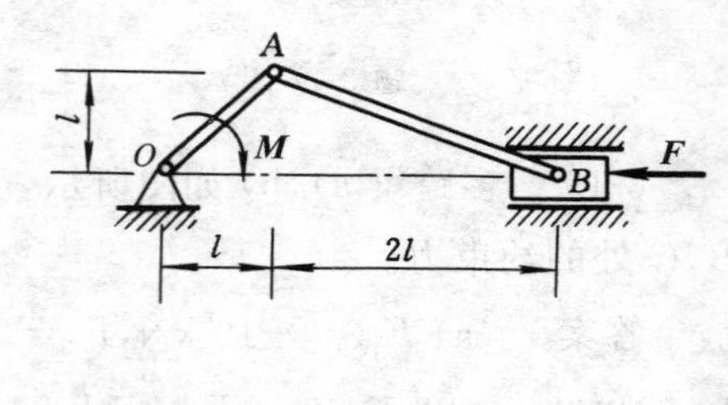

题 3-23 图

3-24　构架 a)，b) 如图所示，已知：力 $F=10\ \text{kN}$，$l=2.5\ \text{m}$，$h=2\ \text{m}$。试求支座 A 的力。

答案　(a) $F_{Ax}=-5\ \text{kN}$，$F_{Ay}=-10\ \text{kN}$；(b) $F_{Ax}=13.3\ \text{kN}$，$F_{Ay}=13\ \text{kN}$。

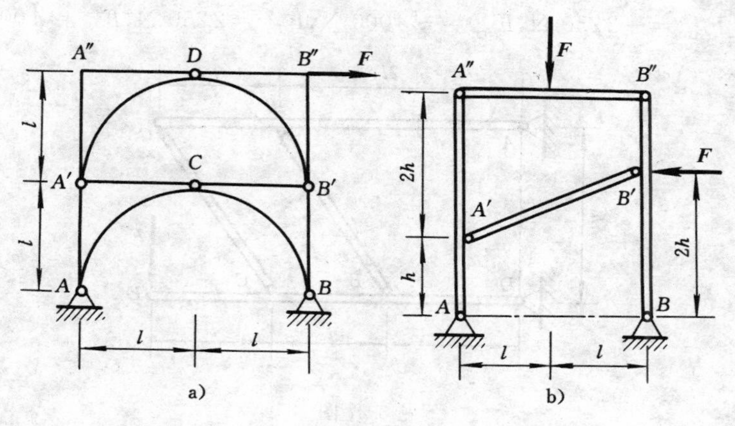

题 3-24 图

3-25　图示构架中，$AC=BC=l$，集中力 F 作用于 BC 的中点且与 BC 垂直，$\varphi=30^\circ$。试求支座 AB 处的力。

答案　$F_{Ax}=\dfrac{\sqrt{3}}{2}F, F_{Ay}=-\dfrac{1}{2}F, M_A=-Fl, F_B=F$。

3-26　铸工造型机翻台机构如图所示，已知：$BD=b=0.3\ \text{m}, CD=OE=h=0.4\ \text{m}, OD=l=1\ \text{m}$，且 $OD\perp OE$；翻台重 $P=500\ \text{N}$，重心在点 C。试问在图示 AB 铅垂且 $AB\perp BC$、$\varphi=30^\circ$ 位置保持平衡的力 F 以及 A,D,O 处的约束力。

答案　$F=1684\ \text{N}, F_{AB}=666.7\ \text{N}, F_{Dx}=0, F_{Dy}=1167\ \text{N}, F_{Ox}=1459\ \text{N}, F_{Oy}=325\ \text{N}$。

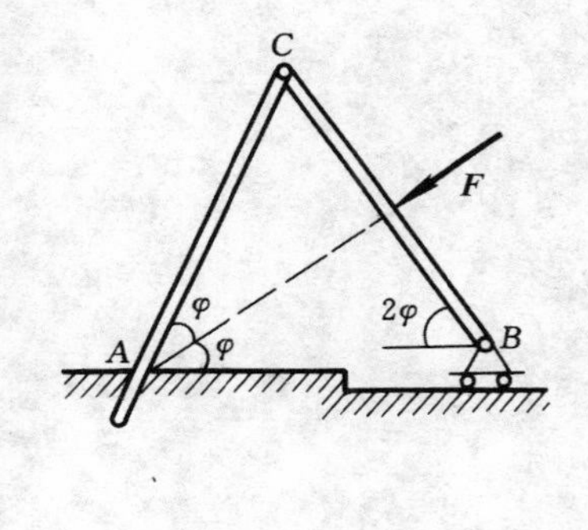

题 3-25 图

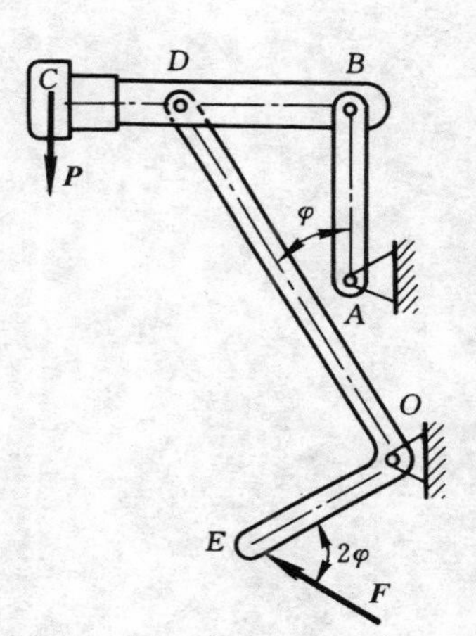

题 3-26 图

3-27　构架如图所示。已知 $F=1000\ \text{N}, l=300\ \text{mm}, h=400\ \text{mm}$。试求支座 A,D 处的力。

答案　$F_{Ax}=-2250\ \text{N}, F_{Ay}=-3000\ \text{N}, F_{Dx}=2250\ \text{N}, F_{Dy}=4000\ \text{N}$。

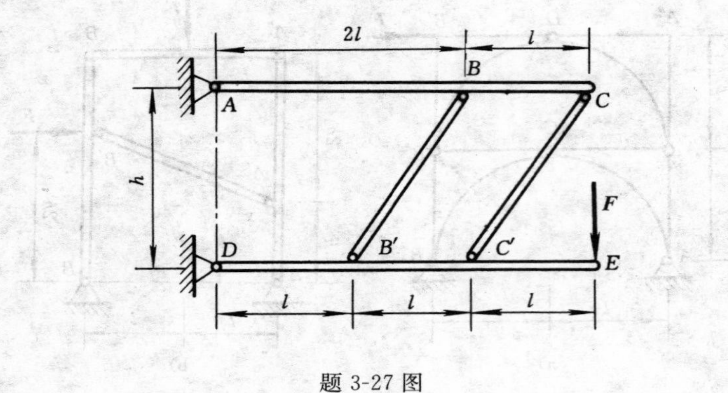

题 3-27 图

4 静力学应用问题

4.1 平面桁架

4.1.1 平面桁架的基本概念

桁架是一种由许多直杆以适当的方式在两端用铰链连接而成的几何形状不变的结构。这类结构在工程上应用得非常广泛,例如,大型屋架、桥梁桁架、起重机、井架、电视塔等。

若桁架的所有杆件都在同一平面内,称为平面桁架;反之,则称为空间桁架。本章只研究平面桁架。

桁架结构中杆件间的连接点称为节点或结点。为了保证几何形状不变,桁架的各杆件总构成三角形。凡杆件内力可用静力学平衡方程求得的桁架,称为静定桁架。

为了能反映桁架结构的主要特点,并简化桁架的计算,对桁架作如下假设:

(1) 所有杆件都是直杆,其轴线位于同一平面内;

(2) 直杆在两端用光滑铰链连接;

(3) 所有载荷及支座约束力都集中作用在节点上,而且与桁架共面;

(4) 各杆件的重量或略去不计,或平均分配在杆件两端的节点上。

这样的桁架称为理想桁架。实际桁架与上述假设是有差别的。例如,桁架中的节点并不一定是铰接的,钢材可用焊接或铆接,钢筋混凝土可用整体浇筑。但按上述假设不仅能够简化计算,而且计算所得的结果与实际相差不大,完全可以符合工程实际的需要。

根据假设,桁架中各杆都可视为只有两端受力的二力杆件,因此,杆件的内力都是轴向力,或为轴向拉力,或为轴向压力。对于同一杆件而言,所有截面的内力都相同。因此,在求杆件内力时,可以假想在任一处将杆截开,也可分析节点的受力情况:若力矢量背离节点,则表示杆件的内力为轴向拉力;反之,若力矢量指向节点,则表示杆件的内力为轴向压力,如图 4-1 所示。

在进行具体计算时,一般假设所有杆件均为受拉杆,在受力图中画成离开节点的形式。计算结果若为正值,则杆件受拉力;若为负值,则杆件受压力。

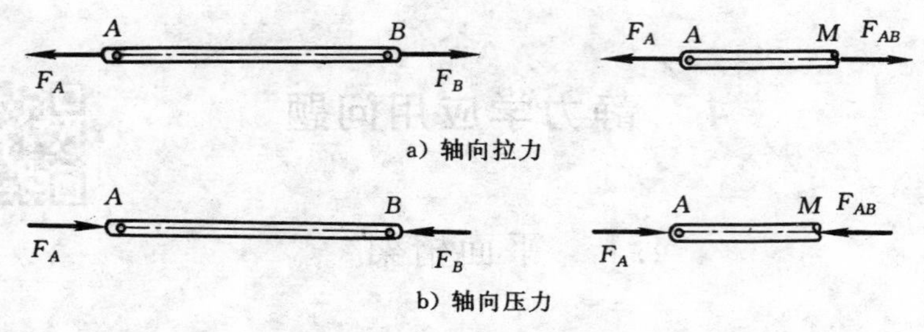

图 4-1　轴向拉力和压力

4.1.2　节点法计算桁架杆件的内力

桁架杆件均可看作是二力杆件，因此，桁架的每个节点都受平面汇交力系的作用而平衡。例如，图 4-2a）中的点 E 受力情况如图 4-2b）所示。为了求出每根杆件的内力，可以逐个地选取节点为研究对象，由已知力求出全部未知的杆件内力，这就是节点法。

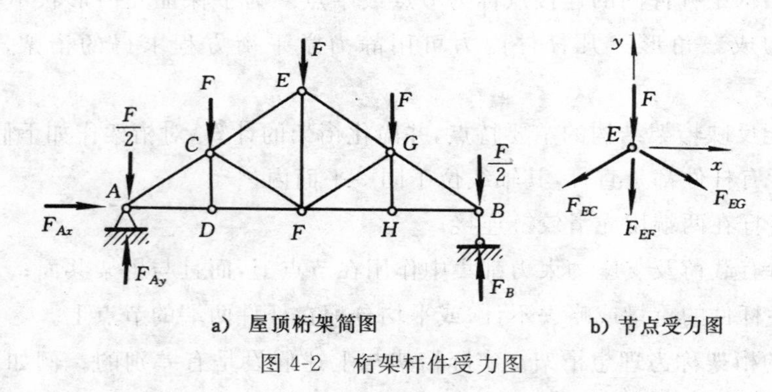

图 4-2　桁架杆件受力图

由于每个节点都是一个平面汇交力系，因此，对于每个节点只能列出两个独立的平衡方程，只能解出两个未知力。

应用节点法求内力时，可以利用下列特殊情况简化计算。

1. 利用对称性

结构对称，载荷对称，则内力必对称；结构对称，载荷反对称，则内力必反对称。

2. 判断零杆

内力为零的杆称为零杆。零杆不能取消，因为理想桁架有多种假设，实际桁架的对应杆内力并不等于零，只不过内力很小而已，一旦取消，桁架将成为几何可变体系。

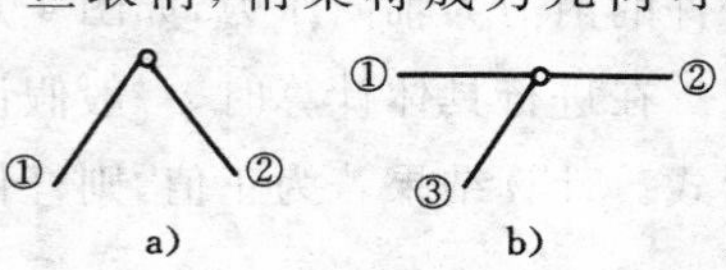

（1）两杆节点上无载荷时，则该两杆的内力都等于零，如图 4-3a）所示。

①　②　a)　①　②　③　b)

图 4-3　零杆

（2）三杆节点上无载荷且其中两杆在同一直

线上时，则另一杆的内力等于零，如图 4-3b）所示。其他还有一些判断零杆的情况，但都可用简单的平衡方程求得，故不一一介绍。

例 4-1 屋顶桁架的尺寸及载荷如图 4-4a）所示，试用节点法求每根杆的内力。

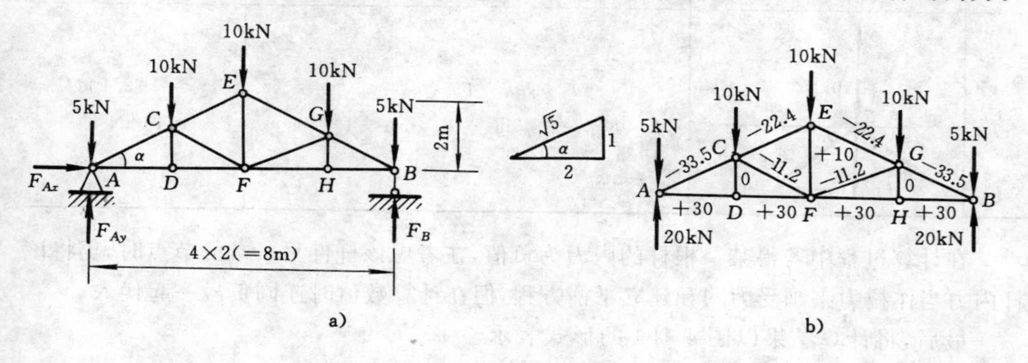

图 4-4 例 4-1 图

解 首先求支座 A,B 的约束力。以桁架整体为研究对象，显然

$$F_{Ax}=0,\quad F_{Ay}=F_B=20\ \text{kN}$$

其次，从只有两个未知力的支座节点 A 开始，逐个地截取桁架节点为研究对象，应用平面汇交力系平衡方程求各杆件的内力。由于结构和载荷都是对称的，所以左右两边对称位置的杆件内力必相同，故计算半个屋架即可。桁架计算如表 4-1 所示。

表 4-1 **节点受力列表计算法**

节点	受力图	平衡方程 $\sum F_{ix}=0$ $\sum F_{iy}=0$	杆件内力
A		$F_{AC}\cos\alpha+F_{AD}=0$ $-5+F_{Ay}+F_{AC}\sin\alpha=0$	$F_{AC}=-33.5\ \text{kN}$ $F_{AD}=30\ \text{kN}$
D		$F_{DF}-F_{AD}=0$ $F_{DC}=0$	$F_{DF}=30\ \text{kN}$ $F_{DC}=0$
C		$-F_{AC}\cos\alpha+F_{CE}\cos\alpha+F_{CF}\cos\alpha=0$ $-F_{AC}\sin\alpha+F_{CE}\sin\alpha-F_{CF}\sin\alpha-10=0$	$F_{CE}=-22.4\ \text{kN}$ $F_{CF}=-11.2\ \text{kN}$

续表

节点	受力图	平衡方程 $\sum F_{ix}=0$ $\sum F_{iy}=0$	杆件内力
E	y, 10kN, E, α, α, x, F_{CE}, F_{EF}, F_{EG}	$F_{EG}\cos\alpha - F_{CE}\cos\alpha = 0$ $-F_{EF} - F_{CE}\sin\alpha - F_{EG}\sin\alpha - 10 = 0$	$F_{EG} = -22.4$ kN $F_{EF} = 10$ kN

在计算过程中若得某一根杆的内力为负值，在考虑该杆件另一端的节点时，仍将该杆内力当作拉力来画受力图和建立平衡方程，但在计算数值时连同负号一起代入。

最后，将计算结果以图 4-4b）的形式表示。

4.1.3　截面法计算桁架杆件内力

当不需要求出桁架中每一根杆件的内力，或当桁架中某个节点有三个以上未知杆内力而无法用节点法求解时，可运用截面法求解。

截面法是用适当的截面截取桁架中的某一部分作为研究对象，这部分桁架在外力、约束力及被截杆件内力作用下保持平衡，这些力组成一个平面任意力系，可以列出三个独立的平衡方程，从而求解三个未知量。

截面法的关键在于选取适当的截面。一般地讲，尽管所作的截面可截断任何根数的杆件，但其中未知内力的杆件一般不得超过三根，而且这三根杆件不能交于一点。

例 4-2　试求图 4-5 所示桁架中 1，2，3 杆的内力。

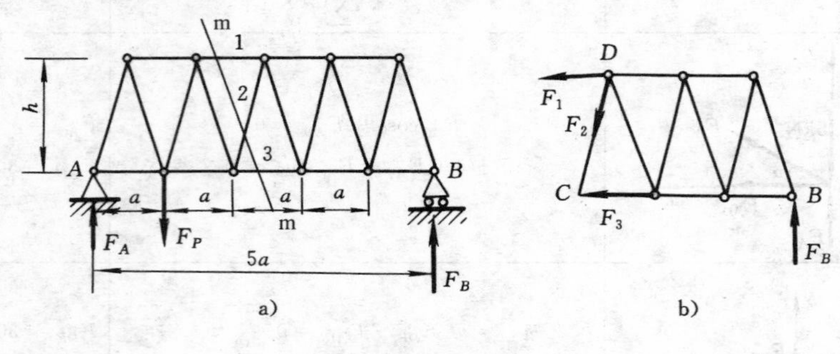

图 4-5　例 4-2 图

解　先选桁架整体，有

$$\sum M_A(\boldsymbol{F})=0,\qquad F_B\cdot 5a-F_Pa=0,\qquad F_B=\frac{1}{5}F_P$$

$$\sum F_{iy}=0,\qquad F_A+F_B-F_P=0,\qquad F_A=\frac{4}{5}F_P$$

选截面 m—m，将桁架分割成两部分，取右半部分（图 4-5b)），这部分桁架在约束力 $\boldsymbol{F}_B$ 及杆的内力 $\boldsymbol{F}_1, \boldsymbol{F}_2, \boldsymbol{F}_3$ 作用下保持平衡。

$$\sum F_{iy}=0, \quad F_B - F_2 \cdot \frac{h}{\sqrt{h^2+(a/2)^2}}=0, \quad F_2=\frac{F_P\sqrt{4h^2+a^2}}{10h}$$

$$\sum M_C(\boldsymbol{F}_i)=0, \quad F_B \cdot 3a + F_1 h=0, \quad F_1=-\frac{3aF_P}{5h}$$

$$\sum M_D(\boldsymbol{F}_i)=0, \quad F_B \cdot \frac{5}{2}a - F_3 h=0, \quad F_3=\frac{aF_P}{2h}$$

4.1.4 节点法与截面法的联合应用

有的情况下，由于结构比较复杂，任何截面都至少要截断四根杆件，从而必然会出现四个以上未知内力，因此不可能选取一个截面就全部解决问题，此时，截面法也显得不太方便，可考虑联合应用节点法和截面法。

例 4-3 试求图 4-6a) 所示桁架中 1,2,3,4 杆的内力。

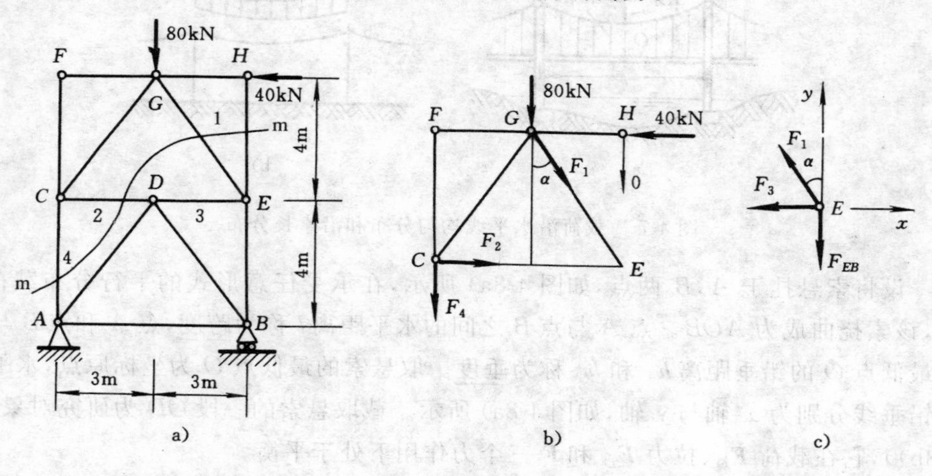

图 4-6 例 4-3 图

解 可直接判断出 EH 杆为零杆。

考虑 m—m 截面的上半部，受力如图 4-6b) 所示。列平衡方程有

$$\sum M_C(\boldsymbol{F}_i)=0, \quad F_1\cos\alpha \times 3 + F_1\sin\alpha \times 4 - 80 \times 3 + 40 \times 4=0,$$

$$F_1=-16.7\ \text{kN}$$

$$\sum F_{ix}=0, \quad F_2+F_1\sin\alpha-40=0, \quad F_2=50\ \text{kN}$$

$$\sum F_{iy}=0, \quad -F_4-F_1\sin\alpha-80=0, \quad F_4=-66.7\ \text{kN}$$

再考虑节点 E，受力如图 4-6c) 所示，则

$$\sum F_{ix}=0,\qquad -F_3-F_1\sin\alpha=0,\quad F_3=10.6\ \text{kN}$$

4.2 悬　索

悬索在工程实际中有着广泛的应用，如架空运输索道、输电线、悬索桥。早在 1696 年，我国已采用铁索建造了一座闻名世界的泸定桥。

如将索的两端固定，则由于其自身重量或外加载荷，该索必将挠曲，其内部产生拉力。进行设计计算时，需要知道索挠曲后的形状如何，索内各点拉力怎样变化，以及索的长度为多少。当然，这些问题都与载荷有关。在实际问题中，最常遇到的有两种情况：① 载荷沿水平线均匀分布，如悬索桥的主索所承受的载荷即近似于这种情况(图 4-7a))；② 载荷沿索长分布，如输电线自重即属于这种情况(图 4-7b))。

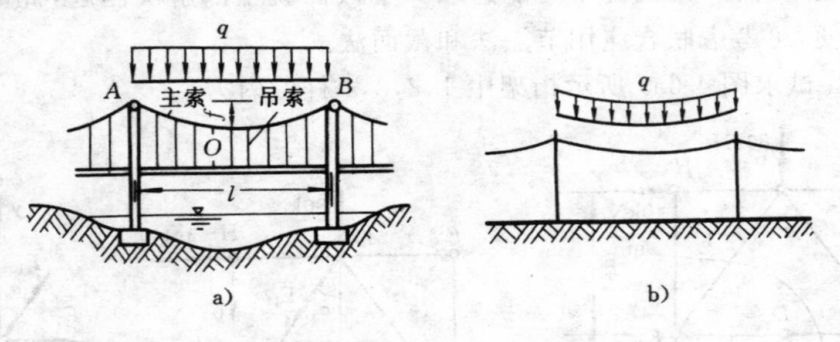

图 4-7　载荷沿水平线均匀分布和沿索长分布

设将索悬挂于 A，B 两点，如图 4-8a) 所示，在承受任意形式的平行分布载荷 q 后，该索挠曲成为 AOB。点 A 与点 B 之间的水平距离 l 称为跨度，点 A 和点 B 与悬索最低点 O 的铅垂距离 h_1 和 h_2 称为垂度。取悬索的最低点 O 为坐标原点，水平线与铅垂线分别为 x 轴与 y 轴，如图 4-8a) 所示。截取悬索的一段 OD 为研究对象(图 4-8b))，它在载荷 $\boldsymbol{F}_Q$、拉力 $\boldsymbol{F}_O$ 和 $\boldsymbol{F}$ 三个力作用下处于平衡。

假定悬索有充分柔性，因此，拉力 $\boldsymbol{F}_O$ 沿 O 点的切线方向，亦即沿水平方向作用，而拉力 $\boldsymbol{F}$ 的作用线沿点 D 的切线方向，这三个力构成的力三角形必须自行闭合，于是

$$\tan\theta=\frac{F_Q}{F_O}$$

因
$$\tan\theta=\frac{\mathrm{d}y}{\mathrm{d}x},\quad 故\quad \frac{\mathrm{d}y}{\mathrm{d}x}=\frac{F_Q}{F_O} \qquad ①$$

由此力三角形还可以看到
$$F=\sqrt{F_O^2+F_Q^2} \qquad ②$$

式 ① 是悬索曲线的微分方程，而式 ② 表示悬索中任意一点的拉力。现在对上述两种载荷分布情况分别进行讨论。

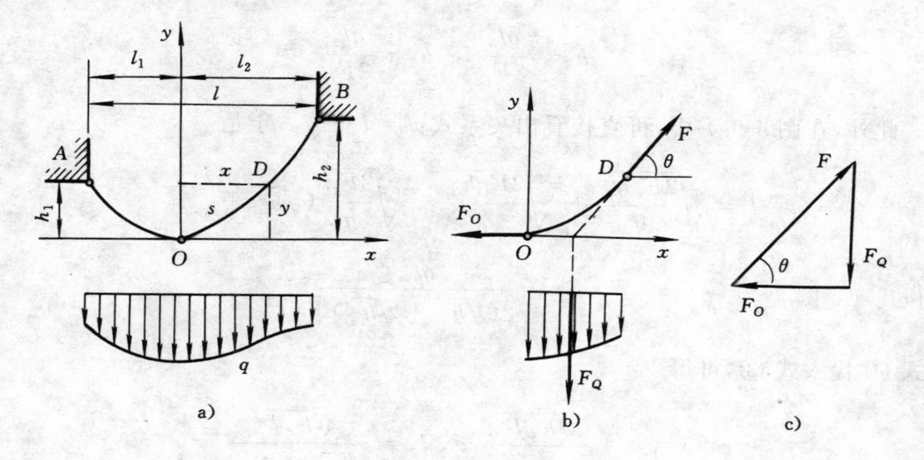

图 4-8　悬索受力图

4.2.1　载荷沿水平线均匀分布的情况

如载荷 q 沿水平线均匀分布(图 4-9a))，则式 ① 变为

$$\frac{\mathrm{d}y}{\mathrm{d}x}=\frac{qx}{F_O}$$

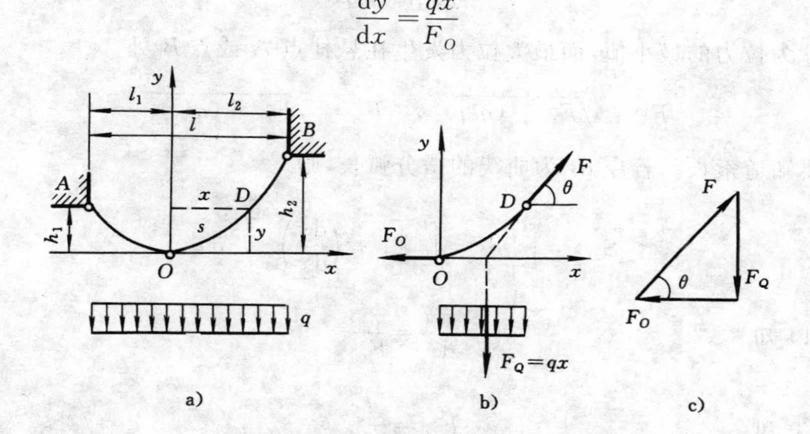

图 4-9　载荷沿水平线均匀分布

分离变量后进行积分，得

$$\int_0^y \mathrm{d}y=\frac{q}{F_O}\int_0^x x\,\mathrm{d}x$$

$$y=\frac{qx^2}{2F_O} \tag{4-1}$$

可知,当悬索受沿水平线均匀分布的载荷时,悬索曲线为一抛物线。

将悬索挂点 A,B 的坐标$(-l_1,h_1)$,(l_2,h_2) 代入式(4-1),有

$$h_1=\frac{ql_1^2}{2F_O},\quad h_2=\frac{ql_2^2}{2F_O} \tag{③}$$

此外,在图 4-9a) 中,可直接看出关系式:$l=l_1+l_2$,于是

$$l=\sqrt{\frac{2F_Oh_1}{q}}+\sqrt{\frac{2F_Oh_2}{q}}=\sqrt{\frac{2F_O}{q}}(\sqrt{h_1}+\sqrt{h_2})$$

解得

$$F_O=\frac{ql^2}{2(\sqrt{h_1}+\sqrt{h_2})^2} \tag{④}$$

将式 ④ 代入式 ③,可得

$$l_1=\frac{\sqrt{h_1}\,l}{\sqrt{h_1}+\sqrt{h_2}},\quad l_2=\frac{\sqrt{h_2}\,l}{\sqrt{h_1}+\sqrt{h_2}} \tag{⑤}$$

通常 l_1,l_2,h_1,h_2 均属已知,因而悬索在最低点的拉力 F_O 以及坐标原点的位置也就确定了。

由式 ② 可知,悬索中任意一点的拉力为

$$F=\sqrt{F_O^2+(qx)^2} \tag{4-2}$$

显见,F_O 为拉力的最小值,而最大拉力发生在悬挂点 A 或点 B 处。

$$F_A=\sqrt{F_O^2+(ql_1)^2},\quad F_B=\sqrt{F_O^2+(ql_2)^2} \tag{⑥}$$

有时需要知道索长。若令 $\mathrm{d}s$ 为曲线的微分弧长,则

$$S_{OB}=\int_{OB}\mathrm{d}s=\int_0^{l_2}\left[1+\left(\frac{\mathrm{d}y}{\mathrm{d}x}\right)^2\right]^{\frac{1}{2}}\mathrm{d}x$$

由式(4-1) 知

$$\frac{\mathrm{d}y}{\mathrm{d}x}=\frac{qx}{F_O}$$

而由式 ③ 知

$$F_O=\frac{ql_2^2}{2h_2}$$

故

$$\frac{\mathrm{d}y}{\mathrm{d}x}=\frac{2h_2x}{l_2^2}$$

因此

$$S_{OB}=\int_0^{l_2}\left[1+\left(\frac{2h_2x}{l_2^2}\right)^2\right]^{\frac{1}{2}}\mathrm{d}x=\frac{l_2^2}{2h_2}\int_0^{l_2}\left[1+\left(\frac{2h_2x}{l_2^2}\right)\right]^{\frac{1}{2}}\mathrm{d}\left(\frac{2h_2x}{l_2^2}\right)$$

$$=\frac{l_2^2}{2h_2}\left\{\frac{h_2 x}{l_2^2}\sqrt{1+\left(\frac{2h_2 x}{l_2^2}\right)^2}+\frac{1}{2}\ln\left[\frac{2h_2 x}{l_2^2}+\sqrt{1+\left(\frac{2h_2 x}{l_2^2}\right)^2}\right]\right\}\Bigg|_0^{l_2}$$

$$=\frac{l_2}{2}\sqrt{1+\left(\frac{2h_2}{l_2}\right)^2}+\frac{l_2^2}{4h_2}\ln\left[\frac{2h_2}{l_2}+\sqrt{1+\left(\frac{2h_2}{l_2}\right)^2}\right]$$

同理

$$S_{OA}=\frac{l_1}{2}\sqrt{1+\left(\frac{2h_1}{l_1}\right)^2}+\frac{l^2}{4h_1}\ln\left[\frac{2h_1}{l_1}+\sqrt{1+\left(\frac{2h_1}{l_1}\right)^2}\right]$$

于是,悬索的总长度为

$$S_{AOB}=S_{OA}+S_{OB}=\frac{l_1}{2}\sqrt{1+\left(\frac{2h_1}{l_1}\right)^2}+\frac{l_1^2}{4h_1}\ln\left[\frac{2h_1}{l_1}+\sqrt{1+\left(\frac{2h_1}{l_1}\right)^2}\right]+$$
$$\frac{l_2}{2}\sqrt{1+\left(\frac{2h_2}{l_2}\right)^2}+\frac{l_2^2}{4h_2}\ln\left[\frac{2h_2}{l_2}+\sqrt{1+\left(\frac{2h_2}{l_2}\right)^2}\right] \tag{4-3}$$

假如悬索曲线比较扁平,则$\frac{dy}{dx}$的值很小,此时悬索长度的近似值为

$$S_{OB}=\int_{OB}ds=\int_0^{l_2}\sqrt{1+\left(\frac{dy}{dx}\right)^2}dx\approx\int_0^{l_2}\left[1+\frac{1}{2}\left(\frac{dy}{dx}\right)^2\right]dx$$

$$=\int_0^{l_2}\left[1+\frac{1}{2}\left(\frac{2h_2 x}{l_2^2}\right)^2\right]dx=\left(x+\frac{2h_2^2}{3l_2^4}x^3\right)\Bigg|_0^{l_2}=l_2+\frac{2h_2^2}{3l_2}$$

同理
$$S_{OA}=l_1+\frac{2h_1^2}{3l_1}$$

因此,悬索的总长度为

$$S_{AOB}=S_{OA}+S_{OB}=l+\frac{2}{3}\left(\frac{h_1^2}{l_1}+\frac{h_2^2}{l_2}\right) \tag{4-4}$$

例 4-4 供人行走的悬索便桥(图 4-7a))由两根主索支承。塔架顶点 A,B 位于同一高度,相距 $l=100$ m,中点 O 的垂度 $h=16$ m。设已知每根主索所承受的桥面重力为 $q=3$ kN/m,且沿水平线均匀分布,主索与吊索的重量比较小,可略去不计。试计算主索在中点 O 和悬挂点 A,B 的拉力,以及主索的长度。

解 因为载荷沿水平线均匀分布,故悬索曲线为一抛物线。由式 ④ 可求出主索在中点 O 的拉力为

$$F_O=\frac{ql^2}{2(\sqrt{h_1}+\sqrt{h_2})^2}=\frac{3\times100^2}{2(\sqrt{16}+\sqrt{16})^2}=234\text{ kN}$$

将 F_O 值代入式 ⑥，即得主索在悬挂点 A,B 的拉力为

$$F_A = F_B = \sqrt{F_O^2 + \left(q\,\frac{l}{2}\right)^2} = \sqrt{234^2 + \left(3\times\frac{100}{2}\right)^2} = 278\ \text{kN}$$

主索的长度可按式(4-3) 计算，则

$$S_{AOB} = 2\left\{\frac{l_1}{2}\sqrt{1+\left(\frac{2h_1}{l_1}\right)^2} + \frac{l_1^2}{4h_1}\ln\left[\frac{2h_1}{l_1} + \sqrt{1+\left(\frac{2h_1}{l_1}\right)^2}\right]\right\}$$

$$= 50\sqrt{1+\left(\frac{2\times16}{50}\right)^2} + \frac{50^2}{2\times16}\ln\left[\frac{2\times16}{50} + \sqrt{1+\left(\frac{2\times16}{50}\right)^2}\right] = 106.43\ \text{m}$$

若按近似公式(4-4) 计算，则

$$S_{AOB} = l + 2\times\frac{2}{3}\cdot\frac{h_1^2}{l_1} = 100 + \frac{4}{3}\times\frac{16^2}{50} = 106.83\ \text{m}$$

可以看出，二者的结果相差很小，但按式(4-4) 计算要比按式(4-3) 计算方便得多。

4.2.2 载荷沿索长均匀分布的情况

设载荷 q 沿索长均匀分布(图 4-10a))，则式 ① 成为

$$\frac{\mathrm{d}y}{\mathrm{d}x} = \frac{qs}{F_O} \tag{⑦}$$

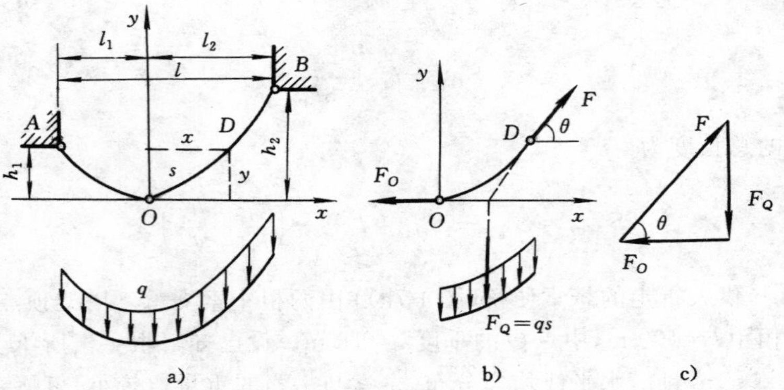

图 4-10　载荷沿索长均匀分布

将式 ⑦ 代入关系式

$$\frac{\mathrm{d}s}{\mathrm{d}x} = \sqrt{1+\left(\frac{\mathrm{d}y}{\mathrm{d}x}\right)^2}$$

有
$$\frac{\mathrm{d}s}{\mathrm{d}x}=\sqrt{1+\left(\frac{qs}{F_O}\right)^2}$$

分离变量后进行积分，得

$$\int_0^{sx}\mathrm{d}x=\int_0^s\frac{\mathrm{d}s}{\sqrt{1+\left(\frac{qs}{F_O}\right)^2}}$$

$$x=\frac{F_O}{q}\operatorname{arcsinh}\frac{qs}{F_O}\bigg|_0^s=\frac{F_O}{q}\operatorname{arcsinh}\frac{qs}{F_O}$$

$$S=\frac{F_O}{q}\sinh\frac{qx}{F_O} \tag{⑧}$$

将式 ⑧ 代入式 ⑦ 分离变量后进行积分，得

$$\int_0^y\mathrm{d}y=\int_0^x\sinh\frac{qx}{F_O}\mathrm{d}x=\frac{F_O}{q}\cosh\frac{qx}{F_O}\bigg|_0^x$$

$$y=\frac{F_O}{q}\left(\cosh\frac{qx}{F_O}-1\right) \tag{4-5}$$

于是可知，当载荷沿索长均匀分布时，悬索曲线为一悬链线。

式(4-5) 可改为
$$x=\frac{F_O}{q}\operatorname{arccosh}\left(\frac{qy}{F_O}+1\right)$$

将悬挂点 A，B 的坐标$(-l_1,h_1)$，(l_2,h_2) 分别代入上式，并考虑关系式 $l=l_1+l_2$，可得

$$l=\frac{F_O}{q}\operatorname{arccosh}\left(\frac{qh_1}{F_O}+1\right)+\frac{F_O}{q}\operatorname{arccosh}\left(\frac{qh_2}{F_O}+1\right) \tag{⑨}$$

采用试算法，由式 ⑨ 即可求出 F_O。由式 ② 和式 ⑧ 知，悬索中任意一点的拉力为

$$F=\sqrt{F_O^2+(qs)^2}=\sqrt{F_O^2+\left(F_O\sinh\frac{qx}{F_O}\right)^2}=F_O\sqrt{1+\sinh^2\frac{qx}{F_O}}=F_O\cosh\frac{qx}{F_O}$$

将式(4-5) 变换并代入上式，得

$$F=F_O+qy \tag{4-6}$$

与抛物线悬索相似，F_O 为拉力的最小值，而最大拉力发生在悬挂点 A 或点 B 处：

$$F_A=F_O+qh_1 \tag{⑩}$$
$$F_B=F_O+qh_2 \tag{⑪}$$

由式 ⑧ 可计算悬索的长度为

$$S_{AOB}=S_{OA}+S_{OB}=\frac{F_O}{q}\left(\sinh\frac{ql_1}{F_O}+\sinh\frac{ql_2}{F_O}\right) \tag{4-7}$$

悬索计算主要是确定索内拉力和索的长度，以作为设计的依据。对于一般的实际问题，悬索的垂度 h 与跨度 l 之比均较小，悬链线悬索亦可按抛物线悬索计算，无论是拉力还是索长，误差都不大。例如，对于悬索在最低点的拉力 F_O 来说，当 $h/l=1/20$ 时，误差约为 0.3%，当 $h/l=1/10$ 时，误差约为 1.3%，当 $h/l=1/5$ 时，误差亦不过 5%。

例 4-6 输电线的两塔相距 $l=l_1+l_2=200$ m，塔顶高度差 10 m，垂度 $h_1=3$ m(图 4-11)。已知电线重 30 N/m。试用抛物线悬索求电线在最低点 O 和悬挂点 A，B 的拉力，以及电线的长度。

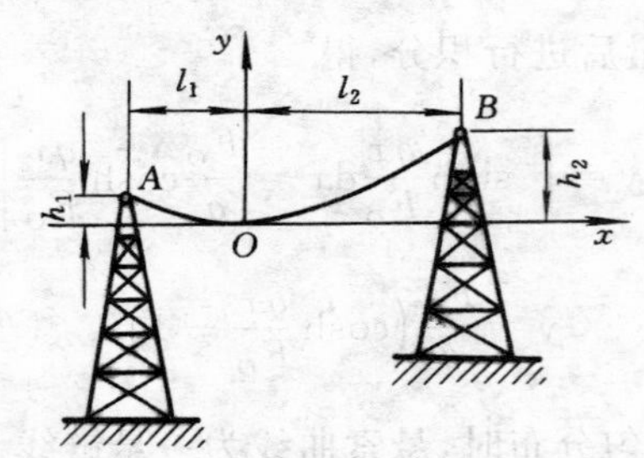

图 4-11 例 4-6 图

解 由式 ④，⑤，⑥ 分别可得

$$F_O=\frac{ql^2}{2\times(\sqrt{h_1}+\sqrt{h_2})^2}=\frac{30\times200^2}{2\times(\sqrt{3}+\sqrt{13})^2}=21.06\ \text{kN}$$

$$l_1=\frac{\sqrt{h_1}\,l}{\sqrt{h_1}+\sqrt{h_2}}=\frac{\sqrt{3}\times200}{\sqrt{3}+\sqrt{13}}=64.9\ \text{m}$$

$$l_2=\frac{\sqrt{h_2}\,l}{\sqrt{h_1}+\sqrt{h_2}}=\frac{\sqrt{13}\times200}{\sqrt{3}+\sqrt{13}}=135.1\ \text{m}$$

$$F_A=\sqrt{F_O^2+(ql_1)^2}=\sqrt{21\,060^2+(30\times64.9)^2}=21\,150\ \text{N}=21.15\ \text{kN}$$

$$F_B=\sqrt{F_O^2+(ql_2)^2}=\sqrt{21\,060^2+(30\times135.1)^2}=21\,447\ \text{N}=21.45\ \text{kN}$$

$$S_{AOB}=l+\frac{2}{3}\left(\frac{h_1^2}{l_1}+\frac{h_2^2}{l_2}\right)=200+\frac{2}{3}\left(\frac{3^2}{64.9}+\frac{13^2}{135.1}\right)=200.93\ \text{m}$$

本题若按悬链线计算，结果为 200.92 m，所得结果相差很小，但按抛物线计算则要比按悬链线计算简单得多。

4.3 摩 擦

4.3.1 滑动摩擦现象

在前面章节中，我们假定两个物体的接触处是完全光滑的，两个接触物相互作用的力沿接触处公切面的法线方向，显然，这个假定与实际情况不符。当一个物体放在水平面上时，如果水平面对物体的作用力都是铅垂向上的，那么，只要在物体上作用一个很小的水平力，物体就要滑动。事实上，在大多数情况下，物体受到相当大的水平力作用时，仍能保持平衡。这说明了水平面对物体还存在着水平方向的约束力，得以阻止物体在水平方向的运动，这个约束力称为摩擦力。

摩擦力产生的摩擦现象在日常生活和工程问题中普遍存在。一方面，摩擦力不利的现象有阻碍物体运动、消耗能量、磨损机件等。人类在长期的生产实践中积累了不少减少摩擦力的经验。例如，我国很早就利用了车轮，发明了车辆，就是用较小的滚动阻力来代替较大的滑动阻力；又如在机器中加润滑油，采用滚球轴承等。另一方面，摩擦力也可被利用，例如，用摩擦力来制动车轮、依靠摩擦力来进行传动等。下雪时，路面摩擦力很小，车辆难以行驶，因此，在车轮上安装铁链，在路面上铺沙子，其目的都在于增加摩擦力。

4.3.2 滑动摩擦力

滑动摩擦力是阻碍两个接触物体相对滑动的约束力，它作用于物体接触处的公切面上。摩擦力也是一个未知力，但与一般的约束力有所不同，下面我们研究摩擦力与一般约束力的不同之处。

设有一重 P 的物体，放在粗糙的水平面上，如果此时没有其他的主动力作用，则水平面对物体的约束力显然只有一铅垂向上的力 F_N 与 P 平衡，而在水平方向的约束力等于零，如图 4-12a) 所示。

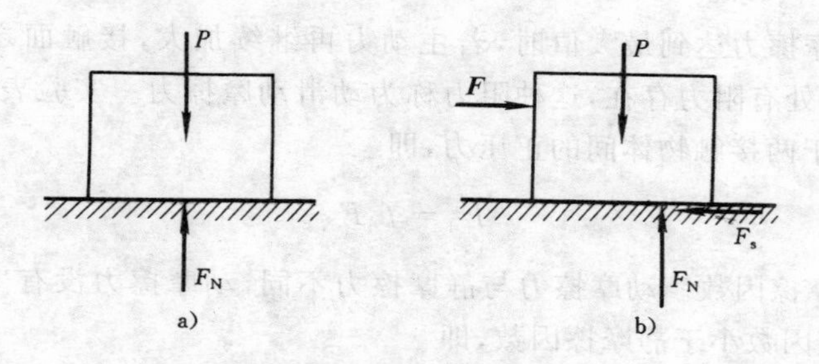

图 4-12　滑动摩擦力分析

若在重物上加上一个水平向右的主动力 $\boldsymbol{F}$，如图 4-12b) 所示，$\boldsymbol{F}$ 使物体有向右滑动的趋势，但仍保持平衡。根据平衡条件，此时平面对物体的约束力，除铅垂向上的

F_N 外，还必须有水平向左的摩擦力 F_s 作用，并且 $F_s = F$。总之，当物体平衡时，作用于物体上摩擦力的大小与方向均为未定值，必须由平衡条件来决定。这与求一般的约束力没有区别。但若 **F** 值继续增加达到一定值时，物体不再保持平衡而开始滑动。这说明摩擦力与一般约束力有所不同，它有一个最大值，当达到这个最大值后，就不再增加，这个最大值称为最大静滑动摩擦力。若 **F** 继续增大，平衡就被破坏，物体开始滑动。物体运动时，摩擦力继续存在，这个摩擦力称为动滑动摩擦力。

由此看到，作用于物体上的摩擦力，可以分为：① 静滑动摩擦力 F_s，它作用于静止的物体上，它的大小、方向可以根据平衡条件来确定。② 最大静滑动摩擦力 F_{max}，它是静滑动摩擦力的极限，作用于即将开始滑动，或者说将滑未滑的临界状态。③ 动滑动摩擦力 F_d，它作用于已经滑动的物体上，摩擦力方向与运动方向或运动趋势方向相反。

4.3.3 最大静滑动摩擦力、动滑动摩擦力与摩擦因数

根据经验，极限摩擦力的大小不仅仅取决于物体上的主动力，并且与两个接触物体的材料以及接触面的许多物理因素有关。为了确定最大静滑动摩擦力与各种因素的关系，科学家做了许多实验求得其客观规律。其中，最著名的就是 18 世纪法国科学家库仑的实验，他根据大量实验的结果，得出三条定律，称为库仑摩擦定律，其中最重要的一条就是：在各种因素相同的条件下，最大静滑动摩擦力 F_{max} 与接触物体间的正压力成正比。可表示为

$$F_{max} = f_s F_N \tag{4-8}$$

其中，比例常数 f_s 称为静摩擦因数。通过这条定律，把影响最大静滑动摩擦力的各种物理因素归纳于静摩擦因数 f_s。这个因数可由实验测定，我们在任何工程手册中均可查到有关因数。必须指出，上述公式只是根据实验归纳的一个近似公式，由于方法简便，在一般工程问题中又满足精度要求，因此，到现在为止，它在工程界仍被广泛应用。

当静滑动摩擦力达到最大值时，若主动力再继续加大，接触面之间产生相对滑动，此时接触面处有阻力存在，这种阻力称为动滑动摩擦力。实验表明：动滑动摩擦力的大小正比于两接触物体间的正压力，即

$$F_d = f_d F_N \tag{4-9}$$

式中，f_d 是动摩擦因数。动摩擦力与静摩擦力不同，动摩擦力没有变化范围。一般情况下，动摩擦因数小于静摩擦因数，即

$$f_d < f_s$$

实际上，动摩擦因数还与接触物体间相对滑动的速度大小有关。但当相对滑动速度不大时，动摩擦因数可近似地认为是个常数，见表 4-2。

表 4-2　　常用材料的滑动摩擦因数

材料名称	静摩擦因数 f_s		动摩擦因数 f_d	
	无润滑	有润滑	无润滑	有润滑
钢-钢	0.15	0.1～0.2	0.15	0.05～0.1
钢-软钢			0.2	0.1～0.2
钢-铸铁	0.3		0.18	0.05～0.15
钢-青铜	0.15	0.1～0.15	0.15	0.1～0.15
软钢-铸铁	0.2		0.18	0.05～0.15
软钢-青铜			0.18	0.07～0.15
铸铁-铸铁		0.18	0.15	0.07～0.12
铸铁-青铜			0.15～0.2	0.07～0.15
青铜-青铜		0.1	0.2	0.07～0.1
皮革-铸铁	0.3～0.5	0.15	0.6	0.15
橡皮-铸铁			0.2	0.5
木材-木材	0.4～0.6	0.1	0.2～0.5	0.07～0.15

4.3.4　摩擦角和自锁现象

1. 摩擦角

在一般情况下，当物体处于平衡时，两物体在接触处相互作用的力，有法向正压力 F_N 以及在接触面上的静滑动摩擦力 F_s。如果把这两个力合为合力，其大小 $F_R = \sqrt{F_N^2 + F_s^2}$；其方向可用它与法线间的交角 φ 来表示，$\tan\varphi = F_s / F_N$。当 F_s 达到它的极限值 F_{max} 时，φ 角也达到它的极限值 φ_f，于是，有下面的关系：

$$\tan\varphi_f = \frac{F_{max}}{F_N} = \frac{f_s F_N}{F_N} = f_s \tag{4-10}$$

φ_f 称为接触面的摩擦角(图 4-13)。式(4-10)表示，摩擦角的正切值等于静摩擦因数。

下面仍考虑物体在水平面上滑动时的情况。我们已经知道，当物体上有水平向右的力 $\boldsymbol{F}$ 作用时，物体上受到向左的摩擦力 $\boldsymbol{F}_s$，而 $\boldsymbol{F}_s$ 与 $\boldsymbol{F}_N$ 的合力 $\boldsymbol{F}_R$ 偏向法线的右方。当物体达到向右滑动的临界状态时，$\boldsymbol{F}_R$ 达到它的极限位置，即它向右偏过最大角度 φ_f。可以设想，只要改变 $\boldsymbol{F}$ 的方向，就可以使物体向任意一个方向滑动，而对应于每一个方向，都有一个 $\boldsymbol{F}_R$ 的极限位置。所有这些 $\boldsymbol{F}_R$ 的作用线组成一个锥面，称为摩擦锥。如果各个方向的静摩擦因数相同，则这个锥面就是一个顶角为 $2\varphi_f$ 的圆锥面，如图 4-14 所示。

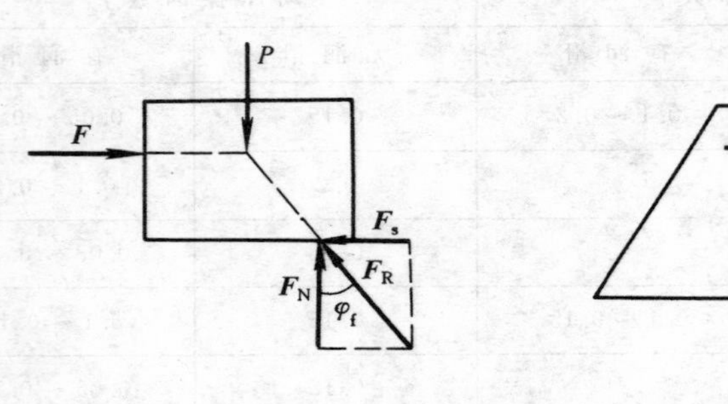

图 4-13　摩擦角

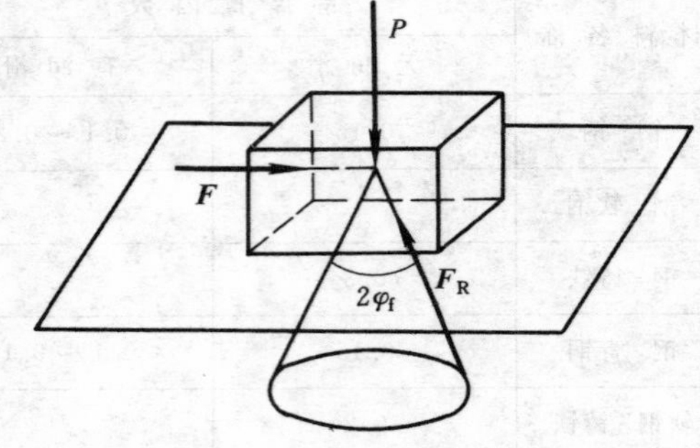

图 4-14　摩擦锥

2. 自锁现象

物体平衡时，静滑动摩擦力 F_s 总是小于或者等于它的极限值 F_{max}，$\boldsymbol{F}_R$ 与法线的夹角总是小于或者等于摩擦角 φ_f，也就是说，物体平衡时，$\boldsymbol{F}_R$ 的作用线总是在摩擦锥以内或者正好位于锥面上。由于平衡时，约束力的合力与主动力的合力平衡，所以，在所研究物体上，当所有主动力的合力位于摩擦锥之内时，无论这个力有多大，物体总处于平衡，这种现象称为自锁。

当所有主动力的合力位于摩擦锥面上时，物体处于平衡与滑动之间的临界状态；位于摩擦锥以外时，物体就会滑动。

从上面的讨论可以看到，一般来说，当物体上有摩擦力作用时，允许主动力在一定的范围内变动，而物体仍能保持平衡。物体平衡时主动力的大小或者位置变动的范围称为平衡范围。

4.3.5　考虑摩擦时物体的平衡问题

考虑摩擦时，求解物体平衡问题的步骤与前一章基本相同，但必须考虑接触面间的切向摩擦力 F_s。我们尚需注意到，当两物体接触时，有时是以面形式接触，有时是以点形式接触。当以点形式接触时，摩擦力与正压力作用点位置明确，而以面形式接触时，正压力与摩擦力分布在接触面上，不能确定其合力作用点位置。此外，当静摩擦力达到最大时，必须补充物理方程 $F_s \leqslant f_s F_N$。由于物体平衡时，摩擦力有一定范围($0 \leqslant F_s \leqslant f_s F_N$)，当同时有多种可能的滑动趋势存在时，平衡问题的解亦有一定的范围，而不是一个确定的值。下面通过例题简单加以说明。

例 4-7　将木板 AO，BO 用理想铰链固定于点 O，在木板间放一重为 P 的匀质圆柱；在 A，B 处用大小相等的两个力 F 维持平衡，如图 4-15a) 所示。设接触处的摩擦因数为 f_s，不计木板的重量，试求平衡时 F 的范围。

解　先求 F 的极小值，此时力 F 仅能阻止圆柱下落。取圆柱为研究对象，圆柱上的摩擦力应如图 4-15b) 所示。由于对称，或由

$$\sum F_{ix}=0, \quad 得 \quad F_{N1}=F_{N2}=F_N, \quad F_{s1}=F_{s2}=F_s$$

$$\sum F_{iy}=0, \quad 得 \quad 2(F_s\cos\alpha+F_N\sin\alpha)=P$$

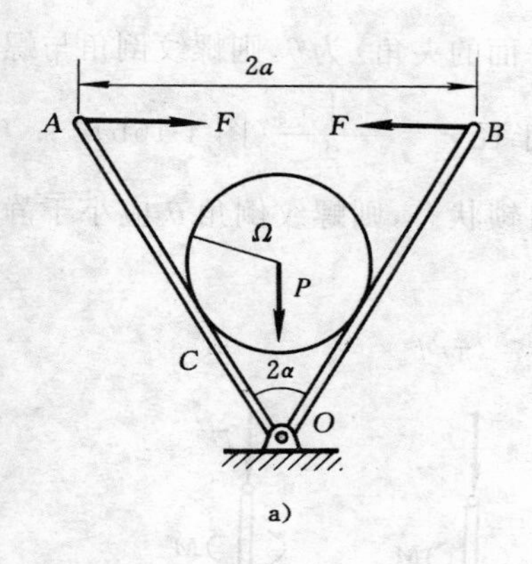

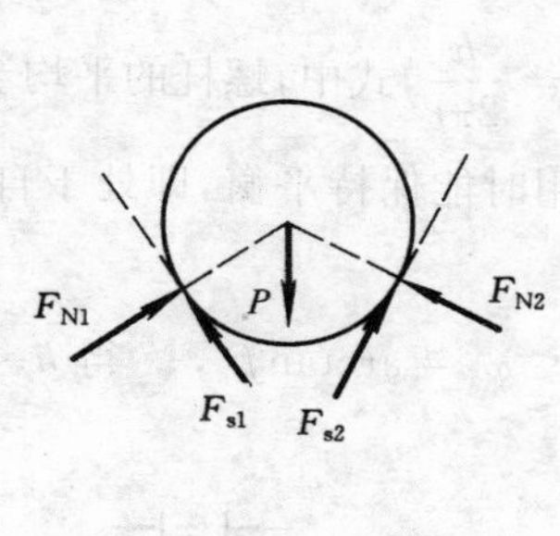

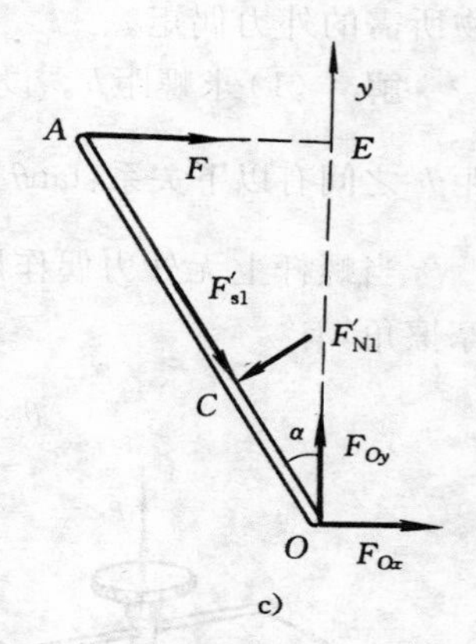

图 4-15　例 4-7 图

以 $F_s=f_sF_N$ 代入上式，得

$$F_N=\frac{P}{2(\sin\alpha+f_s\cos\alpha)}$$

再以 OA 为研究对象（此时 $F=F_{min}$），有

$$\sum M_O(\boldsymbol{F}_i)=0, \quad F'_{N1}\overline{OC}-F_{min}\overline{OE}=0$$

$$F_{min}=\frac{\overline{OC}}{\overline{OE}}F'_{N1}=\frac{\dfrac{r}{\tan\alpha}}{\dfrac{a}{\tan\alpha}}F_N=\frac{Pr}{2a(\sin\alpha+f_s\cos\alpha)}$$

当 F 达到极大值时，圆柱向上滑动，我们只要改变前面图中摩擦力的指向，同时改变方程式中 F_s 前的符号，就可以得到

$$F_{max}=\frac{Pr}{2a(\sin\alpha-f_s\cos\alpha)}$$

于是得到平衡时 F 的范围为

$$\frac{Pr}{2a(\sin\alpha+f_s\cos\alpha)}\leqslant F\leqslant\frac{Pr}{2a(\sin\alpha-f_s\cos\alpha)}$$

如果用摩擦角 φ_f 来表示，则有

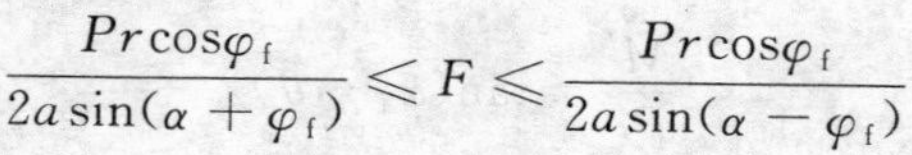

$$\frac{Pr\cos\varphi_f}{2a\sin(\alpha+\varphi_f)}\leqslant F\leqslant\frac{Pr\cos\varphi_f}{2a\sin(\alpha-\varphi_f)}$$

例 4-8　螺旋式千斤顶用矩形螺纹的螺杆来提升重力为 P 的重物，如图 4-16 所示。螺杆的平均半径为 r，螺杆与螺母接触面之间的静滑动摩擦因数为 f_s。试求：(1) 当螺杆上没有外力偶作用时，能保持螺杆平衡的螺距 h；(2) 提升重物和放下重物所需的外力偶矩。

解　(1) 求螺距 h。设螺纹的倒角（即螺纹与水平面的夹角）为 θ，则螺纹倒角与螺距 h 之间有以下关系：$\tan\theta=\dfrac{h}{2\pi r}$，式中，螺杆的平均半径 $r=\dfrac{r_1+r_2}{2}$（图 4-16b））。

当螺杆上无外力偶作用时能保持平衡，即处于自锁状态，则螺纹倒角 θ 应小于静摩擦角，有

$$\theta<\varphi_f=\arctan f_s,\quad 得\ h<2\pi r f_s$$

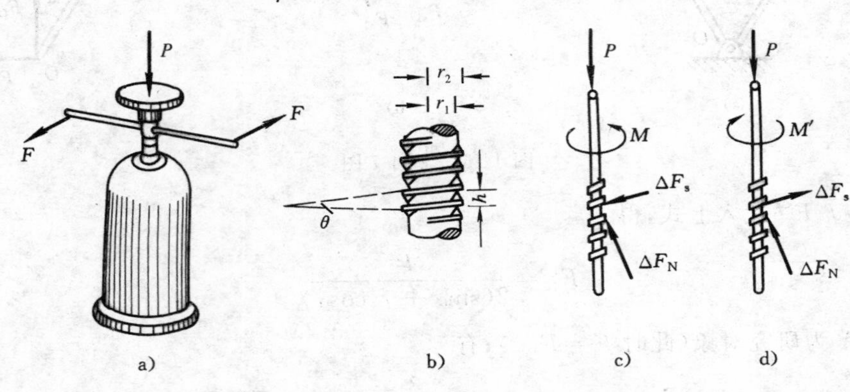

图 4-16　例 4-8 图

(2) 求提升重物和放下重物的外力偶矩。以螺杆为研究对象。顶升时（图 4-16c））有

$$\sum F_{iz}=0,\quad \sum\Delta F_N\cos\theta-\sum\Delta F_s\sin\theta-P=0 \qquad ①$$

$$\sum M_{iz}=0,\quad M-\sum(\Delta F_N\sin\theta)r-\sum(\Delta F_s\cos\theta)r=0 \qquad ②$$

$$\Delta F_s=f_s\Delta F_N \qquad ③$$

联立式 ①，②，③ 得

$$\frac{M}{Pr}=\frac{\sin\theta+f_s\cos\theta}{\cos\theta-f\sin\theta}=\frac{\tan\theta+f_s}{1-f_s\tan\theta}=\tan(\theta+\varphi_f)$$

放下重物时（图 4-16d）），力偶矩 M 及摩擦力均反向，即将式 ①，② 中 M 及 $\sum\Delta F_s$ 前面的符号改变，则得

$$\frac{M'}{Pr}=\tan(\varphi_f-\theta)$$

螺杆千斤顶、螺杆式闸门、阀门启闭机之类的螺旋摩擦，类同于楔块的摩擦形式。

例 4-9 软绳绕过一固定圆截面横梁，拉起 $P=1\ \mathrm{kN}$ 的重物(图 4-17a))，拉力 F 与水平线成 $\varphi=60^\circ$ 角，绳与梁间的静滑动摩擦因数 f_s 均为 0.3。试问至少需多大力才能将该物体拉起？若仅能维持物体不下落，则相应的拉力又为多大？

解 以柔性绳、带等用作动力传动或刹车，也是摩擦在机械上的应用之一。

由于软绳与横梁之间存在滑动摩擦力，所以绳两边的张力不相等。张力大的一边称为紧边，其力以 F_1 表示；张力小的一边称为松边，其力以 F_2 表示。在软绳与圆截面梁接触部分，软绳内的拉力以及软绳与梁体之间的压力也处处不同。取圆弧段软绳为研究对象(图 4-17b))，设紧边的张力为 F_1，松边的张力为 F_2。为了研究软绳两边张力之间的关系，从与圆梁接触部分的软绳上取一微小弧段 $\mathrm{d}s=r\mathrm{d}\theta$ 来分析其平衡(图 4-17c))。在该微小弧段的软绳上，除作用着软绳张力外，还有正压力与摩擦力，此微段上的正压力和摩擦力可视为均匀分布，其合力 $\mathrm{d}F_N$ 的作用线平分 $\mathrm{d}\theta$ 角，摩擦力 $\mathrm{d}F_s=f_s\mathrm{d}F_N$。向图示投影轴投影，列写平衡方程，有

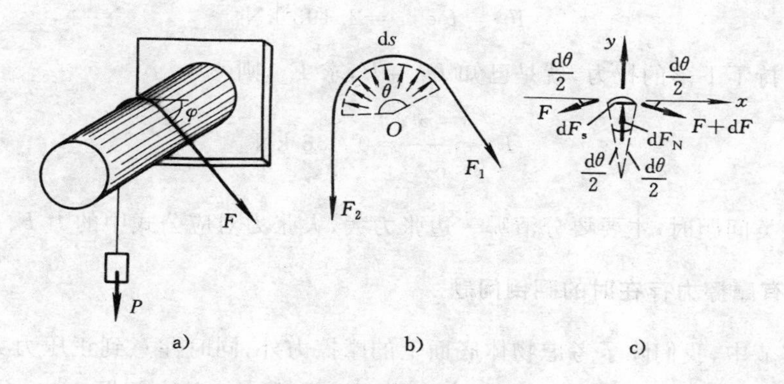

图 4-17 例 4-9 图

$$\sum F_{ix}=0,\quad -F\cos\frac{\mathrm{d}\theta}{2}-f_s\mathrm{d}F_N+(F+\mathrm{d}F)\cos\frac{\mathrm{d}\theta}{2}=0 \qquad ①$$

$$\sum F_{iy}=0,\quad \mathrm{d}F_N-(F+\mathrm{d}F)\sin\frac{\mathrm{d}\theta}{2}-F\sin\frac{\mathrm{d}\theta}{2}=0 \qquad ②$$

因为 $\mathrm{d}\theta$ 为微量，所以，$\sin\frac{\mathrm{d}\theta}{2}\approx\frac{\mathrm{d}\theta}{2}$，$\cos\frac{\mathrm{d}\theta}{2}\approx 1$，而 $\mathrm{d}F\sin\frac{\mathrm{d}\theta}{2}$ 为二阶微量，可以略去。于是式 ①，② 变为

$$\mathrm{d}F-f_s\mathrm{d}F_N=0 \qquad ③$$

$$\mathrm{d}F_N-F\mathrm{d}\theta=0 \qquad ④$$

从式 ③ 及式 ④ 中消去 $\mathrm{d}F_{\mathrm{N}}$，得

$$\frac{\mathrm{d}F}{F}=f_{\mathrm{s}}\mathrm{d}\theta$$

对全部接触长度积分，得两边张力 F_1 与 F_2 的关系为

$$\int_{F_2}^{F_1}\frac{\mathrm{d}F}{F}=\int_0^{\theta}f_{\mathrm{s}}\mathrm{d}\theta$$

得 $$\ln\frac{F_1}{F_2}=f_{\mathrm{s}}\theta \quad \text{或} \quad \frac{F_1}{F_2}=\mathrm{e}^{f_{\mathrm{s}}\theta}$$

上式就是软绳类摩擦的一般公式，式中 θ 以弧度计。当 $\theta>2\pi$ 时，此式仍适用。

现利用此式进行求解。对于求拉起物体的最小拉力，就是已知 $F_2=P$，求 F_1，由 $\theta=\frac{\pi}{2}+\varphi=\frac{5}{6}\pi$ 代入，得

$$F_1=P\mathrm{e}^{f_{\mathrm{s}}\theta}=2.193\ \mathrm{kN}$$

对于求维持不下落的拉力，就是已知 $F_1=P$，求 F_2，则

$$F_2=\frac{P}{\mathrm{e}^{f_{\mathrm{s}}\theta}}=0.456\ \mathrm{kN}$$

在求解这类问题时，主要要分清哪一边张力大，大张力对应公式中的力 F_1。

4.3.6 有摩擦力存在时的翻倒问题

在本节中，我们除了考虑物体底面上的摩擦力外，同时注意到正压力 F_{N} 作用线在底面上的位置。让我们回到物体在水平面上滑动这一基本问题上来，分别考虑下面几种情况。

(1) 物体上没有水平主动力作用，则底面上的摩擦力等于零，同时，底面上的约束力 F_{N} 与 P 共线，如图 4-18a) 所示。

(2) 当有水平力 F 作用而物体仍能保持平衡时，底面上有摩擦力 F_{s} 作用，同时底面上的作用线将从底面中点向一边偏移，如图 4-18b) 所示，偏移的距离随着 F 增大而增加。

(3) 设 F 的大小逐渐增加，则 F_{s} 的大小以及 F_{N} 的偏移距离均同时增加。但是，这两个值都有一个极限值：当 F_{s} 达到 $F_{\max}$ 时，物体将开始滑动；当 F_{N} 的作用线移到底面的边上时，物体将开始翻倒。一般说来，这两个极限值不一定同时达到。图 4-18c) 表示 F_{s} 先达到它的极限值 $F_{\max}$，而 F_{N} 还在底面内，此时物体先滑动。在图 4-18d) 中，F_{N} 的作用线已偏移到它的极限位置，而 F_{s} 还小于 $F_{\max}$，所以物体先翻

倒。对具体工程问题进行分析时，须详细讨论物体是先滑动还是先翻倒。

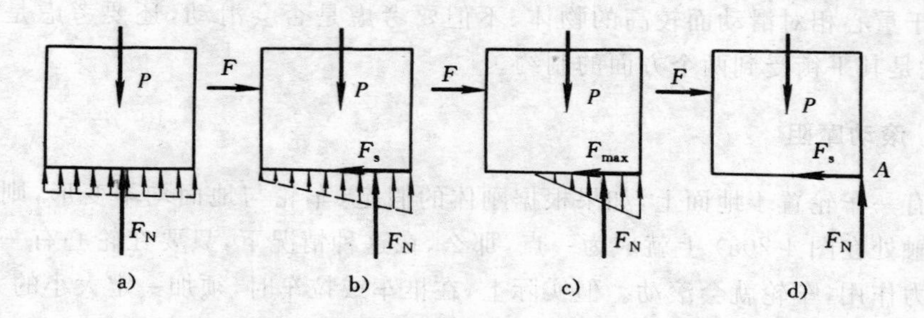

图 4-18　有摩擦力的翻倒问题

例 4-10　一矩形匀质物体，重力 $P=480$ N，置于水平面上，力 F_1 的作用方位如图 4-19a) 所示。已知接触面间的静摩擦因数 $f_s=\frac{1}{3}$，$l=1$ m。试问此物体在 F_1 作用下是先滑动还是先倾倒，并计算使物体保持平衡的最大拉力。

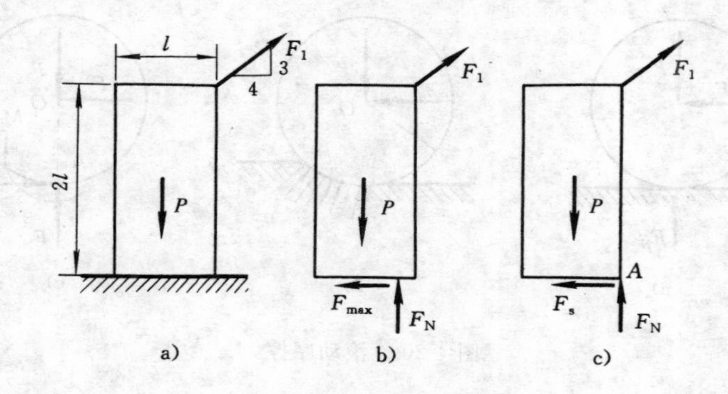

图 4-19　例 4-10 图

解　先设物体即将滑动，受力分析如图 4-19b) 所示。

$$\sum F_{ix}=0,\quad \frac{4}{5}F_1-F_{max}=0 \qquad ①$$

$$\sum F_{iy}=0,\quad F_N+\frac{3}{5}F_1-P=0 \qquad ②$$

$$F_{max}=f_sF_N \qquad ③$$

联立式 ①,②,③ 得 $F_1=\frac{1}{3}P=160$ N。

再设物体将发生倾倒，受力分析如图 4-18c) 所示，力 F_N 挪至点 A。

$$\sum M_A(\boldsymbol{F}_i)=0,\quad -F_1\frac{4}{5}2l+P\frac{l}{2}=0,\quad F_1=\frac{5}{16}P=150\ \text{N}$$

物体保持平衡的最大拉力应为 $F_1 = 150$ N。

对于重心相对滑动面较高的物体，不但要考虑是否会滑动，还要考虑是否会倾覆，也就是其平衡受到两个方面的制约。

4.3.7 滚动摩阻

设有一车轮置于地面上，如果根据刚体的假定，车轮与地面均不变形，则车轮与地面接触处在图 4-20a）上就成为一点，那么，在这种情况下，只要在轮心有一个极小的水平力作用，车轮就会滚动。但实际上，在推车或拉车时，须加一定大小的力，才能使车轮滚动。这是因为，由于变形，实际上车轮与地面的接触处已不再是一点，而是一段弧线。地面对车轮的约束力，也就分布在这段弧线上而组成平面任意力系。如果力系向点 A（过轮心 O 作垂线与地面的交点）简化，并且把简化到这点上的力仍以 F_N 与 F_s 表示，则车轮上的约束力简化为 F_N，F_s 及力偶 M，如图 4-20b），c）所示。当轮子平衡时，有以下三个平衡方程式，可以求出 F_N，F_s 及 M：

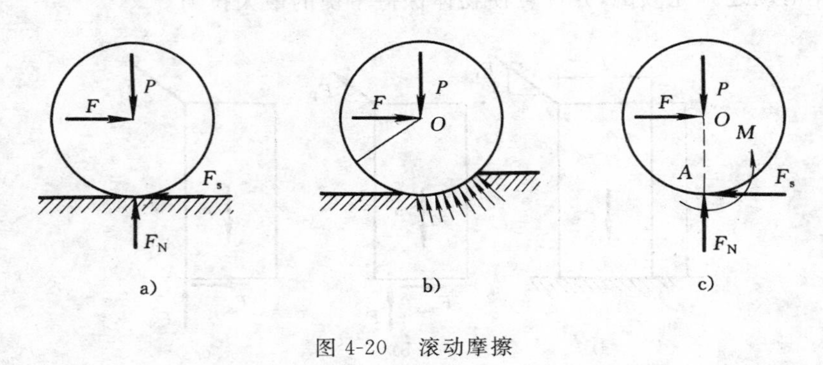

图 4-20　滚动摩擦

$$\sum F_{ix} = 0, \quad F_s = F, \quad \sum F_{iy} = 0, \quad F_N = P$$

$$\sum M_A(\boldsymbol{F}_i) = 0, \quad M = Fa$$

可以看到，当 F 逐渐增加时，F_s 与 M 均增加，但均有极限值。当 M 达到它的极限值时，轮子开始滚动，在实际情况下，车轮与接触面间有足够大的静滑动摩擦因数，使轮子在滚动前不会发生滑动，即当达到它的极限值 M_f 时，F_s 还小于它的极限值 F_{max}，这样的滚动称为纯滚动。

力偶矩 M 称为滚动阻力偶。静滚动阻力偶 M_f，根据实验结果得到与 F_{max} 类似的近似公式：

$$M_f = \delta F_N \tag{4-11}$$

亦即 M_f 与正压力 F_N 成正比，比例常数 δ 称为滚阻系数，其大小取决于接触物体的材料等各种物理因素。可以看到，滚阻系数 δ 与静摩擦因数 f_s 相当；不过 f_s 是一个无量纲常数，而δ是一个具有长度量纲的常数，它具有一定的物理意义。如果把图4-21中的正压力F_N与静滚动阻力偶M_f相加，只需让F_N向滚动方向移过一个距离$d=M_f/F_N$。当轮子开始滚动时，这个移过的距离就等于M_f/F_N，即δ。于是得到：滚阻系数δ就是当轮子即将滚动时，正压力F_N从轮心下一点向滚动方向偏移过的距离，如图4-22所示。δ的数值如表4-3所示。

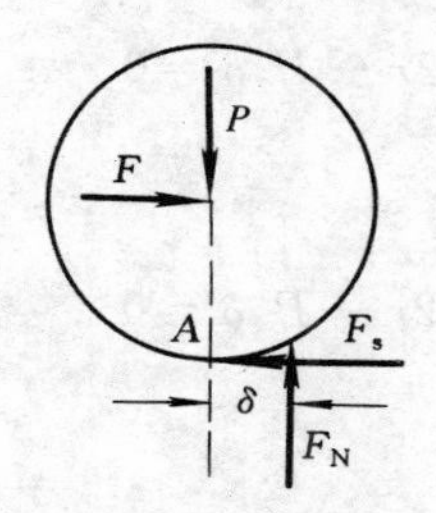

图4-21 滚阻系数

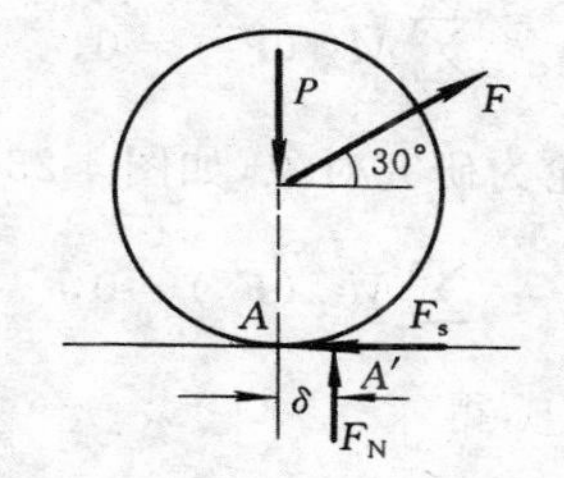

图4-22 滚阻系数的物理意义

表4-3 滚阻系数

材料名称	δ/mm	材料名称	δ/mm
铸铁与铸铁	0.5	软钢与钢	0.5
钢质车轮与钢轨	0.05	有滚珠轴承的料车与钢轨	0.09
木与钢	0.3～0.4	无滚珠轴承的料车与钢轨	0.21
木与木	0.5～0.8	钢质车轮与木面	1.5～2.5
软木与软木	1.5	轮胎与路面	2～10
淬火钢珠与钢	0.01		

例4-11 在搬运重型机器的时候，下面常垫以滚木，如图4-23所示。设重物重P_1，滚木重P_2，滚木半径为r，滚木与重物间的滚阻系数为δ，与地面间的滚阻系数为δ'，求拉动时所需水平力F的大小。

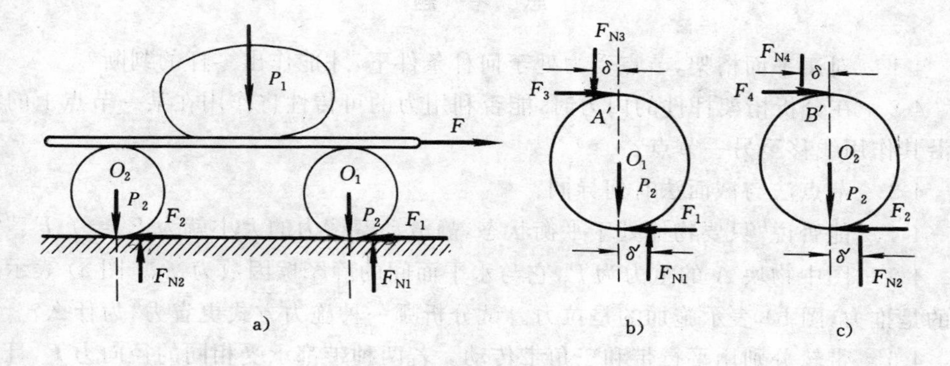

图4-23 例4-11图

解 先以整个系统为研究对象（图4-23a））：

$$\sum F_{ix}=0,\quad F=F_1+F_2 \qquad ①$$

$$\sum F_{iy}=0,\quad F_{N1}+F_{N2}=P_1+2P_2 \qquad ②$$

再以右轮为研究对象,如图 4-23b) 所示,注意到滚木相对于重物滚动的方向,画出 F_{N3} 与 F_3。以 F_{N3} 与 F_3 的交点 A' 为矩心,有

$$\sum M_{A'}(\boldsymbol{F}_i)=0,\qquad F_{N1}(\delta+\delta')-F_1 2r-P_2\delta=0 \qquad ③$$

同样,以左轮为研究对象,如图 4-23c) 所示,则有

$$\sum M_{B'}(\boldsymbol{F}_i)=0,\qquad F_{N2}(\delta+\delta')-F_2 2r-P_2\delta=0 \qquad ④$$

式 ③ + 式 ④,得

$$(F_{N1}+F_{N2})(\delta+\delta')-(F_1+F_2)2r-2P_2\delta=0$$

以式 ② 代入上式,得

$$(P_1+2P_2)(\delta+\delta')-(F_1+F_2)2r-2P_2\delta=0$$

于是得到

$$F=F_1+F_2=\frac{(P_1+2P_2)(\delta+\delta')-2P_2\delta}{2r}=\frac{P_1(\delta+\delta')+2P_2\delta'}{2r}$$

设 $P_1=1000$ kN,P_2 可以忽略不计,$\delta=0.05$,$\delta'=0.20$,$r=8$ cm,代入得

$$F=15.6\ \text{kN}$$

可以看到,如果要将重物直接在地面上拉动,设静摩擦因数为 $f_s=0.5$,那么就需要用 500 kN 的力才行,而要使其滚动只需要 15.6 kN 的力。

思 考 题

4-1　对于平面桁架,节点受力处于何种条件下,才能作出零杆的判断?

4-2　在分析桁架杆件的内力时,能否利用力的可传性将作用在某一节点上的载荷沿其作用线移至另一节点?

4-3　节点法与截面法有何异同?

4-4　能否说“只要物体处于平衡状态,静滑动摩擦力的大小就为 $F_s=f_sF_N$”?

4-5　图中物块 A 的重力为 P,它与水平面间的静摩擦因数为 f_s。图 a) 表示施加的是推力,图 b) 表示施加的是拉力。试分析哪一种施力方式更省力,为什么?

4-6　带轮分别用平行带和三角带传动。若两种带都承受相同的径向力 $\boldsymbol{F}$,且摩擦因数相同。三角带的轮槽角为 θ。试画出两种带的正压力,并分析哪一种带得到的摩擦力较大,为什么?

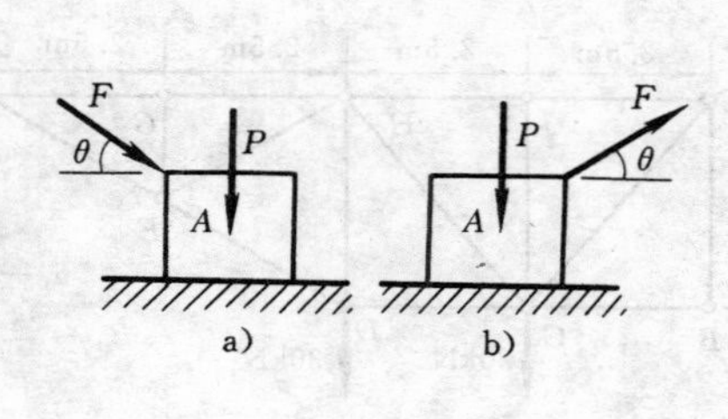

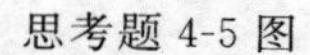
思考题 4-5 图

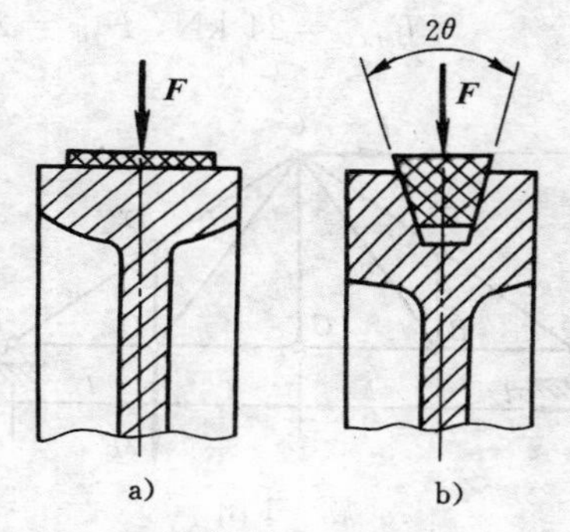

思考题 4-6 图

4-7　试分析后轮驱动的汽车在行驶时，地面对前轮(从动轮，相当于在轮心上作用一水平推力)和后轮(驱动轮，相当于在轮上作用一力偶矩)摩擦力的方向。

4-8　物块 A 的重力为 P，放在粗糙的水平面上，其摩擦角 $\varphi_f=20°$。若一力 $\boldsymbol{F}$ 作用于摩擦角之外(如图所示)，并已知 $\theta=30°$，$F=P$。试问物块能否保持平衡？为什么？

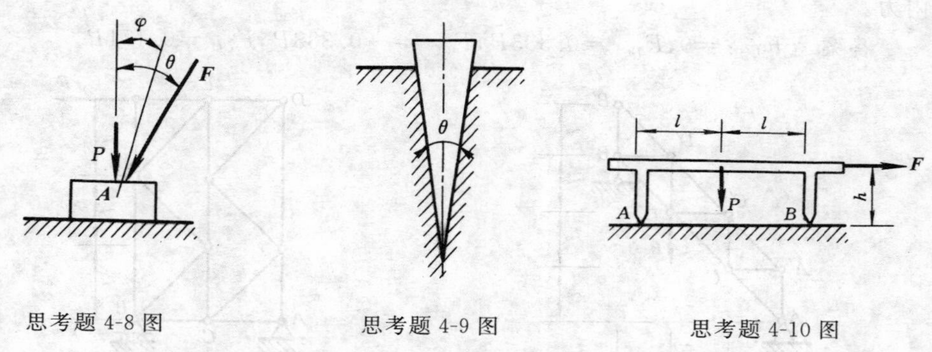

思考题 4-8 图　　思考题 4-9 图　　思考题 4-10 图

4-9　钢楔劈物，钢楔自重不计，接触面间的摩擦角为 φ_f。劈入后欲使钢楔不滑出，试问钢楔两个平面间的夹角 θ 应为多大？

4-10　已知 π 形物体重力为 P，尺寸如图所示。现以水平力 $\boldsymbol{F}$ 拉此物体，当刚开始拉动时，A，B 两处的摩擦力是否都达到最大值？如 A，B 两处的静摩擦因数均为 f_s，此两处最大静摩擦力是否相等？当力 $\boldsymbol{F}$ 较小而未能拉动物体时，能否分别求出 A，B 两处的静摩擦力？

习　题

4-1　桁架如图所示。已知 $l=2\ \text{m}$，$h=3\ \text{m}$，$F=10\ \text{kN}$。试用节点法计算各杆的力。

答案　$F_{BB'}=F_{BC'}=F_{CC'}=F_{DD'}=0$，$F_{AB'}=F_{B'C'}=-14.58\ \text{kN}$，

$F_{AB}=F_{BC}=F_{CD}=11.66\ \text{kN}$,

$F_{DC'}=24\ \text{kN}$, $F_{DE}=25\ \text{kN}$, $F_{C'D'}=F_{D'E}=-18.75\ \text{kN}$。

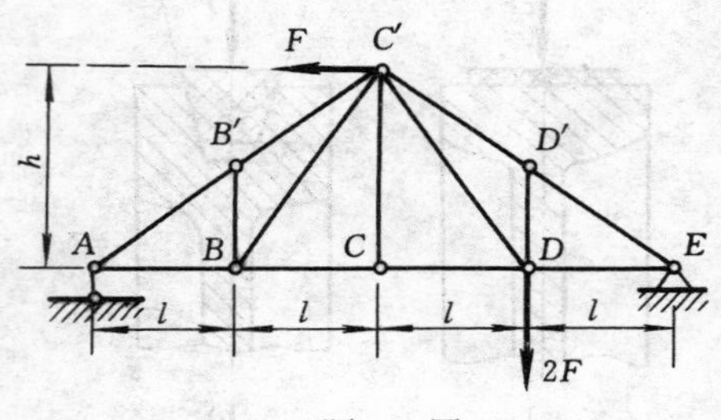

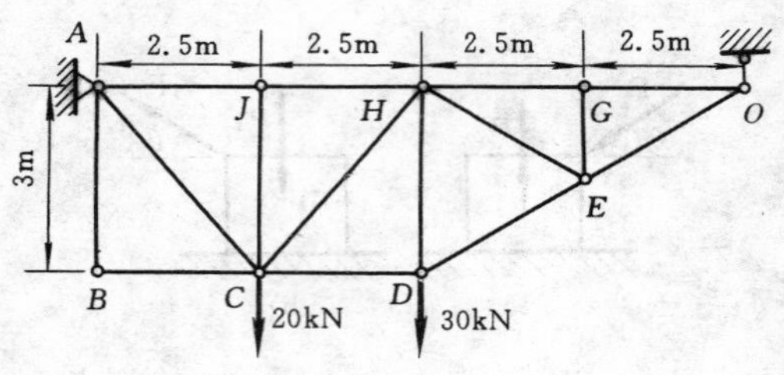

题 4-1 图　　　　题 4-2 图

4-2　试用节点法计算图示桁架各杆件的内力。

答案　$F_{AB}=F_{BC}=F_{CJ}=F_{EH}=F_{EG}=0$, $F_{DE}=F_{EO}=38.9\ \text{kN}$,

$F_{OG}=F_{GH}=-33.3\ \text{kN}$, $F_{CD}=33.3\ \text{kN}$, $F_{DH}=10\ \text{kN}$,

$F_{CH}=-13.02\ \text{kN}$, $F_{AC}=39.1\ \text{kN}$, $F_{AJ}=F_{HJ}=-25\ \text{kN}$。

4-3　桁架如图所示。已知力 $\boldsymbol{P}$,尺寸 l。试求杆件 $D'B'$, DC', CC' 及 CD 的内力。

答案　$F_{D'B'}=0$, $F_{DC'}=0.333P$, $F_{CC'}=-0.333P$, $F_{CD}=0.171P$。

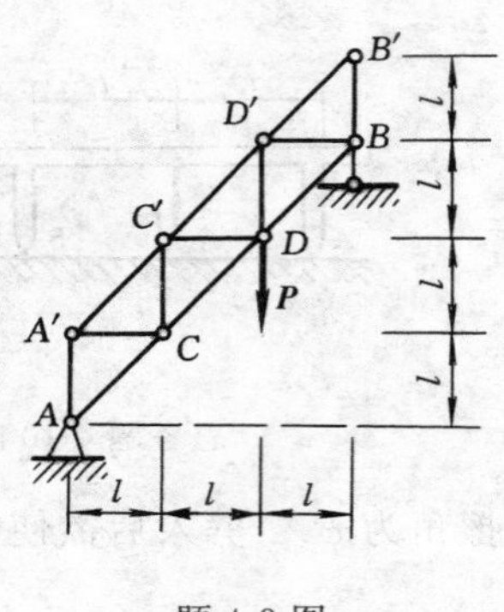

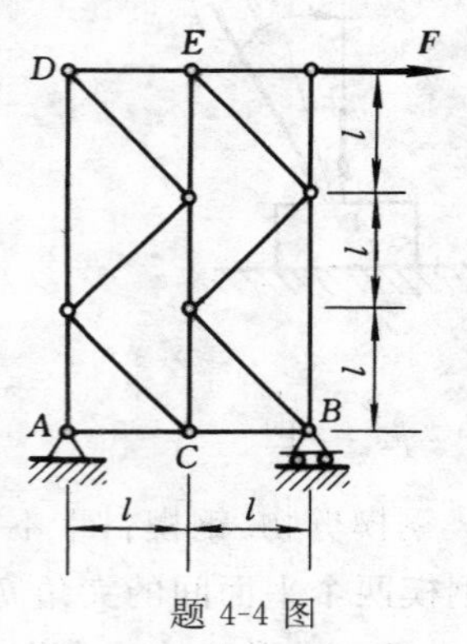

题 4-3 图　　　　题 4-4 图

4-4　桁架如图所示。已知力 $\boldsymbol{F}$,尺寸 l。试求杆件 BC, DE 的内力。

答案　$F_{BC}=\dfrac{F}{2}$, $F_{DE}=\dfrac{F}{2}$。

4-5　桁架如图 a), b) 所示。已知力 $\boldsymbol{F}$,尺寸 l。试求杆件 AB 的内力。

答案　a) $F_{AB}=-\dfrac{1}{2}F$;　b) $F_{AB}=\dfrac{1}{2}F$。

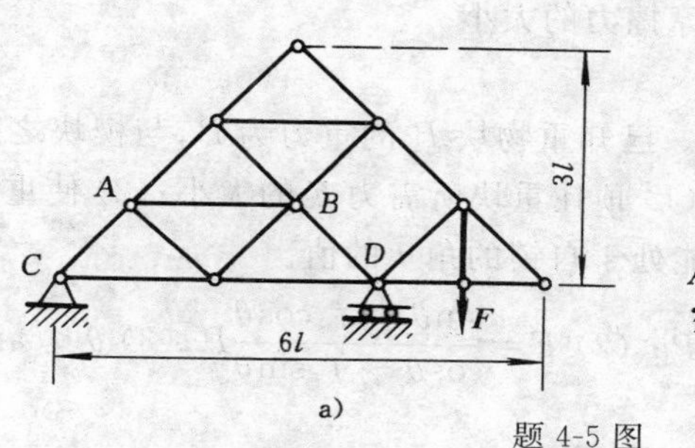

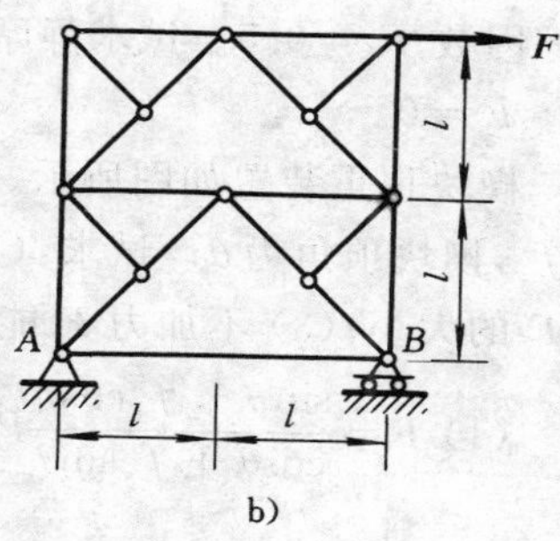

题 4-5 图

4-6　如图所示，若电线自身的重力和其上的冰雪重量沿水平线均匀分布，共计为 100 N/m。试求索两端的拉力及索的长度。

答案　$F_A = 37.867\ \text{kN}, F_B = 38.262\ \text{kN}, s = 120.58\ \text{m}$。

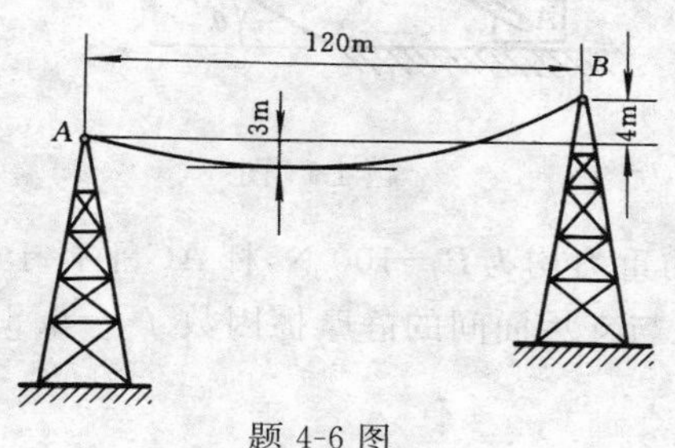

题 4-6 图

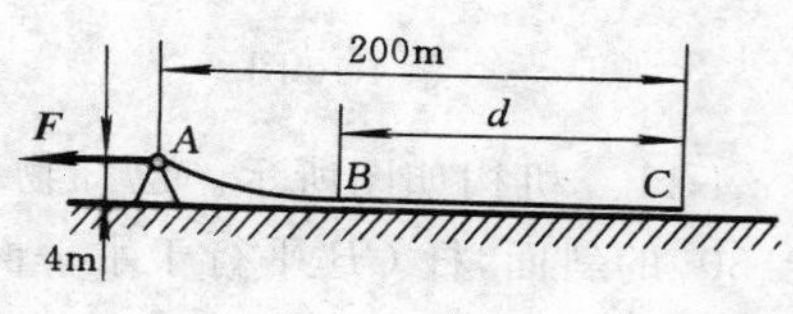

题 4-7 图

4-7　如图所示，柔索静止在水平面上，其一端绕过一小滑轮，并以力 **F** 拉之。当力 **F** 逐渐增大时，BC 段的长度越来越短，小到某一极限值 d 时，BC 段开始产生滑动，已知索与平面之间的摩擦因数为 0.5。试求 d 的值。

答案　$d = 173.64\ \text{m}$。

4-8　如图所示，物块重力 $P=100$ N，放在与水平面成 30° 角的斜面上，物块受一水平力 **F** 作用。设物块与斜面间的静摩擦因数 $f_s=0.2$。试求物块在斜面上平衡时所需力 **F** 的大小。

答案　$33.83\ \text{N} \leqslant F \leqslant 87.88\ \text{N}$。

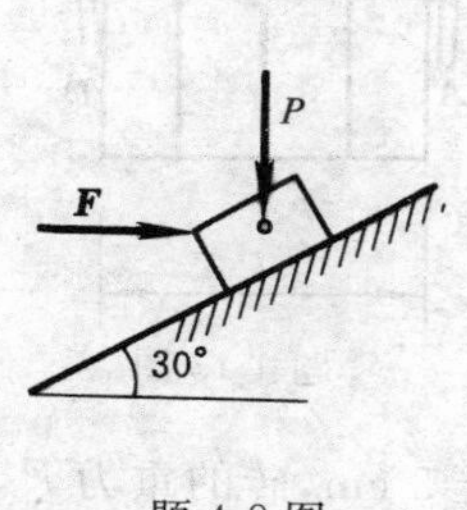

题 4-8 图

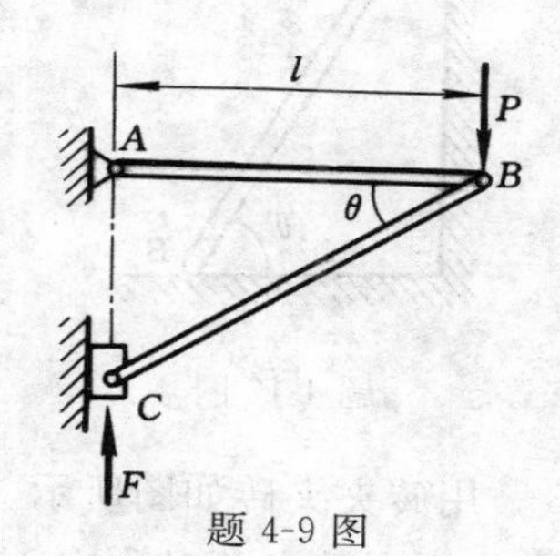

题 4-9 图

4-9　图示机构中，已知 $P=200$ N，$F=200$ N，$l=0.5$ m，$\theta=30°$，物块 C 与墙面

间的静摩擦因数 $f_s=0.5$。试求静摩擦力的大小。

答案　$F=0$。

4-10　楔块顶重装置如图所示。已知重物块 B 的重力为 P，与楔块之间的静摩擦因数为 f_s，楔块顶角为 θ。试求：(1) 顶住重块所需力 $\boldsymbol{F}$ 的大小；(2) 使重块不向上滑所需力 $\boldsymbol{F}$ 的大小；(3) 不加力 $\boldsymbol{F}$ 能处于自锁的角 θ 的值。

答案　(1) $F=\dfrac{\sin\theta-f_s\cos\theta}{\cos\theta+f_s\sin\theta}P$；(2) $F=\dfrac{\sin\theta+f_s\cos\theta}{\cos\theta-f_s\sin\theta}P$；(3) $\theta\leqslant\arctan f_s$。

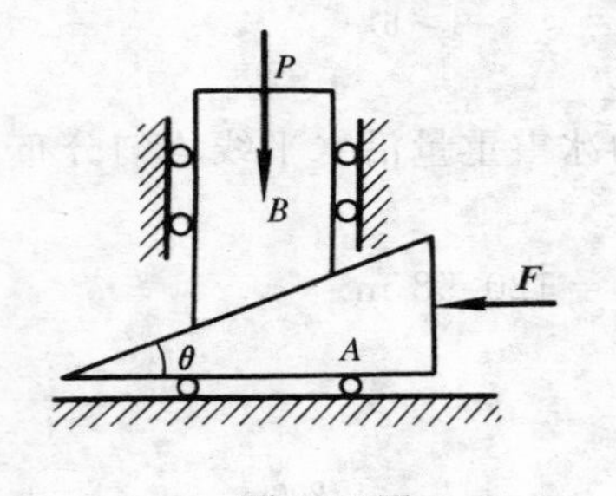

题 4-10 图

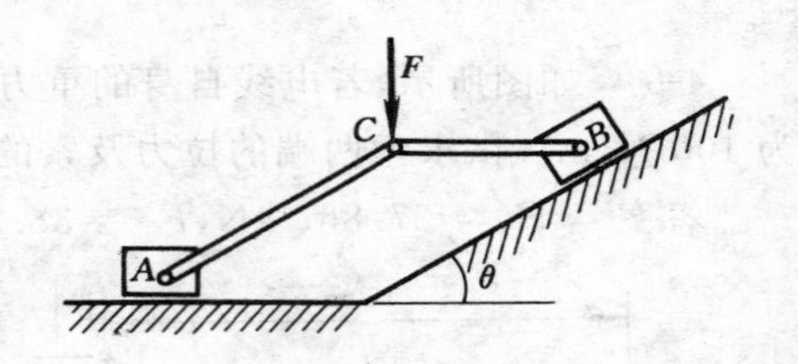

题 4-11 图

4-11　机构如图所示。已知物块 A，B 的重力均为 $P=100$ N，杆 AC 平行于倾角 $\theta=30^\circ$ 的斜面，杆 CB 平行于水平面；两物块与支承面间的静摩擦因数 $f_s=0.5$。试求不致引起物块移动的最大竖直力 $\boldsymbol{F}$ 的值。

答案　$F_{max}=40.6$ N。

4-12　图示匀质梯子 AB 重力为 P_1，一端靠在光滑的竖直墙上，另一端置于不光滑的水平地面上，其静摩擦因数为 f_s。当重力为 P_2 的人爬到梯端 A 时，梯子不滑动，试问角 θ 应为多大？

答案　$\theta\geqslant\arctan\dfrac{2P_2+P_1}{2f_s(P_2+P_1)}$。

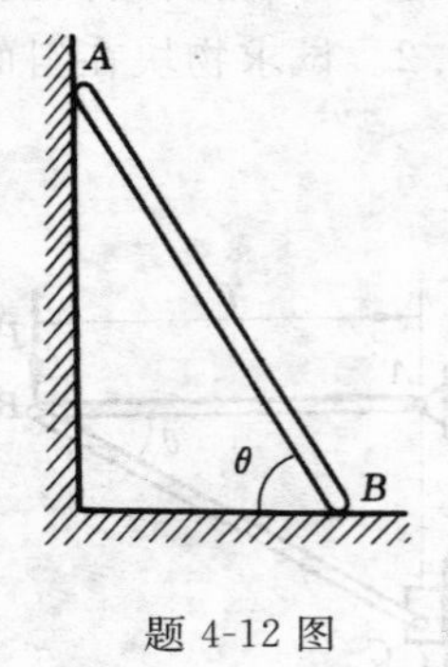

题 4-12 图

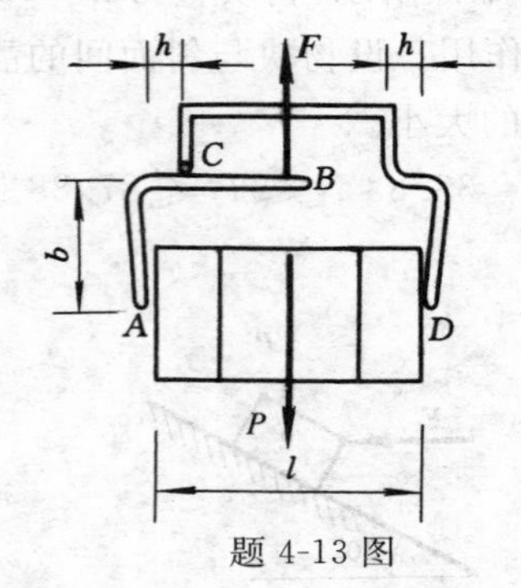

题 4-13 图

4-13　用砖夹夹砖如图所示。已知 $l=25$ cm，$h=3$ cm，砖的重力 P 与提砖合力 $\boldsymbol{F}$ 共线，并作用在砖夹的对称中心线上，且 $F=P$。若砖与砖夹间的静摩擦因数均为 $f_s=0.5$，试问距离 b 应为多大才能将砖提起？

答案　$b \leqslant 11\ \text{cm}$。

4-14　半径为 r、重力为 P 的匀质圆盘如图所示，其与固定面间的静摩擦因数均为 f_s。试求保持圆盘静止不动的最大力偶矩 M_{max}。

答案　$M_{max} = \dfrac{f_s + f_s^2}{1 + f_s^2} rP$。

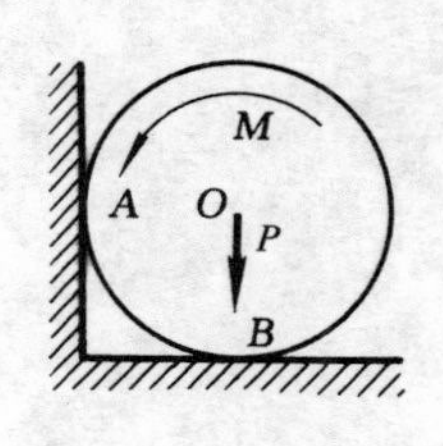

题 4-14 图

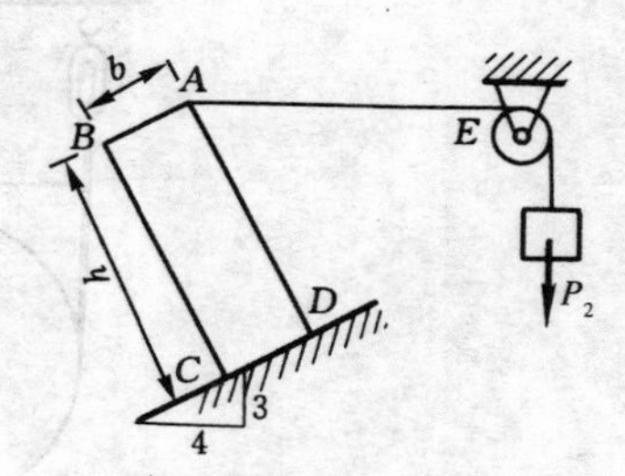

题 4-15 图

4-15　匀质矩形物体 $ABCD$ 如图所示，已知宽 $b = 10\ \text{cm}$，高 $h = 40\ \text{cm}$，重力 $P_1 = 50\ \text{N}$，与斜面间的静摩擦因数 $f_s = 0.4$，斜面的斜率为 3/4，绳索 AE 段为水平。试求使物体保持平衡的最小重力 P_{2min}。

答案　$P_{2min} = 13.46\ \text{N}$。

4-16　图示为一制动系统。已知 $l = 6\ \text{cm}$，$r = 10\ \text{cm}$，静滑动摩擦因数 $f_s = 0.4$，在鼓轮上作用有一力偶矩为 $M = 500\ \text{N·cm}$ 的力偶。在以下两种情况下：(1) 施加的力偶为顺时针转向；(2) 施加的力偶为逆时针转向。试求鼓轮未转时，B 处液压缸施加的最小力。

答案　(1) $F_B = 325\ \text{N}$；(2) $F_B = 425\ \text{N}$。

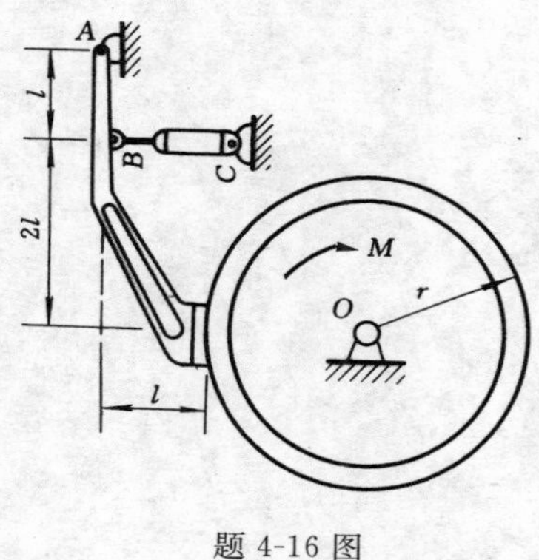

题 4-16 图

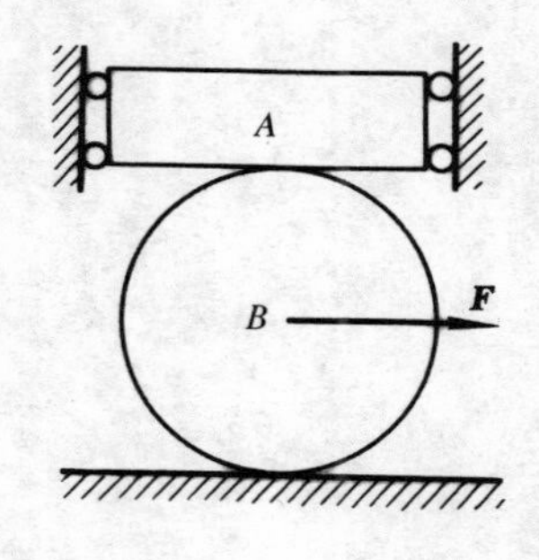

题 4-17 图

4-17　物块 A 重力 $P_A = 300\ \text{N}$，匀质轮 B 重力 $P_B = 600\ \text{N}$，物块 A 与轮 B 接触处的静摩擦因数 $f_{s1} = 0.3$，轮与地面间的静摩擦因数 $f_{s2} = 0.5$。试求能拉动轮 B 的水平拉力 $\boldsymbol{F}$ 的最小值。

答案　$F_{min} = 180\ \text{N}$。

4-18　图示小涡轮机力测量装置。已知 $r=225$ mm。当飞轮静止时，每个弹簧的读数均为 $F_0=70$ N。如果要使飞轮顺时针匀速旋转，需要力偶矩 $M=12.6$ N·m。试求：(1) 此时各弹簧的读数；(2) 动摩擦因数 f_d 的值。

答案　(1) $F_A=42$ N，$F_B=98$ N；(2) $f_d=0.27$。

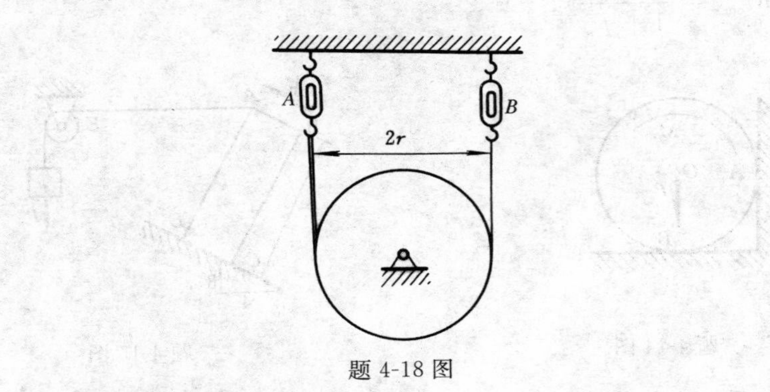

题 4-18 图

第2篇　运动学

运动学从几何学的角度来研究物体的运动规律，不探究引起物体运动状态变化的物理因素（运动与作用力、质量等之间的关系）。运动学单独研究物体运动的几何性质，即物体在空间的位置随时间变化的规律，其中，包括物体的运动轨迹、速度和加速度等。

运动学中所涉及的物体，一般可以抽象为两种理想化的模型——质点和刚体。根据所研究问题的不同，同一个物体可以得到不同的抽象。譬如，当研究地球相对太阳的运动时，地球被抽象为一个质点（大小不计的几何点）；当研究飞行器相对地球的运动时，地球被抽象为刚体。

由于物体的运动具有相对性，所以在描述其运动时，为叙述方便，常选择一个被假想为静止的参考系，该参考系称为静参考系或简称为静系，而将相对静参考系运动的参考系称为动参考系或简称为动系。显然，在不同的参考系上描述同一物体的运动，将得到不同的结论。

在运动的描述中，度量时间要涉及"瞬时"和"时间间隔"两个概念。瞬时是指某个确定的时刻，抽象为时间坐标轴上的一个点，用 t 表示；时间间隔是指两个瞬时之间的一段时间，是时间坐标轴上的一个区间，用 Δt 表示，即 $\Delta t = t_2 - t_1$。

运动学对运动规律的研究和静力学对力的规律的研究，都是动力学研究力与运动关系的基础，同静力学一样，运动学本身也可直接用于工程实际，例如，在机械设计中对机构的运动学分析已经发展成为机构运动学，所以，运动学既是一些后继课程的基础知识，也是研究机械运动及设计新型机械所必需的基础知识。

5　点的运动

本章研究点的运动规律。在研究点的运动时，首先要描述点在所选坐标系中的位置随时间变化的规律，进而研究点在每一瞬时的运动状态（轨迹、速度、加速度）。

5.1 点的运动的矢量法

5.1.1 点的位置描述

在参考系上选定一确定的参考点 O(相对参考系固定不动)。设动点 M 在空间作曲线运动,则动点 M 在某瞬时 t 的位置,由点 O 向动点 M 作矢量 $\boldsymbol{r}$ 来确定(图 5-1),$\boldsymbol{r}$ 称为点 M 相对点 O 的位置矢径。显然,当动点 M 运动时,矢径 $\boldsymbol{r}$ 的大小和方向随时间 t 而变化,所以矢径 $\boldsymbol{r}$ 是变矢量,为时间 t 的单值连续矢函数,即

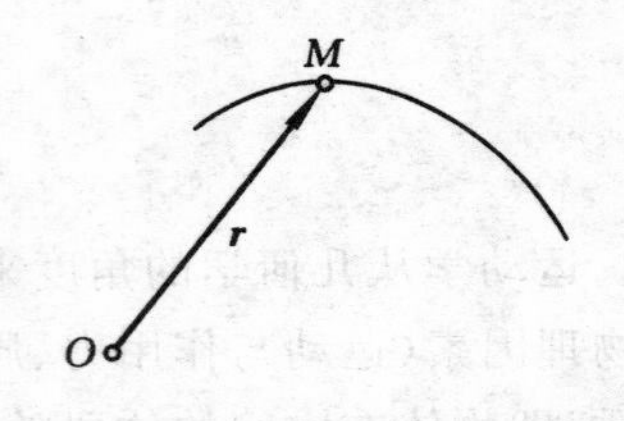

图 5-1 动点 M 位置的矢量描述

$$\boldsymbol{r}=\boldsymbol{r}(t) \tag{5-1}$$

式(5-1) 完全确定了任一瞬时动点在空间的位置,称为位置描述。

当动点运动时,矢径端点所描绘出的曲线称为矢径 $\boldsymbol{r}$ 的矢端曲线,也就是动点 M 的运动轨迹。

5.1.2 点的速度

点的速度是描述点在某一瞬时运动的快慢和方向的物理量。

设点于不同时刻 t 和 $t+\Delta t$ 在静参考系中处于不同位置,分别以 M 和 M' 表示(图 5-2),则动点在 Δt 时间内经过的路程为 $\overset{\frown}{MM'}$;对应的位移矢量(自 M 引向 M')为 $\overrightarrow{MM'}$,它等于 M' 位置和 M 位置的矢径 $\boldsymbol{r}'=\boldsymbol{r}(t+\Delta t)$ 和 $\boldsymbol{r}(t)$ 之差,记作 $\Delta\boldsymbol{r}$,即

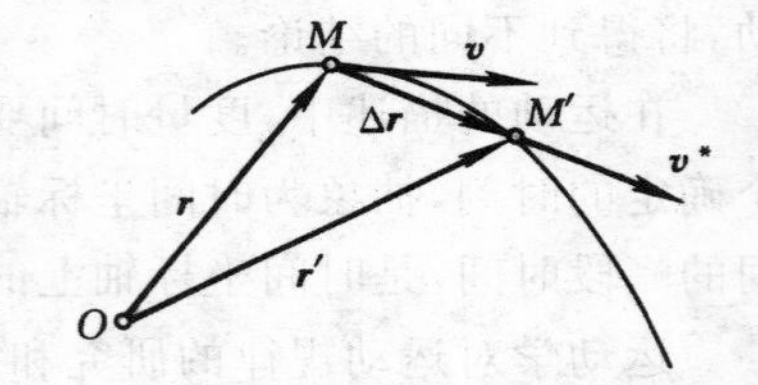

图 5-2 动点 M 速度的矢量描述

$$\Delta\boldsymbol{r}=\boldsymbol{r}(t+\Delta t)-\boldsymbol{r}(t)$$

点在很短时间 Δt 内的位移由点的起讫位置完全确定,与所走的路径无关。

当点 O 为静点时,将位移矢量 $\Delta\boldsymbol{r}$ 除以位移所经历的时间间隔 Δt,定义为点在 Δt 时间间隔内的平均速度,则平均速度 $\boldsymbol{v}^{*}=\dfrac{\Delta\boldsymbol{r}}{\Delta t}$。当 Δt 趋近于零时,平均速度的极限值定义为点在 t 时刻的瞬时速度,简称为点的速度,记作 $\boldsymbol{v}$,即

$$\boldsymbol{v}=\lim_{\Delta t\to 0}\boldsymbol{v}^{*}=\frac{\mathrm{d}\boldsymbol{r}}{\mathrm{d}t} \tag{5-2}$$

根据矢量导数的定义(见附录 A),式(5-2) 可以写成

$$\boldsymbol{v}=\dot{\boldsymbol{r}} \tag*{(5-2)$'$}$$

因此,点的速度 $\boldsymbol{v}$ 等于点的矢径 $\boldsymbol{r}$ 对时间 t 的一阶导数,其方向就是 Δt 趋近于零时 $\Delta\boldsymbol{r}$

的极限方向，即沿着动点的轨迹在该点的切线指向运动前进的一方。

速度 $\boldsymbol{v}$ 的模为 $|\boldsymbol{v}|$，量纲为[长度][时间]$^{-1}$，在国际单位制中，速度常用单位为米 / 秒(m/s) 或千米 / 小时(km/h)。

5.1.3 点的加速度

点的加速度是描述点的速度变化快慢和方向的物理量。

设点在相邻时刻 t 和 $t+\Delta t$ 的速度分别为 $\boldsymbol{v}$ 和 $\boldsymbol{v}+\Delta\boldsymbol{v}$，$\Delta\boldsymbol{v}$(图 5-3a)) 为点在 Δt 时间间隔内的速度增量，将 $\Delta\boldsymbol{v}$ 除以 Δt 定义为点在 Δt 时间间隔内的平均加速度，则平均加速度 $\boldsymbol{a}^{*}=\dfrac{\Delta\boldsymbol{v}}{\Delta t}$。当 Δt 趋近于零时，其极限值定义为点在 t 时刻的瞬时加速度，简称为点的加速度，记作 $\boldsymbol{a}$，即

$$\boldsymbol{a}=\lim_{\Delta t\to 0}\boldsymbol{a}^{*}=\frac{\mathrm{d}\boldsymbol{v}}{\mathrm{d}t}=\ddot{\boldsymbol{r}} \tag{5-3}$$

因此，点的加速度 $\boldsymbol{a}$ 等于点的速度对时间 t 的一阶导数，或是矢径 $\boldsymbol{r}$ 对时间 t 的二阶导数。

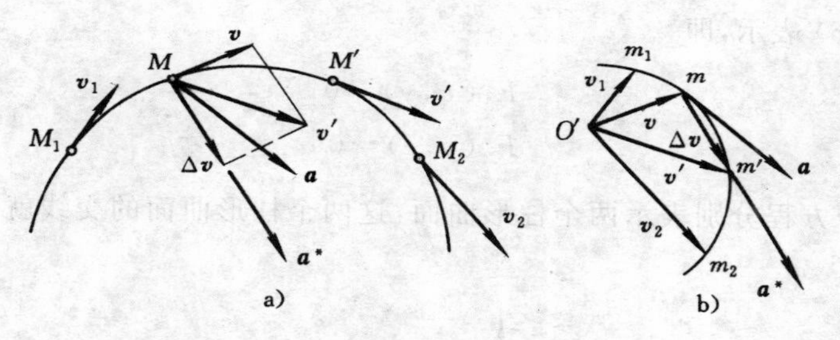

图 5-3 动点 M 加速度的矢量描述

加速度的方向沿 Δt 趋近于零时 $\Delta\boldsymbol{v}$ 的极限方向。一般而言，加速度的方向与速度的方向不会重合。当点作曲线运动时，其速度的大小和方向都随时间的变化而变化，即速度是变矢量。将图 5-3a) 中不同瞬时的速度矢量移到同一点 O'，这些速度矢量的末端便描绘出一条连续的曲线，如图 5-3b) 所示，该曲线称为速度矢端图。那么，加速度 $\boldsymbol{a}$ 就等于速度矢量 $\boldsymbol{v}$ 的端点 m 沿速度矢端图运动的速度。由此可知，加速度矢量的方向沿着速度矢端图在点 m 的切线方向。

加速度的模为 $|\boldsymbol{a}|$，量纲为[长度][时间]$^{-2}$，在国际单位制中，加速度常用单位为米 / 秒^2(m/s^2) 或厘米 / 秒^2(cm/s^2)。

5.2 点的运动的直角坐标法

5.2.1 点的位置描述

在静点 O 上建立直角坐标系 $Oxyz$，设该坐标系为静系。当点 M 作空间曲线运

动时，点的矢量形式的位置描述可解析地表示为

$$\boldsymbol{r}(t)=x(t)\boldsymbol{i}+y(t)\boldsymbol{j}+z(t)\boldsymbol{k} \tag{5-4}$$

式中，$\boldsymbol{i}$，$\boldsymbol{j}$，$\boldsymbol{k}$ 分别为沿三个坐标轴的单位常矢量，如图 5-4 所示。由于矢径 $\boldsymbol{r}$ 是时间 t 的单值连续函数，所以 x，y，z 也是时间 t 的单值连续函数。因此直角坐标的位置为

$$\left.\begin{aligned} x&=f_1(t)\\ y&=f_2(t)\\ z&=f_3(t)\end{aligned}\right\} \tag{5-5}$$

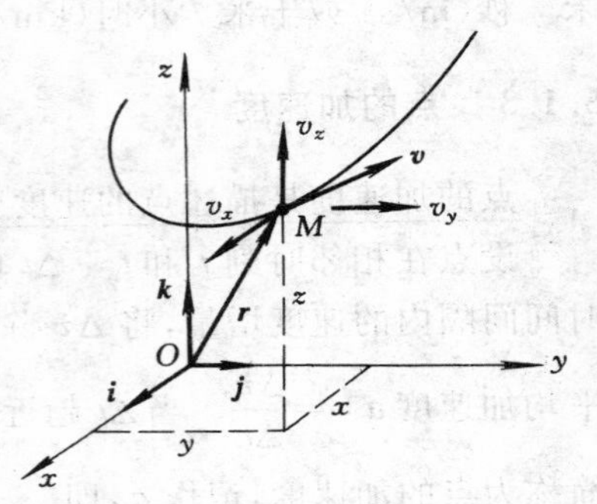

图 5-4　直角坐标与矢量 $\boldsymbol{r}$ 的关系、合速度与分速度

若已知函数 $f_1(t)$，$f_2(t)$，$f_3(t)$，则动点在空间的位置就完全确定，这称为直角坐标系中的位置描述。

式(5-5) 也是点的轨迹的参数方程，如果从这些方程中消去时间 t，则动点的轨迹可用式(5-6) 表示，即

$$\left.\begin{aligned} F_1(x,y)&=0\\ F_2(y,z)&=0\end{aligned}\right\} \tag{5-6}$$

式(5-6) 两个方程分别表示两个柱形曲面，这两个柱形曲面的交线就是动点的轨迹(图 5-5)。

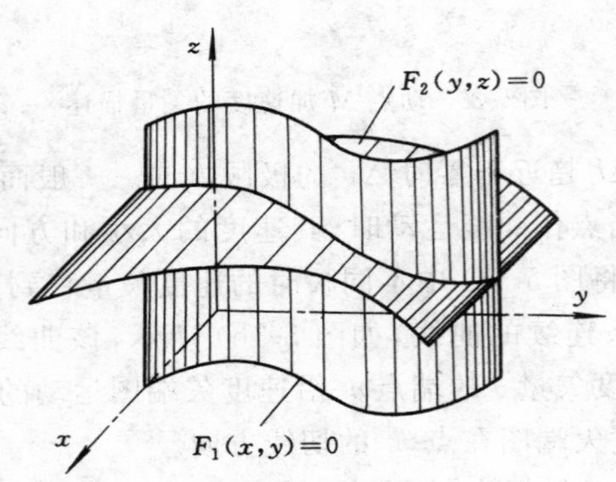

图 5-5　曲线的轨迹

5.2.2　点的速度

将式(5-4) 对时间求一阶导数，有

$$\boldsymbol{v}=\frac{\mathrm{d}\boldsymbol{r}}{\mathrm{d}t}=\frac{\mathrm{d}x}{\mathrm{d}t}\boldsymbol{i}+\frac{\mathrm{d}y}{\mathrm{d}t}\boldsymbol{j}+\frac{\mathrm{d}z}{\mathrm{d}t}\boldsymbol{k} \tag{5-7}$$

设动点 M 的速度 $\boldsymbol{v}$ 在直角坐标轴上的投影为 v_x, v_y, v_z，即

$$\boldsymbol{v} = v_x \boldsymbol{i} + v_y \boldsymbol{j} + v_z \boldsymbol{k} \tag{5-8}$$

比较式(5-7) 和式(5-8)，得到

$$\left.\begin{aligned} v_x &= \frac{\mathrm{d}x}{\mathrm{d}t} = \dot{x} \\ v_y &= \frac{\mathrm{d}y}{\mathrm{d}t} = \dot{y} \\ v_z &= \frac{\mathrm{d}z}{\mathrm{d}t} = \dot{z} \end{aligned}\right\} \tag{5-9}$$

因此，速度在直角坐标轴上的投影等于动点的各对应坐标对时间的一阶导数。

5.2.3 点的加速度

将速度 $\boldsymbol{v}$ 的解析式(5-8) 代入式(5-3) 得

$$\boldsymbol{a} = \frac{\mathrm{d}\boldsymbol{v}}{\mathrm{d}t} = \frac{\mathrm{d}v_x}{\mathrm{d}t}\boldsymbol{i} + \frac{\mathrm{d}v_y}{\mathrm{d}t}\boldsymbol{j} + \frac{\mathrm{d}v_z}{\mathrm{d}t}\boldsymbol{k} \tag{5-10}$$

设动点 M 的加速度 $\boldsymbol{a}$ 在直角坐标轴上的投影为 a_x, a_y, a_z，即

$$\boldsymbol{a} = a_x \boldsymbol{i} + a_y \boldsymbol{j} + a_z \boldsymbol{k} \tag{5-11}$$

比较式(5-10) 和式(5-11)，得到

$$\left.\begin{aligned} a_x &= \frac{\mathrm{d}v_x}{\mathrm{d}t} = \frac{\mathrm{d}^2 x}{\mathrm{d}t^2} = \ddot{x} \\ a_y &= \frac{\mathrm{d}v_y}{\mathrm{d}t} = \frac{\mathrm{d}^2 y}{\mathrm{d}t^2} = \ddot{y} \\ a_z &= \frac{\mathrm{d}v_z}{\mathrm{d}t} = \frac{\mathrm{d}^2 z}{\mathrm{d}t^2} = \ddot{z} \end{aligned}\right\} \tag{5-12}$$

因此，加速度在直角坐标轴上的投影等于动点的各对应坐标对时间的二阶导数。

例 5-1 直杆上的 B，C 两端各铰接一个滑块，它们分别沿两个互相垂直的滑槽运动。曲柄 OA 可绕定轴 O 转动(图 5-6)。已知 $\overline{OA} = \overline{AB} = \overline{AC} = l$，$\overline{MA} = b$，$\varphi = \omega t$($\omega$ 为常数)。试求点 M 的位置坐标、轨迹、速度和加速度。

解 对于既要描述位置坐标，又要求速度、加速度的问题，应先描述位置坐标，根据速度、加速度方程是位置坐标一阶、二阶导数的关系，问题可全部求解。

由于点 M 在平面内的运动轨迹未知，故用直角坐标方法。一般地，坐标原点就选在本机构的固定点上。本机构在各种约束下只需一个运动参变量 φ 就可决定各点的位置，则点 M 的位置 x，y 均应为坐标 φ 的函数。

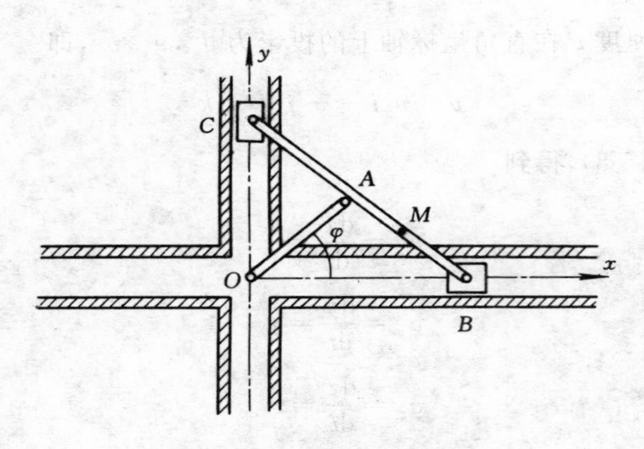

图 5-6　例 5-1 图

(1) 描述点 M 的位置坐标和轨迹方程。

$$x = l\cos\varphi + b\cos\varphi = (l+b)\cos\omega t$$

$$y = (l-b)\sin\varphi = (l-b)\sin\omega t$$

消去时间 t，得

$$\frac{x^2}{(l+b)^2} + \frac{y^2}{(l-b)^2} = 1$$

由此结果知，点 M 的运动轨迹是一个椭圆，这个机构也称作椭圆规尺。

(2) 求点 M 的速度与加速度。

$$v_x = \frac{\mathrm{d}x}{\mathrm{d}t} = -(l+b)\omega\sin\omega t$$

$$v_y = \frac{\mathrm{d}y}{\mathrm{d}t} = (l-b)\omega\cos\omega t$$

则点 M 的速度大小为

$$v = \sqrt{v_x^2 + v_y^2} = \omega\sqrt{l^2 + b^2 - 2bl\cos 2\omega t}$$

其方向余弦为

$$\cos(\boldsymbol{v}, \boldsymbol{i}) = \frac{v_x}{v} = \frac{-(l+b)\sin\omega t}{\sqrt{l^2 + b^2 - 2bl\cos\omega t}}$$

$$\cos(\boldsymbol{v}, \boldsymbol{j}) = \frac{v_y}{v} = \frac{(l-b)\cos\omega t}{\sqrt{l^2 + b^2 - 2bl\cos\omega t}}$$

$$a_x = \frac{\mathrm{d}v_x}{\mathrm{d}t} = -(l+b)\omega^2\cos\omega t$$

$$a_y = \frac{\mathrm{d}v_y}{\mathrm{d}t} = -(l-b)\omega^2\sin\omega t$$

则点 M 的加速度大小为

$$a=\sqrt{a_x^2+a_y^2}=\omega^2\sqrt{l^2+b^2+2lb\cos2\omega t}$$

其方向余弦为

$$\cos(\boldsymbol{a},\boldsymbol{i})=\frac{a_x}{a}=\frac{-(l+b)\cos\omega t}{\sqrt{l^2+b^2+2bl\cos2\omega t}}$$

$$\cos(\boldsymbol{a},\boldsymbol{j})=\frac{a_y}{a}=\frac{-(l-b)\sin\omega t}{\sqrt{l^2+b^2+2bl\cos2\omega t}}$$

合加速度的方向，由 $a_x=-\omega^2x$，$a_y=-\omega^2y$ 得 $a=\omega^2\sqrt{x^2+y^2}=\omega^2\overline{OM}$，可见点 M 的合加速度 $\boldsymbol{a}$ 的方向恒指向点 O。

例 5-2 车轮沿着一直线轨道作无滑动的滚动。若车轮的半径为 r，其轮心 C 作匀速直线运动，速度为 $\boldsymbol{v}_C$（图 5-7）。试求车轮边缘上一点 M 在瞬时 t 的速度和加速度。

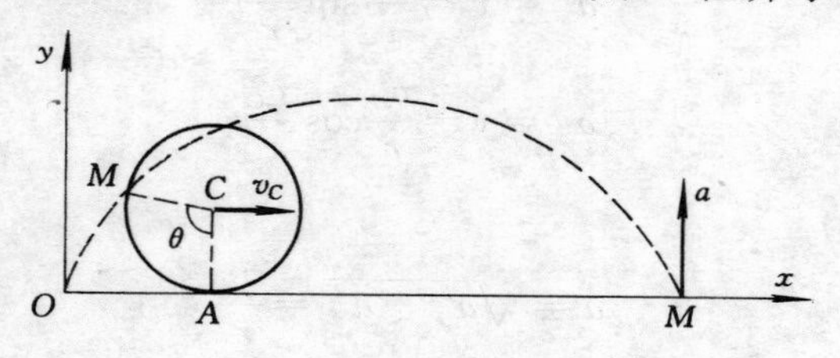

图 5-7 例 5-2 图

解 本题没有要求描述点 M 的位置坐标，但由于点在平面内的运动轨迹未知，仍要先建立点 M 的位置坐标。

取点 M 与地面相接触处的点为坐标原点，且定为初瞬时，建立如图所示的坐标系 Oxy。

本机构在地面约束下，只需一个运动参变量就可描述，独立坐标可取 θ 或 x_C。根据只滚动不滑动（即纯滚动）的条件，有$\overline{OA}=\overset{\frown}{AM}$，其中，$\overline{OA}=v_Ct$，$\overset{\frown}{AM}=r\theta$，则 $\theta=\dfrac{\overline{OA}}{r}=\dfrac{v_C}{r}t$。

(1) 描述点 M 的位置坐标。

$$x=r\theta-r\sin\theta=v_Ct-r\sin\frac{v_C}{r}t$$

$$y=r(1-\cos\theta)=r\left(1-\cos\frac{v_C}{r}t\right)$$

这也是点 M 轨迹的参数方程，它表示轨迹为一旋轮线。

(2) 求速度与加速度。

速度 $$v_x=\dot{x}=v_C\left(1-\cos\frac{v_C}{r}t\right)=2v_C\sin^2\frac{v_C}{2r}t$$

$$v_y = \dot{y} = v_C \sin \frac{v_C}{r}t = 2v_C \sin \frac{v_C}{2r}t \cos \frac{v_C}{2r}t$$

合速度的大小为

$$v = \sqrt{v_x^2 + v_y^2} = 2v_C \left| \sin \frac{v_C}{2r}t \right|$$

合速度的方位为

$$\cos(\boldsymbol{v}, \boldsymbol{i}) = \frac{v_x}{v} = \sin \frac{v_C}{2r}t$$

或

$$\cos(\boldsymbol{v}, \boldsymbol{j}) = \frac{v_y}{v} = \cos \frac{v_C}{2r}t$$

加速度

$$a_x = \ddot{x} = \frac{v_C^2}{r} \sin \frac{v_C}{r}t$$

$$a_y = \ddot{y} = \frac{v_C^2}{r} \cos \frac{v_C}{r}t$$

合加速度为

$$a = \sqrt{a_x^2 + a_y^2} = \frac{v_C^2}{r}$$

合加速度的方位为

$$\cos(\boldsymbol{a}, \boldsymbol{i}) = \frac{a_x}{a} = \sin \frac{v_C}{r}t = \sin\theta$$

或

$$\cos(\boldsymbol{a}, \boldsymbol{j}) = \frac{a_y}{a} = \cos \frac{v_C}{r}t = \cos\theta$$

接着可求点 M 与地面接触时的速度、加速度。

由于以上的解已提供了任意瞬时的速度、加速度方程，所以只需定出点 M 与地面接触的时间中的一个值。点 M 与地面接触，由于 $y=0$，即

$$\cos \frac{v_C}{r}t = 1, \quad 则 \quad \frac{v_C}{r}t = 2\pi, \quad 得 \quad t = \frac{2\pi r}{v_C}$$

代入得

$$v_x = 0, \quad a_x = 0$$

$$v_y = 0, \quad a_y = \frac{v_C^2}{r}$$

可见，在纯滚动时轮上点 M 与地面接触时的速度恒为零，而加速度竖直向上，为旋轮线的切线方向，即有切向加速度，预示着在下一时刻(离开地面)，点 M 速度将不为零。

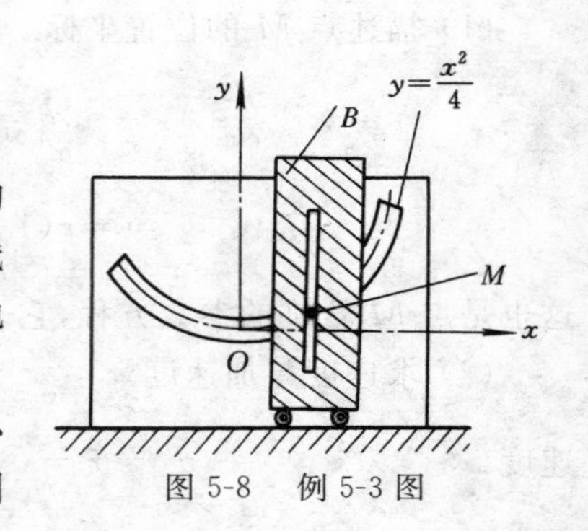

图 5-8　例 5-3 图

例 5-3　具有铅垂滑槽的物块 B，其滑槽中心线的运动方程为 $x=0.05t^2$，并带动销钉 M 沿着固

定抛物线形状的滑槽运动，如图 5-8 所示。已知抛物线方程 $y=\frac{x^2}{4}$，其中 x，y 以 m 计。试求：(1) 当 $t=5$ s 时，销钉 M 的加速度；(2) $a_x=a_y$ 的时间。

解 由于销钉 M 被物块 B 带动而作平面曲线运动，所以，其 x 方向的运动位置为

$$x=0.05t^2 \quad ①$$

将此式对时间求一阶和二阶导数，得销钉 M 的速度和加速度在 x 轴上的投影为

$$v_x=0.1t \quad ②$$

$$a_x=0.1\ \text{m/s}^2 \quad ③$$

又因固定曲线槽的抛物线方程 $y=\frac{x^2}{4}$ 为销钉 M 的轨迹方程，故将此方程对时间求一阶导数，可得 $v_y=\frac{x}{2}v_x$，代入 x 和 v_x 的函数式，上式可写成

$$v_y=0.0025t^3 \quad ④$$

将式 ④ 对时间再求一阶导数，可得加速度在 y 轴上的投影为

$$a_y=0.0075t^2 \quad ⑤$$

则 $t=5$ s 时销钉 M 的 a_y 和 a 的大小及方位（与 y 轴正向的夹角）为

$$a_y=0.0075\times5^2=0.1875\ \text{m/s}^2$$

$$a=\sqrt{a_x^2+a_y^2}=\sqrt{0.1^2+0.1875^2}=0.2125\ \text{m/s}^2$$

$$\theta=\arctan\frac{a_x}{a_y}=\arctan\frac{0.1}{0.1875}=28.07°$$

为求 $a_x=a_y$ 的瞬时，令式 ③ 等于式 ⑤，即

$$0.1=0.0075t^2$$

解此方程，并舍弃 t 的负根，得

$$t=3.651\ \text{s}$$

例 5-4 已知点 M 的位置坐标为 $x=r\cos\omega t$，$y=r\sin\omega t$，$z=ut$，式中，r，u，ω 是常数。试求点 M 的运动轨迹、速度和加速度（图 5-9a））。

解 首先求点 M 的运动轨迹。将位置坐标 x，y 中的时间 t 消去，得

$$x^2+y^2=r^2 \quad ①$$

式 ① 表示点 M 在半径为 r、母线与 z 轴平行的圆柱面上运动。在 $t=0$ 时，有 $x=r$，$y=0$，$z=0$，点 M 在圆柱与 x 轴的交点 M_O 处。在任一时刻 t，点 M 在 Oxy 平面上

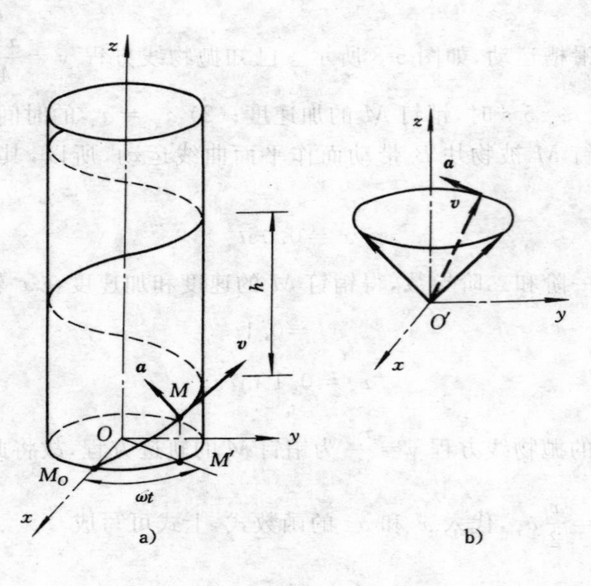

图 5-9　例 5-4 图

的投影为点 M'。当点 M' 绕点 O 一周时，点 M 坐标 x，y 值恢复原值，z 值却增加一常数 $h=\dfrac{2\pi u}{\omega}$。由此可见，点 M 轨迹是一条螺距为 h 的螺旋线。

接着求点 M 的速度。将位置坐标对时间求一阶导数，并综合成速度 $\boldsymbol{v}$ 的解析式，得

$$\boldsymbol{v}=-r\omega\sin\omega t\boldsymbol{i}+r\omega\cos\omega t\boldsymbol{j}+u\boldsymbol{k} \tag{②}$$

由式 ② 求得速度的大小和方向余弦为

$$v=\sqrt{v_x^2+v_y^2+v_z^2}=\sqrt{(-r\omega\sin\omega t)^2+(r\omega\cos\omega t)^2+u^2}=\sqrt{(r\omega)^2+u^2}$$

$$\cos(\boldsymbol{v},\boldsymbol{i})=\frac{v_x}{v}=\frac{-r\omega\sin\omega t}{\sqrt{(r\omega)^2+u^2}}$$

$$\cos(\boldsymbol{v},\boldsymbol{j})=\frac{v_y}{v}=\frac{r\omega\cos\omega t}{\sqrt{(r\omega)^2+u^2}}$$

$$\cos(\boldsymbol{v},\boldsymbol{k})=\frac{v_z}{v}=\frac{u}{\sqrt{(r\omega)^2+u^2}}$$

由此可见，点 M 的速度大小为一常量，其方向沿着轨迹的切线，并与 z 轴的夹角（$\boldsymbol{v}$，$\boldsymbol{k}$）保持不变，由式 ② 可得

$$\left.\begin{aligned}v_x^2+v_y^2=r^2\omega^2\\ v_z=u\end{aligned}\right\} \tag{③}$$

因此，若从点 O' 作出各瞬时的速度矢量，可以得出速度矢端曲线是一个半径等于 $r\omega$ 的圆周，该圆周平面是一个水平面，距点 O' 的高度为 u，而速度矢量本身将组成一圆锥面(图 5-9b))。

最后，求点 M 的加速度。将式 ② 对时间求一阶导数，得

$$\boldsymbol{a}=-r\omega^2\cos\omega t\boldsymbol{i}-r\omega^2\sin\omega t\boldsymbol{j}=-x\omega^2\boldsymbol{i}-y\omega^2\boldsymbol{j} \quad ④$$

由式 ④ 求得加速度的大小和方向余弦为

$$a=\sqrt{a_x^2+a_y^2+a_z^2}=r\omega^2$$

$$\cos(\boldsymbol{a},\boldsymbol{i})=\frac{a_x}{a}=-\frac{x}{r}$$

$$\cos(\boldsymbol{a},\boldsymbol{j})=\frac{a_y}{a}=-\frac{y}{r}$$

$$\cos(\boldsymbol{a},\boldsymbol{k})=\frac{a_z}{a}=0$$

由此结果可知，点 M 的加速度大小为一常量，其方位与 z 轴垂直并指向该轴(图 5-9b))。

5.3 点的运动的自然坐标法

5.3.1 点的位置描述

利用已知的点的运动轨迹来建立弧坐标，就是自然坐标。

设动点 M，在轨迹上任取一点 O 为弧长的原点，同时规定点 O 的某一侧为正向(图 5-10)，则动点 M 在 t 时刻的位置由弧长 s(代数量) 来确定，将 s 称为弧坐标。当动点 M 运动时，其弧坐标随时间变化，可表示为时间的单值连续函数，即

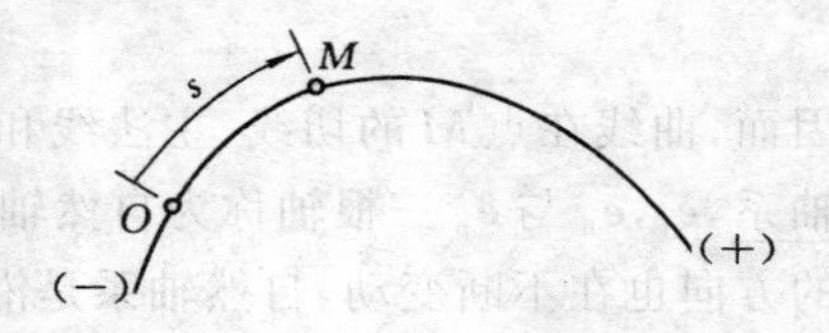

图 5-10　动点 M 位置的弧坐标描述

$$s=f(t) \quad (5\text{-}13)$$

式(5-13) 表示点沿已知轨迹的运动规律，称为弧坐标的位置描述。

5.3.2 密切面和自然轴系

有一空间曲线，在点 M 的邻近处再取点 M'，其间的弧长为 Δs，这两点切线的单位矢量分别为 $\boldsymbol{e}_t$ 和 $\boldsymbol{e}_t'$，其正向与弧坐标一致，如图 5-11a) 所示。将 $\boldsymbol{e}_t'$ 平移到点 M，

则 e_t 与 e'_t 两线决定出一个平面。令 M' 无限趋近点 M，则这个平面趋近于某个极限位置，此平面的极限位置称为曲线在点 M 的密切面。显然，在空间曲线上点 M 附近无限小的一段曲线可近似为在密切面内的平面曲线，因而密切面最贴近点 M 附近的曲线。对于空间曲线，密切面的方位将随点 M 位置的变化而改变，至于平面曲线，密切面就是曲线所在的平面。

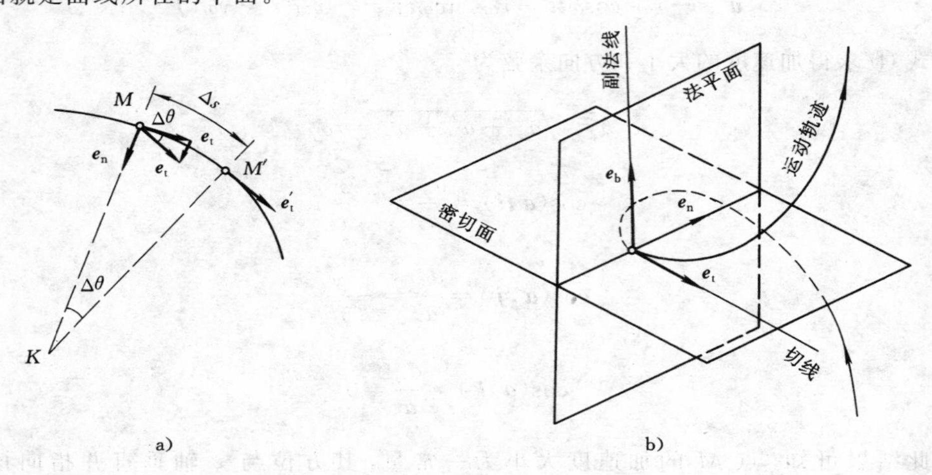

图 5-11　自然轴系

为了描述空间曲线的几何性质，还要建立自然轴系的概念。过点 M 并与切线垂直的平面为法平面，法平面与密切面的交线称为主法线，其单位矢量用 e_n 表示，并指向曲线内凹一侧。过点 M 且垂直于切线及主法线的直线称为副法线，其单位矢量为 e_b，指向由右手系确定（图 5-11b)），即

$$\boldsymbol{e}_b = \boldsymbol{e}_t \times \boldsymbol{e}_n \tag{5-14}$$

因而，曲线在点 M 的切线、主法线和副法线构成一正交轴系，称为曲线在点 M 的自然轴系，e_t，e_n 与 e_b 三根轴称为自然轴。应当注意，随着点 M 在轨迹上运动，e_t，e_n 与 e_b 的方向也在不断变动，自然轴系是沿曲线而变化的游动投影轴系。

5.3.3　点的速度

点 M 的矢径 $\boldsymbol{r}$ 可以写成如下复合函数形式：

$$\boldsymbol{r} = \boldsymbol{r}(s(t)) \tag{5-15}$$

当点 O 为静点时，根据公式(5-2)，点 M 的速度为

$$\boldsymbol{v}(t) = \frac{\mathrm{d}\boldsymbol{r}}{\mathrm{d}t} = \frac{\mathrm{d}\boldsymbol{r}}{\mathrm{d}s} \cdot \frac{\mathrm{d}s}{\mathrm{d}t} = \dot{s}\boldsymbol{e}_t = v\boldsymbol{e}_t \tag{5-16}$$

式中，$\boldsymbol{e}_t=\frac{d\boldsymbol{r}}{ds}$，由于 $\left|\frac{d\boldsymbol{r}}{ds}\right|=\lim\limits_{\Delta s\to 0}\left|\frac{\Delta\boldsymbol{r}}{\Delta s}\right|=1$，因此，$\boldsymbol{e}_t=\frac{d\boldsymbol{r}}{ds}$ 是单位矢量，其作用线沿点 M 的切向（图 5-12）。

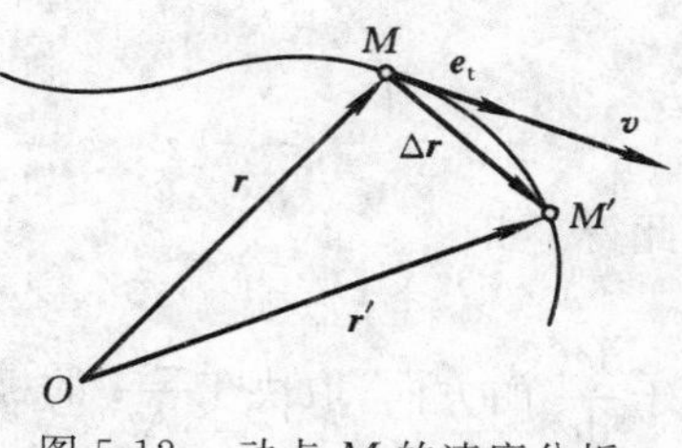

图 5-12　动点 M 的速度分析

5.3.4　点的加速度

根据公式(5-3)，点 M 的加速度为

$$\boldsymbol{a}=\frac{d\boldsymbol{v}}{dt}=\frac{d}{dt}(v\boldsymbol{e}_t)=\dot{v}\boldsymbol{e}_t+v\frac{d\boldsymbol{e}_t}{dt}$$

上式右边第一项 $\dot{v}\boldsymbol{e}_t$ 表示速度大小变化时所引起的速度变化率，它是加速度沿切线方向的一个分量，称为切向加速度 $\boldsymbol{a}_t$（图 5-13a)）。右边第二项 $v\frac{d\boldsymbol{e}_t}{dt}$ 表示速度方向对时间的变化率。通过以下推导，可知它是沿主法线方向的一个分量，称为法向加速度 $\boldsymbol{a}_n$。

为了求 $v\frac{d\boldsymbol{e}_t}{dt}$，必须讨论切线单位矢量对时间的变化率 $\frac{d\boldsymbol{e}_t}{dt}$。

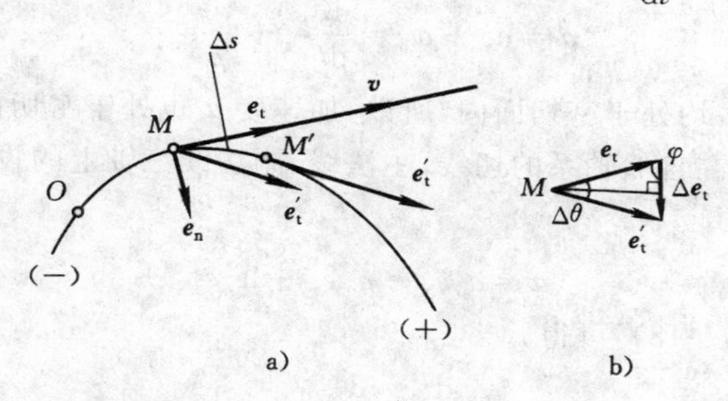

图 5-13　动点 M 的加速度分析

在 Δt 时间间隔内，点 M 走过弧长 Δs，相应地，切线单位矢量由 $\boldsymbol{e}_t$ 变化为 $\boldsymbol{e}_t'$，其改变量为 $\Delta\boldsymbol{e}_t$，$\boldsymbol{e}_t$ 与 $\boldsymbol{e}_t'$ 的夹角为 $\Delta\theta$（图 5-13b)）。由矢量导数的定义知 $\frac{d\boldsymbol{e}_t}{dt}=\lim\limits_{\Delta t\to 0}\frac{\Delta\boldsymbol{e}_t}{\Delta t}$，分别求此极限的大小与方向。由于 $\Delta t\to 0$ 时，$\Delta s\to 0$ 和 $\Delta\theta\to 0$，故

$$\left|\frac{d\boldsymbol{e}_t}{dt}\right|=\lim_{\Delta t\to 0}\left|\frac{\Delta\boldsymbol{e}_t}{\Delta t}\right|=\lim_{\Delta\theta\to 0}\left|\frac{\Delta\boldsymbol{e}_t}{\Delta\theta}\right|\lim_{\Delta s\to 0}\left|\frac{\Delta\theta}{\Delta s}\right|\lim_{\Delta t\to 0}\left|\frac{\Delta s}{\Delta t}\right|$$

因 $\lim\limits_{\Delta s\to 0}\left|\frac{\Delta\theta}{\Delta s}\right|=\frac{1}{\rho}$，$\rho$ 是曲率半径，$\frac{1}{\rho}$ 是曲率。又

$$\lim_{\Delta\theta\to 0}\left|\frac{\Delta\boldsymbol{e}_t}{\Delta\theta}\right|=\lim_{\Delta\theta\to 0}\left|\frac{1\times\sin\frac{\Delta\theta}{2}}{\frac{\Delta\theta}{2}}\right|=1$$

及
$$\lim_{\Delta t\to 0}\left|\frac{\Delta s}{\Delta t}\right|=|v|$$

由此得
$$\left|\frac{\mathrm{d}\boldsymbol{e}_{\mathrm{t}}}{\mathrm{d}t}\right|=\left|\frac{v}{\rho}\right|$$

至于$\frac{\mathrm{d}\boldsymbol{e}_{\mathrm{t}}}{\mathrm{d}t}$的方向，取决于$\frac{\Delta\boldsymbol{e}_{\mathrm{t}}}{\Delta t}$的极限方向。因 $\Delta\boldsymbol{e}_{\mathrm{t}}(s)$ 与 $\boldsymbol{e}_{\mathrm{t}}(s)$ 之间的夹角 $\varphi=\frac{\pi}{2}-\frac{\Delta\theta}{2}$，当 $\Delta t\to 0$ 时，$\Delta\theta\to 0$，$\varphi\to\frac{\pi}{2}$，即$\frac{\mathrm{d}\boldsymbol{e}_{\mathrm{t}}}{\mathrm{d}t}$的极限方向在密切面内，且垂直于$\boldsymbol{e}_{\mathrm{t}}(s)$，也就是沿主法线 $\boldsymbol{e}_{\mathrm{n}}$ 的方向。于是，得
$$\frac{\mathrm{d}\boldsymbol{e}_{\mathrm{t}}}{\mathrm{d}t}=\frac{v}{\rho}\boldsymbol{e}_{\mathrm{n}}$$

所以得到的法向加速度为
$$\boldsymbol{a}_{\mathrm{n}}=v\frac{\mathrm{d}\boldsymbol{e}_{\mathrm{t}}}{\mathrm{d}t}=\frac{v^2}{\rho}\boldsymbol{e}_{\mathrm{n}}=\frac{\dot{s}^2}{\rho}\boldsymbol{e}_{\mathrm{n}}$$

于是有
$$\boldsymbol{a}=\boldsymbol{a}_{\mathrm{t}}+\boldsymbol{a}_{\mathrm{n}}=\frac{\mathrm{d}v}{\mathrm{d}t}\boldsymbol{e}_{\mathrm{t}}+\frac{v^2}{\rho}\boldsymbol{e}_{\mathrm{n}} \tag{5-17}$$

注意到 $\boldsymbol{e}_{\mathrm{t}}$ 和 $\boldsymbol{e}_{\mathrm{n}}$ 均处于密切面内，所以，加速度 $\boldsymbol{a}$ 也处于密切面内。若以 a_{t}，a_{n}，a_{b} 分别表示加速度在自然轴系的切线、主法线、副法线三轴上的投影，则加速度 $\boldsymbol{a}$ 也可表示为
$$\boldsymbol{a}=a_{\mathrm{t}}\boldsymbol{e}_{\mathrm{t}}+a_{\mathrm{n}}\boldsymbol{e}_{\mathrm{n}}+a_{\mathrm{b}}\boldsymbol{e}_{\mathrm{b}} \tag{5-18}$$

比较式(5-17) 与式(5-18)，可得
$$\left.\begin{aligned}a_{\mathrm{t}}&=\frac{\mathrm{d}v}{\mathrm{d}t}=\frac{\mathrm{d}^2s}{\mathrm{d}t^2}\\a_{\mathrm{n}}&=\frac{v^2}{\rho}=\frac{(\mathrm{d}s/\mathrm{d}t)^2}{\rho}\\a_{\mathrm{b}}&=0\end{aligned}\right\} \tag{5-19}$$

可见合加速度位于密切面内，其大小和方向($\boldsymbol{a}$ 与主法线 $\boldsymbol{e}_{\mathrm{n}}$ 的夹角 φ) 由式(5-20)决定：
$$\left.\begin{aligned}a&=\sqrt{a_{\mathrm{t}}^2+a_{\mathrm{n}}^2}=\sqrt{\left(\frac{\mathrm{d}v}{\mathrm{d}t}\right)^2+\left(\frac{v^2}{\rho}\right)^2}\\\tan\varphi&=\frac{|a_{\mathrm{t}}|}{a_{\mathrm{n}}}\end{aligned}\right\} \tag{5-20}$$

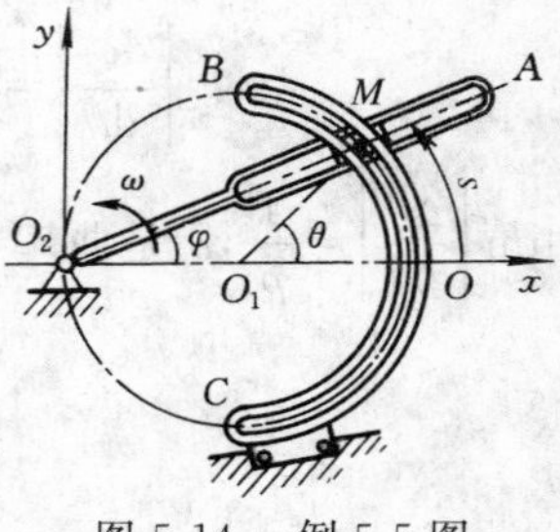

图 5-14　例 5-5 图

例 5-5　摇杆滑道机构如图 5-14 所示。滑块 M 由摇杆O_2A 带动，并沿半径为R 的固定圆弧槽BC 运动。

摇杆 O_2A 的转轴 O_2 在圆弧槽所在的圆周上。若摇杆与 O_2O 线的夹角按 $\varphi=\omega t$ 的规律运动，式中，ω 为常数，试求其速度和加速度。

解 因滑块 M 是沿已知圆弧轨迹 BC 运动，故运用自然法求解较方便。

取滑块 M 的起始位置为弧坐标的原点 O，并规定其正向与角 φ 的正向一致，如图 5-14 所示。因 $\theta=2\varphi=2\omega t$，则由图示几何关系，可得滑块 M 的位置坐标为

$$s=R\theta=2\omega Rt$$

将上式对时间求一阶导数，得滑块 M 的速度：

$$v=\frac{\mathrm{d}s}{\mathrm{d}t}=2\omega R=\text{const.}$$

现求得 v 为正值，说明其方向为沿圆周切线的正方向。

滑块 M 的切向和法向加速度分别为

$$a_{\mathrm{t}}=\frac{\mathrm{d}v}{\mathrm{d}t}=0$$

$$a_{\mathrm{n}}=\frac{v^2}{\rho}=\frac{(2\omega R)^2}{\rho}=4\omega^2 R$$

以上结果说明，滑块作匀速率圆周运动，反映速度方向改变的加速度是法向加速度，法向加速度的方向沿着圆弧在点 M 的法线，并指向圆心 O_1，如图 5-14 所示。

例 5-6 一动点 M 以匀速 $v=0.2$ m/s 沿抛物线运动（图 5-15），轨迹方程为 $x^2=2y$，式中，x，y 均以 m 计。试求动点 M 的加速度与坐标 x 的函数关系及其在 $x=2$ m 处的加速度。

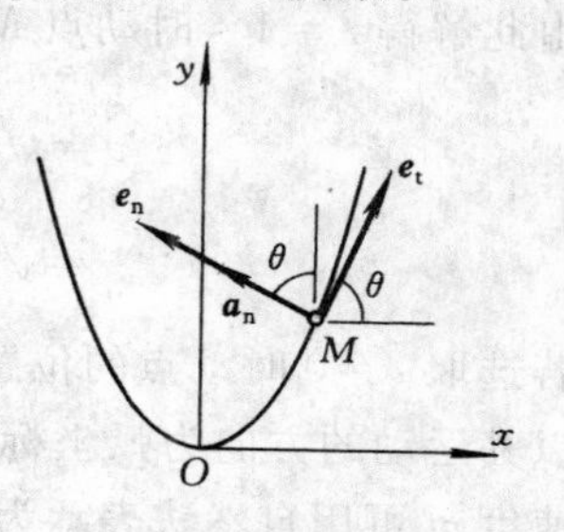

图 5-15 例 5-6 图

解 本题已知动点的轨迹方程及动点的速度，故采用自然法求解动点的加速度。

由题意知 $a_{\mathrm{t}}=\frac{\mathrm{d}v}{\mathrm{d}t}=0$，所以动点的加速度为

$$\boldsymbol{a}_M=\boldsymbol{a}_{\mathrm{n}}=\frac{v^2}{\rho}\boldsymbol{e}_{\mathrm{n}}$$

根据给定的轨迹方程，可求得动点的曲率半径：

$$\rho=\frac{\left[1+\left(\frac{\mathrm{d}y}{\mathrm{d}x}\right)^2\right]^{3/2}}{\left|\frac{\mathrm{d}^2y}{\mathrm{d}x^2}\right|}=(1+x^2)^{3/2}$$

因此，动点 M 的加速度大小的函数式为

$$a_M = a_n = \frac{v^2}{\rho} = \frac{0.2^2}{(1+x^2)^{3/2}}$$

其方向可由点 M 的法线与铅垂线的夹角 θ 确定，由图示几何关系可知

$$\tan\theta = \frac{dy}{dx} = x$$

即
$$\theta = \arctan x$$

将 $x=2$ m 代入，可得动点在此位置的加速度大小和方向分别为

$$a_M = \frac{0.04}{(1+2^2)^{3/2}} = 0.358 \times 10^{-2}\ \text{m/s}^2$$

$$\theta = \arctan 2 = 63°26'$$

例 5-7 一动点 M 的矢径 $\boldsymbol{r}_M = 2t\boldsymbol{i} + t^3\boldsymbol{j} + 3t^2\boldsymbol{k}$，式中，长度单位为 m，时间单位为 s。试求 $t=1$ s 时，动点 M 的切向加速度与法向加速度及其曲率半径。

解 将矢径 $\boldsymbol{r}$ 对时间 t 求一阶和二阶导数，得

$$\boldsymbol{v} = \frac{d\boldsymbol{r}}{dt} = 2\boldsymbol{i} + 3t^2\boldsymbol{j} + 6t\boldsymbol{k}$$

$$\boldsymbol{a} = \frac{d\boldsymbol{v}}{dt} = 6t\boldsymbol{j} + 6\boldsymbol{k}$$

由此解得 $t=1$ s 时动点 M 的速度大小为

$$v = \sqrt{v_x^2 + v_y^2 + v_z^2} = \sqrt{2^2 + (3t^2)^2 + (6t)^2}$$
$$= \sqrt{4+9+36} = 7\ \text{m/s}$$

若选取 $t=0$ 时动点的位置为弧坐标 s 的原点，以其运动的方向为弧坐标的正向（图 5-16），则速度 $\boldsymbol{v}$ 可用自然法表示为

$$\boldsymbol{v} = \frac{ds}{dt}\boldsymbol{e}_t = \sqrt{4+9t^4+36t^2}\,\boldsymbol{e}_t$$

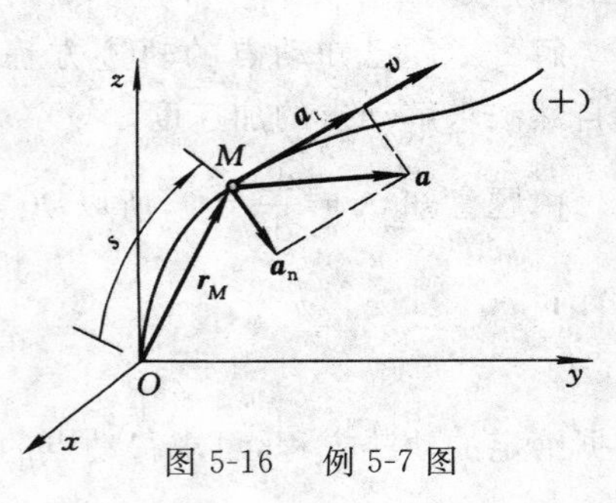

图 5-16 例 5-7 图

将速度 v 的函数式对时间 t 求一阶导数，并代入 $t=1$ s，得此瞬时动点 M 的切向加速度的大小为

$$a_t = \frac{dv}{dt} = \frac{d}{dt}\sqrt{4+9t^4+36t^2}$$
$$= \frac{18(t^3+2t)}{\sqrt{4+9t^4+36t^2}} = 7.714\ \text{m/s}^2$$

可见，$\boldsymbol{a}_t$ 与 $\boldsymbol{v}$ 同向，动点 M 沿着轨迹作加速运动。

又因 $t=1$ s时，动点 M 的加速度大小为

$$a=\sqrt{a_x^2+a_y^2+a_z^2}=\sqrt{(6t)^2+6^2}=6\sqrt{t^2+1}=6\sqrt{2}\ \mathrm{m/s^2}$$

所以，该瞬时动点 M 的法向加速度大小为

$$a_n=\sqrt{a^2-a_t^2}=\sqrt{36\times2-7.714^2}=3.535\ \mathrm{m/s^2}$$

其方向沿着轨迹在点 M 处的法向，并指向曲率中心。

根据 $a_n=\dfrac{v^2}{\rho}$，可得动点 M 在 $t=1$ s时的曲率半径为

$$\rho=\frac{v^2}{a_n}=\frac{7^2}{3.535}=13.86\ \mathrm{m}$$

*5.4　点的运动的极坐标法

5.4.1　点的位置描述

当点作平面曲线运动时，有时运用极坐标法来分析点的运动规律是比较方便的。

取定点 O 为极点，自 O 引射线 OA 为极轴，则动点 M 在任一瞬时的矢径 $\boldsymbol{r}$ 可用矢径的大小 r（极径）和由极轴 OA 到矢径的角 θ（极角）表示，并将这两参数 r 和 θ 称为极坐标（图 5-17）。显然，当动点 M 运动时，其极坐标 r 和 θ 是时间 t 的单值连续函数，即

$$\left.\begin{aligned}r&=f_1(t)\\\theta&=f_2(t)\end{aligned}\right\}\tag{5-21}$$

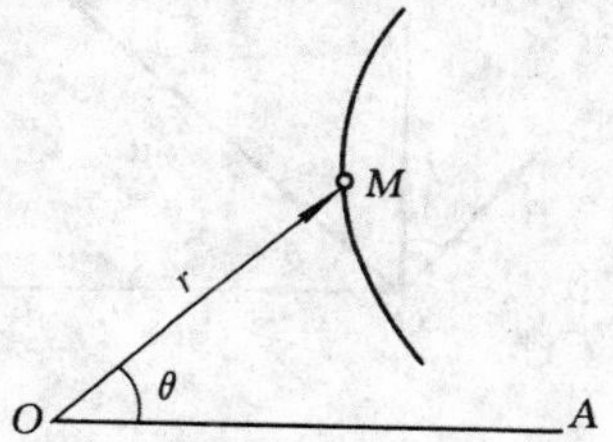

图 5-17　动点 M 的极坐标描述

式(5-21) 称为极坐标系中的位置描述。消去时间 t，就得到以极坐标表示的点的运动轨迹方程为

$$F(r,\theta)=0\tag{5-22}$$

5.4.2　点的速度

设动点的矢径 $\boldsymbol{r}$ 的单位矢量为 $\boldsymbol{e}_r$，则矢径可表示为

$$\boldsymbol{r}=r\boldsymbol{e}_r$$

当点 O 为静点时，将上式对时间 t 求一阶导数，得到动点的速度为

$$\boldsymbol{v}=\frac{\mathrm{d}\boldsymbol{r}}{\mathrm{d}t}=\frac{\mathrm{d}r}{\mathrm{d}t}\boldsymbol{e}_r+r\frac{\mathrm{d}\boldsymbol{e}_r}{\mathrm{d}t}\qquad①$$

式 ① 右端的第一项$\dfrac{\mathrm{d}r}{\mathrm{d}t}\boldsymbol{e}_{\mathrm{r}}$是描述矢径大小的变化率，第二项 $r\dfrac{\mathrm{d}\boldsymbol{e}_{\mathrm{r}}}{\mathrm{d}t}$ 是描述矢径方向的变化率。

若设垂直矢径 $\boldsymbol{r}$，且在 θ 增加方向的单位矢量为 $\boldsymbol{e}_{\theta}$，单位矢量 $\boldsymbol{e}_{\theta}$ 与 $\boldsymbol{e}_{\mathrm{r}}$ 的方向都随 θ 的变化而变化，是 θ 的单值函数。在极点建立静系 Oxy，则极坐标的单位矢量 $\boldsymbol{e}_{\mathrm{r}}$，$\boldsymbol{e}_{\theta}$ 与定坐标的单位矢量 $\boldsymbol{i}$，$\boldsymbol{j}$ 的关系(图 5-18a)) 可表示为

$$\boldsymbol{e}_{\mathrm{r}}=\cos\theta\boldsymbol{i}+\sin\theta\boldsymbol{j}$$
$$\boldsymbol{e}_{\theta}=-\sin\theta\boldsymbol{i}+\cos\theta\boldsymbol{j}$$

对 θ 求导，得

$$\frac{\mathrm{d}\boldsymbol{e}_{\mathrm{r}}}{\mathrm{d}\theta}=-\sin\theta\boldsymbol{i}+\cos\theta\boldsymbol{j}=\boldsymbol{e}_{\theta}$$
$$\frac{\mathrm{d}\boldsymbol{e}_{\theta}}{\mathrm{d}\theta}=-\cos\theta\boldsymbol{i}-\sin\theta\boldsymbol{j}=-\boldsymbol{e}_{\mathrm{r}}$$

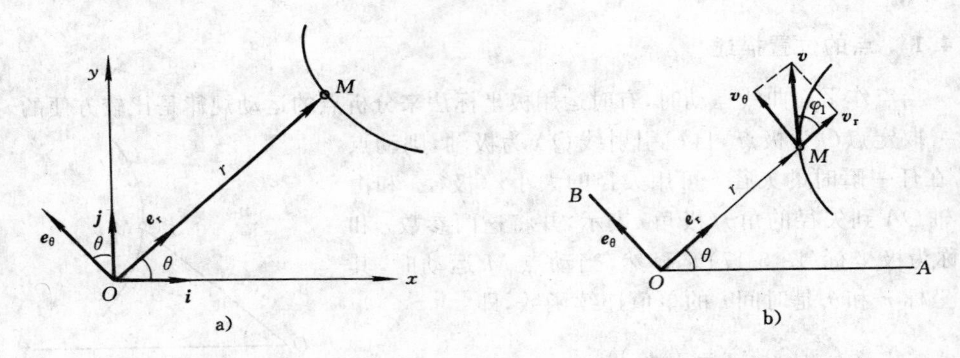

图 5-18　动点 M 的速度分析

将式 ① 中的$\dfrac{\mathrm{d}\boldsymbol{e}_{\mathrm{r}}}{\mathrm{d}t}$改写为

$$\frac{\mathrm{d}\boldsymbol{e}_{\mathrm{r}}}{\mathrm{d}t}=\frac{\mathrm{d}\boldsymbol{e}_{\mathrm{r}}}{\mathrm{d}\theta}\cdot\frac{\mathrm{d}\theta}{\mathrm{d}t}=\dot{\theta}\boldsymbol{e}_{\theta} \qquad ②$$

将式 ② 代入式 ①，得

$$\boldsymbol{v}=\frac{\mathrm{d}\boldsymbol{r}}{\mathrm{d}t}=\frac{\mathrm{d}r}{\mathrm{d}t}\boldsymbol{e}_{\mathrm{r}}+r\frac{\mathrm{d}\theta}{\mathrm{d}t}\boldsymbol{e}_{\theta}=\dot{r}\boldsymbol{e}_{\mathrm{r}}+r\dot{\theta}\boldsymbol{e}_{\theta} \qquad (5\text{-}23)$$

由此可见，以极坐标表示点的速度，可分解为两个互相垂直的分量，其中沿径向的分量 $\dot{r}\boldsymbol{e}_{\mathrm{r}}$ 称为径向速度，沿横向的分量 $r\dot{\theta}\boldsymbol{e}_{\theta}$ 称为横向速度，如图 5-18b) 所示。

若以 v_{r}，v_{θ} 分别表示 $\boldsymbol{v}$ 在径向和横向上的投影，则由式(5-23) 有

$$
\left.\begin{aligned} v_{\mathrm{r}} &= \dot{r} \\ v_{\theta} &= r\dot{\theta} \end{aligned}\right\} \tag{5-24}
$$

于是动点的大小与方向（$\boldsymbol{v}$ 与 v_{r} 的夹角）为

$$
\left.\begin{aligned} v &= \sqrt{v_{\mathrm{r}}^{2} + v_{\theta}^{2}} = \sqrt{(\dot{r})^{2} + (r\dot{\theta})^{2}} \\ \tan\varphi_{1} &= \left|\frac{v_{\theta}}{v_{\mathrm{r}}}\right| = \left|\frac{r\dot{\theta}}{\dot{r}}\right| \end{aligned}\right\} \tag{5-25}
$$

5.4.3 点的加速度

将式(5-23) 再对时间求一阶导数，有

$$
\begin{aligned} \boldsymbol{a} &= \frac{\mathrm{d}\boldsymbol{v}}{\mathrm{d}t} = \frac{\mathrm{d}}{\mathrm{d}t}(\dot{r}\boldsymbol{e}_{\mathrm{r}} + r\dot{\theta}\boldsymbol{e}_{\theta}) \\ &= \ddot{r}\boldsymbol{e}_{\mathrm{r}} + \dot{r}\frac{\mathrm{d}\boldsymbol{e}_{\mathrm{r}}}{\mathrm{d}t} + \dot{r}\dot{\theta}\boldsymbol{e}_{\theta} + r\ddot{\theta}\boldsymbol{e}_{\theta} + r\dot{\theta}\frac{\mathrm{d}\boldsymbol{e}_{\theta}}{\mathrm{d}t} \\ &= \ddot{r}\boldsymbol{e}_{\mathrm{r}} + \dot{r}\dot{\theta}\boldsymbol{e}_{\theta} + \dot{r}\dot{\theta}\boldsymbol{e}_{\theta} + r\ddot{\theta}\boldsymbol{e}_{\theta} - r\dot{\theta}^{2}\boldsymbol{e}_{\mathrm{r}} \\ &= (\ddot{r} - r\dot{\theta}^{2})\boldsymbol{e}_{\mathrm{r}} + (2\dot{r}\dot{\theta} + r\ddot{\theta})\boldsymbol{e}_{\theta} \end{aligned} \tag{5-26}
$$

若以 $a_{\mathrm{r}}, a_{\theta}$ 分别表示 $\boldsymbol{a}$ 在径向和横向上的投影，则

$$
\left.\begin{aligned} a_{\mathrm{r}} &= \ddot{r} - r\dot{\theta}^{2} \\ a_{\theta} &= 2\dot{r}\dot{\theta} + r\ddot{\theta} \end{aligned}\right\} \tag{5-27}
$$

称 a_{r} 为径向加速度，a_{θ} 为横向加速度，如图 5-19 所示。

由式(5-27) 可求得动点的加速度的大小和方向（$\boldsymbol{a}$ 与 $\boldsymbol{a}_{\mathrm{r}}$ 的夹角）分别为

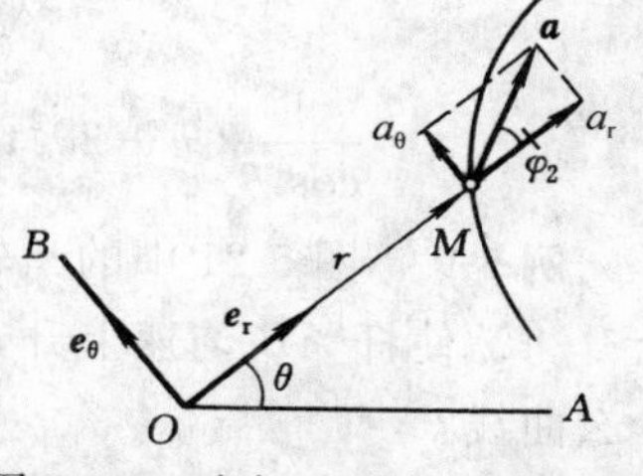

图 5-19 动点 M 的加速度分析

$$
\left.\begin{aligned} a &= \sqrt{a_{\mathrm{r}}^{2} + a_{\theta}^{2}} = \sqrt{(\ddot{r} - r\dot{\theta}^{2})^{2} + (2\dot{r}\dot{\theta} + r\ddot{\theta})^{2}} \\ \tan\varphi_{2} &= \left|\frac{a_{\theta}}{a_{\mathrm{r}}}\right| = \left|\frac{2\dot{r}\dot{\theta} + r\ddot{\theta}}{\ddot{r} - r\dot{\theta}^{2}}\right| \end{aligned}\right\} \tag{5-28}
$$

例 5-8 从发射场 B 垂直向上发射一火箭。在 A 处用雷达对火箭进行跟踪，如图 5-20 所示。试以 $l, \theta, \dot{\theta}, \ddot{\theta}$ 表示火箭的速度与加速度。

解 当用雷达追踪火箭时，以极坐标 r, θ 来确定火箭的位置比较方便，则火箭的运动方程可写成：

$$
r = \frac{l}{\cos\theta}
$$

根据式(5-24),火箭径向速度的大小为

$$v_{r}=\frac{\mathrm{d}r}{\mathrm{d}t}=\frac{\mathrm{d}}{\mathrm{d}t}\left(\frac{l}{\cos\theta}\right)=\frac{l\sin\theta}{\cos^{2}\theta}\dot{\theta}$$

火箭横向速度的大小为

$$v_{\theta}=r\,\frac{\mathrm{d}\theta}{\mathrm{d}t}=\frac{l}{\cos\theta}\dot{\theta}$$

于是,火箭的速度 $\boldsymbol{v}$ 的大小为

$$v=\sqrt{v_{r}^{2}+v_{\theta}^{2}}=\frac{l\dot{\theta}}{\cos^{2}\theta}$$

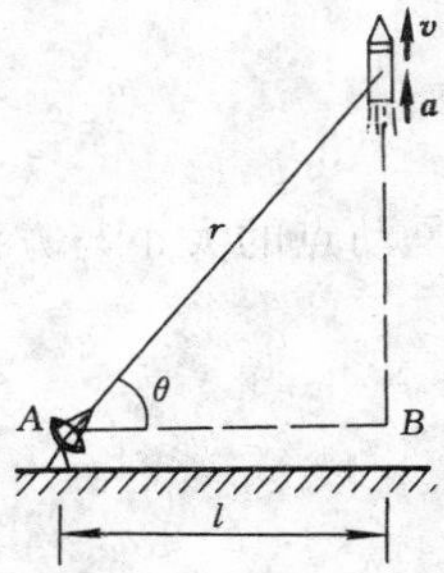

图 5-20　例 5-8 图

再根据式(5-27),火箭径向加速度 a_{r} 的大小为

$$\begin{aligned}a_{r}&=\frac{\mathrm{d}^{2}r}{\mathrm{d}t^{2}}-r\left(\frac{\mathrm{d}\theta}{\mathrm{d}t}\right)^{2}=\frac{\mathrm{d}}{\mathrm{d}t}\left(\frac{l\sin\theta}{\cos^{2}\theta}\dot{\theta}\right)-\frac{l}{\cos\theta}\dot{\theta}^{2}\\&=\frac{2l\sin^{2}\theta}{\cos^{3}\theta}\dot{\theta}^{2}+\frac{l\sin\theta}{\cos^{2}\theta}\ddot{\theta}\end{aligned}$$

火箭横向加速度 a_{θ} 的大小为

$$a_{\theta}=r\,\frac{\mathrm{d}^{2}\theta}{\mathrm{d}t^{2}}+2\,\frac{\mathrm{d}r}{\mathrm{d}t}\cdot\frac{\mathrm{d}\theta}{\mathrm{d}t}=\frac{l}{\cos\theta}\ddot{\theta}+2\,\frac{l\sin\theta}{\cos^{2}\theta}\dot{\theta}^{2}$$

因此,火箭加速度 $\boldsymbol{a}$ 的大小为

$$\begin{aligned}a&=\sqrt{a_{r}^{2}+a_{\theta}^{2}}=\sqrt{\left(\frac{2l\sin^{2}\theta}{\cos^{3}\theta}\dot{\theta}^{2}+\frac{l\sin\theta}{\cos^{2}\theta}\ddot{\theta}\right)^{2}+\left(\frac{l}{\cos\theta}\ddot{\theta}+2\,\frac{l\sin\theta}{\cos^{2}\theta}\dot{\theta}^{2}\right)^{2}}\\&=\frac{1}{\cos^{2}\theta}(\ddot{\theta}+2\dot{\theta}^{2}\tan\theta)\end{aligned}$$

例 5-9　图 5-21 中的凸轮绕轴 O 匀速转动,使杆 AB 上升。欲使杆 AB 匀速上升,凸轮上的 CD 段轮廓线应是什么曲线?

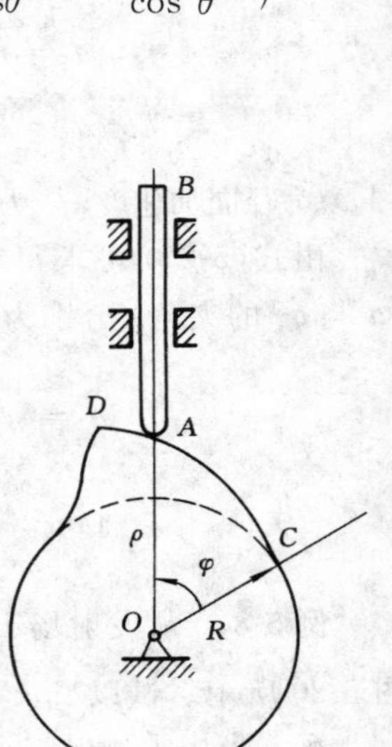

图 5-21　例 5-9 图

解　以凸轮为参考系,取极坐标研究杆上点 A 的运动。根据题意有

$$\frac{\mathrm{d}\theta}{\mathrm{d}t}=\omega\quad(\text{常数})$$

$$\frac{\mathrm{d}r}{\mathrm{d}t}=v\quad(\text{常数})$$

将上式对时间 t 积分一次,并设点 C 为动点 A 在 $t=0$ 时的初始位置,于是得到以极坐标表示的点 A 相对于凸轮的位置为

$$\theta=\omega t$$

$$r=R+vt$$

消去时间 t，得点 A 在凸轮上的轨迹方程为

$$r=R+\frac{v}{\omega}\theta$$

凸轮转动，杆 AB 匀速上升，则轮廓曲线应为阿基米德螺旋线。

思　考　题

5-1　在建立点的位置函数时，应将动点置于坐标系的什么位置？

5-2　一点作曲线运动，有下列几种已知条件：

（1）在 $t=3$ s 时，加速度的大小 $a=4\ \mathrm{m/s^2}$；

（2）加速度的大小 $a=4\ \mathrm{m/s^2}=$ 常量；

（3）加速度的大小 $a=2t^2\ \mathrm{m/s^2}$；

（4）切向加速度的代数值 $a_t=2t^2\ \mathrm{m/s^2}$。

试问在上列几种条件下能否求出点的位置函数？若能，请列出必要的式子并写出最后结果；若不能，应说明理由。

5-3　$\frac{\mathrm{d}\boldsymbol{v}}{\mathrm{d}t}$ 和 $\frac{\mathrm{d}v}{\mathrm{d}t}$，$\frac{\mathrm{d}\boldsymbol{r}}{\mathrm{d}t}$ 和 $\frac{\mathrm{d}r}{\mathrm{d}t}$ 是否相同？

5-4　已知动点在 Oxy 平面内的位置坐标为

$$x=x(t),\quad y=y(t)$$

是否可以先求出矢径的大小 $r=\sqrt{x^2+y^2}$？然后用 $v=\frac{\mathrm{d}r}{\mathrm{d}t}$ 及 $a=\frac{\mathrm{d}v}{\mathrm{d}t}$ 求出点的速度和加速度？为什么？

5-5　在研究点的运动时，何种类型问题要涉及运动的初始条件？

5-6　切向加速度和法向加速度的物理意义有何不同？

5-7　试指出图中所示的 8 种情况，哪种是可能的？哪种是不可能的？为什么？

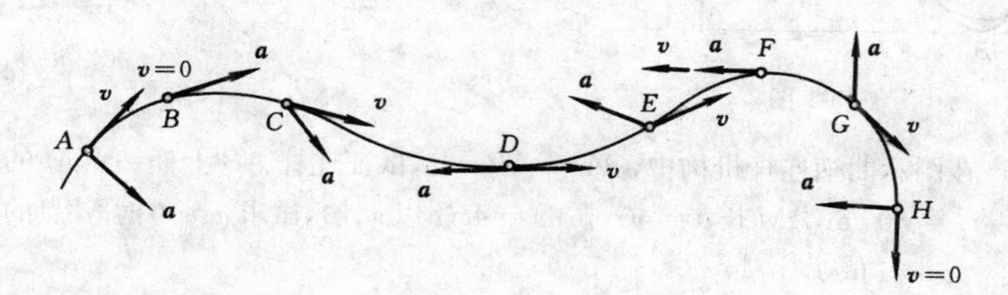

思考题 5-7 图

5-8　点 M 沿螺线自外向内运动如图所示。它走过的弧长与时间的一次方成正比，问点的加速度是越来越大还是越来越小？该点运动得越来越快还是越来越慢？

5-9　当点作曲线运动时，点的加速度 $\boldsymbol{a}$ 是恒矢量，如图所示。问点是否作匀变速运动？

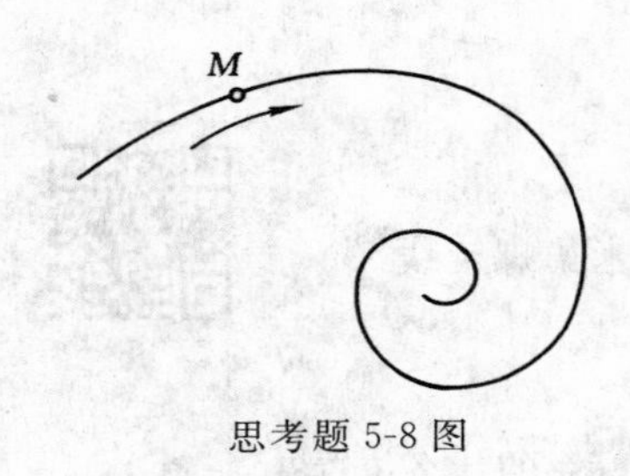

思考题 5-8 图

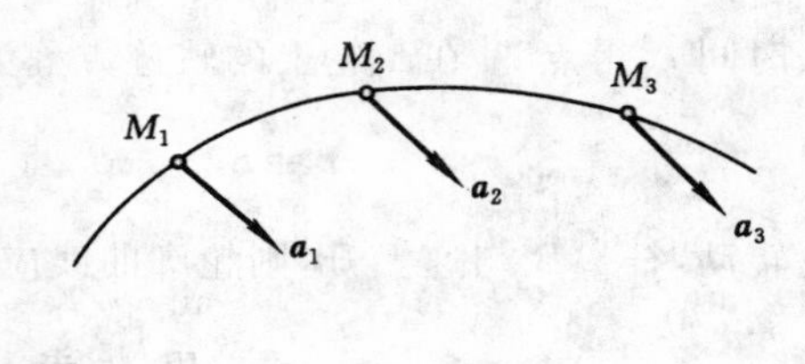

思考题 5-9 图

5-10　在什么情况下，点的切向加速度等于零？在什么情况下，点的法向加速度等于零？在什么情况下，二者的加速度均等于零？

5-11　动点在平面内运动，已知其运动轨迹 $y=f(x)$ 及其速度在 x 轴方向的分量 v_x。判断下述说法是否正确：

(1) 动点的速度 $\boldsymbol{v}$ 可完全确定；

(2) 动点的加速度在 x 方向的分量 a_x 可完全确定；

(3) 当 $v_x \neq 0$ 时，一定能确定动点的速度 $\boldsymbol{v}$、切向加速度 $\boldsymbol{a}_t$、法向加速度 $\boldsymbol{a}_n$ 及全加速度 $\boldsymbol{a}$。

习　题

5-1　从水面上方高 $h=20$ m 的岸上一点 D，用长 $l=40$ m 的绳系住一船 B。今在点 D 处以匀速 $v=3$ m/s 牵拉绳，使船靠岸，试求 $t=5$ s 时，船的速度。

答案　$v_B=5$ m/s。

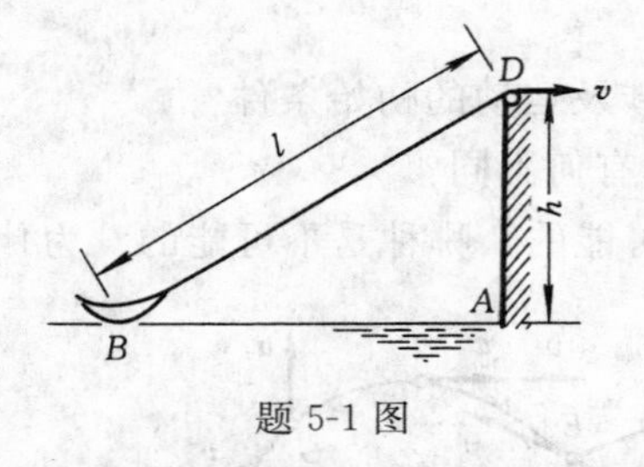

题 5-1 图

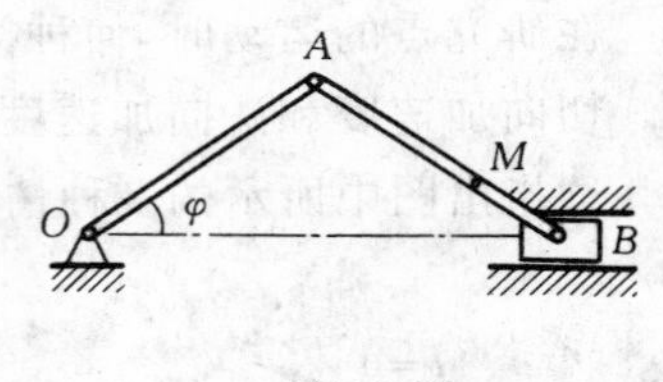

题 5-2 图

5-2　在图示曲柄连杆机构中，$OA=AB=l$，试证连杆 AB 上任一点 M 的轨迹是一个椭圆。若 $l=60$ cm，AM 长 $b=40$ cm，$\varphi=4t$（t 以 s 计），试求 $\varphi=0$ 时 M 点的加速度。

答案　$a=1\,600$ cm/s^2。

5-3　半径为 R 的圆弧与墙 AB 相切，在圆心 O 处有一光源，点 M 从切点 C 处开始以等速度 v_0 沿圆弧运动，如图所示。试求点 M 在墙上的影子 M' 的速度大小和加速度大小。

答案　$v_{M'}=v_0\sec^2\dfrac{v_0}{R}t$，$a_{M'}=\dfrac{2v_0^2}{R}\cdot\dfrac{\sin\dfrac{v_0}{R}t}{\cos^3\dfrac{v_0}{R}t}$。

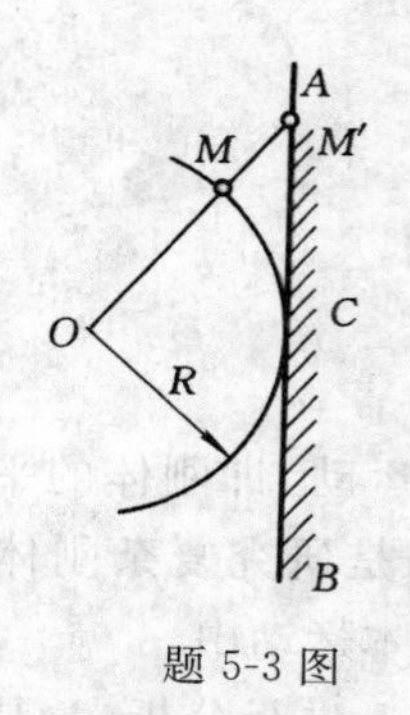

题 5-3 图

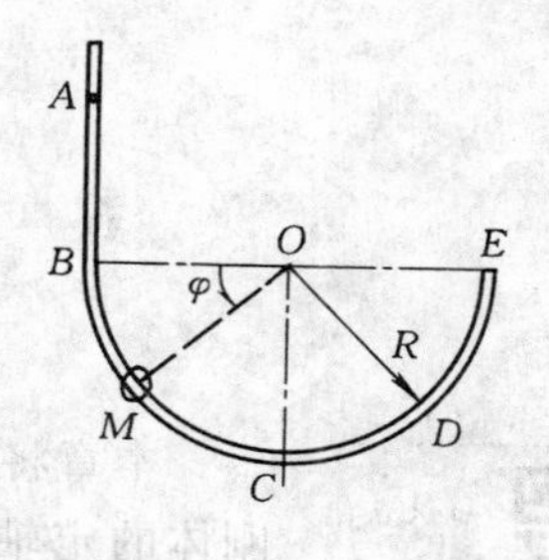

题 5-4 图

5-4　小环 M 在铅垂面内沿图示曲杆 $ABCE$ 从点 A 由静止开始运动。在直线段 $AB(AB=R)$ 上,小环的加速度为 g,在半径为 R 的圆弧段 BCE 上,小环的切向加速度 $a_t=g\cos\varphi$。试求小环在点 $C(\varphi=90°)$、点 $D(\varphi=135°)$ 处的速度和加速度。

答案　$v_C=2\sqrt{gR}$, $a_C=4g$, $v_D=1.85\sqrt{gR}$, $a_D=3.49g$。

5-5　在平面曲线轨迹上的一点,其速度向 x 轴上的投影在任何时刻均保持为常数 c。试证明:在此情况下其加速度为 $\frac{v^3}{c\rho}$(v 为点的速度大小,ρ 为轨迹的曲率半径)。

5-6　已知点在平面中的位置为 $x=x(t)$,$y=y(t)$,试证其切向加速度和法向加速度分别为 $a_t=\frac{\dot{x}\ddot{x}+\dot{y}\ddot{y}}{\sqrt{\dot{x}^2+\dot{y}^2}}$,$a_n=\frac{|\dot{x}\ddot{y}-\dot{y}\ddot{x}|}{\sqrt{\dot{x}^2+\dot{y}^2}}$;而轨迹的曲率半径为 $\rho=\frac{(\dot{x}^2+\dot{y}^2)^{3/2}}{|\dot{x}\ddot{y}-\dot{y}\ddot{x}|}$。

5-7　小环 B 沿着 $\boldsymbol{r}=0.5\sin2t\boldsymbol{i}+0.5\cos2t\boldsymbol{j}-0.2t\boldsymbol{k}$ 的螺旋形轨道向下滑动,式中,r 以 m 计,t 以 s 计,角度以 rad 计。试求:当 $t=0.75$ s 时,小球的位置以及速度、加速度的大小。

答案　$\boldsymbol{r}=0.499\boldsymbol{i}+0.035\boldsymbol{j}-0.15\boldsymbol{k}$(m), $v=1.02$ m/s, $a=2$ m/s^2。

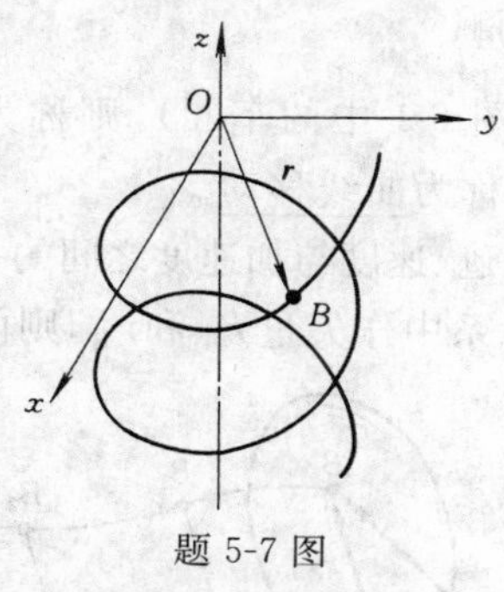

题 5-7 图

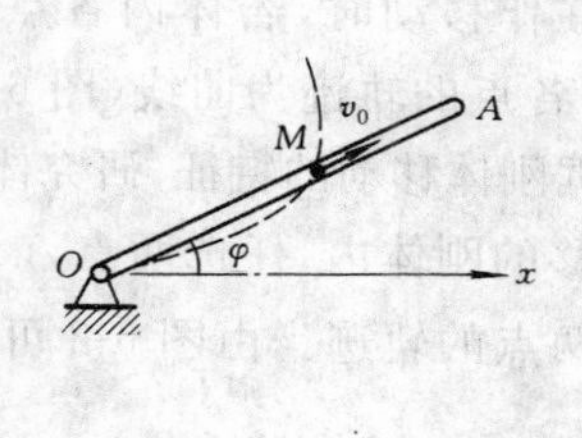

题 5-8 图

5-8　图示一动点 M 在直管 OA 内以匀速 v 作直线运动,同时直管以 $\varphi=\omega t$ 规律转动,式中 $\omega=$const。试用极坐标法表示点 M 的运动方程和轨迹方程。

答案　$r=vt$, $\varphi=\omega t$, $r=\frac{v\varphi}{\omega}$(阿基米德螺旋线)。

6　刚体的基本运动

本章将研究两种最简单的刚体运动，即刚体的平行移动和刚体的定轴转动。由于这两种运动是研究复杂刚体运动的基础，故将这两种运动归纳到刚体的基本运动中。

对刚体基本运动，要在两个层面上进行分析，一是对整个刚体的运动规律的描述，二是建立刚体上各点的运动关系。

6.1　刚体的移动

在工程实际中，可观察到如下的刚体运动：沿直线轨道行驶车辆的车厢（图 6-1a)），摆式筛砂机筛子的运动（图 6-1b)）。这些运动都具有一个共同的特征，即在刚体运动过程中，刚体上任一直线始终与初始位置保持平行，刚体的这种运动被称为平行移动，简称为移动或平动、平移。

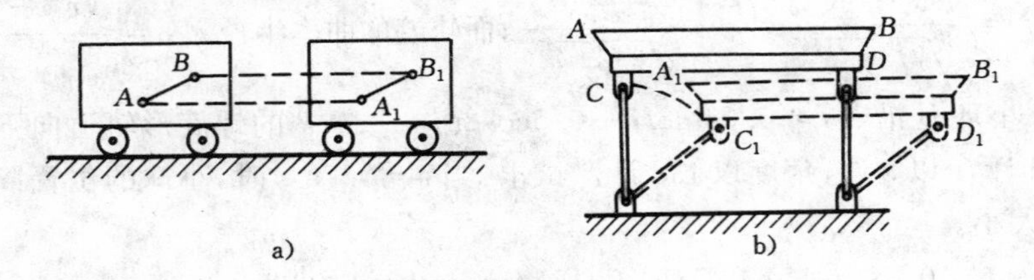

图 6-1　刚体移动的实例

刚体在作移动时，若体内各点的轨迹是直线（图 6-1 中的车厢），则称为直线移动；若体内各点的轨迹为曲线（图 6-1 中的筛子），则称为曲线移动。

现根据刚体移动的特征，研究体内各点的运动轨迹、速度与加速度之间的关系。

在平移的刚体内，任选两点 A 和 B，并在静坐标系中作矢量 $\boldsymbol{r}_A$ 和 $\boldsymbol{r}_B$，则两条矢端曲线就是两点的轨迹。由图 6-2 可知：

$$\boldsymbol{r}_B = \boldsymbol{r}_A + \boldsymbol{r}_{AB} \qquad (6\text{-}1)$$

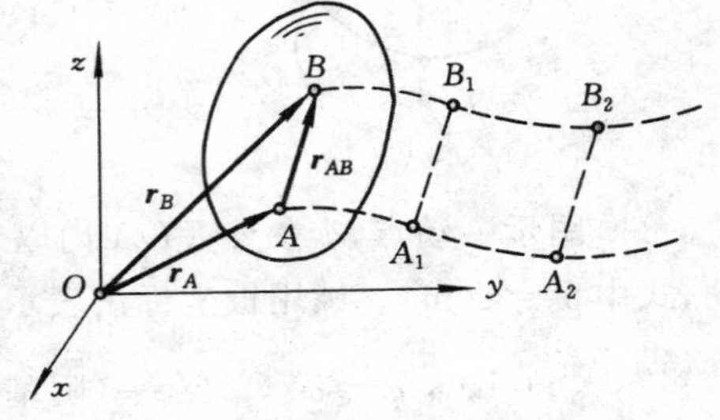

图 6-2　刚体移动的描述

当刚体移动时，A，B 两点连线的距离和方向均不改变，所以 $\boldsymbol{r}_{AB}$ 为常矢量。因此，刚体上各点的运动轨迹是形状完全相同的平行曲线。

将式(6-1)对时间 t 求导数，由于 $\boldsymbol{r}_{AB}$

是常矢量，即$\frac{d\boldsymbol{r}_{AB}}{dt}=0$，故有

$$\frac{d\boldsymbol{r}_B}{dt}=\frac{d\boldsymbol{r}_A}{dt} \quad 即 \quad \boldsymbol{v}_B=\boldsymbol{v}_A \tag{6-2}$$

$$\frac{d\boldsymbol{v}_B}{dt}=\frac{d\boldsymbol{v}_A}{dt} \quad 即 \quad \boldsymbol{a}_B=\boldsymbol{a}_A \tag{6-3}$$

因为点 A 和点 B 是任意选择的，所以可得出结论：当刚体移动时，体上各点的轨迹形状相同，在同一瞬时，各点的速度相同，各点的加速度也相同。

综上所述，只要知道其中任一点的运动，就等于知道整个刚体的运动，因此，刚体的移动可以归结为点的运动问题来研究。

6.2 刚体的定轴转动

在工程实际中，可观察到齿轮、发电机转子等的运动，都具有一个共同的特点，即刚体运动时，体内或其扩展部分，有一条直线始终保持不动。这条固定的直线就是转轴，这种刚体运动，称为定轴转动，简称为转动。

6.2.1 刚体定轴转动的运动描述、角速度与角加速度

1. 刚体定轴转动的描述

为确定转动刚体的位置，取其转轴为 z 轴，如图 6-3 所示。通过轴线作一固定平面Ⅰ，此外，通过转轴再作一动平面Ⅱ与刚体固结，当刚体转动时，两个平面之间的夹角用 φ 表示，称为刚体的转角，以弧度(rad) 计。

转角 φ 是一个代数量，通常可根据右手螺旋法则确定其正负号。自 z 轴的正端往负端看，从固定面起按逆时针转向计量的转角为正值，反之为负值。

当刚体转动时，转角 φ 是时间 t 的单值连续函数，即

$$\varphi=f(t) \tag{6-4}$$

说明定轴转动刚体的位置只需一个参变量 φ 就可确定，上式称为定轴转动刚体的转动方程。

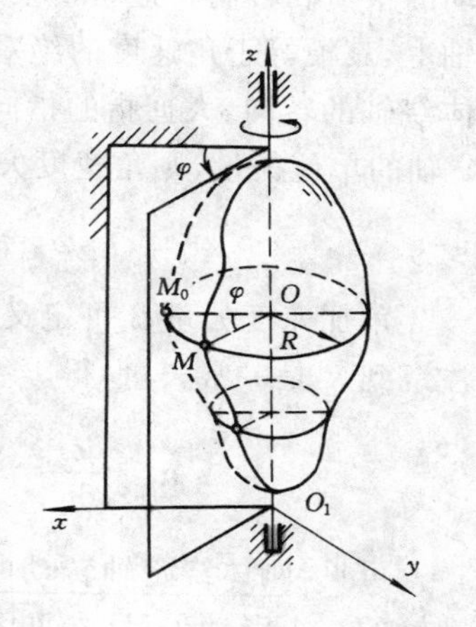

图 6-3 刚体定轴转动的描述

2. 刚体定轴转动的角速度

为了描述刚体转动的快慢程度，引入角速度的概念。设在 $t'-t$ 的 Δt 时间内，刚体的转角由 φ 改变到 $\varphi+\Delta\varphi$，转角的增量 $\Delta\varphi$ 称为角位移。当 Δt 趋近于零时，比值 $\Delta\varphi/\Delta t$ 的极限称为刚体在瞬时 t 的角速度，以 ω 表示，则

$$\omega=\lim_{\Delta t\to 0}\frac{\Delta\varphi}{\Delta t}=\frac{d\varphi}{dt}=\dot{\varphi} \tag{6-5}$$

即刚体的角速度等于转角对时间的一阶导数。式(6-5)中 ω 是代数量，ω 的大小表示刚体转动的快慢，ω 的正、负表示刚体转动的方向。

ω 的常用单位为 rad/s(弧度 / 秒)。在工程上，转动的快慢还用每分钟 n 转来表示，称为转速，其单位为 r/min(转 / 分)，角速度与转角的关系为

$$\omega=\frac{2\pi n}{60}=\frac{\pi n}{30} \tag{6-6}$$

3. 刚体定轴转动的角加速度

为了描述角速度的变化，引入角加速度的概念。设在 $t'-t$ 的 Δt 时间内，刚体的角速度由 ω 改变到 $\omega+\Delta\omega$，角速度的增量为 $\Delta\omega$。在 Δt 趋近于零时，比值 $\Delta\omega/\Delta t$ 的极限称为刚体在瞬时 t 的角加速度，以 α 表示，则

$$\alpha=\lim_{\Delta t\to 0}\frac{\Delta\omega}{\Delta t}=\frac{\mathrm{d}\omega}{\mathrm{d}t}=\dot{\omega}=\ddot{\varphi} \tag{6-7}$$

即刚体的角加速度等于角速度对时间的一阶导数。式(6-7)中，α 也是代数量，其正、负号的意义需要与 ω 的正、负号联系起来看，同号时表示刚体加速转动，异号时则表示减速转动。α 的常用单位为 rad/s^2(弧度 / 秒^2)。

4. 角速度、角加速度的矢量表示

在一般情况下，描述刚体的转动时，必须说明转动轴的位置，以及刚体绕此轴转动的快慢和转向。这些要素正好可以用一个滑移矢量 $\boldsymbol{\omega}$ 来表示。矢量 $\boldsymbol{\omega}$ 位于转动轴上，其模等于角速度的绝对值，其指向按右手螺旋法则确定，即以右手四指表示刚体绕轴的转向，大拇指的指向表示 $\boldsymbol{\omega}$ 的指向，如图 6-4 所示。若设转动轴为 z 轴，$\boldsymbol{k}$ 为 z 轴的单位矢量，则角速度矢量可表示为

$$\boldsymbol{\omega}=\omega\boldsymbol{k} \tag{6-8}$$

角加速度矢量 $\boldsymbol{\alpha}$ 可定义为矢量 $\boldsymbol{\omega}$ 对时间 t 的导数，注意到 $\boldsymbol{k}$ 是一常矢量，得

$$\boldsymbol{\alpha}=\frac{\mathrm{d}\boldsymbol{\omega}}{\mathrm{d}t}=\frac{\mathrm{d}\omega}{\mathrm{d}t}\boldsymbol{k}=\alpha\boldsymbol{k} \tag{6-9}$$

可见，刚体绕定轴转动时，角加速度矢量是沿着转动轴的一个滑动矢量(参见图 6-4)。

当刚体加速转动时，$\boldsymbol{\alpha}$ 与 $\boldsymbol{\omega}$ 同向，减速时则反向。

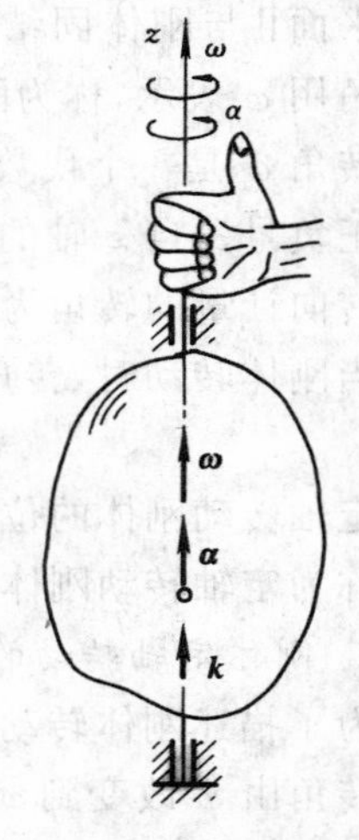

图 6-4　角速度、角加速度的矢量表示

例 6-1　在图 6-5a) 所示机构中，滑块 B 以 $x=0.2+0.02t^2$ 向右运动，其中，x 以 m 计，t 以 s 计。已知 $h=0.3$ m，$b=0.1$ m。试求当 $x=0.3$ m 时，杆 OA 的角速度和角加速度。

解　由于滑块 B 的运动带动了杆 OA 的转动，故杆

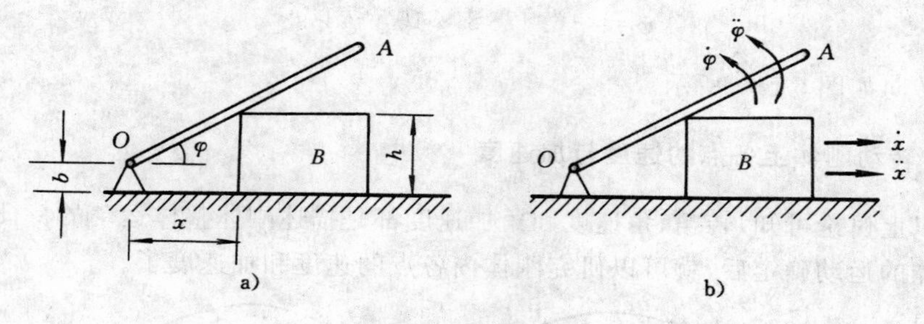

图 6-5　例 6-1 图

OA 的转角 φ 的正切可表示为

$$\tan\varphi=\frac{h-b}{x}$$

上式对时间 t 求一阶导数，得

$$\frac{\dot{\varphi}}{\cos^2\varphi}=-\frac{(h-b)}{x^2}\dot{x}$$

因为

$$\cos\varphi=\frac{x}{\sqrt{(h-b)^2+x^2}}$$

所以，杆 OA 的角速度方程为

$$\dot{\varphi}=-\frac{(h-b)\dot{x}}{(h-b)^2+x^2} \qquad ①$$

再将式 ① 对时间 t 求一阶导数，得杆的角加速度方程为

$$\ddot{\varphi}=-\frac{(h-b)\{\ddot{x}[(h-b)^2+x^2]-2x\dot{x}^2\}}{[(h-b)^2+x^2]^2} \qquad ②$$

由滑块 B 的运动方程可知，当 $x=0.3$ m 时，经历的时间为

$$t=\sqrt{\frac{x-0.2}{0.02}}\Bigg|_{x=0.3}=2.236 \text{ s}$$

于是，该瞬时滑块 B 的速度和加速度分别为

$$\dot{x}=0.04t=0.0894 \text{ m/s}$$

$$\ddot{x}=0.04 \text{ m/s}^2$$

将 $\dot{x}$，$\ddot{x}$ 值代入式 ①，② 中，得

$$\dot{\varphi}=-0.1375 \text{ rad/s}$$

$$\ddot{\varphi}=-6.4788\times10^{-2}\ \mathrm{rad/s^2}$$

$\dot{\varphi}$,$\ddot{\varphi}$ 的转向如图 6-5b）所示。

6.2.2 转动刚体上各点的速度与加速度

由以上讨论可知，转角、角速度和角加速度都是描述刚体整体运动的特征量。当转动刚体的运动确定后，就可以研究刚体内各点的速度和加速度了。

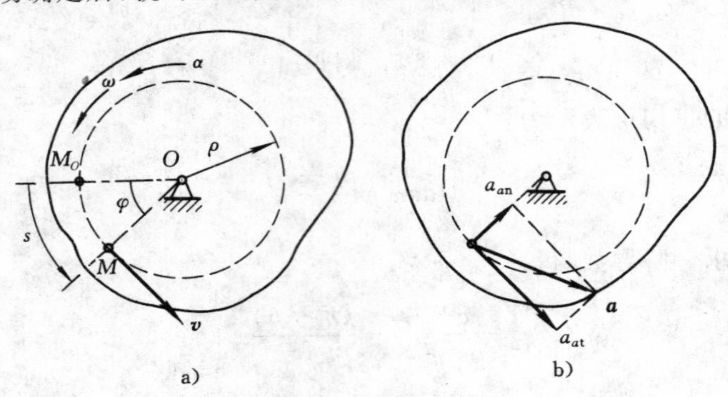

图 6-6 转动刚体点 M 的速度与加速度

当刚体作定轴转动时，体内除转轴上的点以外的各点都在垂直于转动轴的平面内作圆周运动，圆心就在转动轴上。现研究定轴转动刚体上一点 M 的速度与加速度，将点 M 轨迹圆所在的平面画出来，如图 6-6a）所示，若取转角 φ 为零时，点 M 所在的位置 M_0 为弧坐标 s 的原点，以转角 φ 的正向为弧坐标的正向，设轨迹圆的半径为 ρ，则点 M 的位置坐标为

$$s=\rho\varphi \tag{6-10}$$

速度为

$$v=\frac{\mathrm{d}s}{\mathrm{d}t}=\rho\frac{\mathrm{d}\varphi}{\mathrm{d}t}=\rho\omega \tag{6-11}$$

如图 6-6a）所示，加速度为

$$\left.\begin{aligned}a_{\mathrm{t}}&=\frac{\mathrm{d}v}{\mathrm{d}t}=\rho\frac{\mathrm{d}\omega}{\mathrm{d}t}=\rho\alpha\\a_{\mathrm{n}}&=\frac{v^2}{\rho}=\frac{(\rho\omega)^2}{\rho}=\rho\omega^2\end{aligned}\right\} \tag{6-12}$$

如图 6-6b）所示，点 M 的加速度的大小与方向为

$$\left.\begin{aligned}a&=\sqrt{a_{\mathrm{t}}^2+a_{\mathrm{n}}^2}=\rho\sqrt{\alpha^2+\omega^4}\\\tan\theta&=\frac{|a_{\mathrm{t}}|}{a_{\mathrm{n}}}=\frac{\rho|\alpha|}{\rho\omega^2}=\frac{|\alpha|}{\omega^2}\end{aligned}\right\} \tag{6-13}$$

例 6-2 齿轮传动机构如图 6-7 所示。已知:齿轮 1 的角速度为 ω,半径分别为 r_1,r_2(或齿数 Z_1,Z_2,因为两啮合齿轮的齿距相等,所以它们的齿数与半径成正比,即$\dfrac{r_1}{Z_1}=\dfrac{r_2}{Z_2}$)。试求齿轮 2 的角速度。

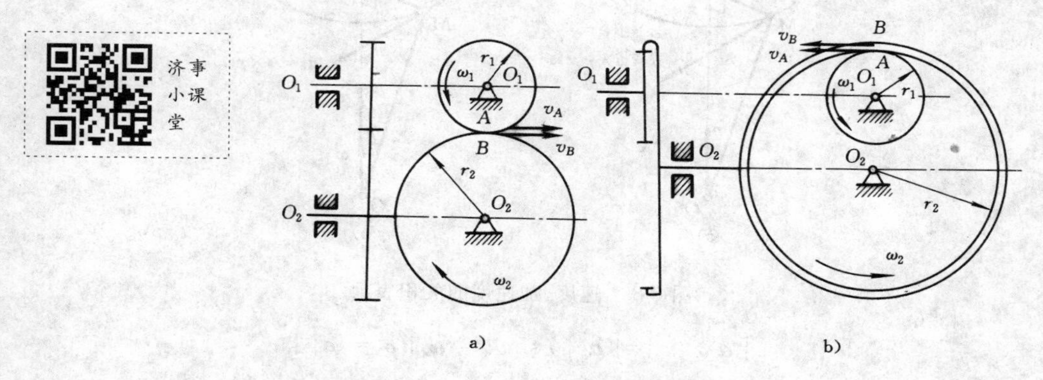

图 6-7　例 6-2 图

解　不论外啮合(图 6-7a))或内啮合(图 6-7b)),均可通过两齿轮的啮合点具有共同的速度来求解,即

$$v_B=v_A=\omega_1 r_1$$

则

$$\omega_2=\frac{v_B}{r_2}=\omega_1\frac{r_1}{r_2}=\omega_1\frac{Z_1}{Z_2}$$

6.2.3　以矢积表示转动刚体上一点的速度与加速度

速度 $\boldsymbol{v}$ 和加速度 $\boldsymbol{a}$ 可以用 $\boldsymbol{\omega}$,$\boldsymbol{\alpha}$ 和 $\boldsymbol{r}$ 组成的矢积来表示。从转轴上的点 O 作点 M 的矢径 $\boldsymbol{r}=\overrightarrow{OM}$(图 6-8a)),并以 θ 表示 $\boldsymbol{r}$ 与 z 轴的夹角,点 C 表示点 M 轨迹圆的圆心,ρ 表示该圆的半径。注意到刚体在转动过程中,点 M 矢径 $\boldsymbol{r}$ 的模不变,但其方向是不断改变的。

$$|\boldsymbol{v}|=|\boldsymbol{\omega}|\rho=|\omega|r\sin\theta=|\boldsymbol{\omega}\times\boldsymbol{r}|$$

且矢积 $\boldsymbol{\omega}\times\boldsymbol{r}$ 的方向,按右手法则,正好与 $\boldsymbol{v}$ 的方向相同。因此点 M 的速度可写成

$$\boldsymbol{v}=\boldsymbol{\omega}\times\boldsymbol{r} \tag{6-14}$$

将式(6-14) 代入点的加速度矢量表达式 $\boldsymbol{a}=\dfrac{\mathrm{d}\boldsymbol{v}}{\mathrm{d}t}$ 中,可得点 M 的加速度为

$$\boldsymbol{a}=\frac{\mathrm{d}\boldsymbol{\omega}}{\mathrm{d}t}\times\boldsymbol{r}+\boldsymbol{\omega}\times\frac{\mathrm{d}\boldsymbol{r}}{\mathrm{d}t}=\boldsymbol{\alpha}\times\boldsymbol{r}+\boldsymbol{\omega}\times\boldsymbol{v} \tag{6-15}$$

由图 6-8b) 可知,式(6-15) 右边两项的大小分别为

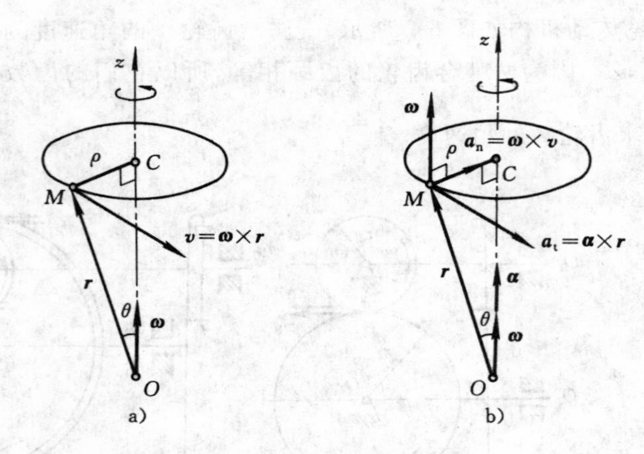

图 6-8 速度、加速度的矢积表示

$$|\boldsymbol{\alpha}\times\boldsymbol{r}|=|\boldsymbol{\alpha}|r\sin\theta=|\boldsymbol{\alpha}|\rho=|\boldsymbol{a}_t|$$

$$|\boldsymbol{\omega}\times\boldsymbol{v}|=|\boldsymbol{\omega}||\boldsymbol{v}|\sin 90^\circ=\omega^2\rho=|\boldsymbol{a}_n|$$

其方向分别与点 M 的切向加速度 $\boldsymbol{a}_t$ 和法向加速度 $\boldsymbol{a}_n$ 一致，因此，得

$$\left.\begin{aligned}\boldsymbol{a}_t&=\boldsymbol{\alpha}\times\boldsymbol{r}\\\boldsymbol{a}_n&=\boldsymbol{\omega}\times\boldsymbol{v}\end{aligned}\right\}\tag{6-16}$$

例 6-3 在定轴转动刚体上，任意取两点 A 与 B，连成一线，用矢量 $\boldsymbol{r}_{AB}$ 表示，试证明：$\dfrac{\mathrm{d}\boldsymbol{r}_{AB}}{\mathrm{d}t}=\boldsymbol{\omega}\times\boldsymbol{r}_{AB}$。

证 从静点 O 出发，作至点 A 与点 B 的矢径 $\boldsymbol{r}_A$ 与 $\boldsymbol{r}_B$（图 6-9）。则有 $\boldsymbol{r}_{AB}=\boldsymbol{r}_B-\boldsymbol{r}_A$，于是

$$\frac{\mathrm{d}\boldsymbol{r}_{AB}}{\mathrm{d}t}=\frac{\mathrm{d}\boldsymbol{r}_B}{\mathrm{d}t}-\frac{\mathrm{d}\boldsymbol{r}_A}{\mathrm{d}t}=\boldsymbol{v}_B-\boldsymbol{v}_A$$

又 $\quad\boldsymbol{v}_B=\boldsymbol{\omega}\times\boldsymbol{r}_B,\quad \boldsymbol{v}_A=\boldsymbol{\omega}\times\boldsymbol{r}_A$

所以
$$\begin{aligned}\frac{\mathrm{d}\boldsymbol{r}_{AB}}{\mathrm{d}t}&=\boldsymbol{\omega}\times\boldsymbol{r}_B-\boldsymbol{\omega}\times\boldsymbol{r}_A\\&=\boldsymbol{\omega}\times(\boldsymbol{r}_B-\boldsymbol{r}_A)=\boldsymbol{\omega}\times\boldsymbol{r}_{AB}\end{aligned}$$

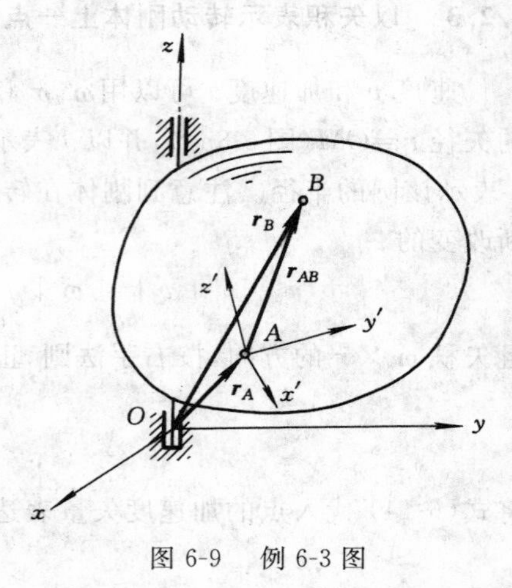

图 6-9 例 6-3 图

此结果表示，转动刚体上的一个大小不变的矢量，只要其方向发生变化，其对时间的变化率等于刚体的角速度与本矢量的叉积。由此可以推论，若在转动刚体上固结一组坐标系 $O'x'y'z'$，该坐标系随同刚体以角速度 $\boldsymbol{\omega}$ 绕某轴转动，则必定有

$$
\left.\begin{aligned}
\frac{\mathrm{d}\boldsymbol{i}'}{\mathrm{d}t}&=\boldsymbol{\omega}\times\boldsymbol{i}'\\
\frac{\mathrm{d}\boldsymbol{j}'}{\mathrm{d}t}&=\boldsymbol{\omega}\times\boldsymbol{j}'\\
\frac{\mathrm{d}\boldsymbol{k}'}{\mathrm{d}t}&=\boldsymbol{\omega}\times\boldsymbol{k}'
\end{aligned}\right\}\tag{6-17}
$$

济事小课堂

本章小结

式中，$\boldsymbol{i}'$，$\boldsymbol{j}'$，$\boldsymbol{k}'$ 为沿动坐标轴 x'，y'，z' 正向的单位矢量。这组公式就是著名的泊松(Poisson)公式。

思　考　题

6-1　作直线移动的刚体，其上各点的速度与加速度都相等；而作曲线移动的刚体，其上各点的速度相等，但加速度不等。这种说法对吗？

6-2　画出图示点 M 的速度和加速度。

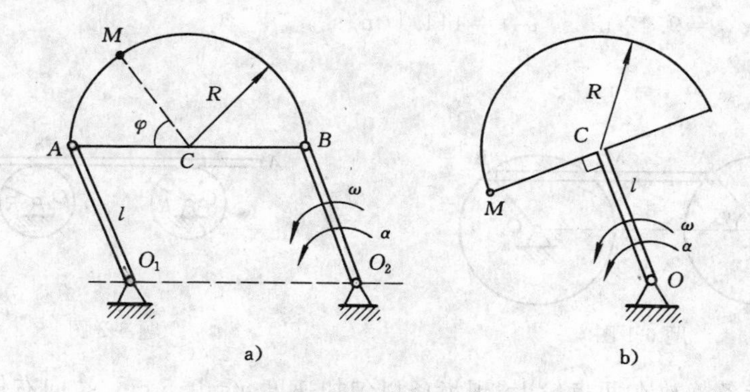

思考题 6-2 图

6-3　试问车辆沿圆弧轨道拐弯时，车厢作什么运动？

6-4　圆盘绕轴 O 作定轴转动，试问图示两种速度和加速度分布是否可能？

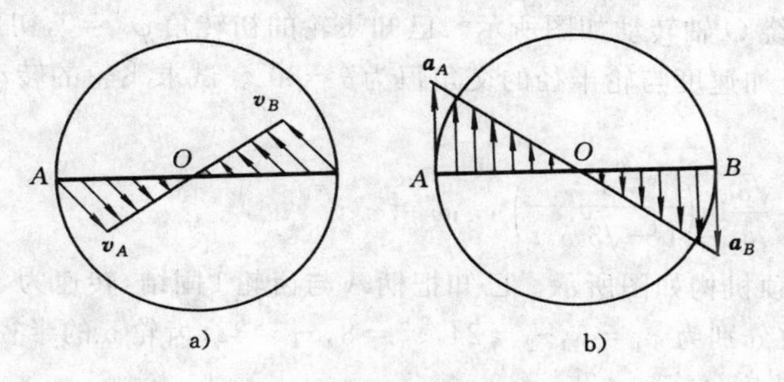

思考题 6-4 图

6-5　刚体绕定轴转动时，角加速度为正，表示加速转动；角加速度为负，表示减速转动。这种说法对吗？为什么？

6-6　图示一外啮合的齿轮，其啮合点分别为A和B。请判别下列运算是否正确？为什么？

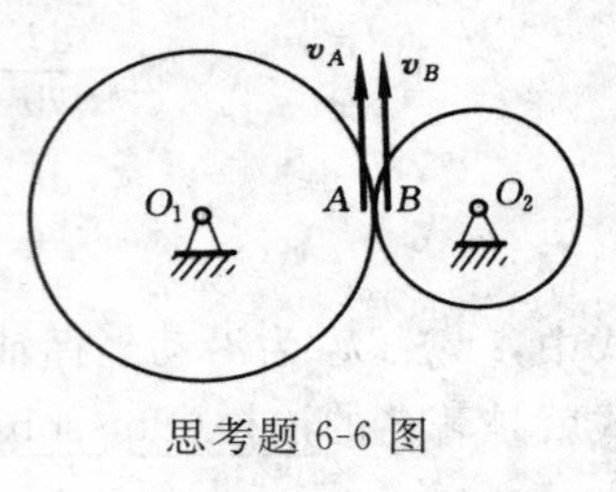

思考题 6-6 图

因
$$\boldsymbol{v}_A=\boldsymbol{v}_B$$

故
$$\frac{\mathrm{d}\boldsymbol{v}_A}{\mathrm{d}t}=\frac{\mathrm{d}\boldsymbol{v}_B}{\mathrm{d}t}$$

则
$$\boldsymbol{a}_A=\boldsymbol{a}_B$$

习　题

6-1　机构如图所示。已知$O_1A=O_2B=AM=r=0.2\ \mathrm{m}$，$O_1O_2=AB$。轮按$\varphi=15\pi t$（$\varphi$以rad计）的规律转动，试求$t=0.5\ \mathrm{s}$时，杆$AB$上点$M$的速度和加速度。

答案　$v_M=9.42\ \mathrm{m/s}$，$a_M=444.1\ \mathrm{m/s^2}$。

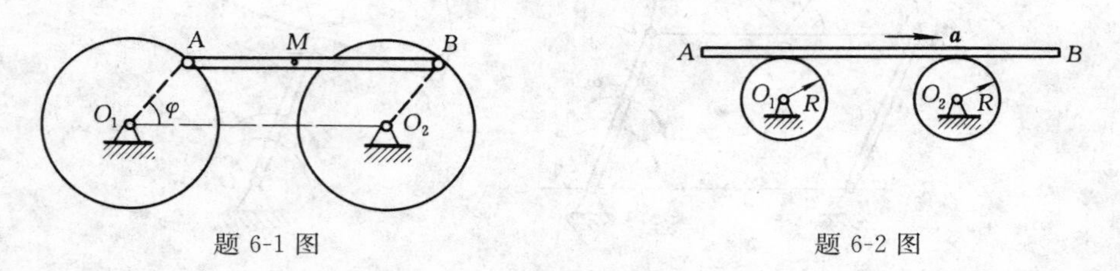

题 6-1 图　　　　题 6-2 图

6-2　齿条静放在两齿轮上，现齿条以匀加速度$a=0.5\ \mathrm{cm/s^2}$向右作加速运动，齿轮半径均为$R=250\ \mathrm{mm}$。在图示瞬时，齿轮节圆上各点的加速度大小为$3\ \mathrm{m/s^2}$，试求齿轮节圆上各点的速度。

答案　$v=0.8599\ \mathrm{m/s}$。

6-3　飞轮绕O轴转动如图所示。已知飞轮的初转角$\varphi_0=0$，初角速度为ω_0，轮缘上任一点的全加速度与轮半径的交角恒为$\theta=60°$。试求飞轮的转动方程以及角速度与转角的关系。

答案　$\varphi=\dfrac{\sqrt{3}}{3}\ln\left(\dfrac{1}{1-\sqrt{3}\omega_0 t}\right)$，　$\omega=\omega_0\mathrm{e}^{\sqrt{3}\varphi}$。

6-4　千斤顶机构如图所示。已知把柄A与齿轮1固结，转速为30 r/min，齿轮1至齿轮4的齿数分别为$z_1=6$，$z_2=24$，$z_3=8$，$z_4=32$；齿轮5的半径为$r_5=4\ \mathrm{cm}$。试求齿条B的速度。

答案　$v_B=0.785\ \mathrm{cm/s}$。

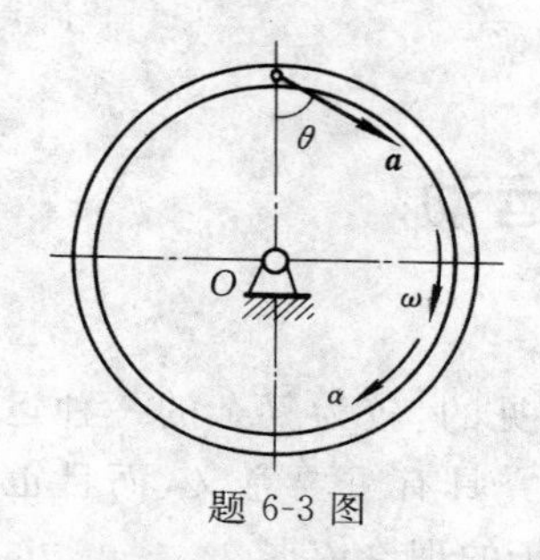

题 6-3 图

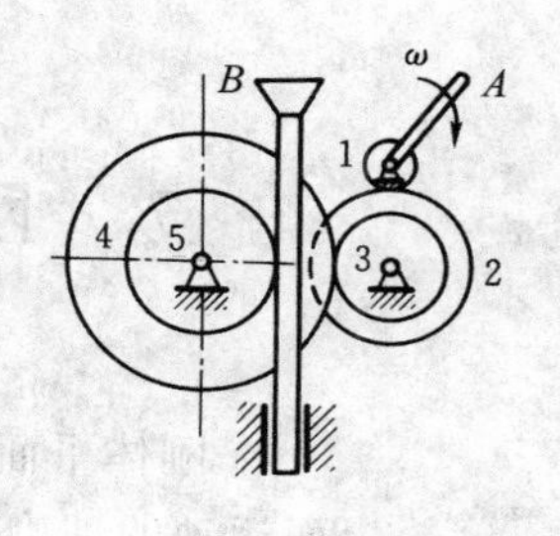

题 6-4 图

6-5　摩擦传动机构的主动轴Ⅰ的转速为 $n=600$ r/min。轴Ⅰ的轮盘与轴Ⅱ的轮盘接触，接触点按箭头 A 所示方向。已知 $r=5$ cm，$R=15$ cm，距离 d 的变化规律为 $d=10-0.5t$，式中，d 以 cm 计，t 以 s 计。试求：(1) 以距离 d 表示轴Ⅱ的角加速度；(2) 当 $d=r$ 时，轮 B 边缘上一点的全加速度大小。

答案　(1) $\alpha_2=\dfrac{50\pi}{d^2}$ rad/s^2；(2) $a=59\,217.7$ cm/s^2。

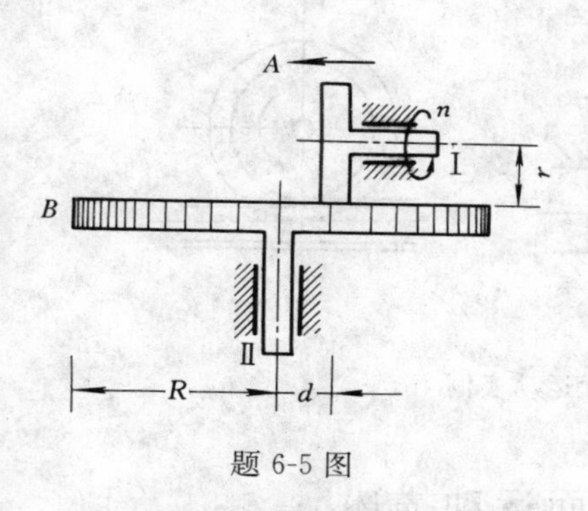

题 6-5 图

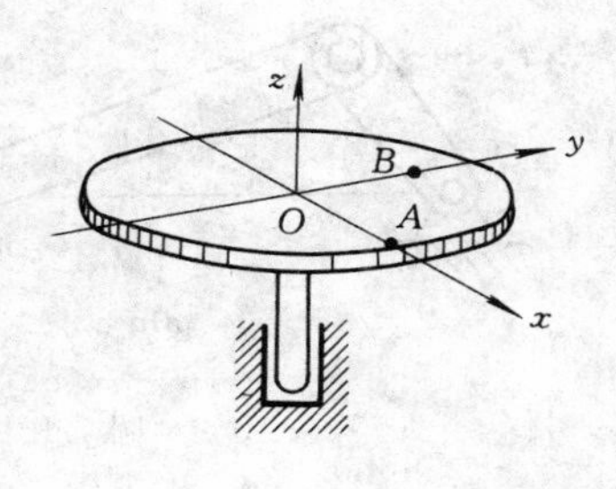

题 6-6 图

6-6　水平圆盘绕竖直的 z 轴转动。在某一瞬时，圆盘上点 B 的速度 $\boldsymbol{v}_B=0.4\boldsymbol{i}$ (m/s)，其上另一点 A 的切向加速度 $\boldsymbol{a}_t=1.8\boldsymbol{j}$ (m/s^2)，$OB=r=100$ mm，$OA=R=150$ mm。试求该瞬时圆盘的角速度 $\boldsymbol{\omega}$ 和 B 点的全加速度 $\boldsymbol{a}_B$ 的矢量表达式。

答案　$\boldsymbol{\omega}=-4\boldsymbol{k}$ (rad/s)，$\boldsymbol{a}_B=-1.2\boldsymbol{i}-1.6\boldsymbol{j}$ (m/s^2)。

7 刚体的平面运动

刚体平面运动是工程中常见的、较为复杂的一种运动。平面运动的理论不仅对机构的研究具有重要意义，而且也是土木工程中对平面结构进行机动分析的理论依据。

所谓刚体的平面运动，是指刚体在运动时，其上各点与某一固定平面的距离始终不变。也就是说，刚体内任一点始终在与固定平面平行的某一平面内运动。刚体的这种运动，称为平面平行运动，简称平面运动。

例如，曲柄连杆机构中的连杆 AB（图 7-1a)）和车轮沿直线轨道的滚动（图 7-1b)），就符合上述对平面运动的定义。

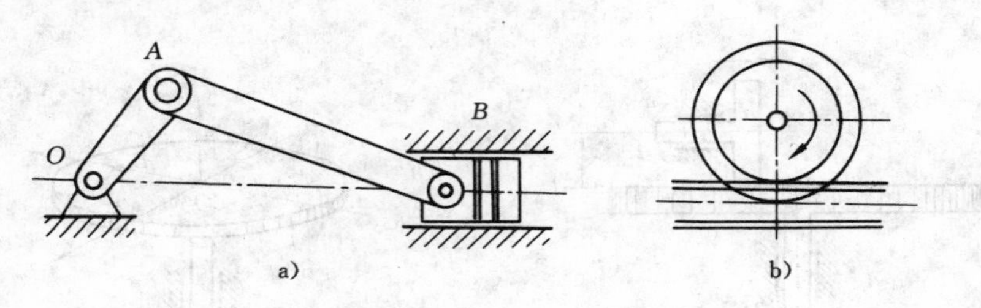

图 7-1　刚体平面运动实例

7.1　刚体的平面运动描述

7.1.1　刚体平面运动的简化

设一刚体作平面运动，体内每一点都处在与固定平面Ⅰ平行的平面内运动（图 7-2）。若作一平面Ⅱ与平面Ⅰ平行，并与刚体相交，截出一平面图形 S，可见，平面图形 S 被限于在平面Ⅱ中运动。而刚体内垂直于平面 S 的任意一条直线 A_1A_2 作移动。由于移动直线上各点的运动规律是相同的，所以直线 A_1A_2 的运动可用其与图形 S 的交点 A 的运动来代表。从而，只要知道平面图形 S 内各点的运动，就可以知道整个刚体的运动。由此可见，刚体的平面运动可以简化为平面图形在其自身平面内的运动。

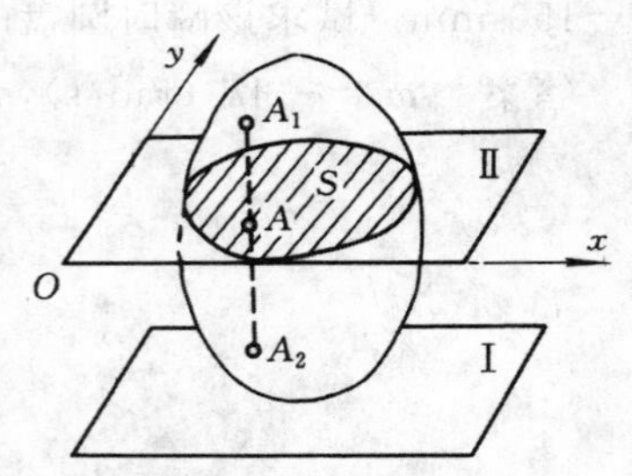

图 7-2　刚体平面运动的抽象

7.1.2 刚体平面运动的位置描述

设完全自由的平面图形 S 在固定平面 Oxy 内运动(图 7-3),为了确定平面图形 S 在任意瞬时的位置,在平面图形 S 中任取点 A 作为基点,并通过基点在平面图形 S 内任作一段射线 AB(图 7-3),由于在平面图形 S 内,各点相对于 AB 的位置是固定的,所以,只要确定射线 AB 的位置,平面图形 S 的位置也就被确定了。

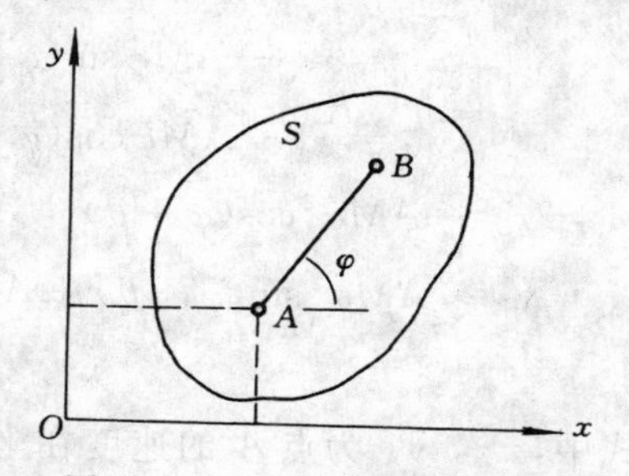

图 7-3 平面图形位置的确定

由点 A 的坐标 x_A,y_A 及 AB 与 x 轴的夹角 φ 可完全确定射线 AB 的位置。当平面图形 S 运动时,x_A,y_A 与 φ 都随时间而变,是时间 t 的单值连续函数,因此可表示为

$$\left.\begin{aligned} x_A &= f_1(t) \\ y_A &= f_2(t) \\ \varphi &= f_3(t) \end{aligned}\right\} \tag{7-1}$$

这是平面图形 S 的位置坐标描述。

在平面位置坐标中,若 φ 保持不变,则刚体简化为随点 A 的移动;若 x_A,y_A 保持不变,则刚体简化为绕点 A(以过点 A 的平面 S 的法线为轴)的定轴转动。

7.1.3 平面运动刚体的角速度与角加速度

为描述平面运动刚体的转动规律,以刚体上某条线(例如线 AB)的转动来定义刚体的角速度 ω 及角加速度 α:

$$\omega = \dot{\varphi}, \quad \alpha = \ddot{\varphi} \tag{7-2}$$

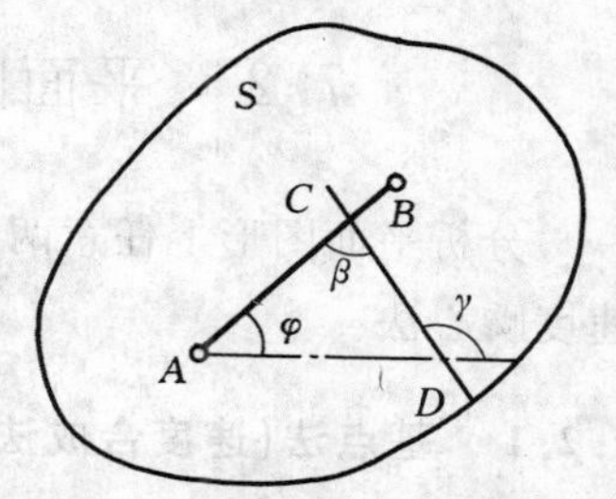

图 7-4 转角与基点选择的关系

φ 的定义见图 7-3。若选取另一条直线 CD(与 AB 相交,见图 7-4)的转动来定义,设其与 x 轴的夹角为 γ,则 $\gamma = \varphi + \beta$,其中 β 为与时间无关的常数。显然,按线 CD 定义的角速度与角加速度 $\omega^* = \dot{\gamma} = \dot{\varphi}$,$\alpha^* = \ddot{\gamma} = \ddot{\varphi}$,与式(7-2)结果完全一致。因此,刚体的角速度与角加速度可以由刚体上任何一条线与固定方向(如 x 轴或 y 轴)的夹角对时间的一阶和二阶导数来度量,得到的刚体的角速度与角加速度是唯一的。

7.1.4 求解平面图形上任一点速度、加速度的解析法

若已知平面图形 S 的位置坐标描述,便可完全确定平面图形的运动,如图 7-5 所示。此外,还可以进一步写出平面图形上任意一点 M 的运动方程:

$$\left.\begin{aligned} x_M &= x_A + AM\cos(\varphi + \theta) \\ y_M &= y_A + AM\sin(\varphi + \theta) \end{aligned}\right\} \tag{7-3}$$

式中，AM 和 θ 是常量。将该式对时间 t 求一阶导数和二阶导数，便可求得 M 点的速度和加速度在坐标轴上的投影：

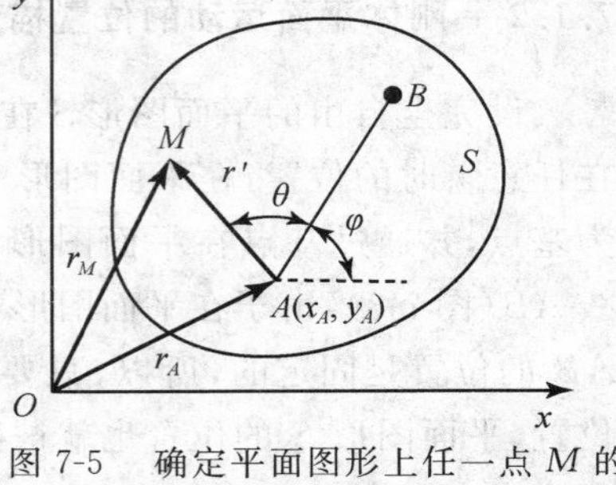

图 7-5　确定平面图形上任一点 M 的点速度、加速度的解析法

$$\left.\begin{aligned}\dot{x}_M &= \dot{x}_A - AM\dot{\varphi}\sin(\varphi+\theta)\\ \dot{y}_M &= \dot{y}_A + AM\dot{\varphi}\cos(\varphi+\theta)\end{aligned}\right\} \tag{7-4}$$

$$\left.\begin{aligned}\ddot{x}_M &= \ddot{x}_A - AM\dot{\varphi}^2\cos(\varphi+\theta) - AM\ddot{\varphi}\sin(\varphi+\theta)\\ \ddot{y}_M &= \ddot{y}_A - AM\dot{\varphi}^2\sin(\varphi+\theta) + AM\ddot{\varphi}\cos(\varphi+\theta)\end{aligned}\right\} \tag{7-5}$$

式中，$\dot{x}_A$，$\dot{y}_A$ 为点 A 的速度在坐标轴上的投影；$\ddot{x}_A$，$\ddot{y}_A$ 为点 A 的加速度在坐标轴上的投影；$\dot{\varphi}$ 为平面图形上任一直线相对于 x 轴的转角 φ 对时间 t 的一阶导数，即平面图形的角速度；$\ddot{\varphi}$ 为转角 φ 对时间 t 的二阶导数，即平面图形的角加速度。

由此，根据基点 A 和转角 φ 的运动规律，可采用以上解析法求得平面图形上各点速度、加速度的时间历程。然而，如要了解同一瞬时平面图形上各点速度或加速度的关系，即任一瞬时平面图形上各点速度或加速度的分布状况，则宜采用本章第 7.2 节、第 7.3 节将要介绍的几何法。

7.2　平面图形上任意两点之间的速度关系

分析平面图形上任意两点之间的速度关系，常用的方法有基点法、速度投影法、速度瞬心法。

7.2.1　基点法（速度合成法）

在平面图形 S 上任取两点 A 与 B，并以点 A 为基点，从同平面的静点 O 分别作指向 A，B 的矢径 $\boldsymbol{r}_A$ 与 $\boldsymbol{r}_B$，再作从 A 指向 B 的矢径 $\boldsymbol{r}_{AB}$（图 7-6a)），则三矢径之间的关系可表示为

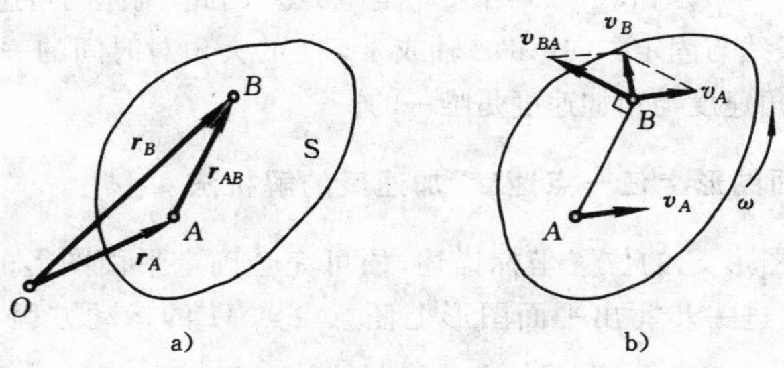

图 7-6　体上任意两点之间的位置、速度关系

$$\boldsymbol{r}_B = \boldsymbol{r}_A + \boldsymbol{r}_{AB}$$

两边对时间 t 求导数，为

$$\frac{\mathrm{d}\boldsymbol{r}_B}{\mathrm{d}t} = \frac{\mathrm{d}\boldsymbol{r}_A}{\mathrm{d}t} + \frac{\mathrm{d}\boldsymbol{r}_{AB}}{\mathrm{d}t}$$

注意到 $\boldsymbol{r}_B$ 与 $\boldsymbol{r}_A$ 是绝对矢径，则$\frac{\mathrm{d}\boldsymbol{r}_B}{\mathrm{d}t} = \boldsymbol{v}_B$，$\frac{\mathrm{d}\boldsymbol{r}_A}{\mathrm{d}t} = \boldsymbol{v}_A$，矢径 $\boldsymbol{r}_{AB}$ 是相对矢径，而且其大小不变，因此$\frac{\mathrm{d}\boldsymbol{r}_{AB}}{\mathrm{d}t}$只表示其方位的改变。由于点 B 相对于点 A 是圆周运动，所以由泊松公式(6-17) $\frac{\mathrm{d}\boldsymbol{r}_{AB}}{\mathrm{d}t} = \boldsymbol{\omega} \times \boldsymbol{r}_{AB}$，将其记作 $\boldsymbol{v}_{BA}$。这样就得到以点 A 为基点的 A，B 两点的速度关系为

$$\boldsymbol{v}_B = \boldsymbol{v}_A + \boldsymbol{v}_{BA} \tag{7-6}$$

式(7-6) 表示：点 B 的速度等于基点 A 的速度和点 B 相对于基点 A 的速度矢量和，如图 7-6b) 所示。这种方法称为基点法。

式(7-6) 建立了平面图形上任意两点之间的速度矢量关系，根据此式可以求出式中包括大小和方向的两个未知量。

需要指出的是，由于基点的选择是任意的，若选点 B 为基点来研究点 A，则速度之间的关系为 $\boldsymbol{v}_A = \boldsymbol{v}_B + \boldsymbol{v}_{AB}$。虽然 $\boldsymbol{v}_{AB}$ 与 $\boldsymbol{v}_{BA}$ 大小相等，但其方向相差180°，所以下标的次序不能交换。

7.2.2 速度投影法

将式(7-6) 投影到 A，B 两点的连线上，因 $\boldsymbol{v}_{BA}$ 垂直于 AB，故其在连线上的投影等于零，所以有

$$(\boldsymbol{v}_B)_{AB} = (\boldsymbol{v}_A)_{AB} \tag{7-7}$$

式(7-7) 表明：平面图形上任意两点的速度，在该两点连线上的投影相等。这一公式亦称为速度投影定理。

例 7-1 椭圆规的构造如图 7-7a) 所示。滑块 A，B 分别可以在相互垂直的直槽中滑动，并用长为 $l = 20$ cm 的连杆 AB 连接。已知 $v_A = 20$ cm/s，方向如图所示。试求 $\varphi = 30°$ 时滑块 B 和连杆中点 C 的速度。

解 因连杆 AB 作平面运动，其中，点 A 的速度是已知的，一般选速度已知点为基点，故取点 A 为基点，求点 B 的速度。注意到点 B 速度的方位已知，点 B 相对于点 A 的速度方位也已知(应垂直于 AB 连线)，根据式(7-6)，在大小与方位 6 个量中，有 4 个量已知；所以可以在点 B 作出速度平行四边形，如图 7-7b) 所示。由图中的几何关系有

$$v_B = v_A \cot\varphi = 20\cot 30° \text{ cm/s} = 34.64 \text{ cm/s}$$

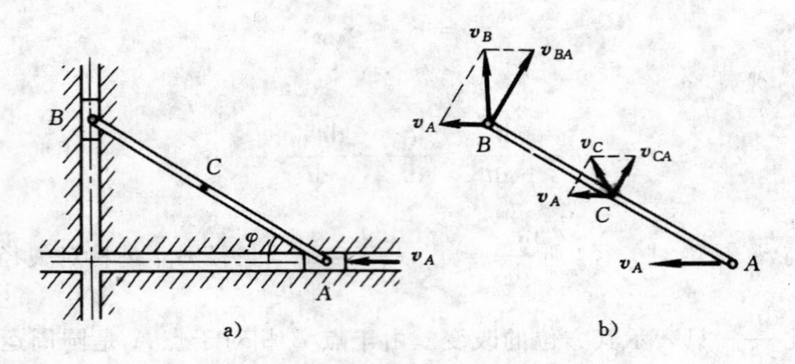

图 7-7　例 7-1 图

$$v_{BA}=\frac{v_A}{\sin\varphi}=\frac{20}{\sin30^\circ}\ \mathrm{cm/s}=40\ \mathrm{cm/s}$$

又因 $v_{BA}=\omega\overline{AB}=\omega l$，故可求得连杆 AB 的角速度大小为

$$\omega=\frac{v_{BA}}{l}=\frac{40}{20}\ \mathrm{rad/s}=2\ \mathrm{rad/s}$$

当连杆的角速度 ω 求得后，就可取点 A 或点 B 为基点来分析连杆上任意一点的速度。现仍取点 A 为基点，求解点 C 的速度，即有

$$\boldsymbol{v}_C=\boldsymbol{v}_A+\boldsymbol{v}_{CA}$$

式中，$\boldsymbol{v}_C$ 的大小与方向均未知，而 $\boldsymbol{v}_{CA}$ 的大小与方向均已知，为

$$v_{CA}=\omega\overline{AC}=\omega\ \frac{l}{2}=\left(2\times\frac{20}{2}\right)\ \mathrm{cm/s}=20\ \mathrm{cm/s}$$

在点 C 作出速度平行四边形，如图 7-7b）所示。由图中的几何关系得

$$\begin{aligned}v_C&=\sqrt{v_A^2+v_{CA}^2-2v_Av_{CA}\cos2\varphi}\\&=\sqrt{20^2+20^2-2\times20\times20\times\cos60^\circ}\ \mathrm{cm/s}\\&=20\ \mathrm{cm/s}\end{aligned}$$

$\boldsymbol{v}_C$ 的方向可由 $\boldsymbol{v}_C$ 与 $\boldsymbol{v}_A$ 的夹角 θ 表示。因 $\boldsymbol{v}_A$，$\boldsymbol{v}_C$ 和 $\boldsymbol{v}_{CA}$ 的大小都相等，故 $\theta=60^\circ$。

应当指出，若仅需求点 B 的速度，则应用速度投影定理是较为方便的。由

$$v_B\cos(90^\circ-\varphi)=v_A\cos\varphi$$

得
$$v_B=v_A\cot\varphi$$

在求点 C 速度时，必须要知道连杆的角速度 ω，故本题选用速度合成法分析点 B 的速度是为了同时解得 ω 和 v_B。

例 7-2　连杆滑块机构如图 7-8a）所示。连杆长度 $AB=BC=l=3$ m，已知滑块

A 以等速 $v_A = 0.2\ \mathrm{m/s}$ 向右运动。在图示瞬时，连杆 AB 的角速度 $\omega_{AB} = 0.4\ \mathrm{rad/s}$。试求此瞬时滑块 C 的速度和连杆 BC 的角速度。

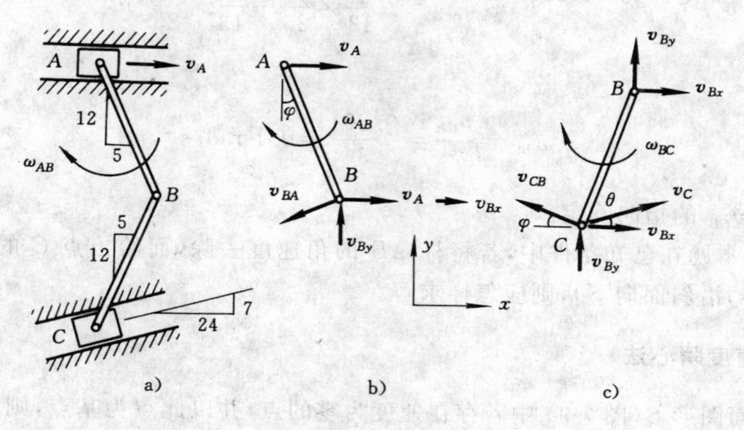

图 7-8 例 7-2 图

解 连杆 AB 和 BC 均作平面运动。研究杆 AB，由题所给已知条件，就可求得点 B 的速度，再以点 B 为基点，进一步求得点 C 的速度和杆 BC 的角速度。

先以点 A 为基点分析点 B，其速度合成矢量图如图 7-8b) 所示，将 $\boldsymbol{v}_B = \boldsymbol{v}_A + \boldsymbol{v}_{BA}$ 分别向 x，y 投影，有

$$v_{Bx} = v_A - v_{BA}\cos\varphi$$

$$v_{By} = -v_{BA}\sin\varphi$$

式中，$v_{BA} = \omega_{AB} l = 0.4 \times 3\ \mathrm{m/s} = 1.2\ \mathrm{m/s}$，$\cos\varphi = \dfrac{12}{\sqrt{5^2 + 12^2}} = \dfrac{12}{13}$，$\sin\varphi = \dfrac{5}{13}$，得

$v_{Bx} = 0.2 - 1.2 \times \dfrac{12}{13} = -0.908\ \mathrm{m/s}$，$v_{By} = -1.2 \times \dfrac{5}{13} = -0.462\ \mathrm{m/s}$。

再以点 B 为基点分析点 C，其速度合成矢量图如图 7-8c) 所示，将 $\boldsymbol{v}_C = \boldsymbol{v}_B + \boldsymbol{v}_{CB}$ 分别向 x，y 投影，有

$$v_C\cos\theta = v_{Bx} - v_{CB}\cos\varphi$$

$$v_C\sin\theta = v_{By} + v_{CB}\sin\varphi$$

式中，$\cos\theta = \dfrac{24}{\sqrt{24^2 + 7^2}} = \dfrac{24}{25}$，$\sin\theta = \dfrac{7}{25}$，联立以上两式，得

$$v_C = \frac{v_{Bx}\sin\varphi + v_{By}\cos\varphi}{\sin\varphi\cos\theta + \cos\varphi\sin\theta} = \frac{-0.908 \times \dfrac{5}{13} - 0.462 \times \dfrac{12}{13}}{\dfrac{5}{13} \times \dfrac{24}{25} + \dfrac{12}{13} \times \dfrac{7}{25}} = -1.235\ \mathrm{m/s}$$

$$v_{CB}=\frac{v_{Bx}\sin\theta-v_{By}\cos\theta}{\sin\varphi\cos\theta+\cos\varphi\sin\theta}=\frac{-0.908\times\frac{7}{25}+0.462\times\frac{24}{25}}{\frac{5}{13}\times\frac{24}{25}+\frac{12}{13}\times\frac{7}{25}}=0.301\ \text{m/s}$$

接着可得

$$\omega_{BC}=\frac{v_{CB}}{l}=\frac{0.301}{3}=0.1\ \text{rad/s}$$

其转向由 $\boldsymbol{v}_{CB}$ 的指向确定。

讨论:本题在已知条件中,若将杆 AB 的角速度去除,而给出点 C 的速度($v_C=1.235$ m/s,沿斜面向下),则应怎样求解?

7.2.3 速度瞬心法

在平面图形 S(图 7-9) 中若存在速度为零的点,并以此点为基点,则所研究的点的速度就等于所研究的点相对于该基点的速度。

是否存在速度为零的点?能不能很方便地找到这个点?我们从式(7-6) 出发来找寻平面图形上速度为零的点。现令点 B 为速度等于零的点,即

$$\boldsymbol{v}_B=\boldsymbol{v}_A+\boldsymbol{v}_{BA}=\boldsymbol{0}$$

从上式可以看出,$\boldsymbol{v}_A$ 与 $\boldsymbol{v}_{BA}$ 两个矢量和为零,则这两个矢量彼此必须等值反向;又因为 $\boldsymbol{v}_{BA}=\boldsymbol{\omega}\times\boldsymbol{r}_{AB}$,所以可以推断,速度为零的点在通过点 A 并与 $\boldsymbol{v}_A$ 垂直的连线上,其位置为 $r_{AB}=\dfrac{v_A}{\omega}$,如图 7-9 所示。

由此可见,一般情况下,在平面图形上或其延拓部分,每一瞬时都唯一地存在着速度等于零的点。我们称该点为平面图形在此瞬时的瞬时速度中心,简称为速度瞬心。

将速度瞬心记作 I,则任意一点(以点 A 为例) 的速度可表示为

$$v_A=\omega\overline{IA}$$

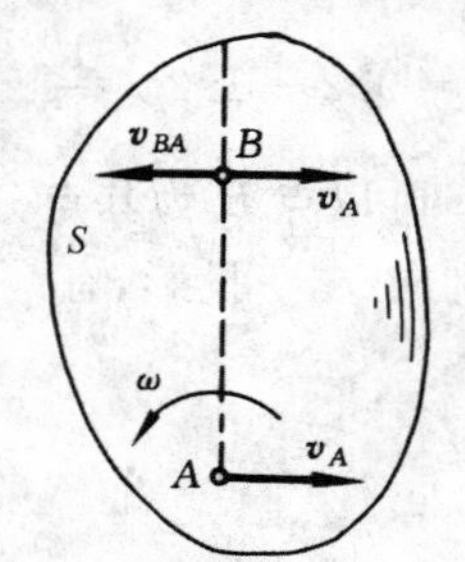

图 7-9 速度瞬心的位置

必须指出,在不同的瞬时,平面图形具有不同的速度瞬心。即刚体平面运动可看作一系列绕每一瞬时速度瞬心的转动。

利用速度瞬心求解平面图形上任一点速度的方法,称为速度瞬心法。应用此法的关键是如何快速确定速度瞬心的位置。按不同的已知运动条件确定速度瞬心位置的方法有以下几种。

(1) 已知某瞬时平面运动刚体上两点 A 和 B 的速度方位,且当它们互不平行时,$\boldsymbol{v}_A$ 与 $\boldsymbol{v}_B$ 垂线的交点则为该刚体的速度瞬心,如图 7-10 所示。

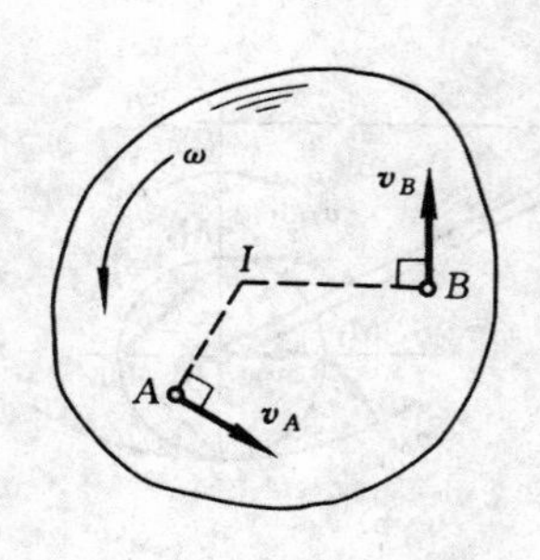

图 7-10 已知两点的速度方位

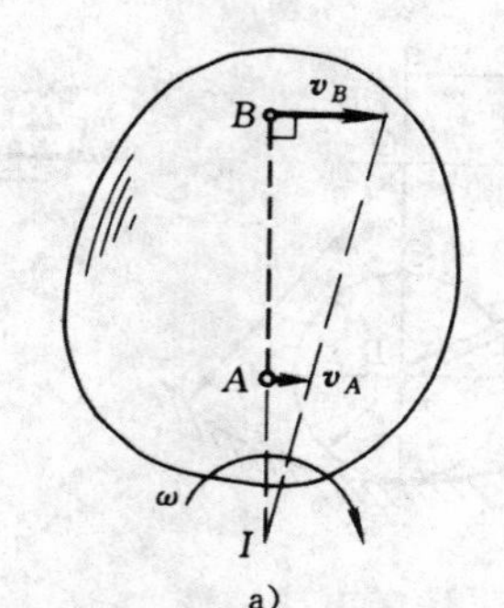

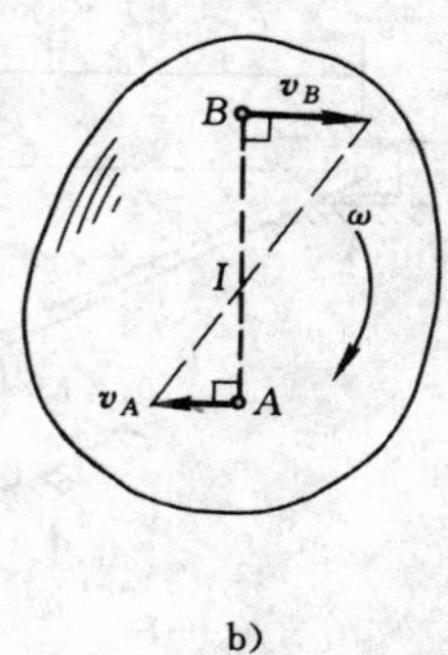

图 7-11 已知两点的速度平行且垂直于两点连线

(2) 当平面图形上两点 A,B 的速度方位互相平行,且均垂直于 AB 的连线时,则有:

① 两速度同指向,但速度大小不等,如图 7-11a) 所示,根据 AB 延长线上各点的速度呈线形分布,故此速度瞬心必位于 AB 延长线与 $\boldsymbol{v}_A,\boldsymbol{v}_B$ 两速度矢的终端连线的交点 I 上。

② 两速度反指向,如图 7-11b) 所示,速度瞬心必位于 A,B 两点之间,故 AB 连线与 $\boldsymbol{v}_A,\boldsymbol{v}_B$ 两速度矢的终端连线的交点即为速度瞬心 I。

③ 若平面图形上两点 A,B 的速度方位平行,但两速度不垂直于 AB 连线,如图 7-12 所示,则速度瞬心必然在无穷远处,因而图形的角速度为零,各点的速度均相等。这种情况称为瞬时移动。应当注意,瞬时移动是平面运动中的特有形式,虽此瞬时各点速度相等,但各点的加速度并不相同,据此可以断定在下一瞬时各点的速度也必定不再相同,这是瞬时移动与移动的根本差别。

④ 沿某一固定平面作只滚不滑运动的物体(又称作纯滚动),如图 7-13 所示,则每一瞬时图形上与固定面的接触点 I 即为该物体的速度瞬心。

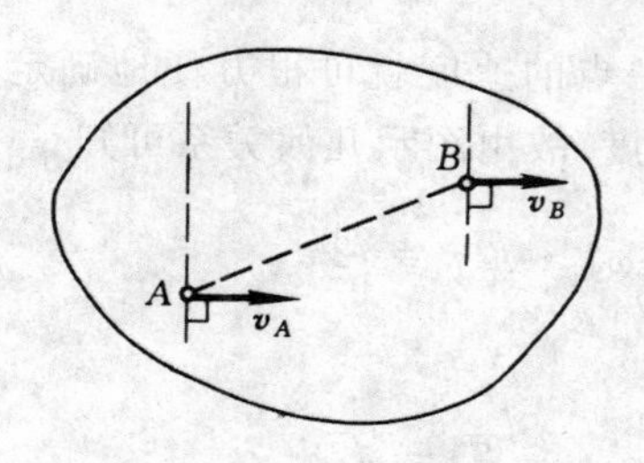

图 7-12 已知两点的速度平行,但不垂直于两点的连线

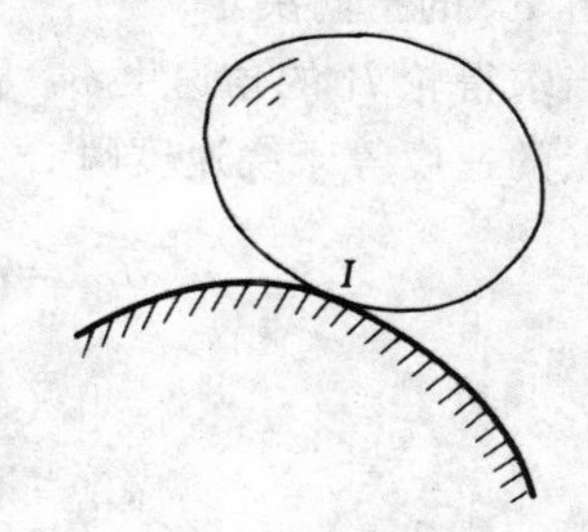

图 7-13 纯滚动

例 7-3 机构如图 7-14a) 所示。滑块 A 以速度 $\boldsymbol{v}_A$ 沿水平直槽向左运动,并通过连杆 AB 带动半径为 r 的轮 B 沿半径为 R 的固定圆弧轨道作无滑动的滚动。滑块 A 离圆弧轨道中心 O 的距离为 l。试求当 OB 连线竖直,并通过圆弧轨道最低点时,连杆 AB 的角速度及轮 B 边缘上 M_1,M_2,M_3 各点的速度。

解 连杆 AB 和轮 B 均作平面运动。首先,用速度瞬心法求连杆 AB 在图示瞬

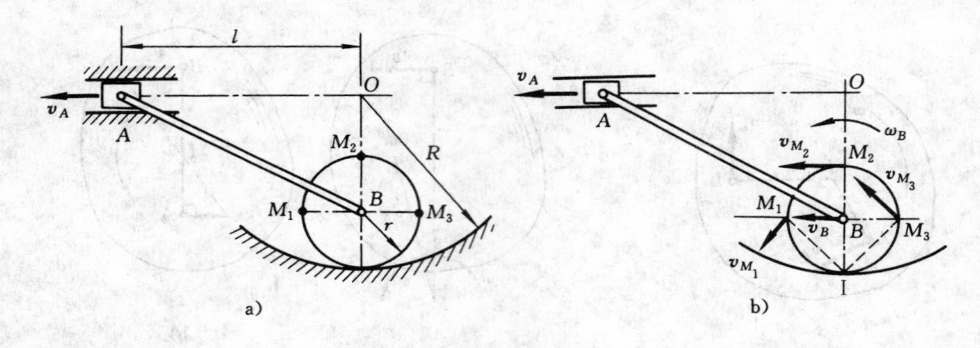

图 7-14　例 7-3 图

时的角速度 ω_{AB}。为此，先要找出连杆 AB 在此瞬时的速度瞬心。因轮 B 沿固定圆弧作无滑动的滚动，其与圆弧表面的接触点 I 即轮 B 的速度瞬心。故得轮心 B 的速度 $\boldsymbol{v}_B$ 平行于 $\boldsymbol{v}_A$，且不垂直于 AB 的连线，因而此瞬时，连杆 AB 作瞬时移动，其角速度

$$\omega_{AB}=0$$

且连杆上各点的速度均相等，即

$$\boldsymbol{v}_A=\boldsymbol{v}_B$$

其次，求轮 B 上 M_1，M_2，M_3 各点的速度。应用速度瞬心法，可得轮 B 的角速度大小为

$$\omega_B=\frac{v_B}{r}=\frac{v_A}{r}$$

转向由 $\boldsymbol{v}_B$ 的指向决定。

当求得轮 B 的角速度 ω_B 后，轮上任一点的速度就可很方便地确定。因为轮 B 上各点的速度等于绕速度瞬心 I 转动的速度，故由图示几何关系可知

$$v_{M1}=\omega_B\cdot\overline{IM}_1=\omega_B\cdot\sqrt{2}r=\sqrt{2}v_A$$

$$v_{M2}=2v_B=2v_A$$

$$v_{M3}=\omega_B\cdot\overline{IM}_3=\omega_B\cdot\sqrt{2}r=\sqrt{2}v_A$$

各点的速度方向如图 7-14b) 所示。

例 7-4　图 7-15a) 所示为曲柄肘杆式压床。已知：曲柄 OA 长 $r=15$ cm，转速 $n=400$ r/min；连杆 AB 长 $l=76$ cm，肘杆 CB 与连杆 BD 的长度均为 $b=53$ cm。当曲柄与水平线夹角 $\varphi=30°$时，连杆 AB 处于水平位置，而肘杆 CB 与铅垂线的夹角 $\theta=\varphi$，试求机构在图示位置时：(1) 连杆 AB，BD 的角速度；(2) 冲头 D 的速度。

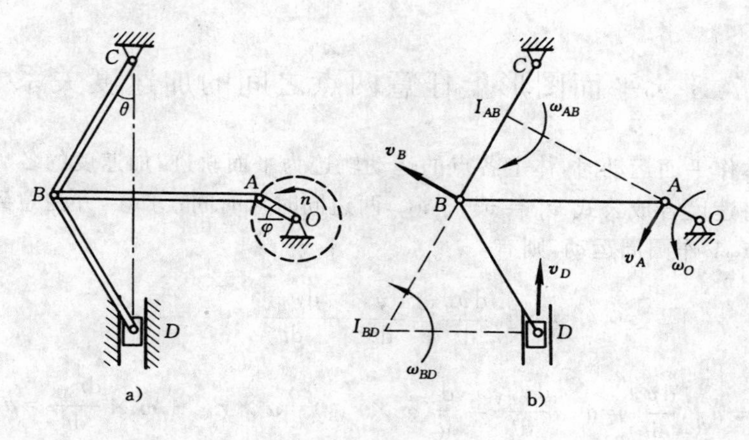

图 7-15　例 7-4 图

解　曲柄 OA 和肘杆 CB 均作定轴转动，连杆 AB 和 BD 作平面运动。从运动已知的曲柄开始，依次分析各相邻杆件连接点的运动，并分别找出连杆 AB 和 BD 的速度瞬心，即可求得各杆的角速度和冲头 D 的速度。

先分析杆 AB，即机构的 $OABC$ 部分。因为杆 OA 和杆 BC 均作定轴转动，所以 A，B 两点的速度方位已知，通过 A，B 两点分别作 $\boldsymbol{v}_A$，$\boldsymbol{v}_B$ 的垂线，由此找出杆 AB 的速度瞬心为 I_{AB}。根据几何关系，连杆 AB 的角速度为

$$\omega_{AB}=\frac{v_A}{I_{AB}A}=\frac{v_A}{l\cos\varphi}$$

式中，$v_A=\omega_O r=\frac{n\pi}{30}r=\frac{400\pi}{30}\times 15=200\pi\ \text{cm/s}$，代入上式得

$$\omega_{AB}=\frac{200\pi}{76\cos 30^\circ}=9.55\ \text{rad/s}$$

其转向由 $\boldsymbol{v}_A$ 的指向确定为顺时针，如图所示。接着就可得点 B 的速度大小为

$$v_B=\omega_{AB}\cdot\overline{I_{AB}B}=\omega_{AB}\cdot l\sin\varphi=9.55\times 76\times\sin 30^\circ=363\ \text{cm/s}$$

其方向如图所示。

再分析连杆 BD。因 B，D 两点的速度方位均已知，由此得出杆 BD 的速度瞬心为 I_{BD}。根据几何关系，连杆 BD 的角速度为

$$\omega_{BD}=\frac{v_B}{I_{BD}B}=\frac{v_B}{b}=\frac{363}{53}\ \text{rad/s}=6.85\ \text{rad/s}$$

其转向为逆时针，如图所示。最后可求得点 D 的速度大小为

$$v_D=v_B=363\ \text{cm/s}$$

其方向为铅垂向上。

7.3 平面图形上任意两点之间的加速度关系

当刚体作平面运动时,体上各点的运动轨迹为平面轨迹,加速度的各项都位于同一平面。将速度合成公式 $\boldsymbol{v}_B=\boldsymbol{v}_A+\boldsymbol{v}_{BA}$ 两边同时对时间 t 求导,并注意到研究点 B 相对于基点 A 作圆周运动,则有

$$\frac{\mathrm{d}\boldsymbol{v}_B}{\mathrm{d}t}=\frac{\mathrm{d}\boldsymbol{v}_A}{\mathrm{d}t}+\frac{\mathrm{d}\boldsymbol{v}_{BA}}{\mathrm{d}t}$$

式中,$\frac{\mathrm{d}\boldsymbol{v}_B}{\mathrm{d}t}=\boldsymbol{a}_B$,$\frac{\mathrm{d}\boldsymbol{v}_A}{\mathrm{d}t}=\boldsymbol{a}_A$,$\frac{\mathrm{d}\boldsymbol{v}_{BA}}{\mathrm{d}t}=\frac{\mathrm{d}}{\mathrm{d}t}(\boldsymbol{\omega}\times\boldsymbol{r}_{AB})=\boldsymbol{\alpha}\times\boldsymbol{r}_{AB}+\boldsymbol{\omega}\times\frac{\mathrm{d}\boldsymbol{r}_{AB}}{\mathrm{d}t}=\boldsymbol{a}_{BA\mathrm{t}}+\boldsymbol{a}_{BA\mathrm{n}}$,得

$$\boldsymbol{a}_B=\boldsymbol{a}_A+\boldsymbol{a}_{BA\mathrm{t}}+\boldsymbol{a}_{BA\mathrm{n}} \tag{7-8}$$

式(7-8)表明:平面图形上任一点 B 的加速度 $\boldsymbol{a}_B$,等于基点 A 的加速度 $\boldsymbol{a}_A$ 与点 B 绕基点 A 作圆周运动的切向加速度 $\boldsymbol{a}_{BA\mathrm{t}}$ 和法向加速度 $\boldsymbol{a}_{BA\mathrm{n}}$ 三者的矢量和。这种求解加速度的方法称为加速度合成法或基点法。

式(7-8)中,点 B 相对基点 A 作圆周运动的切向加速度分量 $\boldsymbol{a}_{BA\mathrm{t}}$,其方位应与 AB 连线垂直,指向依右手法则,其大小为 $a_{BA\mathrm{t}}=\alpha r_{AB}$;点 B 相对基点 A 作圆周运动的法向加速度分量 $\boldsymbol{a}_{BA\mathrm{n}}$,指向由点 B 指向点 A,其大小为 $a_{BA\mathrm{n}}=\omega^2 r_{AB}$。矢量合成图如图 7-16 所示。

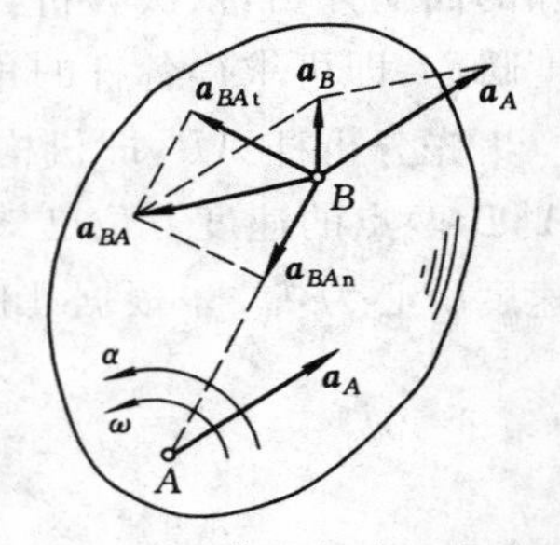

图 7-16 体上任意两点之间的加速度关系

式(7-8)是一个平面矢量式,故在矢量所在平面内,可列写出两个独立的投影式,以求解两个未知量。

例 7-5 半径为 R 的车轮沿直线轨迹作只滚不滑的运动,如图 7-17a)所示。已知轮心的速度函数为 $\boldsymbol{v}_O(t)$,试求该瞬时轮缘上点 I 的加速度。

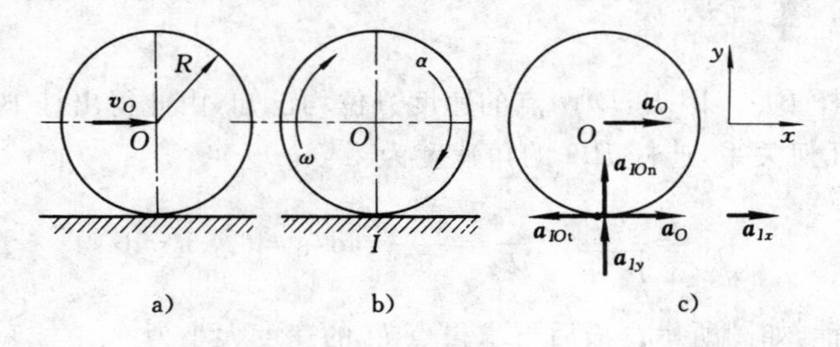

图 7-17 例 7-5 图

解 车轮作平面运动，点 I 为瞬心，即 $v_I=0$，因为 $\omega=\dfrac{v_O}{R}$ 在任何瞬时都成立，则

$$\alpha=\frac{\mathrm{d}\omega}{\mathrm{d}t}=\frac{1}{R}\cdot\frac{\mathrm{d}v_O}{\mathrm{d}t}=\frac{a_O}{R}$$

ω 与 α 的转向可由已知条件确定，如图 7-17b) 所示。

轮心 O 的加速度已知，以点 O 为基点研究点 I 的加速度如下(图 7-17c))：

$$\boldsymbol{a}_I=\boldsymbol{a}_O+\boldsymbol{a}_{IO\mathrm{n}}+\boldsymbol{a}_{IO\mathrm{t}}$$

式中，$a_{IO\mathrm{n}}=\omega^2R=\dfrac{v_O^2}{R}$，$a_{IO\mathrm{t}}=\alpha R=a_O$，因为 $\boldsymbol{a}_I$ 的大小和方位均未知，故用两个分量 a_{Ix}，a_{Iy} 表示，将这些矢量分别向 x，y 轴投影，有

$$a_{Ix}=a_O-a_{IO\mathrm{t}}=0$$

$$a_{Iy}=a_{IO\mathrm{n}}=\frac{v_O^2}{R}$$

可见，点 I 在 x 方向的加速度为零，但在 y 方向的加速度不为零，因此，尽管点 I 的速度为零，但其加速度并不等于零。

a_{Iy} 是圆轮点 I 的切向加速度还是法向加速度，请参见例 5-2。

例 7-6 曲柄 OA 长 $r=20$ cm，以匀角速度 $\omega_0=10$ rad/s绕轴 O 转动；此曲柄通过长为 $l=100$ cm的连杆 AB 使滑块 B 沿铅垂滑槽运动，如图 7-18a) 所示。试求曲柄与连杆相互垂直并与水平线成角 $\varphi=45°$ 瞬时：(1) 连杆的角加速度；(2) 滑块 B 的加速度。

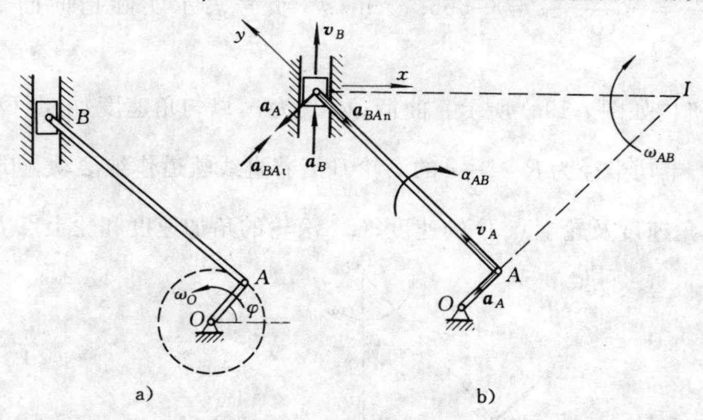

图 7-18　例 7-6 图

解 连杆 AB 作平面运动，选点 A 为基点来研究点 B，则点 B 的加速度为

$$\boldsymbol{a}_B=\boldsymbol{a}_A+\boldsymbol{a}_{BA\mathrm{t}}+\boldsymbol{a}_{BA\mathrm{n}}$$

式中，$\boldsymbol{a}_B$ 的方位沿滑槽的中心线，其指向假设向上(可随意假设，本题参照速度的指向假设，这样容易得出点是作加速运动还是作减速运动)，大小未知；$\boldsymbol{a}_A$ 的大小与方

位均已知；$\boldsymbol{a}_{BAt}$ 的方位垂直于 AB，指向如图 7-18b) 所示；$\boldsymbol{a}_{BAn}$ 的方向沿 BA 并指向点 A，其大小必须通过研究速度得到。利用速度瞬心法，有

$$\omega_{AB}=\frac{v_A}{IA}=\frac{\omega_O r}{AB}=\frac{10\times 20}{100}=2\ \text{rad/s}$$

由 $\boldsymbol{v}_A$ 的指向可知，ω_{AB} 为顺时针转向，则

$$a_{BAn}=\omega_{AB}^2 l=2^2\times 100=400\ \text{cm/s}^2$$

这样，只有 $\boldsymbol{a}_B$ 和 $\boldsymbol{a}_{BAt}$ 两个大小未知，因而将各矢量向 x 轴投影，有

$$0=-a_A\cos\varphi+a_{BAt}\cos\varphi+a_{BAn}\sin\varphi$$

得
$$a_{BAt}=\frac{a_A\cos\varphi-a_{BAn}\sin\varphi}{\cos\varphi}=\frac{2\,000\cos 45^\circ-400\sin 45^\circ}{\cos 45^\circ}=1\,600\ \text{cm/s}^2$$

由此得连杆 AB 的角加速度的大小为

$$\alpha_{AB}=\frac{a_{BAt}}{l}=\frac{1\,600}{100}=16\ \text{rad/s}^2$$

根据 $\boldsymbol{a}_{BAt}$ 的指向可知 α_{AB} 为顺时针转向。再将各矢量向 y 轴投影，有

$$a_B\cos\varphi=-a_{BAn}$$

得 $a_B=-\dfrac{a_{BAn}}{\cos\varphi}=-\dfrac{400}{\cos 45^\circ}=-565.7\ \text{cm/s}^2$，负号表示实际指向向下，与假设的反向。

例 7-7 机构如图 7-19a) 所示。曲柄 OA 长为 r，以匀角速度 ω_O 绕 O 轴转动；连杆 AB 长 $l=\sqrt{2}r$，带动半径为 $R=\dfrac{1}{2}r$ 的滚轮 B 沿着直线轨道作纯滚动。试求当 $\varphi=45^\circ$ 时：(1) 滚轮的角速度及轮上点 D 的速度；(2) 滚轮的角加速度和轮上点 D 的加速度。

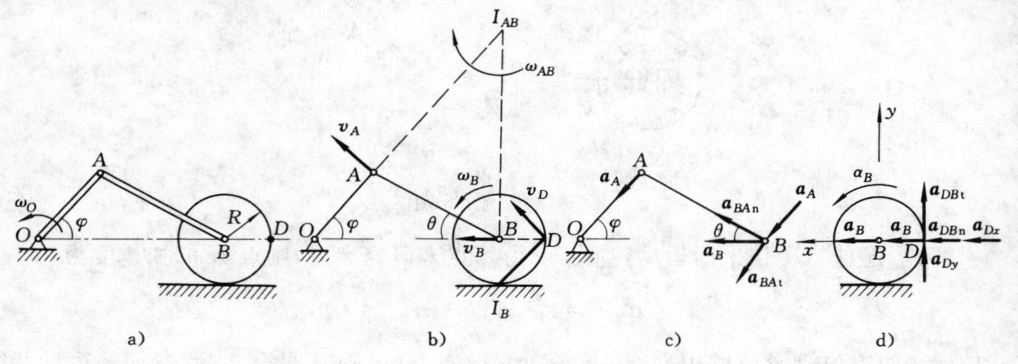

图 7-19 例 7-7 图

解　在这个机构中，杆 AB 和滚轮均作平面运动。先进行速度分析，应用速度瞬心法，确定连杆 AB 和滚轮 B 的速度瞬心分别为 I_{AB} 和 I_B，如图 7-19b）所示。则有

$$\omega_{AB}=\frac{v_A}{\overline{I_{AB}A}}$$

图中，$\sin\theta=\frac{r\sin\varphi}{l}=\frac{r\sin45^\circ}{\sqrt{2}r}=\frac{1}{2}$，即 $\theta=30^\circ$，$\overline{I_{BA}A}=\frac{l\cos\theta}{\cos\varphi}=\frac{\sqrt{2}r\cos30^\circ}{\cos45^\circ}=\sqrt{3}r$，代入得

$$\omega_{AB}=\frac{\omega_O r}{\sqrt{3}r}=0.577\omega_O$$

连杆 AB 的转向为顺时针。接着计算点 B 的速度为

$$\begin{aligned}v_B&=\omega_{AB}\overline{I_{AB}B}=\omega_{AB}(r+\overline{I_{AB}A})\sin\varphi\\&=0.577\omega_O(r+\sqrt{3}r)\sin45^\circ=1.115\omega_O r\end{aligned}$$

其指向如图 7-19b）所示。轮 B 的角速度为

$$\omega_B=\frac{v_B}{R}=\frac{1.115\omega_O r}{0.5r}=2.23\omega_O$$

其转向为逆时针。轮上点 D 的速度为

$$v_D=\omega_B\sqrt{2}R=2.23\omega_O\times\sqrt{2}\times\frac{1}{2}r=1.576\omega_O r$$

其指向如图 7-19b）所示。

求解滚轮 B 的角加速度和点 D 的加速度，都必须应用基点法。先研究连杆 AB，以点 A 为基点，研究点 B，其加速度合成矢量图如图 7-19c）所示，为求 a_B，将 $\boldsymbol{a}_B=\boldsymbol{a}_A+\boldsymbol{a}_{BAn}+\boldsymbol{a}_{BAt}$ 向 AB 连线投影，有

$$a_B\cos\theta=a_A\cos(\varphi+\theta)+a_{BAn}$$

式中，$a_A=\omega_O^2 r$，$a_{BAn}=\omega_{AB}^2 l=\frac{1}{3}\omega_O^2\sqrt{2}r$，代入得

$$a_B=1.033\omega_O^2 r$$

$$\alpha_B=\frac{a_B}{R}=\frac{1.033\omega_O^2 r}{0.5r}=2.066\omega_O^2$$

转向与角速度相同。再研究滚轮 B，以点 B 为基点，研究点 D，其加速度合成矢量图如图 7-19d）所示，将 $\boldsymbol{a}_D=\boldsymbol{a}_B+\boldsymbol{a}_{DBn}+\boldsymbol{a}_{DBt}$ 分别向 x，y 轴投影，有

刚体平面运动分析的解析法与几何法举例

$$\begin{aligned}a_{Dx}&=a_B+a_{DBn}=1.033\omega_O^2 r+\omega_B^2 R\\&=1.033\omega_O^2 r+(2.23\omega_O)^2\cdot\frac{1}{2}r=3.519\omega_O^2 r\end{aligned}$$

$$a_{Dy}=a_{DBt}=\alpha_B R=a_B=1.033\omega_O^2$$

7.4 刚体绕平行轴转动的合成

设刚体相对于某一动系作定轴转动,而动系又相对于某一静系作定轴转动,则刚体相对于静系的运动,即为两个转动的合成。当两个转动的转轴平行时,其合成运动为平面运动,因为此时刚体上每一点均在垂直于转轴的平面上运动。研究在这一情况下,两个分运动(定轴转动)的转动角速度与合成运动(平面运动)的转动角速度之间的关系,以及合成运动的瞬时转动轴位置的确定。这些问题在工程上研究平面齿轮传动机构时常会遇到。

7.4.1 刚体绕平行轴转动的合成分析

设平面图形 S 绕轴 O_2 转动,刚体 O_1O_2 又带着轴 O_2 绕定轴 O_1 转动(图 7-20)。这样平面图形在平面中的运动,可以看成两个绕相互平行的轴 O_1 和 O_2 转动的合成。设静系 O_1xy 固结在 O_1 处,将定轴转动的刚体 O_1O_2(可看作杆 O_1O_2)作为动系 $O_1x'y'$。对平面图形来说,在动系 $O_1x'y'$ 中观察到的相对运动也是转动,其相对角位移、相对角速度分别记作 φ_r,ω_r;即使刚体 O_1O_2 相对动系(杆 O_1O_2)没有转动,而由动系带动,平面图形 S 也在转动,因此刚体 O_1O_2 绕 O_1 轴的转动为牵连运动,其牵连角位移、牵连角速度分别记作 φ_e,ω_e。所以其绝对角位移 $\varphi_a=\varphi_e+\varphi_r$,即平面图形 S 的平面运动可看成绕两个平行转动轴的合成。或者说,平面运动可分解为绕两个平行轴的转动。

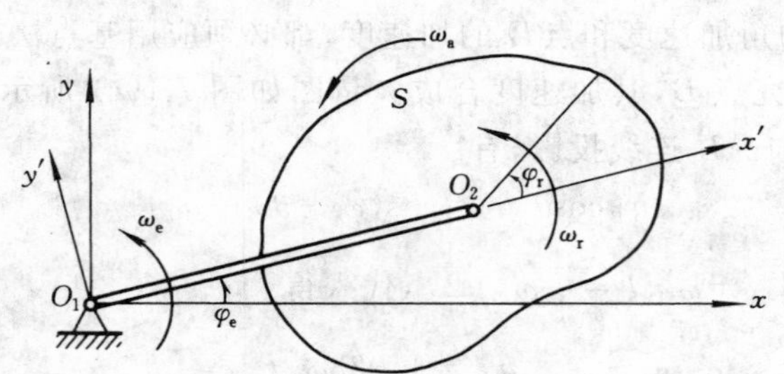

图 7-20 刚体绕平行轴转动的合成

将在任意时刻均成立的角位移关系式对时间 t 求一阶导数,得平面图形 S 的角速度为

$$\omega_a=\frac{d\varphi_a}{dt}=\frac{d\varphi_e}{dt}+\frac{d\varphi_r}{dt}=\omega_e+\omega_r \tag{7-9}$$

式(7-9)中,当 ω_e,ω_r 同转向时,取加号,反之取减号。

当 ω_e,ω_r 反转向时,且在某一瞬时 $\omega_e=\omega_r$,$\omega_a=0$,则在该瞬时平面图形 S 作瞬时移动;若在运动过程中恒有 $\omega_e=\omega_r$,则平面图形 S 作移动。这种运动称为转动偶。

由于 ω_a 和 ω_e,ω_r 的转轴平行,式(7-9)也可改写成矢量形式为

$$\boldsymbol{\omega}_a=\boldsymbol{\omega}_e+\boldsymbol{\omega}_r \tag{7-10}$$

再对式(7-10)两边求导,可得出平面图形 S 的角加速度为

$$\boldsymbol{\alpha}_a=\frac{d\boldsymbol{\omega}_a}{dt}=\frac{d\boldsymbol{\omega}_e}{dt}+\frac{d\boldsymbol{\omega}_r}{dt}=\boldsymbol{\alpha}_e+\boldsymbol{\alpha}_r \tag{7-11}$$

7.4.2 平面图形上一点的速度

根据 7.2 节的速度合成定理,现以点 O_2(O_2 的运动规律已知)为基点,研究刚体上任一点 M 的速度。即由 $\boldsymbol{v}_M=\boldsymbol{v}_{O_2}+\boldsymbol{v}_{MO_2}$,式中,$\boldsymbol{v}_{O_2}=\boldsymbol{\omega}_e\times\overrightarrow{O_1O_2}$,$\boldsymbol{v}_{MO_2}=\boldsymbol{\omega}_a\times\overrightarrow{O_2M}=(\boldsymbol{\omega}_e+\boldsymbol{\omega}_r)\times\overrightarrow{O_2M}$,代入得平面图形 S 上点 M 的速度为

$$\boldsymbol{v}_M=\boldsymbol{\omega}_e\times\overrightarrow{O_1O_2}+\boldsymbol{\omega}_a\times\overrightarrow{O_2M} \tag{①}$$

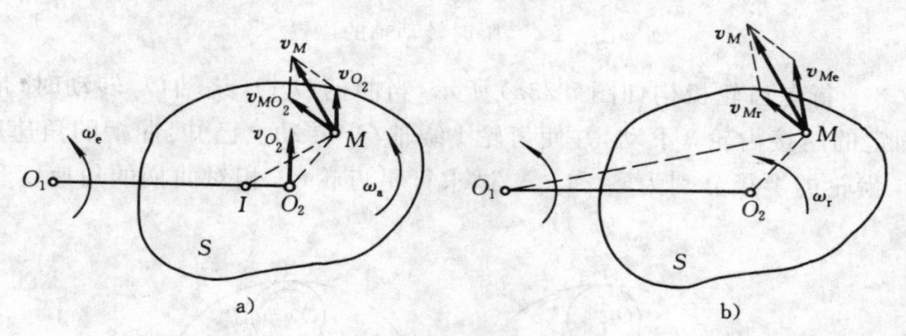

图 7-21　平面图形上一点的速度

其合成矢量图如图 7-21a)所示,或可写成

$$\begin{aligned}\boldsymbol{v}_M&=\boldsymbol{\omega}_e\times\overrightarrow{O_1O_2}+(\boldsymbol{\omega}_e+\boldsymbol{\omega}_r)\times\overrightarrow{O_2M}=\boldsymbol{\omega}_e\times(\overrightarrow{O_1O_2}+\overrightarrow{O_2M})+\boldsymbol{\omega}_r\times\overrightarrow{O_2M}\\&=\boldsymbol{\omega}_e\times\overrightarrow{O_1M}+\boldsymbol{\omega}_r\times\overrightarrow{O_2M}\end{aligned} \tag{②}$$

式②中,$\boldsymbol{\omega}_e\times\overrightarrow{O_1M}=\boldsymbol{v}_{Me}$,$\boldsymbol{\omega}_r\times\overrightarrow{O_2M}=\boldsymbol{v}_{Mr}$,其合成矢量图如图 7-21b)所示。

7.4.3 瞬时转动轴

平面图形 S 上存在速度瞬心 I,通过速度瞬心 I 且垂直平面图形 S 的轴为瞬时转动轴,简称为瞬轴,而平面图形 S 绕点 I 转动的角速度就是图形 S 的绝对角速度。在瞬时转动轴上各点的速度都等于零。

令式②中的 $\boldsymbol{v}_M=0$,则 $\boldsymbol{\omega}_e\times\overrightarrow{O_1M}$ 与 $\boldsymbol{\omega}_r\times\overrightarrow{O_2M}$ 平行,可见速度瞬心必定在 O_1O_2 的连线上。现将 M 改写为 I,则有

$$\boldsymbol{\omega}_e\times\overrightarrow{O_1I}+\boldsymbol{\omega}_r\times\overrightarrow{O_2I}=0$$

或

$$\boldsymbol{\omega}_e\times\overrightarrow{O_1I}=\boldsymbol{\omega}_r\times\overrightarrow{IO_2} \tag{③}$$

将式③向平面图形 S 内垂直于连线 O_1O_2 的轴投影,就得其瞬心位置为

$$\frac{O_1I}{IO_2}=\frac{\omega_r}{\omega_e} \tag{7-12}$$

由式(7-12)可知，当 ω_e 与 ω_r 同向时，速度瞬心在 O_1，O_2 两点之间，如图7-22a)所示；当 ω_e 与 ω_r 反向时，则瞬心 I 应位于 ω_e 与 ω_r 中较大的一个的外侧，设 $\omega_r > \omega_e$，如图7-22b)所示。

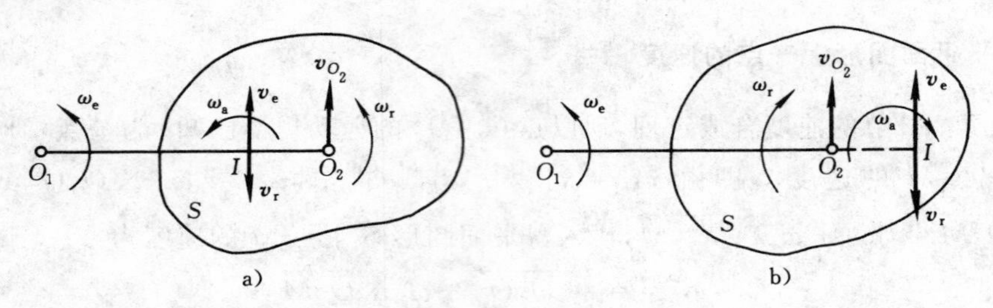

图7-22　瞬时转动轴的位置

例7-8　行星齿轮机构如图7-23a)所示，当曲柄 O_1O_2 绕轴 O_1 转动时，带动行星轮2沿固定的内接齿轮3滚动，并使齿轮1绕轴 O_1 转动。已知：曲柄的角速度为 ω_e，O_1 和 O_2 齿轮的半径分别为 r_1 和 r_2。试求行星齿轮 O_2 相对曲柄的角速度和绝对角速度。

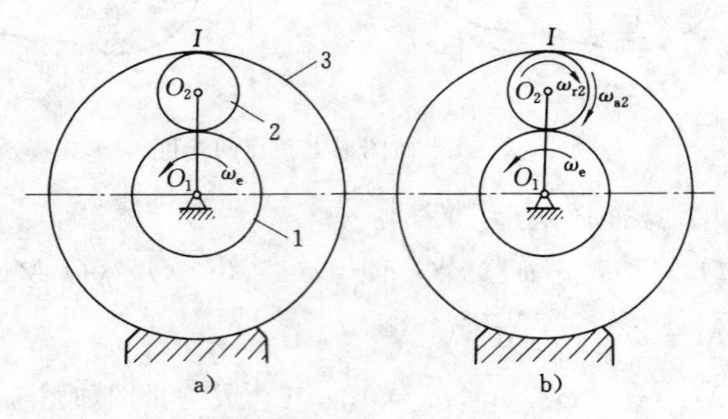

图7-23　例7-8图

解　在曲柄上固接一转动的动系，则各齿轮的牵连角速度均为 ω_e。行星齿轮 O_2 的速度瞬心 I 在 O_2 的外侧，所以行星齿轮的相对角速度必定与 ω_e 反向，并大于 ω_e。根据式(7-12)可求得

$$\omega_{r2}=\omega_e\frac{O_1I}{O_2I}=\omega_e\frac{r_1+2r_2}{r_2}$$

再根据式(7-9)可求得

$$\omega_{a2}=\omega_{r2}-\omega_e=\omega_e\frac{r_1+2r_2}{r_2}-\omega_e=\omega_e\frac{r_1+r_2}{r_2}$$

转向如图7-23b)所示。读者可再求算 ω_{r1} 及 ω_{a1}。

例7-9　一半径 $r=20$ cm 的圆盘 A 与一长 $l=40$ cm 的直杆 OA 铰接如图7-24a)

所示。在圆盘绕其中心 A 转动的同时，直杆绕其一端 O 在同一平面内转动。设在某瞬时，圆盘相对于杆的角速度与角加速度以及杆转动的角速度与角加速度的大小分别为：$\omega_r = 3\ \mathrm{rad/s}, \alpha_r = 4\ \mathrm{rad/s^2}$；$\omega_e = 1\ \mathrm{rad/s}, \alpha_e = 2\ \mathrm{rad/s^2}$。转向如图所示。试求圆盘边缘上点 M 的绝对加速度，此时 MA 连线垂直于 OA 连线。

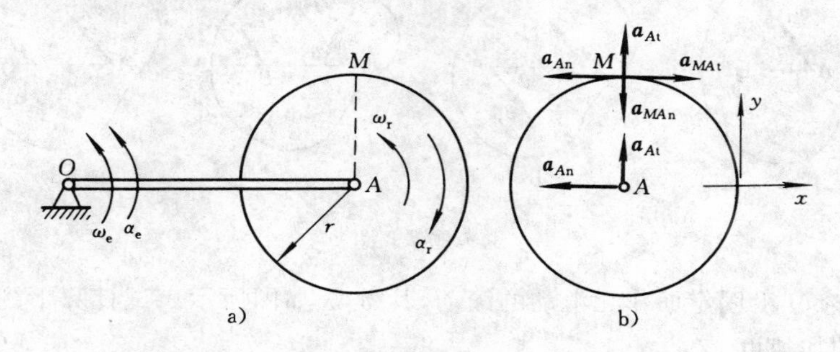

图 7-24　例 7-9 图

解　根据题图所示各量的转向，以逆时针为正，即

$$\omega_r = 3\ \mathrm{rad/s},\quad \alpha_r = -4\ \mathrm{rad/s^2};\quad \omega_e = 1\ \mathrm{rad/s},\quad \alpha_e = 2\ \mathrm{rad/s^2}$$

根据式(7-10)与式(7-11)，得圆盘（平面运动）的角速度与角加速度为

$$\omega_a = \omega_e + \omega_r = 4\ \mathrm{rad/s},\quad \alpha_a = \alpha_e + \alpha_r = -2\ \mathrm{rad/s}$$

以圆盘上与曲柄公有的一点 A 为基点，则点 M 的加速度为

$$\boldsymbol{a}_M = \boldsymbol{a}_A + \boldsymbol{a}_{MAt} + \boldsymbol{a}_{MAn} = \boldsymbol{a}_{At} + \boldsymbol{a}_{An} + \boldsymbol{a}_{MAt} + \boldsymbol{a}_{MAn}$$

式中，$\boldsymbol{a}_{At}, \boldsymbol{a}_{An}, \boldsymbol{a}_{MAt}, \boldsymbol{a}_{MAn}$ 均可求得，其方向如图 7-24b) 所示，其大小（不计负号）分别为

$$a_{At} = |\alpha_e|\, l = 2 \times 40 = 80\ \mathrm{cm/s^2},\quad a_{An} = \omega_e^2 l = 1 \times 40 = 40\ \mathrm{cm/s^2}$$

$$a_{MAt} = |\alpha_a|\, r = 2 \times 20 = 40\ \mathrm{cm/s^2},\quad a_{MAn} = \omega_a^2 r = 16 \times 20 = 320\ \mathrm{cm/s^2}$$

于是得到 $\boldsymbol{a}_M$ 在 x, y 轴上的投影为

$$a_{Mx} = -a_{An} + a_{MAt} = 0$$

$$a_{My} = a_{At} - a_{MAn} = 80 - 320 = -240\ \mathrm{cm/s^2}$$

即点 M 的加速度指向轮心 A。

思　考　题

7-1　确定平面运动刚体的位置至少需要哪几个独立运动参变量？

7-2　刚体的移动是否一定是平面运动的特例？

7-3　一平面图形 S，若选其上一点 A 为基点，则图形 S 绕点 A 转动的角速度为 ω_A；若另选一点 B 为基点，则图形 S 绕点 B 转动的角速度为 ω_B，且一般情况下 ω_A 不等于 ω_B。这种说法对吗？为什么？

7-4　作平面运动的平面图形上的任意两点 A 和 B 的速度 $\boldsymbol{v}_A$ 与 $\boldsymbol{v}_B$ 有何关系？

为什么 $\boldsymbol{v}_{BA}$ 一定与 AB 垂直？$\boldsymbol{v}_{BA}$ 与 $\boldsymbol{v}_{AB}$ 有何关系？

7-5　设 $\boldsymbol{v}_A$ 和 $\boldsymbol{v}_B$ 是平面图形内 A，B 两点的速度，试判别图示的 4 种情况中哪一种是可能的？

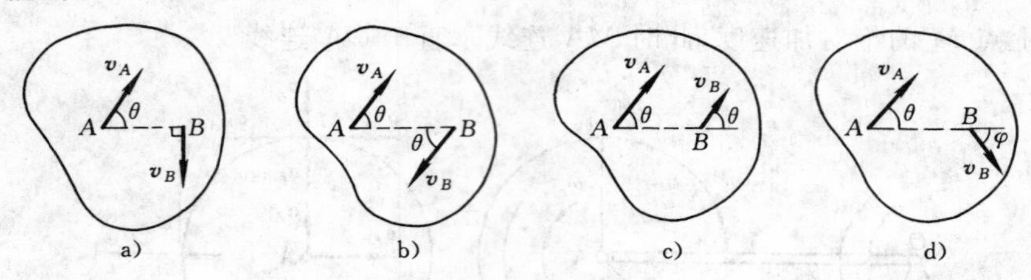

思考题 7-5 图

7-6　轮 O 沿固定面作无滑动的滚动，其 ω，α 如图所示。试计算下列三种情况中轮心 O 的加速度。

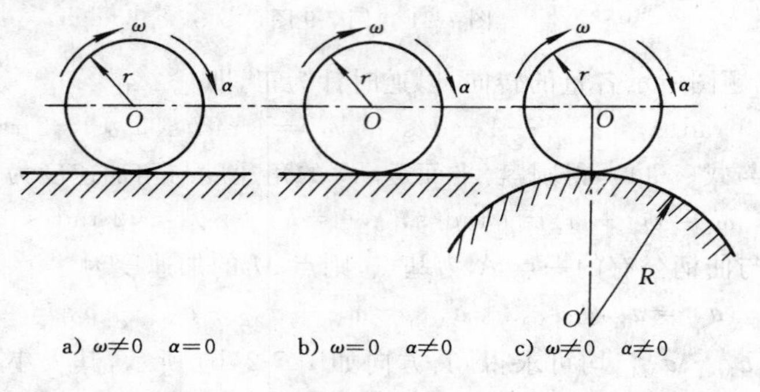

a) $\omega \neq 0$　$\alpha = 0$　　b) $\omega = 0$　$\alpha \neq 0$　　c) $\omega \neq 0$　$\alpha \neq 0$

思考题 7-6 图

7-7　在图 a)，b) 所示的机构中，$O_1A \parallel O_2B$，试问各图中 ω_1 与 ω_2，α_1 与 α_2 是否相等？

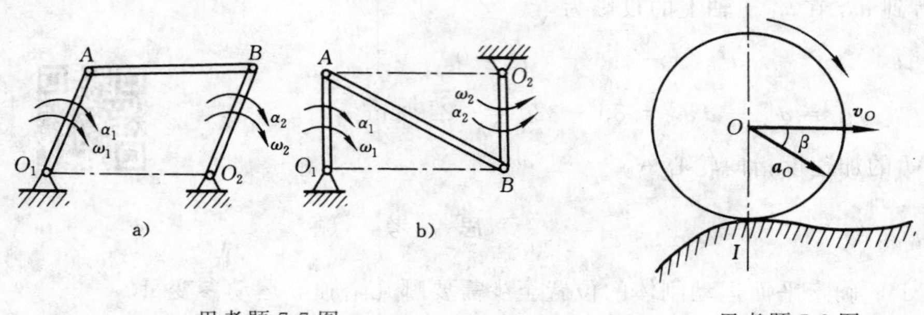

思考题 7-7 图　　　　思考题 7-8 图

7-8　如图所示的车轮沿曲面滚动。已知轮心 O 在某一瞬时的速度 $\boldsymbol{v}_O$ 和加速度 $\boldsymbol{a}_O$。试问车轮的角加速度是否等于 $\frac{a_O}{R}\cos\beta$？速度瞬心 I 的加速度大小和方向如何确定？

习　题

7-1　差动机构如图所示。已知 $n=10$ r/min，$r=5$ cm，$R=15$ cm，绳索的 EB 段和 DC 段是铅垂的。试求圆管中心 O 的上升速度。

答案　$v=5.236$ cm/s。

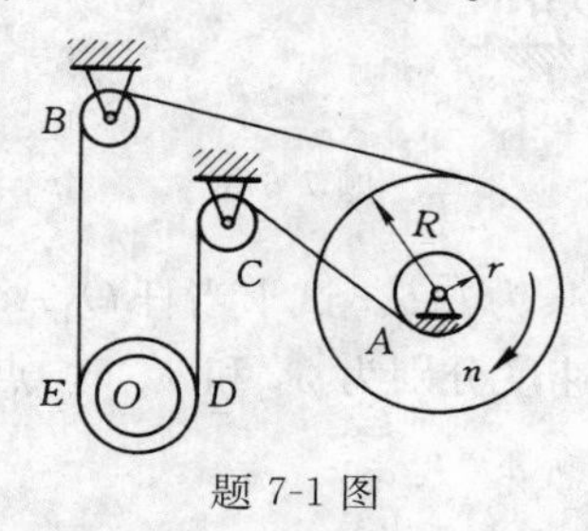

题 7-1 图

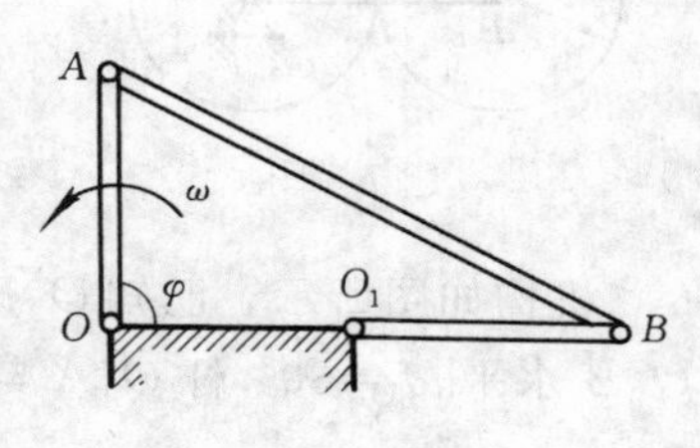

题 7-2 图

7-2　四连杆机构如图所示。已知杆 OA，O_1B 长度均为 r，连杆 AB 长 $2r$，曲柄 OA 的角速度 $\omega=3$ rad/s，试求当 $\varphi=90°$，O_1B 位于 O_1O 的延长线上时，连杆 AB 和曲柄 O_1B 的角速度。

答案　$\omega_{AB}=3$ rad/s，$\omega_{O_1B}=5.2$ rad/s。

7-3　行星轮机构如图所示。已知曲柄 OA 的匀角速度 $\omega=2.5$ rad/s，行星轮Ⅰ在定齿轮上作纯滚动，$r_1=5$ cm，$r_2=15$ cm。试求行星轮Ⅰ上 B，C，D，E（$CE\perp BD$）各点的速度。

答案　$v_B=0$，$v_C=v_E=70.7$ cm/s，$v_D=100$ cm/s。

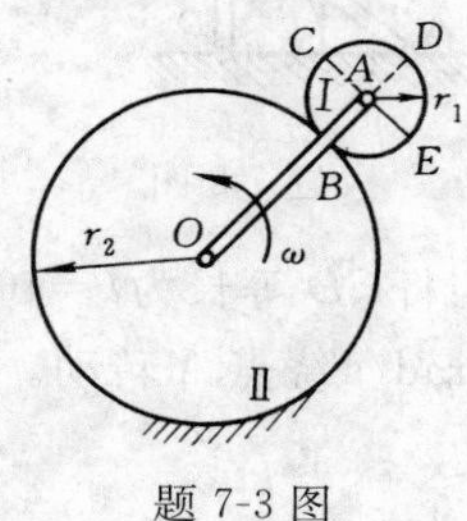

题 7-3 图

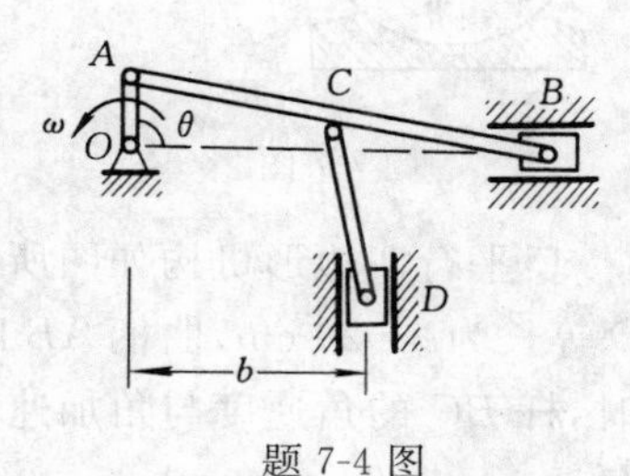

题 7-4 图

7-4　机构如图所示。已知曲柄的匀角速度 $\omega=20$ rad/s，长 $r=40$ cm，连杆 AB 长 $l=40\sqrt{37}$ cm，C 为连杆的中点，$b=120$ cm。试求当曲柄 OA 在两铅垂位置与两水平位置时，滑块 D 的速度。

答案　(1) $\theta=0°$ 或 $180°$，$v_D=400$ cm/s；(2) $\theta=90°$ 或 $270°$，$v_D=0$。

7-5　瓦特行星传动机构如图所示。齿轮Ⅱ与连杆 AB 固结。已知 $r_1=r_2=30\sqrt{3}$ cm，OA 长 $r=75$ cm，AB 长 $l=150$ cm。试求 $\varphi=60°$，$\theta=90°$，$\omega_O=6$ rad/s 时，曲柄 O_1B 及齿轮Ⅰ的角速度。

答案　$\omega_{O_1B}=3.75$ rad/s，$\omega_1=6$ rad/s。

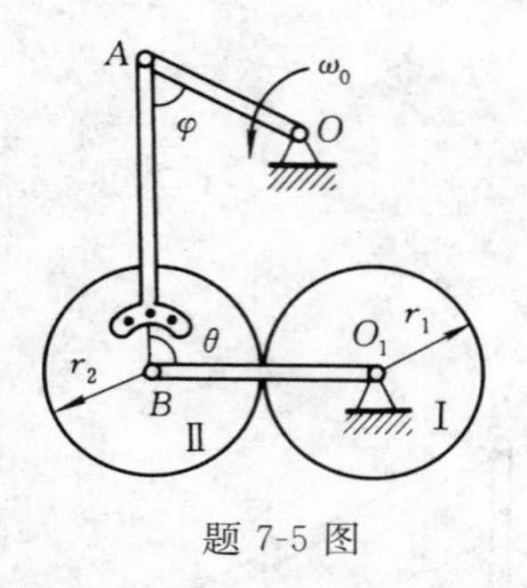

题 7-5 图

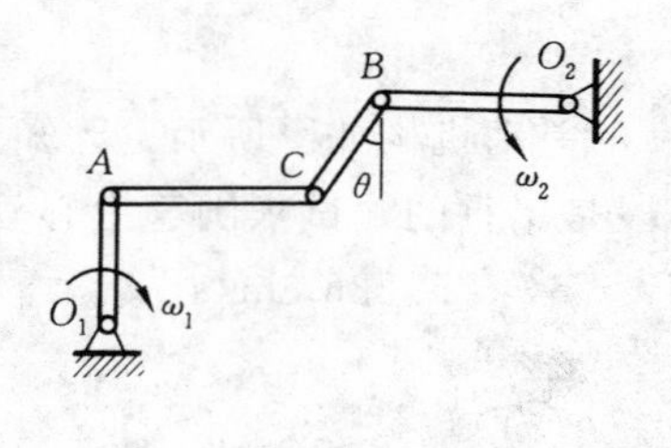

题 7-6 图

7-6　机构如图所示。已知 O_2B 长为 b，O_1A 长为 $\sqrt{3}b$。试求当杆 O_1A 竖直、杆 AC 和 O_2B 水平、$\theta=30°$，杆 O_1A 与杆 O_2B 的角速度分别为 ω_1 和 ω_2 时，点 C 的速度大小。

答案　$v_C=b\sqrt{4\omega_1^2+\omega_2^2+2\omega_1\omega_2}$。

7-7　在图示星齿轮机构中，齿轮半径均为 $r=12$ cm。试求当杆 OA 的角速度 $\omega=2$ rad/s、角加速度 $\alpha=8$ rad/s^2 时，齿轮Ⅰ上 B 和 C 两点的加速度。

答案　$a_B=96$ cm/s^2，$a_C=480$ cm/s^2。

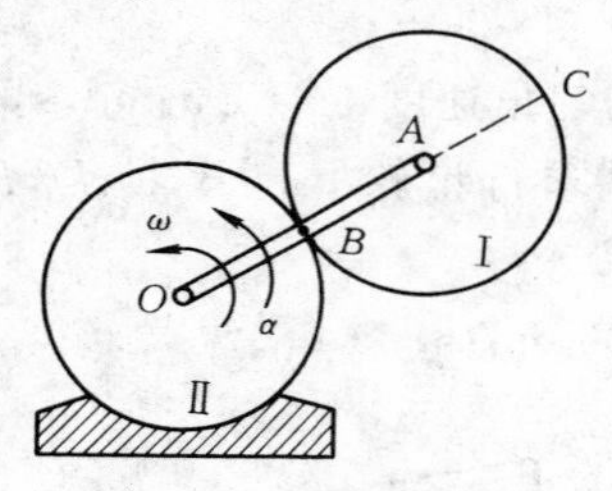

题 7-7 图

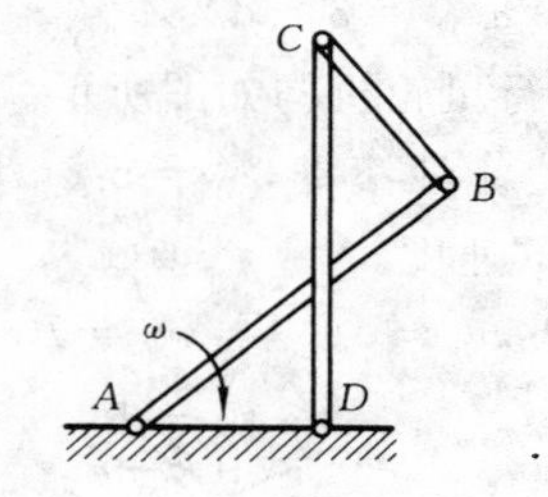

题 7-8 图

7-8　反平行四边形机构如图所示。已知杆 AB 与杆 CD 等长为 $l=40$ cm，杆 BC 与杆 AD 等长为 $b=20$ cm，曲柄 AB 以匀角速度 $\omega=3$ rad/s 绕点 A 转动。试求当 $CD\perp AD$ 时，杆 BC 的角速度与角加速度。

答案　$\omega_{BC}=8$ rad/s，$\alpha_{BC}=20$ rad/s^2。

7-9　机构如图所示。已知曲柄 OA 长为 r，以匀角速度 ω_O 转动，杆 AB 长为 $6r$，杆 BC 长为 $3\sqrt{3}r$，$\theta=60°$。试求当 $\varphi=\theta$，$AB\perp BC$ 瞬时，滑块 C 的速度和加速度。

答案　$v_C=\dfrac{3}{2}r\omega$，$a=\dfrac{\sqrt{3}}{12}r\omega_O^2$。

7-10　机构如图所示。已知曲柄 OA 长 $2r=1$ m，以匀角速度 $\omega=2$ rad/s 转动，杆 AB 长为 $2r$，固定圆弧槽半径 $R=2r$。试求当 OA 与 O_1B 竖直、AB 水平时，轮上 B，C 两点的速度与加速度。

答案　$v_B=2$ m/s，$a_B=8$ m/s^2，$v_C=2.828$ m/s，$a_C=11.31$ m/s^2。

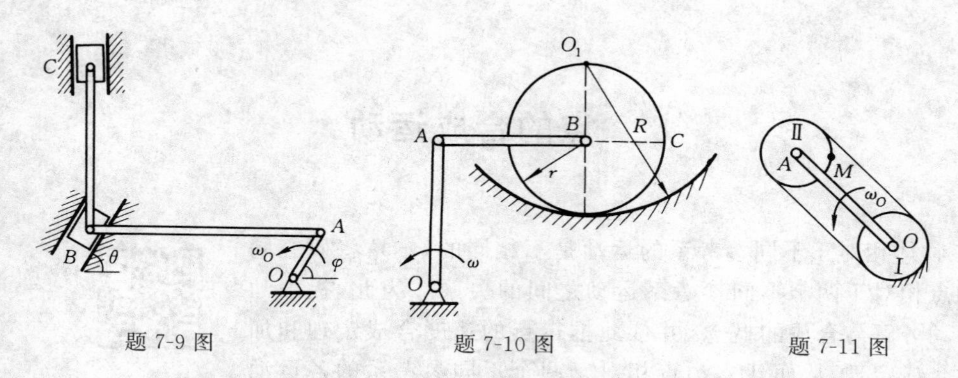

题 7-9 图　　题 7-10 图　　题 7-11 图

7-11　在图示机构中，曲柄 OA 长为 l，以匀速度 ω_O 转动，两齿轮半径为 r，以链条环绕。试求动齿轮相对曲柄 OA 的角速度及其上任一点 M 的速度。

答案　$\omega_r=\omega_O$，$v_M=l\omega_O$。

8　点的合成运动

物体相对于不同参考系的运动是不相同的，本章将研究同一动点相对于两个不同参考系运动之间的关系。为此，提出动点运动分解与合成的概念，并依此推得点的速度合成定理和加速度合成定理，从而建立动点相对于两个不同参考系的各运动量（速度、加速度等）之间的定量关系。

点的合成运动理论，不仅在工程实际中（如机构的运动分析、航天器飞行控制）有着广泛和直接的应用，而且也是研究非惯性系统动力学的基础。

8.1　点的合成运动的概念

8.1.1　运动的分解

前面我们研究点的运动时，都是相对于某一个参考系而言的。但在有些问题中，往往需要同时在两个不同的参考系中来描述同一点的运动，而其中一个参考系相对于另一个参考系也在运动。例如，图 8-1a）所示塔式起重机的起重臂 $O'C$ 以等角速度 ω 绕转轴 z 转动，同时跑车 A 带着重物 B 沿着起重臂作等速 v 移动。设 AB 连线始终沿铅垂线方向，如果在运动过程中重物没有被提升或降落，则在地面观察动点 M 的运动，其轨迹为平面螺旋线（图 8-1b）），从这种角度观察，实际上是将一坐标系 $Oxyz$ 固结在静止的塔身上（$Oxyz$ 被称为静坐标系，简称为静系），描述动点的运动，我们将这种运动称为绝对运动；当在起重臂上观察动点 M 的运动时，其轨迹为直线运动，从这种角度观察，实际上是将一坐标系 $O'x'y'z'$ 固结在运动的起重臂上（$O'x'y'z'$ 被称为动坐标系，简称为动系），描述动点的运动，我们将这种运动称为相对运动；那么起重臂带动重物的运动（在此，起重臂作为重物的载体），就是动坐标系相对静坐标系的运动，我们将这种运动称为牵连运动。

如果考虑重物被提升或降落，则绝对运动轨迹为空间曲线，相对运动轨迹为平面曲线。

综上所述，从不同的坐标系出发观察同一点的运动，得到不同的结果。而较为复杂的运动（重物相对地球的运动），可以分解为动系对静系的运动（起重臂相对塔身的运动为定轴转动）和动点相对动系的运动（重物相对起重臂的运动）这两种简单运动。

除研究物体相对地球运动外，一般可将静系固结在地球表面；而将动系固结在某一运动的物体上，由于该运动物体可能作移动，或者作定轴转动，也可能作平面运动，

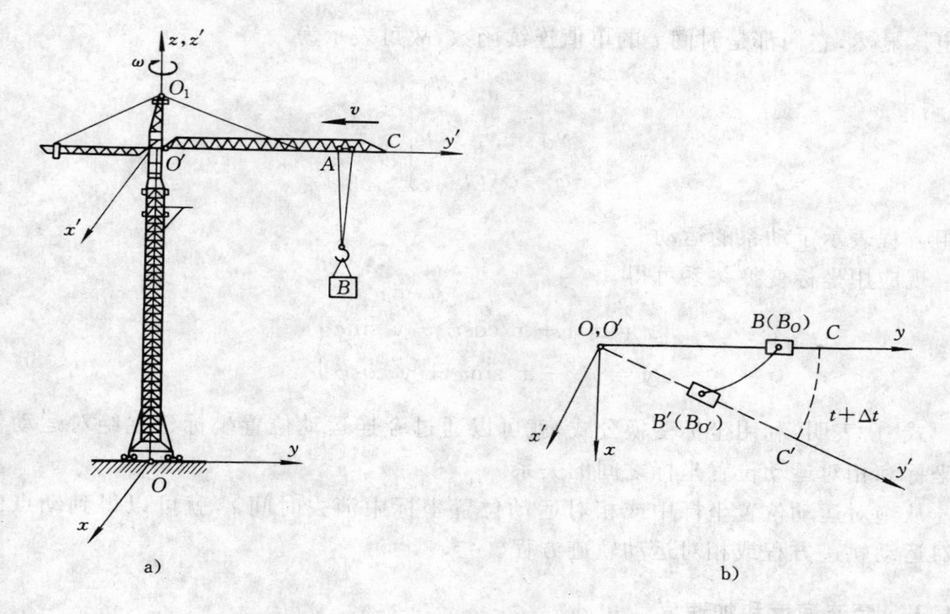

图 8-1　点的合成运动实例

乃至作空间的任意运动，所以动系的运动涉及刚体的各种运动。

我们将动点相对于静系的运动称为绝对运动，动点相对于动系的运动称为相对运动，而动系相对于静系的运动称为牵连运动。

需要指出的是，动点的绝对运动和相对运动，都是点的运动，所以可以应用第 5 章点的运动学的方法来描述；而牵连运动是动系(刚体)的运动，所以要应用第 6 章或第 7 章乃至更复杂的刚体运动方法来描述。

既然点的绝对运动可以分解为动坐标系的牵连运动和点在动坐标系中的相对运动，那么，在明确动坐标系的运动和点相对动坐标系的运动后，可以合成为点的绝对运动。

8.1.2　点的绝对运动位置和相对运动位置

动点的绝对运动位置和相对运动位置之间的关系，可以通过下面这个特例来了解。设动点 M 在图 8-2 所示的平面中运动，若取 Oxy 为静系，$O'x'y'$ 为动系，则动点运动时，其绝对运动的运动位置坐标为

$$x = x(t),\quad y = y(t)$$

其相对运动的运动位置坐标为

$$x' = x'(t),\quad y' = y'(t)$$

而动系相对静系的位置，可由动系原点 O' 的两个坐标 $x_{O'}, y_{O'}$ 和动坐标轴 $O'x'$(或 $O'y'$) 的转角 φ 来

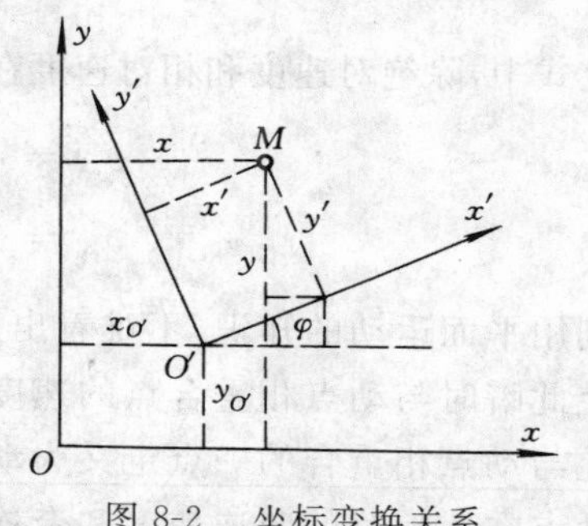

图 8-2　坐标变换关系

确定。显然，它们都是时间 t 的单值连续函数，故可表示为

$$\left.\begin{aligned}x_{O'}&=x_{O'}(t)\\y_{O'}&=y_{O'}(t)\\\varphi&=\varphi(t)\end{aligned}\right\}$$

这组方程表示了动系的运动。

现应用坐标变换关系可得

$$\left.\begin{aligned}x&=x_{O'}+x'\cos\varphi-y'\sin\varphi\\y&=y_{O'}+x'\sin\varphi+y'\cos\varphi\end{aligned}\right\}\qquad①$$

式 ① 表明：利用坐标变换公式，就可以通过牵连运动位置坐标建立绝对运动位置坐标和相对运动位置坐标之间的关系。

从绝对运动位置坐标中或相对运动位置坐标中消去时间 t，就可以得到动点的绝对运动轨迹方程或相对运动轨迹方程。

8.1.3 牵连速度和加速度

点的绝对速度和绝对加速度是在静系中观察到的点速度和点加速度，分别用符号 $\boldsymbol{v}_a$ 和 $\boldsymbol{a}_a$ 表示；点的相对速度和相对加速度是在动系中观察到的点速度和点加速度，分别用符号 $\boldsymbol{v}_r$ 和 $\boldsymbol{a}_r$ 表示。在上述特例中，以矢量表达的绝对、相对速度与加速度如下式

$$\left.\begin{aligned}\boldsymbol{v}_a&=\dot{x}(t)\boldsymbol{i}+\dot{y}(t)\boldsymbol{j},\quad \boldsymbol{a}_a=\ddot{x}(t)\boldsymbol{i}+\ddot{y}(t)\boldsymbol{j}\\\boldsymbol{v}_r&=\dot{x}'(t)\boldsymbol{i}'+\dot{y}'(t)\boldsymbol{j}',\quad \boldsymbol{a}_r=\ddot{x}'(t)\boldsymbol{i}'+\ddot{y}'(t)\boldsymbol{j}'\end{aligned}\right\}$$

那么牵连速度和牵连加速度（分别用符号 $\boldsymbol{v}_e$ 和 $\boldsymbol{a}_e$ 表示）是否就是动坐标原点 O' 的速度和加速度呢？我们将式 ① 对时间 t 求一阶导数，有

$$\left.\begin{aligned}\dot{x}(t)&=\dot{x}_{O'}+\dot{x}'\cos\varphi-x'\dot{\varphi}\sin\varphi-\dot{y}'\sin\varphi-y'\dot{\varphi}\cos\varphi\\\dot{y}(t)&=\dot{y}_{O'}+\dot{x}'\sin\varphi+x'\dot{\varphi}\cos\varphi+\dot{y}'\cos\varphi-y'\dot{\varphi}\sin\varphi\end{aligned}\right\}$$

上式中，除绝对速度和相对速度在 x 轴和 y 轴上投影外，剩下的则定义为牵连速度，为

$$\left.\begin{aligned}v_{ex}&=\dot{x}_{O'}-x'\dot{\varphi}\sin\varphi-y'\dot{\varphi}\cos\varphi\\v_{ey}&=\dot{y}_{O'}+x'\dot{\varphi}\cos\varphi-y'\dot{\varphi}\sin\varphi\end{aligned}\right\}$$

利用平面运动的知识，不难看出这个速度不是动坐标原点 O' 的速度，而是动坐标系上此瞬时与动点相重合点的速度（读者可再验证牵连加速度）。因此，将某瞬时动系上与动点相重合的一点定义为动点在此瞬时的牵连点；牵连点的速度和加速度称为动点在该瞬时的牵连速度和牵连加速度。

例 8-1　在图 8-3a) 所示的机构中，曲柄 OA 以 $\varphi=\frac{\pi}{2}\sin\frac{\pi}{2}t$ 的规律绕轴 O 转动，其中 φ 以 rad 计，t 以 s 计。并通过销钉 A 带动杆 BC 绕轴 C 转动，若 $OA=OC=r=20\ \text{cm}$。试求销钉 A 相对杆 BC 的速度、加速度以及它的牵连速度和加速度。

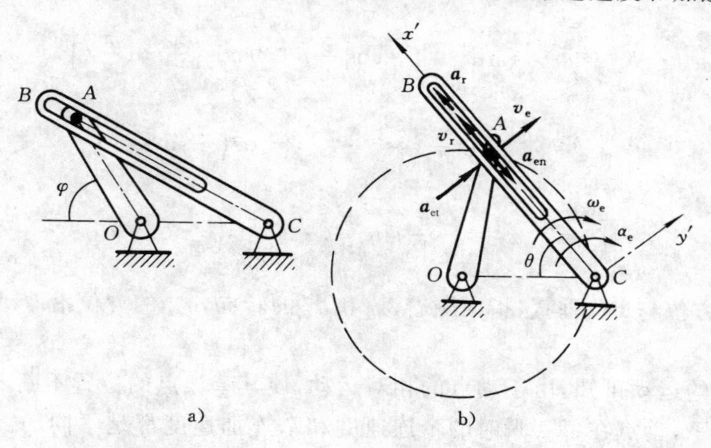

图 8-3　例 8-1 图

解　取销钉 A 为动点，固结于转动杆件 BC 上的坐标系 $Cx'y'$ 为动系，固结于某一静止点的为静系(不需画出)。于是，销钉 A 相对静系的绝对运动是以 O 为中心、OA 为半径的圆周运动；销钉 A 相对动系的运动是沿 BC 的直线运动；而杆 BC 绕轴 C 的转动是牵连运动。

由图 8-3a) 所示的几何关系，可得销钉 A 的相对运动位置坐标为

$$x'=2r\cos\theta$$

因

$$\theta=\frac{\varphi}{2}=\frac{\pi}{4}\sin\frac{\pi}{2}t$$

所以

$$x'=2r\cos\left(\frac{\pi}{4}\sin\frac{\pi}{2}t\right)$$

将上式对时间 t 求一阶和二阶导数，得销钉 A 的相对速度和相对加速度的大小分别为

$$v_r=\frac{dx'}{dt}=-r\frac{\pi^2}{4}\cos\frac{\pi}{2}t\cdot\sin\left(\frac{\pi}{4}\sin\frac{\pi}{2}t\right)$$

$$a_r=\frac{dv_r}{dt}=-r\frac{\pi^3}{8}\left[\sin\frac{\pi}{2}t\cdot\sin\left(\frac{\pi}{4}\sin\frac{\pi}{2}t\right)+\frac{\pi}{4}\cos^2\frac{\pi}{2}t\cdot\cos\left(\frac{\pi}{4}\sin\frac{\pi}{2}t\right)\right]$$

$\boldsymbol{v}_r$ 和 $\boldsymbol{a}_r$ 的方位沿着 x' 轴，当具有正值时，指向 x' 轴正向，反之则指向负向。

销钉 A 的牵连速度和牵连加速度指的是牵连点的速度和加速度，即在杆 BC 上

与销钉 A 重合的一点 A_0 的绝对速度和绝对加速度。因杆 BC 的转动方程 $\theta=\frac{\varphi}{2}$，其角速度 $\omega_e=\frac{d\theta}{dt}=\frac{\pi^2}{8}\cos\frac{\pi}{2}t$，角加速度 $\alpha_e=\frac{d\omega_e}{dt}=-\frac{\pi^3}{16}\sin\frac{\pi}{2}t$，所以得

$$v_e=v_{A_O}=\omega_e x'=\frac{\pi^2}{8}\cos\frac{\pi}{2}t\cdot 2r\cos\left(\frac{\pi}{4}\sin\frac{\pi}{2}t\right)$$

$$a_{en}=\omega_e^2 x'=\frac{\pi^4}{64}\cos^2\frac{\pi}{2}t\cdot 2r\cos\left(\frac{\pi}{4}\sin\frac{\pi}{2}t\right)$$

$$a_{et}=\alpha_e x'=-\frac{\pi^3}{16}\sin\frac{\pi}{2}t\cdot 2r\cos\left(\frac{\pi}{4}\sin\frac{\pi}{2}t\right)$$

$\boldsymbol{v}_e$ 和 $\boldsymbol{a}_{et}$ 的方位与 BC 垂直，指向顺着 ω_e 和 α_e 的转向，$\boldsymbol{a}_{en}$ 的方位沿着 AC，并指向点 C（图 8-3b））。

从机构的运动可知，由于动点的相对运动，使其牵连点的位置不断发生变化。故在一般情况下，动点在每一瞬时的牵连速度和牵连加速度都是不同的。为了确定动点在某一瞬时的牵连速度和牵连加速度，应首先明确动点在该瞬时的牵连点。

8.2 速度合成定理

本节将建立点的相对速度、牵连速度和绝对速度三者之间的关系。因为点的速度是根据位移概念导出的，所以我们仍从分析动点的位移着手进行推导。

动点 M 相对于载体运动，载体相对于静坐标系 $Oxyz$ 作任意运动，将动坐标系 $O'x'y'z'$ 固结在载体上（图 8-4a））。若以矢径 $\boldsymbol{r}$ 和 $\boldsymbol{r}'$ 表示动点 M 的绝对位置和相对位置，以矢径 $\boldsymbol{r}_{O'}$ 表示动系原点相对静系的位置，则有

$$\boldsymbol{r}=\boldsymbol{r}_{O'}+\boldsymbol{r}' \qquad ①$$

式 ① 中的各矢径均为时间 t 的单值连续的矢量函数，其中 $\boldsymbol{r}'$ 可表示为

$$\boldsymbol{r}'=x'\boldsymbol{i}'+y'\boldsymbol{j}'+z'\boldsymbol{k}' \qquad ②$$

将式 ① 对时间 t 求一阶导数，有

$$\frac{d\boldsymbol{r}}{dt}=\frac{d\boldsymbol{r}_{O'}}{dt}+\frac{d\boldsymbol{r}}{dt} \qquad ③$$

其中，$\frac{d\boldsymbol{r}}{dt}=\boldsymbol{v}_a$，$\frac{d\boldsymbol{r}_{O'}}{dt}=\boldsymbol{v}_{O'}$。由式 ② 得

$$\frac{d\boldsymbol{r}'}{dt}=\dot{x}'\boldsymbol{i}'+\dot{y}'\boldsymbol{j}'+\dot{z}'\boldsymbol{k}'+(x'\dot{\boldsymbol{i}}'+y'\dot{\boldsymbol{j}}'+z'\dot{\boldsymbol{k}}') \qquad ④$$

右侧前三项的和 $\dot{x}'\boldsymbol{i}'+\dot{y}'\boldsymbol{j}'+\dot{z}'\boldsymbol{k}'=\boldsymbol{v}_r$。

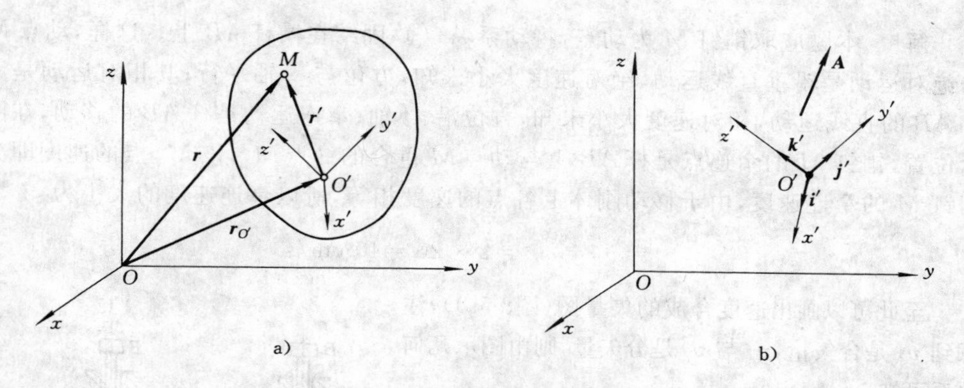

图 8-4 动点 M 的绝对位置和相对位置,相对导数

利用泊松公式(6-17):

$$\dot{\boldsymbol{i}}'=\boldsymbol{\omega}_{\mathrm{e}}\times\boldsymbol{i}',\quad \dot{\boldsymbol{j}}'=\boldsymbol{\omega}_{\mathrm{e}}\times\boldsymbol{j}',\quad \dot{\boldsymbol{k}}'=\boldsymbol{\omega}_{\mathrm{e}}\times\boldsymbol{k}' \tag{⑤}$$

式中,$\boldsymbol{\omega}_{\mathrm{e}}$ 表示动系的转动角速度,即牵连角速度。将式 ⑤ 代入式 ④:

$$\frac{\mathrm{d}\boldsymbol{r}'}{\mathrm{d}t}=\boldsymbol{v}_{\mathrm{r}}+\boldsymbol{\omega}_{\mathrm{e}}\times(x'\boldsymbol{i}'+y'\boldsymbol{j}'+z'\boldsymbol{k}')=\boldsymbol{v}_{\mathrm{r}}+\boldsymbol{\omega}_{\mathrm{e}}\times\boldsymbol{r}' \tag{⑥}$$

将式 ⑥ 代入式 ③:

$$\boldsymbol{v}_{\mathrm{a}}=\boldsymbol{v}_{O'}+\boldsymbol{v}_{\mathrm{r}}+\boldsymbol{\omega}_{\mathrm{e}}\times\boldsymbol{r}'$$

而 $\boldsymbol{v}_{O'}+\boldsymbol{\omega}_{\mathrm{e}}\times\boldsymbol{r}'$ 表示动系上与动点相重合的点 M' 的速度,为牵连速度,即 $\boldsymbol{v}_{\mathrm{e}}=\boldsymbol{v}_{O'}+\boldsymbol{\omega}_{\mathrm{e}}\times\boldsymbol{r}'$。当动系作移动时,$\boldsymbol{v}_{\mathrm{e}}=\boldsymbol{v}_{O'}$;当动系作定轴转动时,$\boldsymbol{v}_{\mathrm{e}}=\boldsymbol{\omega}_{\mathrm{e}}\times\boldsymbol{r}'$。代入得

$$\boldsymbol{v}_{\mathrm{a}}=\boldsymbol{v}_{\mathrm{e}}+\boldsymbol{v}_{\mathrm{r}} \tag{8-1}$$

这就是速度合成定理,它表明:在任一瞬时,动点的绝对速度等于其牵连速度与相对速度的矢量和。

应当指出的是:在速度合成定理的推导中,对载体(动系)的运动(牵连运动)未加任何限制,因此速度合成定理对任何形式的牵连运动都是适用的。

例 8-2 曲柄 O_1A 转动时,通过槽杆 AB 带动销钉 M 沿固定导槽 CD 运动,如图 8-5a) 所示。已知:$O_1A=O_2B=r=20\ \mathrm{cm}$,在图示 $\varphi=30°$ 位置时,角速度 $\omega=2\ \mathrm{rad/s}$。试求该位置销钉 M 的绝对速度。

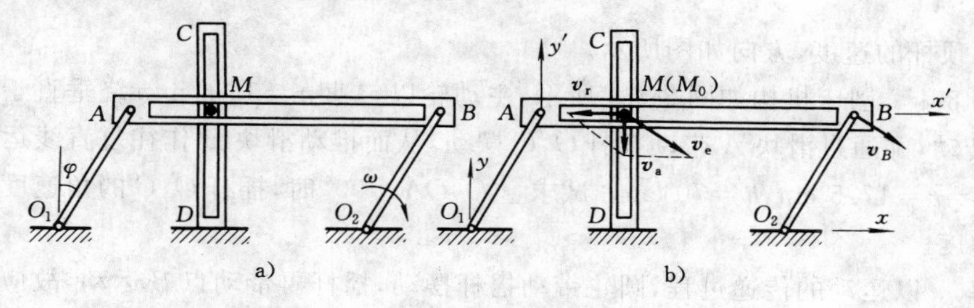

图 8-5 例 8-2 图

解 本题应取销钉 M 为动点，将动系 $Ax'y'$ 固结在槽杆 AB 上。这样，动点 M 的绝对运动是铅垂直线运动，绝对速度大小未知，方位与 y 轴平行；其相对运动是沿杆 AB 的直线运动，相对速度大小未知，方位沿 x' 轴；牵连运动是杆 AB 的移动，在图示位置，销钉 M 的牵连点是杆 AB 上与动点 M 重合的一点 M_0，该 M_0 点的速度即为销钉 M 的牵连速度，由于移动刚体上各点的速度相等，所以牵连速度的大小为

$$v_e = v_B = \omega r = 2 \times 20 = 40 \text{ cm/s}$$

至此可以画出速度合成的矢量图(图8-5b))，注意到 $\boldsymbol{v}_a$ 是合矢量，$\boldsymbol{v}_e$ 与 $\boldsymbol{v}_r$ 是分矢量，则由图示几何关系可知

$$v_a = v_e \sin\varphi$$

例 8-3 汽阀中的凸轮机构如图 8-6a) 所示。顶杆端点 A 利用弹簧压在凸轮轮廓上。当凸轮转动时，顶杆沿铅垂滑道上下运动。已知凸轮以等角速度 ω 转动，在图示瞬时凸轮轮廓曲线在点 A 的法线 An 与 AO 的夹角为 θ，且 $AO=r$。试求此时顶杆的速度。

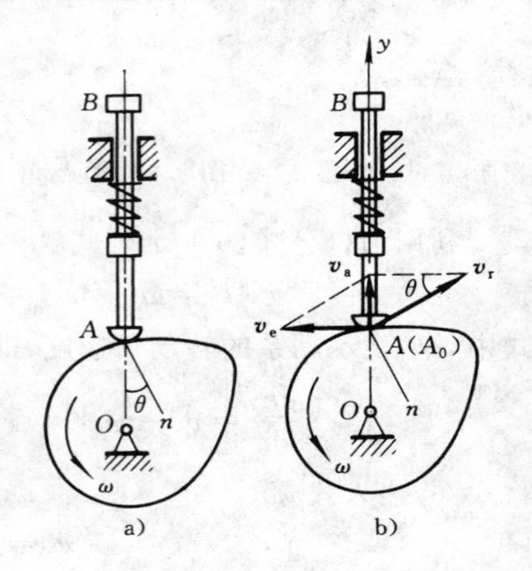

图 8-6 例 8-3 图

解 本题取顶杆上的点 A 为动点，将动系固结在凸轮上(不必画出动系)。于是动点 A 的绝对速度 $\boldsymbol{v}_a$ 的大小未知，方位沿 y 轴；动点 A 的相对运动是沿着凸轮轮廓线作曲线运动，所以相对速度 $\boldsymbol{v}_r$ 的大小未知，方位沿着轮廓曲线在此点的切线；牵连运动是凸轮绕 O 轴的定轴转动，牵连点为凸轮上此瞬时与动点相重合的点 A_0，所以牵连速度 $\boldsymbol{v}_e$ 的大小为

$$v_e = \omega \cdot \overline{OA_0} = \omega r$$

方向与 OA 垂直。

至此可以画出速度合成的矢量图(图8-6b))，则由图示几何关系可知

$$v_a = v_e \tan\theta = \omega r \tan\theta$$

这也是顶杆的速度，方向如图所示。

例 8-4 刨床机构如图 8-7a) 所示，主动轮以匀速 $n=50$ r/min 绕垂直于图面的轴 O 转动，并通过滑块 A 带动摇杆 O_1C 摆动，从而推动滑块 B 作往复直线运动。已知 $OA=r=17.5$ cm，$h=70$ cm。试求 $\angle O_1OA=90°$ 时，摇杆 O_1C 的角速度和滑块 B 的速度。

解 以运动的传递过程，圆轮带动摇杆摆动，摇杆再带动点 B 运动，故应先求得摇杆的角速度。

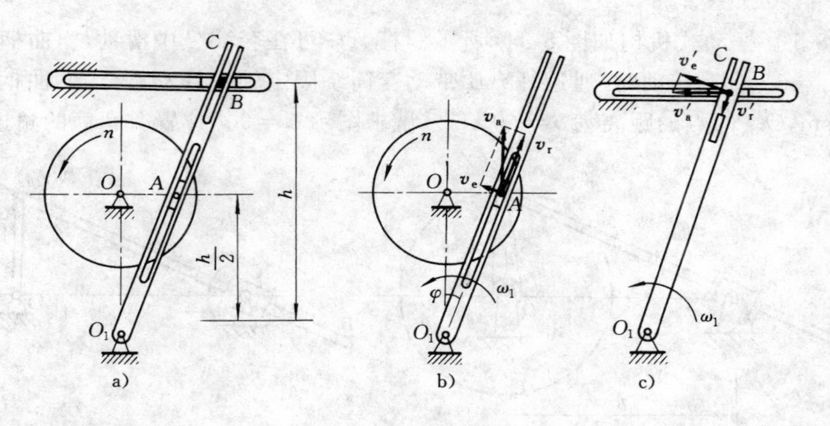

图 8-7　例 8-4 图

第一步，取点 A 为动点，将动系固结在摇杆上。动点（滑块）铰接于圆轮上，动点 A 作圆周运动，其绝对速度的大小为 $v_a=\omega\overline{OA}=\omega r$，方向已知；牵连运动为摇杆的定轴转动，动点 A 的牵连速度方位垂直于 O_1A；动点相对动系（摇杆）作直线运动，相对速度的方位沿摇杆。故按点的速度合成定理可作出速度矢量平行四边形，如图 8-7b）所示。设 $\angle OO_1A=\varphi$，则

$$v_e=v_a\sin\varphi$$

式中，$\omega=\frac{n\pi}{30}=\frac{5\pi}{3}$ rad/s，$\sin\varphi=\frac{\overline{OA}}{\overline{O_1A}}=\frac{17.5}{\sqrt{35^2+17.5^2}}=\frac{\sqrt{5}}{5}$，代入即求得摇杆 O_1C 上一点的速度，于是可得摇杆的角速度为

$$\omega_1=\frac{v_e}{\overline{O_1A}}=\frac{\omega\overline{OA}\sin\varphi}{\overline{O_1A}}=\omega\sin^2\varphi=\frac{5\pi}{3}\times\left(\frac{\sqrt{5}}{5}\right)^2=1.047\ \text{rad/s}$$

转向由 v_e 的指向决定。

第二步，求滑块的速度。取滑块 B 为动点，动系仍是摇杆 O_1C。现在摇杆的角速度已知，即 $v'_e=\omega\cdot\overline{O_1B}=\omega\cdot2\overline{O_1A}=2v_e$；而动点（沿水平滑道运动）的速度大小未知，相对速度的方位仍沿摇杆。于是，作出速度矢量平行四边形如图 8-7c）所示，则

$$v'_a=\frac{v'_e}{\cos\varphi}=\frac{2v_e}{\cos\varphi}=2\omega r\ \frac{\sin\varphi}{\cos\varphi}=2\omega r\tan\varphi$$

式中，$\tan\varphi=\frac{\overline{OA}}{\overline{O_1O}}=\frac{r}{h/2}=\frac{17.5}{35}=\frac{1}{2}$，代入得

$$v'_a=2\times\frac{5\pi}{3}\times17.5\times\frac{1}{2}=91.63\ \text{cm/s}$$

例 8-5 摆动式机构如图 8-8a) 所示。杆 AB 可在套筒 C 中滑动,当曲柄以等角速度 $\omega_O = 5\ \mathrm{rad/s}$ 转动时,通过杆 AB 带动套筒绕固定轴 C 摆动。已知:曲柄 OA 长 $r = 25\ \mathrm{cm}$,OC 两点的距离为 $b = 60\ \mathrm{cm}$。试求图示 $\theta = 90°$ 位置时套筒的角速度。

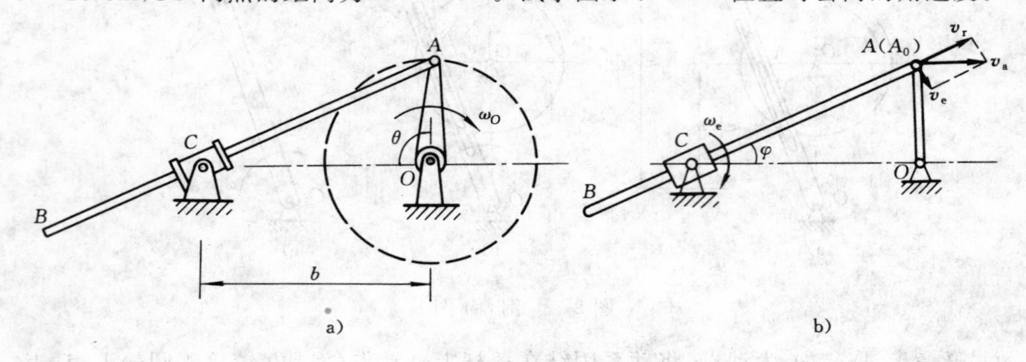

图 8-8 例 8-5 图

解 若能求得套筒 C 上任一点的速度,则它的角速度也就确定了。为此选点 A 为动点,将动系固结在套筒 C 上作定轴转动。动点作圆周运动,其绝对速度的大小为 $v_a = \omega_O r$;由于杆 AB 相对套筒作移动,所以动点 A 相对运动为沿杆 AB 轴线的直线运动,其相对速度 $\boldsymbol{v}_r$ 的方位已知;动点 A 的牵连速度为套筒的延拓部分与动点此瞬时相重合的速度,方位垂直于杆 AB。于是作出速度平行四边形(图 8-8b))。设 $\angle ACO = \varphi$,则根据图示几何关系有

$$v_e = v_a \sin\varphi = \omega_O r \frac{r}{AC} = \frac{\omega_O r^2}{\sqrt{r^2 + b^2}}$$

接着可求得套筒的角速度为

$$\omega_e = \frac{v_e}{AC} = \frac{\omega_O r^2}{r^2 + b^2} = \frac{5 \times 25^2}{25^2 + 60^2} = 0.739\,7\ \mathrm{rad/s}$$

其转向顺着 $\boldsymbol{v}_e$ 的指向。

8.3 加速度合成定理

设动系的运动同研究速度时相同,作任意运动。将式(8-1)两端对时间 t 求导可得动点 M 的加速度合成公式:

$$\boldsymbol{a}_a = \frac{\mathrm{d}\boldsymbol{v}_a}{\mathrm{d}t} = \frac{\mathrm{d}\boldsymbol{v}_e}{\mathrm{d}t} + \frac{\mathrm{d}\boldsymbol{v}_r}{\mathrm{d}t} \qquad ①$$

根据牵连点的定义,牵连加速度是动系上一点的加速度,其速度一般可表示为 $\boldsymbol{v}_e = \boldsymbol{v}_{O'} + \boldsymbol{\omega}_e \times \boldsymbol{r}'$,则

$$\frac{\mathrm{d}\boldsymbol{v}_{\mathrm{e}}}{\mathrm{d}t}=\frac{\mathrm{d}\boldsymbol{v}_{O'}}{\mathrm{d}t}+\frac{\mathrm{d}\boldsymbol{\omega}_{\mathrm{e}}}{\mathrm{d}t}\times\boldsymbol{r}'+\boldsymbol{\omega}_{\mathrm{e}}\times\frac{\mathrm{d}\boldsymbol{r}'}{\mathrm{d}t} \quad ②$$

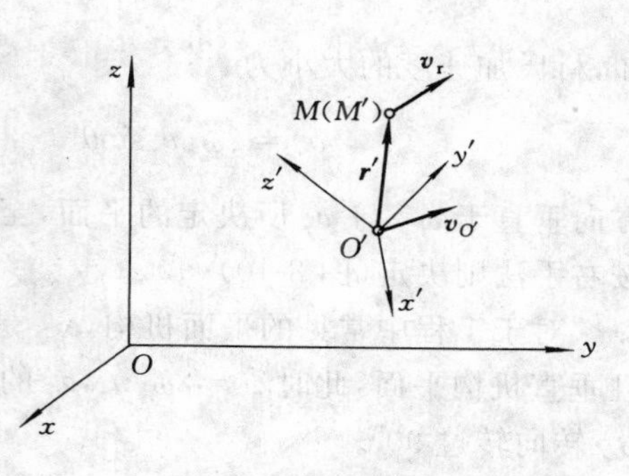

图 8-9　速度对静、动系的变化关系

式中，$\frac{\mathrm{d}\boldsymbol{v}_{O'}}{\mathrm{d}t}=\boldsymbol{a}_{O'}$，是动系原点 O' 的加速度，$\frac{\mathrm{d}\boldsymbol{\omega}_{\mathrm{e}}}{\mathrm{d}t}\times\boldsymbol{r}'=\boldsymbol{\alpha}_{\mathrm{e}}\times\boldsymbol{r}'=\boldsymbol{a}_{M'O'\mathrm{t}}$，是牵连点 M' 相对 O' 的切向加速度(图 8-9)；$\boldsymbol{\omega}_{\mathrm{e}}\times\frac{\mathrm{d}\boldsymbol{r}'}{\mathrm{d}t}=\boldsymbol{\omega}_{\mathrm{e}}\times(\boldsymbol{\omega}_{\mathrm{e}}\times\boldsymbol{r}'+\boldsymbol{v}_{\mathrm{r}})$，其中 $\boldsymbol{\omega}_{\mathrm{e}}\times(\boldsymbol{\omega}_{\mathrm{e}}\times\boldsymbol{r}')=\boldsymbol{a}_{M'O'\mathrm{n}}$，是牵连点 M' 相对 O' 的法向加速度。因此式 ② 为

$$\frac{\mathrm{d}\boldsymbol{v}_{\mathrm{e}}}{\mathrm{d}t}=\boldsymbol{a}_{O'}+\boldsymbol{a}_{M'O'\mathrm{t}}+\boldsymbol{a}_{M'O'\mathrm{n}}+\boldsymbol{\omega}_{\mathrm{e}}\times\boldsymbol{v}_{\mathrm{r}} \quad ③$$

参照平面运动基点法的理论，显然

$$\boldsymbol{a}_{\mathrm{e}}=\boldsymbol{a}_{O'}+\boldsymbol{a}_{M'O'\mathrm{t}}+\boldsymbol{a}_{M'O'\mathrm{n}} \quad ④$$

所以
$$\frac{\mathrm{d}\boldsymbol{v}_{\mathrm{e}}}{\mathrm{d}t}=\boldsymbol{a}_{\mathrm{e}}+\boldsymbol{\omega}_{\mathrm{e}}\times\boldsymbol{v}_{\mathrm{r}}$$

接着再研究 $\boldsymbol{v}_{\mathrm{r}}$ 对时间的导数。因 $\boldsymbol{v}_{\mathrm{r}}=\dot{x}'\boldsymbol{i}'+\dot{y}'\boldsymbol{j}'+\dot{z}'\boldsymbol{k}'$，则

$$\frac{\mathrm{d}\boldsymbol{v}_{\mathrm{r}}}{\mathrm{d}t}=\ddot{x}'\boldsymbol{i}'+\ddot{y}'\boldsymbol{j}'+\ddot{z}'\boldsymbol{k}'+(\dot{x}'\dot{\boldsymbol{i}}'+\dot{y}'\dot{\boldsymbol{j}}'+\dot{z}'\dot{\boldsymbol{k}}') \quad ⑤$$

上式右侧前三项的和
$$\ddot{x}'\boldsymbol{i}'+\ddot{y}'\boldsymbol{j}'+\ddot{z}'\boldsymbol{k}'=\boldsymbol{a}_{\mathrm{r}}$$
后三项的和根据泊松公式：

$$\dot{x}'\dot{\boldsymbol{i}}'+\dot{y}'\dot{\boldsymbol{j}}'+\dot{z}'\dot{\boldsymbol{k}}'=\boldsymbol{\omega}_{\mathrm{e}}\times(\dot{x}'\boldsymbol{i}'+\dot{y}'\boldsymbol{j}'+\dot{z}'\boldsymbol{k}')=\boldsymbol{\omega}_{\mathrm{e}}\times\boldsymbol{v}_{\mathrm{r}} \quad ⑥$$

所以式 ⑤ 为
$$\frac{\mathrm{d}\boldsymbol{v}_{\mathrm{r}}}{\mathrm{d}t}=\boldsymbol{a}_{\mathrm{r}}+\boldsymbol{\omega}_{\mathrm{e}}\times\boldsymbol{v}_{\mathrm{r}} \quad ⑦$$

将以上推导结果代入式 ①，并令

$$\boldsymbol{a}_{\mathrm{c}}=2\boldsymbol{\omega}_{\mathrm{e}}\times\boldsymbol{v}_{\mathrm{r}} \quad (8\text{-}2)$$

$\boldsymbol{a}_{\mathrm{c}}$ 称为科氏加速度。于是动点的加速度为

$$\boldsymbol{a}_{\mathrm{a}}=\boldsymbol{a}_{\mathrm{e}}+\boldsymbol{a}_{\mathrm{r}}+\boldsymbol{a}_{\mathrm{c}} \quad (8\text{-}3)$$

式(8-3) 表示，当牵连运动为非移动(动系作移动时，$\boldsymbol{\omega}_{\mathrm{e}}\equiv 0$) 时，一般可能存在科氏加速度；因此动点的绝对加速度等于其牵连加速度、相对加速度、科氏加速度的矢量和。这就是加速度合成定理。

下面来讨论科氏加速度的计算。设 $\boldsymbol{\omega}_{\mathrm{e}}$ 与 $\boldsymbol{v}_{\mathrm{r}}$ 间的夹角为 θ，则由矢积的定义可

知，科氏加速度的大小为

$$a_c = 2\omega_e v_r \sin\theta$$

方向垂直于 $\boldsymbol{\omega}_e$ 与 $\boldsymbol{v}_r$ 所决定的平面，至于它的指向可按右手法则决定（图 8-10）。

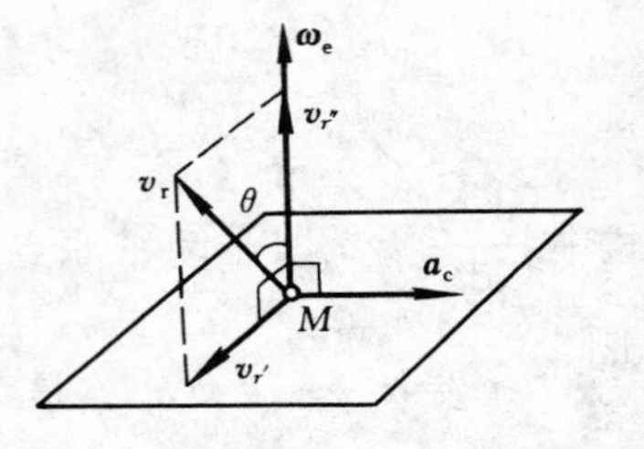

图 8-10　科氏加速度的方向

对于工程中常见的平面机构，$\boldsymbol{\omega}_e$ 是与 $\boldsymbol{v}_r$ 垂直的，且垂直机构平面，此时 $a_c = 2\omega_e v_r$，$\boldsymbol{a}_c$ 的指向是将 $\boldsymbol{v}_r$ 按 $\boldsymbol{\omega}_e$ 转向转过 90°。

例 8-6　曲柄滑道连杆机构如图 8-11a）所示，已知曲柄 OA 长为 r，以匀角速 ω 转动，并通过 A 端的滑块 A 带动滑道连杆 BC 沿轴 x 往复运动。试求当 OA 与轴 x 的夹角为 φ 时，滑道连杆 BC 的加速度。

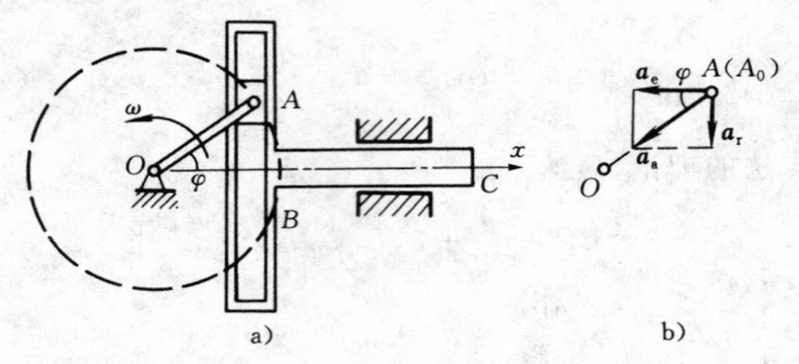

图 8-11　例 8-6 图

解　滑道连杆 BC 由滑块 A 带动沿轴 x 作移动，只要求出滑道与滑块 A 相重合的一点的加速度，便知道滑道连杆的加速度。取滑块 A 为动点，将动坐标系固结在滑道连杆上。于是，动点 A 作圆周运动为绝对运动，滑道连杆的移动为牵连运动，动点 A 沿竖直滑道的直线运动为相对运动。

因为牵连运动为移动，所以科氏加速度恒等于零，即 $\boldsymbol{a}_a = \boldsymbol{a}_e + \boldsymbol{a}_r$ 式中

$$\boldsymbol{a}_a = \boldsymbol{a}_{an} = \omega^2 \cdot \overline{OA} = \omega^2 r$$

而 $\boldsymbol{a}_e$，$\boldsymbol{a}_r$ 的大小均未知，方位均已知，利用平行四边形法则，作加速度合成矢量图如图 8-11b）所示，可得

$$a_e = a_a \cos\varphi = \omega^2 r \cos\varphi$$

例 8-7　半径为 R、偏心距为 e 的偏心圆凸轮，以等角速度 ω 绕定轴 O 逆时针转动，并带动拨叉 A 和固接于 A 的控制杆 BD 沿水平直线作往复运动，如图 8-12a）所示。设拨叉与凸轮的接触表面是铅垂的。试求控制杆 BD 的加速度，并将它表示成转角 θ 的函数。

解　观察机构的运动可知，在运动过程中，凸轮与拨叉的接触点是在不断变化着的，所以不能选接触点为动点，应选凸轮的轮心 C 为动点，动点 C 作圆周运动，将动

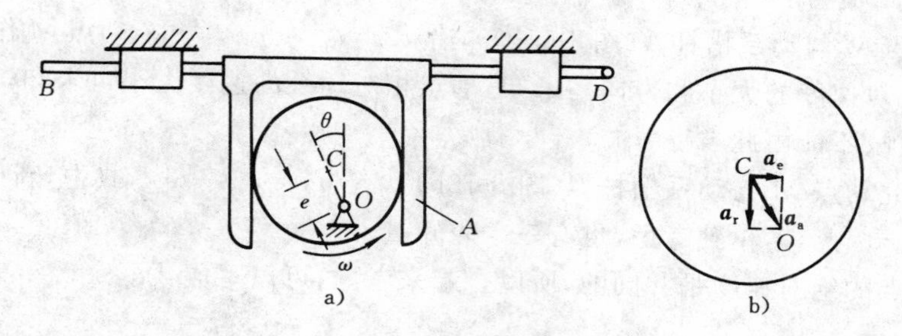

图 8-12　例 8-7 图

系固结在拨叉上，拨叉作移动，在拨叉上看动点 C 的运动，注意到动点距拨叉的铅垂壁恒为半径 R，故可得出相对运动为平行于铅垂壁的直线运动。

因为牵连运动为移动，所以科氏加速度恒等于零，即

$$\boldsymbol{a}_{\mathrm{a}}=\boldsymbol{a}_{\mathrm{e}}+\boldsymbol{a}_{\mathrm{r}}$$

式中

$$\boldsymbol{a}_{\mathrm{a}}=\boldsymbol{a}_{\mathrm{an}}=\omega^{2}\cdot\overline{OC}=\omega^{2}e$$

而 $\boldsymbol{a}_{\mathrm{e}}$，$\boldsymbol{a}_{\mathrm{r}}$ 的大小均未知，方位均已知，利用平行四边形法则，作加速度合成矢量图如图 8-12b) 所示，可得

$$a_{\mathrm{e}}=a_{\mathrm{a}}\sin\theta=\omega^{2}e\sin\theta$$

例 8-8　在图 8-13a) 所示机构中，销子 M 的运动受两个丁字形槽杆 A 和 B 运动的控制。在图示瞬时，槽杆 A 各点的速度 $v_A=3\ \mathrm{cm/s}$，加速度 $a_A=30\ \mathrm{cm/s^2}$，槽杆 B 各点的速度 $v_B=5\ \mathrm{cm/s}$，加速度 $a_B=20\ \mathrm{cm/s^2}$，方向如图所示。试求销子 M 的轨迹在图示位置的曲率半径 ρ。

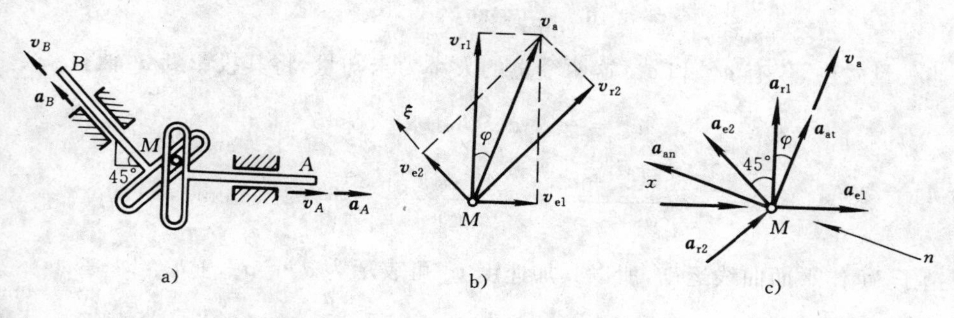

图 8-13　例 8-8 图

解　因销子 M 的轨迹方程并不知道，故只能通过法向加速度 $a_{M\mathrm{n}}=\dfrac{v_M^2}{\rho}$ 得到曲率半径 ρ。为此，必须先分析销子 M 的速度和加速度。

先求出销子 M 的速度。若取销子 M 为动点，那么此动点相对两个槽杆均有相对运动。若分别取槽杆 A 与 B 为动系，就成为同一动点同时相对两个动系在运动。

由动点 M 与动系槽杆 A(图 8-13b)),有 $\boldsymbol{v}_{a}=\boldsymbol{v}_{e1}+\boldsymbol{v}_{r1}$,式中,动点 M 作平面曲线运动,其绝对速度的大小和方向均未知,动点相对动系的速度大小也未知。因此有三个未知量,故不能由此求得 $\boldsymbol{v}_{a}$。

再研究动点 M 与动系槽杆 B(图 8-13b)),有 $\boldsymbol{v}_{a}=\boldsymbol{v}_{e2}+\boldsymbol{v}_{r2}$,式中,新出现 $\boldsymbol{v}_{r2}$ 这个未知量。因此,若单独考虑,也有三个未知量。

但动点的绝对速度是共同的,所以合起来考虑,可以写成

$$\boldsymbol{v}_{e1}+\boldsymbol{v}_{r1}=\boldsymbol{v}_{e2}+\boldsymbol{v}_{r2}$$

此式仅含两个未知量。现应用解析法,将上式投影到 ξ 轴有

$$-v_{e1}\cos45^{\circ}+v_{r1}\cos45^{\circ}=v_{e2}$$

得
$$v_{r1}=\frac{v_{e2}+v_{e1}\cos45^{\circ}}{\cos45^{\circ}}=\frac{5+3\cos45^{\circ}}{\cos45^{\circ}}=10.07\ \mathrm{cm/s}$$

于是,销钉 M 的速度 $\boldsymbol{v}_{a}$ 的大小为

$$v_{a}=\sqrt{v_{e1}^{2}+v_{r1}^{2}}=\sqrt{3^{2}+10.07^{2}}=10.51\ \mathrm{cm/s}$$

方向可由 $\boldsymbol{v}_{a}$ 与 $\boldsymbol{v}_{r1}$ 间的夹角 φ 表示为

$$\varphi=\arctan\frac{v_{e1}}{v_{r1}}=\arctan\frac{3}{10.07}=16.59^{\circ}$$

接着分析销子 M 的加速度。作矢量分析图如图 8-13c) 所示,分别有 $\boldsymbol{a}_{a}=\boldsymbol{a}_{e1}+\boldsymbol{a}_{r1}$ 与 $\boldsymbol{a}_{a}=\boldsymbol{a}_{e2}+\boldsymbol{a}_{r2}$,于是得

$$\boldsymbol{a}_{e1}+\boldsymbol{a}_{r1}=\boldsymbol{a}_{e2}+\boldsymbol{a}_{r2}$$

上述矢量式中,仅有 $\boldsymbol{a}_{r1}$ 和 $\boldsymbol{a}_{r2}$ 这两个量的大小为未知量,将其投影到 x 轴有

$$a_{e1}=-a_{e2}\cos45^{\circ}+a_{r2}\cos45^{\circ}$$

则
$$a_{r2}=\frac{a_{e2}\cos45^{\circ}+a_{e1}}{\cos45^{\circ}}=\frac{20\cos45^{\circ}+30}{\cos45^{\circ}}=62.43\ \mathrm{cm/s^{2}}$$

因销子 M 作平面曲线运动,所以其加速度 $\boldsymbol{a}_{a}$ 可表示为 $\boldsymbol{a}_{a}=\boldsymbol{a}_{an}+\boldsymbol{a}_{at}$,即

$$\boldsymbol{a}_{an}+\boldsymbol{a}_{at}=\boldsymbol{a}_{e2}+\boldsymbol{a}_{r2}$$

其中,$\boldsymbol{a}_{an}$ 与 $\boldsymbol{a}_{at}$ 的大小均未知,方位分别为垂直于 $\boldsymbol{v}_{a}$ 和沿着 $\boldsymbol{v}_{a}$;将上式投影到 n 轴有

$$\begin{aligned}a_{an}&=a_{e2}\sin(\varphi+45^{\circ})-a_{r2}\cos(\varphi+45^{\circ})\\&=20\sin(16.59^{\circ}+45^{\circ})-62.43\cos(16.59^{\circ}+45^{\circ})\\&=-12.11\ \mathrm{cm/s^{2}}\end{aligned}$$

负号说明 $\boldsymbol{a}_{an}$ 的指向与图示假设的相反。

最后，计算动点 M 的轨迹在图示位置的曲率半径 ρ。由 $|a_{an}|=\dfrac{v_a^2}{\rho}$ 得

$$\rho=\frac{v_a^2}{|a_{an}|}=\frac{10.51^2}{12.11}=9.121\ \text{cm}$$

因 $\boldsymbol{a}_{an}$ 得负值，所以销子 M 的曲率中心在 $\boldsymbol{v}_a$ 的右方。

例 8-9 一圆盘以匀角速度 $\omega=1.5$ rad/s 绕垂直于圆盘平面的轴 O 转动，圆盘上开有一直滑槽，滑槽距轴 O 为 $e=6$ cm，一动点 A 在滑槽内运动。当 $\varphi=60°$ 时，其相对速度为 $v_r=5$ cm/s，相对加速度为 $a_r=10$ cm/s^2，方向如图 8-14a) 所示。试求此瞬时动点 A 的绝对加速度。

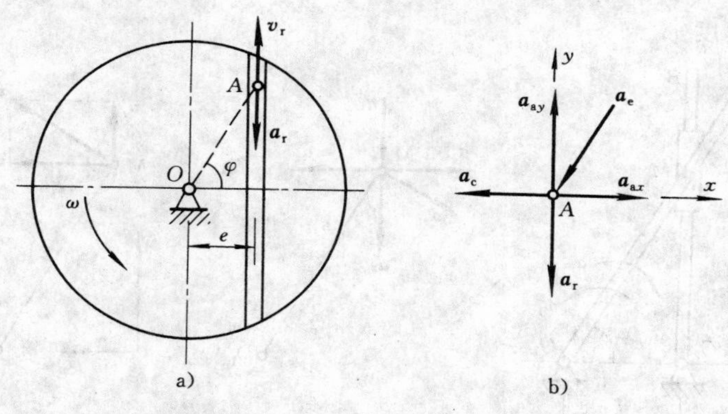

图 8-14 例 8-9 图

解 题中已取动点为 A，则动系必为圆盘。动点的运动未知，为平面曲线运动；动系作定轴转动；动点相对动系的运动也已知。因此直接作加速度合成矢量图(图 8-14b))。又因为动系作定轴转动，所以动点的绝对加速度应为 $\boldsymbol{a}_a=\boldsymbol{a}_e+\boldsymbol{a}_r+\boldsymbol{a}_c$，式中

$$a_e=a_{en}=\omega_e^2\cdot\overline{OA}=\omega^2\frac{e}{\sin\varphi}=1.5^2\times\frac{6}{\sin60°}=27\ \text{cm/s}^2$$

方向如图。又因 $\boldsymbol{v}_r$ 在圆盘的转动平面上，即 $\boldsymbol{\omega}_e\perp\boldsymbol{v}_r$，所以科氏加速度 $\boldsymbol{a}_c$ 的大小为

$$a_c=2\omega_e v_r=2\times1.5\times5=15\ \text{cm/s}^2$$

将 $\boldsymbol{v}_r$ 顺着 $\boldsymbol{\omega}_e$ 的转向转过 90°，即得 $\boldsymbol{a}_c$ 的方向(图 8-14b))。

至此，动点 A 的绝对加速度的各分量均已求得。现用解析法求 $\boldsymbol{a}_a$，将加速度矢量方程分别投影到水平(x 轴)和铅垂轴(y 轴)，得

$$a_{ax}=-a_e\cos\varphi-a_c=-27\times\cos60°-15=-28.5\ \text{cm/s}^2$$

$$a_{ay}=-a_e\sin\varphi-a_r=-27\sin60°-10=-33.4\ \text{cm/s}^2$$

所以 $\boldsymbol{a}_a$ 的大小为

$$a_a=\sqrt{a_{ax}^2+a_{ay}^2}=\sqrt{(-28.5)^2+(-33.4)^2}=43.9\ \text{cm/s}^2$$

方向用 $\boldsymbol{a}_a$ 与铅垂线的夹角 θ 表示为

$$\theta=\arctan\left|\frac{a_{ax}}{a_{ay}}\right|=\arctan\frac{28.5}{33.4}=40°28'$$

例 8-10 滑块 M 与杆 O_1A 铰接，并可沿杆 O_2B 滑动(图 8-15a))。O_1O_2 的水平间距 $l=0.5$ m。在图示 $\varphi=60°$ 瞬时，杆 O_1A 的角速度 $\omega_1=0.2$ rad/s，角加速度 $\alpha_1=0.25$ rad/s^2，转向如图所示。试求此瞬时杆 O_2B 的角加速度 α_2 和滑块 M 相对杆 O_2B 的加速度。

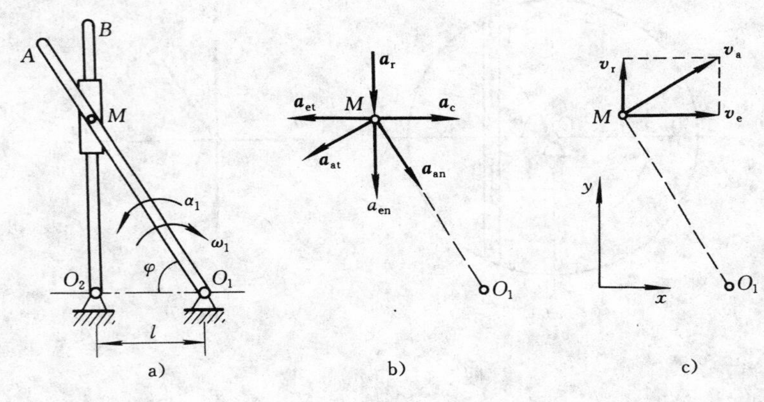

图 8-15 例 8-10 图

解 取滑块 M 为动点，动点作圆周运动；动系为杆 O_2B，作定轴转动；相对运动为动点沿杆 O_2B 的直线运动。如果能求得动点 M 在图示位置的 a_{et}，则杆 O_2B 的角加速度即可求出。

画出加速度合成矢量图(图 8-15b))，可列写出矢量方程为

$$\boldsymbol{a}_{an}+\boldsymbol{a}_{at}=\boldsymbol{a}_{en}+\boldsymbol{a}_{et}+\boldsymbol{a}_r+\boldsymbol{a}_c$$

式中的已知量为

$$a_{an}=\omega_1^2\cdot\overline{O_1M}=\omega_1^2\cdot\frac{l}{\cos\varphi}=0.2^2\times\frac{0.5}{\cos60°}=0.04\ \text{cm/s}^2$$

$$a_{at}=\alpha_1\cdot\overline{O_1M}=0.25\times\frac{0.5}{\cos60°}=0.25\ \text{cm/s}^2$$

为了列写出牵连点的法向加速度 a_{en} 与科氏加速度 a_c，必须先求得牵连角速度

ω_2 和相对速度 v_r。画出速度矢量图(图 8-15c)),由几何关系有

$$v_r = v_a \cos\varphi$$

其中,$v_a = \omega_1 \cdot \overline{O_1 M} = \omega_1 \cdot \dfrac{l}{\cos\varphi} = 0.2 \times \dfrac{0.5}{\cos 60^\circ} = 0.2\ \text{cm/s}$,代入上式得

$$v_r = 0.2 \times \cos 60^\circ = 0.1\ \text{cm/s}$$

$$v_e = v_a \sin\varphi = 0.2 \times \sin 60^\circ = 0.17\ \text{cm/s}$$

$$\omega_2 = \frac{v_e}{\overline{O_2 M}} = \frac{v_e}{l\tan\varphi} = \frac{0.2\sin 60^\circ}{0.5\tan 60^\circ} = 0.2\ \text{rad/s} \quad (\text{指向为顺时针})$$

则
$$a_{en} = \omega_2^2 \cdot \overline{O_2 M} = 0.2^2 \times 0.5\tan 60^\circ = 0.0346\ \text{cm/s}^2$$

$$a_c = 2\omega_2 v_r = 2 \times 0.2 \times 0.1 = 0.04\ \text{cm/s}^2$$

至此,只有 a_{et} 和 a_r 二者大小未知。现将矢量方程分别投影到水平轴(x)和铅垂轴(y),可列写出

$$a_{an}\cos\varphi - a_{at}\sin\varphi = -a_{et} + a_c$$

$$-a_{an}\sin\varphi - a_{at}\cos\varphi = -a_{en} - a_r$$

即
$$a_{et} = -a_{an}\cos\varphi + a_{at}\sin\varphi + a_c$$

$$= -0.04\cos 60^\circ + 0.25\sin 60^\circ + 0.04 = 0.237\ \text{cm/s}^2$$

$$a_r = a_{en}\sin\varphi + a_{at}\cos\varphi - a_{en}$$

$$= 0.04\sin 60^\circ + 0.25\cos 60^\circ - 0.0346 = 0.125\ \text{cm/s}^2$$

因此,杆 O_2B 的角加速度大小为

$$\alpha_2 = \frac{a_{et}}{\overline{O_2 M}} = \frac{0.237}{0.5\tan 60^\circ} = 0.274\ \text{rad/s}^2$$

转向为逆时针。

例 8-11 半径 $R = 60$ cm 的圆盘 B 以等角速 $\dot{\theta} = 3$ rad/s 相对马达 A 的壳体和连杆 OA 转动,同时连杆 OA 又以 $\omega = 2$ rad/s 绕铅垂轴等角速转动,连杆 OA 长 $l = 90$ cm,如图 8-16a) 所示。试求 $\theta = 90^\circ$ 时,圆盘边缘上一点 M 的加速度。

解 取点 M 为动点,动点作平面曲线运动;动系为连杆 OA,作定轴转动;动点相对动系是以 B 为圆心的圆周运动。

点的合成运动问题不同解法举例

画出加速度合成矢量图(图 8-16b)),则矢量方程为

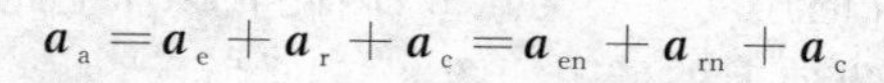

$$\boldsymbol{a}_a = \boldsymbol{a}_e + \boldsymbol{a}_r + \boldsymbol{a}_c = \boldsymbol{a}_{en} + \boldsymbol{a}_{rn} + \boldsymbol{a}_c$$

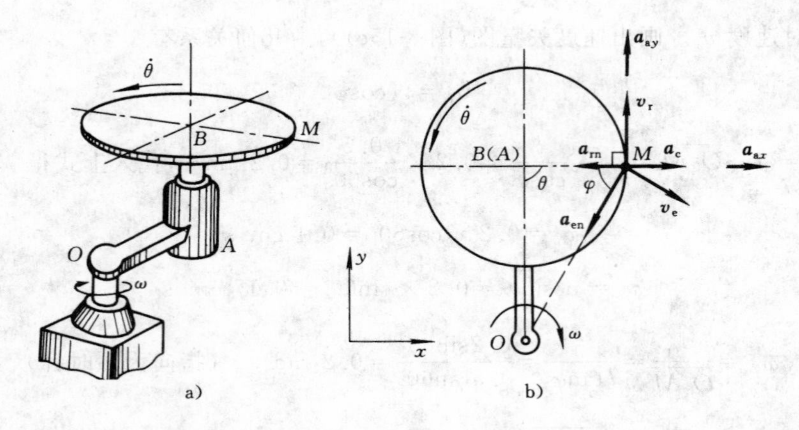

图 8-16　例 8-11 图

式中，$\boldsymbol{a}_{en}$ 和 $\boldsymbol{a}_{rn}$ 的大小为

$$a_{en}=\omega^2\cdot\overline{OM}$$

$$a_{rn}=\dot{\theta}^2\cdot\overline{BM}$$

而 $\boldsymbol{a}_c=2\boldsymbol{\omega}\times\boldsymbol{v}_r$，其中，$\boldsymbol{v}_r$ 方向如图所示，大小为 $v_r=\dot{\theta}\cdot\overline{BM}$，则

$$a_c=2\omega v_r=2\omega\dot{\theta}\cdot\overline{BM}$$

方向与 $\boldsymbol{a}_{en}$ 相反。

将矢量方程投影到 x 轴和 y 轴，有

$$a_{ax}=-a_{en}\cos\varphi-a_{rn}+a_c=-\omega^2\cdot\overline{OM}\cdot\frac{\overline{BM}}{\overline{OM}}-\dot{\theta}\cdot\overline{BM}+a_c$$

$$=-2^2\times60-3^2\times60+2\times2\times3\times60=-60\text{ cm/s}^2$$

$$a_{ay}=-a_{en}\sin\varphi=-\omega^2\cdot\overline{OM}\cdot\frac{\overline{OB}}{\overline{OM}}=-2^2\times90=-360\text{ cm/s}^2$$

上式中 $\overline{OM}$，$\overline{BM}$，$\overline{OB}$ 的长度如图 8-16b）所示。

例 8-12　在图 8-17a）所示机构中，$\overline{AB}=\overline{DE}=r$，$CD=2r$，杆 AB 以匀角速度 ω 转动。试求当 $\overline{AB}\ /\!/\ \overline{DE}$ 并处于水平位置，点 B 位于杆 CD 中点，$\overline{CE}\perp\overline{DE}$ 时，杆 DE 的角速度与角加速度。

解　取 AB 杆上点 B 为动点，作圆周运动；动系为杆 CD，作平面运动；动点相对动系作沿 CD 的直线运动。

本题与前面所举例不同之处在于牵连运动是平面运动。求速度时，可从点 C，D 的速度方位，找出 CD 杆的速度瞬心为点 E，因此 CD 杆上此瞬时与动点相重合一点的速度为牵连速度。画出速度矢量图如图 8-17b）所示。

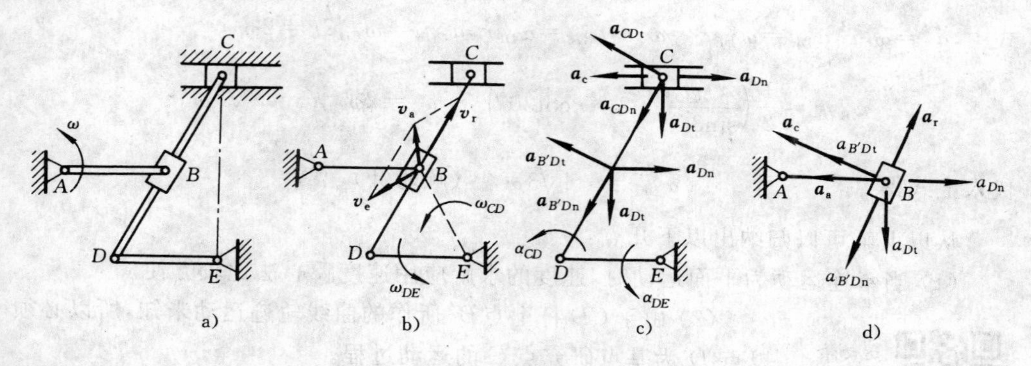

图 8-17　例 8-12 图

由 $\boldsymbol{v}_a=\boldsymbol{v}_e+\boldsymbol{v}_r$，式中，$\boldsymbol{v}_e$ 与 $\boldsymbol{v}_r$ 的大小未知。先向与 CD 线垂直方向投影有

$$v_a\sin30^\circ=v_e\sin30^\circ$$

式中，$v_a=\omega r$，得 $v_e=v_a=\omega r$，则

$$\omega_{CD}=\frac{v_e}{B'E}=\frac{\omega r}{r}=\omega,\omega_{DE}=\frac{v_D}{r}=\frac{\omega_{CD}r}{r}=\omega_{CD}$$

再向水平方向 x 轴投影有

$$0=-v_e\cos30^\circ+v_r\sin30^\circ$$

得

$$v_r=v_e\cot30^\circ=\sqrt{3}\omega r$$

研究加速度时，因为 CD 杆上 C，D 两点的运动形式已知，而杆上点 B' 的运动形式是平面中的未知曲线，所以先以点 D 为基点，研究点 C（图 8-17c)），以找出 a_{Dt} 与 a_{CDt} 的关系。由 $\boldsymbol{a}_C=\boldsymbol{a}_{Dn}+\boldsymbol{a}_{Dt}+\boldsymbol{a}_{CDn}+\boldsymbol{a}_{CDt}$，向竖直 y 轴投影有

$$0=-a_{Dt}-a_{CDn}-\cos30^\circ+a_{CDt}\sin30^\circ$$

$$a_{CDt}=\frac{a_{Dt}}{\sin30^\circ}+a_{CDn}\cot30^\circ$$

由此得

$$\alpha_{CD}=\frac{a_{CDt}}{2r}=\frac{1}{2r}\left(\frac{a_{Dt}}{\sin30^\circ}+a_{CDn}\cot30^\circ\right)$$

再以点 D 为基点，研究 CD 杆的中点 B'（图 8-17c)），因为点 B' 的运动轨迹为未知曲线，有 $\boldsymbol{a}_{B'}=\boldsymbol{a}_{Dn}+\boldsymbol{a}_{Dt}+\boldsymbol{a}_{B'Dn}+\boldsymbol{a}_{B'Dt}$，式中 $\boldsymbol{a}_{B'Dt}$ 可表示为 $\boldsymbol{a}_{B'Dt}=\alpha_{CD}r=\frac{1}{2}a_{CDt}$。注意到在点的合成运动中，$\boldsymbol{a}_{B'}$ 就是牵连加速度 $\boldsymbol{a}_e$，则画出加速度合成矢量图如图 8-17d) 所示，有 $\boldsymbol{a}_a=\boldsymbol{a}_{Dn}+\boldsymbol{a}_{Dt}+\boldsymbol{a}_{B'Dn}+\boldsymbol{a}_{B'Dt}+\boldsymbol{a}_r+\boldsymbol{a}_c$，向与 CD 垂直的方向投影有

$$-a_a\cos30^\circ=a_{Dn}\cos30^\circ+a_{Dt}\sin30^\circ-a_{B'Dt}-a_c$$

式中，$a_{\mathrm{a}}=\omega^2 r, a_{D\mathrm{n}}=\omega_{DE}^2 r=\omega^2 r, a_{D\mathrm{t}}=\alpha_{DE} r, a_{CD\mathrm{n}}=\omega_{CD}^2 2r=2\omega^2 r$

$$a_{B'D\mathrm{t}}=\frac{1}{2}\left(\frac{\alpha_{DE} r}{\sin 30^\circ}+2\omega^2 r\cot 30^\circ\right),\quad a_{\mathrm{c}}=2\omega_{CD} v_{\mathrm{r}}=2\sqrt{3}\omega^2 r$$

代入上式得
$$\alpha_{DE}=-4\sqrt{3}\omega^2\quad（顺时针）$$

从以上解可以归纳出以下几点：

(1) 当牵连运动为平面运动时，速度的求解应用速度瞬心法比较方便。

(2) 由于 CD 杆上点 B' 所作的曲线轨迹运动未知，所以必须以点 D 为基点研究点 C 的运动过程。

(3) 在以点 D 为基点研究点 B' 时，将 $\boldsymbol{a}_{B'D\mathrm{t}}$ 作为已知，是因为通过上一步求解，找出了 $a_{D\mathrm{t}}$ 与 $a_{CD\mathrm{t}}$ 的关系，也就是建立了 α_{DE} 与 α_{CD} 的关系后，只有一个独立的未知量了。

8.4 约束的运动学描述、运动系统的自由度与广义坐标

8.4.1 约束的运动学描述

非自由质点系在空间的位置和形状受到周围物体的限制，这种对质点系位形空间的限制条件称为约束。现在，我们来研究约束对被约束物体的运动限制，并建立这种限制的数学表达形式——约束方程。

由 n 个质点组成的质点系，可能有 $s(s\leqslant 3n)$ 个约束条件。每个约束对质点系的限制都可能是位置、速度(位置函数对时间的导数)和时间的显函数，因此，约束方程以直角坐标表示一般的形式为

$$f_r(x_1,y_1,z_1,\cdots,x_n,y_n,z_n;\dot{x}_1,\dot{y}_1,\dot{z}_1,\cdots,\dot{x}_n,\dot{y}_n,\dot{z}_n;t)\leqslant 0\quad (r=1,2,\cdots,s)\tag{8-4}$$

各质点上具体受到的约束则可能是式(8-4)的一个特例。

当式(8-4)中不显含 $\dot{x}_i,\dot{y}_i,\dot{z}_i(i=1,2,\cdots,n)$ 时，即约束只对质点系几何位置起限制作用时，称这种约束为几何约束。当式中显含质点速度，即约束除限制质点位置外，还限制质点速度，称此点所受约束为运动约束，几何约束与可积分的运动约束称为完整约束，其余属于非完整约束。

在约束方程中，若不显含时间 t，称为定常约束，若显含时间 t，则称为非定常约束。例如，将绳穿过小环 O，一端系以小球，另一端以匀速率 v 拉动绳索(图 8-18)，设初瞬时小球与环 O 的距离为 l_0，则在任意 t 时刻小球的约束方程为

$$x^2+y^2+z^2\leqslant(l_0-vt)^2\quad ①$$

图 8-18 非定常几何约束

式 ① 中显含时间 t,为非定常约束。

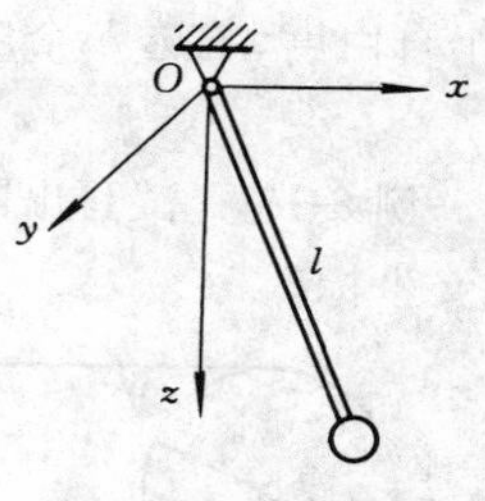

图 8-19　双侧约束

在约束方程中,如果约束既能限制物体沿某一方向运动,又能限制其沿相反方向运动,称为双侧约束。例如,用长为 l 的刚杆连接一小球(图 8-19),则任意 t 时刻小球的约束方程为

$$x^2 + y^2 + z^2 = l^2 \tag{②}$$

可见,双侧约束的约束方程是等式,而单侧约束的约束方程是不等式。需要指出的是,单侧约束在特定的条件下可转化为双侧约束。在图 8-18 所示的系统中,若小球在运动过程中,绳始终不松弛,则约束方程可用等式表示,这样就转化为双侧约束。

8.4.2　运动系统的自由度与广义坐标

一个不受内、外约束,由 n 个质点组成的质点系,其位形需用 $3n$ 个坐标来确定,这 $3n$ 个坐标是相互独立的坐标;一旦质点系受到 s 个完整约束,则 $3n$ 个坐标就不全独立,系统中独立坐标就减少为 $k = 3n - s$ 个。在一般情况下,可以选择 k 个任意独立参量(直角坐标或弧度坐标)来表示质点系的位置,这种用以确立质点系位置的独立参量称为广义坐标。

将受完整约束的质点系的广义坐标数 k 定义为系统的自由度数目,简称自由度。

例如,位于平面内的两质点 A,B 在运动过程中保持距离 l 不变,可看作两质点由一不计质量的刚杆相连接(图 8-20)。两质点 A,B 需用 4 个坐标来确定位置,因两点间距离不变,即存在一个约束方程

$$(x_A - x_B)^2 + (y_A - y_B)^2 = l^2$$

所以,此两质点系统的自由度 $k = 2n - s = 2 \times 2 - 1 = 3$,可取广义坐标 x_A, y_A, φ,则质点 B 的坐标可表示为广义坐标的函数

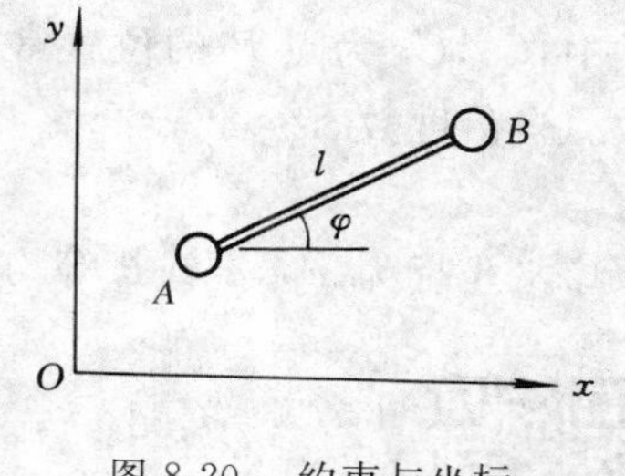

图 8-20　约束与坐标

$$x_B = x_A + l\cos\varphi$$
$$y_B = y_A + l\cos\varphi$$

当然,也可以从点 B 出发研究点 A,即取广义坐标 x_B, y_B, φ,则点 A 的坐标可表示为广义坐标的函数

$$x_A = x_B - l\cos\varphi$$
$$y_A = y_B - l\cos\varphi$$

可见,广义坐标的选法并不唯一。

一般地,由 n 个质点组成的质点系,受到 s 个完整、双侧、定常约束,具有 $k = 3n -$

s 个自由度，若选 k 个广义坐标 $q_1, q_2, \cdots, q_k$，那么各质点的位置矢径可表示为

$$\boldsymbol{r}_i = \boldsymbol{r}_i(q_1, q_2, \cdots, q_k) \quad (i=1,2,\cdots,n) \tag{8-5}$$

例 8-13 试写出图 8-21a) 所示系统的约束方程，判断其自由度，并选择适当的广义坐标。

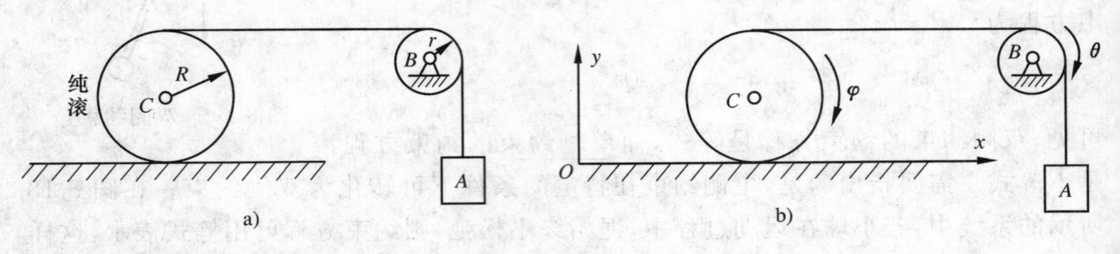

图 8-21 例 8-13 图

解 本平面系统是由两个刚体和一个质点组成，若无约束，则共有 8 个自由度。现系统受到各种不同约束，取直角坐标如图 8-21b) 所示，其约束方程为

对圆心 C $\quad f_1 = y_C - R = 0$

$\quad f_2 = x_C - R\varphi = 0$

对铰链 B $\quad f_3 = x_B - C_1 = 0$

$\quad f_4 = y_B - C_2 = 0$

对绳长 $\quad f_5 = (x_B - x_C) + (y_B - y_A) - R\varphi - C_3 = 0$

对竖直段绳 $\quad f_6 = y_A - r\theta = 0$

对物块 A $\quad f_7 = x_A - C_4 = 0$

式中，C_1，C_2 为点 B 的位置常数；C_3 为 $t=0$ 时绳长常数；C_4 为质点 A 水平位置常数。自由度数

$$k = 8 - 7 = 1$$

取广义坐标为 x_C，φ 或 θ 等均可。

约束方程的写法不是唯一的，如第五个约束方程也可写为

$$f_5 = -x_C - y_A - R\varphi - C_3' = 0$$

因为 x_B，y_B 均为常数，则 $C_3' = x_B - y_B - C_3$。

同时，注意有些约束是无形的，如当物体 A 只作竖直线方向运动时，物体 A 就受到一个如光滑滑道一样的约束，而此约束在图上不显示（为无形），是一个“虚”约束，因而存在 $f_7 = x_A - C_4 = 0$ 的约束方程。

思 考 题

8-1 如何选择动点和动系？为什么说“所选择的动点相对动系的运动轨迹必须是显而易见的”？

8-2 动坐标系上任意一点的速度和加速度是否就是动点的牵连速度和牵连加

速度？

8-3　试判断图示机构中动点 A 的 $\boldsymbol{v}_e$，$\boldsymbol{v}_r$ 和 $\boldsymbol{v}_a$ 所组成的速度平行四边形是否正确。为什么？

8-4　试问：以下计算式对吗？

$$a_{at}=\frac{\mathrm{d}v_a}{\mathrm{d}t},\quad a_{an}=\frac{v_a^2}{\rho_a}$$

$$a_{et}=\frac{\mathrm{d}v_e}{\mathrm{d}t},\quad a_{en}=\frac{v_e^2}{\rho_e}$$

$$a_{rt}=\frac{\mathrm{d}v_r}{\mathrm{d}t},\quad a_{rn}=\frac{v_r^2}{\rho_r}$$

式中，ρ_a，ρ_r 分别为绝对轨迹、相对轨迹上某处的曲率半径；ρ_e 为动系上与动点相重合的那一点的轨迹在重合位置的曲率半径。

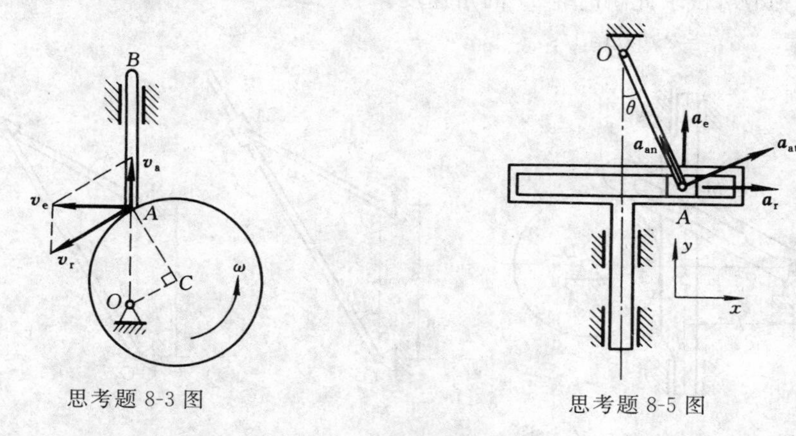

思考题 8-3 图　　思考题 8-5 图

8-5　曲柄导杆机构中，滑块 A 的各加速度分量如图所示。若已知 ω，α，$OA=r$，欲求导杆的加速度，试分析下列解法是否正确。

由

$$a_{an}\cos\theta+a_{at}\sin\theta+a_e=0$$

即

$$a_e=-(a_{an}\cos\theta+a_{at}\sin\theta)=-(r\omega^2\cos\theta+r\alpha\sin\theta)$$

导杆的加速度方向沿着 y 轴，并指向 y 轴负向。

习　题

8-1　图示点 M 对静系 Oxy 的运动方程为 $x=0$，$y=b\cos(kt+\varphi)$，式中，b，k 均为常数。若将点 M 照射到感光记录纸上，此记录纸以匀速运动，如图所示。试分析点 M 的牵连运动、相对运动和绝对运动，并求点 M 在记录纸上留下的轨迹。

答案　$y'=b\cos\left(\dfrac{k}{v}x'+\varphi\right)$。

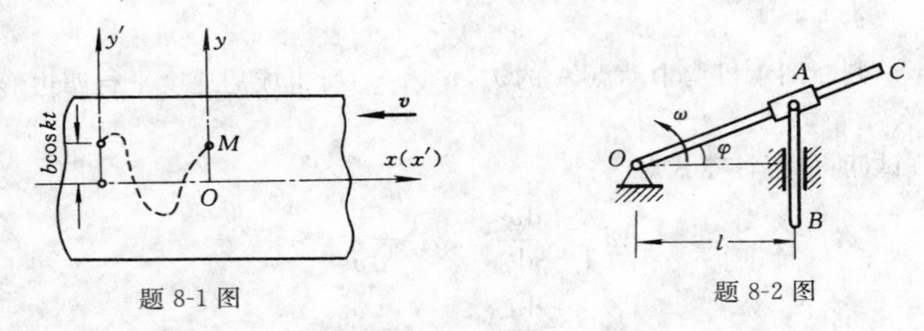

题 8-1 图　　题 8-2 图

8-2　如图所示，在滑道连杆机构中，曲柄以匀角速度 ω 转动，已知距离 l。试求滑块 A 对曲柄 OC 的相对速度（表示成 φ 的函数）。

答案　$v_r = l\omega\tan\varphi\sec\varphi$。

8-3　机构如图所示，已知轮 D 的半径 $R=10$ cm，$l=40$ cm。当 $\varphi=30^\circ$ 时，$\omega=\dot{\varphi}=0.5$ rad/s，试求此瞬时轮 D 的角速度。

答案　$\omega_D=2.67$ rad/s。

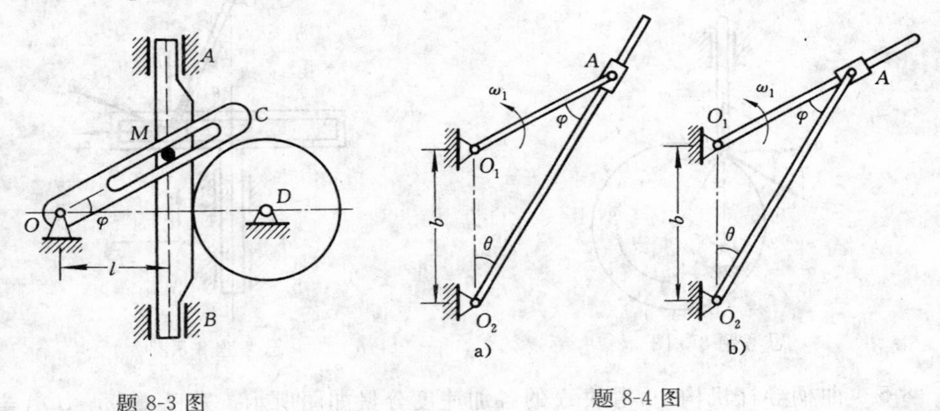

题 8-3 图　　题 8-4 图

8-4　在图示 a)，b) 两种机构中，已知 $b=20$ mm。当 $\varphi=\theta=30^\circ$ 时，$\omega_1=3$ rad/s，试求此瞬时杆 O_2A 的角速度。

答案　a) $\omega_2=1.5$ rad/s；b) $\omega_2=2$ rad/s。

8-5　半径为 r、偏心距为 e 的凸轮，以匀角速度 ω 转动，杆 AB 长为 l，A 端搁在凸轮上，试求当图示杆 AB 水平并与 OA 线垂直时杆 AB 的角速度。

答案　$\omega_B=\dfrac{e}{l}\omega$。

8-6　如图所示，当直角杆 OAB 绕轴 O 转动时，带动套在此杆和固定杆 CD 上的小环 M 运动。已知直角杆以匀角速度 $\omega=2$ rad/s 转动，杆 OA 部分长 $l=40$ cm。试求 $\varphi=30^\circ$ 时，小环 M 相对杆 OAB 的速度。

答案　$v_r=160$ cm/s。

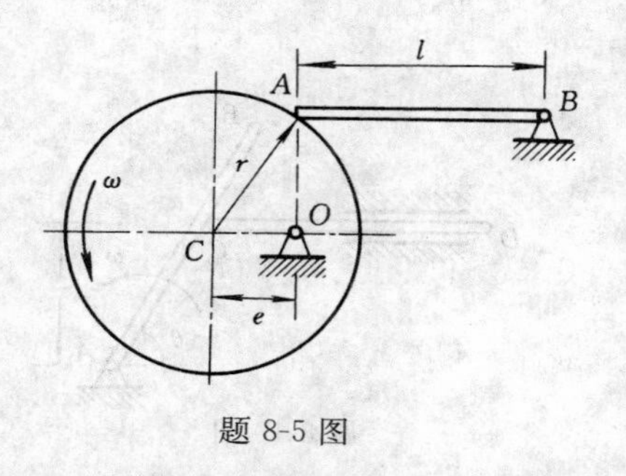

题 8-5 图

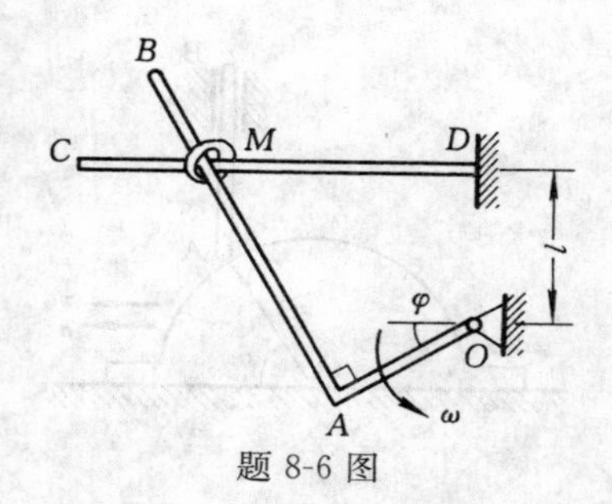

题 8-6 图

8-7　机构如图所示，杆 AB 可在套筒 O_1C 中滑动。已知曲柄 OA 以等角速度 $\omega=1\ \text{rad/s}$ 转动，曲柄长 $r=0.3\ \text{m}$，O_1C 距离 $b=0.4\ \text{m}$。试求当图示 $h=2r$，$l=4r$ 时，套筒 O_1C 的角速度 ω_1。

答案　$\omega_1=0.12\ \text{rad/s}$。

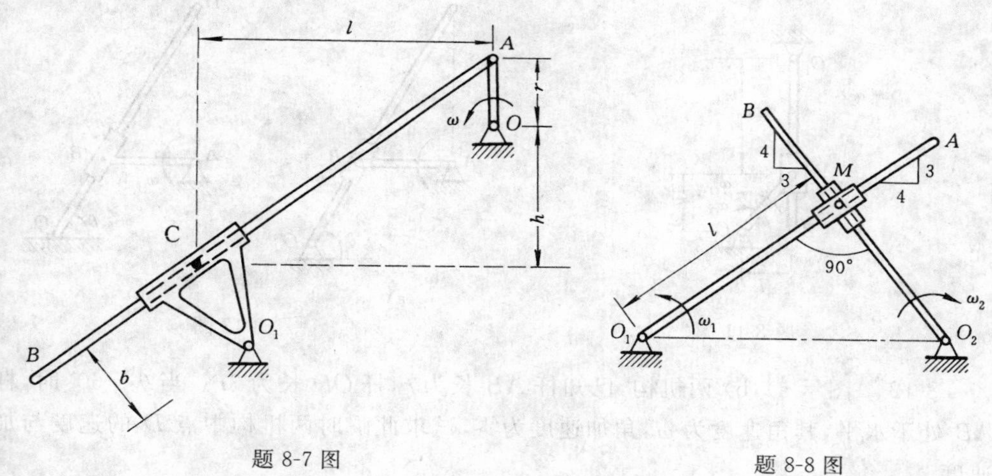

题 8-7 图　　　　题 8-8 图

8-8　用铰链 M 连接的两套筒彼此可相对转动，杆 O_1A 和杆 O_2B 分别穿过各套筒如图所示。已知匀角速度 $\omega_1=0.4\ \text{rad/s}$，$\omega_2=0.2\ \text{rad/s}$。试求当 O_1M 的距离 $l=3\ \text{m}$、$O_1A\perp O_2B$ 时（杆的倾角如图所示），铰 M 分别相对于杆 O_1A 和 O_2B 的速度。

答案　$v_{r1}=0.45\ \text{cm/s}$，$v_{r2}=1.2\ \text{cm/s}$。

8-9　图示半圆形凸轮半径为 R，当 $\theta=60^\circ$ 时，凸轮的移动速度为 v，加速度为 a。试求此瞬时点 B 的速度与加速度。

答案　$v_B=\dfrac{\sqrt{3}}{3}v$，$a_B=\dfrac{\sqrt{3}}{3}a-\dfrac{8\sqrt{3}}{9}\cdot\dfrac{v^2}{R}$。

8-10　机构如图所示，已知杆 AB 以匀角速度 ω 转动，尺寸为 l，DC 杆上的点 C 始终与杆 AB 接触。试求点 D 的速度与加速度（表示成 θ 的函数）。

答案　$v=\dfrac{l\omega}{\sin^2\theta}$，$a=\dfrac{2\omega^2 l\cos\theta}{\sin^3\theta}$。

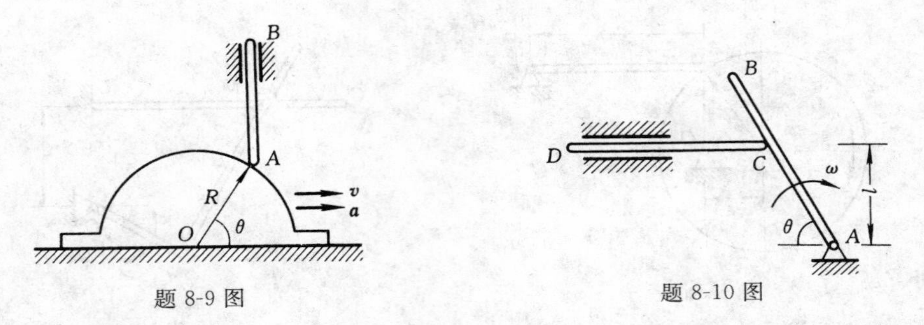

题 8-9 图　　题 8-10 图

8-11　机构如图所示，在图示瞬时，$l=150\ \text{mm}$，$h=200\ \text{mm}$，曲柄 OA 的角速度 $\omega_O=4\ \text{rad/s}$，角加速 $\alpha_O=2\ \text{rad/s}^2$。试求此瞬时杆 O_1B 的角速度与角加速度。

答案　$\omega_{O1}=2.667\ \text{rad/s}$，$\alpha_{O1}=20\ \text{rad/s}^2$。

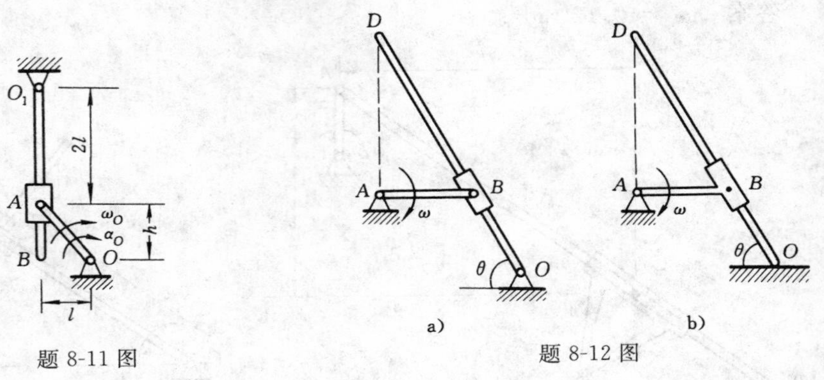

题 8-11 图　　题 8-12 图

8-12　图示 a)，b) 两机构，已知杆 AB 长为 r，杆 OD 长为 $3r$。当 $\theta=60°$ 时，杆 AB 处于水平，其角速度为 ω，角加速度为零，试求此瞬时两机构中点 D 的速度与加速度。

答案　a) $v_D=\dfrac{3}{2}\omega r$，$a_{Dt}=3\sqrt{3}r\omega^2$，$a_{Dn}=\dfrac{3}{4}r\omega^2$；

b) $v_{Dx}=\dfrac{\sqrt{3}}{2}r\omega$，$v_{Dy}=\dfrac{3}{2}r\omega$，$a_{Dx}=\dfrac{9}{2}r\omega^2$，$a_{Dy}=-\dfrac{3\sqrt{3}}{2}r\omega^2$。

8-13　在图示机构中，杆 BD 可在套筒 O 处滑动，而套筒被铰接于 O 处，杆 BD 的 B 端以 $v=450\ \text{mm/s}$ 匀速运动，$l=225\ \text{mm}$。试求 $\theta=30°$ 时，在轴 BD 上并与铰 O 重合的一点 A 的速度和加速度。

答案　$v_A=225\ \text{mm/s}$，$a_A=892.9\ \text{mm/s}^2$。

8-14　机构如图所示，轮 O 作纯滚动，轮缘上固连的销钉 B 可在摇杆 O_1A 的槽内滑动。已知轮半径 $R=0.5\ \text{m}$，轮心以 $v_O=20\ \text{cm/s}$ 匀速运动。试求当 $\theta=60°$、$\overline{OB}\perp\overline{O_1B}$ 瞬时摇杆的角速度和角加速度。

答案　$\omega_{O1A}=0.2\ \text{rad/s}$，$\alpha_{O1A}=0.0462\ \text{rad/s}^2$。

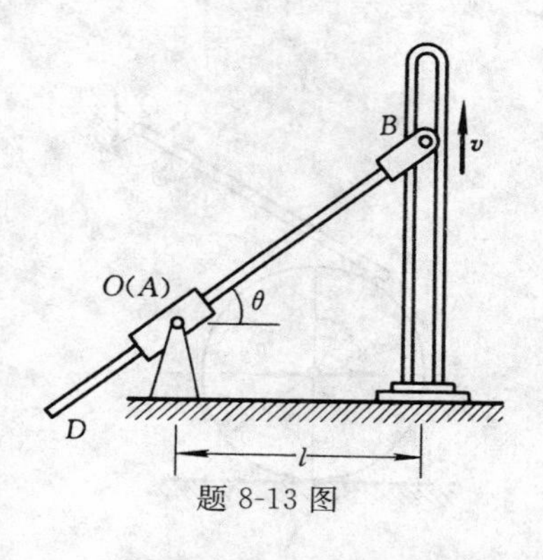

题 8-13 图

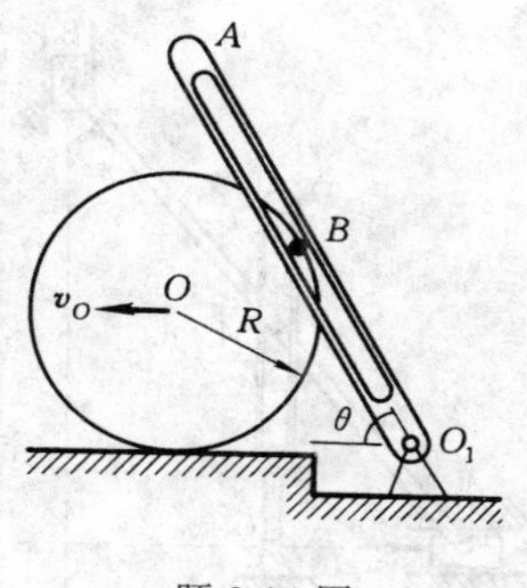

题 8-14 图

8-15　在图示放大机构中，杆Ⅰ和杆Ⅱ分别以速度 v_1 和 v_2 运动，其位移分别以 x 和 y 表示，杆Ⅱ和杆Ⅲ间的距离为 l。试求杆Ⅲ的速度 v_3 和滑道Ⅳ的角速度 ω_4。

答案　$\omega_4=\dfrac{v_1 y-v_2 x}{x^2+y^2}, v_3=v_2\left(\dfrac{x-l}{x}\right)+v_1\dfrac{ly}{x^2}$。

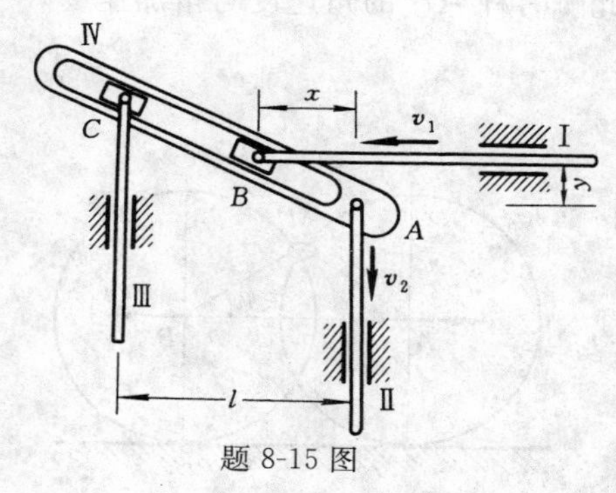

题 8-15 图

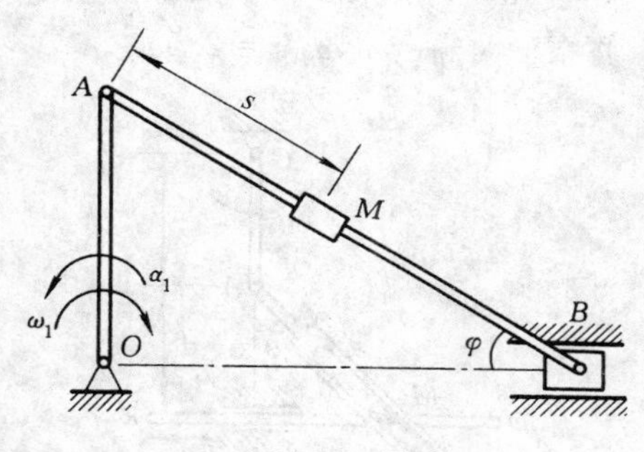

题 8-16 图

8-16　曲柄滑块机构如图所示。已知曲柄 OA 长 $r=40$ cm，套环 M 按规律 $AM=s=10t^2$ cm 沿连杆 AB 滑动。当 $t=2$ s 时，$\varphi=30°$，曲柄处于竖直位置，其角速度 $\omega_1=1$ rad/s，角加速度 $\alpha_1=3$ rad/s^2。试求此瞬时套环 M 的绝对速度与绝对加速度。

答案　$v_M=77.27$ cm/s，$a_M=95.94$ cm/s^2。

8-17　机构如图所示，连杆 AB 上的销钉 M 可在摇杆 CD 上的滑槽内运动。当 $h=200$ mm，$l_1=l_2=75$ mm 时，杆 CD 竖直，$v_A=400$ mm/s，$a_A=1400$ mm/s^2。试求此瞬时摇杆的角加速度。

答案　$\alpha=1$ rad/s^2。

8-18　半径 $R=0.2$ m 的圆盘 B 沿水平面作纯滚动，杆 OA 长 $r=0.4$ m。当 $\varphi=60°$，$\theta=30°$ 时，$v_B=0.8$ m/s，$a_B=0.2$ m/s^2。试求此瞬时杆 OA 的角速度与角加速度。

答案　$\omega_{OA}=1$ rad/s，$\alpha_{OA}=6.25$ rad/s^2。

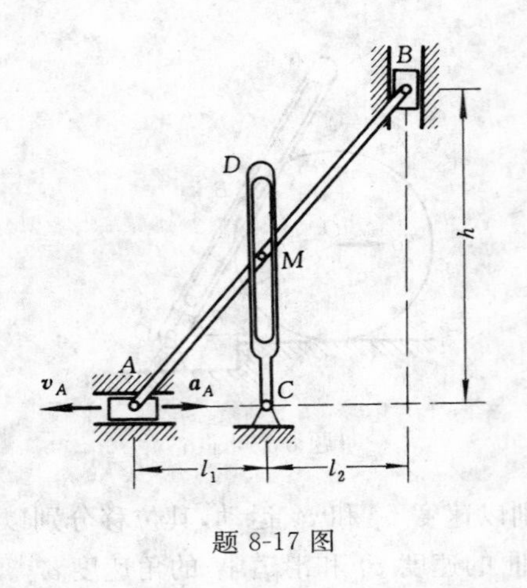

题 8-17 图

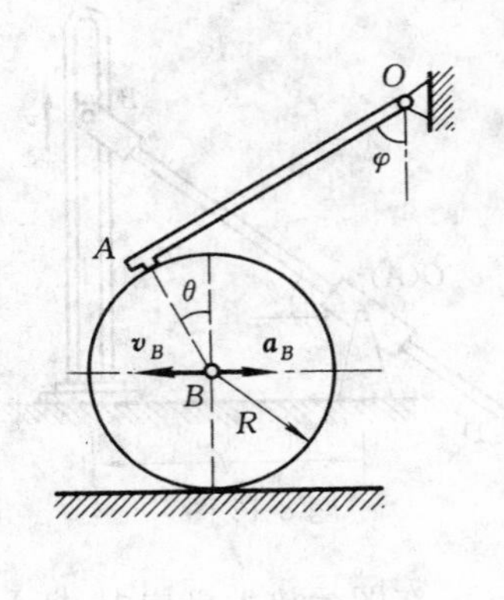

题 8-18 图

8-19　机构如图所示，杆 OA 长为 l。当 OA 处于竖直位置时，$\varphi=45^\circ$，$h=l$，$\omega_{OA}=\omega$，$\alpha_{OA}=0$，$v_{DE}=l\omega$，$a_{DE}=0$。试求此瞬时杆 AB 的角速度与角加速度。

答案　$\omega_{AB}=\omega$，$\alpha_{AB}=2.5\omega^2$。

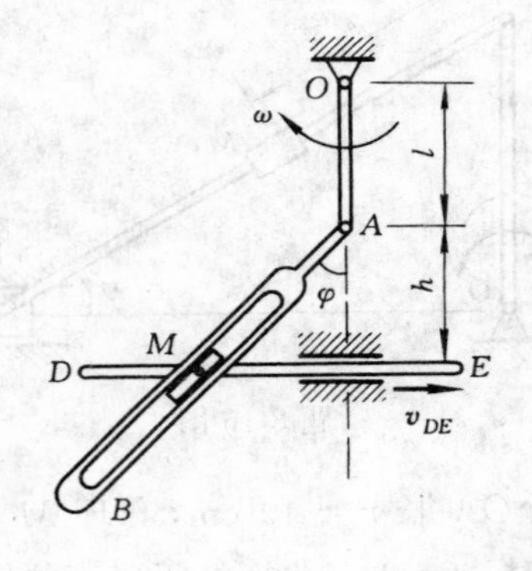

题 8-19 图

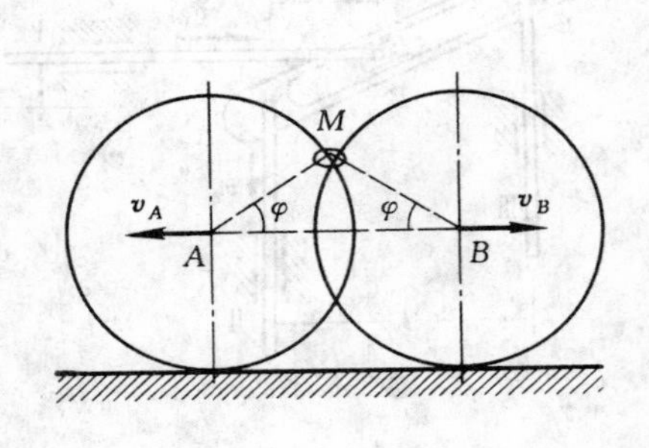

题 8-20 图

8-20　半径均为 $R=0.2$ m 的两个相同大圆环在水平面上作纯滚动，环心均以匀速 $v_A=0.1$ m/s，$v_B=0.4$ m/s 运动。试求 $\varphi=30^\circ$ 时，小环 M 的绝对速度与绝对加速度。

答案　$v_M=0.459$ m/s，$a_M=2.5$ m/s^2。

8-21　在图示系统中，杆 AB，BD 均长 l，轮半径为 R。在运动过程中，点 D 始终不离开地面。试写出系统的约束方程，判断其自由度，并选择适当的广义坐标。

8-22　在图示系统中，两轮半径为 R，轮 B 与平板 A 之间无相对滑动。试写出系统的约束方程，判断其自由度，并选择适当的广义坐标。

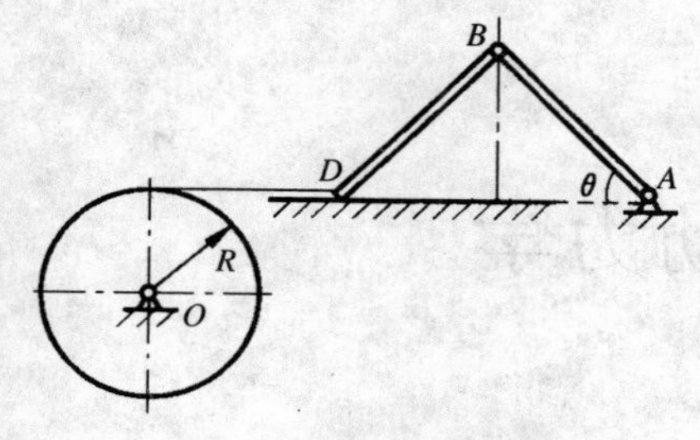

题 8-21 图

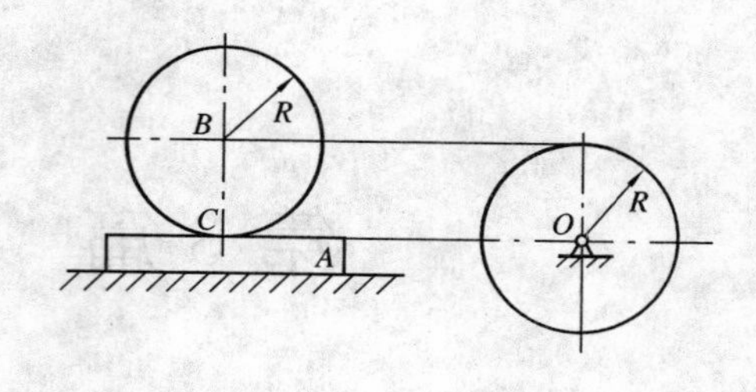

题 8-22 图

8-23　在图示系统中，轮半径为R，轮A与平板B之间无相对滑动。试写出系统的约束方程，判断其自由度，并选择适当的广义坐标。

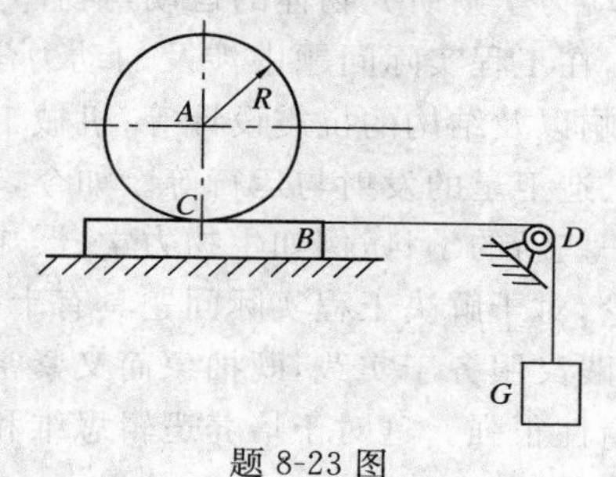

题 8-23 图

第3篇　动力学

在静力学中，我们只研究作用于物体上的力系与平衡条件，不讨论力系在不满足平衡条件下物体将如何运动；在运动学中，我们只研究物体运动的几何特征，而不讨论产生这样运动的原因。动力学则研究物体的运动与物体受力之间的关系。

随着科学技术的发展，在工程实际问题中涉及的动力学问题越来越多，如土建、水利工程中动力载荷的影响以及结构的抗震设计等；机械工程中的机械设计、机械振动等；航天技术中，火箭、人造卫星的发射与运行等。如今，动力学的研究内容已经渗入其他科学领域，形成了一些新的学科，例如生物力学、爆炸力学、电磁流体力学等。因此，掌握动力学基本理论，对于解决工程实际问题具有十分重要的意义。

动力学的理论源于实践又服务于实践，既抽象而又紧密结合实际，研究的问题涉及面广，而且系统性和逻辑性很强。这对于培养逻辑思维和分析问题、解决问题的能力，也起着重要作用。

动力学研究对象有质点、质点系（包含刚体、刚体系）。任何物体都有一定的大小和形状。在一般情况下，运动物体内部各部分的运动规律是不相同的。但在某些问题中，可忽略物体的大小、形状，而只将物体视为具有一定质量的几何点，该点称为质点。有限或无限多质点的组合，称为质点系。刚体是质点系的一个特例。从研究对象来看，动力学可分为质点动力学和质点系动力学，其中质点动力学是质点系动力学的基础。

当物体受到非平衡力系作用时，其运动状态将发生变化。动力学即研究作用于物体上的力与物体的运动变化之间的关系。动力学主要研究两类基本问题：① 已知物体的运动规律，求作用于物体上的力；② 已知作用于物体上的力，求物体的运动变化规律。第 ② 类问题称为动力学正问题，第 ① 类问题称为动力学逆问题，大多数动力学问题都是混合问题。

9　动力学基本定律　质点运动微分方程

动力学基本定律是牛顿（Newton，I.，1642—1727）在其《自然哲学的数学原理》一书中提出的三个定律，称为牛顿运动定律，是全部动力学理论的基础。

9.1 牛顿定律　惯性坐标系

9.1.1 牛顿定律

第一定律　惯性定律

任何物体①，若不受外力作用，将永远保持静止或作匀速直线运动。

这一定律指出了力是改变物体运动状态的唯一外界因素。物体的这一属性称为"惯性"，惯性的概念是由伽利略(1564—1642 年) 首先提出的。

第二定律　力与加速度关系定律

物体受到外力作用时，其加速度大小与所受力的大小成正比，而与质点的质量成反比，加速度方向与力的方向一致。

以矢量 $\boldsymbol{F}$ 和 $\boldsymbol{a}$ 分别表示力和加速度，则这一定律用数学公式表示为

$$\boldsymbol{F} = m\boldsymbol{a}$$

其中，m 为质点的质量。由第二定律知，质量可理解为物体惯性的度量。上述方程建立了质量、力和加速度之间的关系，称为质点动力学的基本方程，它是推导其他动力学方程的基础。若质点同时受几个力的作用，则力 $\boldsymbol{F}$ 应理解为这些力的合力。

第三定律　作用与反作用定律

两物体间相互作用的力总是大小相等，方向相反，沿同一作用线，且同时分别作用于两个物体上。

这一定律给出了质点系中各质点相互作用的关系，既适用于静力学，也适用于动力学，对于研究质点系的动力学问题具有特别重要的意义。

9.1.2 惯性坐标系

我们知道，运动学中的"静止""速度""加速度" 等概念是相对于某一参考系而言的。对于不同的参考系，运动情况是不一样的。

牛顿运动定律反映的只是机械运动在一定范围内的客观规律，是宏观物体作低速运动这一范围内的相对真理。实践证明，在日常生活及工程技术绝大多数问题中，选用固结于地球的坐标系，运用牛顿运动定律所获得的计算结果是足够精确的。我们将这样的坐标系称为惯性坐标系。

在有些问题中，我们可考虑另选惯性坐标系。如对需考虑地球自转影响的问题，可选取以地球中心为原点、三根轴分别指向三个恒星的坐标系为惯性坐标系(地心坐

---

① 牛顿定律中提到的物体均应理解为质点。

标系）；在天文计算中，则选用太阳作为坐标原点，三根轴分别指向三个恒星的坐标系为惯性坐标系（日心坐标系）。此外，根据经典力学中伽利略的相对性原理，相对于地球作匀速直线运动的坐标系，也可作为惯性坐标系。但在实际问题中，如果没有特别说明，都以固结于地球的坐标系为惯性坐标系。

9.2　质点运动微分方程

质量为 m 的质点 M 沿空间曲线运动，作用于质点上的合力 $\boldsymbol{F}=\sum \boldsymbol{F}_i$，如图9-1 所示。质点的加速度为 $\boldsymbol{a}$，则

$$m\boldsymbol{a}=\boldsymbol{F} \tag{9-1}$$

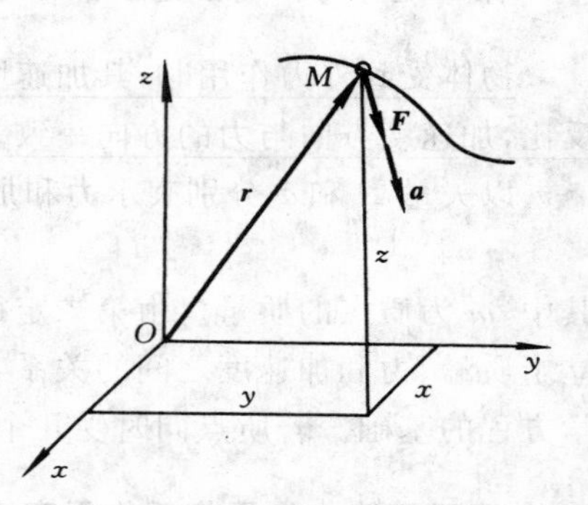

图 9-1　质点的运动和受力

由运动学知 $\boldsymbol{a}=\dfrac{\mathrm{d}\boldsymbol{v}}{\mathrm{d}t}=\dfrac{\mathrm{d}^2\boldsymbol{r}}{\mathrm{d}t^2}$，于是式(9-1) 可表示为

$$m\frac{\mathrm{d}^2\boldsymbol{r}}{\mathrm{d}t^2}=\boldsymbol{F} \tag{9-2}$$

式(9-2) 是以矢量形式表示的质点运动微分方程。

将式(9-2) 投影到直角坐标系的各坐标轴上，得

$$m\frac{\mathrm{d}^2x}{\mathrm{d}t^2}=F_x,\quad m\frac{\mathrm{d}^2y}{\mathrm{d}t^2}=F_y,\quad m\frac{\mathrm{d}^2z}{\mathrm{d}t^2}=F_z \tag{9-3}$$

式中，F_x，F_y，F_z 为作用于质点M 的各力在 x，y，z 轴的投影之和。这就是以直角坐标表示的质点运动微分方程。

若质点 M 的运动轨迹已知，将公式(9-1) 投影到自然坐标轴的各轴上（图 9-2），有

$$ma_{\mathrm{t}}=F_{\mathrm{t}},\quad ma_{\mathrm{n}}=F_{\mathrm{n}},\quad ma_{\mathrm{b}}=F_{\mathrm{b}}$$

其中　$a_{\mathrm{t}}=\dfrac{\mathrm{d}^2s}{\mathrm{d}t^2}$，$a_{\mathrm{n}}=\dfrac{v^2}{\rho}$，$a_{\mathrm{b}}=0$

于是　$$m\frac{\mathrm{d}^2s}{\mathrm{d}t^2}=F_{\mathrm{t}},\quad m\frac{v^2}{\rho}=F_{\mathrm{n}},\quad 0=F_{\mathrm{b}} \tag{9-4}$$

图 9-2　投影到自然坐标轴系

这就是以自然坐标形式表示的质点运动微分方程。

当质点 M 在 Oxy 平面内作曲线运动时，如选用极坐标形式（图 9-3），则质点的加

速度为

$$\boldsymbol{a}=(\ddot{\rho}-\rho\dot{\varphi}^{2})\boldsymbol{e}_{\rho}+(\rho\ddot{\varphi}+2\dot{\rho}\dot{\varphi})\boldsymbol{e}_{\varphi}$$

其中,$\boldsymbol{e}_{\rho}$ 及 $\boldsymbol{e}_{\varphi}$ 分别为沿径向及横向的单位矢量。

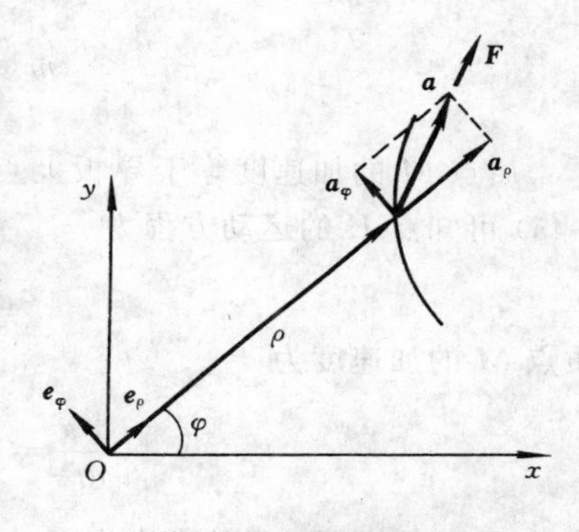

图 9-3 极坐标形式

将式(9-1)投影到极坐标的径向及横向轴上,得

$$\left.\begin{aligned}ma_{\rho}&=m(\ddot{\rho}-\rho\dot{\varphi}^{2})=F_{\rho}\\ma_{\varphi}&=m(\rho\ddot{\varphi}+2\dot{\rho}\dot{\varphi})=F_{\varphi}\end{aligned}\right\}\tag{9-5}$$

这就是以极坐标形式表示的质点运动微分方程。

应用质点运动微分方程可求解质点动力学的两类基本问题。

第一类问题:已知质点的运动规律,求作用于质点上的力。这类问题可用运动方程对时间求导数的方法求得解答,称为微分问题。

第二类问题:已知作用于质点上的力,求质点的运动规律。这类问题归结为求解运动微分方程,属于积分问题。作用于质点上的力可以是常力或变力,当力是变力时,又可能是时间、质点的位置坐标、速度的函数,因此只有当这些函数关系较为简单时,才能求得微分方程的精确解。此外,因为是积分问题,为确定积分常数,还须给出运动初始条件,即运动初瞬时质点的位置和初速度,才能确定质点的运动。

例 9-1 图 9-4a) 所示半径为 R 的偏心轮以匀角速度 ω 绕 O 轴转动,推动导板 ABD 沿铅垂轨道作平移。已知偏心距 $OC=e$,开始时 OC 沿水平线。若在导板顶部 D 处放有一质量为 m 的物块 M。试求:(1) 导板对物块的最大反力及这时偏心 C 的位置;(2) 欲使物块不离开导板,试求角速度 ω 的最大值。

解 先求解问题(1)。取物块为研究对象,且视为一质点。如果可以建立质点 M 的运动方程,则应用质点运动微分方程,易求出导板对质点 M 的反力。可见这属于质点动力学第一类问题。

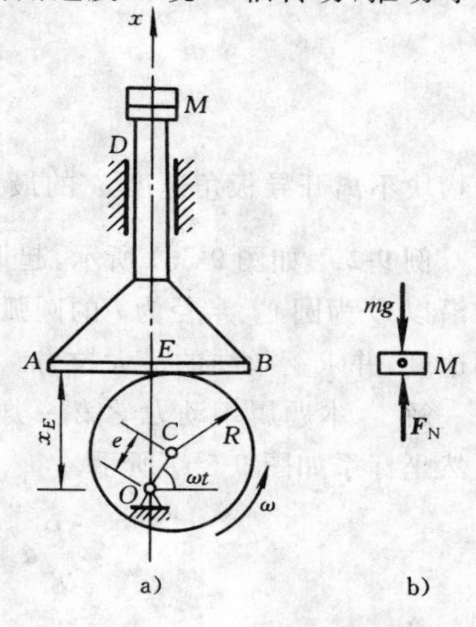

图 9-4 例 9-1 图

在任一瞬时,质点 M 的受力如图 9-4b) 所示。将 x 轴的原点取在静点 O 上并取 x 轴向上为正。由式(9-3)可得质点 M 的运动微分运动方程为

$$m\frac{d^2x}{dt^2}=F_N-mg \quad ①$$

质点 M 的加速度等于导板上点 E(偏心轮与导板的接触点)的加速度。由图 9-4a)可知点 E 的运动方程为

$$x_E=e\sin\omega t+R$$

质点 M 的加速度为

$$\frac{d^2x}{dt^2}=\frac{d^2x_E}{dt^2}=-e\omega^2\sin\omega t \quad ②$$

将式②代入式①,得约束力为

$$F_N=mg-me\omega^2\sin\omega t \quad ③$$

由式③可知,约束力 $\boldsymbol{F}_N$ 包含两部分:第一部分为质点 M 处于静止时的约束力,称为静约束力;第二部分是由于质点 M 具有加速度而引起的约束力,称为附加动约束力(简称动约束力)。当 $\sin\omega t=-1$ 时,即点 C 在最低位置时,约束力 F_N 达到最大值 F_{Nmax},即

$$F_{Nmax}=mg+me\omega^2=m(g+e\omega^2)$$

再求解问题(2)。由式③又可知,当 $\sin\omega t=1$ 时,即当点 C 在最高位置时,F_N 达到最小值 F_{Nmin},即

$$F_{Nmin}=m(g-e\omega^2)$$

欲使物块不离开导板,必须 $F_{Nmin}\geqslant 0$,即 $m(g-e\omega^2)\geqslant 0$。得

$$\omega\leqslant\sqrt{\frac{g}{e}}$$

故物块不离开导板角速度 ω 的最大值为 $\sqrt{\frac{g}{e}}$。

例 9-2 如图 9-5a)所示,起重机起吊重物时,钢丝绳偏离铅垂线 30°。起吊后货物沿以 O 为圆心、半径为 l 的圆弧摆动。已知货物重 P,试求摆动到任一位置时货物的速度,并求钢丝绳的最大拉力。

解 本题属于动力学第一类和第二类的综合问题。以 φ 表示"任意位置",并选自然坐标系如图 9-5b)所示。

$$\frac{P}{g}a_t=\frac{P}{g}\cdot\frac{d^2s}{dt^2}=-P\sin\varphi \quad ①$$

$$\frac{P}{g}a_n=\frac{P}{g}\cdot\frac{v^2}{l}=F_n-P\cos\varphi \quad ②$$

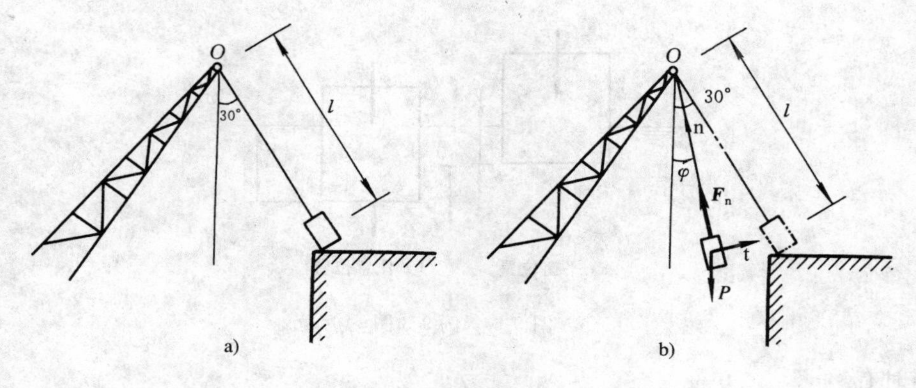

图 9-5　例 9-2 图

将式 ① 改写为
$$\frac{P}{g}\cdot\frac{\mathrm{d}v}{\mathrm{d}\varphi}\cdot\frac{\mathrm{d}\varphi}{\mathrm{d}t}=-P\sin\varphi$$

$$\frac{P}{g}\cdot\frac{\mathrm{d}v}{\mathrm{d}\varphi}\cdot\frac{v}{l}=-P\sin\varphi$$

$$\frac{v}{gl}\mathrm{d}v=-\sin\varphi\,\mathrm{d}\varphi$$

当 $t=0$ 时，$v_0=0$，$\varphi_0=30°$。故

$$\int_0^v\frac{1}{gl}v\,\mathrm{d}v=-\int_{30°}^{\varphi}\sin\varphi\,\mathrm{d}\varphi$$

积分后得

$$v^2=2gl\left(\cos\varphi-\frac{\sqrt{3}}{2}\right)$$

代入式 ②，得 $F_n=P\cos\varphi+\frac{P}{g}\cdot\frac{2gl\left(\cos\varphi-\frac{\sqrt{3}}{2}\right)}{l}=3P\cos\varphi-\sqrt{3}P$

当 $\varphi=0$ 时　　$F_n=F_{nmax}=1.27P$

例 9-3　物块重 P(kN)，水平截面积为 $S(\mathrm{m}^2)$，将其放置于密度为 $\rho=1000\ \mathrm{kg/m^3}$ 的水中，水的黏滞阻力不计，假定物块从其平衡位置下沉一微小距离 x_0(m)，此时 $v_0=0$，试求此后该物块的运动。

解　取物块为研究对象，平衡位置如图 9-6a) 所示，任意位置及受力分析如图 9-6b) 所示。此题为质点动力学第二类问题，力是位置坐标的函数。

$$\frac{P}{g}\cdot\frac{\mathrm{d}^2x}{\mathrm{d}t^2}=P-F=P-\rho gS(h+x)=P-\rho gSh-\rho gSx$$

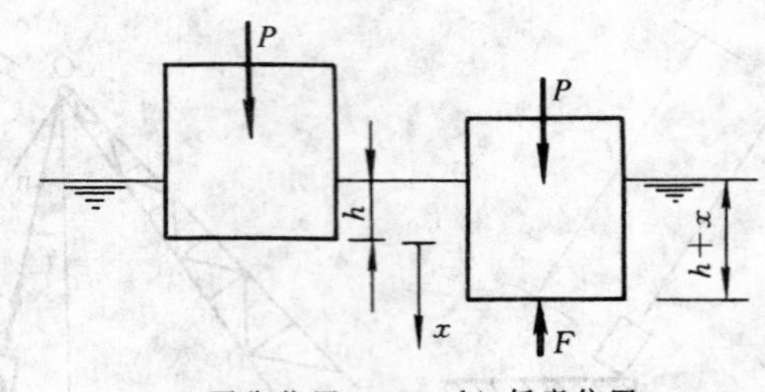

图 9-6　例 9-3 图

平衡时有
$$P=\rho g S h$$

所以 $\dfrac{P}{g}\cdot\dfrac{\mathrm{d}^2x}{\mathrm{d}t^2}=-\rho g S x$，　$\dfrac{\mathrm{d}v}{\mathrm{d}x}\cdot\dfrac{\mathrm{d}x}{\mathrm{d}t}=-\dfrac{\rho S g^2}{P}x$，$\displaystyle\int_0^v v\mathrm{d}v=-\int_{x_0}^{x}\frac{\rho S g^2}{P}x\,\mathrm{d}x$

$$\frac{1}{2}v^2=-\frac{\rho S g^2}{2P}(x^2-x_0^2),\quad v=\frac{\mathrm{d}x}{\mathrm{d}t}=g\sqrt{\frac{\rho S}{P}}\sqrt{x_0^2-x^2}$$

再积分$\displaystyle\int_{x_0}^{x}\frac{\mathrm{d}x}{\sqrt{x_0^2-x^2}}=g\int_0^t\sqrt{\frac{\rho S}{P}}\mathrm{d}t$，令 $g\sqrt{\dfrac{\rho S}{P}}=\omega_0$，得 $x=x_0\cos\omega_0 t$。

可见，物块作简谐振动，其振幅为 x_0，振动周期 T_n 为$\dfrac{2\pi}{g}\sqrt{\dfrac{P}{\rho S}}$。

例 9-4　质量为 m 的质点无初速开始作直线运动，作用于质点上的力 F 随时间按图 9-7 所示规律变化。试求质点的运动方程。F_0，t_0 均为具有正号的常数。

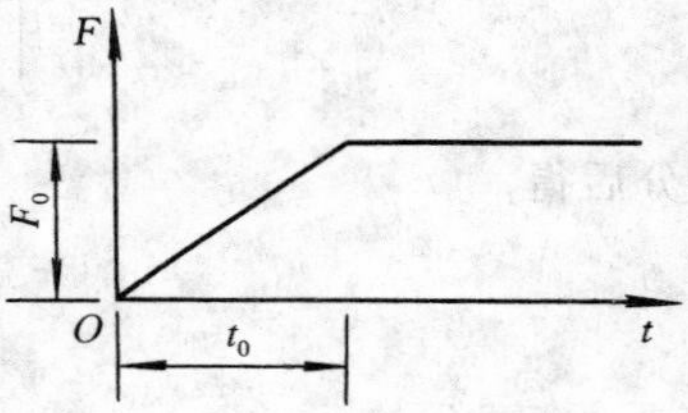

图 9-7　例 9-4 图

解　此题为质点动力学第二类问题，力是时间 t 的函数。

当 $0<t<t_0$ 时　　$F=\dfrac{F_0}{t_0}t$

当 $t\geqslant t_0$ 时　　$F=F_0$

当 $0<t<t_0$ 时　$m\dfrac{\mathrm{d}^2x}{\mathrm{d}t^2}=\dfrac{F_0}{t_0}t$，　$mv=\dfrac{F_0}{2t_0}t^2+c_1$

当 $t=0$ 时，$v_0=0$，所以 $c_1=0$，即　$mv=\dfrac{F_0}{2t_0}t^2$

$$m\frac{\mathrm{d}x}{\mathrm{d}t}=\frac{F_0}{2t_0}t^2,\quad \mathrm{d}x=\frac{F_0}{2t_0m}t^2\mathrm{d}t,\quad x=\frac{F_0}{6t_0m}t^3+c_2$$

当 $t=0$ 时，$x_0=0$，所以 $c_2=0$，即　$x=\dfrac{F_0}{6t_0m}t^3$　$(t<t_0)$　①

当 $t \geqslant t_0$ 时，质点的运动微分方程为 $$m\frac{\mathrm{d}^2 x}{\mathrm{d}t^2}=F=F_0 \quad ②$$

在 $t=t_0$ 时，x 值可由式 ① 求得 $$x\big|_{t=t_0}=\frac{F_0 t_0^2}{6m} \quad ③$$

由式 ① $\frac{\mathrm{d}x}{\mathrm{d}t}=\frac{F_0}{2t_0 m}t^2$，当 $t=t_0$ 时，有 $$\left.\frac{\mathrm{d}x}{\mathrm{d}t}\right|_{t=t_0}=\frac{F_0 t_0}{2m} \quad ④$$

由式 ② 积分 $$\frac{\mathrm{d}v}{\mathrm{d}t}=\frac{F_0}{m},\quad v=\frac{F_0}{m}t+c_3$$

将式 ④ 代入 $\frac{F_0 t_0}{2m}-\frac{F_0 t_0}{m}=c_3$，所以 $c_3=-\frac{F_0 t_0}{2m}$，得

$$v=\frac{F_0}{m}t-\frac{F_0 t_0}{2m},\quad x=\frac{F_0}{2m}t^2-\frac{F_0 t_0}{2m}t+c_4$$

将式 ③ 代入得 $\frac{F_0 t_0^2}{6m}=\frac{F_0}{2m}t_0^2-\frac{F_0 t_0^2}{2m}+c_4$，所以 $c_4=\frac{F_0 t_0^2}{6m}$，即

$$x=\frac{F_0}{2m}t^2-\frac{F_0 t_0}{2m}t+\frac{F_0 t_0^2}{6m}\quad (t\geqslant t_0)$$

例 9-5 图 9-8a) 所示质量为 m 的质点 M 自点 O 抛出，其初速度 v_0 与水平线的夹角为 φ，设空气阻力 $\boldsymbol{F}_{\mathrm{R}}$ 的大小为 mkv（k 为一常数），方向与质点 M 的速度 $\boldsymbol{v}$ 方向相反。试求该质点 M 的运动方程。

解 本题属质点动力学的第二类问题，力是速度 v 的函数。过点 O 建立 Oxy 坐标系，如图 9-8b) 所示。运用质点运动微分方程的直角坐标形式求解。

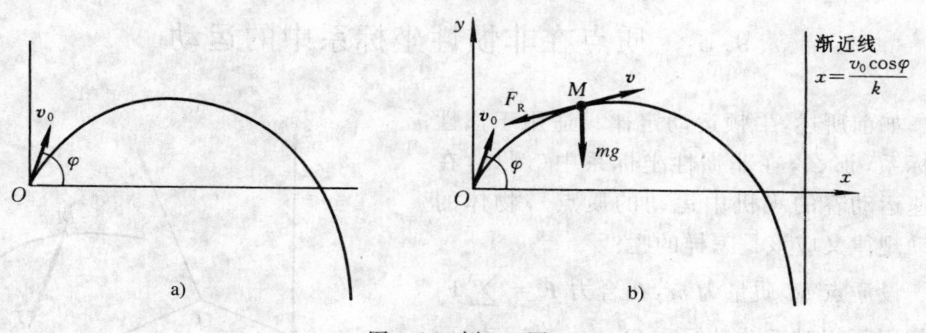

图 9-8 例 9-5 图

$$m\frac{\mathrm{d}^2 x}{\mathrm{d}t^2}=-mkv_x,\quad m\frac{\mathrm{d}^2 y}{\mathrm{d}t^2}=-mg-mkv_y$$

即 $$\frac{\mathrm{d}v_x}{\mathrm{d}t}=-kv_x \quad ①$$

$$\frac{\mathrm{d}v_y}{\mathrm{d}t}=-g-kv_y \quad ②$$

初瞬时 $t=0$ 时，质点的起始位置坐标为 $x_0=0, y_0=0$，而初速度在 x, y 轴的投影分别为

$$v_{0x}=v_0\cos\varphi, \quad v_{0y}=v_0\sin\varphi$$

积分

$$\int_{v_0\cos\varphi}^{v_x}\frac{\mathrm{d}v_x}{v_x}=-\int_0^t k\,\mathrm{d}t, \quad v_x=(v_0\cos\varphi)\mathrm{e}^{-kt} \quad ③$$

$$\int_{v_0\sin\varphi}^{v_y}\frac{k\,\mathrm{d}v_y}{g+kv_y}=-\int_0^t k\,\mathrm{d}t, \quad v_y=\left(v_0\sin\varphi+\frac{g}{k}\right)\mathrm{e}^{-kt}-\frac{g}{k} \quad ④$$

再积分一次，得

$$\int_0^x\mathrm{d}x=\int_0^t(v_0\cos\varphi)\mathrm{e}^{-kt}\mathrm{d}t, \quad \int_0^y\mathrm{d}y=\int_0^t\left[\left(v_0\sin\varphi+\frac{g}{k}\right)\mathrm{e}^{-kt}-\frac{g}{k}\right]\mathrm{d}t$$

得

$$x=\frac{v_0\cos\varphi}{k}(1-\mathrm{e}^{-kt}) \quad ⑤$$

$$y=\left(\frac{v_0\sin\varphi}{k}+\frac{g}{k^2}\right)(1-\mathrm{e}^{-kt})-\frac{g}{k}t \quad ⑥$$

这就是所求的质点运动方程。从式 ⑤、式 ⑥ 中消去 t，得轨迹方程为

$$y=\left(\tan\varphi+\frac{g}{kv_0\cos\varphi}\right)x+\frac{g}{k^2}\ln\left(1-\frac{k}{v_0\cos\varphi}\right)$$

其轨迹曲线如图 9-8b）所示。由式 ③— 式 ⑥ 可见，当 $t\to\infty$ 时，$x\to\frac{v_0\cos\varphi}{k}$，$y\to-\infty$，$v_x\to0$，$v_y\to-\frac{g}{k}=v_y^*$；$v_y^*$ 称为极限速度，这时质点 M 以匀速 v_y^* 铅垂下降。

9.3 质点在非惯性坐标系中的运动

如前所述，牛顿运动定律只适用于惯性坐标系，那么，在非惯性坐标系中（例如，在加速运动着的飞机中运动的质点），物体的运动规律又应该是怎样的呢？

设质点 M 质量为 m，在合力 $\boldsymbol{F}=\sum\boldsymbol{F}_i$ 的作用下相对于动坐标系 $O'x'y'z'$ 运动，而该动坐标系又相对于静坐标系（惯性坐标系）$Oxyz$ 运动，如图 9-9 所示，由运动学的加速度合成定理知

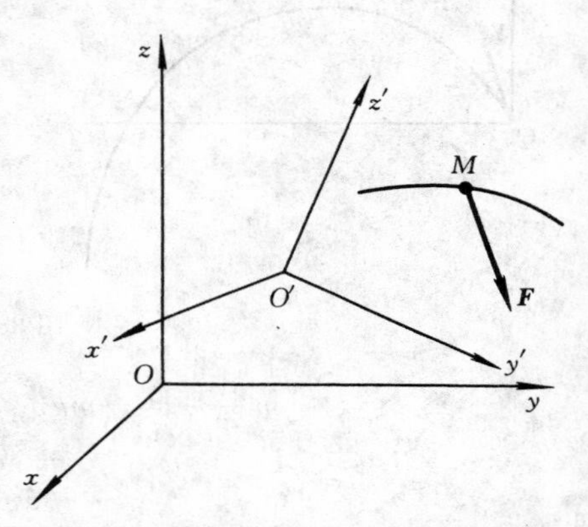

图 9-9　质点在非惯性坐标系中运动

$$\boldsymbol{a}=\boldsymbol{a}_\mathrm{r}+\boldsymbol{a}_\mathrm{e}+\boldsymbol{a}_\mathrm{c}$$

其中，$\boldsymbol{a}$ 是 M 的绝对加速度，$\boldsymbol{a}_r,\boldsymbol{a}_e,\boldsymbol{a}_c$ 分别为相对加速度、牵连加速度和科氏加速度。这样，牛顿第二定律可表示为

$$\boldsymbol{F}=m\boldsymbol{a}=m(\boldsymbol{a}_r+\boldsymbol{a}_e+\boldsymbol{a}_c)$$

于是，质点 M 相对于动坐标系 $O'x'y'z'$ 的运动规律为

$$m\boldsymbol{a}_r=\boldsymbol{F}-m\boldsymbol{a}_e-m\boldsymbol{a}_c$$

令

$$\boldsymbol{F}_{Ie}=-m\boldsymbol{a}_e,\quad \boldsymbol{F}_{Ic}=-m\boldsymbol{a}_c$$

则

$$m\boldsymbol{a}_r=\boldsymbol{F}+\boldsymbol{F}_{Ie}+\boldsymbol{F}_{Ic} \tag{9-6}$$

$\boldsymbol{F}_{Ie},\boldsymbol{F}_{Ic}$ 都具有力的量纲，分别称为牵连惯性力和科氏惯性力。

式(9-6)称为质点相对运动的动力学方程。将式(9-6)与式(9-1)比较可见：除了质点实际所受的力 $\boldsymbol{F}$ 之外，还要假想地加上牵连惯性力 $\boldsymbol{F}_{Ie}$ 和科氏惯性力 $\boldsymbol{F}_{Ic}$。作了这样的修正以后，牛顿第二定律可推广应用于非惯性坐标系。式(9-6)表明，在非惯性坐标系中所观察到的质点的加速度，不仅仅决定作用于质点上的力，而且与参考系本身的运动有关。

在解决实际问题时，可根据给定的条件，分别选用直角坐标、自然坐标或极坐标形式，即将式(9-6)投影到相应的轴上，再求积分。

方程式(9-6)是指动坐标系作任意运动时质点的相对运动动力学方程。当动坐标系的运动有所限定时，有以下几种特殊情况。

(1) 动坐标系作平动时质点的相对运动。

当动坐标系 $O'x'y'z'$ 相对于静坐标系 $Oxyz$ 作平动时，科氏加速度 $\boldsymbol{a}_c=\boldsymbol{0}$，因而科氏惯性力 $\boldsymbol{F}_{Ic}=\boldsymbol{0}$，式(9-6)成为

$$m\boldsymbol{a}_r=\boldsymbol{F}+\boldsymbol{F}_{Ie} \tag{9-7}$$

这表示：当动坐标系作平动时，除了实际作用于质点上的力之外，只需加上牵连惯性力，则质点相对运动动力学方程与质点在绝对运动中的动力学方程具有相同的形式。

当动坐标系作匀速直线平动时，牵连加速度 $\boldsymbol{a}_e$ 和科氏加速度 $\boldsymbol{a}_c$ 均等于零，所以 $\boldsymbol{F}_{Ie}=\boldsymbol{0},\boldsymbol{F}_{Ic}=\boldsymbol{0}$，于是有

$$m\boldsymbol{a}_r=\boldsymbol{F} \tag{9-8}$$

可见，质点的相对运动动力学方程与绝对运动动力学方程完全相同。这就是说，质点在静坐标系中和在作匀速直线运动的坐标系中的运动规律是相同的。例如，在作匀速直线运动的车厢中向上抛出的物体，仍沿铅垂线下落，与在静止的车厢中的情况相同，不会因车厢的运动而偏斜。

因此，我们可以得出结论：在一个系统内部所做的任何力学试验，都不能确定这一系统是静止的还是在作匀速直线平动。这一结论称为经典力学的相对性原理，也

称为伽利略、牛顿相对性原理。

(2) 质点的相对平衡与相对静止。

当质点相对于动坐标系作匀速直线运动时，质点的相对加速度 $\boldsymbol{a}_{\mathrm{r}}=\mathbf{0}$，于是由式(9-6)得

$$\boldsymbol{F}+\boldsymbol{F}_{\mathrm{Ie}}+\boldsymbol{F}_{\mathrm{Ic}}=\mathbf{0} \tag{9-9}$$

此时，我们称质点处于相对平衡状态。上式表明：当质点处于相对平衡状态时，作用于质点上的力 $\boldsymbol{F}$ 与牵连惯性力 $\boldsymbol{F}_{\mathrm{Ie}}$ 及科氏惯性力 $\boldsymbol{F}_{\mathrm{Ic}}$ 成平衡。

当质点相对于动坐标系静止不动，则不仅质点的相对加速度 $\boldsymbol{a}_{\mathrm{r}}$ 等于零，而且质点的相对速度 $\boldsymbol{v}_{\mathrm{r}}$ 也等于零，因此有 $\boldsymbol{F}_{\mathrm{Ic}}=-m\boldsymbol{a}_{\mathrm{c}}=-2m\boldsymbol{\omega}\times\boldsymbol{v}_{\mathrm{r}}=\mathbf{0}$，式(9-9)成为

$$\boldsymbol{F}+\boldsymbol{F}_{\mathrm{Ie}}=\mathbf{0} \tag{9-10}$$

式(9-10)表明：当质点保持相对静止状态时，作用于质点上的力 $\boldsymbol{F}$ 与牵连惯性力 $\boldsymbol{F}_{\mathrm{Ie}}$ 成平衡。

例 9-6 图 9-10a) 所示水平圆盘以匀角速度 ω 绕轴转动，盘上有一光滑直槽，离原点的距离为 h，试求小球 M 在槽中的运动和槽对小球的作用力。

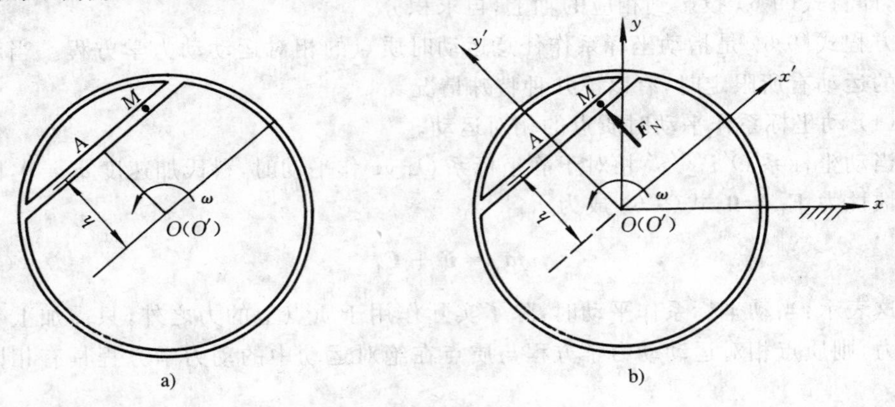

图 9-10 例 9-6 图

解 如图 9-10b) 所示，选静坐标系 Oxy，动坐标系 $O'x'y'$ 与圆盘固连，点 O' 与点 O 重合。实际上，槽中小球 M 的运动即为小球 M 相对于动系 $O'x'y'$ 的运动。考虑最一般的情况，小球在第一象限，则

$$\boldsymbol{a}_{\mathrm{e}}=-\omega^2x'\boldsymbol{i}'-\omega^2h\boldsymbol{j}'$$

因此，牵连惯性力为 $$\boldsymbol{F}_{\mathrm{Ie}}=m\omega^2x'\boldsymbol{i}'+m\omega^2h\boldsymbol{j}'$$

科氏惯性力为 $$\boldsymbol{F}_{\mathrm{Ic}}=-2m(\omega\boldsymbol{k}')\times(\dot{x}'\boldsymbol{i}')=-2m\omega\dot{x}'\boldsymbol{j}'$$

设槽对小球的作用力为 $\boldsymbol{F}_{\mathrm{N}}=F_{\mathrm{N}}\boldsymbol{j}'$。将质点相对运动动力学方程(9-6)在动坐

标系 x' 轴、y' 轴方向投影，得

$$m\ddot{x}' = m\omega^2 x' \tag{①}$$

$$0 = m\omega^2 h - 2m\omega\dot{x}' + F_N \tag{②}$$

于是

$$\ddot{x}' - \omega^2 x' = 0$$

$$F_N = -m\omega^2 h + 2m\omega\dot{x}'$$

设 $t=0$ 时，$x'(0)=x'_0$，$\dot{x}'(0)=v'_0$，可得

$$x' = x'_0 \cosh\omega t + \frac{v'_0}{\omega}\sinh\omega t \tag{③}$$

$$F_N = -m\omega^2 h + 2m\omega^2 x'_0 \sinh\omega t + 2mv'_0\omega\cosh\omega t \tag{④}$$

从式③看，当 $x'_0=0$，$v'_0=0$ 时，则 $x'(t)\equiv 0$。即质点 M 停留在槽的中点 A 不动，这是一种相对平衡状态。但这种平衡是不稳定的，如有干扰，就有 $x'_0\neq 0$，$v'_0\neq 0$，于是，当 $t\to\infty$ 时，质点 M 将无限远离这一平衡位置。

例 9-7 AB 直管与铅垂轴 CD 成 45° 角，并以匀角速度 ω 绕此轴转动。AB 直管内小球 M 由相对静止状态开始运动(图 9-11a))。如小球的起始位置到点 O' 的距离为 l。忽略摩擦不计，求小球沿直管的运动方程。

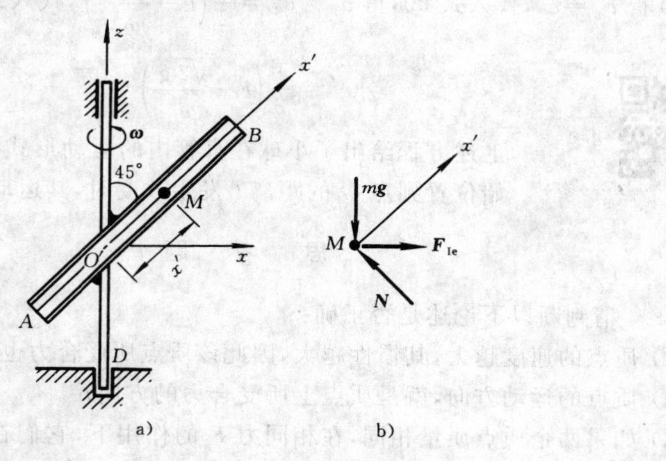

图 9-11 例 9-7 图

解 选取小球 M 为研究对象，其受力如图 9-11b) 所示，其中，牵连惯性力 $F_{Ie} = mx'\frac{\sqrt{2}}{2}\omega^2$。科氏惯性力 $\boldsymbol{F}_{Ic}$ 垂直于图平面向里，与 $\boldsymbol{F}_{Ic}$ 相反方向的约束力均未在图中表示。质点 M 相对运动的动力学方程在 x' 方向的投影式为

$$m\ddot{x}' = -mg\cdot\frac{\sqrt{2}}{2} + F_{Ie}\cdot\frac{\sqrt{2}}{2} = -\frac{\sqrt{2}}{2}mg + \frac{1}{2}x'm\omega^2$$

$$\ddot{x}' - \frac{\omega^2}{2}x' = -\frac{g}{\sqrt{2}} \quad ①$$

式①的齐次方程为 $$\ddot{x}' - \frac{\omega^2}{2}x' = 0$$

其特征方程为 $$r^2 - \frac{\omega^2}{2} = 0, \quad 得 \quad r_{1,2} = \pm\frac{\omega}{\sqrt{2}}$$

对应的解为 $$x'_1 = c_1 e^{-\frac{\omega t}{\sqrt{2}}} + c_2 e^{\frac{\omega t}{\sqrt{2}}}$$

对应于非齐次方程的特解为 $$x'_2 = \frac{g}{\sqrt{2}} \cdot \frac{2}{\omega^2} = \frac{\sqrt{2}g}{\omega^2}$$

方程①的全解 $$x' = x'_1 + x'_2 = c_1 e^{-\frac{\omega t}{\sqrt{2}}} + c_2 e^{\frac{\omega t}{\sqrt{2}}} + \frac{\sqrt{2}g}{\omega^2} \quad ②$$

由初始条件 $t=0$ 时，$x'_0 = l$，$\dot{x}' = 0$，得

$$x'_0 = l = c_1 + c_2 + \frac{\sqrt{2}g}{\omega^2} \quad ③$$

$$\dot{x}'_0 = 0 = -\frac{\omega}{\sqrt{2}}c_1 + \frac{\omega}{\sqrt{2}}c_2 \quad ④$$

由式④得 $c_1 = c_2$，代入式③，得 $c_1 = c_2 = \frac{1}{2}\left(l - \frac{\sqrt{2}g}{\omega^2}\right)$，代入式②得

$$x' = \frac{1}{2}\left(l - \frac{\sqrt{2}g}{\omega^2}\right)\left(e^{-\frac{\omega}{\sqrt{2}}t} + e^{\frac{\omega}{\sqrt{2}}t}\right) + \frac{\sqrt{2}g}{\omega^2}$$

上述方程给出了小球在直管内的运动形式。试分析当小球的起始位置到点 O 的距离 l 发生改变时，其运动形式是否会改变。

思　考　题

9-1　请判断以下论述是否正确：

(1) 质点的速度越大，其惯性越大，因此该质点所受合力也就越大；

(2) 质点的运动方向，就是质点上所受合力的方向；

(3) 如果两个质点质量相同，在相同力 $\boldsymbol{F}$ 的作用下，它们在任一瞬时的速度、加速度都相同。

9-2　汽车以匀速 $\boldsymbol{v}$ 通过图示路面上的 A，B，C 三点时，给路面的压力是否相同？

9-3　当作用于质点上的力 $\boldsymbol{F}$ 为恒矢量时，质点 M 能否作匀速曲线运动？

9-4　质点作曲线运动时，图中力 $\boldsymbol{F}$ 与加速度 $\boldsymbol{a}$ 的情形，哪几种是可能的，哪几种是不可能的？

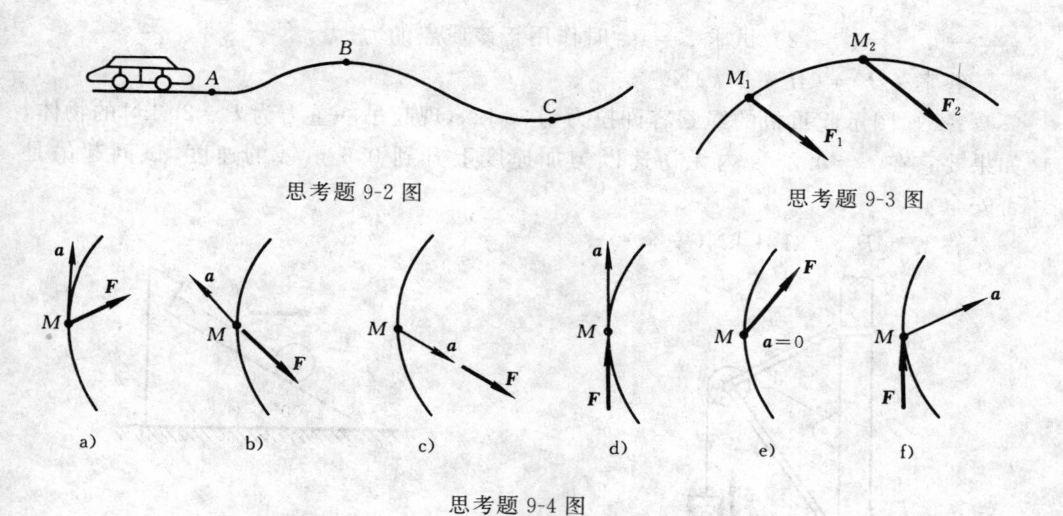

思考题 9-2 图

思考题 9-3 图

思考题 9-4 图

9-5　试说明$\frac{\mathrm{d}\boldsymbol{v}}{\mathrm{d}t}$,$\frac{\mathrm{d}v}{\mathrm{d}t}$,$\left|\frac{\mathrm{d}\boldsymbol{v}}{\mathrm{d}t}\right|$三者的区别。

9-6　能否在密闭的车厢中正确判断列车是静止,还是作匀速直线运动、加速或减速直线运动、转弯?

9-7　科氏惯性力与哪些因素有关?在北半球与南半球,作用于自由落体上的惯性力方向是否相同?在什么情况下科氏惯性力为零?

9-8　不计滑轮质量,在图示两种情况下,重物Ⅱ的加速度是否相同?两根绳中的张力是否相同?

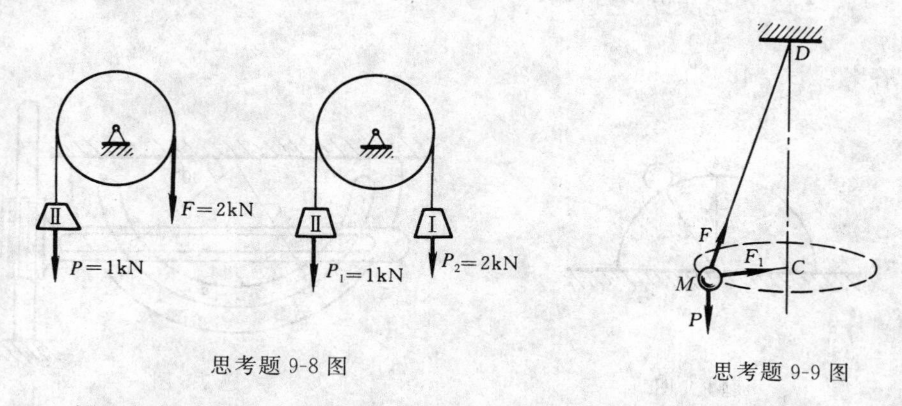

思考题 9-8 图

思考题 9-9 图

9-9　用一细绳将一小球 M 悬挂在 D 处。当小球在水平面内作圆周运动时,有人认为球上受到重力 P、绳子张力 F 及向心力 F_1 的作用,对吗?若不对,错在哪里?

习　题

9-1　质量为 $m=2$ kg 的质点沿空间作曲线运动,其运动方程为 $x=4t^2-t^3$,

$y=-5t$，$z=t^4-2$。试求 $t=1$ s 时作用于该质点的力。

答案　$\boldsymbol{F}=(4\boldsymbol{i}+24\boldsymbol{k})$N。

9-2　图示起重机的绳索容许拉力为 35 kN，现起吊一重力为 $P=25$ kN 的物体，如果要它在 $t=0.25$ s 内无初速以匀加速度上升到 0.6 m/s 的速度，试问起吊是否安全？

答案　$F_{\mathrm{T}}=31.1$ kN(安全)。

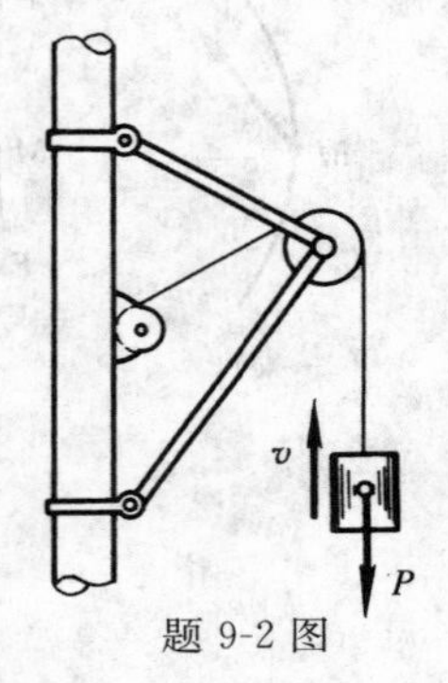

题 9-2 图

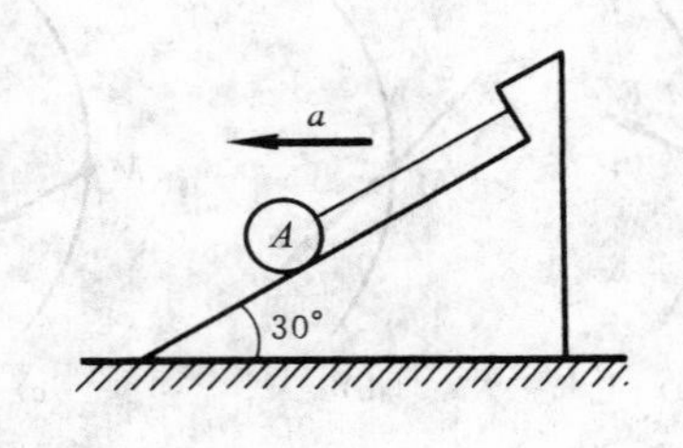

题 9-3 图

9-3　倾角为 30° 的楔形斜面以加速度 $a=\dfrac{g}{3}$ 向左运动，质量为 $m=10$ kg 的小球 A 用软绳维系于斜面上，试求绳子的拉力及斜面的压力，并求当斜面的加速度达到多大时绳子的拉力为零？

答案　$F_{\mathrm{t}}=20.71$ N，$F_{\mathrm{n}}=101.20$ N，$a=5.66\ \mathrm{m/s^2}$。

9-4　小球 A 从光滑半圆柱的顶点无初速地下滑，试求小球脱离半圆柱时的位置角 φ。

答案　$\varphi=48.2°$。

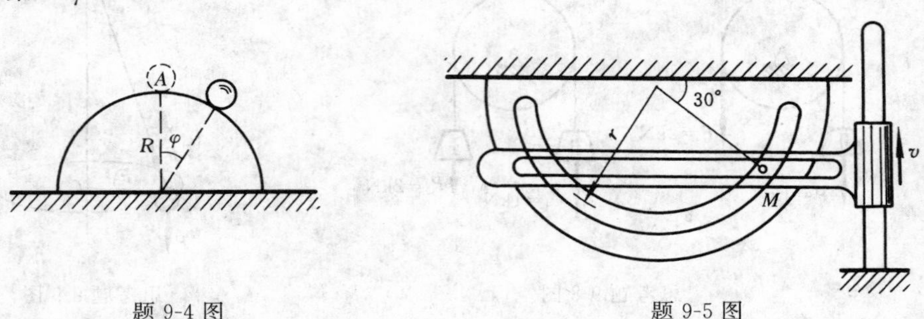

题 9-4 图　　题 9-5 图

9-5　销钉 M 的质量 $m=0.2$ kg，由水平槽杆带动，使其在半径为 $r=200$ mm 的固定半圆槽内运动。设水平槽杆以匀速 $v=400$ mm/s 向上运动。试求在图示位置时圆槽对销钉 M 作用的力(摩擦不计)。

答案　$F_{\mathrm{N}}=0.284$ N。

9-6　质量为 m 的质点从静止状态开始作直线运动，作用于质点上的力 $\boldsymbol{F}$ 随时间按图示规律变化，a，b 均为正号的常数。试求质点的运动方程。

答案　(1) 当 $t < t_0$，$x = \dfrac{(3t_0 - t)F_0 t^2}{6mt_0}$；(2) 当 $t > t_0$，$x = \dfrac{F_0 t_0}{6m}(3t - t_0)$。

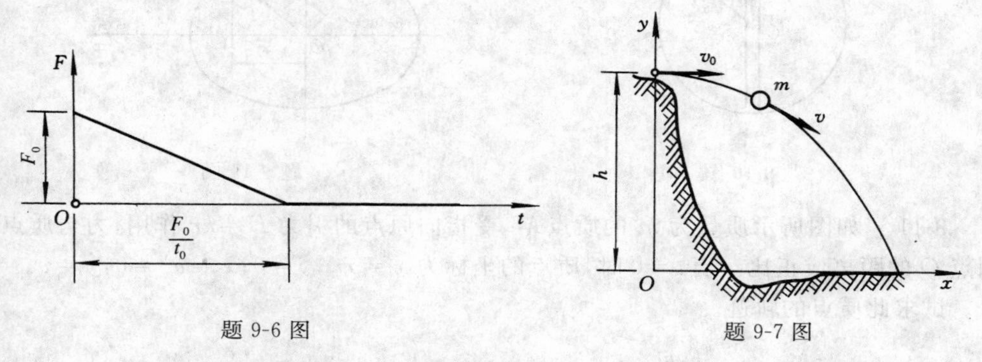

题 9-6 图　　题 9-7 图

9-7　如图所示质量为 m 的质点自高度 h 以速度 v_0 水平抛出，空气阻力为 $\boldsymbol{F} = -km\boldsymbol{v}$，其中 k 为常数。试求物体的运动方程和轨迹。

答案　$x = \dfrac{v_0}{k}(1 - e^{-kt})$，$y = h - \dfrac{g}{k}t + \dfrac{g}{k^2}(1 - e^{-kt})$；

轨迹为 $y = h - \dfrac{g}{k^2} \cdot \ln \dfrac{v_0}{v_0 - kx} + \dfrac{gx}{kv_0}$。

9-8　为使列车对铁轨的压力垂直于路基，在铁路的弯道部分，外轨要比内轨稍微提高。若弯道的曲率半径 $\rho = 300$ m，列车的速率 $v = 12$ m/s，内、外轨道间的距离 $b = 1.6$ m，试求外轨应高于内轨的高度 h。

答案　$h = 78.4$ mm。

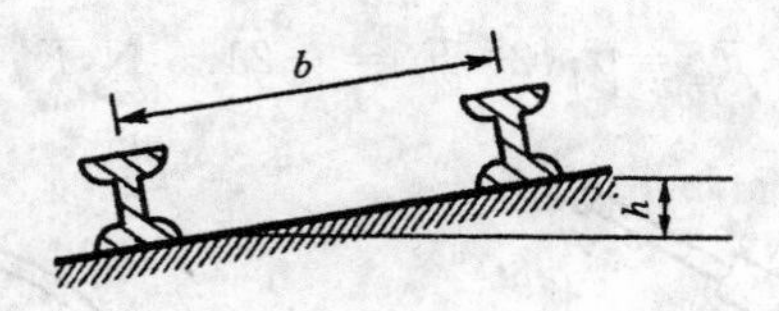

题 9-8 图

9-9　直升机重力为 P，它竖直上升的螺旋桨的牵引力为 $F = 1.5P$，空气阻力为 $F_R = kPv$。试求直升机上升的极限速度。

答案　$v^* = 0.5/k$。

9-10　假设有一穿过地心的笔直隧道，一质点自地面无初速地放入隧道，如图所示。若质点受到地球内部的引力与它到地心的距离成正比，地球半径 $R = 6\,370$ km，在地球表面的重力加速度 $g = 9.8$ m/s^2，试求：(1) 质点的运动；(2) 质点穿过地心时的速度；(3) 质点到达地心所需的时间。

答案　$x = R\cos\left(\sqrt{\dfrac{g}{R}}t\right)$，$v = -7.9$ km/s，$t = 1\,266$ s。

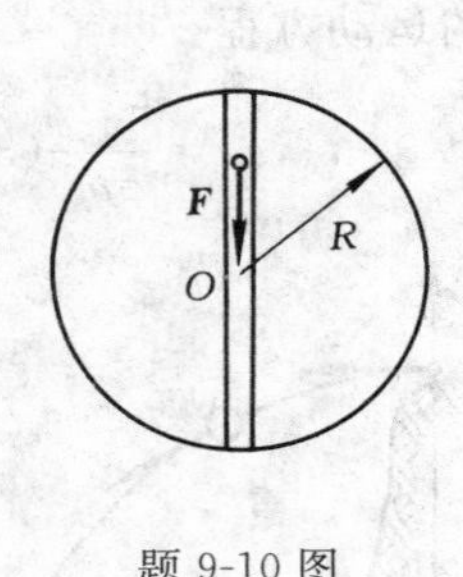

题 9-10 图

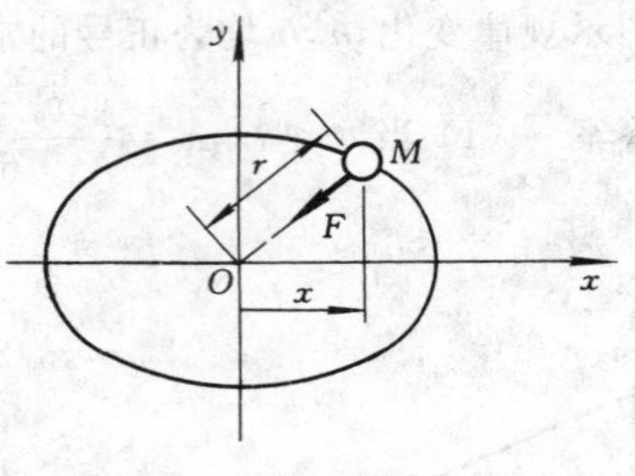

题 9-11 图

9-11 如图所示质量为 m 的质点 M，受指向原点的引力 $F=kr$ 作用，力与质点到点 O 的距离成正比。当 $t=0$ 时，质点的坐标为 $x=x_0, y=0; \dot{x}=v_x=0, \dot{y}=v_y=v_0$。试求此质点的轨迹。

答案 椭圆 $\dfrac{x^2}{x_0^2}+\dfrac{k}{m}\cdot\dfrac{y^2}{v_0^2}=1$。

9-12 排水量 $P_v=1\times10^9$ N 的轮船，以 $v=8$ m/s 的速度航行。水的阻力与轮船速度的平方成正比，当轮船速度 $v_1=1$ m/s 时，水的阻力 $F_{R_1}=3\times10^5$ N。当轮船关闭马达后速度降至 $v_2=4$ m/s 时，试求轮船航行了多少路程？需时多少？

答案 $L=236$ m，$t=42.5$ s。

9-13 质量为 $m=2$ kg 的质点 M 在图示水平面 Oxy 内运动，质点在某瞬时 t 的位置可由方程 $\rho=t^2-\dfrac{t^3}{3}$ 及 $\varphi=2t^2$ 确定。其中，ρ 以 m 计，t 以 s 计，φ 以 rad 计，当 (1) $t=0$ 及 (2) $t=1$ s 时，试分别求质点 M 上所受的径向分力和横向分力。

答案 (1) $F_\rho=4$ N，$F_\varphi=0$；(2) $F_\rho=-21.3$ N，$F_\varphi=21.3$ N。

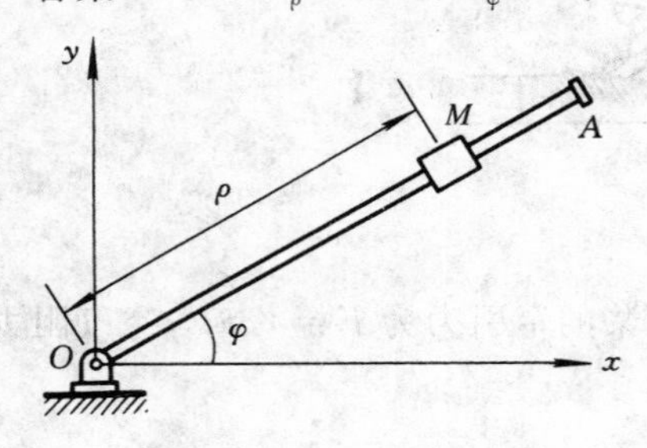

题 9-13 图

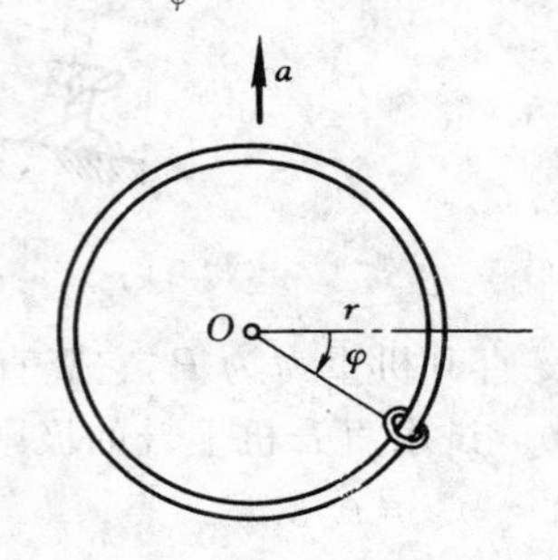

题 9-14 图

9-14 半径为 r 的光滑圆圈，以匀加速度 a 在铅垂平面内向上运动。质量为 m 的小环套在圆圈上，相对于圆圈在 $\varphi=0$ 的位置由静止开始运动。试求小环在图示位置时的相对速度和小环对圆圈的压力。

答案 $v_r=\sqrt{2r(a+g)\sin\varphi}$，$F_N=3m(a+g)\sin\varphi$。

9-15　质量为 m 的小环 M 沿半径为 R 的光滑圆环运动，如图所示。圆环在自身平面（水平面）内以匀角速度 ω 绕通过点 O 的铅垂轴转动。在初瞬时，小环 M 在点 M_0 处（$\varphi_0=\pi/2$），且处于相对静止状态。试求小环 M 对圆环径向压力的最大值。

答案　$F_{Nmax}=2(2+\sqrt{2})mR\omega^2$。

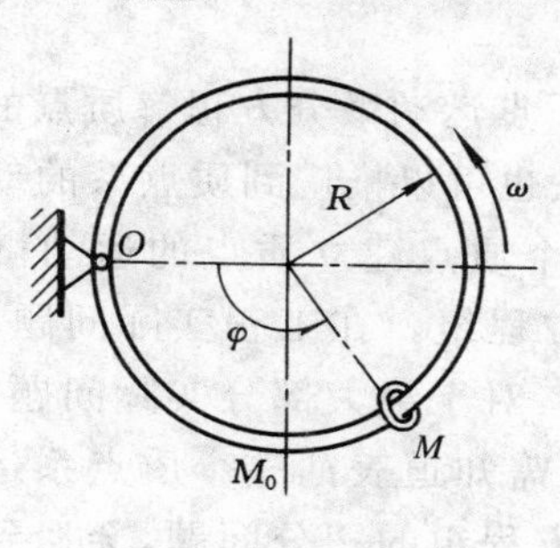

题 9-15 图

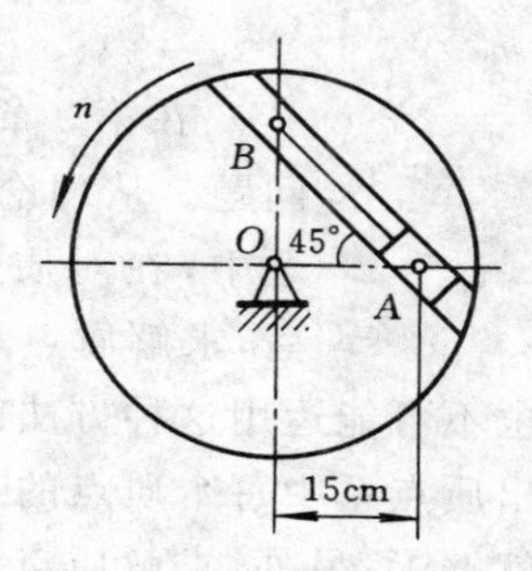

题 9-16 图

9-16　图示圆盘在水平面内绕 O 轴转动的转速 $n=300$ r/min。一质量 $m=3$ kg 的物块 A 放在盘上一光滑直槽内，绳子一端固定于盘上点 B。若物块 A 相对于圆盘的位置不变，试求绳子的张力。

答案　$F_T=314$ N。

9-17　质量 $m=2$ kg 的滑块 A 通过销钉 M 由摇杆 OB 带动在倾角为 30° 的斜面间运动。已知当摇杆 OB 在铅垂位置时，角速度 $\omega=2$ rad/s，角加速度 $\alpha=1$ rad/s²，其转向如图所示，摩擦略去不计。试求斜面对滑块 A 及导槽对销钉 M 的约束力。

答案　$F_1=23.11$ N，$F_2=12.27$ N。

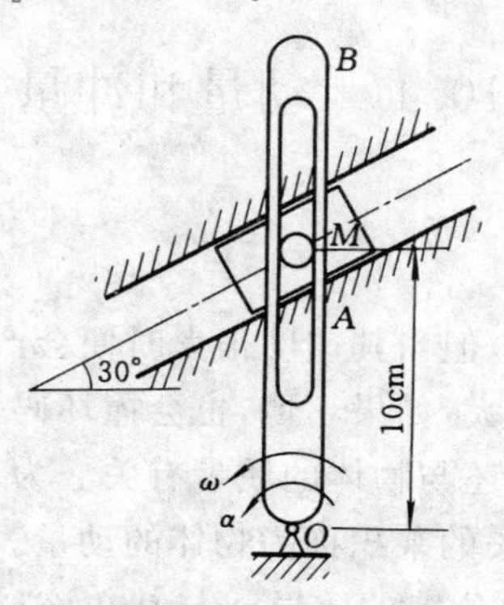

题 9-17 图

10 动量定理

在第9章中，我们运用质点运动微分方程解质点的动力学问题。从理论上讲，这一方法也可以推广到质点系的动力学问题中，在对质点系中的每一个质点建立质点的运动微分方程后，求解质点系的运动微分方程组。在工程实际问题中，我们既无必要也不可能运用这种方法解题，这是因为：对于绝大部分实际问题，我们并不需要求出质点系中每个质点的运动规律，而只需知道表征整个质点系运动的某些特征量就够了；另外，求解质点系联立的微分方程组的积分问题，会遇到难以克服的数学上的困难。为了使运算过程简化，可以从质点运动微分方程出发推导出若干定理，运用这些定理求解质点系的动力学问题，要比运用质点运动微分方程简单得多。在这些定理中，我们将某些与运动有关的物理量（动量、动量矩、动能）以及与作用于质点系上的与力有关的物理量（冲量、冲量矩、功）对应联系起来，建立它们之间数学上的关系。这些关系统称为动力学普遍定理，它包括动量定理、动量矩定理和动能定理。这些定理不仅仅是数学运算的简化，而且有它独立的物理意义。

在这一章中，我们讨论由牛顿第二定理推导出的动量定理和质心运动定理。

10.1 动量和冲量

10.1.1 动量

我们知道，子弹质量虽小，但当其速度很大时便会产生极大的杀伤力，轮船靠岸，尽管速度很小，但由于质量很大，如果不慎，也会撞坏码头。这说明物体运动的强弱，不仅与物体运动的速度有关，还与物体的质量有关。为了表示物体运动量的强弱，我们把物体的质量与它的速度矢的乘积称为物体的动量。

质点在瞬时 t 的动量就是质点的质量 m 与其在该瞬时的速度 $\boldsymbol{v}$ 的乘积，动量用 $\boldsymbol{p}$ 表示为

$$\boldsymbol{p} = m\boldsymbol{v} \tag{10-1}$$

动量是表征物体机械运动强弱的一个物理量。动量是矢量，其方向与速度的方向一致。动量的单位是 kg・m/s。

质点系中所有质点的动量的矢量和，称为质点系的动量，表示为

$$\boldsymbol{p}=\sum m_i\boldsymbol{v}_i \tag{10-2}$$

对于质点系的运动，不仅与作用于质点系上的力以及各质点质量的大小有关，而且与质点系的质量分布状况有关。质心就是反映质点系质量分布的一个特征量。质心的概念在质点系动力学中具有重要的意义。

设由 n 个质点 $M_1,M_2,\cdots,M_n$ 组成的质点系，各质点的质量分别为 $m_1,m_2,\cdots,m_n$。若以 $m=\sum m_i$ 表示质点系总的质量，并以 $\boldsymbol{r}_1,\boldsymbol{r}_2,\cdots,\boldsymbol{r}_n$ 表示各质点对任选的静点 O 的矢径，如图 10-1 所示，则有

$$\boldsymbol{r}_C=\frac{\sum m_i\boldsymbol{r}_i}{m} \tag{10-3}$$

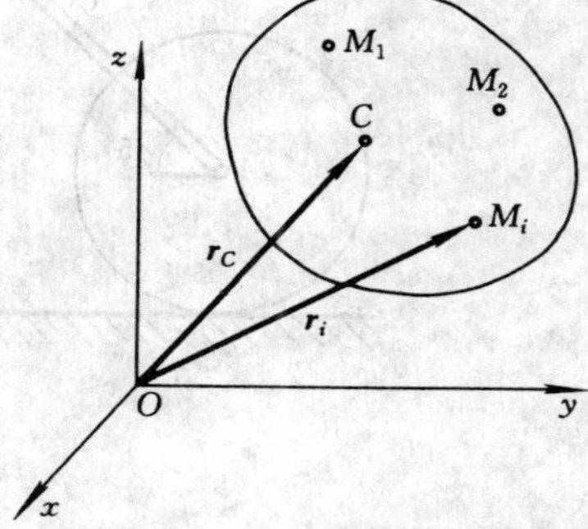

图 10-1　质点系的质心

由式(10-3)确定的一点 C 称为该质点系的质心。

在静坐标系中，将式(10-3)两边对时间求导可得 $\boldsymbol{v}_C=\dfrac{\sum m_i\boldsymbol{v}_i}{m}$，所以，质点系的动量又可以表示为

$$\boldsymbol{p}=m\boldsymbol{v}_C \tag{10-4}$$

即质点系的动量等于质点系的质量与其质心速度的乘积。式(10-4)为刚体的动量计算提供了便捷的方法。

对于刚体系统，设第 i 个刚体的质心 C_i 的速度为 $\boldsymbol{v}_{Ci}$，则整个刚体系统的动量可由式(10-5)计算：

$$\boldsymbol{p}=\sum m_i\boldsymbol{v}_{Ci} \tag{10-5}$$

动量是矢量，具体计算时，我们可利用速度的投影形式，即

$$\boldsymbol{p}=\sum m_iv_{ix}\boldsymbol{i}+\sum m_iv_{iy}\boldsymbol{j}+\sum m_iv_{iz}\boldsymbol{k}=mv_{Cx}\boldsymbol{i}+mv_{Cy}\boldsymbol{j}+mv_{Cz}\boldsymbol{k}$$

例 10-1　已知轮 A 质量为 m_1，匀质杆 AB 质量为 m_2，杆长为 l，如图 10-2a) 所示，在图示位置时轮心 A 的速度为 $\boldsymbol{v}$，AB 倾角为 45°。试求此瞬时系统的动量。

解　轮杆系统的自由度为 1，设 v 为运动学独立变量，因 I 为杆 AB 杆的瞬心，如图 10-2b) 所示，则

$$\omega_{AB}=\frac{v}{\overline{AI}}=\frac{\sqrt{2}\,v}{l}$$

$$v_C=\overline{IC}\cdot\omega_{AB}=\frac{l}{2}\cdot\frac{\sqrt{2}\,v}{l}=\frac{\sqrt{2}}{2}v$$

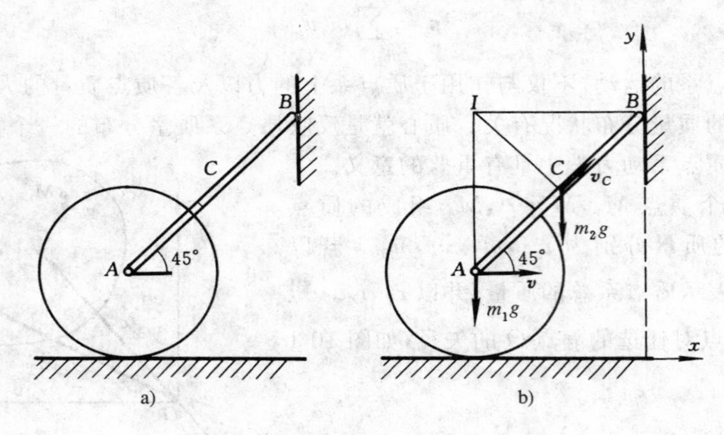

图 10-2　例 10-1 图

$$p_x = m_1 v + m_2 v_C \cos 45^\circ = \frac{2m_1 + m_2}{2} v$$

$$p_y = m_2 v_C \sin 45^\circ = \frac{m_2}{2} v$$

$$\boldsymbol{p} = \frac{2m_1 + m_2}{2} v\boldsymbol{i} + \frac{m_2}{2} v\boldsymbol{j}$$

10.1.2　冲量

根据经验知道,作用于物体上的力所引起的物体运动状态变化的程度,不仅取决于作用力的大小,而且还与该力的作用时间长短有关。我们把力在某一时间段里的累积效应称为力的冲量,以 $\boldsymbol{I}$ 表示

$$\boldsymbol{I} = \int_{t_1}^{t_2} \boldsymbol{F} \mathrm{d}t \tag{10-6}$$

其中,$\boldsymbol{F}\mathrm{d}t$ 是力 $\boldsymbol{F}$ 在 $\mathrm{d}t$ 时间内的元冲量,表示为

$$\mathrm{d}\boldsymbol{I} = \boldsymbol{F} \mathrm{d}t \tag{10-7}$$

冲量是矢量,其方向与力 $\boldsymbol{F}$ 的方向一致。冲量的单位为 N·s,也可以化为 kg·m/s,与动量的单位一致。

将式(10-6) 投影至直角坐标轴上,得冲量 $\boldsymbol{I}$ 在三个直角坐标轴上的投影为

$$I_x = \int_{t_1}^{t_2} F_x \mathrm{d}t, \quad I_y = \int_{t_1}^{t_2} F_y \mathrm{d}t, \quad I_z = \int_{t_1}^{t_2} F_z \mathrm{d}t \tag{10-8}$$

若式(10-6) 中的 $\boldsymbol{F}$ 为若干个分力的合力 $\boldsymbol{F} = \boldsymbol{F}_1 + \boldsymbol{F}_2 + \cdots + \boldsymbol{F}_n = \sum \boldsymbol{F}_i$,则

$$\boldsymbol{I}=\int_{t_1}^{t_2}\boldsymbol{F}\mathrm{d}t=\int_{t_1}^{t_2}(\boldsymbol{F}_1+\boldsymbol{F}_2+\cdots+\boldsymbol{F}_n)\mathrm{d}t$$

$$=\int_{t_1}^{t_2}\boldsymbol{F}_1\mathrm{d}t+\int_{t_1}^{t_2}\boldsymbol{F}_2\mathrm{d}t+\cdots+\int_{t_1}^{t_2}\boldsymbol{F}_n\mathrm{d}t=\boldsymbol{I}_1+\boldsymbol{I}_2+\cdots+\boldsymbol{I}_n \tag{10-9}$$

式(10-9)说明:合力的冲量等于各分力冲量的矢量和。

10.2 质点系动量定理

质点系中任一质点所受到的力可以分为两类:一类是质点系以外的物体对它的作用力,称为外力,以 $\boldsymbol{F}_i^{\mathrm{E}}$ 表示;另一类是质点系中质点间相互作用的力,称为内力,以 $\boldsymbol{F}_i^{\mathrm{I}}$ 表示。要确定某个力是"内力"还是"外力",取决于被观察的质点系的范围,外力与内力的区分是相对的。既然内力是质点系中各质点间的相互作用力,根据作用力与反作用力定律,内力必定是成对出现的。因此,对整个质点系而言,内力系的矢量之和等于零,内力系对任一点或任一轴(x 轴)的矩的和也等于零。即

$$\sum\boldsymbol{F}_i^{\mathrm{I}}=\boldsymbol{0},\quad \sum\boldsymbol{M}_O(\boldsymbol{F}_i^{\mathrm{I}})=\boldsymbol{0}\quad 或\quad \sum M_x(\boldsymbol{F}_i^{\mathrm{I}})=0$$

由 n 个质点组成的质点系,其中任一质点的质量为 m_i,它在任一瞬时的速度为 $\boldsymbol{v}_i$,而作用在该质点上的力有内力 $\boldsymbol{F}_i^{\mathrm{I}}$ 和外力 $\boldsymbol{F}_i^{\mathrm{E}}$,根据质点的动力学方程,得

$$m_i\frac{\mathrm{d}\boldsymbol{v}_i}{\mathrm{d}t}=\boldsymbol{F}_i^{\mathrm{E}}+\boldsymbol{F}_i^{\mathrm{I}}$$

或

$$\frac{\mathrm{d}(m_i\boldsymbol{v}_i)}{\mathrm{d}t}=\boldsymbol{F}_i^{\mathrm{E}}+\boldsymbol{F}_i^{\mathrm{I}}$$

对于整个质点系而言,共可写出 n 个这样的方程,然后将它们叠加,应有

$$\sum\frac{\mathrm{d}(m_i\boldsymbol{v}_i)}{\mathrm{d}t}=\sum\boldsymbol{F}_i^{\mathrm{E}}+\sum\boldsymbol{F}_i^{\mathrm{I}}$$

或

$$\frac{\mathrm{d}(\sum m_i\boldsymbol{v}_i)}{\mathrm{d}t}=\sum\boldsymbol{F}_i^{\mathrm{E}}+\sum\boldsymbol{F}_i^{\mathrm{I}}$$

考虑到 $\sum m_i\boldsymbol{v}_i$ 为整个质点系的动量 $\boldsymbol{p}$,并且对质点系而言,内力之和为零,即 $\sum\boldsymbol{F}_i^{\mathrm{I}}=\boldsymbol{0}$。所以有

$$\frac{\mathrm{d}\boldsymbol{p}}{\mathrm{d}t}=\sum\boldsymbol{F}_i^{\mathrm{E}} \tag{10-10}$$

即质点系的动量对时间的导数,等于作用于质点系的所有外力的矢量和。这就是质

点系的动量定理。

质点系动量定理在直角坐标轴上的投影形式为

$$\frac{\mathrm{d}p_x}{\mathrm{d}t}=\sum F_{ix}^{\mathrm{E}}, \quad \frac{\mathrm{d}p_y}{\mathrm{d}t}=\sum F_{iy}^{\mathrm{E}}, \quad \frac{\mathrm{d}p_z}{\mathrm{d}t}=\sum F_{iz}^{\mathrm{E}} \tag{10-11}$$

其中，p_x, p_y, p_z 分别为质点系动量 $\boldsymbol{p}$ 在直角坐标轴上的投影，它们分别为

$$p_x=\sum m_i v_{ix}, \quad p_y=\sum m_i v_{iy}, \quad p_z=\sum m_i v_{iz}$$

式(10-11) 表明：质点系的动量在任一固定轴上的投影对于时间的导数，等于各外力在同一轴上的投影的代数和。

将式(10-10) 两边同乘 $\mathrm{d}t$，得 $\mathrm{d}\boldsymbol{p}=\sum \boldsymbol{F}_i^{\mathrm{E}} \cdot \mathrm{d}t$，两边积分有

$$\int_{p_1}^{p_2} \mathrm{d}\boldsymbol{p}=\int_{t_1}^{t_2} \sum \boldsymbol{F}_i^{\mathrm{E}} \cdot \mathrm{d}t$$

即

$$\boldsymbol{p}_2-\boldsymbol{p}_1=\sum \boldsymbol{I}_i^{\mathrm{E}} \tag{10-12}$$

这就是质点系动量定理的积分形式，也称为质点系的冲量定理。

式(10-12) 表明：质点系的动量在任一段时间内的改变量，等于作用于质点系的所有外力在同一段时间内的冲量的矢量和。

式(10-12) 在直角坐标轴上的投影形式为

$$p_{2x}-p_{1x}=\sum I_{ix}^{\mathrm{E}}, \quad p_{2y}-p_{1y}=\sum I_{iy}^{\mathrm{E}}, \quad p_{2z}-p_{1z}=\sum I_{iz}^{\mathrm{E}} \tag{10-13}$$

即在任一时间段内，质点系的动量在任一固定轴上投影的改变量，等于各外力的冲量在同一轴上投影的代数和。

若 $\sum \boldsymbol{F}_i^{\mathrm{E}}=\mathbf{0}$，由式(10-10) 知，质点系的动量 $\boldsymbol{p}$ 应为常矢量，即

$$\boldsymbol{p}=\sum m_i \boldsymbol{v}_i=m\boldsymbol{v}_C=\text{常矢量} \tag{10-14}$$

这一结论称为质点系动量守恒定理，表述为若作用于质点系的所有外力的矢量和恒等于零，则质点系的动量保持为常矢量。

若作用于质点系的所有外力在某一固定轴上的投影的代数和恒等于零，则质点系的动量在该轴上的投影保持为常量。即若式(10-11) 中 $\sum F_{ix}^{\mathrm{E}}=0$，则

$$p_x=\sum m_i v_{ix}=mv_{Cx}=\text{常量} \tag{10-15}$$

在工程技术中，质点系的动量守恒定理有非常广泛的应用，也是普遍规律之一。发射枪弹或炮弹时的反坐现象，火箭、喷气式飞机等现代飞行器的反推作用等，都是质点系动量守恒的实际应用。

例 10-2 滑块 A 的质量为 m_A，下悬一摆，摆锤质量为 m_B，摆长 l，摆杆不计自重（图 10-3a)）。摆按规律 $\varphi=\varphi_0\cos\omega t$ 摆动，试求滑块 A 的运动规律（初始时系统静止）和地面对滑块 A 的作用力。

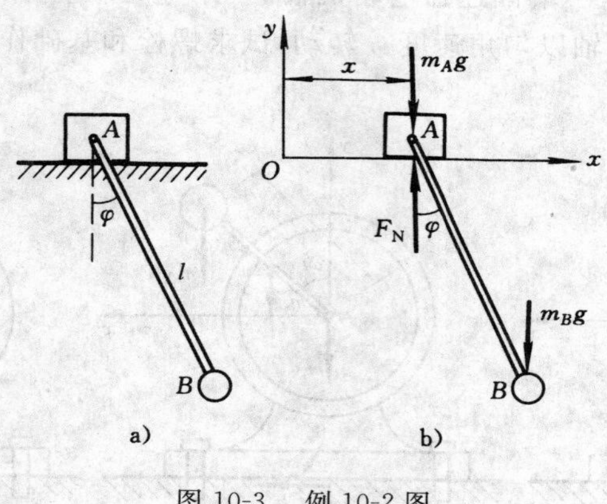

图 10-3　例 10-2 图

解　建立 Oxy 坐标，分析所有外力，如图 10-3b) 所示。本题自由度为 2，以 v_A 和 $\dot{\varphi}$ 为独立运动量。因 $\sum F_{ix}^{E}=0$，故 x 方向的动量为常数；又因初始时系统静止，故有

$$m_Av_A+m_Bv_{Bx}=0$$

即

$$m_Av_A+m_B(v_A+l\dot{\varphi}\cos\varphi)=0$$

$$v_A=\frac{m_Bl\varphi_0\omega\sin\omega t\cos\varphi}{m_A+m_B}$$

$$\frac{\mathrm{d}x_A}{\mathrm{d}t}=\frac{m_Bl\varphi_0\omega\sin\omega t\cos\varphi}{m_A+m_B}$$

两边积分

$$\int_0^x\mathrm{d}x_A=\frac{m_Bl}{m_A+m_B}\int_0^t\varphi_0\omega\sin\omega t\cos\varphi\,\mathrm{d}t$$

$$x=C-\frac{m_Bl\sin(\varphi_0\cos\omega t)}{m_A+m_B}$$

这就是滑块 A 的运动规律，其中常量 C 为初始时滑块 A 的 x 坐标位置。

因 y 方向有外力，根据 $\frac{\mathrm{d}p_y}{\mathrm{d}t}=\sum F_{iy}^{E}$，系统 y 方向总的动量为

$$p_y=m_A\cdot 0+m_B\cdot v_{By}=m_Bl\dot{\varphi}\sin\varphi=-m_Bl\omega\varphi_0\sin\omega t\sin\varphi$$

$$\frac{\mathrm{d}p_y}{\mathrm{d}t}=-m_Bl\omega^2\varphi_0\cos\omega t\sin\varphi+m_Bl\omega^2\varphi_0^2\sin^2\omega t\cos\varphi=F_N-m_Ag-m_Bg$$

所以 $F_N = (m_A + m_B)g + m_B l\omega^2 \varphi_0(\varphi_0 \sin^2\omega t \cos\varphi - \cos\omega t \sin\varphi)$

例 10-3 电动机质量为 m_1，外壳用螺栓固定在基础上(图 10-4a))。另有一匀质杆，长为 l，质量为 m_2，一端固连在电动机轴上，并与机轴垂直，另一端则连一质量为 m_3 的小球。设电动机轴以匀角速度 ω 转动，试求螺栓和基础作用于电动机的最大总水平力及铅垂力。

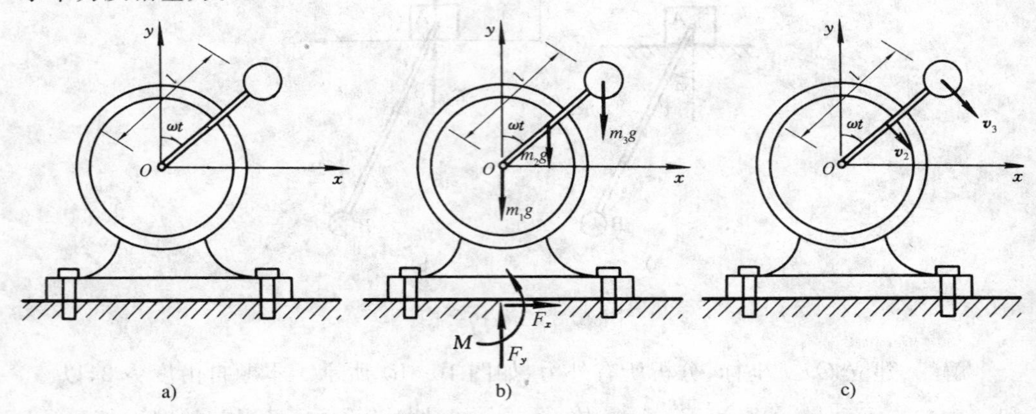

图 10-4 例 10-3 图

解 以整体(电动机、匀质杆、小球)为分析对象，分析所有的外力，取静坐标系 Oxy 固结于机身，如图 10-4b) 所示。本题自由度为 1，以 ω 为独立运动变量。在任一瞬时 t，匀质杆与 y 轴的夹角为 ωt。因机身固定，故任意时刻电机的速度 $v_1 = 0$，匀质杆质心的速度 $v_2 = \dfrac{l}{2}\omega$，小球的速度 $v_3 = l\omega$，方向如图 10-4c) 所示。

整个质点系的动量为

$$\begin{aligned}\boldsymbol{p} &= (m_2 v_2 \cos\omega t + m_3 v_3 \cos\omega t)\boldsymbol{i} - (m_2 v_2 \sin\omega t + m_3 v_3 \sin\omega t)\boldsymbol{j}\\ &= \left(\frac{m_2}{2} + m_3\right) l\omega \cos\omega t\, \boldsymbol{i} - \left(\frac{m_2}{2} + m_3\right) l\omega \sin\omega t\, \boldsymbol{j}\end{aligned}$$

代入动量定理有 $$\frac{\mathrm{d}\boldsymbol{p}}{\mathrm{d}t} = F_x \boldsymbol{i} + (F_y - m_1 g - m_2 g - m_3 g)\boldsymbol{j}$$

即 $-\left(\dfrac{m_2}{2} + m_3\right) l\omega^2 \sin\omega t\, \boldsymbol{i} - \left(\dfrac{m_2}{2} + m_3\right) l\omega^2 \cos\omega t\, \boldsymbol{j} = F_x \boldsymbol{i} + (F_y - m_1 g - m_2 g - m_3 g)\boldsymbol{j}$

于是 $$F_x = -\left(\frac{m_2}{2} + m_3\right) l\omega^2 \sin\omega t$$

水平力 F_x 的最大值 $$F_{x\max} = -\frac{m_2 + 2m_3}{2} l\omega^2 \quad ①$$

$$F_y = m_1 g + m_2 g + m_3 g - \left(\frac{m_2}{2} + m_3\right) l\omega^2 \cos\omega t \tag{②}$$

铅垂力 F_y 的最大值 $$F_{ymax} = m_1 g + m_2 g + m_3 g + \left(\frac{m_2}{2} + m_3\right) l\omega^2$$

计算结果式①和式②中与 ω 有关的部分，是由于质点系质心的运动而引起的约束力，这部分约束力称为动约束力。式①中 F_x 完全是由动约束力组成的。而式②中的 F_y 则由静约束力$(m_1 g + m_2 g + m_3 g)$和动约束力$-\dfrac{(m_2 + 2m_3) l\omega^2}{2}\cos\omega t$ 两部分组成，称为全约束力。

例 10-4 如图 10-5a) 所示，质量 $m = 3$ kg 的滑套以初速 $v_0 = 3$ m/s 沿固定杆向下滑动，经 $t = 5$ s 后停止运动。一常力 $\boldsymbol{F}_T$ 作用在水平缆绳上。如滑套与杆间的滑动摩擦因数为 $f_d = 0.2$，试求力 $\boldsymbol{F}_T$ 的大小。

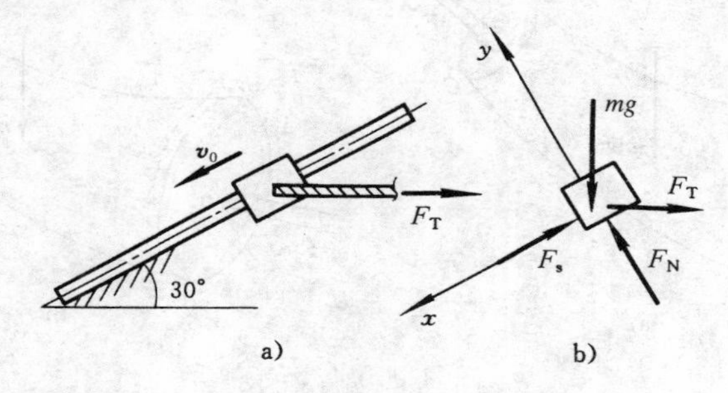

图 10-5 例 10-4 图

解 将滑套作为一质点来考虑。已知滑套的速度、滑动的时间及重力，摩擦力也可求出，欲求常力 $\boldsymbol{F}_T$。可见，本题是与速度、力和时间有关的问题，运用动量定理求解。

在任意瞬时，作用在滑套上的力有重力 mg、杆的法向反力 F_N、摩擦力 F_s 和缆绳的拉力 $\boldsymbol{F}_T$（图 10-5b)）。

在初瞬时，动量 $\boldsymbol{p}_1 = m\boldsymbol{v}_0$，在末瞬时$(t = 5)$，动量为零，得

$$p_{2x} - p_{1x} = \sum I_{ix}^{E}, \quad p_{2y} - p_{1y} = \sum I_{iy}^{E}$$

在质点的情况下，上式的右方应理解为作用于质点上的各力的冲量在 x，y 轴上投影的代数和。

选取坐标轴如图所示，可列出

$$0 - mv_0 = (mg\sin 30° - F_T\cos 30° - f_d F_N)t \tag{①}$$

$$0 = (F_N - mg\cos 30° - F_T\sin 30°)t \tag{②}$$

由式②得 $$F_{\mathrm{N}}=mg\cos30^{\circ}+F_{\mathrm{T}}\sin30^{\circ}\tag{③}$$

将 F_{N} 的值代入式①，得

$$F_{\mathrm{T}}=\frac{mv_0+tmg(\sin30^{\circ}-f_{\mathrm{d}}\cos30^{\circ})}{t(\cos30^{\circ}+f_{\mathrm{d}}\sin30^{\circ})}=14.89\ \mathrm{N}$$

例 10-5 动量定理在流体力学中有广泛应用。例如，在水流流过弯管时，将对弯管产生压力。设在 AB 和 CD 两断面处的平均流速分别为 $\boldsymbol{v}_1$ 和 $\boldsymbol{v}_2$(以 m/s 计)，如图 10-6a) 所示。$\boldsymbol{F}_1$ 和 $\boldsymbol{F}_2$ 分别是前、后水体对 AB 和 CD 两断面处的总压力；m 为 $ABDC$ 水体部分的质量。假设水体是稳定流，即管内各处的流速不随时间的变化而变化，而且在单位时间内流经各截面的水体流量 Q(以 $\mathrm{m^3/s}$ 计) 为常量。水的单位体积的质量为 ρ。试求由于水体的流动而产生的附加动约束力。

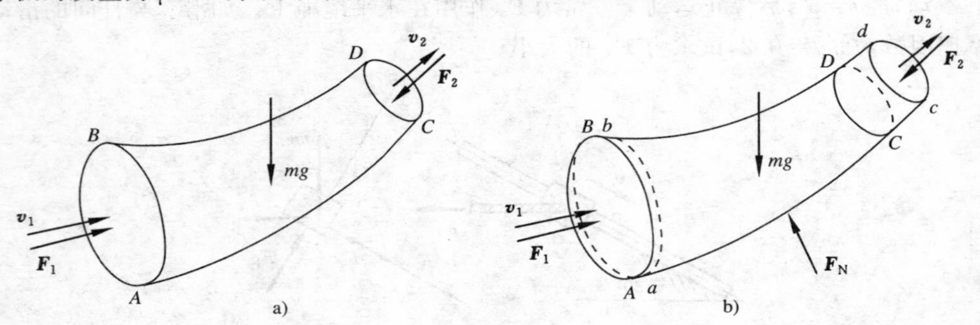

图 10-6 例 10-5 图

解 选取 $ABDC$ 水体部分为质点系，如图 10-6b) 所示，其中 $\boldsymbol{F}_{\mathrm{N}}$ 为管道对水体的约束力。设经过 $\mathrm{d}t$ 时间后，水体由原来的 $ABDC$ 位置位移到新的位置 $abdc$，则质点系在 $\mathrm{d}t$ 时间内流过截面的质量为 $\mathrm{d}m=\rho Q\mathrm{d}t$，而在 $\mathrm{d}t$ 时间内质点系动量的改变量为

$$\boldsymbol{p}_2-\boldsymbol{p}_1=\boldsymbol{p}_{abdc}-\boldsymbol{p}_{ABDC}=[(\boldsymbol{p}_{abDC})_2+\boldsymbol{p}_{DCcd}]-[\boldsymbol{p}_{ABba}+(\boldsymbol{p}_{abDC})_1]$$

因水流情况不随时间而变，所以 $abCD$ 部分流体在两瞬时的动量相等，即

$$(\boldsymbol{p}_{abDC})_2=(\boldsymbol{p}_{abDC})_1$$

故 $$\boldsymbol{p}_2-\boldsymbol{p}_1=\boldsymbol{p}_{CDdc}-\boldsymbol{p}_{ABba}=\rho Q\mathrm{d}t(\boldsymbol{v}_2-\boldsymbol{v}_1)$$

根据动量定理有 $$\rho Q\mathrm{d}t(\boldsymbol{v}_2-\boldsymbol{v}_1)=(m\boldsymbol{g}+\boldsymbol{F}_1+\boldsymbol{F}_2+\boldsymbol{F}_{\mathrm{N}})\mathrm{d}t$$

即 $$\boldsymbol{F}_{\mathrm{N}}=-(m\boldsymbol{g}+\boldsymbol{F}_1+\boldsymbol{F}_2)+\rho Q(\boldsymbol{v}_2-\boldsymbol{v}_1)$$

于是，为使流体改变方向，管壁作用于流体的动压力应为

$$\boldsymbol{F}_{\mathrm{N}}=\rho Q(\boldsymbol{v}_2-\boldsymbol{v}_1)\tag{10-16}$$

这部分力是由水体的流动而产生的附加动约束力。

本题所得的结论，即式(10-16)可作为公式直接应用于同类问题的计算，而无需再从头进行推导。在本例题中，如图10-7所示，若 $\boldsymbol{v}_1$ 方向水平，$\boldsymbol{v}_2$ 与水平线成45°夹角，$v_1=v_2=2.547\ \mathrm{m/s}$，$Q=0.5\ \mathrm{m^3/s}$，水的密度 $\rho=1\,000\ \mathrm{kg/m^3}$，则管壁对水体的附加动约束力为

$$F_{Nx}=-\rho Q(v_2\cos45^\circ-v_1)=0.37\ \mathrm{kN}$$

$$F_{Ny}=\rho Q(v_2\sin45^\circ-0)=0.9\ \mathrm{kN}$$

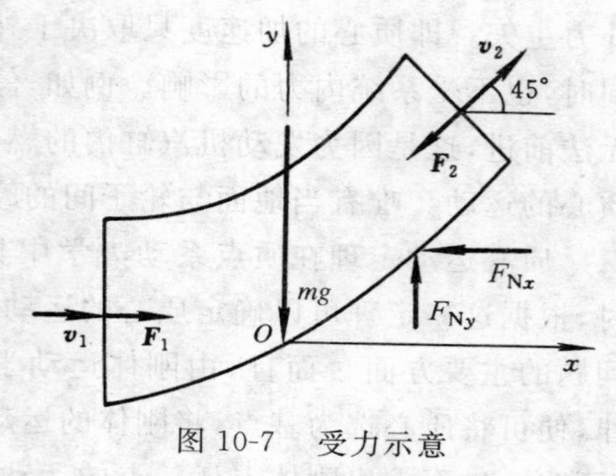

图10-7　受力示意

要注意的是，式(10-16)是以水体为受力对象而推出的结果，若要求管道所受到的动压力，或者求作用于墩子(支座)上的力时，则应与 $\boldsymbol{F}$ 力的方向相反。

10.3　质心运动定理

将质点系的动量表达式 $\boldsymbol{p}=m\boldsymbol{v}_C$ 代入质点系动量定理式(10-10)，可得

$$\frac{\mathrm{d}}{\mathrm{d}t}(m\boldsymbol{v}_C)=\sum \boldsymbol{F}_i^{\mathrm{E}}$$

引入 $\dfrac{\mathrm{d}\boldsymbol{v}_C}{\mathrm{d}t}=\boldsymbol{a}_C$，则上式可写成

$$m\boldsymbol{a}_C=\sum \boldsymbol{F}_i^{\mathrm{E}} \tag{10-17}$$

式(10-17)表明：质点系的质量与质心加速度的乘积等于作用于质点系上外力的矢量和。

将式(10-17)与牛顿第二定律的 $m\boldsymbol{a}=\boldsymbol{F}$ 相比较，可见，它们的形式是完全相同的。因此，我们理解为质点系的质心的运动可以看成一个质点的运动，假想在这个质点上集中了质点系的全部质量，并在其上作用了全部作用在质点系上的外力。这就是质心运动定理。

将式(10-17)投影到直角坐标轴上，得

$$m\frac{\mathrm{d}^2 x_C}{\mathrm{d}t^2}=\sum F_{ix}^{\mathrm{E}},\quad m\frac{\mathrm{d}^2 y_C}{\mathrm{d}t^2}=\sum F_{iy}^{\mathrm{E}},\quad m\frac{\mathrm{d}^2 z_C}{\mathrm{d}t^2}=\sum F_{iz}^{\mathrm{E}} \tag{10-18}$$

对于刚体系统，考虑到 $m\boldsymbol{a}_C=\sum m_i\boldsymbol{a}_{Ci}$，质心运动定理还应有另一种表达形式

$$\sum m_i\boldsymbol{a}_{Ci}=\sum \boldsymbol{F}_i^{\mathrm{E}} \tag{10-19}$$

式(10-19)中的 $\boldsymbol{a}_{Ci}$ 表示刚体系统中各刚体质心的加速度。

从质心运动定理可以看出，质点系运动时，其质心的加速度完全取决于系统上的

外力主矢。即质心的加速度只取决于外力的大小、方向，而与外力作用的位置无关，同时，也不受系统内力的影响。例如，停在光滑冰面上的汽车，无论如何加大油门，都无法前进，这是因为发动机汽缸内的燃气压力对汽车整体而言是内力，不能改变汽车质心的运动。唯有当地面与轮子间的摩擦力达到足够大时，汽车才能前进。

质心运动定理在质点系动力学中具有重要意义。当作用于质点系的外力已知时，根据这一定理可以确定质心的运动规律。在很多实际问题中，质心的运动往往是问题的主要方面。而且，由刚体运动学的知识可知，一旦我们掌握了质心的运动规律，便可将质心选为基点，将刚体的运动分解为随着质心的平移和相对于质心的转动两部分，进而求出刚体上任一点的运动规律。而当刚体相对于质心的转动部分成为一个次要因素时，那么，该刚体的运动就完全取决于质心的运动了，例如，研究卫星的运行轨迹、炮弹的弹道问题等。

如果质点系不受外力作用，或者当作用于质点系的外力的主矢量 $\sum \boldsymbol{F}_i^{\mathrm{E}}=\mathbf{0}$ 时，则 $\boldsymbol{a}_C=\mathbf{0}$，于是有

$$\boldsymbol{v}_C=\text{常矢量} \tag{10-20}$$

这就是说，当质点系外力的主矢量恒等于零时，质点系的质心将作匀速直线运动；如果质心原来是静止的，则它将在原处不动。

如果质点系外力主矢量在某一轴上的投影等于零，例如在 x 轴上的投影为零 $\left(\sum F_{ix}^{\mathrm{E}}=0\right)$，则 $m\ \dfrac{\mathrm{d}^2 x_C}{\mathrm{d}t}=0$，于是

$$v_{Cx}=\frac{\mathrm{d}x_C}{\mathrm{d}t}=\text{常量} \tag{10-21}$$

在这种情况下，质心的速度在该轴上的投影保持为常量；如果质心的速度在该轴上的投影原来就等于零，则质心在该轴上的坐标不变。

上述两种情况称为质心运动守恒定理。

例 10-6 等腰直角三角形 ABD 的斜边 AB 长为 12 cm，今将此三角形如图 10-8a) 放置，AB 为铅垂，水平面光滑，然后让平板在重力作用下自由倒下，试求 BD 边的中点 M 的轨迹（设在整个运动过程中，顶点 A 始终都保持在水平面内）。

解 板在平面内运动，受到地面约束，如图 10-8b) 所示，因 $\sum F_{ix}^{\mathrm{E}}=0$，所以，$\ddot{x}_C=0$，$v_{Cx}=$ 常量；又因为初始时静止，即 $v_{Cx_0}=0$，故 $x_C=$ 常量。因此，板的自由度为 2，选 x_M，y_M 为广义坐标，则点 M 的轨迹为广义坐标的函数。

由已知条件：$AM=\sqrt{90}$ cm，$AC=\dfrac{2}{3}AM=\dfrac{2}{3}\sqrt{90}$ cm，点 M'' 为点 M 到 x 轴的垂足，可求得

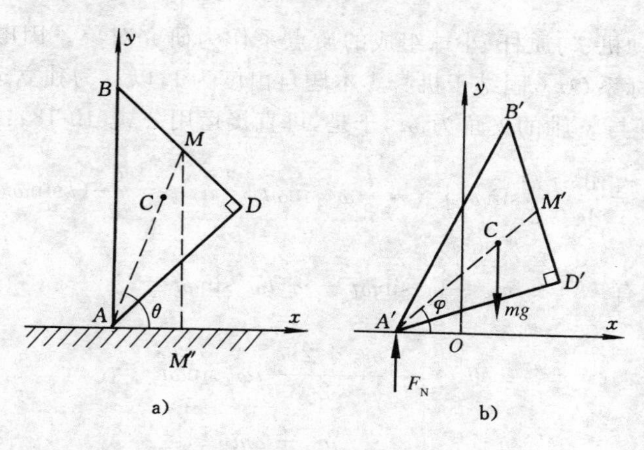

图 10-8　例 10-6 图

$$AM''=3\text{ cm},\quad MM''=\frac{3}{4}AB=9\text{ cm},\quad \cos\theta=\frac{AM''}{AM}=\frac{3}{\sqrt{90}}=\frac{1}{\sqrt{10}}$$

初始时

$$x_C=AC\cdot\cos\theta=\frac{2}{3}\sqrt{90}\cos\theta=2\text{ cm}$$

板下落到任意位置，点 M 的位置为

$$y_M=A'M'\sin\varphi=\sqrt{90}\sin\varphi,\quad x_M=x_C+CM'\cos\varphi=2+\frac{\sqrt{90}}{3}\sin\varphi$$

即

$$\frac{y_M}{\sqrt{90}}=\sin\varphi,\quad \frac{x_M-2}{\sqrt{10}}=\cos\varphi$$

消去 φ，得 $9(x-2)^2+y^2=90$，即为点 M 的轨迹。

例 10-7　用质心运动定理求解例 10-3(图 10-9)。

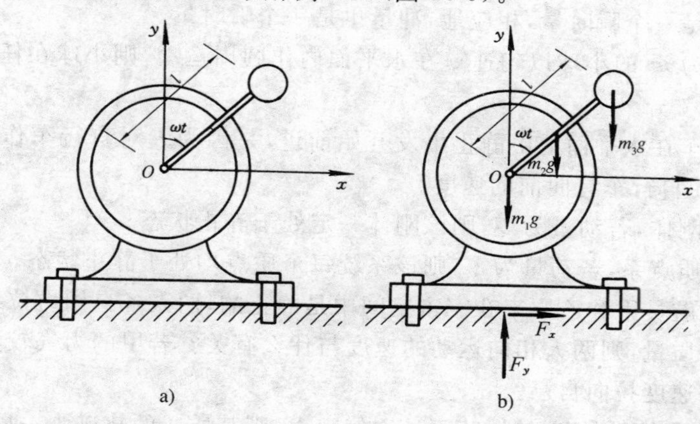

图 10-9　例 10-7 图

解 将电动机、匀质杆、小球组成的质点系作为研究对象。因电动机机身固定不动,故取静坐标系 Oxy 固结于机身。本题自由度为1,以 ω 为独立运动变量。在任一瞬时 t,匀质杆与 y 轴的夹角为 ωt,于是,可直接运用公式(10-18):

$$a_{C1x}=0,\quad a_{C2x}=\frac{\mathrm{d}^2}{\mathrm{d}t^2}\left(\frac{l}{2}\sin\omega t\right)=-\frac{l}{2}\omega^2\sin\omega t,\quad a_{C3x}=\frac{\mathrm{d}^2}{\mathrm{d}t^2}(l\sin\omega t)=-l\omega^2\sin\omega t$$

代入式(10-18),有
$$-m_2\frac{l}{2}\omega^2\sin\omega t-m_3 l\omega^2\sin\omega t=F_x$$

得
$$F_x=-\frac{m_2+2m_3}{2}l\omega^2\sin\omega t$$

水平力 F_x 的最大值
$$F_{x\max}=-\frac{m_2+2m_3}{2}l\omega^2$$

$$a_{C1y}=0,\ a_{C2y}=\frac{\mathrm{d}^2}{\mathrm{d}t^2}\left(\frac{l}{2}\cos\omega t\right)=-\frac{l}{2}\omega^2\cos\omega t,\quad a_{C3y}=\frac{\mathrm{d}^2}{\mathrm{d}t^2}(l\cos\omega t)=-l\omega^2\cos\omega t$$

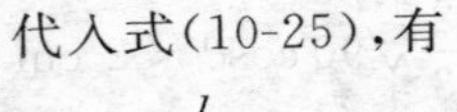

代入式(10-25),有
$$-m_2\frac{l}{2}\omega^2\cos\omega t-m_3 l\omega^2\cos\omega t=F_y-m_1g-m_2g-m_3g$$

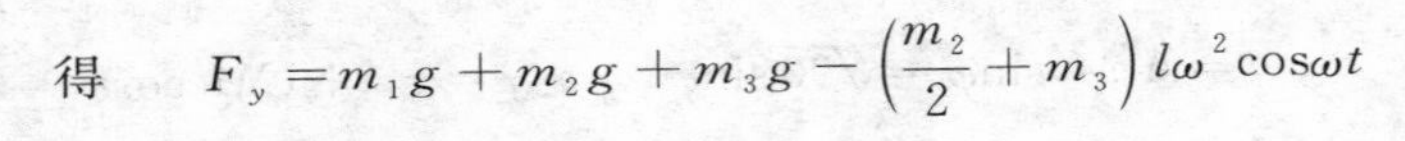

得
$$F_y=m_1g+m_2g+m_3g-\left(\frac{m_2}{2}+m_3\right)l\omega^2\cos\omega t$$

由此可见,采用质心运动定理与动量定理求解结果一致。

思 考 题

10-1 分析下列陈述是否正确:

(1) 动量是一个瞬时量,相应地,冲量也是一个瞬时量。

(2) 质量为 m 的小球以匀速 v 在水平面内作圆周运动,则小球在任意瞬时的动量相等。

(3) 自行车在水平面上由静止出发开始前进,是因为人对自行车作用了一个向前的力,从而使自行车有向前的速度。

(4) 一个刚体,若动量为零,则该刚体一定处于静止状态。

(5) 一个质点系,若动量为零,则该系统每个质点均处于静止状态。

10-2 宇航员甲和乙原来在宇宙空间中是静止的,两人各自用力拉绳子的一端,若不计绳子的质量,则两人相向运动的速度与什么有关?若甲的力气较大,则他能否把乙以更快的速度拉向自己?

10-3 炮弹在空中飞行时,若不计空气阻力,则其质心的轨迹为一抛物线。若炮弹在空中爆炸后,其质心轨迹是否改变?又当部分弹片落地后,其质心轨迹是否改变?

为什么？

10-4　质量为 m 的质点以匀速 v 作圆周运动。分别求解由位置 A 运动到位置 B、由位置 B 运动回到位置 A 的时间间隔内，作用在该质点上的合力的冲量。

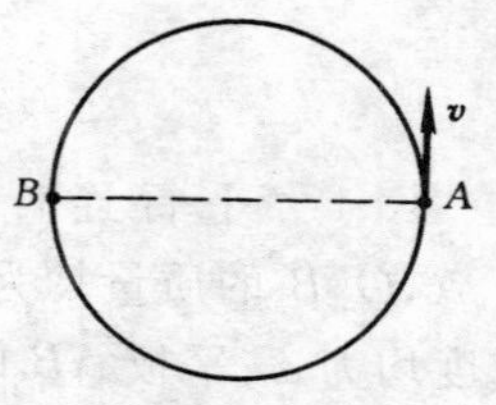

思考题 10-4 图

10-5　质点系动量守恒的条件是什么？当质点系的动量守恒时，其中各质点的动量是否也必须守恒？

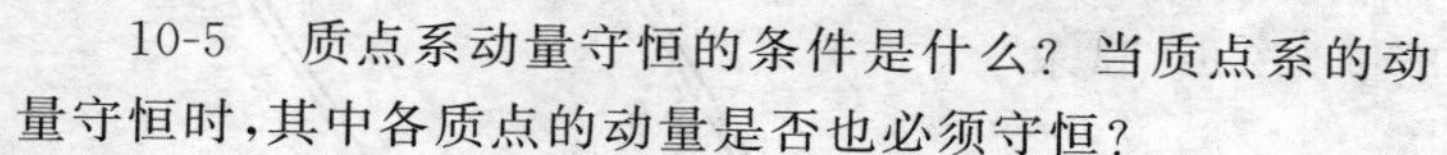

10-6　两物块 A 和 B 的质量分别为 m_A 和 m_B，如图所示放置，初始时静止，接触面均为光滑，若 A 沿斜面下滑的相对速度为 v_r，B 向左的速度为 v，根据动量守恒，等式 $m_A v_r \cos\theta = m_B v$ 是否成立？

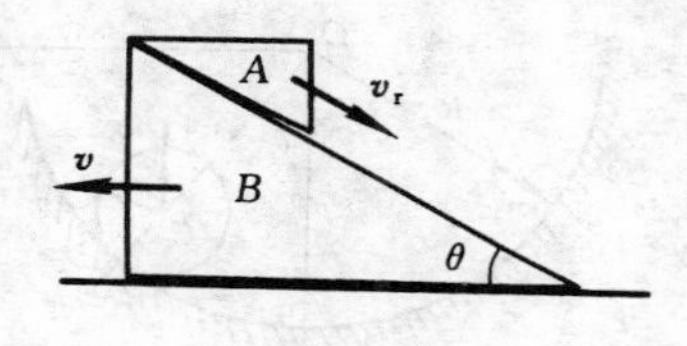

思考题 10-6 图

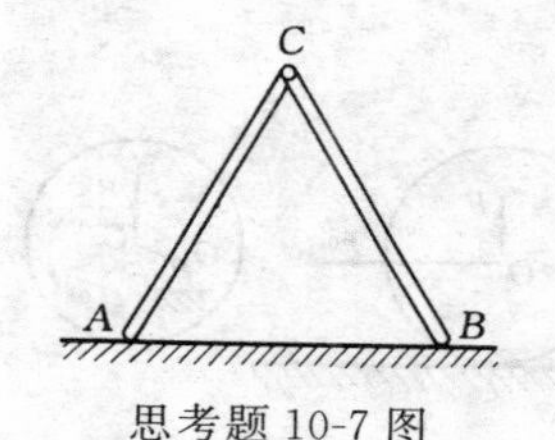

思考题 10-7 图

10-7　两匀质杆 AC 和 BC，长度相同。质量分别为 m_1 和 m_2，如图所示放置，设地面光滑，两杆被释放后将分开倒向地面，试问 m_1 和 m_2 相等或不相等时，点 C 的运动轨迹是否相同？

10-8　小车重 P_1，长 l。重 P_2 的人站在小车的一端 A，开始时人与小车都不动，之后人从 A 端走到 B 端，若不计小车与地面间的摩擦，试问小车后退的距离 s 与人的行走方式是否有关（行走方式是指走、跑、跳或来回走动等）？为什么？

10-9　试求图示各匀质物体的动量，设各物体的质量均为 m。

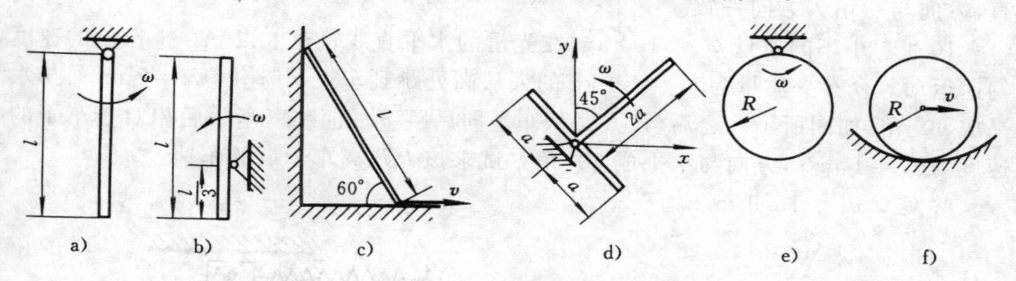

思考题 10-9 图

10-10　内力能否改变质点系的动量？内力能否改变质点系中质点的动量？

10-11　质点系的质心位置取决于什么因素？内力能否改变质心的运动？

10-12　在光滑的水平面上放置一静止的圆盘，当它受一力偶作用时，盘心将如何运动？盘心运动情况与力偶作用位置有关吗？如果圆盘面内受一大小和方向都不变的力作用，盘心将如何运动？盘心运动情况与此力的作用点有关吗？

习　题

10-1　平行连杆机构中匀质摆杆 O_1A，O_2B 的质量均为 m，长度均为 l，角速度均为 ω；平板 AB 的质量为 $2m$。试求图示位置时系统的动量。

答案　$p=3ml\omega$，方向与 v_A 相同。

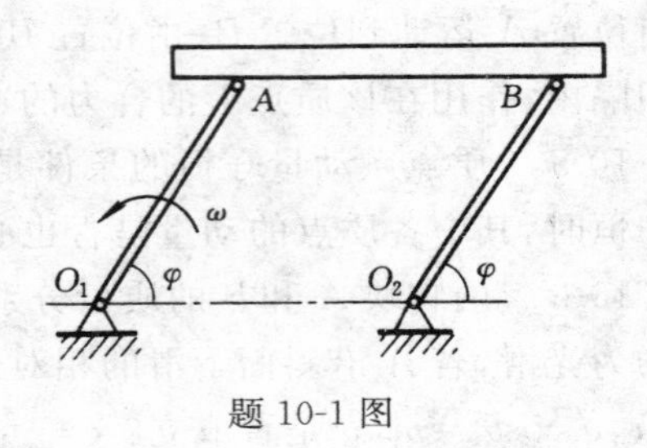

题 10-1 图

10-2　试计算下列刚体在图示条件下的动量。

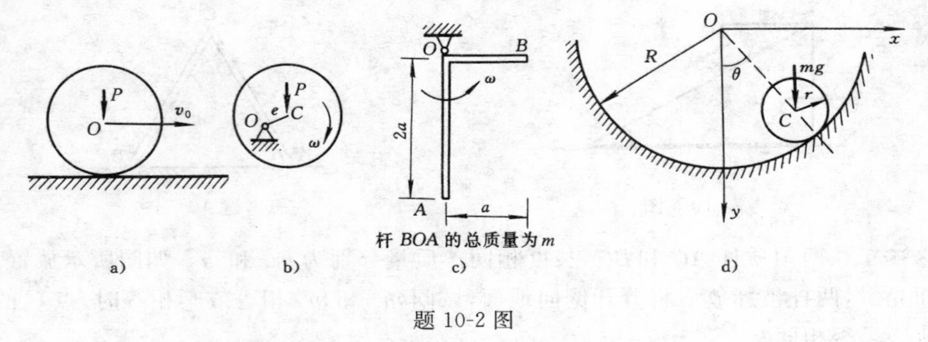

题 10-2 图

答案　a) $p=\frac{P}{g}v_0$，方向与 v_0 相同；b) $p=\frac{P}{g}e\omega$，方向与点 C 的速度方向相同；c) $p_x=\frac{2}{3}ma\omega$，方向向右；$p_y=\frac{1}{6}ma\omega$，方向向上；d) $p=m(R-r)\dot{\theta}$，与 OC 连线垂直，方向与 θ 增大方向一致。

10-3　小车的质量 $m_1=100$ kg，在光滑的水平直线轨道上以 $v_1=1$ m/s 的速度匀速运动。今有一质量为 $m_2=50$ kg 的人从高处跳到车上，其速度 $v_2=2$ m/s，与水平成 60° 角，如图所示。之后，该人又从车上向后跳下。他跳离车子后相对于车子的速度为 $v_2'=1$ m/s，方向与水平成 30° 角。试求该人跳离车子后的车速。

答案　$v_1'=1.29$ m/s。

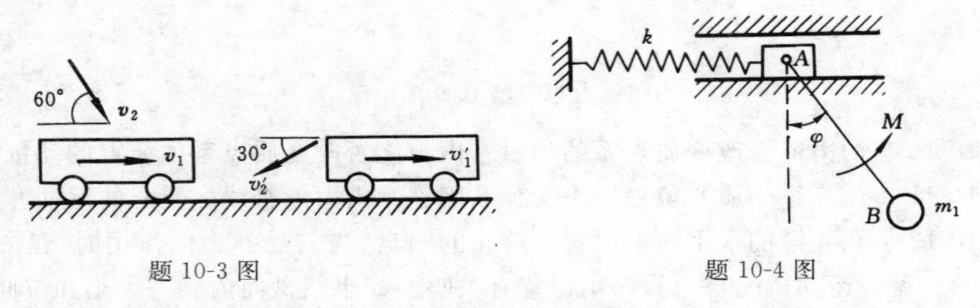

题 10-3 图　　　　题 10-4 图

10-4　质量为 m 的滑块 A，可以在水平光滑槽中运动，刚性系数为 k 的弹簧与滑块相连接，另一端固定。杆 AB 长度为 l，质量忽略不计，A 端与滑块 A 铰接，B 端装

有质量 m_1 的质点，在铅垂平面内可绕点 A 转动。设在力偶 M 作用下转动角速度 ω 为常数。试求滑块 A 的运动微分方程。

答案 $\ddot{x}+\dfrac{k}{m+m_1}x=\dfrac{m_1 l\omega^2}{m+m_1}\sin\varphi$。

10-5 匀质杆 OA 重力为 P，长为 $2l$，绕通过点 O 的水平轴在铅垂面内转动。当转动到与水平线成 θ 角时，角速度与角加速度分别为 ω 与 α。试求此瞬时支座 O 的约束力。

答案 $F_{Ox}=-\dfrac{P}{g}l(\omega^2\cos\theta+\alpha\sin\theta)$，$F_{Oy}=P+\dfrac{P}{g}l(\omega^2\sin\theta-\alpha\cos\theta)$。

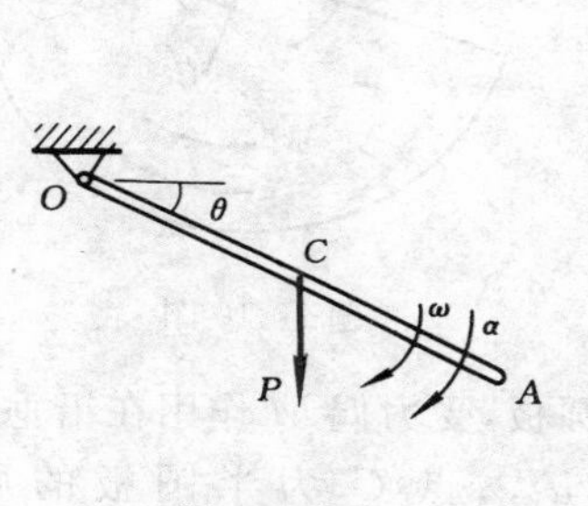

题 10-5 图

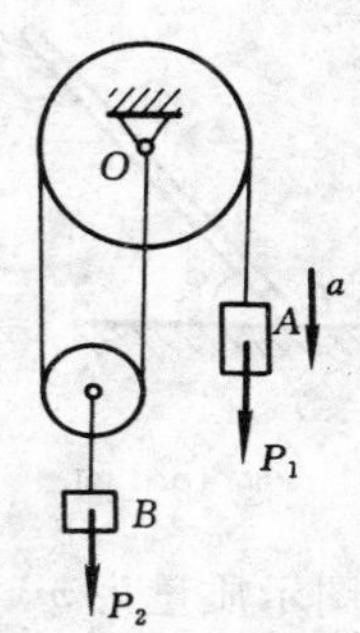

题 10-6 图

10-6 重物 A，B 的重力分别为 P_1，P_2。如重物 A 下降的加速度为 a。试求支座 O 处的约束力。

答案 $F_{Ox}=0$，$F_{Oy}=P_1+P_2-\dfrac{2P_1-P_2}{2g}a$。

10-7 电动机重 P_1，放置在光滑的水平面上，另有一匀质杆长 $2l$、重力 P_2，一端与电动机机轴相固结，并与机轴的轴线垂直，另一端则刚连一重力为 P_3 的物体，设机轴的角速度为 ω（ω 为常量），开始时杆处于铅垂位置并系统静止。试求电动机的水平运动。

答案 $x=-\dfrac{P_2+2P_3}{P_1+P_2+P_3}l\sin\omega t$。

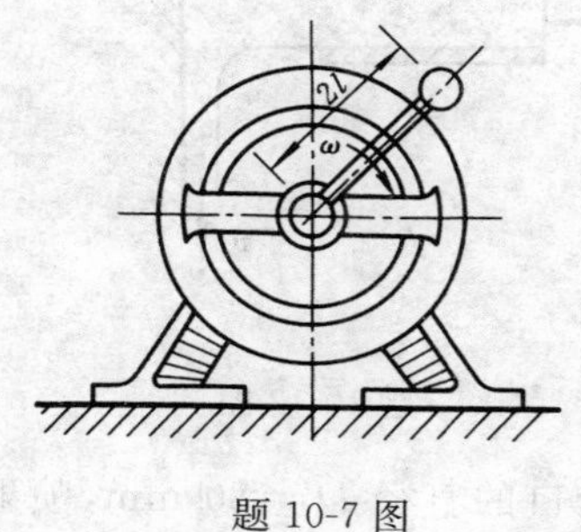

题 10-7 图

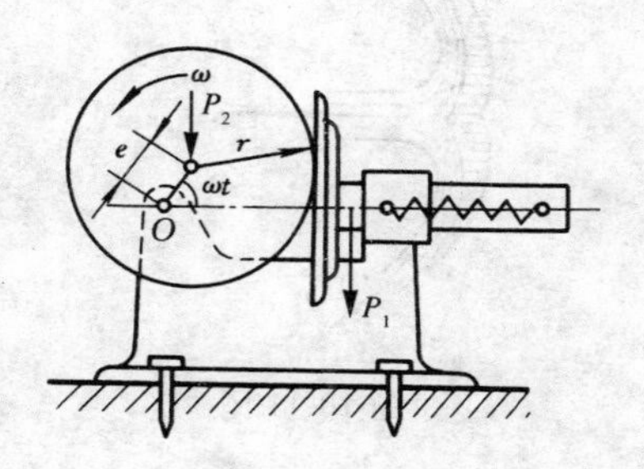

题 10-8 图

10-8 匀质圆盘绕偏心轴 O 以匀角速度 ω 转动。重力 P_1 的夹板借右端弹簧推压而顶在圆盘上，当圆盘转动时，夹板作往复运动。设圆盘重力为 P_2，半径为 r，偏心距为 e，试求任一瞬时作用于基础和螺栓的动约束力。

答案 $F_x=-\dfrac{P_2+P_1}{g}\omega^2 e\cos\omega t$，$F_y=-\dfrac{P_2}{g}\omega^2 e\sin\omega t$。

10-9 匀质杆 AB 长 $2l$，其 B 端搁置于光滑水平面上，并与水平成 φ_0 角，当杆倒下时，试求杆端点 A 的轨迹方程。

答案 以初始点 B 为静系原点，得 $(x_A-l\cos\varphi_0)^2+\dfrac{y_A^2}{4}=l^2$。

题 10-9 图　　　　题 10-10 图

10-10 图示质量为 m、半径为 R 的匀质半圆板，受力偶 M 作用在铅垂面内绕 O 轴转动，转动的角速度为 ω，角加速度为 α。点 C 为半圆板的质心，当 $OC\left(OC=\dfrac{4R}{3\pi}\right)$ 与水平线成任意角 φ 时，试求此瞬时轴 O 的约束力。

答案 $F_{Ox}=-\dfrac{4mR}{3\pi}(\omega^2\cos\varphi+\alpha\sin\varphi)$，$F_{Oy}=mg+\dfrac{4mR}{3\pi}(\omega^2\sin\varphi-\alpha\cos\varphi)$。

10-11 已知水的流量为 Q，密度为 ρ。水打在叶片上的速度 v_1 是水平的，水流出口速度 v_2 与水平成 θ 角。试求水柱对涡轮固定叶片的动压力的水平分力。

答案 $F_x=\rho Q(v_2\cos\theta+v_1)$。

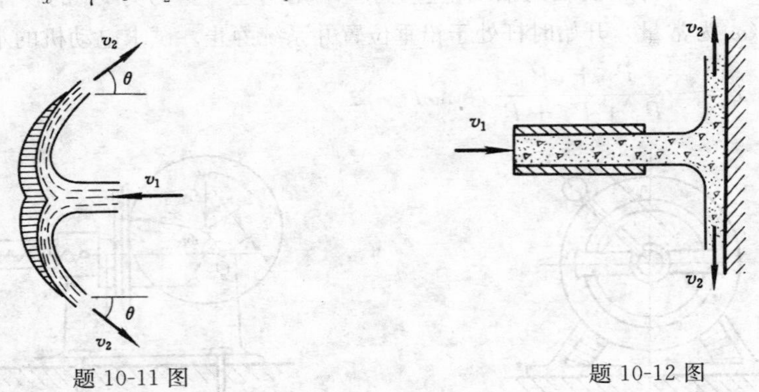

题 10-11 图　　　　题 10-12 图

10-12 施工中用喷枪浇筑混凝土衬砌。喷枪口的直径 $D=80$ mm，喷射速度 $v_1=50$ m/s，混凝土密度 $\rho=2204$ kg/m^3，试求喷浆对铅垂壁面的动压力。

答案　$F_N = 27.69\ \mathrm{kN}$。

10-13　压实土壤的振动器，由两个相同的偏心块和机座组成。机座重 P_1，每个偏心轮块重 P_2，偏心距 e，两偏心块以相同的匀角速度 ω 反向转动，转动时两偏心块的位置对称于 y 轴。试求振动器在图示位置时对土壤的压力。

答案　$F_N = 2P_2 + P_1 + \dfrac{2P_2}{g}\omega^2 e\cos\omega t$。

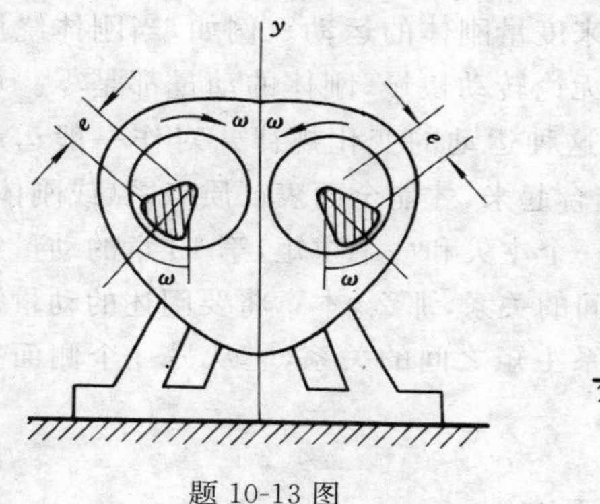

题 10-13 图

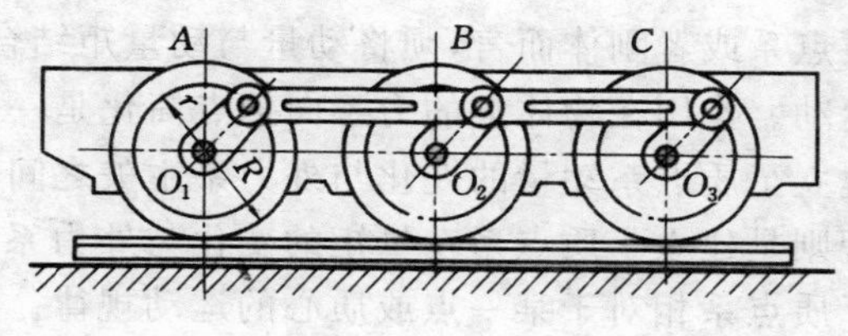

题 10-14 图

10-14　图示机车以均匀速度 v 沿直线轨道行驶。平行匀质杆 ABC 的重力为 P；曲柄长为 r，其质量不计；车轮半径为 R，在路轨上只滚不滑。试求由于平行运动而加于铁轨的附加压力的最大值。

答案　$F_N = \dfrac{Pv^2 r}{gR^2}$。

11 动量矩定理

动量是描述刚体平移时的特征量，但是当刚体绕某点或某轴转动时，就不能仅用动量来度量刚体的运动。例如，当刚体绕质心或过质心的轴转动时，无论转动快慢，刚体的动量都是零。可见，动量定理就不能说明这种运动的变化规律。对作一般运动的质点系或者刚体而言，须将动量与动量矩结合起来，才能全面表征质点系（或刚体）的运动。作用在物体上的力系向某点简化是一个主矢和一个主矩，第10章的动量定理建立了质点系动量的变化与外力系主矢之间的关系，那么，本章将要阐述的动量矩定理则是建立了质点系动量矩的变化与外力系主矩之间的关系，它从另一个侧面揭示了质点系相对于某一点或质心的运动规律。

11.1 转动惯量

11.1.1 转动惯量的一般公式

转动惯量是表征刚体转动特征的一个物理量，是刚体转动时惯性的度量，在研究平动刚体的运动规律时，只需考虑刚体质量的大小；而在研究转动刚体的运动规律时，除了质量的大小以外，还必须考虑刚体质量的分布情况。

设有一刚体及任一轴 l，则刚体对轴 l 的转动惯量定义为刚体内各质点的质量与其到 l 轴的距离平方的乘积的总和（图 11-1），即

$$J_l = \sum m_i \rho_i^2 \tag{11-1}$$

对于连续物体，可写成积分形式，应为

$$J_l = \int \rho^2 \mathrm{d}m \tag{11-2}$$

由式(11-1)知，转动惯量是一个恒正的标量。其大小不仅与刚体的质量大小有关，而且与刚体的质量分布情况有关。在质量不变的情况下，质量分布离转动轴越远，其转动惯量就越大。

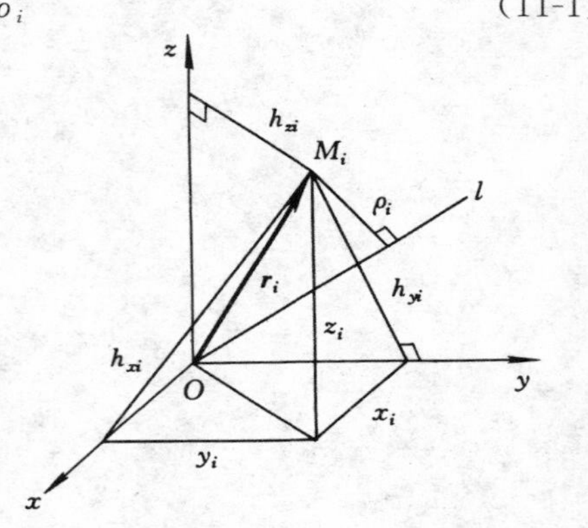

图 11-1 转动惯量定义

根据转动惯量的定义，刚体对直角坐标轴(x, y, z)的转动惯量分别为

$$J_x=\sum m_i h_{xi}^2=\sum m_i(y_i^2+z_i^2),\quad J_y=\sum m_i h_{yi}^2=\sum m_i(z_i^2+x_i^2),$$

$$J_z=\sum m_i h_{zi}^2=\sum m_i(x_i^2+y_i^2) \tag{11-3}$$

而刚体对坐标原点 O 的转动惯量为

$$J_O=\sum m_i r_i^2=\sum m_i(x_i^2+y_i^2+z_i^2)=\frac{1}{2}(J_x+J_y+J_z) \tag{11-4}$$

对于不计厚度的平面刚体,若选 z 轴与其垂直(图 11-2),则

$$J_x=\sum m_i y_i^2,\quad J_y=\sum m_i x_i^2,$$

$$J_z=\sum m_i(x_i^2+y_i^2)=J_x+J_y \tag{11-5}$$

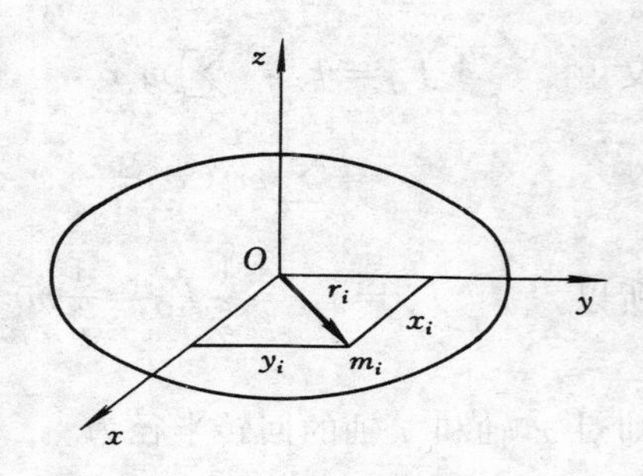

图 11-2　平面刚体对轴的转动惯量

在工程实践中,常用回转半径的概念来计算转动惯量。若假想地将刚体的质量全部集中于一点,则根据转动惯量的定义,不管什么形状的物体都具有同一个计算公式

$$J_l=m\rho_l^2 \tag{11-6}$$

其中,m 为整个刚体的质量,而有长度量纲的 ρ_l 称为刚体对 l 轴的回转半径(或惯性半径)。机械工程手册列出了一些常见的几何形状或几何形体和零件的回转半径,以供工程技术人员查阅,代入公式(11-6),即可计算出转动惯量。

对于简单形状的刚体,可利用公式(11-2)进行计算。

例 11-1　匀质等截面细杆 AB,长为 l,质量为 m,试求其过端点 A 而与杆垂直的轴 z 的转动惯量。

解　选坐标轴如图 11-3 所示。

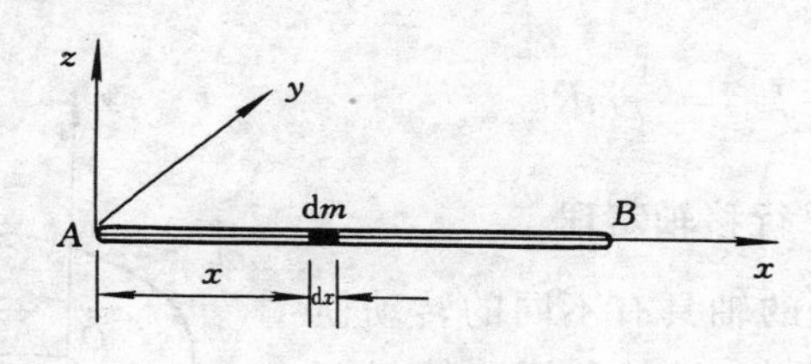

图 11-3　例 11-1 图

$$J_z=\int_0^l x^2\,\mathrm{d}m=\int_0^l x^2\frac{m}{l}\mathrm{d}x=\frac{1}{3}ml^2=m\rho_l^2$$

即

$$\rho_l=\frac{l}{\sqrt{3}}$$

例 11-2　试计算半径为 r 的匀质细圆环对中心轴的转动惯量(图 11-4)。

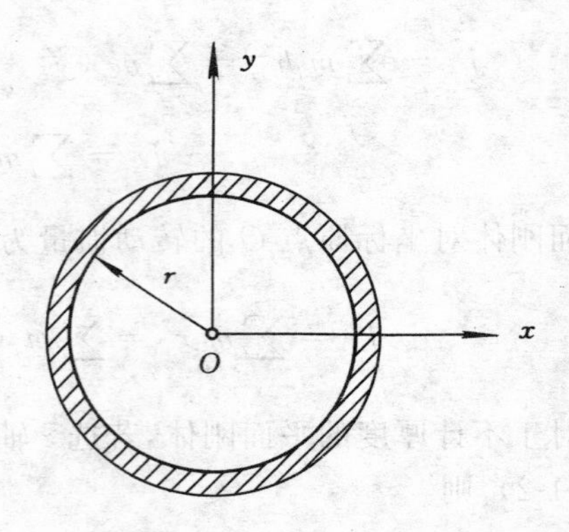

图 11-4　例 11-2 图

将细圆环分为很多细小段，它的质量为 m_i。因各微小段到点 O 的距离等于圆环半径 r，于是圆环对点 O 的转动惯量为

$$J_O = J_z = \sum m_i r^2 = r^2 \sum m_i = mr^2 = m\rho_l^2$$

又由

$$J_O = J_z = \sum m_i r^2$$

$$= \sum m_i (x_i^2 + y_i^2) = J_x + J_y$$

所以

$$J_x = J_y = \frac{1}{2} J_O = \frac{1}{2} mr^2$$

即对 x 轴和 y 轴的回转半径为

$$\rho_l = \frac{r}{\sqrt{2}}$$

例 11-3　试计算半径为 R 的匀质等厚圆板对中心轴的转动惯量(图 11-5)。

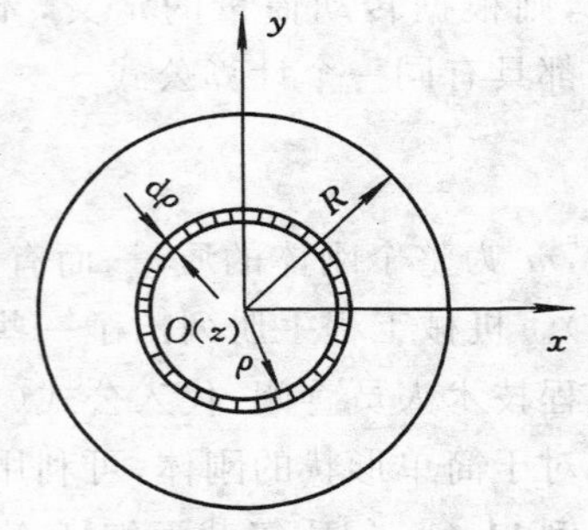

图 11-5　例 11-3 图

解　选坐标，并取微圆环，其半径为 ρ，宽度为 $d\rho$。令圆板的单位面积密度为 γ，则 $dm = 2\pi\rho\gamma d\rho$，则

$$J_{Oz} = \int_0^R \rho^2 2\pi\rho\gamma d\rho = 2\pi\gamma \int_0^R \rho^3 d\rho$$

$$= \frac{1}{2}\pi R^4 \gamma = \frac{1}{2} mR^2$$

于是，根据对称性及公式(11-5)，有

$$J_x = J_y = \frac{1}{2} J_{Oz} = \frac{1}{4} mR^2$$

11.1.2　转动惯量的平行移轴定理

同一个刚体对不同的轴具有不同的转动惯量。在转动惯量的计算中，经常利用刚体对两个平行轴的转动惯量之间的关系公式，以简化计算，这便是转动惯量的平行移轴定理。

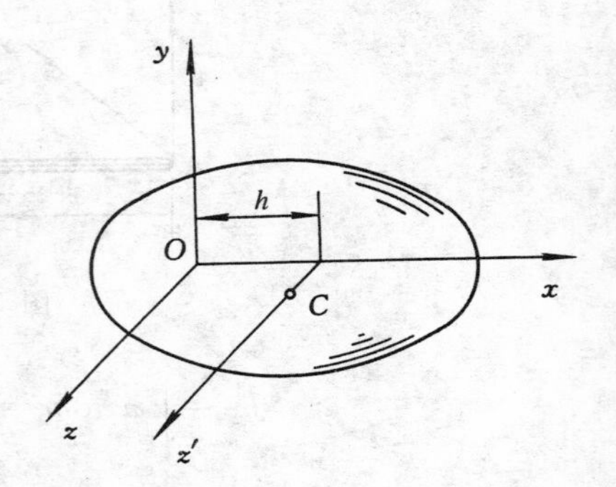

图 11-6　转动惯量平行移轴

在图 11-6 所示的坐标系中，质心 C 的坐标为 $(h, 0, z_C)$，其中 h 为平行轴 z 与 z' 之间的距离。刚体上任一质量元 m_i 的坐标为 $(x_i, y_i,$

z_i)，则该点离 Oz 轴的距离平方为 $\rho_i^2 = x_i^2 + y_i^2$，按定义有

$$J_{Oz} = \sum m_i (x_i^2 + y_i^2)$$

对于过质心点 C 而又与 z 轴平行的 Cz' 轴的转动惯量为

$$J_{Cz'} = \sum m_i [(x_i - h)^2 + y_i^2] = \sum m_i (x_i^2 + y_i^2) + \sum m_i h^2 - 2h \sum m_i x_i$$

而
$$\sum m_i x_i = m x_C = mh$$

所以
$$J_{Cz'} = J_{Oz} - mh^2$$

即
$$J_{Oz} = J_{Cz'} + mh^2 \tag{11-7}$$

这就是转动惯量的平行移轴定理：刚体对任一轴的转动惯量，等于刚体对通过质心的平行轴的转动惯量加上刚体的质量与两轴间距离平方的乘积。可见，刚体对通过其质心的轴的转动惯量具有最小值。

例 11-4 求匀质细杆对通过其质心 C 并与杆垂直的 z 轴的转动惯量(图 11-7)。已知杆长为 l，质量为 m。

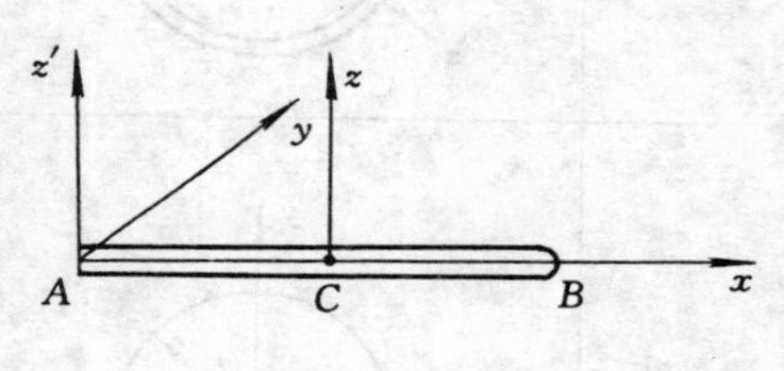

图 11-7 例 11-4 图

解 已知杆 AB 对过 A 端且与杆垂直的 z' 轴的转动惯量为

$$J_{z'} = \frac{1}{3} ml^2$$

由公式(11-7) 得
$$J_{z'} = J_{Cz} + m\left(\frac{l}{2}\right)^2$$

故
$$J_{Cz} = \frac{1}{3} ml^2 - \frac{1}{4} ml^2 = \frac{1}{12} ml^2$$

几种常见形状的匀质刚体的转动惯量及回转半径列于表 11-1。

表 11-1 若干匀质刚体的转动惯量及回转半径

刚体形状	简　　图	转 动 惯 量	回 转 半 径
细　杆	y, x, z, $\frac{l}{2}$, $\frac{l}{2}$	$J_y = J_z = \frac{1}{12} ml^2$ $J_x = 0$	$\frac{1}{\sqrt{12}} l$ 0

续表

刚体形状	简图	转动惯量	回转半径
矩形薄板	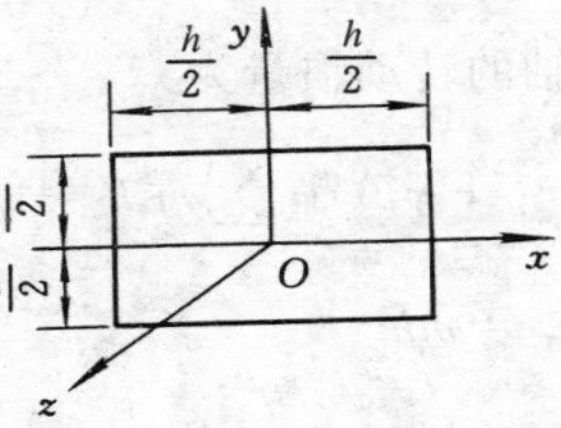	$J_x=\frac{1}{12}mb^2$ $J_y=\frac{1}{12}mh^2$ $J_z=\frac{1}{12}m(h^2+b^2)$	$\frac{1}{\sqrt{12}}b$ $\frac{1}{\sqrt{12}}h$ $\sqrt{\frac{h^2+b^2}{12}}$
细圆环	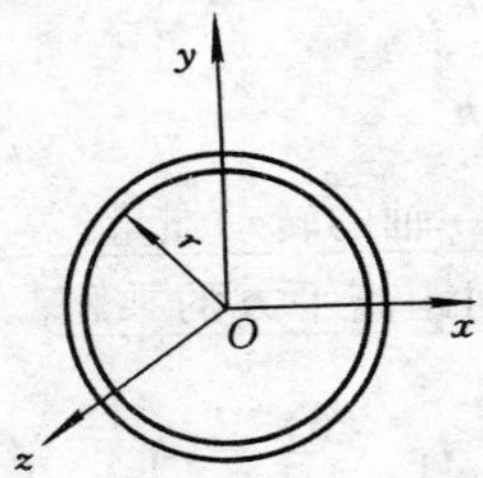	$J_x=J_y=\frac{1}{2}mr^2$ $J_z=mr^2$	$\frac{1}{\sqrt{2}}r$ r
薄圆板	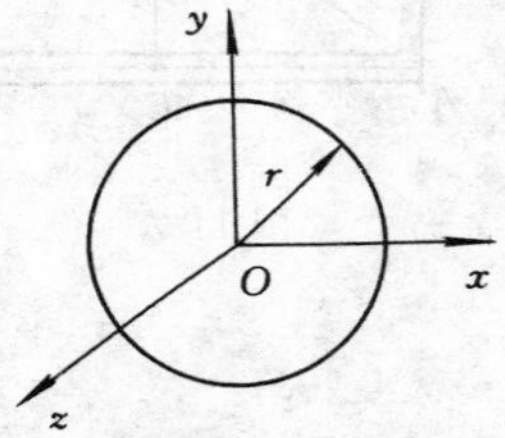	$J_x=J_y=\frac{1}{4}mr^2$ $J_z=\frac{1}{2}mr^2$	$\frac{1}{2}r$ $\frac{1}{\sqrt{2}}r$
圆　柱	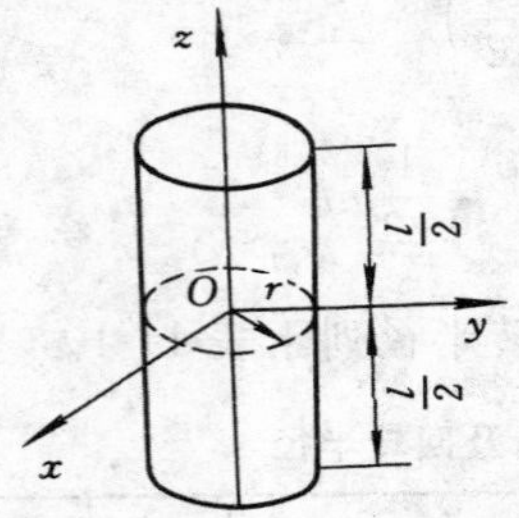	$J_x=J_y=m\left(\frac{r^2}{4}+\frac{l^2}{12}\right)$ $J_z=\frac{1}{2}mr^2$	$\sqrt{\frac{3r^2+l^2}{12}}$ $\frac{1}{\sqrt{2}}r$
球形薄壳	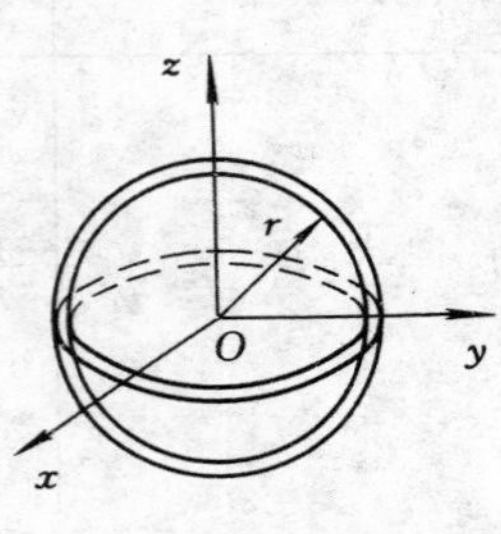	$J_x=J_y=J_z=\frac{2}{3}mr^2$	$\sqrt{\frac{2}{3}}r$

续表

刚体形状	简图	转动惯量	回转半径
球体		$J_x = J_y = J_z = \frac{2}{5}mr^2$	$\sqrt{\frac{2}{5}}r$
平行六面体		$J_x = \frac{1}{12}m(b^2 + c^2)$ $J_y = \frac{1}{12}m(a^2 + c^2)$ $J_z = \frac{1}{12}m(a^2 + b^2)$	$\sqrt{\frac{b^2 + c^2}{12}}$ $\sqrt{\frac{a^2 + c^2}{12}}$ $\sqrt{\frac{a^2 + b^2}{12}}$
正圆锥体		$J_x = J_y = \frac{3}{80}m(4r^2 + h^2)$ $J_z = \frac{3}{10}mr^2$	$\sqrt{\frac{3(4r^2 + h^2)}{80}}$ $\sqrt{\frac{3}{10}}r$

11.1.3　刚体对任意轴的转动惯量　惯性积和惯性主轴

在刚体内任选一点 O 为原点作固连于刚体的坐标系 $Oxyz$，过点 O 作任一直线 OL，它与坐标轴 x, y, z 的夹角分别为 α, β, γ。求刚体对 OL 轴的转动惯量。

在图 11-8 中，考虑刚体中任一质点 M_i，其质量为 m_i，坐标为(x_i, y_i, z_i)，根据转动惯量的定义，刚体对 OL 轴的转动惯量为

$$J_{OL} = \sum m_i \rho_i^2$$

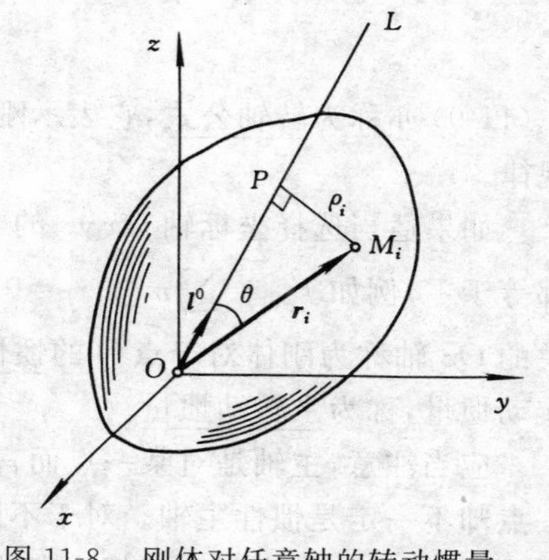

图 11-8　刚体对任意轴的转动惯量

因为 $\boldsymbol{l}^0 \times \boldsymbol{r}_i = \begin{vmatrix} \boldsymbol{i} & \boldsymbol{j} & \boldsymbol{k} \\ \cos\alpha & \cos\beta & \cos\gamma \\ x_i & y_i & z_i \end{vmatrix}$

所以,式中

$$\rho_i = r_i \sin\theta = |\boldsymbol{l}^0 \times \boldsymbol{r}_i|$$
$$= \sqrt{(z_i\cos\beta - y_i\cos\gamma)^2 + (x_i\cos\gamma - z_i\cos\alpha)^2 + (y_i\cos\alpha - x_i\cos\beta)^2}$$

ρ_i 为质点到 OL 轴的距离,θ 为 OL 轴与矢径 $\boldsymbol{r}_i$ 的夹角,$\boldsymbol{l}^0$ 为 OL 轴方向的单位矢量。因此

$$\rho_i^2 = (y_i^2 + z_i^2)\cos^2\alpha + (z_i^2 + x_i^2)\cos^2\beta + (x_i^2 + y_i^2)\cos^2\gamma -$$
$$2x_iy_i\cos\alpha\cos\beta - 2y_iz_i\cos\beta\cos\gamma - 2z_ix_i\cos\gamma\cos\alpha$$

代入 J_{OL} 的表达式,得

$$J_{OL} = \cos^2\alpha\sum m_i(y_i^2 + z_i^2) + \cos^2\beta\sum m_i(z_i^2 + x_i^2) + \cos^2\gamma\sum m_i(x_i^2 + y_i^2) -$$
$$2\cos\alpha\cos\beta\sum m_ix_iy_i - 2\cos\beta\cos\gamma\sum m_iy_iz_i - 2\cos\gamma\cos\alpha\sum m_iz_ix_i$$

式中,$\sum m_ix_iy_i$,$\sum m_iy_iz_i$,$\sum m_iz_ix_i$ 分别称为刚体对 x 轴和 y 轴、对 y 轴和 z 轴、对 z 轴和 x 轴的惯性积(也称为离心转动惯量),即

$$J_{xy} = \sum m_ix_iy_i = J_{yx},\quad J_{yz} = \sum m_iy_iz_i = J_{zy},\quad J_{zx} = \sum m_iz_ix_i = J_{xz} \tag{11-8}$$

对于连续物体,式(11-8)也可写成积分形式,只需将 m_i 改为 $\mathrm{d}m$,如 $J_{xy} = \int xy\mathrm{d}m$。

惯性积的量纲与转动惯量的量纲相同,但转动惯量恒为正值,而惯性积既可为正值,也可为负值,或者为零。

于是,刚体对任意轴 OL 的转动惯量可表示为

$$J_{OL} = J_x\cos^2\alpha + J_y\cos^2\beta + J_z\cos^2\gamma - 2J_{xy}\cos\alpha\cos\beta - 2J_{yz}\cos\beta\cos\gamma - 2J_{zx}\cos\gamma\cos\alpha \tag{11-9}$$

式(11-9)亦称为转轴公式,它表示刚体对 OL 轴的转动惯量随 OL 轴的方向而变化的规律。

如果适当选择坐标轴 $Oxyz$ 的方位,使刚体对某一根轴同时有关的两个惯性积都等于零,例如 $J_{yz} = \sum m_iy_iz_i = 0$, $J_{zx} = \sum m_iz_ix_i = 0$,则与这两个惯性积同时有关的 Oz 轴称为刚体对于点 O 的惯性主轴(简称主轴),而此时的 J_z 是刚体对主轴的转动惯量,称为主转动惯量。

应当注意,主轴是对某一点而言的,同一根轴对轴上某一点是惯性主轴,而对另一点却不一定是惯性主轴。对于不同的点,一般来说,主轴的方向也不相同。但不论在哪一点,总能找到三个互相垂直的主轴。

通过刚体质心的惯性主轴称为中心惯性主轴。

如果坐标轴 x,y,z 都是对于其原点的惯性主轴，则三个惯性积将都等于零，于是式(11-9) 可写成

$$J_{OL}=J_x\cos^2\alpha+J_y\cos^2\beta+J_z\cos^2\gamma \tag{11-10}$$

在机械安装过程中，中心惯性主轴的确定具有重要意义。一般情况下，中心惯性主轴方位的求法是相当复杂的，但在实际问题中，大多是匀质对称刚体，于是可根据对称性来判定惯性主轴的方位。

(1) 若匀质刚体有质量对称轴，则该轴是中心惯性主轴之一。

设 z 轴是质量对称轴，则不论原点在轴上哪一点，在此刚体内如有一质量为 m_i、坐标为 (x_i,y_i,z_i) 的点，就必有另一个质量为 m_i、坐标为 $(-x_i,-y_i,z_i)$ 的点与之对应，于是有 $J_{yz}=\sum m_iy_iz_i=0$，$J_{zx}=\sum m_iz_ix_i=0$。又因为对称轴必通过质心 C，所以，该轴是刚体的一根中心惯性主轴。

(2) 若匀质刚体有质量对称面，则与此平面垂直的轴都是在此轴与对称平面交点的惯性主轴，其中通过质心的一根轴是中心惯性主轴。

设 z 轴与此质量对称平面垂直，并取对称面为 xy 面，则刚体内如有一质量为 m_i、坐标为 (x_i,y_i,z_i) 的点，则必有另一个质量为 m_i、坐标为 $(x_i,y_i,-z_i)$ 的点与之对应，于是惯性积 $J_{yz}=\sum m_iy_iz_i=0$，$J_{zx}=\sum m_iz_ix_i=0$。故 z 轴是刚体在点 O 的一根惯性主轴。若点 O 与刚体质心 C 重合，则 z 轴是一根中心惯性主轴。

例 11-5 如图 11-9 所示的正圆锥体质量为 m，底面半径为 R，高为 H，求圆锥相对于其生成线 AB 的转动惯量。

解 过质心 C 作 $Cxyz$ 坐标，y 轴与生成线 AB 相交(图 11-9)。坐标平面 Cyz，Cxz 是对称平面，所以 x,y,z 是圆锥体的中心惯性主轴。作过点 C 与 AB 平行的直线 ab，则 ab 与三轴的夹角分别为：$\alpha=90^\circ$，$\beta=90^\circ+\varphi$，$\gamma=\varphi$，φ 为圆锥体的半顶角。则

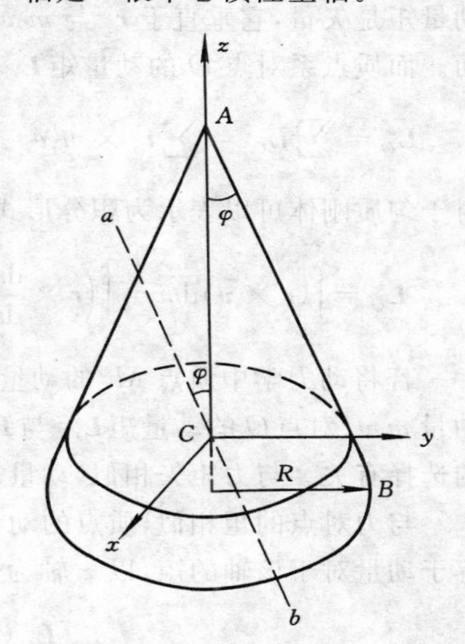

图 11-9 例 11-5 图

$$\begin{aligned}J_{ab}&=J_x\cos^2\alpha+J_y\cos^2\beta+J_z\cos^2\gamma\\&=J_y\sin^2\varphi+J_z\cos^2\varphi\end{aligned}$$

由表 11-1 查得

$$J_y=\frac{3}{20}m\left(\frac{1}{4}H^2+R^2\right),\quad J_z=\frac{3}{10}mR^2$$

又由几何关系得

$$\sin\varphi=\frac{R}{\sqrt{H^2+R^2}},\quad \cos\varphi=\frac{H}{\sqrt{H^2+R^2}}$$

所以 $$J_{ab}=\frac{3}{20}m\frac{R^2}{H^2+R^2}\left(\frac{9}{4}H^2+R^2\right)$$

另外，ab 与 AB 间的距离 $$d=\overline{AC}\sin\varphi=\frac{3}{4}H\frac{R}{\sqrt{H^2+R^2}}$$

根据转动惯量平行移轴定理，得 $$J_{AB}=J_{ab}+md^2=\frac{3}{20}m\frac{R^2}{R^2+H^2}(6H^2+R^2)$$

11.2 动量矩

11.2.1 质点系的动量矩

由 n 个质点组成的质点系如图 11-10 所示，其中，任一质点 M_i 的质量为 m_i，其绝对速度为 $\boldsymbol{v}_i$，对于任选的点 O 的矢径为 $\boldsymbol{r}_i$，则在该瞬时，质点 M_i 的动量为 $m_i\boldsymbol{v}_i$，动量 $m_i\boldsymbol{v}_i$ 对点 O 的矩 $\boldsymbol{L}_{Oi}$ 定义为

$$\boldsymbol{L}_{Oi}=\boldsymbol{r}_i\times m_i\boldsymbol{v}_i$$

动量矩是矢量，它垂直于 $\boldsymbol{r}_i$ 与 $m_i\boldsymbol{v}_i$ 组成的平面。而质点系对点 O 的动量矩 $\boldsymbol{L}_O$ 定义为

$$\boldsymbol{L}_O=\sum\boldsymbol{L}_{Oi}=\sum\boldsymbol{r}_i\times m_i\boldsymbol{v}_i \tag{11-11}$$

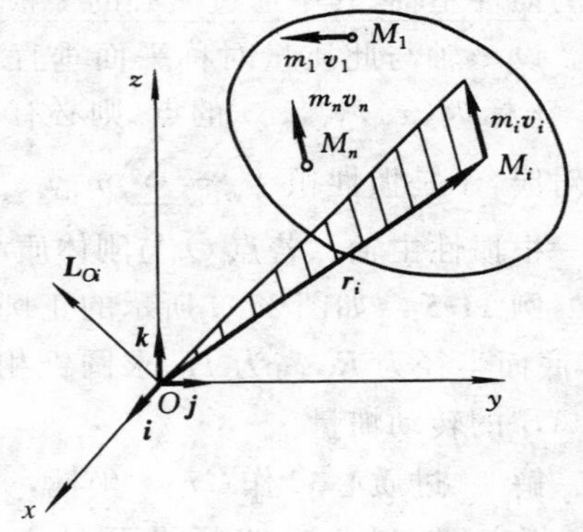

图 11-10 质点系对点 O 的动量矩

对于匀质刚体可以表示为积分形式

$$\boldsymbol{L}_O=\int(\boldsymbol{r}\times\boldsymbol{v})\mathrm{d}m=\int\left(\boldsymbol{r}\times\frac{\mathrm{d}\boldsymbol{r}}{\mathrm{d}t}\right)\mathrm{d}m$$

若将动力学中质点 M_i 的动量 $m_i\boldsymbol{v}_i$ 与力 $\boldsymbol{F}_i$ 对应，则不难发现，动力学中点 M_i 的动量 $m_i\boldsymbol{v}_i$ 对点 O 的动量矩 $\boldsymbol{L}_{Oi}$ 与 $\boldsymbol{F}_i$ 对点 O 的力矩 $\boldsymbol{M}_O(\boldsymbol{F}_i)$ 相对应，动量矩与参考点的选择有关。与力矩矢相似，动量矩矢也为定位矢量。

与力对点的矩相似，质点的动量对于某一点的矩在经过该点的任一轴上的投影等于动量对于该轴的矩，以 z 轴为例，应有

$$[\boldsymbol{L}_O(m_i\boldsymbol{v}_i)]_z=L_z(m_i\boldsymbol{v}_i) \tag{11-12}$$

而质点系中所有各质点的动量对任一轴的矩的代数和称为质点系对该轴的动量矩，即

$$L_z = \sum L_{zi} \tag{11-13}$$

动量矩的单位为 $\mathrm{kg \cdot m^2/s}$。

若质点系的质心为 C，则质点系相对于质心的动量矩定义为

$$\boldsymbol{L}_C = \sum \boldsymbol{r}_{Ci} \times m_i \boldsymbol{v}_i \tag{11-14}$$

其中，$\boldsymbol{r}_{Ci}$ 为质点 M_i 相对于质心的相对矢径。一般情况，用绝对速度计算质点系相对于质心的动量矩并不方便，通常建立一个随质心平动的坐标系 $Cx'y'z'$（图 11-11），用相对于动坐标系 $Cx'y'z'$ 的相对速度 $\boldsymbol{v}_{iC}$ 进行计算。由于动系随质心平动，故速度合成定理，有

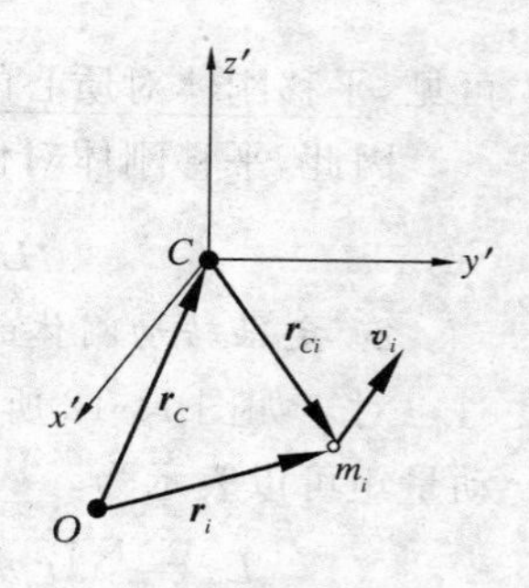

图 11-11　质点系相对于质心 C 的动量矩

$$\boldsymbol{v}_i = \boldsymbol{v}_C + \boldsymbol{v}_{iC}$$

则

$$\boldsymbol{L}_C = \sum \boldsymbol{r}_{Ci} \times m_i(\boldsymbol{v}_C + \boldsymbol{v}_{iC}) = \sum m_i \boldsymbol{r}_{Ci} \times \boldsymbol{v}_C + \sum \boldsymbol{r}_{Ci} \times m_i \boldsymbol{v}_{iC}$$

由质心定义，有 $\sum m_i \boldsymbol{r}_{Ci} = m\boldsymbol{r}_{CC}$，其中，$\boldsymbol{r}_{CC}$ 为质心相对于随质心平动坐标系 $Cx'y'z'$ 的相对矢径，故有 $\boldsymbol{r}_{CC} = \boldsymbol{0}$。因此，上式可以写成

$$\boldsymbol{L}_C = \sum \boldsymbol{r}_{Ci} \times m_i \boldsymbol{v}_{iC} = \boldsymbol{L}_{Cr} \tag{11-15}$$

在随质心作平动的动系中，$\boldsymbol{L}_{Cr}$ 是质点系相对运动对质心的动量矩。由此可知，质点系相对于质心的动量矩既可以用各质点的绝对速度计算，也可用各质点在随质心平动的动坐标系中的相对速度来计算，其结果是一致的。

质点系相对于点 O 的动量矩为 $\boldsymbol{L}_O = \sum \boldsymbol{r}_i \times m_i \boldsymbol{v}_i$，由图 11-11 可知，$\boldsymbol{r}_i = \boldsymbol{r}_C + \boldsymbol{r}_{Ci}$，于是

$$\boldsymbol{L}_O = \sum (\boldsymbol{r}_C + \boldsymbol{r}_{Ci}) \times m_i \boldsymbol{v}_i = \boldsymbol{r}_C \times \sum m_i \boldsymbol{v}_i + \sum \boldsymbol{r}_{Ci} \times m_i \boldsymbol{v}_i = \boldsymbol{r}_C \times m\boldsymbol{v}_C + \boldsymbol{L}_C$$

于是

$$\boldsymbol{L}_O = \boldsymbol{r}_C \times m\boldsymbol{v}_C + \boldsymbol{L}_C \tag{11-16}$$

式(11-16) 表明，质点系对任意一点 O 的动量矩，等于质点系对质心的动量矩与集中于质心的质点系动量对点 O 的动量矩的矢量和。

11.2.2　运动刚体的动量矩

1. 平移刚体的动量矩

平移刚体在运动过程中，各点的运动速度相同，利用式(11-14) 并结合质心公式，

计算对质心的动量矩为

$$L_C=\sum r_{Ci}\times m_iv_i=\sum r_{Ci}\times m_iv=mr_{CC}\times v=0$$

可见，平移刚体对质心的动量矩为零。

因此，平移刚体对任一点 O 的动量矩为

$$L_O=r_C\times mv$$

2. 定轴转动刚体的动量矩

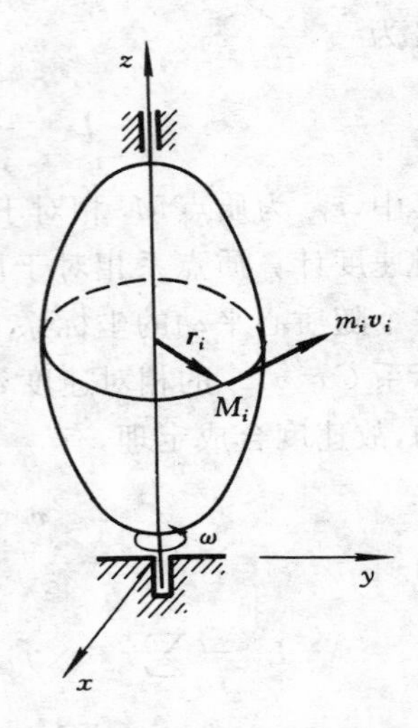

图 11-12 定轴转动刚体

对于如图 11-12 所示的定轴转动刚体，对转动轴 z 的动量矩可以表示为

$$L_z=\sum r_im_iv_i=\sum m_ir_i^2\omega=J_z\omega \tag{11-17}$$

式(11-17)说明：作定轴转动的刚体对转动轴 z 的动量矩，等于刚体对转动轴的转动惯量与角速度的乘积。

一般情况下，刚体作定轴转动不能化作平面问题来处理。当转动刚体具有质量对称平面，且转动轴垂直于该对称平面的刚体时(图 11-13)，可以将刚体简化为对称面内的平面刚体(图 11-14)。若刚体绕质心轴 C_z 转动(图 11-15)，其对质心轴 C_z 的动量矩为

$$L_{Cz}=J_{Cz}\omega \tag{11-18}$$

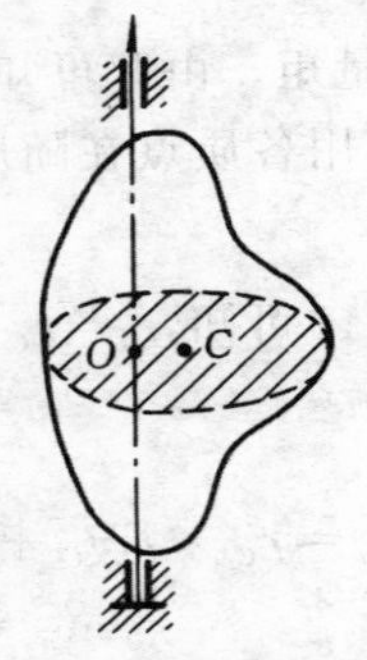

图 11-13 具有质量对称面的定轴转动刚体

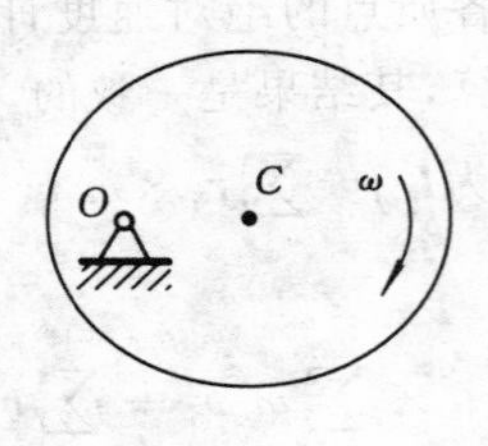

图 11-14 平面刚体

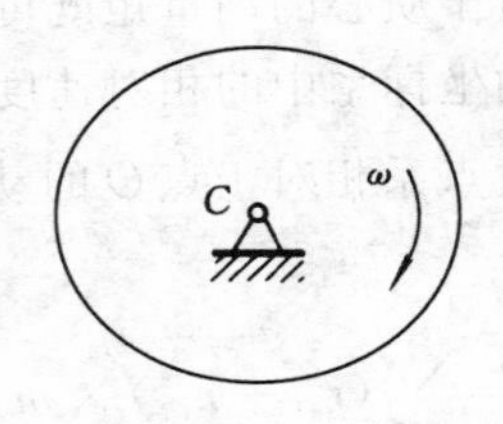

图 11-15 平面刚体绕质心轴转动

3. 平面运动刚体的动量矩

从动力学的观点考虑，刚体作平面运动应附加以下条件：① 作用于刚体的力系可简化为过质心的某个平面的平面力系；② 平面的法线方向与刚体的惯性主轴之一重合；③ 起始时刚体作平行于该平面的平面运动。当上述条件都得到满足时，平面运动就有可能实现。在运动学中，刚体的平面运动被简化为平面图形在其自身平面的运动，并被分解为以平面内某点为基点的平移和绕基点的转动。在动力学中，规定

此平面图形必须通过刚体的质心。若将质心确定为基点，根据式(11-16)和式(11-18)，则平面运动的刚体对任一点 O 的动量矩就应表示为

$$\boldsymbol{L}_O=\boldsymbol{L}_{Cz}+\boldsymbol{r}_C\times\boldsymbol{p}=J_{Cz}\boldsymbol{\omega}+\boldsymbol{r}_C\times\boldsymbol{p} \tag{11-19}$$

例 11-6 已知半径为 r 的匀质轮，在半径为 R 的固定凹面上只滚不滑，轮质量为 m_1，匀质杆 OC 质量为 m_2，杆长 l，在图 11-16a) 所示瞬时杆 OC 的角速度为 ω，试求系统在该瞬时对点 O 的动量矩。

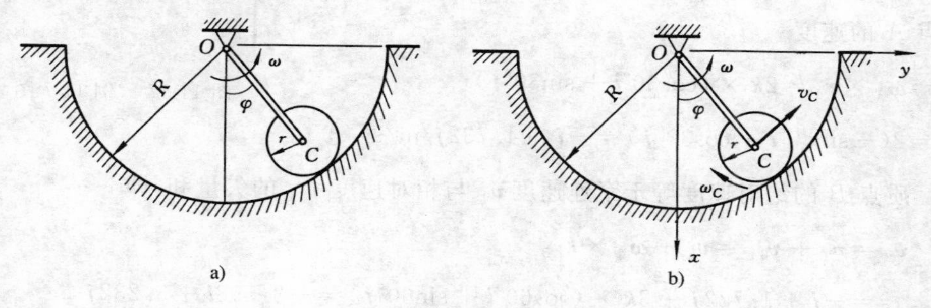

图 11-16 例 11-6 图

解 系统的自由度为 1，以 ω 为运动学独立变量。OC 杆作定轴转动，故 OC 杆对点 O 的动量矩为

$$(L_O)_{OC}=J_O\omega=\frac{1}{3}m_2l^2\omega$$

方向由右手法则确定，为垂直纸面向上。

轮 C 作平面运动，对点 O 的动量矩

$$(L_O)_C=-J_C\omega_C+m_1v_C(R-r)=-\frac{1}{2}m_1r^2\frac{(R-r)\omega}{r}+m_1(R-r)^2\omega$$

$$=\frac{m_1}{2}(R-r)(2R-3r)\omega$$

式中，轮 C 的角速度 ω_C 为顺时针方向，根据右手法则，方向应为垂直纸面向里，故有负号。

于是，整个系统对点 O 的动量矩为两部分之和，即

$$L_O=(L_O)_{OC}+(L_O)_C=\frac{m_2}{3}l^2\omega+\frac{m_1}{2}(R-r)(2R-3r)\omega$$

例 11-7 如图 11-17 所示，一双单摆在 Oxy 平面内振动，在图示瞬时，角速度 $\omega_1=2\ \text{rad/s}$，$\omega_2=3\ \text{rad/s}$。如质点 A，B 的质量 $m_1=m_2=1\ \text{kg}$，$OA=AB=1\ \text{m}$。试求在该瞬时该质点系对点 O 的动量矩。

解 由质点系对固定点的动量矩公式(11-11)，可知这双单摆在图示瞬时对点 O

的动量矩为

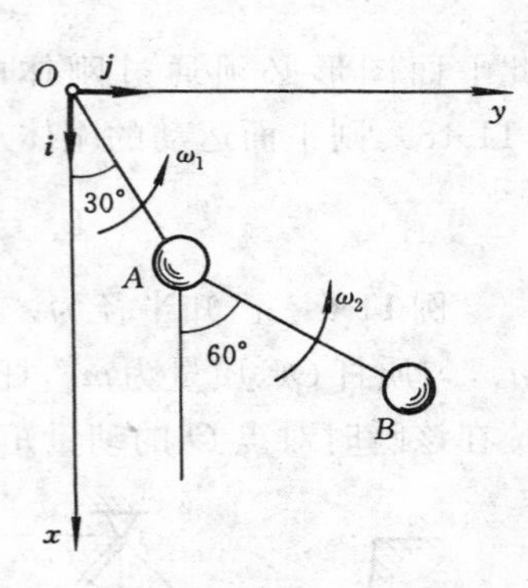

图 11-17　例 11-7 图

$$\boldsymbol{L}_O=\boldsymbol{r}_1\times m_1\boldsymbol{v}_1+\boldsymbol{r}_2\times m_2\boldsymbol{v}_2 \quad ①$$

由图 11-17，得矢径

$$\boldsymbol{r}_1=\cos30°\boldsymbol{i}+\sin30°\boldsymbol{j}=0.866\boldsymbol{i}+0.5\boldsymbol{j}\ \text{m}$$

$$\boldsymbol{r}_2=\boldsymbol{r}_1+\cos60°\boldsymbol{i}+\sin60°\boldsymbol{j}=1.366\boldsymbol{i}+1.366\boldsymbol{j}\ \text{m} \quad ②$$

质点 A 的速度

$$\boldsymbol{v}_1=\boldsymbol{\omega}_1\times\boldsymbol{r}_1=2\boldsymbol{k}\times(\cos30°\boldsymbol{i}+\sin30°\boldsymbol{j})$$
$$=2(-\sin30°\boldsymbol{i}+\cos30°\boldsymbol{j})=-\boldsymbol{i}+1.732\boldsymbol{j}\ \text{m/s} \quad ③$$

质点 B 的绝对速度等于牵连速度 $\boldsymbol{v}_1$ 与相对速度 $\boldsymbol{v}_{r1}$ 的矢量和，即

$$\boldsymbol{v}_2=\boldsymbol{v}_1+\boldsymbol{v}_{r1}=\boldsymbol{v}_1+\boldsymbol{\omega}_2\times\boldsymbol{r}_{AB}$$
$$=-\boldsymbol{i}+1.732\boldsymbol{j}+3\boldsymbol{k}\times(\cos60°\boldsymbol{i}+\sin60°\boldsymbol{j})=-3.598\boldsymbol{i}+3.232\boldsymbol{j} \quad ④$$

将式 ②、式 ③、式 ④ 及 $m_1=m_2=1$ 代入式 ①，得

$$\boldsymbol{L}_O=(0.866\boldsymbol{i}+0.5\boldsymbol{j})\times(-\boldsymbol{i}+1.732\boldsymbol{j})+$$
$$(1.366\boldsymbol{i}+1.366\boldsymbol{j})\times(-3.598\boldsymbol{i}+3.232\boldsymbol{j})=11.33\boldsymbol{k}\ \text{kg}\cdot\text{m}^2/\text{s}$$

式 ① 中的速度都是绝对速度，因此，在求质点 B 的速度时，必须应用速度合成定理。

如果图 11-17 中的 OA，AB 都是刚体，且考虑其质量，就组成一双复摆。设 OA，AB 均为匀质直杆，质量均为 1 kg，$OA=AB=1$ m，角速度 $\omega_1=2$ rad/s，$\omega_2=3$ rad/s。请读者自行求解在图示瞬时双复摆对点 O 的动量矩。

11.3　质点系动量矩定理

11.3.1　质点系对静点 O 的动量矩定理

质点系对任意点的动量矩定理

由 n 个质点组成的质点系如图 11-10 所示，其中任一质点 M_i 的质量为 m_i，由质点运动微分方程可得：$m_i\dfrac{\mathrm{d}\boldsymbol{v}_i}{\mathrm{d}t}=\boldsymbol{F}_i$，将质量写入微分内有

$$\frac{\mathrm{d}}{\mathrm{d}t}(m_i\boldsymbol{v}_i)=\boldsymbol{F}_i$$

两边同时乘以矢径 $\boldsymbol{r}_i$，有 $\boldsymbol{r}_i\times\dfrac{\mathrm{d}}{\mathrm{d}t}(m_i\boldsymbol{v}_i)=\boldsymbol{M}_O(\boldsymbol{F}_i)$，对整个质点系求和

$$\sum_{i=1}^{n} \boldsymbol{r}_i \times \frac{\mathrm{d}}{\mathrm{d}t}(m_i \boldsymbol{v}_i) = \sum_{i=1}^{n} \boldsymbol{M}_O(\boldsymbol{F}_i)$$

因为
$$\sum_{i=1}^{n} \boldsymbol{r}_i \times \frac{\mathrm{d}}{\mathrm{d}t}(m_i \boldsymbol{v}_i) = \sum_{i=1}^{n} \left[\frac{\mathrm{d}}{\mathrm{d}t}(\boldsymbol{r}_i \times m_i \boldsymbol{v}_i) - \frac{\mathrm{d}\boldsymbol{r}_i}{\mathrm{d}t} \times m_i \boldsymbol{v}_i\right]$$

$$= \frac{\mathrm{d}}{\mathrm{d}t}\left(\sum_{i=1}^{n} \boldsymbol{r}_i \times m_i \boldsymbol{v}_i\right) - \sum_{i=1}^{n} \frac{\mathrm{d}\boldsymbol{r}_i}{\mathrm{d}t} \times m_i \boldsymbol{v}_i$$

同时，作用于质点上的力有内力和外力，而内力是成对出现的，即

$$\sum_{i=1}^{n} \boldsymbol{M}_O(\boldsymbol{F}_i) = \sum_{i=1}^{n} \boldsymbol{M}_O(\boldsymbol{F}_i^{\mathrm{I}}) + \sum_{i=1}^{n} \boldsymbol{M}_O(\boldsymbol{F}_i^{\mathrm{E}}) = \sum_{i=1}^{n} \boldsymbol{M}_O(\boldsymbol{F}_i^{\mathrm{E}})$$

所以

$$\frac{\mathrm{d}\boldsymbol{L}_O}{\mathrm{d}t} - \sum_{i=1}^{n} \frac{\mathrm{d}\boldsymbol{r}_i}{\mathrm{d}t} \times m_i \boldsymbol{v}_i = \sum_{i=1}^{n} \boldsymbol{M}_O(\boldsymbol{F}_i^{\mathrm{E}})$$

如果点 O 为静点，则有$\frac{\mathrm{d}\boldsymbol{r}_i}{\mathrm{d}t} = \boldsymbol{v}_i$，$\sum_{i=1}^{n} \frac{\mathrm{d}\boldsymbol{r}_i}{\mathrm{d}t} \times m_i \boldsymbol{v}_i = \boldsymbol{0}$，　此时有

$$\frac{\mathrm{d}\boldsymbol{L}_O}{\mathrm{d}t} = \sum_{i=1}^{n} \boldsymbol{M}_O(\boldsymbol{F}_i^{\mathrm{E}}) \tag{11-20}$$

这就是质点系对任一静点 O 的动量矩定理，可表述为质点系对任一静点的动量矩对时间的导数，等于作用于质点系的所有外力对同一点的矩的矢量和。

将公式(11-20) 投影到静坐标系 $Oxyz$ 的各轴上，得

$$\frac{\mathrm{d}L_x}{\mathrm{d}t} = \sum M_{xi}^{\mathrm{E}}, \quad \frac{\mathrm{d}L_y}{\mathrm{d}t} = \sum M_{yi}^{\mathrm{E}}, \quad \frac{\mathrm{d}L_z}{\mathrm{d}t} = \sum M_{zi}^{\mathrm{E}} \tag{11-21}$$

即质点系对任一定轴的动量矩对时间的导数，等于作用于质点系的所有外力对于同一轴的矩之和。这是质点系动量矩定理的投影形式。

例 11-8　如图 11-18a) 所示卷扬机鼓轮为匀质圆盘，质量为 m_1，半径为 R，小车质量为 m_2，作用于鼓轮上的力矩为 M，轨道的倾角为 θ，绳的重量及摩擦均忽略不计，试求小车上升的加速度。

解　选鼓轮和小车为质点系，作用于该质点系上的外力有 M，m_1g，m_2g，约束力有 F_{Ox}，F_{Oy} 及 F_{N}，如图 11-18b) 所示。系统自由度为 1，选小车上升速度 v 为独立运动量，鼓轮的角速度为 ω。整个质点系对 Oz 轴的动量矩为

$$L_z = J_z\omega + m_2vR = \frac{1}{2}m_1R^2\omega + m_2vR = \frac{m_1 + 2m_2}{2}vR$$

所有外力对 Oz 轴的矩为

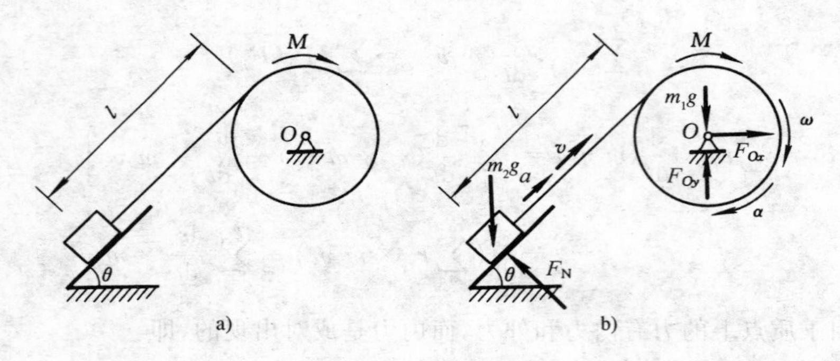

图 11-18　例 11-8 图

$$\sum M_{z_i}^{E} = M - m_2 g\sin\theta \cdot R - m_2 g\cos\theta \cdot l + F_N l$$

由于 $F_N = m_2 g \cdot \cos\theta$，故　$\sum M_{z_i}^{E} = M - m_2 g\sin\theta \cdot R$

由动量矩定理$\frac{dL_z}{dt} = \sum M_{zi}^{E}$ 可得

$$\frac{m_1 + 2m_2}{2} R \cdot \frac{dv}{dt} = M - m_2 gR\sin\theta$$

所以小车上升的加速度　$a = \frac{dv}{dt} = \frac{2(M - m_2 gR\sin\theta)}{(m_1 + 2m_2)R}$

由上式解得，唯有当 $M > m_2 gR\sin\theta$ 时，小车才能加速上升。

11.3.2　质点系相对于质心的动量矩定理

若将质点系对点 O 的动量矩与对质心 C 的动量矩关系式(11-16) 代入质点系对静点 O 的动量矩定理表达式(11-20)，并考虑到 $\boldsymbol{r}_i = \boldsymbol{r}_C + \boldsymbol{r}_{Ci}$，如图 11-11 所示，则有

$$\frac{d\boldsymbol{L}_O}{dt} = \frac{d\boldsymbol{L}_C}{dt} + \frac{d\boldsymbol{r}_C}{dt} \times \boldsymbol{p} + \boldsymbol{r}_C \times \frac{d\boldsymbol{p}}{dt} = \frac{d\boldsymbol{L}_C}{dt} + \boldsymbol{v}_C \times \boldsymbol{p} + \boldsymbol{r}_C \times \sum \boldsymbol{F}_i^{E}$$

考虑到 $\boldsymbol{v}_C \times \boldsymbol{p} = \boldsymbol{v}_C \times m\boldsymbol{v}_C = \boldsymbol{0}$，所以

$$\frac{d\boldsymbol{L}_O}{dt} = \frac{d\boldsymbol{L}_C}{dt} + \boldsymbol{r}_C \times \sum \boldsymbol{F}_i^{E}$$

而外力对点 O 的矩的矢量和为

$$\sum \boldsymbol{M}_O(\boldsymbol{F}_i^{E}) = \sum \boldsymbol{r}_i \times \boldsymbol{F}_i^{E} = \sum (\boldsymbol{r}_C + \boldsymbol{r}_{Ci}) \times \boldsymbol{F}_i^{E} = \boldsymbol{r}_C \times \sum \boldsymbol{F}_i^{E} + \sum \boldsymbol{r}_{Ci} \times \boldsymbol{F}_i^{E}$$

则有

$$\frac{d\boldsymbol{L}_C}{dt} = \sum \boldsymbol{r}_{Ci} \times \boldsymbol{F}_i^{E}$$

因 $\boldsymbol{r}_{Ci}$ 是从质心 C 出发引向任一质点 m_i 的矢径，故 $\sum \boldsymbol{r}_{Ci} \times \boldsymbol{F}_i^{\mathrm{E}} = \sum \boldsymbol{M}_{Ci}^{\mathrm{E}}$ 为质点系外力对质心的矩的矢量和，即外力系对质心 C 的主矩。于是得

$$\frac{\mathrm{d}\boldsymbol{L}_C}{\mathrm{d}t} = \sum \boldsymbol{M}_{Ci}^{\mathrm{E}} \tag{11-22}$$

式(11-22) 称为质点系相对于质心的动量矩定理。可表述为质点系对质心的动量矩对时间的导数，等于作用于该质点系所有外力对质心的矩的矢量和。

将式(11-22) 投影到随质心平动的坐标轴 x', y', z' 上，得到

$$\frac{\mathrm{d}L_{x'}}{\mathrm{d}t} = \sum M_{ix'}^{\mathrm{E}}, \quad \frac{\mathrm{d}L_{y'}}{\mathrm{d}t} = \sum M_{iy'}^{\mathrm{E}}, \quad \frac{\mathrm{d}L_{z'}}{\mathrm{d}t} = \sum M_{iz'}^{\mathrm{E}} \tag{11-23}$$

式(11-23) 表明：质点系对随同质心平移的任一轴的动量矩对时间的导数，等于作用于该质点系的所有外力对同一轴的矩的代数和。

此外，我们不加证明地指出，如果某一动点的加速度恒等于零，或者在运动过程中某一动点的加速度方向恒指向质心(例如作纯滚动的轮子的瞬心)，那么，这样的点也可以选为动量矩的矩心，而动量矩定理同样具有如式(11-20) 和式(11-22) 那样简单的形式。

11.3.3 质点系动量矩守恒定理

1. 质点系对静点 O 的冲量矩定理

将式(11-20) 改写为

$$\mathrm{d}\boldsymbol{L}_O = \sum \boldsymbol{M}_{Oi}^{\mathrm{E}}\,\mathrm{d}t$$

然后两边积分

$$\int_{L_{O_1}}^{L_{O_2}} \mathrm{d}\boldsymbol{L}_O = \int_{t_1}^{t_2} \sum \boldsymbol{M}_{Oi}^{\mathrm{E}}\,\mathrm{d}t$$

即

$$\boldsymbol{L}_{O_2} - \boldsymbol{L}_{O_1} = \sum \int_{t_1}^{t_2} \boldsymbol{M}_{Oi}^{\mathrm{E}}\,\mathrm{d}t \tag{11-24}$$

式(11-24) 为动量矩定理的积分形式，式中 $\int_{t_1}^{t_2} \boldsymbol{M}_{Oi}^{\mathrm{E}}\,\mathrm{d}t$ 称为外力系对点 O 的冲量矩。式(11-24) 表述为质点系对静点 O 的动量矩在一段时间内的增量，等于作用于质点系的外力在同一时间段内对点 O 的冲量矩之和。

式(11-24) 在静坐标轴 $Oxyz$ 上的投影形式为

$$\left.\begin{aligned} L_{x_2} - L_{x_1} &= \sum \int_{t_1}^{t_2} M_{xi}^{\mathrm{E}}\,\mathrm{d}t \\ L_{y_2} - L_{y_1} &= \sum \int_{t_1}^{t_2} M_{yi}^{\mathrm{E}}\,\mathrm{d}t \\ L_{z_2} - L_{z_1} &= \sum \int_{t_1}^{t_2} M_{zi}^{\mathrm{E}}\,\mathrm{d}t \end{aligned}\right\} \tag{11-25}$$

2. 质点系对静点 O 的动量矩守恒定理

由方程式(11-20)知，若 $\sum \boldsymbol{M}_{Oi}^{\mathrm{E}}=\mathbf{0}$，则 $\boldsymbol{L}_O=$常矢量。这就是说，如果质点系所受外力对某一静点 O 的主矩始终等于零，则质点系对该点的动量矩为常量。这一结论称为质点系动量矩守恒定理。

同样，质点系动量矩守恒定理的投影形式也成立，以 x 轴为例，即当 $\sum M_{xi}^{\mathrm{E}}=0$ 时，$L_x=$常量。

动量矩守恒定理在科学技术上、在生产和日常生活中，都有着广泛的应用。

例 11-9 如图 11-19 所示，转子 A 原来静止，而转子 B 具有角速度 ω_B，现用离合器 C 将转子 A,B 突然连接在一起，求连接后转子 A,B 的共同角速度 ω。已知转子 A 和转子 B 对转轴的转动惯量分别为 J_A 和 J_B。轴承摩擦不计。

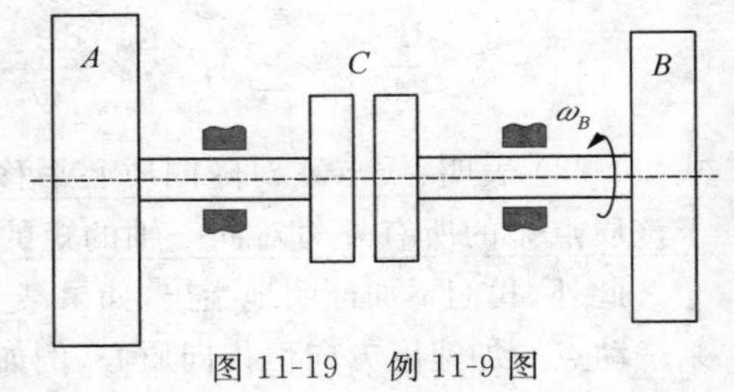

图 11-19 例 11-9 图

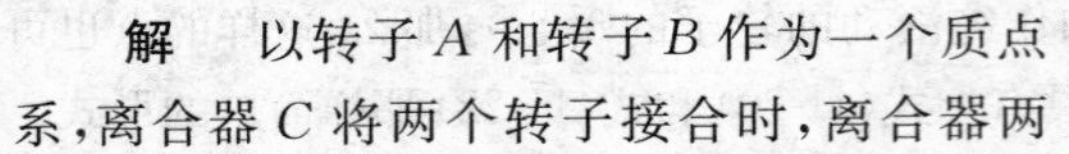

解 以转子 A 和转子 B 作为一个质点系，离合器 C 将两个转子接合时，离合器两部分之间的作用力是内力，不影响系统的动量矩。系统所受的外力有重力和轴承反力，它们对转轴的矩都等于零。因此，系统对转轴的动量矩守恒。系统在接合前、后对转轴的动量矩不变，所以，连接后转子 A,B 的共同角速度 ω 的计算如下：

$$(J_A+J_B)\omega=J_B\omega_B$$

故

$$\omega=\frac{J_B}{J_A+J_B}\omega_B$$

11.4 刚体定轴转动微分方程

将 11.2 节中得到的定轴转动刚体动量矩表达式(11-17) 代入动量矩定理，得 $\frac{\mathrm{d}}{\mathrm{d}t}(J_z\omega)=\sum M_{zi}^{\mathrm{E}}$，即

$$J_z\alpha=\sum M_{zi}^{\mathrm{E}} \tag{11-26}$$

这就是刚体定轴转动微分方程。

将式(11-26) 与质点动力学的基本方程 $m\boldsymbol{a}=\boldsymbol{F}$ 对比，可见它们有相似之处：角加速度与加速度相对应，力矩与力相对应，而转动惯量与质量相对应。质量是质点惯性的度量，那么转动惯量就是刚体转动时惯性的度量。

与质点动力学基本方程相似，应用式(11-26) 也可以解决两类问题：① 已知刚体

的转动规律，求作用在刚体上的主动力矩；② 已知作用在刚体上的主动力矩，求刚体的转动规律。

例 11-10　振动记录仪如图 11-20a) 所示。惯性块的质量为 m_1；指针质量为 m_2，质心在点 C，可绕水平轴 O 作自由转动，转动惯量为 $m_2\rho^2$，$OB=b$，$OD=h$，弹簧刚度为 k_1，k_2。试求系统作微幅振动的运动微分方程。

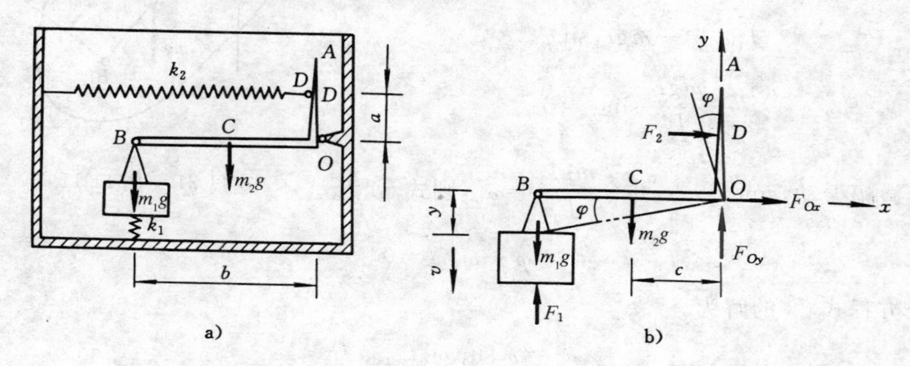

图 11-20　例 11-10 图

解　系统的自由度为 1，设 φ 为广义坐标。作 AOB 及惯性块的受力图，如图 11-20b) 所示。设 $OC=c$，指针 OA 由铅垂位置逆时针转过 φ 角，则

$$y=b\varphi,\quad v=b\dot{\varphi}$$

平面内系统对点 O 的动量矩为　$L_O=J\omega=(m_2\rho^2+m_1b^2)\dot{\varphi}$

上式中的 $(m_2\rho^2+m_1b^2)$ 看作整个系统对于点 O 总的转动惯量。

考虑到微幅运动，$\sin\varphi\approx\varphi$，$\cos\varphi\approx 1$，所有外力对点 O 的矩为

$$\begin{aligned}\sum M_{Oi}^{\mathrm{E}}&=m_1gb+m_2gc-F_1b-F_2h\\&=m_1gb+m_2gc-k_1(\delta_{\mathrm{st}_1}+b\varphi)b-k_2(\delta_{\mathrm{st}_2}+h\varphi)h\end{aligned}$$

在平衡位置时，有　$\sum M_O(\boldsymbol{F})=0$，　$m_1gb+m_2gc-k_1\delta_{\mathrm{st}_1}b-k_2\delta_{\mathrm{st}_2}h=0$

所以在运动到任意位置时有　$\sum M_{Oi}^{\mathrm{E}}=-(k_1b^2+k_2h^2)\varphi$

代入式(11-26) 得　$(m_2\rho^2+m_1b^2)\ddot{\varphi}=-(k_1b^2+k_2h^2)\varphi$

$$\ddot{\varphi}+\frac{k_1b^2+k_2h^2}{m_2\rho^2+m_1b^2}\varphi=0$$

上式即系统微幅振动的运动微分方程。

例 11-11　将一刚体悬挂在水平轴 Oz 上，使其在重力作用下绕悬挂轴自由摆动，这种装置称为复摆，又称物理摆，如图 11-21 所示，刚体的质量为 m。试研究复摆

的运动规律。假设空气阻力及转动轴处的摩擦忽略不计。

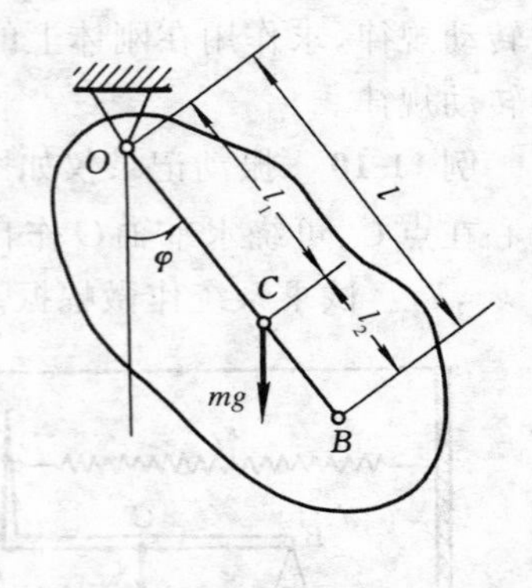

图 11-21　例 11-11 图

解　本题自由度为 1，刚体在任一瞬时的位置可由 OC 与铅垂线所成的角 φ 来表示（角 φ 以逆时针为正），以 φ 为广义坐标。则

$$J_O\ddot{\varphi}=-mgl_1\sin\varphi$$

即
$$\ddot{\varphi}+\frac{mgl_1}{J_O}\sin\varphi=0 \qquad ①$$

对于微幅振动，$\sin\varphi\approx\varphi$，并令 $\frac{mgl_1}{J_0}=\omega_0^2$，则式 ① 为

$$\ddot{\varphi}+\omega_0^2\varphi=0 \qquad ②$$

微分方程式 ② 的解为

$$\varphi=A\sin(\omega_0 t+\alpha) \qquad ③$$

式 ③ 中的 A 及 α 为积分常数，由初始条件决定。复摆的周期为

$$T_{\mathrm{N}}=\frac{2\pi}{\omega_0}=2\pi\sqrt{\frac{J_0}{mgl_1}} \qquad ④$$

而已知长度为 l 的单摆的振动周期为 $T_{\mathrm{N}}=2\pi\sqrt{\frac{l}{g}}$。

现假设有一单摆，其摆长 l 满足

$$l=\frac{J_0}{ml_1} \qquad ⑤$$

这样，该单摆的振动周期与这里考察的复摆的振动周期相等。长度 $l=\frac{J_0}{ml_1}$ 称为复摆的简化长度。

根据转动惯量的平行移轴定理

$$J_O=J_C+ml_1^2$$

于是得复摆的简化长度为

$$l=l_1+\frac{J_C}{ml_1}$$

可见复摆的简化长度 $l>l_1$。现延长线段 OC 至 B，并令

$$CB=l_2=\frac{J_C}{ml_1} \qquad ⑥$$

则 $OB=l$，点 B 称为复摆的摆心，而点 O 称为复摆的悬点。

若以点 B 为悬点，则

$$J_B = J_C + ml_2^2$$

可知，此时复摆的简化长度

$$l' = l_2 + \frac{J_C}{ml_2}$$

由式 ⑥ 得 $\frac{J_C}{ml_2} = l_1$，所以

$$l' = l_1 + l_2 = l$$

可见，新的复摆的摆心就是原来复摆的悬点。即复摆的悬点与摆心可以互换，而不改变其振动周期。

对于非微幅摆动，振动周期与摆动的角度（振幅）有关，运动方程为非线性方程，须用椭圆积分的方法求得。

例 11-12 用落体观察法测定转动惯量。将半径为 r 的飞轮支承在点 O，然后在绕过飞轮的绳子的一端挂一重量为 P 的重物，使重物下降时能带动飞轮转动（图 11-22a)）。令重物的初速为零，当重物下降一距离 h 时，记下所需的时间 t。

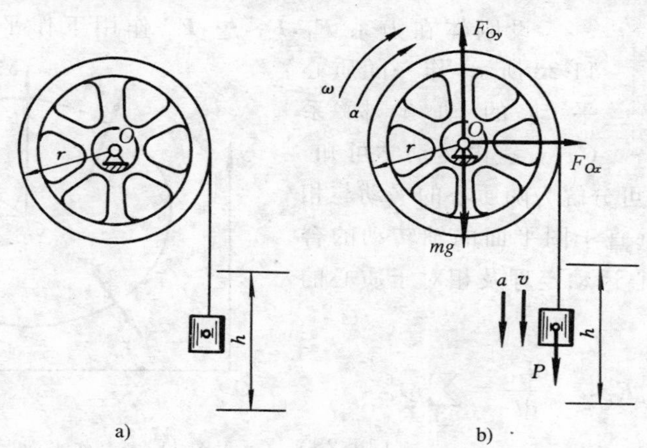

图 11-22 例 11-12 图

解 取飞轮及重物为一质点系，其受力和运动分析如图 11-22b) 所示。由质点系动量距定理的微分形式：

$$\frac{\mathrm{d}}{\mathrm{d}t}\left(J_z\omega + \frac{P}{g}vr\right) = rP \tag{①}$$

其中，J_z 就是所需测定的飞轮对 z 轴的转动惯量。由式 ① 得

$$J_z\alpha + \frac{P}{g}ar = rP \tag{②}$$

又 $r\alpha = a$，代入式 ② 后，得 $\quad a\left(\frac{J_z}{r} + \frac{P}{g}r\right) = rP$

或 $$a=\frac{r^2P}{J_zg+r^2P}g=常量$$

由于重物的初速为零，且加速度为常量，根据匀加速直线运动公式，得

$$h=\frac{1}{2}at^2$$

将 a 值代入上式，得 $$h=\frac{1}{2}\cdot\frac{r^2P}{J_zg+r^2P}gt^2$$

解得 $$J_z=\frac{r^2P}{g}\left(\frac{gt^2}{2h}-1\right) \tag{11-27}$$

因此，如果已知重物的重量和飞轮的半径，并测出重物下降的距离 h 及下降所需的时间 t，就可求出飞轮的转动惯量。这种测定转动惯量的方法称为落体观测法。

11.5 刚体平面运动微分方程

设刚体在力系 $\boldsymbol{F}_1,\boldsymbol{F}_2,\cdots,\boldsymbol{F}_n$ 作用下作平面运动，如图 11-23 所示，作一随质心平动的动坐标系 $Cx'y'$。由运动学可知，刚体的平面运动可分解为随质心的平动与相对于过质心而垂直于图平面的轴转动的合成。于是，由质心运动定理及相对于质心的动量矩定理有

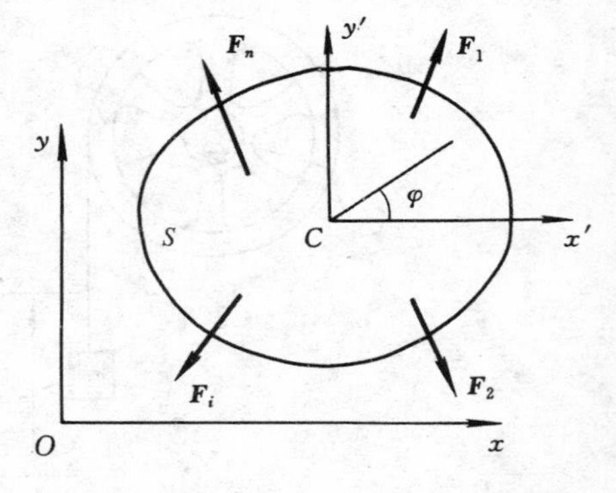

图 11-23　作平面运动的刚体

$$m\boldsymbol{a}_C=\sum\boldsymbol{F}_i^{\mathrm{E}},\quad \frac{\mathrm{d}\boldsymbol{L}_C}{\mathrm{d}t}=\sum\boldsymbol{M}_{Ci}^{\mathrm{E}} \tag{11-28}$$

投影到坐标轴上，有

$$ma_{Cx}=\sum F_{xi}^{\mathrm{E}},\ ma_{Cy}=\sum F_{yi}^{\mathrm{E}},\ \frac{\mathrm{d}L_C}{\mathrm{d}t}=\sum M_{Ci}^{\mathrm{E}}$$

设刚体绕 z' 轴转动的角速度为 ω，则刚体对 z' 轴的动量矩为 $L_C=J_C\omega$，于是式(11-28) 可以写为

$$ma_{Cx}=m\ddot{x}_C=\sum F_{xi}^{\mathrm{E}},\quad ma_{Cy}=m\ddot{y}_C=\sum F_{yi}^{\mathrm{E}},\ J_C\alpha=J_C\ddot{\varphi}=\sum M_{Ci}^{\mathrm{E}} \tag{11-29}$$

这就是刚体平面运动微分方程。运用该方程可求解平面运动刚体的动力学两类问题。

当刚体相对于静坐标系 Oxy 保持静止或作匀速直线平移时，则 $\boldsymbol{a}_C=\mathbf{0}$，$L_C=0$，式(11-29) 就成为静力学中平面任意力系的平衡方程。

此外，式(11-29) 中各式均与作用于刚体上的力有关，而唯有第三式才与作用于刚体上的力偶有关，这说明力与力偶对刚体的运动效应不同，在一般情况下，力既能使刚体产生平移效应，又能使刚体产生转动效应，但力偶只能使刚体产生转动效应。

尽管方程式(11-28) 在这里只用来研究刚体平面运动，事实上，建立该方程式所蕴含的概念对于刚体以及质点系的任何运动都适用。例如，刚体系统的空间运动(空间飞行器等) 都可以看作随同质心的平动和相对于质心的转动二者合成的结果，前者可用质心运动定理求解，后者则可用相对于质心的动量矩定理求解，此时，方程式(11-28) 的投影形式扩展成 6 个。

例 11-13　重物 A 质量为 m_1，系在绳子上，绳子跨过不计质量的固定滑轮 D，并绕在鼓 C 上，如图 11-24a) 所示，鼓轮短半径为 r，长半径为 R，质量为 m_2，其对 C 的质心轴的回转半径为 ρ，在水平轨道作纯滚动。试求重物 A 下落的加速度。

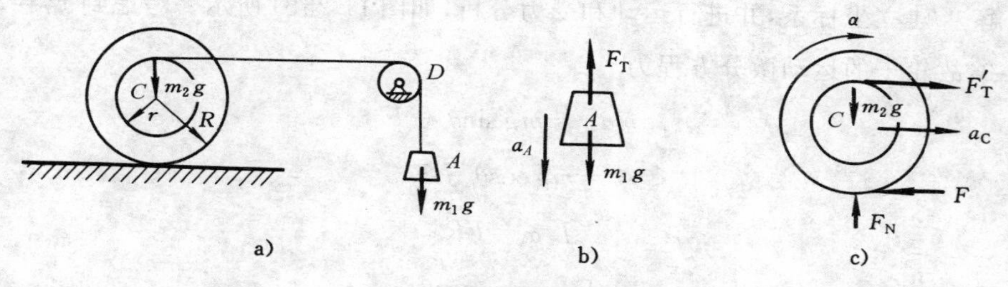

图 11-24　例 11-13 图

解　系统的自由度为1，设 a_A 为运动学独立变量。分别选取重物 A 和鼓轮 C 为研究对象，受力分析与运动分析如图 11-24b)，c) 所示。

[重物 A]

$$m_1a_A=m_1g-F_T \tag{①}$$

轮 C 作平面运动，有

$$m_2a_C=F'_T-F \tag{②}$$

$$m_2\rho^2\alpha=F'_T\cdot r+FR \tag{③}$$

$$F_T=F'_T$$

系统自由度为 1，由于轮子只滚不滑，故有 $a_C=R\alpha$，$a_A=(r+R)\alpha$。

联立式 ①，②，③ 并注意到轮子只滚不滑的运动关系，得

$$a_A=\frac{m_1(r+R)^2}{m_1(R+r)^2+m_2(\rho^2+R^2)}g$$

由于轮 C 的瞬心 I 的加速度恒指向质心，所以也可选点 I 为动量矩的矩心，此时，式 ③ 可改写为 $J_I\alpha=F_T(r+R)$，其中 $J_I=m_2(\rho^2+R^2)$，也可得同样结果。可

请读者自行验算。

例 11-14 匀质圆轮质量为 m，半径为 R，沿倾角为 θ 的斜面滚下，如图 11-25a) 所示。设轮与斜面间的静摩擦因数为 f_s，动摩擦因数为 f_d，试求轮心 C 的加速度及斜面对于轮子的约束力。

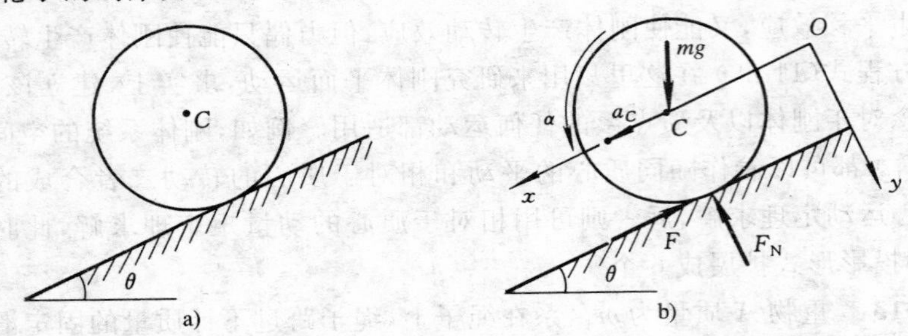

图 11-25 例 11-14 图

解 建立坐标系，并进行运动和受力分析，如图 11-25b) 所示。考虑到 $\ddot{x}_C = a_C$，$\ddot{y}_C = 0$，故轮子的运动微分方程为

$$ma_C = mg\sin\theta - F \quad ①$$

$$0 = mg\cos\theta - F_N \quad ②$$

$$J_C\alpha = FR \quad ③$$

由方程 ② 可得
$$F_N = mg\cos\theta \quad ④$$

而在其余两个方程 ① 及方程 ③ 中，包含三个未知量 a_C，α 及 F，所以必须有一附加条件才能求解。下面分两种情况来讨论：

(1) 假定轮子与斜面间无滑动，这时 F 是静摩擦力，其大小、方向都未知，系统自由度为 1，以 α 为独立运动量，考虑到 $a_C = R\alpha$，于是，解方程 ①，②，并以 $J_C = \frac{mR^2}{2}$ 代入，得

$$a_C = \frac{2}{3}g\sin\theta, \quad \alpha = \frac{2g}{3R}\sin\theta, \quad F = \frac{1}{3}mg\sin\theta \quad ⑤$$

F 为正值，表明其方向如图所设。

(2) 假定轮子与斜面间有滑动，这时 F 是动摩擦力，系统自由度为 2，以 α 和 a_C 为独立运动量。因轮子与斜面接触点向下滑动，故 F 向上，应为 $F = f_d F_N$，于是解方程 ①，③ 得

$$a_C = (\sin\theta - f_d\cos\theta)g, \quad \alpha = \frac{2f_d g\cos\theta}{R}, \quad F = f_d mg\cos\theta \quad ⑥$$

轮子有无滑动，须视摩擦力 F 值是否达到极限值 $f_s F_N$。因为当轮子只滚不滑时，必须使 $F \leqslant f_s F_N$，所以由式 ⑤ 得

$$\frac{1}{3}mg\sin\theta \leqslant f_s mg\cos\theta, \quad 即\frac{1}{3}\tan\theta \leqslant f_s \tag{⑦}$$

满足式 ⑦,表示摩擦力未达极限值,轮子只滚不滑,则式 ⑤ 解答适用;若$\frac{1}{3}\tan\theta > f_s$,表示轮子既滚且滑,则式 ⑥ 解答适用。

例 11-15 如图 11-26a) 所示,平放在水平面内的行星齿轮机构的曲柄OO_1上受一不变的力偶 M 作用,绕固定轴转动;质量为 m_1 的齿轮 O_1 在固定齿轮 O 上作纯滚动。设曲柄 OO_1 长为 l,质量为 m_2。试求曲柄的角加速度 α 及二齿轮接触处沿切向的力 F_T。

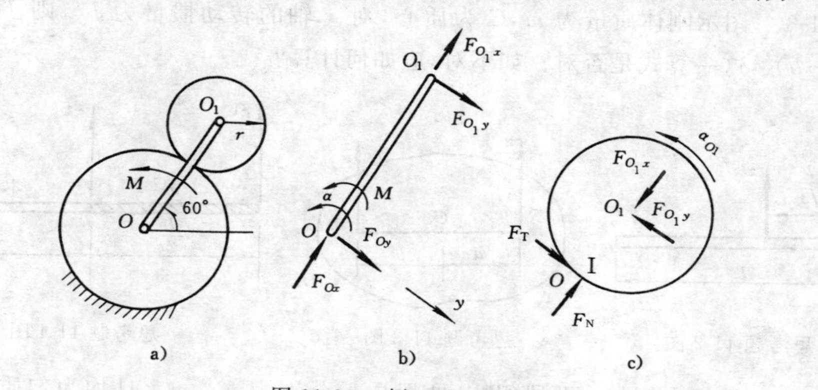

图 11-26 例 11-15 图

解 曲柄 OO_1 作定轴转动,齿轮 O_1 作平面运动,系统自由度为 1,以 OO_1 的角加速度 α 为独立运动量。现分别考虑,分析图见图 11-26b),c)。对曲柄 OO_1,运用刚体定轴转动微分方程式,有

$$J_O\alpha = M - F_{O_1y}l \tag{①}$$

其中,$J_O=\frac{1}{3}m_2l^2$,齿轮 O_1 作平面运动,速度瞬心 I 的加速度恒指向质心,故可选点 I 为动量矩定理的矩心,则

$$J_I\alpha_{O_1} = F'_{O_1y}r \tag{②}$$

其中,$J_I=\frac{1}{2}m_1r^2+m_1r^2=\frac{3}{2}m_1r^2$,又

$$r\alpha_{O_1} = l\alpha \tag{③}$$

联立式 ①,②,③,可求出

$$\alpha = \frac{6M}{(2m_2+9m_1)l^2}$$

本章小结

为求 F_T,对齿轮 O_1 运用相对于质心的动量矩定理 $J_{O_1}\alpha_{O_1}=F_Tr$

得
$$F_T = \frac{3Mm_1}{(2m_2+9m_1)l}$$

思 考 题

11-1　转动惯量的大小与哪些因素有关?

11-2　如图所示细杆对杆端 z 轴的回转半径为 $\rho_z=\dfrac{l}{\sqrt{3}}$,根据定义,$J_z=m\rho_z^2=\dfrac{1}{3}ml^2$,这表示将各部分质量看成集中在离 z 轴距离为 ρ_z 的 z' 处,于是,是否可以认为对 z' 轴的转动惯量为 $J_{z'}=0$。

11-3　图示刚体质量为 m,C 为质心,对 z 轴的转动惯量为 J_z,则 $J_{z'}=J_z+m(a+b)^2$,这一算式是否对?如不对,应如何计算?

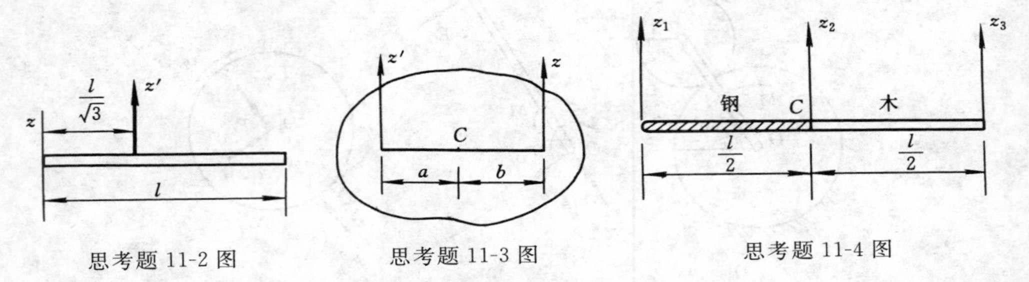

思考题 11-2 图　　思考题 11-3 图　　思考题 11-4 图

11-4　细杆由钢与木两段组成,两段质量分别为 m_1,m_2,且均为匀质的。试判断 $J_{z_1}=J_{z_2}+(m_1+m_2)\left(\dfrac{l}{2}\right)^2$ 是否成立。

11-5　物块 A 的重力为 P_A,物块 B 的重力为 P_B($P_A>P_B$),以质量不计的绳子连接两物块并套在半径为 r 的滑轮上,不计轴承摩擦,试问:

(1) 如不考虑滑轮的质量,滑轮两边的绳子拉力是否相等?

(2) 如考虑滑轮的质量,滑轮两边的绳子拉力是否相等?

(3) 如考虑滑轮的质量,设滑轮对 O 轴的转动惯量为 J,是否可根据定轴转动微分方程建立关系式:$J\alpha=P_Ar-P_Br$?为什么?

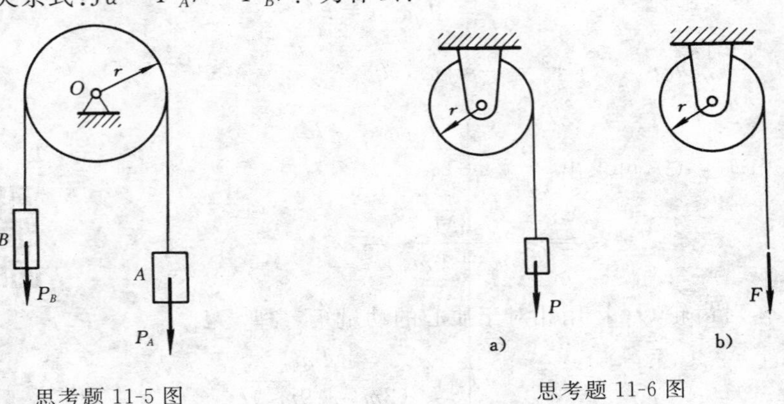

思考题 11-5 图　　思考题 11-6 图

11-6　两相同的匀质轮各绕以细绳。图 a) 绳的末端挂一重力为 P 的物块；图 b) 绳的末端作用一铅垂向下的力 F，设 $F=P$。试问两滑轮的角加速度 α 是否相同？为什么？

11-7　质量为 m 的匀质圆盘，平放在光滑水平面上。若受力情况分别如图所示，试问圆盘各作什么运动？

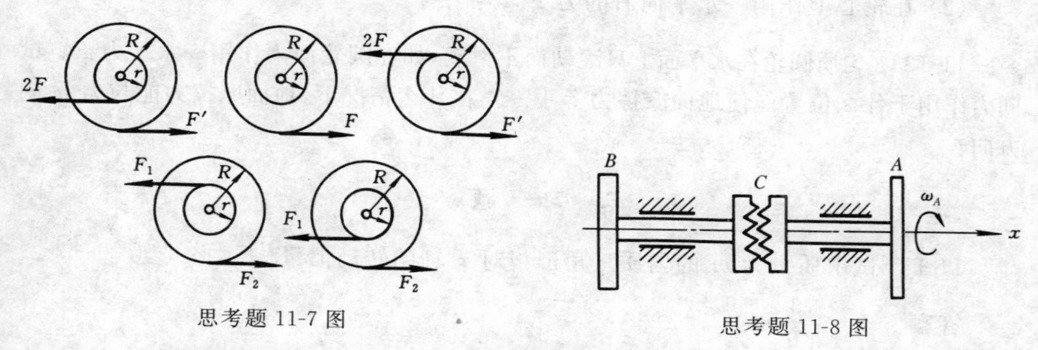

思考题 11-7 图　　思考题 11-8 图

11-8　转子 A 原来以角速度 ω_A 绕固定轴转动；转子 B 原来静止。现在离合器 C 将转子 A，B 突然连接在一起。已知转子 A，B 对转轴的转动惯量分别为 J_A，J_B，为什么两个转子连接在一起后的共同转动角速度比 ω_A 小？

11-9　图中匀质杆 OA 重力为 P_1，长为 l，圆盘 A 重力为 P_2，半径为 r。在图 a) 中，杆与圆盘固结，而在图 b) 中，杆与圆盘在点 A 铰接，图示瞬时，杆的角速度为 ω。试问：在计算系统对点 O 的动量矩时，这两种情况有什么不同？

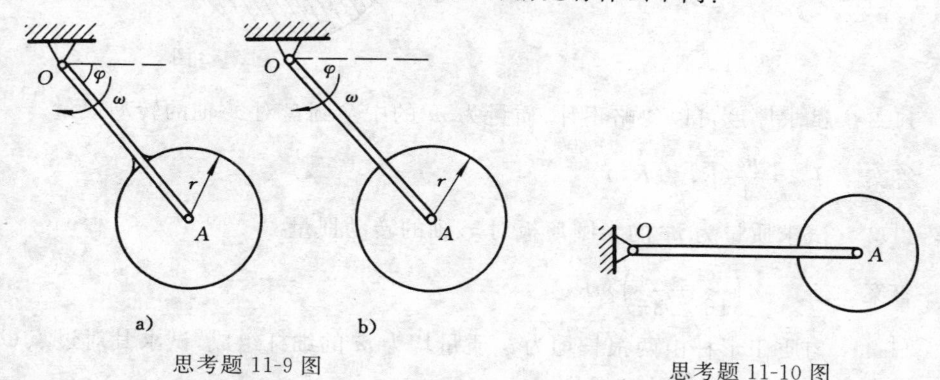

思考题 11-9 图　　思考题 11-10 图

11-10　在铅垂面内，杆 OA 可绕 O 轴自由转动，匀质圆盘可绕其质心轴 A 自由转动。如 OA 水平时系统为静止，试问自由释放后圆盘作什么运动？

11-11　绕 z 轴转动的匀质偏心轮重力为 P，偏心距为 e，半径为 R，某瞬时的角速度为 ω，求圆轮对 z 轴的动量矩。

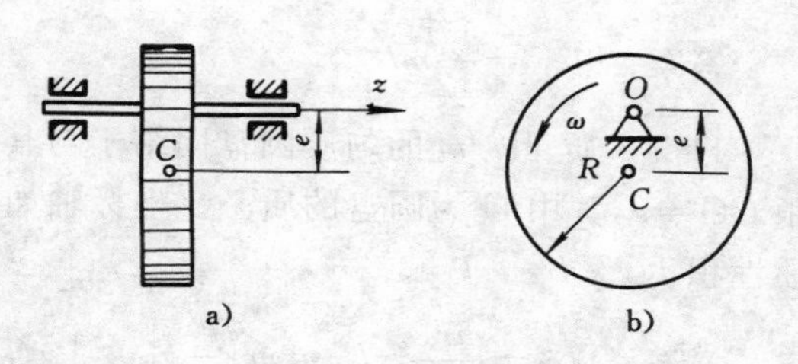

思考题 11-11 图

11-12　一半径为 R 的轮在水平

面上只滚动而不滑动。试问在下列两种情况下，轮心的加速度是否相等？接触面的摩擦力是否相同？

(1) 轮上作用一顺时针转向的力偶，其力偶矩为 M；

(2) 在轮心上作用一水平向右的力 F，$F=\dfrac{M}{R}$。

11-13　匀质圆轮在水平面上只滚动而不滑动，如在圆轮面内作用一水平力 F。试问力作用于什么位置能使地面摩擦力等于零？在什么情况下，地面摩擦力能与力 F 同方向？

习　题

11-1　试求质量为 m 的匀质三角形板对 x 轴的转动惯量。

答案　$J_x=\dfrac{1}{6}mh^2$。

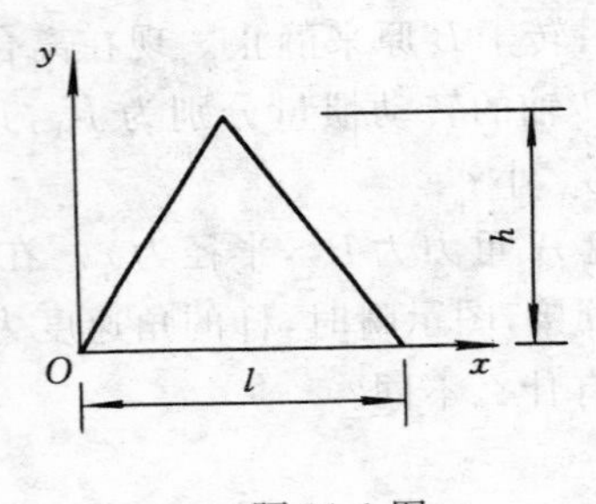

题 11-1 图

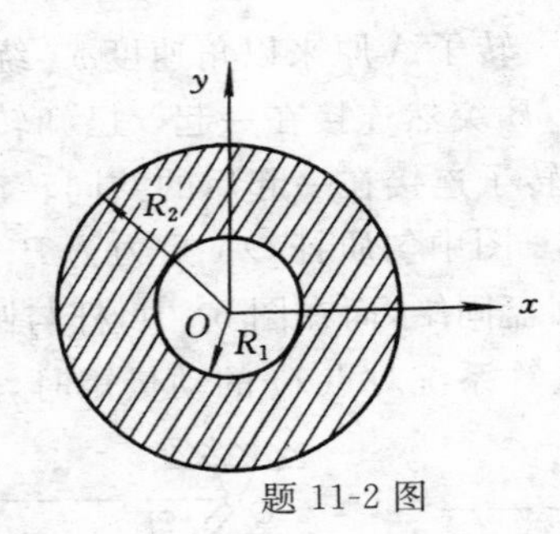

题 11-2 图

11-2　试求厚度可以忽略不计、质量为 m 的中空圆盘对 x 轴的转动惯量。

答案　$J_x=\dfrac{m}{4}(R_1^2+R_2^2)$。

11-3　试求质量为 m 的半圆薄板对 x 轴的转动惯量。

答案　$J_x=4\left(\dfrac{5}{16}-\dfrac{2}{3\pi}\right)mR^2$。

11-4　匀质 T 形杆由两根长均为 l、质量均为 m 的细杆组成，试求其对过点 O 并垂直于其平面的轴 Oz 的转动惯量。

答案　$J_{Oz}=\dfrac{17}{12}ml^2$。

11-5　质量为 m 的匀质圆盘固结于与其平面垂直的 z 轴。圆盘的半径为 r，偏心距 $OC=e$，其中 C 为圆盘的质心。坐标轴如图所示。试计算转动惯量 J_x，J_y，J_z 和惯性积 J_{xy}，J_{yz}，J_{zx}。

答案　$J_x=\dfrac{mr^2}{4}$，$J_y=m\left(\dfrac{r^2}{4}+e^2\right)$，$J_z=m\left(\dfrac{r^2}{4}+e^2\right)$，$J_{xy}=J_{yz}=J_{zx}=0$。

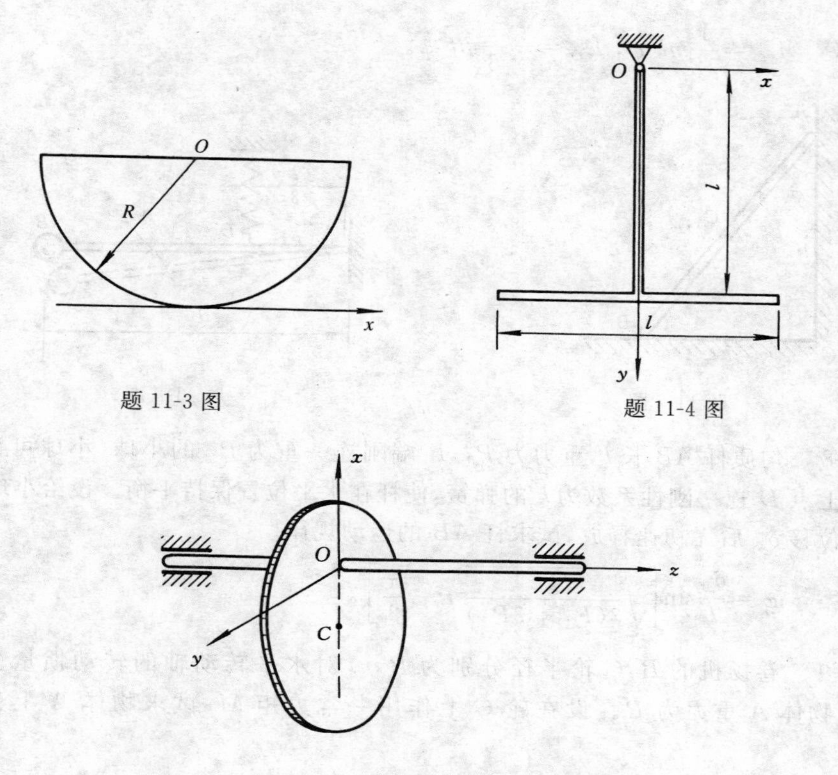

题 11-3 图

题 11-4 图

题 11-5 图

11-6　无重杆 OA 长 $l=400$ mm，以角速度 $\omega_O=4$ rad/s 绕 O 轴转动，质量 $m=25$ kg、半径 $R=200$ mm 的匀质圆盘以三种方式相对杆 OA 运动。试求圆盘对 O 轴的动量矩：(1) 图 a) 圆盘相对杆 OA 没有运动（即圆盘与杆固连）；(2) 图 b) 圆盘相对杆 OA 以逆时针方向 $\omega_r=\omega_O$ 转动；(3) 图 c) 圆盘相对杆 OA 以顺时针方向 $\omega_r=\omega_O$ 转动。

答案　(1) $L_O=18\ \mathrm{kg\cdot m^2/s}$；(2) $L_O=20\ \mathrm{kg\cdot m^2/s}$；

(3) $L_O=16\ \mathrm{kg\cdot m^2/s}$。

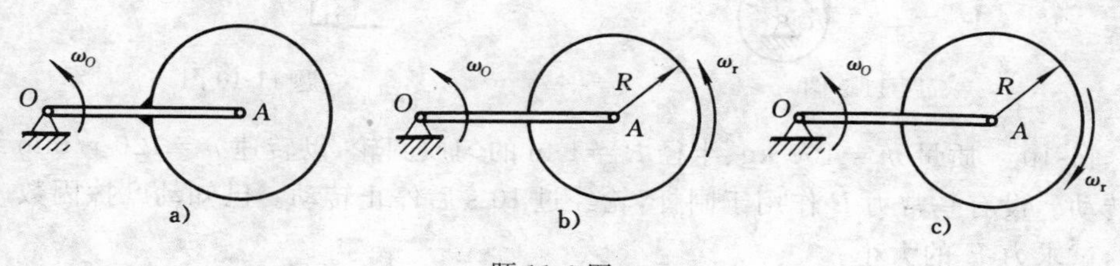

题 11-6 图

11-7　匀质直杆 AB 长为 l，质量为 m，A，B 两端分别沿水平和铅垂轨道滑动。试求该杆对质心 C 和对固定点 O 的动量矩 L_C 和 L_O（表示为 $\dot{\varphi}$ 的函数）。

答案　$L_C=\frac{1}{12}ml^2\dot{\varphi}$，$L_O=-\frac{1}{6}ml^2\dot{\varphi}$。

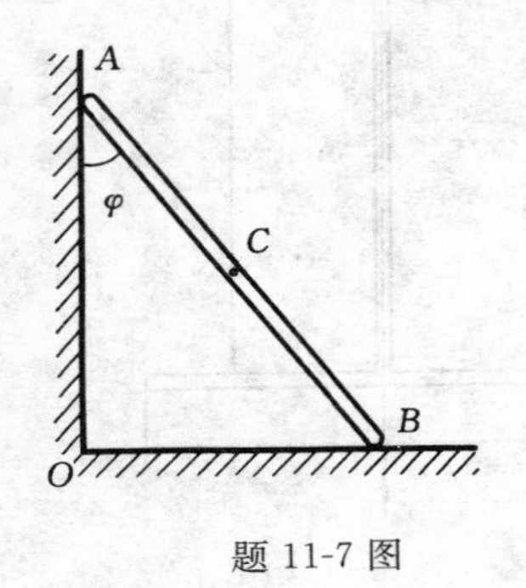

题 11-7 图

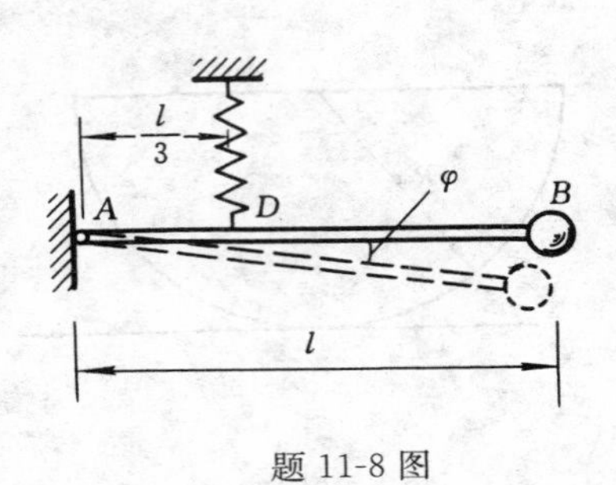

题 11-8 图

11-8　匀质杆 AB 长 l，重力为 P_1，B 端刚连一重为 P_2 的小球（小球可视为质点），杆上点 D 连一刚性系数为 k 的弹簧，使杆在水平位置保持平衡。设给小球 B 一微小初位移 δ_0 后无初速释放，试求杆 AB 的运动规律。

答案　$\varphi=\frac{\delta_0}{l}\sin\left[\sqrt{\frac{gk}{3(P_1+3P_2)}}\,t+\frac{\pi}{2}\right]$。

11-9　卷扬机的 B，C 轮半径分别为 R，r，对水平转动轴的转动惯量分别为 J_1，J_2，物体 A 重力为 P。设在轮 C 上作用一常力矩 M，试求物体 A 上升的加速度。

答案　$a=\frac{(M-Pr)R^2rg}{(J_1r^2+J_2R^2)g+PR^2r^2}$。

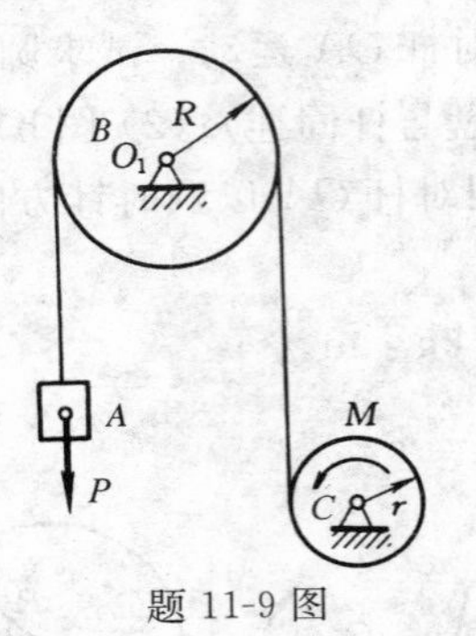

题 11-9 图

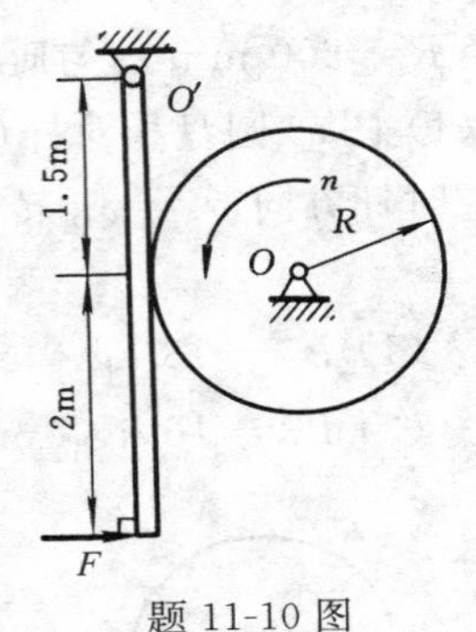

题 11-10 图

11-10　质量 $m=100$ kg、半径 $R=1$ m 的匀质圆轮，以转速 $n=120$ r/min 绕 O 轴转动。设有一常力 F 作用于闸杆，轮经过 10 s 后停止转动。已知动摩擦因数 $f_d=0.1$，试求力 F 的大小。

答案　$F=269.3$ N。

11-11　质量为 m 的小球 A，连在长为 l 的杆 AB 上，并放在盛有液体的容器内。杆以初角速度 ω 绕铅垂轴 O_1O_2 转动。液体的阻力为 $F=km\omega$，式中，k 为比例常数，

ω 为角速度。试求当角速度为初角速度一半时所经过的时间。

答案　$t=\frac{l}{k}\ln 2$。

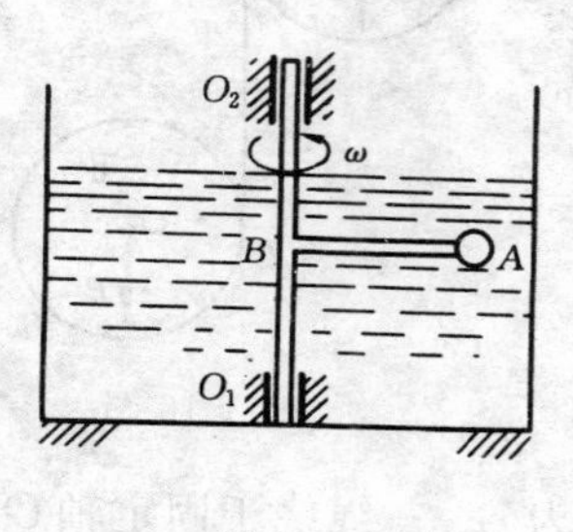

题 11-11 图

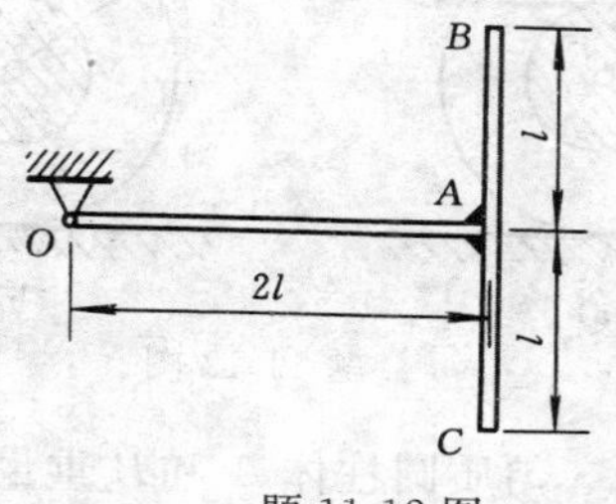

题 11-12 图

11-12　匀质细杆 OA，BC 的质量均为 $m=8\ \mathrm{kg}$，在点 A 处焊接，$l=0.25\ \mathrm{m}$。在图示瞬时位置，角速度 $\omega=4\ \mathrm{rad/s}$。试求在该瞬时支座 O 的约束力。

答案　$F_O=101.3\ \mathrm{N}$。

11-13　匀质直杆 AB 重力为 P，长为 l，在 A，B 处分别受铰链支座、绳索的约束。若绳索突然被切断，试求：(1) 在图示瞬时位置时，支座 A 的约束力；(2) 当杆 AB 转到铅垂位置时，支座 A 的约束力。

答案　(1) $F_{Ax}=0$，$F_{Ay}=\frac{1}{4}mg$；(2) $F_{Ax}=0$，$F_{Ay}=\frac{5}{2}mg$。

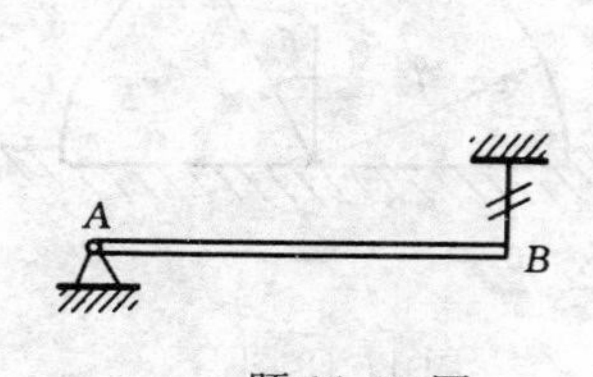

题 11-13 图

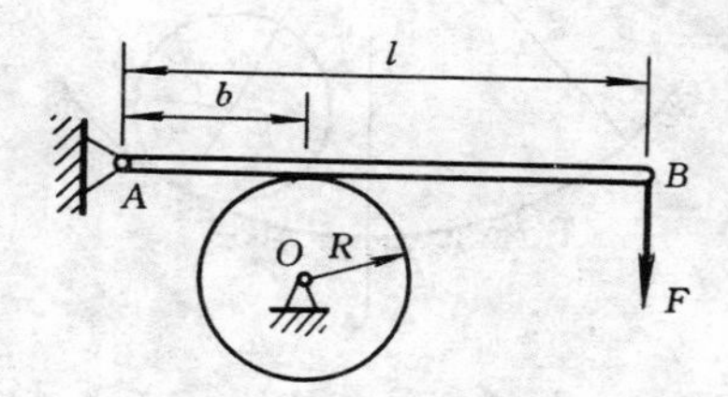

题 11-14 图

11-14　匀质圆盘半径为 R，质量为 m，原以角速度 ω 转动。今在闸杆 AB 的 B 端施加一铅垂力 F，以使圆盘停止转动，圆盘与杆之间的动摩擦因数为 f_d。已知尺寸 b，l，试求圆盘从制动到停止转过的圈数。

答案　$n=\frac{mbR\omega^2}{8\pi f_d lF}$。

11-15　匀质鼓轮由绕于其上的细绳拉动。已知轴的半径 $r=40\ \mathrm{mm}$，轮的半径 $R=80\ \mathrm{mm}$，轮重 $P=9.8\ \mathrm{N}$，对过轮心垂直于轮中心平面的轴的惯性半径 $\rho=60\ \mathrm{mm}$，拉力 $F=5\ \mathrm{N}$，轮与地面的动摩擦因数 $f_d=0.2$。试分别求图 a)，b) 两种情况下圆轮的角加速度及轮心的加速度。

答案　(a) $a_C=4.8\ \mathrm{m/s^2}$，$\alpha=60\ \mathrm{rad/s^2}$；(b) $a_C=0.96\ \mathrm{m/s^2}$，$\alpha=34.2\ \mathrm{rad/s^2}$。

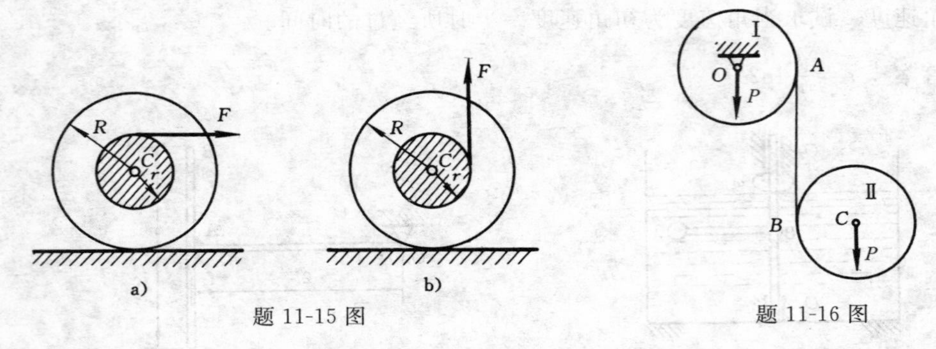

题 11-15 图　　　　题 11-16 图

11-16　匀质圆柱体 A 和 B 重量均为 P，半径均为 r。一绳绕于固定轴 O 转动的圆柱 A 上，绳的另一端绕在圆柱 B 上。试求 B 下落时质心 C 的加速度及 AB 段绳的拉力（摩擦不计）。

答案　$a=7.84\ \mathrm{m/s^2}$，$F_{\mathrm{T}}=16\ \mathrm{N}$。

11-17　图示半径为 r 的匀质圆轮，在半径为 R 的圆弧上只滚不滑。初瞬时 $\varphi=\varphi_0$（为一微小角度），而 $\dot{\varphi}_0=0$，求圆轮的运动规律。

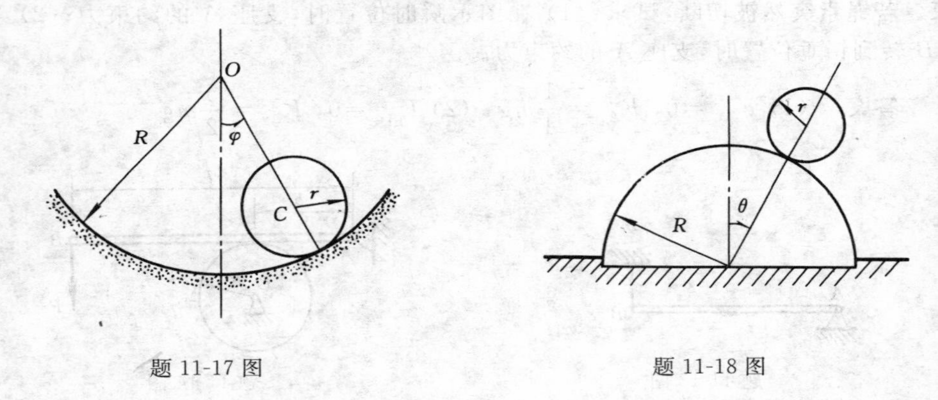

题 11-17 图　　　　题 11-18 图

答案　$\varphi=\varphi_0\sin\left[\sqrt{\dfrac{2g}{3(R-r)}}\,t+\dfrac{\pi}{2}\right]$。

11-18　图示半径为 r 的匀质圆轮，在半径为 R 的圆弧面上只滚不滑。初瞬时 $\theta=\theta_0$，而 $\dot{\theta}=0$。试求圆弧面作用于圆轮上的法向约束力（表示为 θ 的函数）。

答案　$F_{\mathrm{N}}=\dfrac{mg}{3}(7\cos\theta-4\cos\theta_0)$。

11-19　如图所示，质量为 $m=20\ \mathrm{kg}$、半径为 $r=25\ \mathrm{cm}$ 的匀质半圆球放置于水平面上。在其边缘上作用 $P=130\ \mathrm{N}$ 的铅垂力。已知 $OC=\dfrac{3}{8}r$，$J_C=\dfrac{83}{320}mr^2$，试问如果在作用的瞬时不发生滑动，接触处的摩擦因数至少应为多大？并求此时的角加速度。

答案　$f_{\min}=0.38,\alpha=40.0\ \text{rad/s}^2$。

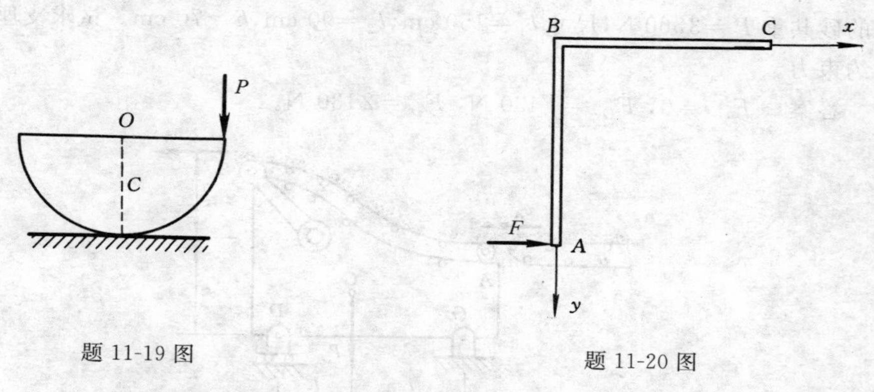

题 11-19 图　　　　题 11-20 图

11-20　长为 l、质量为 m 的匀质杆 AB 与 BC 在点 B 刚连成直角后放置于光滑水平面上，如图所示。试求在 A 端作用一与 AB 垂直的水平力 F 后点 A 的加速度。

答案　$a_{Ax}=\dfrac{47F}{20m}$，$a_{Ay}=\dfrac{9F}{20m}$。

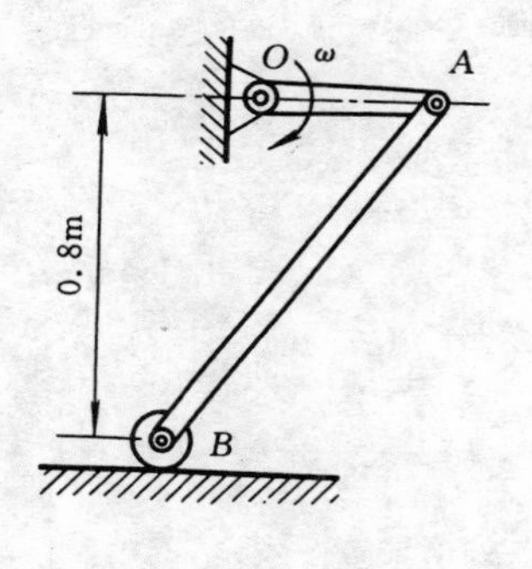

题 11-21 图

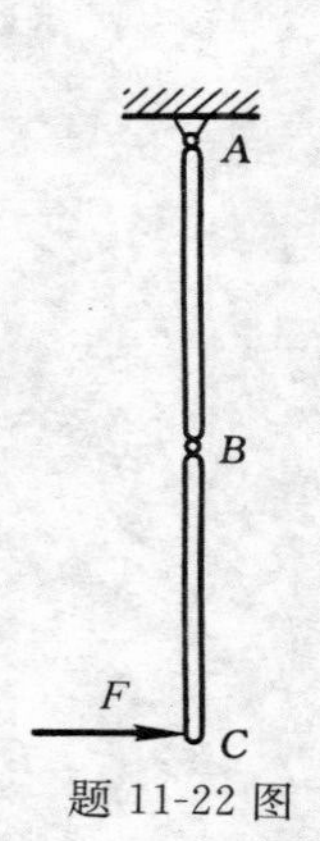

题 11-22 图

11-21　图示机构位于铅垂平面内，曲柄长 $OA=0.4$ m，角速度 $\omega=4.5$ rad/s（常数）。匀质杆 AB 长 $l=1$ m，质量 $m=10$ kg。在 A，B 端分别用铰链与曲柄、滚子 B 连接。如滚子 B 的质量不计，试求在图示瞬时位置时，地面对滚子的约束力。

答案　$F_{BN}=36.33$ N。

11-22　长为 l、重为 P 的匀质杆 AB 和 BC 用铰链 B 连接，并用铰链 A 固定，位于平衡位置如图所示。今在 C 端作用一水平力 F，试求此瞬时两杆的角加速度。

答案　$\alpha_{AB}=\dfrac{6Fg}{7Pl}$（顺时针），$\alpha_{BC}=\dfrac{30Fg}{7Pl}$（逆时针）。

11-23　$ABDO$ 为砂的传送系统的最后部分，如图所示。砂由点 A 处水平输入，

到点 B 处水平输出，输砂量为 $\dot{m}=81.5\ \mathrm{kg/s}$，且 $v_A=v_B=4\ \mathrm{m/s}$，最后部分和它所支承的砂共重 $P=3560\ \mathrm{N}$，尺寸 $l_1=150\ \mathrm{cm}$，$l_2=90\ \mathrm{cm}$，$h=70\ \mathrm{cm}$。试求支座 O，D 处的约束力。

答案　$F_{Ox}=0$，$F_{Oy}=1430\ \mathrm{N}$，$F_D=2130\ \mathrm{N}$。

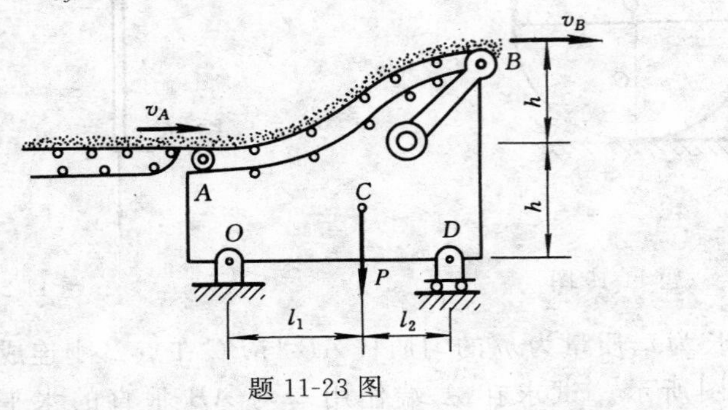

题 11-23 图

12 动能定理

能量是物理学中最基本的概念之一。物体的机械运动量可以有不同的度量方法，动量和动量矩是物体机械运动量的一种度量，动能则是机械运动量的另一种度量。

自然界物质运动的形式是多种多样的，各种形式的运动都有与其相对应的能量，例如机械能、电能、热能等。物体作机械运动时所具有的能，称为机械能，而动能是机械能的一部分。物体作机械运动时能量的变化，是用力的功来度量的。因此可以说，物体所具有的能量就是它所具有的做功的本领。功和能虽有密切的联系，但它们却是两个不同的概念：能是物质运动的度量，而功是能量变化的度量。利用功和能的关系来研究物体的机械运动，是理论力学最重要的方法之一。

12.1 力与力偶的功

设质点 M 的矢径为 $\boldsymbol{r}$，在力 $\boldsymbol{F}$ 的作用下有微小位移 $\mathrm{d}\boldsymbol{r}$（图 12-1），则力 $\boldsymbol{F}$ 对该质点所做的元功定义为

$$\mathrm{d}W = \boldsymbol{F} \cdot \mathrm{d}\boldsymbol{r}$$

当质点 M 在力 $\boldsymbol{F}$ 作用下沿空间轨迹从点 M_1 运动到点 M_2 时，则力 $\boldsymbol{F}$ 所做的总功为

$$W = \int_{M_1}^{M_2} \boldsymbol{F} \cdot \mathrm{d}\boldsymbol{r}$$

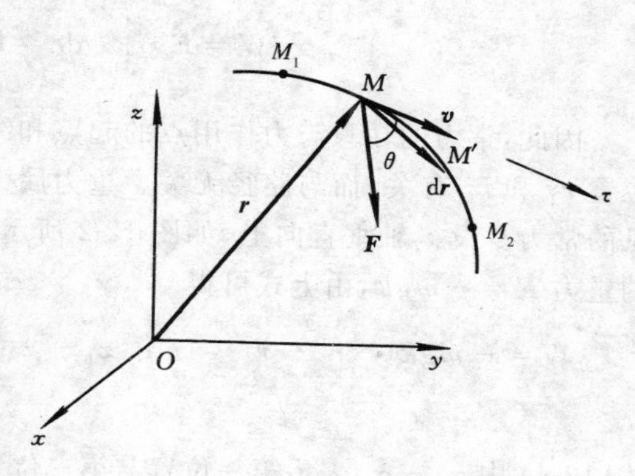

图 12-1　力的功

因为功是标量，它的值与坐标系的选择无关。因此在具体计算时，可以任意选用方便的坐标系。通常选用直角坐标系和自然坐标系。功的直角坐标系形式为

$$\begin{aligned} W &= \int_{M_1}^{M_2} \boldsymbol{F} \cdot \mathrm{d}\boldsymbol{r} = \int_{M_1}^{M_2} (F_x \boldsymbol{i} + F_y \boldsymbol{j} + F_z \boldsymbol{k}) \cdot (\mathrm{d}x \boldsymbol{i} + \mathrm{d}y \boldsymbol{j} + \mathrm{d}x \boldsymbol{k}) \\ &= \int_{M_1}^{M_2} (F_x \mathrm{d}x + F_y \mathrm{d}y + F_z \mathrm{d}z) = \int_{M_1}^{M_2} \mathrm{d}W \end{aligned} \tag{12-1}$$

当选定为自然坐标形式时，有

$$W=\int_{M_1}^{M_2}\boldsymbol{F}\cdot \mathrm{d}\boldsymbol{r}=\int_{M_1}^{M_2}F\mid \mathrm{d}\boldsymbol{r}\mid \cos\theta$$

当时间增量趋近于零时，$|\mathrm{d}\boldsymbol{r}|=\mathrm{d}s$，且沿点 M 的切线方向，故有

$$W=\int_{M_1}^{M_2}F\cos(\boldsymbol{F},\boldsymbol{v})\mathrm{d}s=\int_{M_1}^{M_2}F_\tau \mathrm{d}s \tag{12-2}$$

当质点受到 n 个力 $\boldsymbol{F}_1,\boldsymbol{F}_2,\cdots,\boldsymbol{F}_n$ 作用，而这 n 个力的合力为 $\boldsymbol{F}$，则质点在力 $\boldsymbol{F}$ 作用下由点 M_1 运动到点 M_2 时，合力 $\boldsymbol{F}$ 所做的功为

$$\begin{aligned}W&=\int_{M_1}^{M_2}\boldsymbol{F}\cdot \mathrm{d}\boldsymbol{r}=\int_{M_1}^{M_2}(\boldsymbol{F}_1+\boldsymbol{F}_2+\cdots+\boldsymbol{F}_n)\cdot \mathrm{d}\boldsymbol{r}\\&=\int_{M_1}^{M_2}\boldsymbol{F}_1\cdot \mathrm{d}\boldsymbol{r}+\int_{M_1}^{M_2}\boldsymbol{F}_2\cdot \mathrm{d}\boldsymbol{r}+\cdots+\int_{M_1}^{M_2}\boldsymbol{F}_n\cdot \mathrm{d}\boldsymbol{r}=W_1+W_2+\cdots+W_n=\sum W_i\end{aligned} \tag{12-3}$$

即合力在任一段路程中所做的功等于各分力在同一段路程中所做的功之和。

功的单位为焦耳，简称 J，$1\ \mathrm{J}=1\ \mathrm{N}\times 1\ \mathrm{m}=1\ \mathrm{N}\cdot\mathrm{m}=1\ \mathrm{kg}\cdot\mathrm{m}^2/\mathrm{s}^2$。

利用式(12-1) 可导出几种常见力的功的计算公式。

12.1.1 常力的功

若力 $\boldsymbol{F}$ 是常矢量，则从式(12-2) 可积分得到

$$W=\boldsymbol{F}\cdot\int_{M_1}^{M_2}\mathrm{d}\boldsymbol{r}=\boldsymbol{F}\cdot(\boldsymbol{r}_2-\boldsymbol{r}_1)$$

因此，常力的功只与力作用点的起点和终点的位置 $\boldsymbol{r}_1$ 和 $\boldsymbol{r}_2$ 有关，而与路径无关。重力属于最常见的常力。设 z 轴垂直向上，如图 12-2 所示，质点的重力 $\boldsymbol{F}=-mg\boldsymbol{k}$，由上式可得

$$W=-mg\boldsymbol{k}\cdot(\boldsymbol{r}_2-\boldsymbol{r}_1)=mg(z_1-z_2) \tag{12-4}$$

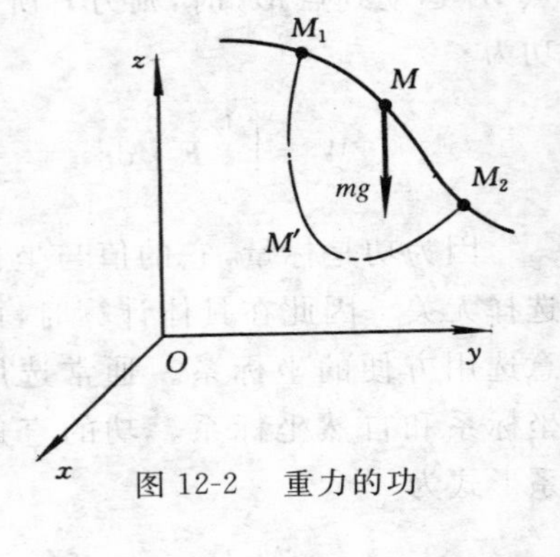

图 12-2 重力的功

式(12-4) 中 z_1-z_2 表示第一位置与第二位置的高度差，当 $z_1>z_2$(质点 M 由高处运动到低处) 时，重力做正功，反之，重力做负功。

式(12-4) 表示，重力的功等于质点的重力与其起始位置与终了位置的高度差的乘积，而与质点运动路径无关。即无论质点沿图中 M_1MM_2 路径还是沿 $M_1M'M_2$ 路径运动，重力功是相同的。

质点系所受重力的功，也可同样进行计算。当质点系从第一位置运动到第二位置时，其中任一质点 M_1 所受的重力 $m_i g$ 的功为 $m_i g(z_{i1}-z_{i2})$，而整个质点系所受的重力的功为

$$W=\sum m_i g(z_{i1}-z_{i2})=(\sum m_i g z_i)_1-(\sum m_i g z_i)_2$$

即

$$W=mg(z_{C1}-z_{C2}) \tag{12-5}$$

式(12-5)中的 m 为整个质点系的质量：$m=\sum m_i$。而 z_{C1} 与 z_{C2} 分别为质点系重心 C 的起始位置和终了位置的纵坐标。即质点系所受重力的功，等于质点系的重力与其重心的高度差之乘积。

12.1.2 内力的功

设任意运动的质点系内任意两个质点 A 和 B 之间的相互作用力为 $\boldsymbol{F}$ 和 $\boldsymbol{F}'$，微小位移分别为 $\mathrm{d}\boldsymbol{r}_A$ 和 $\mathrm{d}\boldsymbol{r}_B$，此二力的元功之和为

$$\mathrm{d}W=\boldsymbol{F}\cdot\mathrm{d}\boldsymbol{r}_A+\boldsymbol{F}'\cdot\mathrm{d}\boldsymbol{r}_B$$

图 12-3　内力的功

由于 $\boldsymbol{F}'=-\boldsymbol{F}$，因此

$$\begin{aligned}\mathrm{d}W&=\boldsymbol{F}'\cdot(\mathrm{d}\boldsymbol{r}_B-\mathrm{d}\boldsymbol{r}_A)\\&=\boldsymbol{F}'\cdot\mathrm{d}(\boldsymbol{r}_B-\boldsymbol{r}_A)=\boldsymbol{F}'\cdot\mathrm{d}\boldsymbol{r}_{AB}\end{aligned} \tag{12-6}$$

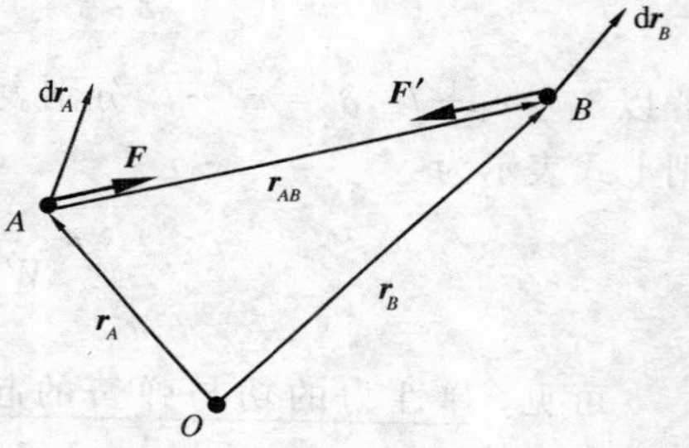

可以看出，质点系内力的功取决于质点之间的相对位移。最常见的内力有弹性力和万有引力。

1. 弹性力的功

设弹簧刚度为 k，原长为 l_0，作用于任意两个质点 A 和 B 之间。根据胡克定律，弹性力的大小为

$$F=k(r_{AB}-l_0)$$

力 $\boldsymbol{F}$ 沿 AB 的连线，以矢量表示为

$$\boldsymbol{F}=-k(r_{AB}-l_0)\frac{\boldsymbol{r}_{AB}}{r_{AB}}$$

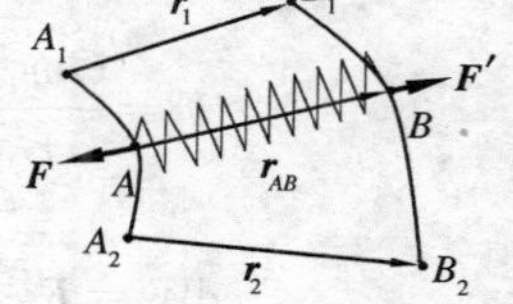

图 12-4　弹性力的功

上式中的负号表示当 $r_{AB}>l_0$ 时，弹性力 $\boldsymbol{F}$ 与 $\boldsymbol{r}_{AB}$ 的方向相反。而 $\dfrac{\boldsymbol{r}_{AB}}{r_{AB}}$ 为矢径的单位矢量，表示了 $\boldsymbol{F}$ 的方向。则弹性力 $\boldsymbol{F}$ 的元功为

$$\mathrm{d}W=\boldsymbol{F}\cdot\mathrm{d}\boldsymbol{r}_{AB}=-k(r_{AB}-l_0)\frac{\boldsymbol{r}_{AB}}{r_{AB}}\cdot\mathrm{d}\boldsymbol{r}_{AB}$$

$$= -k(r_{AB}-l_0)\frac{1}{r_{AB}}\mathrm{d}\left(\frac{\boldsymbol{r}_{AB}\cdot\boldsymbol{r}_{AB}}{2}\right)$$

$$= -k(r_{AB}-l_0)\frac{1}{r_{AB}}\mathrm{d}\left(\frac{r_{AB}^2}{2}\right) = -k(r_{AB}-l_0)\mathrm{d}r_{AB}$$

或

$$\mathrm{d}W = -\frac{k}{2}\mathrm{d}(r_{AB}-l_0)^2 \tag{12-7}$$

当两质点由位置 A_1,B_1 运动到位置 A_2,B_2 时，相对矢径由 $\boldsymbol{r}_1$ 运动到 $\boldsymbol{r}_2$，如图12-4 所示，弹性力的总功为

$$W = \int \mathrm{d}W = \int_{r_1}^{r_2} -\frac{k}{2}\mathrm{d}(r_{AB}-l_0)^2 = \frac{1}{2}k[(r_1-l_0)^2-(r_2-l_2)^2]$$

若以 $\delta_1 = r_1 - l_0$，$\delta_2 = r_2 - l_0$ 分别表示质点在第一位置和第二位置时弹簧的净变形，则上式表示为

$$W = \frac{k}{2}(\delta_1^2 - \delta_2^2) \tag{12-8}$$

可见，弹性力的功与弹簧的起始变形及终了变形有关，而与质点运动的路径无关。

2. 万有引力的功

质量分别为 m_1 和 m_2 的质点 A 和 B，在引力作用下，由位置 A_1,B_1 运动到位置 A_2,B_2，如图 12-5 所示。引力 $\boldsymbol{F}$ 服从牛顿万有引力定律，其大小为

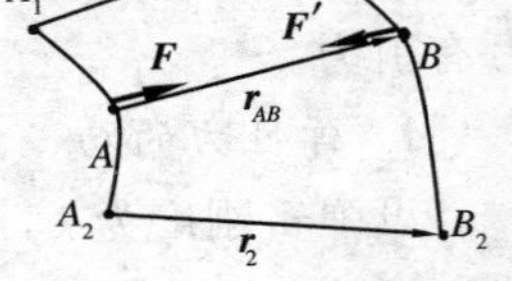

图 12-5 万有引力的功

$$F = \frac{Gm_1m_2}{r_{AB}^2}$$

其中，G 是引力常数。上式表示为矢量形式

$$\boldsymbol{F} = \frac{Gm_1m_2}{r_{AB}^2}\cdot\frac{\boldsymbol{r}_{AB}}{r_{AB}} = \frac{Gm_1m_2}{r_{AB}^3}\boldsymbol{r}_{AB}$$

$$\mathrm{d}W = \boldsymbol{F}'\cdot\mathrm{d}\boldsymbol{r}_{AB} = -\frac{Gm_1m_2}{r_{AB}^3}\boldsymbol{r}_{AB}\cdot\mathrm{d}\boldsymbol{r}_{AB}$$

$$= -\frac{Gm_1m_2}{r_{AB}^3}\mathrm{d}\left(\frac{\boldsymbol{r}_{AB}\cdot\boldsymbol{r}_{AB}}{2}\right) = -\frac{Gm_1m_2}{r_{AB}^2}\mathrm{d}r_{AB} = Gm_1m_2\mathrm{d}\left(\frac{1}{r_{AB}}\right)$$

于是，万有引力的功为 $W = \int \mathrm{d}W = \int_{r_1}^{r_2} Gm_1m_2\mathrm{d}\left(\frac{1}{r_{AB}}\right)$

即

$$W = Gm_1m_2\left(\frac{1}{r_2}-\frac{1}{r_1}\right) \tag{12-9}$$

与弹性力的功相似，万有引力的功也只与质点的起始位置及终了位置有关，而与质点的运动路径无关。

3. 内力对刚体的功

刚体是各质点之间的距离保持不变的特殊质点系，由于任意两点之间的距离始终保持不变，因此，$|\mathrm{d}\boldsymbol{r}_{AB}|=0$，所以

$$\mathrm{d}W=0$$

从而得出：刚体作任意运动时，其内力的总功等于零。

12.1.3 外力对刚体的功

对于作任意运动的刚体，设刚体上有外力系 $\boldsymbol{F}_i(i=1,2,\cdots,n)$ 作用(图 12-6)，其上任意一点 O' 的速度和转动角速度分别为 $\boldsymbol{v}_{O'}$ 和 $\boldsymbol{\omega}$。则刚体内任意一质点 m_i 的速度有

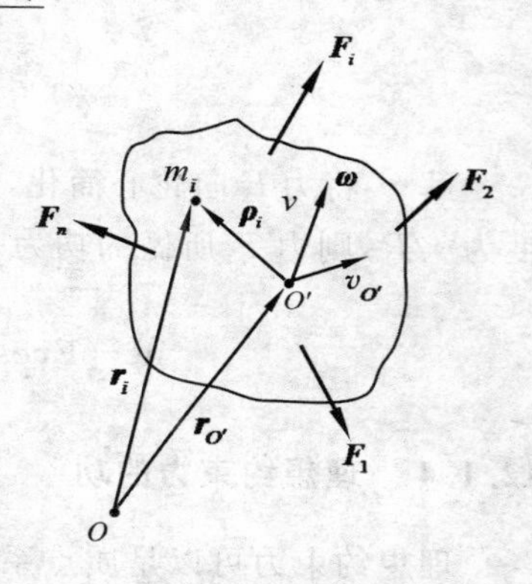

图 12-6 外力对刚体的功

$$\dot{\boldsymbol{r}}_i=\boldsymbol{v}_i=\boldsymbol{v}_{O'}+\boldsymbol{\omega}\times\boldsymbol{\rho}_i$$

其中，$\boldsymbol{r}_i$ 和 $\boldsymbol{\rho}_i$ 为质点 m_i 相对于静点 O 和点 O' 的矢径。将上式各项乘以 $\mathrm{d}t$，令 $\mathrm{d}\boldsymbol{r}_i=\dot{\boldsymbol{r}}_i\mathrm{d}t$ 为质点 m_i 的无限小位移，$\mathrm{d}\boldsymbol{r}_{O'}=\boldsymbol{v}_{O'}\mathrm{d}t$ 为点 O' 的无限小位移，并定义矢量 $\mathrm{d}\boldsymbol{\theta}=\boldsymbol{\omega}\mathrm{d}t$ 为刚体的瞬时角位移矢量，其大小等于刚体在无限小时间间隔 $\mathrm{d}t$ 内绕转动瞬时轴转过的角度，方向沿转动轴，于是得到

$$\mathrm{d}\boldsymbol{r}_i=\mathrm{d}\boldsymbol{r}_{O'}+\mathrm{d}\boldsymbol{\theta}\times\boldsymbol{\rho}_i$$

外力对刚体所做的元功为

$$\mathrm{d}W=\sum_{i=1}^{n}\boldsymbol{F}_i\cdot(\mathrm{d}\boldsymbol{r}_{O'}+\mathrm{d}\boldsymbol{\theta}\times\boldsymbol{\rho}_i)=\sum_{i=1}^{n}\boldsymbol{F}_i\cdot\mathrm{d}\boldsymbol{r}_{O'}+\sum_{i=1}^{n}(\boldsymbol{\rho}_i\times\boldsymbol{F}_i)\cdot\mathrm{d}\boldsymbol{\theta}$$

令 $\boldsymbol{F}=\sum_{i=1}^{n}\boldsymbol{F}_i$，$\boldsymbol{M}_{O'}=\sum_{i=1}^{n}\boldsymbol{\rho}_i\times\boldsymbol{F}_i$ 即为力系向点 O' 简化得到的等效力矢和附加力偶矩矢，于是得到

$$\mathrm{d}W=\boldsymbol{F}\cdot\mathrm{d}\boldsymbol{r}_{O'}+\boldsymbol{M}_{O'}\cdot\mathrm{d}\boldsymbol{\theta}\tag{12-10}$$

即作用于刚体的外力的元功等于外力的主矢与任一点 O' 瞬时位移的点积及外力对点 O' 的主矩与瞬时角位移的点积之和。当点 O' 为刚体的质心时，有

$$\mathrm{d}W=\boldsymbol{F}\cdot\mathrm{d}\boldsymbol{r}_C+\boldsymbol{M}_C\cdot\mathrm{d}\boldsymbol{\theta}$$

例 12-1 鼓轮重 P，半径为 R，轮轴上绕有软绳，轮轴半径为 r，绳上作用有常值力 F，如图 12-7a) 所示，试求轮心 O 运动距离 s 时，力 F 所做的功。

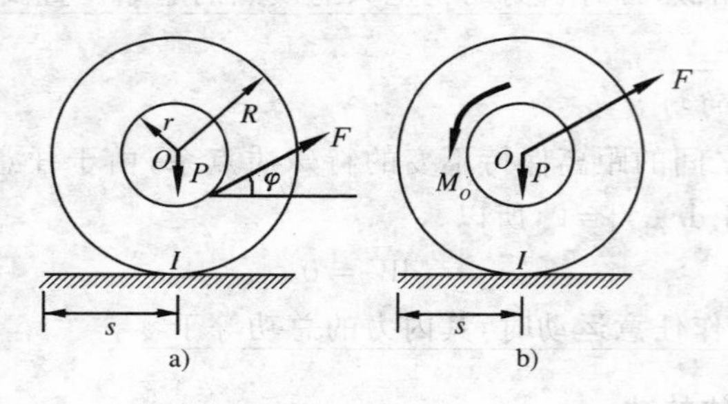

图 12-7　例 12-1 图

解　将力 F 向轮心简化，产生附加力偶 $M_O=Fr$，如图 12-7b）所示，轮转过的角度为 s/R，则力 F 所做的功为

$$W=F\cos\varphi\cdot s-M_O\frac{s}{R}=Fs\left(\cos\varphi-\frac{r}{R}\right)$$

12.1.4　理想约束力的功

理想约束力可以是质点系的外力，也可以是内力。对于定常的理想约束，例如，固定的理想光滑面约束，以及一端固定的柔索或二力杆约束，作为外力的约束力始终与被约束质点的位移垂直，因此，它们的功必等于零。当系统内两个刚体相互接触且接触处理想光滑时，作为内力的约束力也始终与接触点处分属两个刚体的质点间的相对位移垂直，所做功之和也等于零。可以归纳为质点系的定常理想约束在运动过程中所做的外力功和内力功之和等于零。

12.1.5　摩擦力的功

当两物体沿接触面有相对滑动时，摩擦力是做功的。一般情况下摩擦力方向与其作用点的运动方向相反，所以摩擦力做负功，其大小等于摩擦力与滑动距离的乘积。如果摩擦力作用点没有位移，尽管有静滑动摩擦力存在，但静滑动摩擦力不做功（例如轮子在地面上只滚不滑的情形）。

例 12-2　重力 $P=9.8$ N 的物块放在光滑的水平槽内。一端与一刚性系数 $k=0.5$ N/cm 的弹簧连接，同时被一绕过定滑轮 C 的绳子拉住（图 12-8a））。绳的一端以 $F_{T0}=20$ N 的拉力牵住。物块在位置 A 时，弹簧具有拉力 2.5 N。当物块从位置 A 平移到位置 B 时，试计算作用于物块上的所有力的功之和。

解　取物块为研究对象。在任一瞬时，物块在离点 A 距离 x 处，其受力图如图 12-8b）所示。由该图可知，物块受到的作用力有：重力 P、水平槽的法向约束力 F_N、弹性力 F 及绳子拉力 F_T（$F_T=F_{T0}$）。由于力 P 及 F_N 均与物块的运动方向垂直，所以不做功。

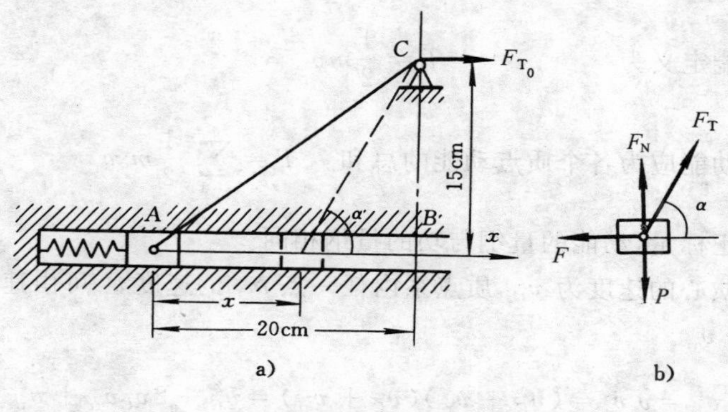

图 12-8　例 12-2 图

设以 δ_1，δ_2 分别表示物块在位置 A，B 时弹簧的变形，则有

$$\delta_1 = \frac{2.5}{0.5} = 5 \text{ cm}, \quad \delta_2 = 5 + 20 = 25 \text{ cm}$$

于是由式(12-7)，弹性力 F 在该路程中的功为

$$W_F = \frac{k}{2}(\delta_1^2 - \delta_2^2) = \frac{1}{2} \times 0.5 \times (5^2 - 25^2) = -150 \text{ N} \cdot \text{cm}$$

由图 12-6a) 可知，拉力 F_T 与 x 轴的夹角余弦为

$$\cos\alpha = \frac{20 - x}{\sqrt{(20 - x)^2 + 15^2}}$$

由式(12-2)，拉力 F_T 在该路程中的功为

$$W_{F_T} = \int_0^{20} F_T \cos\alpha \, dx = \int_0^{20} 20 \times \frac{20 - x}{\sqrt{(20 - x)^2 + 15^2}} dx$$

$$= 20\left[-\sqrt{(20 - x)^2 + 15^2}\right]\Big|_0^{20} = 200 \text{ N} \cdot \text{cm}$$

因此，由式(12-3) 可知，物块从位置 A 平移到位置 B 时，作用于物块上的所有力的功之和为

$$W = \sum W_i = W_F + W_{F_T} = -150 + 200 = 50 \text{ N} \cdot \text{cm}$$

12.2　动　能

动能是从运动的角度描述物体机械能的一种形式，也是物体做功能力的一种

度量。

质点的动能定义为 $$T=\frac{1}{2}mv^2 \tag{12-11}$$

质点系的动能应为各个质点动能的总和 $$T=\sum_{i=1}^{n}\frac{1}{2}m_iv_i^2 \tag{12-12}$$

动能恒为正标量，动能的量纲与功的量纲相同。

设质点系质心的速度为 $\boldsymbol{v}_C$，质点系内任一点 m_i 的速度 $\boldsymbol{v}_i$ 可由速度合成定理表示为 $\boldsymbol{v}_i=\boldsymbol{v}_C+\boldsymbol{v}_{ri}$。

于是 $$v_i^2=\boldsymbol{v}_i\boldsymbol{v}_i=(\boldsymbol{v}_C+\boldsymbol{v}_{ri})(\boldsymbol{v}_C+\boldsymbol{v}_{ri})=v_C^2+2\boldsymbol{v}_C\boldsymbol{v}_{ri}+v_{ri}^2$$

将上式代入式(12-11)，得质点系的动能为

$$\begin{aligned}T&=\sum\frac{1}{2}m_iv_i^2\\&=\frac{1}{2}\sum m_iv_C^2+\frac{1}{2}\sum m_iv_{ri}^2+\sum m_i\boldsymbol{v}_C\boldsymbol{v}_{ri}\\&=\frac{1}{2}mv_C^2+\frac{1}{2}\sum m_iv_{ri}^2+\boldsymbol{v}_C\sum m_i\boldsymbol{v}_{ri}\end{aligned} \tag{①}$$

根据质点系动量的表示式 $m\boldsymbol{v}_C=\sum m_i\boldsymbol{v}_i$，式 ① 第三项又可表示为

$$\boldsymbol{v}_C\sum m_i\boldsymbol{v}_{ri}=\boldsymbol{v}_Cm\boldsymbol{v}_{rC}=0$$

这是因为质心相对于其本身的速度 $\boldsymbol{v}_{rC}$ 恒等于零。

于是，式 ① 表示为

$$T=\frac{1}{2}mv_C^2+\frac{1}{2}\sum m_iv_{ri}^2 \tag{12-13}$$

式(12-13)右边第一项是质点系随质心平移的动能；第二项则是质点系相对于其质心运动的动能。于是，质点系的动能等于随同其质心平动的动能与相对其质心运动的动能之和。这一关系称为柯尼希定理。

对于刚体，可推导出更为简便实用的动能计算公式。

12.2.1 平移刚体的动能

刚体平移时，在同一瞬时，刚体上各点的速度都相等，所以平移刚体的动能为

$$T=\sum\frac{1}{2}m_iv_i^2=\sum\frac{1}{2}m_iv^2=\frac{1}{2}mv^2 \tag{12-14}$$

12.2.2　定轴转动刚体的动能

设刚体绕 z 轴转动,角速度为 ω,与 z 轴相距 ρ_i、质量为 m_i 的质点的速度为 $v_i = \rho_i\omega$,则刚体的动能为

$$T = \sum \frac{1}{2}m_i v_i^2 = \frac{1}{2}(\sum m_i \rho_i^2)\omega^2 = \frac{1}{2}J_z\omega^2 \tag{12-15}$$

12.2.3　平面运动刚体的动能

刚体的平面运动可以看作随同质心的平移和绕质心的转动的合成。所以,可运用柯尼希定理求其动能。设某瞬时刚体的质心速度为 v_C,刚体的角速度为 ω,结合公式(12-14)、式(12-15),即得作平面运动刚体的动能为

$$T = \frac{1}{2}mv_C^2 + \frac{1}{2}J_C\omega^2 \tag{12-16}$$

式中,J_C 是刚体对通过质心 C 而垂直于运动平面的轴的转动惯量。

若平面运动刚体的瞬心为点 I,根据转动惯量的平行移轴定理,刚体的动能还可表示为

$$T = \frac{1}{2}J_I\omega^2 \tag{12-17}$$

式中,J_I 是刚体对通过瞬心 I 而垂直于运动平面的轴的转动惯量。

如果某个系统包含若干个刚体,而每个刚体又各按不同的形式运动,则计算该系统的动能时,可先按各个刚体的运动形式分别算出其动能,然后把它们相加起来,所得的总和就是该系统的动能。

例 12-3　如图 12-9a) 所示,匀质杆 AB 长 l,质量为 m_1,两端分别与光滑铅垂槽内的滑块 B 和水平轨道上的匀质圆柱的质心 A 铰接,滑块 B 的质量也为 m_1,圆柱 A 的质量为 m_2,半径为 R。在运动过程中,$\theta = \theta(t)$,试写出任意瞬时系统的动能。

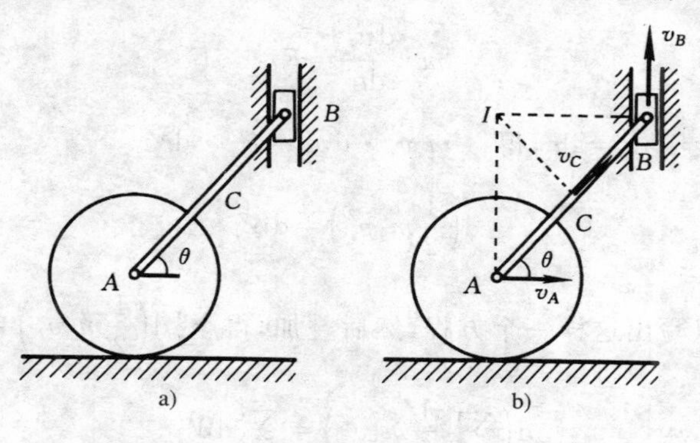

图 12-9　例 12-3 图

解 系统的自由度为1，取广义坐标为θ，运动分析如图12-9b）所示，点I为AB杆的瞬心，则

$$v_A = l\dot{\theta}\sin\theta, \quad v_C = \frac{l}{2}\dot{\theta}, \quad v_B = l\dot{\theta}\cos\theta$$

这样，系统的动能就可以写成广义坐标θ和广义坐标一阶导数$\dot{\theta}$的函数。

AB杆的动能

$$T_{AB} = \frac{1}{2}m_1 v_C^2 + \frac{1}{2}J_C\dot{\theta}^2 = \frac{1}{2}m_1\left(\frac{l}{2}\dot{\theta}\right)^2 + \frac{1}{2}\cdot\frac{m_1 l^2}{12}\dot{\theta}^2 = \frac{1}{6}m_1 l^2\dot{\theta}^2$$

滑块B的动能

$$T_B = \frac{1}{2}m_1 v_B^2 = \frac{1}{2}m_1(l\dot{\theta}\cos\theta)^2 = \frac{1}{2}m_1 l^2\dot{\theta}^2\cos^2\theta$$

圆柱A的动能

$$T_A = \frac{1}{2}m_2 v_A^2 + \frac{1}{2}J_A\omega_A^2$$

$$= \frac{1}{2}m_2(l\dot{\theta}\sin\theta)^2 + \frac{1}{2}\left(\frac{1}{2}m_2 R^2\right)\left(\frac{v_A}{R}\right)^2 = \frac{3}{4}m_2 l^2\dot{\theta}^2\sin^2\theta$$

系统总的动能

$$T = T_{AB} + T_B + T_A = \frac{1}{6}m_1 l^2\dot{\theta}^2(1 + 3\cos^2\theta) + \frac{3}{4}m_2 l^2\dot{\theta}^2\sin^2\theta$$

12.3 质点系动能定理

设质点系中第i个质点的质量为m_i，速度为$\boldsymbol{v}_i$，作用于该质点的力为$\boldsymbol{F}_i$，由质点的动力学基本方程得

$$m_i\frac{\mathrm{d}\boldsymbol{v}_i}{\mathrm{d}t} = \boldsymbol{F}_i$$

上式两边分别点乘$\boldsymbol{v}_i\mathrm{d}t = \mathrm{d}\boldsymbol{r}$，得 $m_i\boldsymbol{v}_i\cdot\mathrm{d}\boldsymbol{v}_i = \boldsymbol{F}_i\cdot\mathrm{d}\boldsymbol{r}$

即
$$\mathrm{d}\left(\frac{1}{2}m_i v_i^2\right) = \mathrm{d}W_i$$

每一个质点都可以写出这样一个方程，然后叠加，得$\sum\mathrm{d}\left(\frac{1}{2}m_i v_i^2\right) = \sum\mathrm{d}W_i$

或者表示为
$$\mathrm{d}\left(\sum\frac{1}{2}m_i v_i^2\right) = \sum\mathrm{d}W_i$$

式中，$\sum \frac{1}{2}m_i v_i^2$ 为整个质点系的动能 T。于是

$$dT = \sum dW_i \tag{12-18}$$

式(12-18)为质点系动能定理的微分形式。它表明：质点系动能的微分等于作用于质点系的力的元功之和。

将式(12-18)两边积分，积分的上、下限分别对应于质点系的第二、第一位置，得

$$T_2 - T_1 = \sum W_i \tag{12-19}$$

即当质点系从第一位置运动到第二位置时，质点系动能的改变等于作用于质点系的所有力所做功的总和。这是质点系动能定理的积分形式，即通常所说的动能定理。

质点系的内力虽然是成对出现的，但它们的功之和一般并不等于零。例如，内燃机汽缸中汽体压力推动活塞做功，属内力功，而正是这内力功使机器不断运行；汽车刹车时闸块对轮子作用的摩擦力也是内力，正是这内力使汽车减速乃至停车。但是对刚体而言，由于刚体内任意两点间的距离始终保持不变，所以刚体内各质点相互作用的内力功之和恒等于零。

如将作用于质点系的力分为主动力与约束力，则式(12-19)中的 $\sum W_i$ 应包括所有主动力和约束力的功。但对于如光滑接触、光滑铰支座、固定端、刚化了的柔体约束、光滑铰链、二力杆等，这些约束的作用力是不做功的。我们将约束力做功等于零的约束称为理想约束。这样，对于具有理想约束的刚体系统，质点系的动能定理为

$$T_2 - T_1 = \sum W_i \tag{12-20}$$

即具有理想约束的刚体系统动能的变化，等于作用于系统上所有主动力的功之和。

例 12-4　在图 12-10a) 所示系统中，物块 M 和滑轮 A，B 的重力均为 P，滑轮可视为匀质圆盘，弹簧的刚度系数为 k，不计轴承摩擦，绳与轮之间无滑动。当物块 M 离地面的距离为 h 时，系统平衡。若给物块 M 以向下的初速度 $\boldsymbol{v}_0$，使其恰能到达地面，试求物块 M 的初速度 v_0。

解　对于整体自由度为 1，当系统处于平衡时，弹簧具有静变形 δ_{st}。并由物块 M 的受力图 12-10c) 所示，知 $F'_T = P$，因此由图 12-10b) 可得

$$P + F_0 = 2F_T = 2P$$

所以

$$F_0 = P$$

即

$$\delta_{st} = \frac{F_0}{k} = \frac{P}{k}$$

由动能定理

$$T_2 - T_1 = \sum W_i$$

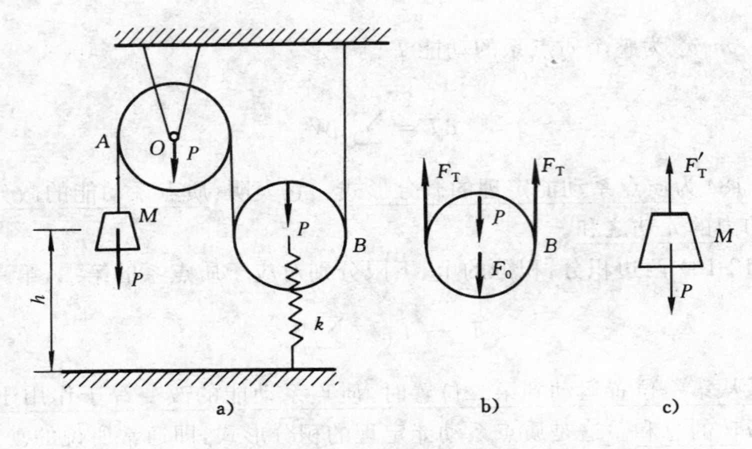

图 12-10 例 12-4 图

因不计柔体的弹性，所以系统所有内力的功之和为零。而外力功有重物 M、轮 B 的重力 P 和弹性力所做的功。取初瞬时为 t_1，物块恰能到达地面的时刻为 t_2，则 $T_2=0$，所以

$$0-\left[\frac{P}{2g}v_0^2+\frac{1}{2}\left(\frac{1}{2}\cdot\frac{P}{g}r_A^2\right)\omega_A^2+\frac{1}{2}\cdot\frac{P}{g}\left(\frac{v_0}{2}\right)^2+\frac{1}{2}\left(\frac{1}{2}\cdot\frac{P}{g}r_B^2\right)\omega_B^2\right]$$

$$=Ph-P\frac{h}{2}+\frac{k}{2}\left[\delta_{st}^2-\left(\delta_{st}+\frac{h}{2}\right)^2\right]$$

则

$$-\left(\frac{P}{2g}v_0^2+\frac{P}{4g}v_0^2+\frac{P}{8g}v_0^2+\frac{P}{16g}v_0^2\right)$$

$$=P\frac{h}{2}+\frac{k}{2}\delta_{st}^2-\frac{k}{2}\left(\delta_{st}^2+\frac{h^2}{4}+\delta_{st}h\right)-\frac{15P}{16g}v_0^2$$

$$=P\frac{h}{2}-\frac{k}{8}h^2-\frac{k}{2}\delta_{st}h=-\frac{k}{8}h^2$$

$$v_0=h\sqrt{\frac{2kg}{15P}}$$

例 12-5 匀质圆柱重力为 P，半径为 R，在重力作用下沿粗糙斜面作纯滚动。滚阻摩擦系数为 δ，斜面与水平面的倾角为 α（图 12-11a)）。圆柱开始时静止。试求圆柱中心 C 沿斜面运动任意一段距离 s 时的加速度。

解 系统自由度为 1，把圆柱的静止位置和圆柱中心 C 沿斜面运动任意一段距离 s 时的位置作为质点系运动过程的两个位置。圆柱作平面运动，受力和运动分析如图 12-11b) 所示，其动能为

$$T_1=0,\quad T_2=\frac{1}{2}\cdot\frac{P}{g}v_C^2+\frac{1}{2}J_C\omega^2=\frac{1}{2}\cdot\frac{P}{g}v_C^2+\frac{1}{4}\cdot\frac{P}{g}R^2\omega^2$$

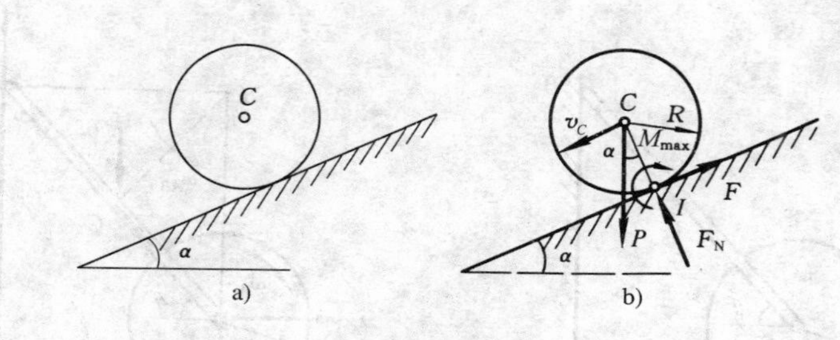

图 12-11　例 12-5 图

因圆柱作纯滚动，由运动学知，点 I 为运动瞬心，所以 $v_C = R\omega$。这样

$$T_2 = \frac{P}{2g}v_C^2 + \frac{P}{4g}v_C^2 = \frac{3P}{4g}v_C^2$$

在圆柱运动过程中，作用于其上的主动力为圆柱的重力 P、法向约束力 F_N、摩擦力 F 和矩为 $M_{max} = \delta F_N$ 的滚动摩阻力偶。因 F_N 和 F 的作用点 I 的速度为零，即该点没有位移，所以这两个力的功均等于零。做功的只有重力 P 和滚动摩阻力偶 M_{max}。所以作用于圆柱上所有主动力的功之和为

$$\sum W_i = Ps\sin\alpha - P\delta\cos\alpha\ \frac{s}{R} = Ps\left(\sin\alpha - \frac{\delta}{R}\cos\alpha\right)$$

由质点系的动能定理，得

$$\frac{3P}{4g}v_C^2 = Ps\left(\sin\alpha - \frac{\delta}{R}\cos\alpha\right)$$

或

$$\frac{3}{4}v_C^2 = gs\left(\sin\alpha - \frac{\delta}{R}\cos\alpha\right)$$

两边对时间 t 求导，并注意 $\frac{\mathrm{d}s}{\mathrm{d}t} = v_C$，得

$$\frac{3}{2}v_C\ \frac{\mathrm{d}v_C}{\mathrm{d}t} = g\ \frac{\mathrm{d}s}{\mathrm{d}t}\left(\sin\alpha - \frac{\delta}{R}\cos\alpha\right)$$

由此得加速度

$$a = \frac{\mathrm{d}v_C}{\mathrm{d}t} = \frac{2}{3}g\left(\sin\alpha - \frac{\delta}{R}\cos\alpha\right)$$

例 12-6　匀质杆 AB 长 l，质量为 m_1，上端 B 靠在光滑墙上，下端 A 铰接于匀质轮轮心 A，轮 A 质量为 m_2，半径为 R，在粗糙的水平面上作纯滚动，如图 12-12a）所示。当杆 AB 与水平线的夹角 $\theta = 45°$ 时，该系统由静止开始运动，试求此瞬时轮心 A 的加速度。

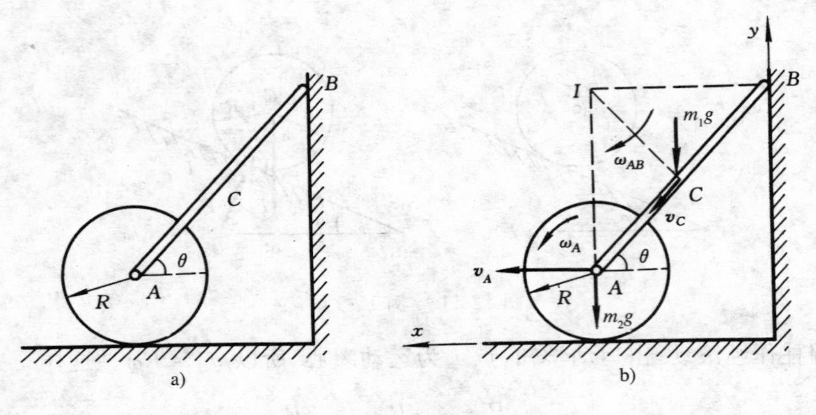

图 12-12　例 12-6 图

解　系统自由度为 1,以整个系统为研究对象,杆与匀质轮作平面运动,受力和运动分析如图 12-12b) 所示。本题求 $\theta=45°$ 时系统启动瞬时的加速度,宜用动能定理的微分形式

$$\mathrm{d}T=\mathrm{d}W$$

系统动能

$$T=\frac{1}{2}m_1v_C^2+\frac{1}{2}J_C\omega_{AB}^2+\frac{1}{2}m_2v_A^2+\frac{1}{2}J_A\omega_A^2 \quad ①$$

其中

$$v_C=\frac{l}{2}\omega_{AB},\quad v_A=l\sin\theta\,\omega_{AB}$$

得

$$v_C=\frac{v_A}{2\sin\theta},\quad \omega_{AB}=\frac{v_A}{l\sin\theta}$$

代入式 ①,得系统动能

$$T=\frac{1}{2}\left(\frac{3}{2}m_2+\frac{1}{3}m_1\ \frac{1}{\sin^2\theta}\right)v_A^2 \quad ②$$

作用于系统上主动力的元功

$$\mathrm{d}W=-mg\,\mathrm{d}y_C \quad ③$$

代入动能定理的微分形式　$\mathrm{d}\left(\frac{3}{4}m_2v_A^2+\frac{1}{6}m_1v_A^2\ \frac{1}{\sin^2\theta}\right)=-mg\,\mathrm{d}y_C$

上式等号两边同除以 dt,并展开

$$\left(\frac{3}{2}m_2+\frac{1}{3}m_1\ \frac{1}{\sin^2\theta}\right)v_A\ \frac{\mathrm{d}v_A}{\mathrm{d}t}+v_A^2\ \frac{\mathrm{d}}{\mathrm{d}t}\left(\frac{3}{4}m_2+\frac{1}{6}m_1\ \frac{1}{\sin^2\theta}\right)=-m_1g\ \frac{\mathrm{d}y_C}{\mathrm{d}t} \quad ④$$

其中

$$\frac{\mathrm{d}y_C}{\mathrm{d}t}=-v_C\sin\theta=-\frac{v_A}{2}$$

代入式 ④ 并消去 v_A，得

$$\left(\frac{3}{2}m_2+\frac{1}{3}m_1\frac{1}{\sin^2\theta}\right)\frac{\mathrm{d}v_A}{\mathrm{d}t}+v_A\frac{\mathrm{d}}{\mathrm{d}t}\left(\frac{3}{4}m_2+\frac{1}{6}m_1\frac{1}{\sin^2\theta}\right)=\frac{1}{2}m_1 g \qquad ⑤$$

初瞬时，有 $\theta=45°$，$v_A=0$，代入式 ⑤，得 $\frac{\mathrm{d}v_A}{\mathrm{d}t}=a_A=\frac{3m_1 g}{4m_1+9m_2}$。

例 12-7 质量为 $m_1=100\ \mathrm{kg}$ 的轮Ⅰ沿水平直线作纯滚动（图 12-13a)），$r=0.2\ \mathrm{m}$，$R=0.5\ \mathrm{m}$，它对通过其质心 C 且与图平面垂直的轴的回转半径为 $\rho=0.25\ \mathrm{m}$。作用在轮Ⅰ上有一转矩，其大小为 $M=20\ \mathrm{N\cdot m}$。轮Ⅰ在点 A 与一刚性系数 $k=60\ \mathrm{N/m}$ 的水平弹簧连接，绳索的一端绕在轮Ⅰ上，另一端绕过定滑轮 D 与质量为 $m_2=20\ \mathrm{kg}$ 的重物Ⅱ连接。如初瞬时全静止，且弹簧具有原长。试求当重物Ⅱ下降 $s=0.4\ \mathrm{m}$ 时，轮Ⅰ的角速度 ω 大小。不计绳索、弹簧的质量及轴承的摩擦。

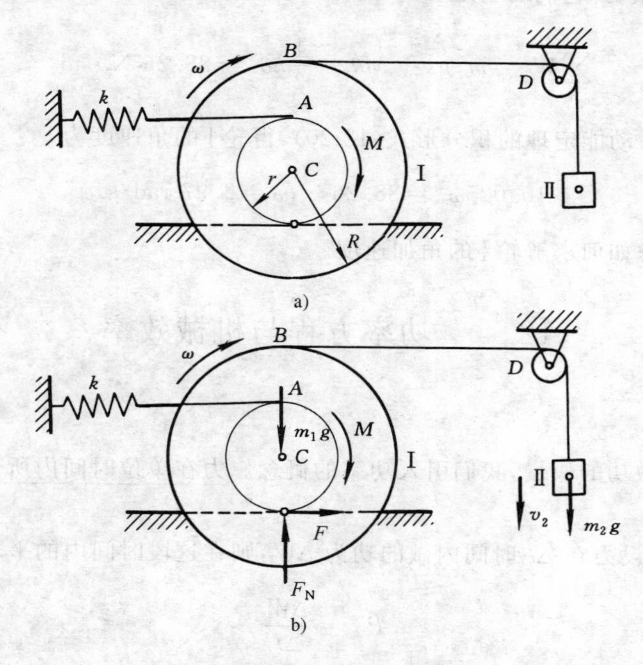

图 12-13　例 12-7 图

解　系统自由度为 1，取整个系统为研究对象，受力和运动分析如图 12-13b) 所示。需求的角速度 ω 与轮Ⅰ的动能有关，且初瞬时全静止，已知一些主动力及重物Ⅱ下降的位移，因而应用质点系动能定理求解。

取初瞬时的位置为位置(1)，重物Ⅱ下降 0.4 m 时的位置为位置(2)，则系统在该两位置的动能分别为

$$T_1=0,\quad T_2=\frac{1}{2}m_1 v_C^2+\frac{1}{2}J_C\omega^2+\frac{1}{2}m_2 v_2^2$$

由运动学知 $$v_C=0.2\omega, v_2=v_B=0.7\omega$$

又 $$J_C=m_1\rho^2=100\times0.25^2$$

因此 $$T_2=\frac{1}{2}\times100\times(0.2\omega)^2+\frac{1}{2}(100\times0.25^2)\omega^2+\frac{1}{2}\times20\times(0.7\omega)^2=10.025\omega^2$$

当重物Ⅱ下降 $s=0.4$ m 时，轮Ⅰ的角位移 $\theta=\frac{s}{0.7}=\frac{0.4}{0.7}=0.571$ rad，弹簧伸长 $\delta=0.4\theta=0.571\times0.4=0.228$ m。在这里，力 m_1g, F, F_N 都不做功，而重力 m_2g、力矩 M 及弹性力都做功，它们的功之和为

$$\sum W_i=m_2gs+M\theta-\frac{1}{2}k\delta^2=88.26\ \text{N}\cdot\text{m}$$

根据质点系动能定理的积分形式(12-20)，得轮Ⅰ的角速度为

$$10.025\omega^2=88.26,\quad \omega=2.97\ \text{rad/s}$$

最后请读者考虑如何求解轮Ⅰ的角加速度。

12.4　功率方程与机械效率

12.4.1　功率

为了表明做功的快慢，我们引入功率的概念。力在单位时间内所做的功，称为功率，以 $\tilde{P}$ 表示。

根据定义，设力在 Δt 时间内做的功为 ΔW，则在这段时间内的平均功率为

$$\tilde{P}^*=\frac{\Delta W}{\Delta t}$$

而当 Δt 趋近于零时的瞬时功率（简称功率）为

$$\tilde{P}=\lim_{\Delta t\to0}\frac{\Delta W}{\Delta t}=\frac{\mathrm{d}W}{\mathrm{d}t}=\frac{\boldsymbol{F}\cdot\mathrm{d}\boldsymbol{r}}{\mathrm{d}t}=\boldsymbol{F}\cdot\frac{\mathrm{d}\boldsymbol{r}}{\mathrm{d}t}=\boldsymbol{F}\cdot\boldsymbol{v}=F_\tau v \tag{12-21}$$

即功率等于力在速度方向上的投影与速度大小的乘积。由此可见，当功率 $\tilde{P}$ 一定时，F_τ 与 v 成反比。例如，当汽车上坡时，需要较大的牵引力，驾驶员就使用低速挡，使汽车的速度减小，以便在功率一定的情况下产生较大的牵引力。

当作用于定轴转动刚体上的力矩为 M_z 时，根据力矩元功的表达式，功率为

$$\widetilde{P}=M_z\frac{\mathrm{d}\varphi}{\mathrm{d}t}=M_z\omega \tag{12-22}$$

功率的单位为瓦特,简称瓦(W),1 W=1 J/s=1 N·m/s=1 kg·m²/s³。

工程上还采用马力作为功率的单位,即

$$1\text{ 马力}=75\times9.8\ \mathrm{J/s}=735.5\ \mathrm{W}$$

12.4.2 功率方程

将动能定理的微分形式(12-18)改写为 $\mathrm{d}T=\sum\mathrm{d}W=\sum\boldsymbol{F}_i\cdot\mathrm{d}\boldsymbol{r}_i=\sum\boldsymbol{F}_i\cdot\boldsymbol{v}_i\mathrm{d}t$,两边同除以 $\mathrm{d}t$,并注意到 $\boldsymbol{F}_i\cdot\boldsymbol{v}_i=\widetilde{P}_i$ 为功率,则

$$\frac{\mathrm{d}T}{\mathrm{d}t}=\sum\widetilde{P}_i \tag{12-23}$$

式(12-23)称为功率方程。即质点系动能对时间的一阶导数,等于作用于质点系的所有力的功率之和。它表达了质点系动能的变化率与作用于该质点系上各力的功率之间的关系。

在功率方程中,等式右边应包括所有作用于质点系的力的功率。对机器而言,应包括:① 输入功率,即作用于机器的主动力的功率;② 输出功率,也称有用功率(如机床切削时工件对它的作用力的功率);③ 损耗功率,也称无用功率(如摩擦力的功率)。后二者应取负号。若以 $\widetilde{P}_{\mathrm{i}}$,$\widetilde{P}_{\mathrm{o}}$,$\widetilde{P}_{\mathrm{l}}$ 分别表示这三种功率,则式(12-23)可写成

$$\frac{\mathrm{d}T}{\mathrm{d}t}=\widetilde{P}_{\mathrm{i}}-\widetilde{P}_{\mathrm{o}}-\widetilde{P}_{\mathrm{l}}$$

这是机器的功率方程。它表明了机器动能的变化率与三种功率之间的关系:当机器起动或加速运转时,$\frac{\mathrm{d}T}{\mathrm{d}t}>0$,故有 $\widetilde{P}_{\mathrm{i}}>\widetilde{P}_{\mathrm{o}}+\widetilde{P}_{\mathrm{l}}$;当机器匀速运转时,$\frac{\mathrm{d}T}{\mathrm{d}t}=0$,应有 $\widetilde{P}_{\mathrm{i}}=\widetilde{P}_{\mathrm{o}}+\widetilde{P}_{\mathrm{l}}$;当机器停止工作时,$\widetilde{P}_{\mathrm{i}}=0$,$\widetilde{P}_{\mathrm{o}}=0$,则机器在无用阻力作用下将逐渐停止运转。

12.4.3 机械效率

机器工作时,必须输入功率。在输入功率中,一部分功率用于克服摩擦力之类的阻力而损耗掉;另一部分功率用于使机械做功,称为输出功率。输出功率与输入功率之比称为机器的机械效率,它是衡量机器质量的指标之一,用 η 表示

$$\eta=\frac{\text{输出功率}}{\text{输入功率}}=\frac{\widetilde{P}_{\mathrm{o}}}{\widetilde{P}_{\mathrm{i}}} \tag{12-24}$$

对于有 n 级传动的系统，如果各级的效率分别为 $\eta_1,\eta_2,\cdots,\eta_n$，则有式(12-24)，可以证明该系统的总效率等于各级效率的连乘积，即

$$\eta=\eta_1\cdot\eta_2\cdot\cdots\cdot\eta_n \tag{12-25}$$

例 12-8 载重汽车总重 $P=100\ \mathrm{kN}$，在水平路面上直线行驶，空气阻力 $F=0.001v^2$（v 以 m/s 计，F 以 kN 计），其他阻力相当于车重的 0.016 倍。设机械的总效率为 $\eta=0.85$。试求当此汽车以 54 km/h 的速度行驶时发动机应输出的功率。

解 $v=15\ \mathrm{m/s}, T=\dfrac{1}{2}mv^2=$常量，故$\dfrac{\mathrm{d}T}{\mathrm{d}t}=0$，由功率方程得

$$\tilde{P}_{\mathrm{i}}-\tilde{P}_{\mathrm{o}}-\tilde{P}_{\mathrm{l}}=0$$

$$\tilde{P}_{\mathrm{i}}-\tilde{P}_{\mathrm{l}}=\tilde{P}_{\mathrm{o}}=0.85\tilde{P}_i$$

$$0.85\tilde{P}_{\mathrm{i}}=\tilde{P}_{\mathrm{o}}=(0.001v^2+0.016P)\times10^3v=27.37\times10^3$$

$$\tilde{P}_{\mathrm{i}}=\frac{27.37}{0.85}\times10^3=32.2\times10^3\ \mathrm{W}=32.2\ \mathrm{kW}$$

例 12-9 汽车以加速度 a 在倾角为 θ 的斜面上沿直线匀加速行驶（图 12-14a)）。已知汽车的车身重力为 P_1，一对前、后轮重力均为 P_2，车轮半径均为 r，且作纯滚动，空气阻力 $F_{\mathrm{R}}=\mu v^2$，μ 为常数。试求当汽车达到速度 v 时发动机输给汽车后轮的功率 $\tilde{P}$。

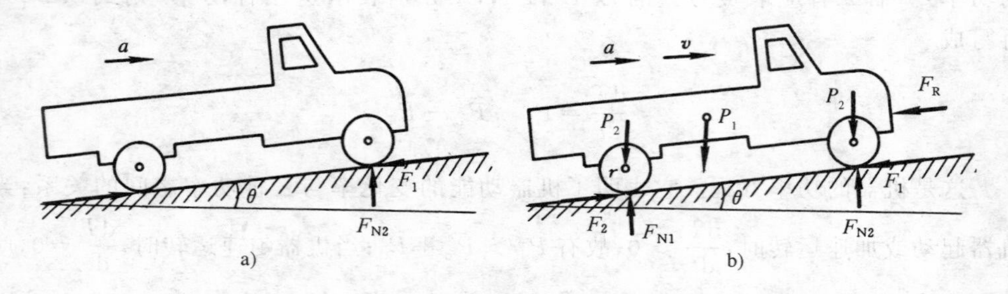

图 12-14 例 12-9 图

解 取汽车为研究对象，受力分析如图 12-14b) 所示。由于发动机输给汽车的转矩 M 未知，所以不能直接应用公式 $\tilde{P}=M\omega=M\dfrac{v}{r}$ 求解输入功率 $\tilde{P}$。于是运用式(12-23) 求解。

汽车本身作平动，车轮作平面运动，当汽车达到速度 v 时，有 $v=r\omega$，其中，ω 为车轮的角速度。这时汽车的总动能为

$$T=\frac{1}{2}\cdot\frac{P_1}{g}v^2+2\cdot\frac{1}{2}\cdot\frac{P_2}{g}v^2+2\cdot\frac{1}{2}J\omega^2$$

$$\frac{dT}{dt}=\frac{P_1 v}{g}\cdot\frac{dv}{dt}+2\frac{P_2 v}{g}\cdot\frac{dv}{dt}+2J\omega\frac{d\omega}{dt}$$

将$\frac{dv}{dt}=a, J=\frac{P_2}{2g}r^2, \frac{d\omega}{dt}=\alpha=\frac{a}{r}$代入上式，得

$$\frac{dT}{dt}=\frac{av}{g}(P_1+2P_2)+\frac{P_2}{g}r^2\omega\frac{a}{r}=\frac{av}{g}(P_1+3P_2) \quad ①$$

由于正压力F_{N1}, F_{N2}及摩擦力F_1, F_2不做功，所以只需考虑重力、空气阻力及力矩M的功率，即

$$\sum P_i=-(P_1+2P_2)v\sin\theta-F_R v+M\omega \quad ②$$

由式①、式②及式(12-23)得

$$\frac{av}{g}(P_1+3P_2)=-(P_1+2P_2)v\sin\theta-F_R v+M\omega$$

由上式可得发动机输给汽车后轮的功率为

$$\tilde{P}=M\omega=\frac{av}{g}(P_1+3P_2)+v(P_1+2P_2)\sin\theta+\mu v^3$$

即
$$\tilde{P}=\left[\frac{a}{g}(P_1+3P_2)+(P_1+2P_2)\sin\theta\right]v+\mu v^3$$

12.5　势力场与势能

12.5.1　势力场与有势力

若质点在空间任一位置所受到的力矢量完全取决于该质点的位置，即质点所受力矢量是位置的单值、有界且可微的函数，则这部分空间称为力场。例如，地面附近的空间为重力场，远离地球的空间为万有引力场。

力场对质点的作用力称为场力。

当质点在某力场中运行时，场力所做的功与质点运动的路径无关，而只取决于质点的起始位置及终了位置，则该力场称为有势力场。这些力场的场力称为有势力。例如重力、万有引力和弹性力都是有势力，而重力场、万有引力场和弹性力场都是势力场。

12.5.2　势能

作用在位于势力场中某一给定位置$M(x,y,z)$的质点的有势力，相对于任一选定的零位置$M_0(x_0,y_0,z_0)$的做功能力，称为质点在给定位置M的势能，以$V(x,y,z)$表

示，它是位置坐标的单值连续函数，称为势能函数。因为零势能位置 $M_0(x_0, y_0, z_0)$ 是任意选定的，当质点位于某一确定位置时，对于不同的零势能位置，势能一般不相同，所以，在讲到势能时，必须指明零势能位置才有意义。

根据势能的定义，当质点从某一位置 $M(x, y, z)$ 运动到零势能位置 $M_0(x_0, y_0, z_0)$ 时，有势力 $\boldsymbol{F}$ 所做的功，即为质点在 M 位置的势能，有

$$V(x, y, z) = W_{M \to M_0} = \int_M^{M_0} \boldsymbol{F} \cdot \mathrm{d}\boldsymbol{r} = \int_M^{M_0} (F_x \mathrm{d}x + F_y \mathrm{d}y + F_z \mathrm{d}z) = \int_M^{M_0} \mathrm{d}W \tag{12-26}$$

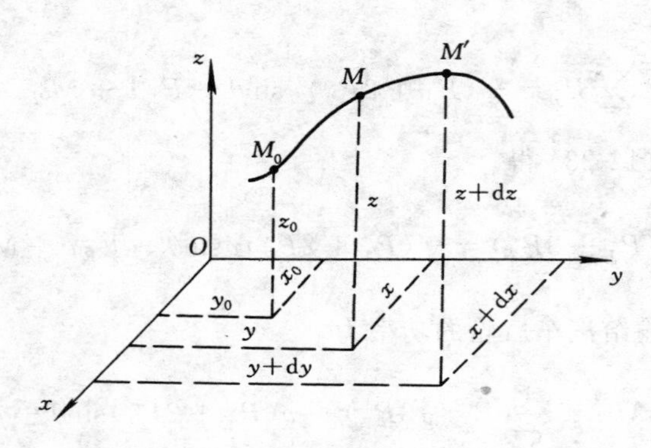

图 12-15　质点由位置 M 运动到位置 M'

设质点由位置 M 运动到位置 M'（图 12-15），作用在该质点上的有势力的元功为 $\mathrm{d}W$。由于有势力的功与路径无关，因此可以认为质点由位置 M 经过零位置 M_0 再到位置 M'。于是

$$\mathrm{d}W = \int_M^{M_0} \mathrm{d}'W + \int_{M_0}^{M'} \mathrm{d}'W = \int_M^{M_0} \mathrm{d}'W - \int_{M'}^{M_0} \mathrm{d}'W$$

根据势能的定义，可知上式右边等于位置 M 的势能与位置 M' 的势能之差，即

$$\mathrm{d}W = V(x, y, z) - V(x + \mathrm{d}x,\ y + \mathrm{d}y,\ z + \mathrm{d}z) = -\mathrm{d}V \tag{12-27}$$

即有势力的元功等于势能函数的全微分，并冠以负号。如果质点由位置 M_1 运动到位置 M_2，则有势力的功为

$$W_{12} = -\int_{M_1}^{M_2} \mathrm{d}V = V_1 - V_2 \tag{12-28}$$

由上式可知，有势力的功等于质点在起始位置与终了位置的势能之差。

设质点在任一位置 M 的势能函数为 $V(x, y, z)$，而势能函数 V 的全微分数学表达式为

$$\mathrm{d}V = \frac{\partial V}{\partial x}\mathrm{d}x + \frac{\partial V}{\partial y}\mathrm{d}y + \frac{\partial V}{\partial z}\mathrm{d}z$$

由式(12-1)知 $$dW = F_x dx + F_y dy + F_z dz$$

将以上两式代入式(12-27)，得

$$F_x = -\frac{\partial V}{\partial x},\quad F_y = -\frac{\partial V}{\partial y},\quad F_z = -\frac{\partial V}{\partial z} \tag{12-29}$$

即有势力在直角坐标轴上的投影，分别等于势能函数对相应坐标的偏导数。于是，有势力可表示为

$$\boldsymbol{F} = -\left(\frac{\partial V}{\partial x}\boldsymbol{i} + \frac{\partial V}{\partial y}\boldsymbol{j} + \frac{\partial V}{\partial z}\boldsymbol{k}\right) = -\mathbf{grad}V \tag{12-30}$$

式(12-30)表示，有势力 $\boldsymbol{F}$ 等于势能函数在该点的梯度。满足式(12-30)的力为有势力。

下面计算质点在常见势力场中的势能。

1. 重力场中的势能

任选一坐标原点，z 轴铅垂向上，则 $F_x = 0$，$F_y = 0$，$F_z = -mg$。以 z_0 表示零势能位的坐标，则点 M 的势能为

$$V = \int_z^{z_0} -mg\,dz = mg(z - z_0) \tag{12-31}$$

对于质点系，则有 $$V = mg(z_C - z_{C0}) \tag{12-32}$$

式中，m 为整个质点系的质量。

2. 弹性力场中的势能

选取弹簧自然长度的末端为零势能位，由式(12-27)与式(12-6)，有

$$-dV = dW = -\frac{k}{2}d(r - l_0)^2$$

积分

$$-\int_v^0 dV = -\int_r^{l_0} \frac{k}{2}d(r - l_0)^2$$

得弹性力势能为 $$V = \frac{k}{2}(r - l_0)^2 = \frac{k}{2}\delta^2 \tag{12-33}$$

其中，$\delta = r - l_0$ 表示质点在该位置时弹簧的净伸长。

3. 万有引力场中的势能

当质点在万有引力场中时，若取无穷远处为零势能位，则

$$-dV = dW = Gm_0 m\,d\left(\frac{1}{r}\right)$$

将上式积分 $$-\int_v^0 dV = \int_r^{\infty} Gm_0 m\,d\left(\frac{1}{r}\right)$$

得 $$V=-\frac{Gm_0 m}{r} \tag{12-34}$$

例 12-10 图 12-16 所示质点系中杆 BC 重 P_1，长为 l，重物 D 重 P_2，弹簧的刚度为 k，当角 $\theta=0°$ 时，弹簧具有原长 $3l$。试求质点系运动到图示位置时的总势能。

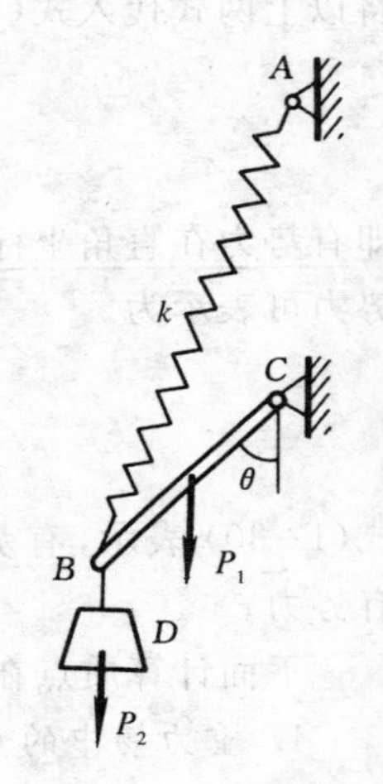

图 12-16 例 12-10 图

解 分别计算该系统在重力场和弹性力系中的势能。重力势能以杆 BC 的水平位置为零势能位，则有

$$V_1=-P_1\cdot\frac{l}{2}\cos\theta-P_2 l\cos\theta=-\left(\frac{P_1}{2}+P_2\right)l\cos\theta$$

弹性力势能：由于零势能位是任选的，在两个势力场中可以选取不同的零位置，所以选弹簧的原长处为势能的零位置。则

$$V_2=\frac{1}{2}k\delta^2$$

$$\delta=3l-AB=3l-\sqrt{(2l)^2+l^2-2\times 2l\times l\cos(180°-\theta)}$$
$$=3l-l\sqrt{5+4\cos\theta}$$

所以 $$V_2=\frac{1}{2}k(3-\sqrt{5+4\cos\theta}\ )^2 l^2$$

总势能 $$V=V_1+V_2=-\left(\frac{P_1}{2}+P_2\right)l\cos\theta+\frac{1}{2}kl^2(3-\sqrt{5+4\cos\theta}\ )^2$$

12.6 机械能守恒定律

若质点系在势力场中运动，在任意两位置 1 和 2 的动能分别为 T_1 和 T_2，势能分别为 V_1 和 V_2。根据质点系动能定理的微分形式，有

$$\mathrm{d}W=\mathrm{d}T=-\mathrm{d}V$$

所以 $$\mathrm{d}T+\mathrm{d}V=0$$

或 $$\mathrm{d}(T+V)=0$$

$$T+V=\text{恒量} \tag{12-35}$$

也可表示为 $$T_1+V_1=T_2+V_2 \tag{12-36}$$

这一结论称为机械能守恒定律，动能和势能之和称为机械能。可表述为：质点系在势力场中运动时，动能与势能之和为常量。

机械能守恒定律是普遍的能量守恒定律的一个特殊情况。它表明质点系在势力场中运动时，动能与势能可以相互转换，动能的减少（或增加）必然伴随着势能的增加（或减少），而且减少和增加的量相等，总的机械能保持不变，这样的系统称为<u>保守系统</u>，而有势力又称为<u>保守力</u>，势力场又称为<u>保守力场</u>。如果作用在质点系上除有势力外尚有其他力，但这些力在质点系运动的任意路程中都不做功，则机械能守恒定律仍适用，该质点系也称为保守系统。

例 12-11 重为 P、半径为 r 的圆柱体在一个半径为 R 的大圆槽内作纯滚动，如图 12-17a) 所示，如不计滚动摩擦力偶，试求圆柱体在平衡位置附近作摆动的方程。

解 系统自由度为 1，圆柱体的受力如图 12-17b) 所示，在这些力中，虽然摩擦力 F_s 属于非保守力，但由于 F_s 不做功（F_N 也不做功），仍可考虑运用机械能守恒定律。

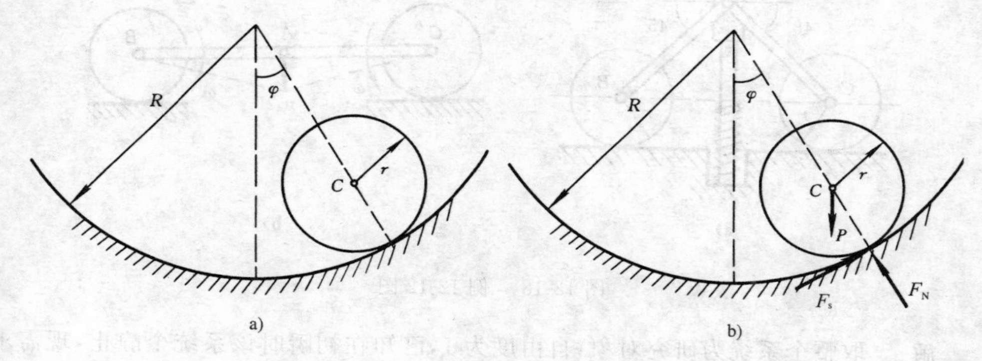

图 12-17 例 12-11 图

取自平衡位置起的任意角度 φ 为系统的一般位置。圆柱体作平面运动，其动能为

$$T=\frac{1}{2}\cdot\frac{P}{g}v_C^2+\frac{1}{2}J_C\omega^2=\frac{P}{2g}(R-r)^2\dot{\varphi}^2+\frac{1}{2}\cdot\frac{P}{2g}r^2\frac{(R-r)^2\dot{\varphi}^2}{r^2}$$

$$=\frac{3}{4}\cdot\frac{P}{g}(R-r)^2\dot{\varphi}^2$$

选最低位置处为势能的零位置，任意位置的势能为

$$V=Pz_C=P(R-r)(1-\cos\varphi)$$

根据机械能守恒定律，有 $$\frac{3P}{4g}(R-r)^2\dot{\varphi}^2+P(R-r)(1-\cos\varphi)=C$$

两边对时间求导 $$\frac{3P}{4g}(R-r)^2\cdot 2\dot{\varphi}\ddot{\varphi}+P(R-r)\sin\varphi\dot{\varphi}=0$$

$$\ddot{\varphi}+\frac{2g}{3(R-r)}\sin\varphi=0$$

小摆动时，可令 $\sin\varphi \approx \varphi$，则有

$$\ddot{\varphi}+\frac{2g}{3(R-r)}\varphi=0$$

例 12-12 图 12-18a）所示机构中，已知套筒 A 的质量 $m_1=7$ kg，匀质杆 AB，AC 的质量均为 $m_2=10$ kg，长度均为 $l=375$ mm；轮 B，C（匀质圆盘）的质量均为 $m_3=30$ kg，半径均为 $r=150$ mm。设套筒 A 自图示位置由静止沿铅垂轴无摩擦地开始下滑，使轮 B 与轮 C 均在水平面上作纯滚动。当杆 AB 与杆 AC 到达水平位置时，套筒 A 开始与刚性系数为 $k=30$ kN/m 的弹簧接触。试求在该瞬时套筒 A 的速度及在以后的运动中弹簧的最大压缩量。

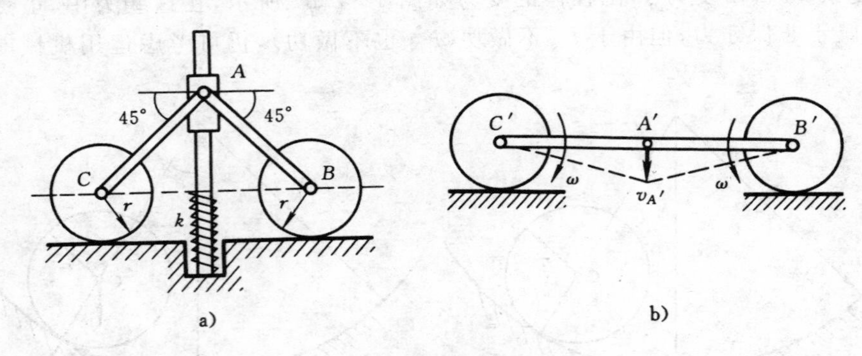

图 12-18　例 12-12 图

解　取整个系统为研究对象，自由度为 1，已知在初瞬时该系统全静止，现需求在另一瞬时套筒的速度，可运用质点系动能定理求解。因为全部约束力不做功，而主动力都是有势力，所以该系统的机械能守恒，即

$$T_1+V_1=T_2+V_2 \tag{①}$$

取初瞬时位置为位置 1，杆到达水平位置时为位置 2，运动分析如图 12-18b）所示，则 $T_1=0$。取通过轮心的水平面为重力的零势能位置，则有

$$\begin{aligned}V_1&=m_1gl\cos45^\circ+2m_2g\cdot\frac{l}{2}\cos45^\circ\\&=7\times9.8\times0.375\times\frac{1}{\sqrt{2}}+2\times10\times9.8\times\frac{0.375}{2}\times\frac{1}{\sqrt{2}}=44.2\text{ J}\end{aligned}$$

在位置 2 时，套筒 A' 的速度为 $\boldsymbol{v}'_A$，杆 $A'C'$，$A'B'$ 的速度瞬心分别为点 C'，B'，于是角速度 $\omega=\dfrac{v_{A'}}{l}$，点 C' 与点 B' 的速度均为零，可见轮的动能为零。因此，该瞬时的动能为

$$T_2=\frac{1}{2}m_1v_{A'}^2+2\times\frac{1}{2}J\omega^2$$

$$=\frac{1}{2}\times 7v_{A'}^2+2\times\frac{1}{2}\times\frac{1}{3}\times 10\times 0.375^2\frac{v_{A'}^2}{0.375^2}=6.83v_{A'}^2$$

而势能为

$$V_2=0$$

将各动能与势能值代入式①，得 $0+44.2=6.83v_{A'}^2+0$。解得在位置2时套筒的速度为 $v_{A'}^2=2.54\ \mathrm{m/s}$。

当套筒在位置2与弹簧接触后，继续往下滑动，当到达位置3时，其速度为零，这时弹簧具有最大压缩 $\delta_{\max}$。在从位置2到位置3的过程中，有势力包括重力和弹性力，系统的机械能守恒，可见在整个运动过程中都可应用机械能守恒定律。比较位置1与位置3，得

$$T_1+V_1=T_3+V_3 \tag{②}$$

其中，$T_1=T_3=0$，$V_1=44.2$，而势能为

$$V_3=-m_1g\delta_{\max}-2m_2g\frac{1}{2}\delta_{\max}+\frac{1}{2}k\delta_{\max}^2$$

将各动能与势能值代入式②，得

$$0+44.2=0-m_1g\delta_{\max}-m_2g\delta_{\max}+\frac{1}{2}k\delta_{\max}^2$$

由上式解得弹簧的最大压缩量为 $\delta_{\max}=60.1\ \mathrm{mm}$。

12.7 动力学普遍定理的综合运用

动量定理、动量矩定理和动能定理通称为动力学普遍定理。这些定理都是从动力学基本方程推导得来的，它们建立了质点或质点系运动的变化与所受力之间的关系。但这些定理都只反映了力和运动之间的规律的一方面，既有共性，也各有其特殊性。例如，动量定理和动量矩定理是矢量形式，因此在其关系式中不仅反映了速度大小的变化，也反映了速度方向的变化；而动能定理呈标量形式，只反映了速度大小的变化。在所涉及的力方面，动量定理和动量矩定理涉及所有外力(包括外约束力)，却与内力无关；而动能定理涉及所有做功的力(不论是内力还是外力)。

动力学普遍定理中的各个定理有各自的特点，它们有一定的适用范围，因此在求解动力学问题时，需要根据质点或质点系的运动及受力特点、给定的条件和要求的未

知量，适当选择定理，灵活应用。动力学中有的问题只能用某一个定理求解，而有的问题可用不同的定理求解，还有一些较复杂的问题，往往不能单独应用某一定理解决，而需要同时应用几个定理才能求解全部未知量。

动力学普遍定理从不同角度研究力和运动的关系，但得到的动力学方程并不是完全独立的。例如，对于一个平面运动刚体，根据动量定理和动量矩定理可以得到3个方程（独立的），动能定理也能得到一个方程，但这4个方程仅有3个是独立的。例如：

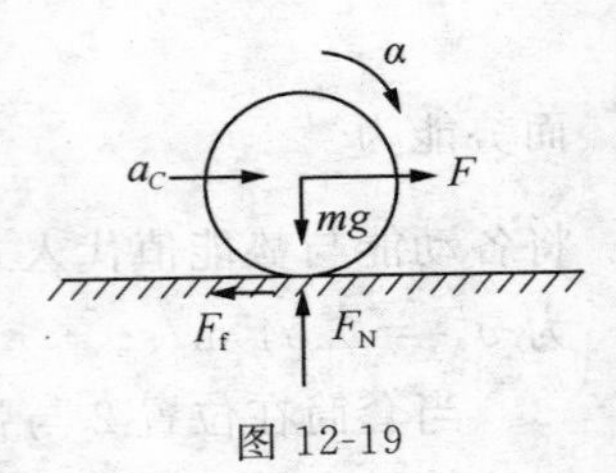

图 12-19

已知半径为r的匀质轮O作纯滚动，轮心受到常力F的作用从静止开始运动，试写出动力学普遍定理的4个方程，并分析独立性。

受力如图 12-19 所示。

水平方向质心运动定理：　$F - F_f = ma_C$　①

竖直方向质心运动定理：　$F_N = mg$　②

对瞬心 I 的动量矩定理：　$Fr = J_I\alpha$　③

其中，$J_I = \dfrac{3}{2}mr^2$。可见，式①—式③为独立的3个方程，补充运动学关系后可以将 F_f，F_N 和一个运动未知量求解出来。

设 t 时刻轮心经过的距离为 s，在该时段根据动能定理得：

$$Fs = \frac{1}{2}mv_C^2 + \frac{1}{2}J_C\omega^2 \quad ④$$

式④对时间求导，得

$$Fv_C = mv_Ca_C + J_C\omega\alpha$$

由运动学关系

$$a_C = \alpha r,\ v_C = \omega r$$

式④变为

$$F = \frac{3}{2}ma_C \quad ⑤$$

可见，动能定理得到的式⑤与动量矩定理得到的式③完全一致，说明动力学普遍定理建立的全部4个方程只有3个是独立的。

我们要在熟练掌握各个定理的含义及其应用的基础上，进一步掌握这些定理的综合运用。下面举例说明动力学普遍定理的综合运用。

例 12-13　重 $P_1 = 150$ N的匀质轮与重 $P_2 = 60$ N、长 $l = 24$ cm 的匀质杆 AB 在

B 处铰接。由图 12-20a) 所示位置($\varphi=30°$) 无初速释放，试求系统通过最低位置时点 B' 的速度及在初瞬时支座 A 的约束力。

解 系统的自由度为2，杆 AB 作定轴转动，选 φ 为杆 AB 的转动坐标，并设匀质轮相对点 B 的转动坐标为 θ。所以，单用动能定理无法求解，还需有其他定理作补充。

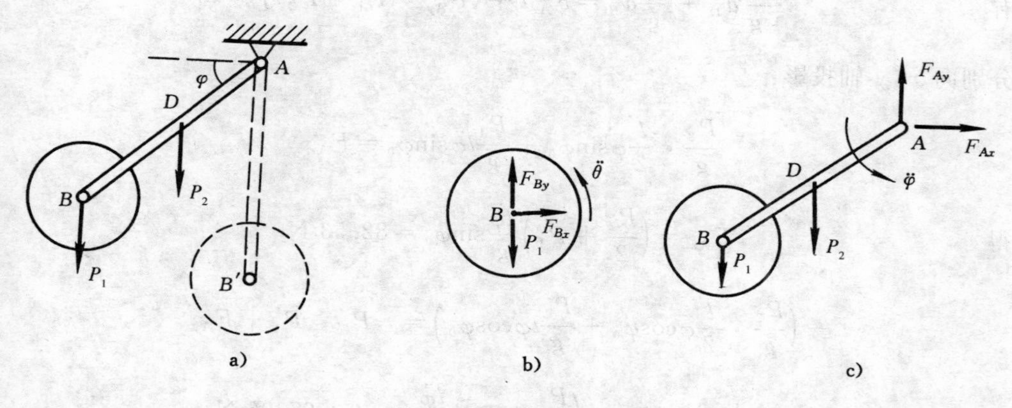

图 12-20 例 12-13 图

先取轮 B 研究(图 12-20b))，由对其质心 B 的动量矩定理得 $J_B\ddot{\theta}=0$，即 $\ddot{\theta}=0$，$\dot{\theta}=\text{const}$。又由题给初始条件 $\dot{\theta}_0=0$，得 $\dot{\theta}=0$，$\theta=\text{const}$，故轮 B 作平动。由此，对系统运用动能定理

$$T_2-T_1=\sum W_i$$

$$\frac{1}{2}J_A\dot{\varphi}^2+\frac{1}{2}\cdot\frac{P_1}{g}v_{B'}^2-0=P_2\cdot\frac{l}{2}(1-\sin\varphi_0)+P_1l(1-\sin\varphi_0)$$

其中，$J_A=\frac{1}{3}\cdot\frac{P_2}{g}l^2$，$\dot{\varphi}=\frac{v_{B'}}{l}$，整理后得

$$v_{B'}=\sqrt{\frac{3(P_2+2P_1)l(1-\sin\varphi_0)}{P_2+3P_1}g}=1.578\ \text{m/s}$$

要求初瞬时支座 A 处的约束力，首先须求出该瞬时的加速度量。因轮 B 作平动，系统对点 A 运用动量矩定理

$$\frac{\mathrm{d}L_A}{\mathrm{d}t}=\sum M_A(\boldsymbol{F}_i^{\mathrm{E}})$$

$$\frac{\mathrm{d}}{\mathrm{d}t}\left(J_A\dot{\varphi}+\frac{P_1}{g}v_Bl\right)=P_2\frac{l}{2}\cos\varphi_0+P_1l\cos\varphi_0$$

其中，$v_B=\dot{\varphi}l$，代入后得 $\ddot{\varphi}=\dfrac{3(P_2+2P_1)}{2(P_2+3P_1)}\cdot\dfrac{g}{l}\cos\varphi_0=37.443\ \text{rad/s}^2$

求支座 A 处的反力，对系统运用质心运动定理 $\sum M_i\boldsymbol{a}_{Ci}=\boldsymbol{F}_\text{R}$

有
$$\frac{P_2}{g}\boldsymbol{a}_D+\frac{P_1}{g}\boldsymbol{a}_B=F_{Ax}\boldsymbol{i}+(F_{Ay}-P_1-P_2)\boldsymbol{j}$$

分别向 x，y 轴投影：

$$\frac{P_2}{g}\cdot\frac{l}{2}\ddot{\varphi}\sin\varphi_0+\frac{P_1}{g}l\ddot{\varphi}\sin\varphi_0=F_{Ax}$$

得
$$F_{Ax}=\left(\frac{P_2}{2}+P_1\right)\frac{l\ddot{\varphi}}{g}\sin\varphi_0=82.53\ \text{N}$$

$$-\left(\frac{P_2}{g}\cdot\frac{l}{2}\ddot{\varphi}\cos\varphi_0+\frac{P_1}{g}l\ddot{\varphi}\cos\varphi_0\right)=-P_2-P_1+F_{Ay}$$

得
$$F_{Ay}=P_2+P_1-\left(\frac{P_2}{2}+P_1\right)\frac{l\ddot{\varphi}}{g}\cos\varphi_0=67.06\ \text{N}$$

例 12-14 图 12-21a) 所示的绞车，在主动力矩 M 作用下拖动匀质圆柱体沿斜面向上运动，设圆柱只滚不滑，半径为 R，重为 P_1；斜面坡度为 θ；绞盘视为空心圆柱，半径为 r，重力为 P_2；绳索 AC 平行于斜面。试求绳索的拉力和圆柱体与斜面间的摩擦力。

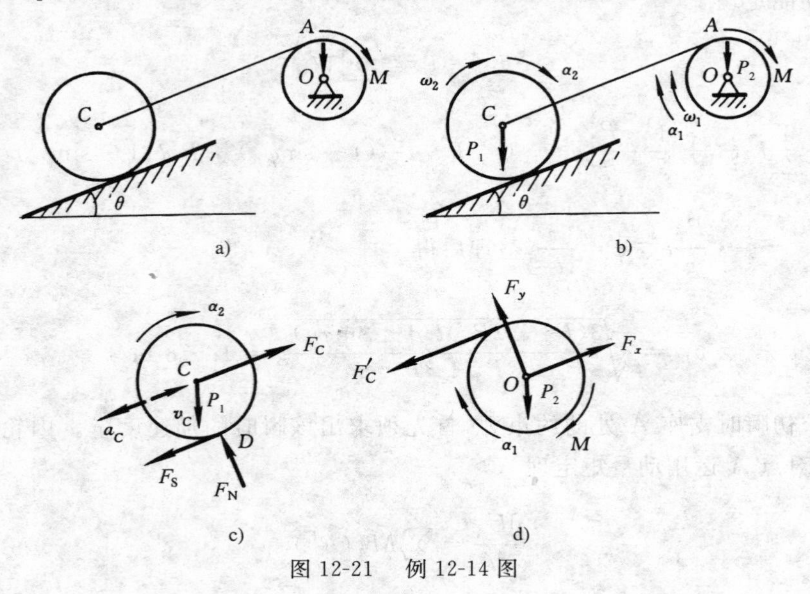

图 12-21 例 12-14 图

解 系统自由度为 1，选用动能定理和刚体平面运动微分方程求解，受力和运动分析如图 12-21b) 所示。各物体的运动之间具有一定的运动学关系：

$$v_C = r\omega_1 = R\omega_2, \quad ds_C = r d\varphi_1$$

$$\frac{\omega_2}{\omega_1} = \frac{\alpha_2}{\alpha_1} = \frac{r}{R}$$

以系统整体为对象，由动能定理的微分形式，注意到理想约束的约束力均不做功，得

$$d\left(\frac{1}{2}J_O\omega_1^2 + \frac{1}{2}J_C\omega_2^2 + \frac{P_1}{2g}v_C^2\right) = M d\varphi_1 - P_1 \sin\theta r d\varphi_1$$

将 $J_O = \frac{P_2}{g}r^2$ 和 $J_C = \frac{P_1}{2g}R^2$ 代入上式，得

$$d\left[\left(\frac{P_2}{2g} + \frac{3P_1}{4g}\right)r^2\omega_1^2\right] = M d\varphi_1 - P_1 \sin\theta \cdot r d\varphi_1$$

将上式微分，得 $\left(\frac{P_2}{2g} + \frac{3P_1}{4g}\right)r^2 \cdot 2\omega_1 d\omega_1 = (M - P_1 r \sin\theta) d\varphi_1$

等号两边除以 dt 后，得 $\left(\frac{P_2}{g} + \frac{3P_1}{2g}\right)r^2\omega_1\alpha_1 = (M - P_1 r\sin\theta)\omega_1$

于是，求得角加速度 $\alpha_1 = \frac{2g(M - P_1 r\sin\theta)}{r^2(2P_2 + 3P_1)}$， $\alpha_2 = \frac{2g(M - P_1 r\sin\theta)}{rR(2P_2 + 3P_1)}$

求斜面的摩擦力 F_s 和绳索的拉力 F_C。先取 C 为研究对象(图 12-21c))，由平面运动微分方程，得

$$J_C\alpha_2 = F_s R$$

$$F_s = \frac{P_1}{2g}R\alpha_2 = \frac{P_1(M - P_1 r\sin\theta)}{r(2P_2 + 3P_1)}$$

再选绞盘为分析对象(图 12-21d))，得

$$J_O\alpha_1 = M - F'_C r$$

$$F'_C = \frac{M}{r} - \frac{P_2}{g}r\alpha_1 = \frac{P_1(3M + 2P_2 r\sin\theta)}{r(2P_2 + 3P_1)}$$

例 12-15 图 12-22a) 所示三角柱体 ABC 质量为 m_1，放置于光滑水平面上。质量为 m_2 的匀质圆柱体沿斜面 AB 向下滚动而不滑动。若斜面倾角为 θ，试求三角柱体的加速度。

解 受力运动分析如图 12-22b) 所示。系统自由度为 2，设运动学独立变量：圆柱体质心 O 相对三角柱的速度为 v_r，三角柱体向左滑动的速度为 v，并设系统开始时

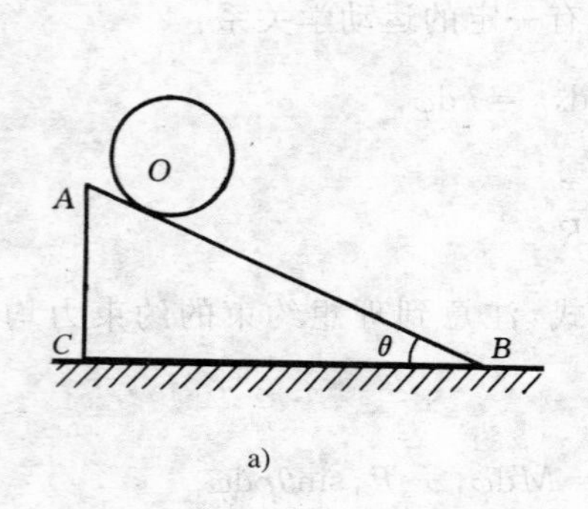

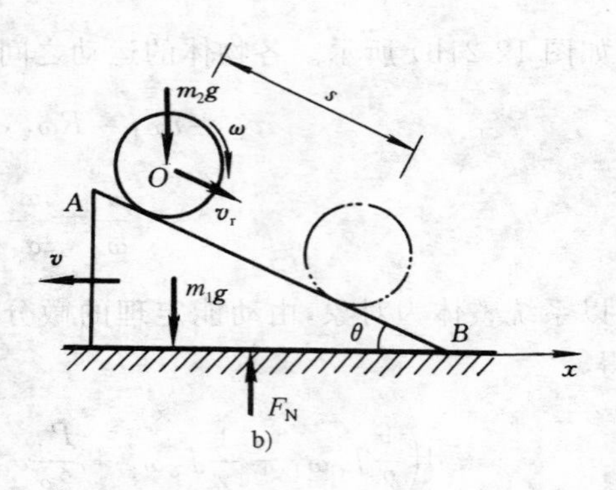

图 12-22　例 12-15 图

静止，根据动量守恒定理，有

$$p_x = -m_1 v + m_2(v_r\cos\theta - v) = 0$$

得
$$v_r = \frac{m_1 + m_2}{m_2\cos\theta}v \tag{①}$$

初始时刻系统的动能为零　　$T_1 = 0$

任意时刻的动能　$T_2 = \frac{1}{2}m_1 v^2 + \frac{1}{2}m_2(v^2 + v_r^2 - 2vv_r\cos\theta) + \frac{1}{2}J_O\omega^2$

其中，$J_O = \frac{1}{2}m_2 r^2$，$\omega = \frac{v_r}{r}$，代入上式，得

$$T_2 = \frac{1}{2}m_1 v^2 + \frac{1}{2}m_2(v^2 + v_r^2 - 2vv_r\cos\theta) + \frac{1}{4}m_2 v_r^2$$

在运动过程中，作用于系统的力只有重力 $m_2 g$ 做功，故　$W = m_2 g s\sin\theta$

由动能定理，得　$\frac{1}{2}m_1 v^2 + \frac{1}{2}m_2(v^2 + v_r^2 - 2vv_r\cos\theta) + \frac{1}{4}m_2 v_r^2 = m_2 g s\sin\theta$　②

将式 ① 代入式 ②，得　$\frac{m_1 + m_2}{4m_2\cos^2\theta}[3(m_1 + m_2) - 2m_2\cos^2\theta]v^2 = m_2 g s\sin\theta$

将上式两边对时间 t 求导，并注意到　$\frac{dv}{dt} = a$，$\frac{ds}{dt} = v_r = \frac{m_1 + m_2}{m_2\cos\theta}v$

可得三角柱体的加速度　$a = \frac{m_2 g\sin 2\theta}{3m_1 + m_2 + 2m_2\sin^2\theta}$

思　考　题

12-1　分析下面论点是否正确：

(1) 当轮子在地面作纯滚动时，滑动摩擦力做负功；

(2) 不论弹簧是伸长还是缩短，弹性力的功总等于$-\frac{k}{2}\delta^2$；

(3) 元功$\mathrm{d}W=F_x\mathrm{d}x+F_y\mathrm{d}y+F_z\mathrm{d}z$在直角坐标$x,y,z$轴上的投影分别为：$F_x\mathrm{d}x$，$F_y\mathrm{d}y$，$F_z\mathrm{d}z$；

(4) 当质点作曲线运动时，沿切线及法线方向的分力都做功；

(5) 图示楔块A向右移动的速度为v_1，质量为m的物块B沿斜面下滑，相对于楔块的速度为v_2，故物块的动能为$\frac{1}{2}mv_1^2+\frac{1}{2}mv_2^2$；

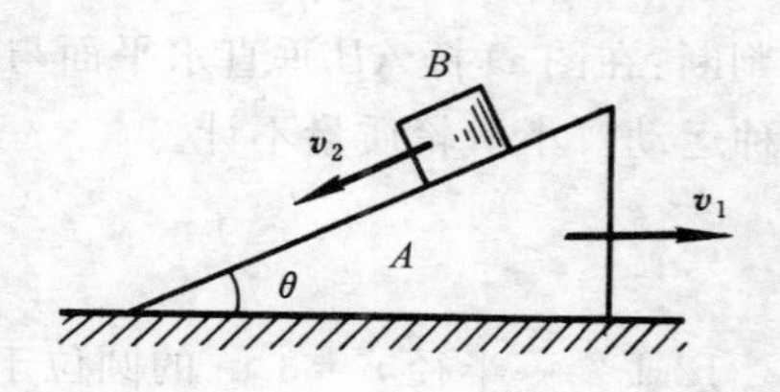

思考题 12-1(5) 图

(6) 质点的动能越大，表示作用于质点上的力所做的功越大。

12-2　一人站在高塔顶上，以大小相同的初速度v_0分别沿水平、铅垂向上、铅垂向下抛出小球，当这些小球落到地面时，其速度的大小是否相等？（空气阻力不计）

12-3　作平面运动的刚体的动能，是否等于刚体随任意基点移动的动能与其绕通过基点且垂直于运动平面的轴转动的动能之和？

12-4　长为l的软绳和刚杆下端各悬一小球，分别给予初速$\boldsymbol{v}_{01}$，$\boldsymbol{v}_{02}$，如果要使小球能各自沿虚线所示的圆周运动。问$\boldsymbol{v}_{01}$，$\boldsymbol{v}_{02}$最小应为多少？二者的大小是否相等？为什么？绳、杆的质量不计。

12-5　匀质圆盘绕通过圆盘的质心O而垂直于圆盘平面的轴转动，若在圆盘平面内作用一矩为M的力偶，试问圆盘的动量、动量矩、动能是否守恒？为什么？

12-6　设质点系所受外力的主矢量和主矩都等于零。试问该质点系的动量、动量矩、动能、质心的速度和位置会不会改变？质点系中各质点的速度和位置会不会改变？

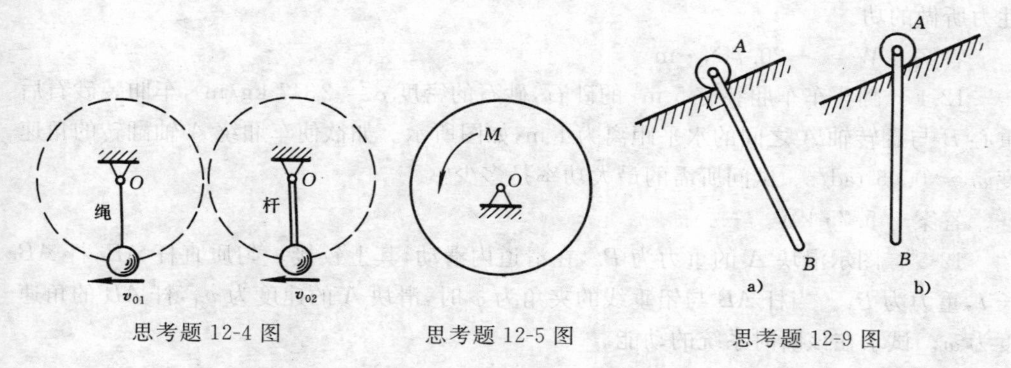

思考题 12-4 图　　思考题 12-5 图　　思考题 12-9 图

12-7　运动员起跑时，什么力使运动员的质心加速运动？什么力使运动员的动能增加？产生加速度的力一定做功吗？

12-8　当某系统的机械能守恒时，问作用在该系统上的力，是否全部都是有势力？

12-9　杆 AB 铰接于小滑轮中心，从图 a) 及图 b) 所示的位置自静止开始运动。试判断：在图 a) 杆 AB 垂直水平面与斜面及图 b) 杆 AB 铅垂的两种情况下，杆 AB 作何种运动？小滑轮质量不计。

习　题

12-1　一半径 $r=3$ m 的圆位于 Oxy 平面内，且圆心与原点 O 重合。质点在力 $\boldsymbol{F}=(2x-y)\boldsymbol{i}+(x+y)\boldsymbol{j}$ 作用下，沿该圆周运动一周。试求力 $\boldsymbol{F}$ 所做的功。力的单位是 N。

答案　$W=18\pi$ N·m。

12-2　图示弹簧原长为 OA，弹簧刚性系数为 k，O 端固定，A 端沿半径为 R 的圆弧运动，试求由 A 到 B 及由 B 到 D 的过程中弹性力所做的功。

答案　$A\rightarrow B$：$W=-0.172kR^2$；$B\rightarrow D$：$W=0.078kR^2$。

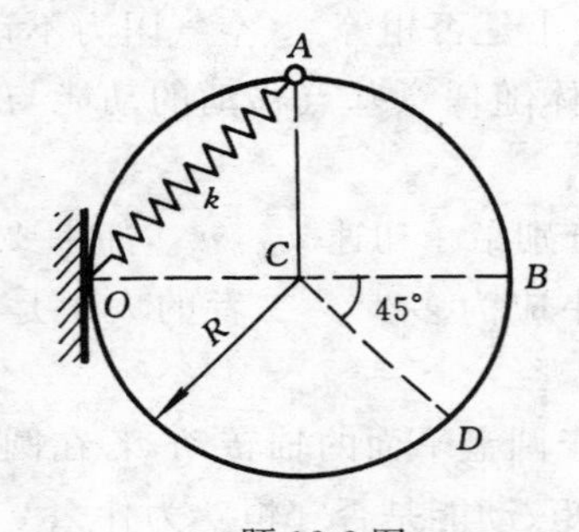

题 12-2 图

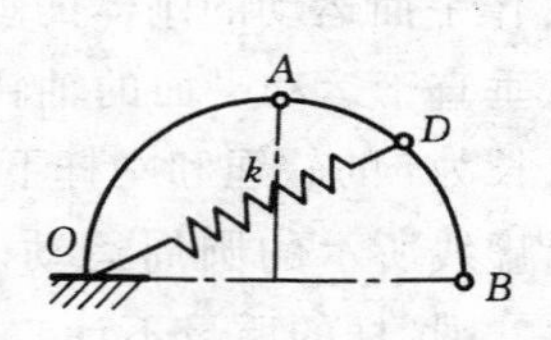

题 12-3 图

12-3　如图所示，弹簧 OD 的一端固定于点 O，另一端 D 沿半圆轨道滑动。半圆的半径 $r=1$ m，弹簧原长 1 m，刚性系数 $k=50$ N/m。试求当 D 端自 A 运动至 B 时，弹性力所做的功。

答案　$W=-20.7$ N·m。

12-4　翻斗车车厢装有 5 $\mathrm{m^3}$ 的砂石，砂石的密度 $\rho=2\,347$ $\mathrm{kg/m^3}$，车厢装砂石后重心 B 与翻转轴 A 之间的水平距离为 1 m，如图所示。如欲使车厢绕 A 轴翻转的角速度 $\omega=0.05$ rad/s。试问所需的最大功率是多少？

答案　5.75 kW。

12-5　图示滑块 A 的重力为 P_2，在滑道内滑动，其上铰接一匀质直杆 AB，杆 AB 长 l，重力为 P_1。当杆 AB 与铅垂线的夹角为 φ 时，滑块 A 的速度为 v_A，杆 AB 的角速度为 ω。试求在该瞬时系统的动能。

答案　$T=\dfrac{P_2}{2g}v_A^2+\dfrac{P_1}{2g}\left(v_A^2+\dfrac{1}{3}l^2\omega^2+l\omega v_A\cos\varphi\right)$。

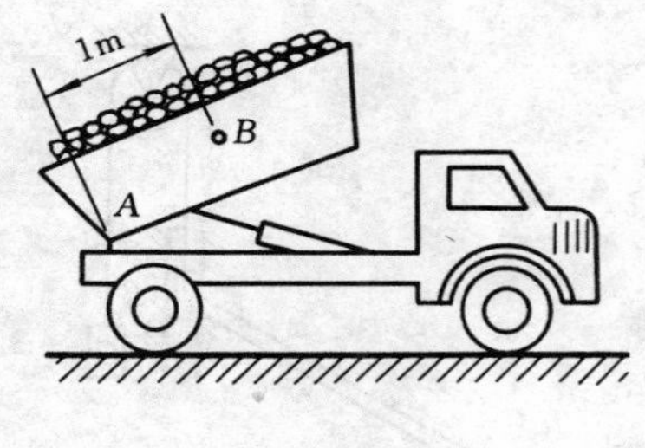

题 12-4 图

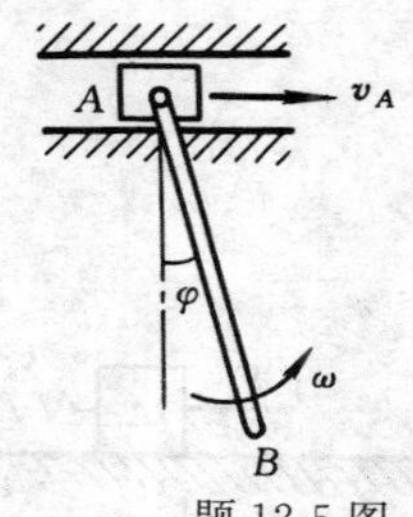

题 12-5 图

12-6　图示履带式推土机前进速度为 v。已知车架总重 P_1；两条履带重力各为 P_2；四轮重力各为 P_3，半径为 R。其惯性半径为 ρ。试求整个系统的动能。

答案　$T=\left[P_1+4P_2+4P_3\left(\dfrac{\rho^2}{R^2}+1\right)\right]\dfrac{v^2}{2g}$。

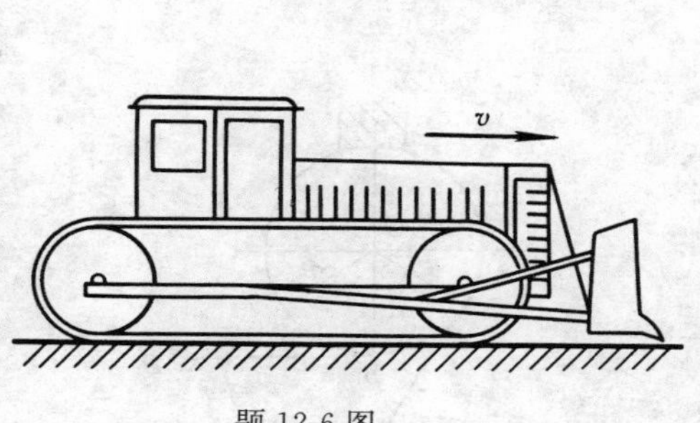

题 12-6 图

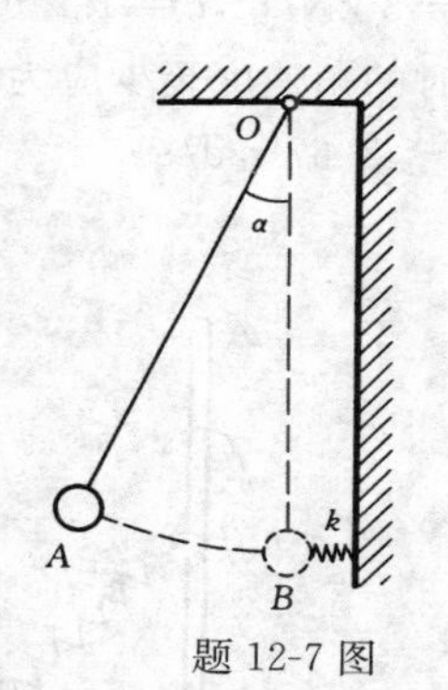

题 12-7 图

12-7　一单摆的摆长为 l，摆锤重力为 P。此摆在点 A 从静止向右摆动，此时，绳与铅垂线的夹角为 α，当摆动到铅垂位置点 B 时，与一刚性系数为 k 的弹簧相碰撞，如图所示。若忽略绳与弹簧的质量，试求弹簧被压缩的最大距离 δ。

答案　$\delta=\sqrt{\dfrac{2Pl(1-\cos\alpha)}{k}}$。

12-8　如图所示，物块 A 的重力 $P=10$ N，使它与弹簧 1 接触并在水平力 F 的作用下将弹簧 1 压缩 5 cm，弹簧 1 的刚性系数 $k_1=120$ N/cm。现突然除去力 F，使物块沿水平面向左滑动，滑动一段距离 $s=100$ cm 后，撞击弹簧 2，使它压缩 30 cm。已知物块与水平面间的动摩擦因数 $f_d=0.2$。求弹簧 2 的刚性系数 k_2。

答　$k_2=2.76$ N/cm。

12-9　图示重物 C 与杆 AB 的质量相等，滑块 B 的质量可以不计。开始时 AB 在水平位置，速度为零。试求当 AB 杆被拉到与水平成 30° 角时重物 C 的加速度。所有摩擦力不计。

答案　$a=\dfrac{93}{338}g$。

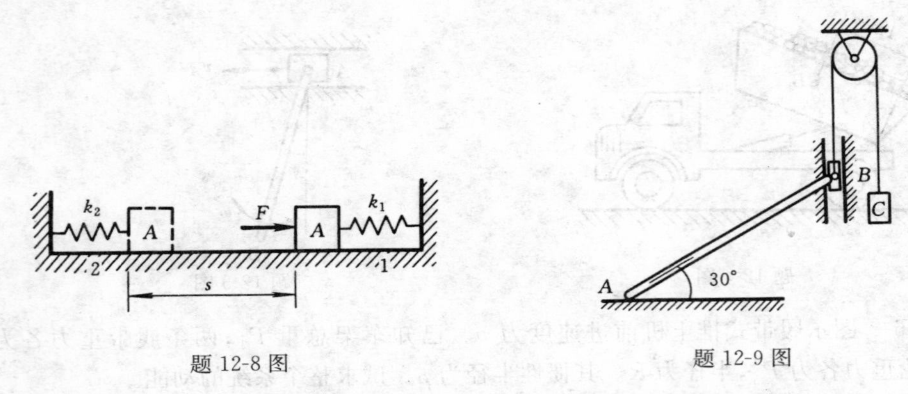

题 12-8 图　　　　题 12-9 图

12-10　图示匀质杆 OA 的质量 $m=30$ kg，杆在铅垂位置时弹簧处于自然状态。设弹簧常数 $k=3$ kN/m，$l=1.2$ m，为使杆能由铅垂位置 OA 转到水平位置 OA'，试问杆在铅垂位置时的角速度至少应为多少？

答案　$\omega=3.67$ rad/s。

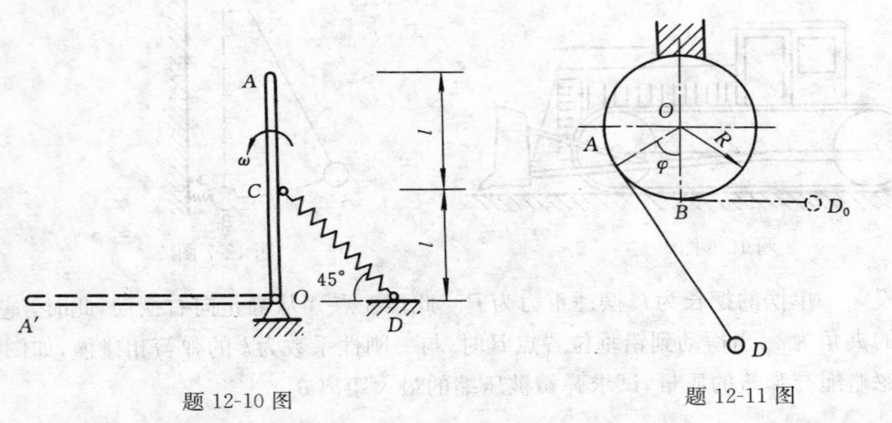

题 12-10 图　　　　题 12-11 图

12-11　将一长度 l 为 683 mm 的绳的一端固结在固定圆盘水平直径上的点 A，然后使绳绕过 1/4 圆弧 AB，其余部分位于水平位置，在绳的末端固连一质点 D，如图所示。圆盘的半径 $R=200$ mm，不计绳的质量。如把质点 D 在初位置从静止状态释放，试求 $\varphi=60^\circ$ 时质点 D 的速度。

答案　$v=2.8$ m/s。

12-12　将长为 l 的链条放置如图所示，其中，一段放在光滑的桌面上，下垂一段则位于铅垂位置，且长为 l_0。如链条在图示位置从静止开始运动，试求链条全部离开桌面时的速度。

答案　$v=\sqrt{\dfrac{g}{l}(l^2-l_0^2)}$。

12-13　在曲柄导杆机构的曲柄 OA 上，作用有大小不变的力偶矩 M，如图所示。

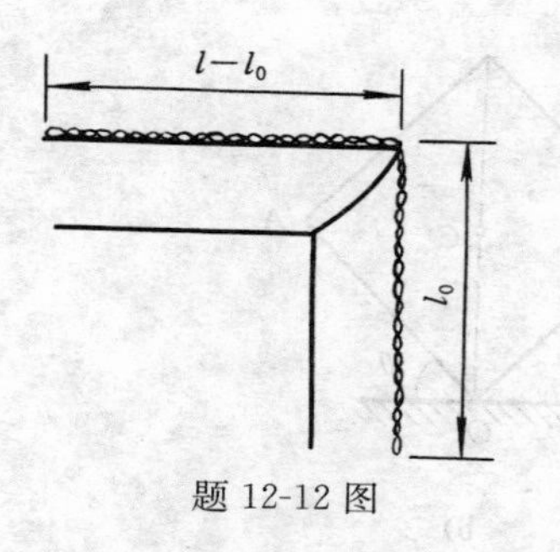

题 12-12 图

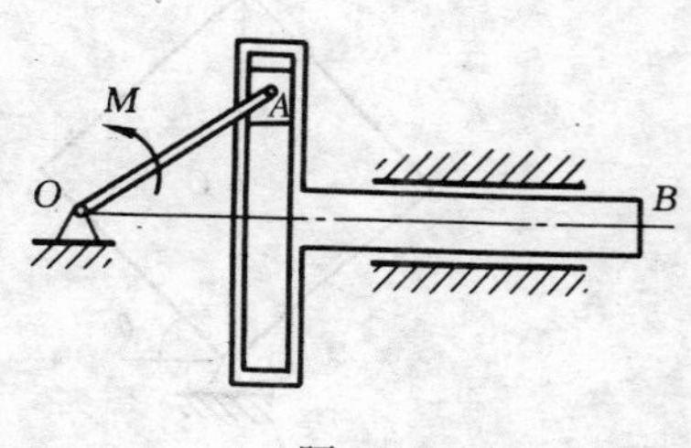

题 12-13 图

若初瞬时系统处于静止，且 $\angle AOB = \frac{\pi}{2}$，试问当曲柄转过一周后，获得多大的角速度？设曲柄 OA 重 P_1，长为 r 且为匀质杆；导杆 BC 重为 P_2；导杆与滑道间的摩擦力可认为等于常值 F，滑块 A 的质量不计。机构位于水平面内。

答案　$\omega = \frac{2}{r}\sqrt{\frac{3g(\pi M - 2Fr)}{P_1 + 3P_2}}$。

12-14　半径为 R、重力为 P_1 的匀质圆盘 A 放在水平面上，如图所示。绳的一端系在圆盘中心 A。另一端绕过匀质滑轮 C 后挂有重物 B。已知滑轮 C 的半径为 r，重力为 P_2；重物 B 的重力为 P_3。绳子不可伸长，质量略去不计。圆盘滚而不滑。系统从静止开始。不计滚动摩擦，试求当重物 B 下落的距离为 x 时，圆盘中心 A 的速度和加速度。

答案　$v = \sqrt{\frac{4P_3 g x}{3P_1 + P_2 + 2P_3}}$；　$a = \frac{2P_3 g}{3P_1 + P_2 + 2P_3}$。

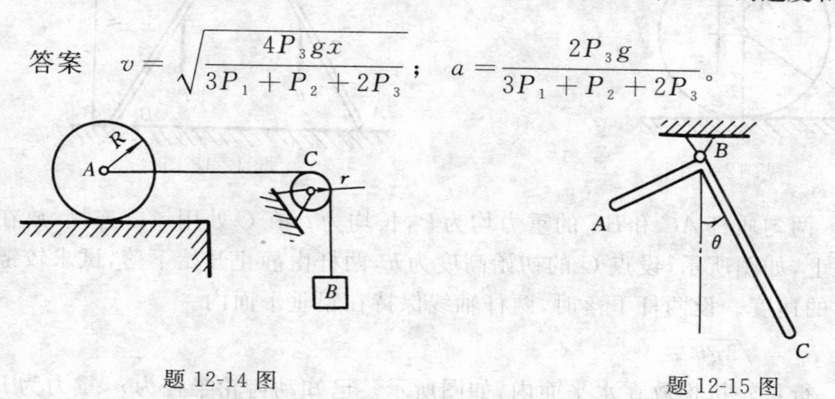

题 12-14 图　　　　题 12-15 图

12-15　一直角尺 ABC 如图所示，$BC = 2AB = 2a$，在 B 处用铰固定，若在 $\theta = 0$ 的位置无初速释放，求运动时右肢 BC 与铅垂线夹角的最大值。

答案　$\theta = 28°4'$。

12-16　图 a)，b) 所示为两种支持情况的匀质正方形板，边长为 b，质量为 m，初始时均处于静止状态。若板在 $\theta = 45°$ 位置受干扰后，沿顺时针方向倒下，不计摩擦。试求当 OA 边处于水平位置时，两主板的角速度。

答案　a) $\omega = \frac{2.74}{\sqrt{b}}$ rad/s；　b) $\omega = \frac{3.12}{\sqrt{b}}$ rad/s。

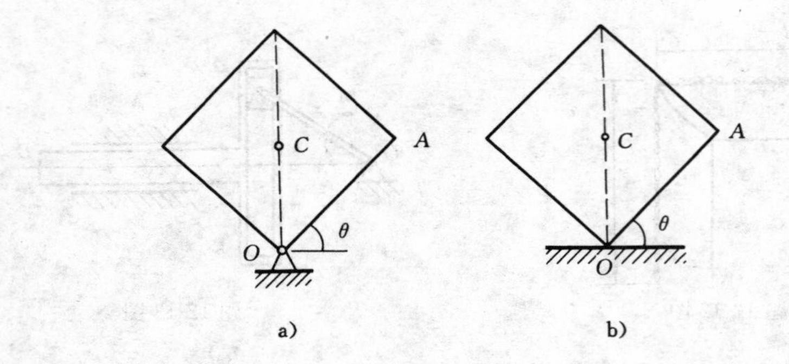

题 12-16 图

12-17　匀质圆轮的质量为 m_1，半径为 r；一质量为 m_2 的小铁块固结在离圆心 e 的 A 处，如图所示。若 A 稍稍偏离最高位置，使圆轮由静止开始滚动。试求当 A 运动至最低位置时圆轮滚动的角速度。设圆轮只滚不滑。

答案　$\omega=\sqrt{\dfrac{8m_2eg}{3m_1r^2+2m_2(r-e)^2}}$。

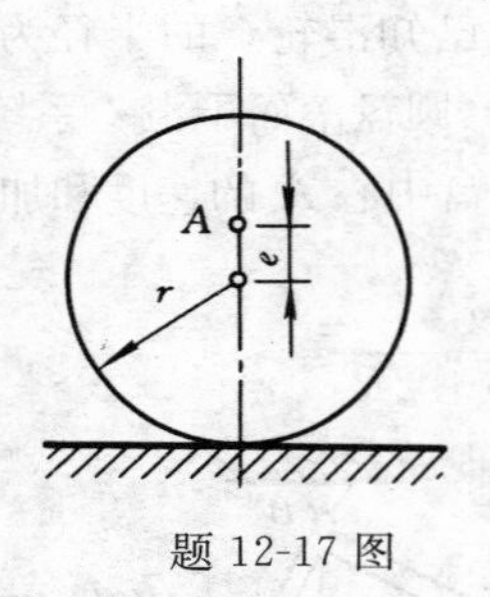

题 12-17 图

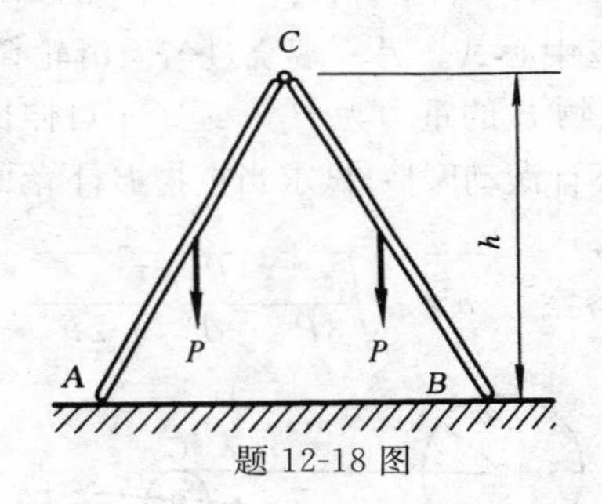

题 12-18 图

12-18　两匀质杆 AC 和 BC 的重力均为 P，长均为 l，在 C 处用铰链连接，放在光滑的水平面上，如图所示，设点 C 的初始高度为 h，两杆由静止开始下落，试求铰链 C 到达地面时的速度。设两杆下落时，两杆轴线保持在铅垂平面内。

答案　$v_C=\sqrt{3gh}$。

12-19　行星轮机构放在水平面内，如图所示。已知动齿轮半径为 r，重力为 P_1，可看成匀质圆盘；曲柄 OA 重力为 P_2，可看成匀质杆；定齿轮半径为 R。今在曲柄上作用一不变的力偶，其力偶矩为 M，使此机构由静止开始运动。试求曲柄的角速度与其转角 φ 的关系。

答案　$\omega=\dfrac{2}{R+r}\sqrt{\dfrac{3gM\varphi}{2P_2+9P_1}}$。

12-20　如图所示，物块 A 重力为 P_1，连在一根无重量、不能伸长的绳子上，绳子绕过固定滑轮 D 并绕在鼓轮 B 上。由于重物下降，带动轮 C 沿水平轨道滚动而不滑动。鼓轮 B 的半径为 r，轮 C 的半径为 R，二者固连在一起，总重力为 P_2，对于水平轴

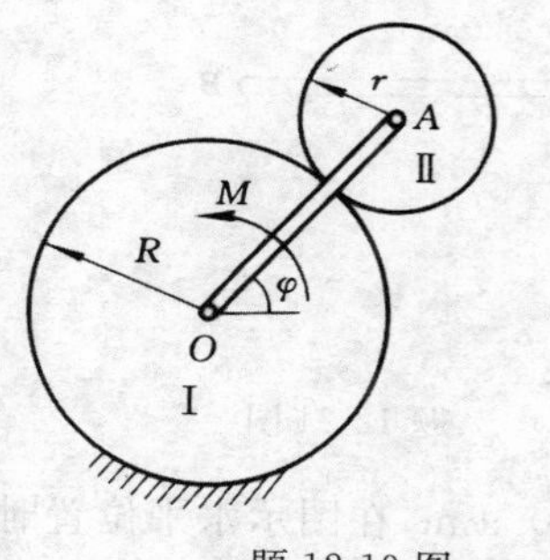

题 12-19 图

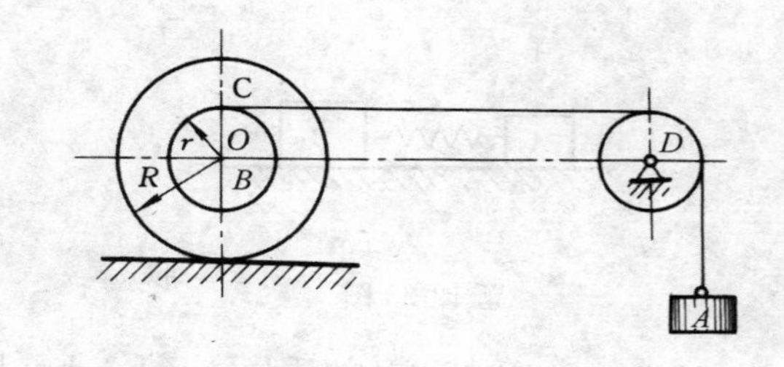

题 12-20 图

O 的惯性半径为 ρ。轮 D 的质量不计。试求重物 A 的加速度。

答案　$a=\dfrac{P_1(R+r)^2}{P_2(\rho^2+R^2)+P_1(R+r)^2}g$。

12-21　绳索的一端 E 固定，绕过动滑轮 D 与定滑轮 C 后，另一端与重物 B 连接，如图所示。已知重物 A 和 B 的重力均为 P_1，滑轮 C 和 D 的重力均为 P_2，且均为匀质圆盘，重物 B 与水平面间的动摩擦因数为 f_d。如重物 A 开始向下时的速度为 v_0，试问重物 A 下落多大距离，其速度将增加一倍。

答案　$h=\dfrac{3v_0^2(7P_2+10P_1)}{4g[P_1(1-2f_d)+P_2]}$

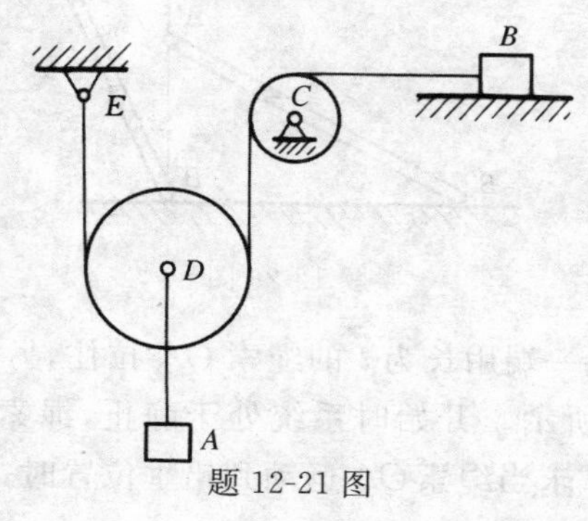

题 12-21 图

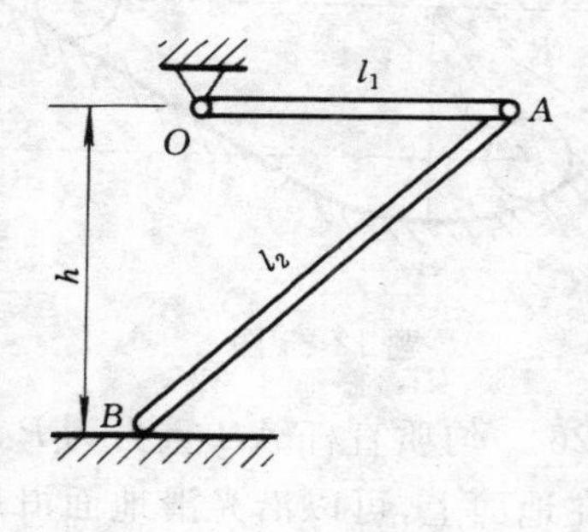

题 12-22 图

12-22　匀质杆 OA 的质量是匀质杆 AB 质量的两倍，已知 $l_1=0.9$ m，$l_2=1.5$ m，$h=0.9$ m。机构在图示位置从静止释放，各处摩擦不计。试求当杆 OA 转到铅垂位置时，杆 AB 的 B 端的速度。

答案　$v_B=3.984$ m/s

12-23　弹簧两端分别与重物 A 和 B 连接，平放在光滑的平面上，如图所示，物块 A 的重力为 P_1，物块 B 的重力为 P_2，弹簧原长为 l_0，其刚性系数为 k，先将弹簧拉长到 $l(l>l_0)$，然后无初速地释放。试问当弹簧回到原长时，A 和 B 两重物的速度分别为多少？

答案　$v_A=\sqrt{\dfrac{kP_2g}{P_1(P_1+P_2)}}(l-l_0)$，$v_B=\sqrt{\dfrac{kP_1g}{P_2(P_1+P_2)}}(l-l_0)$。

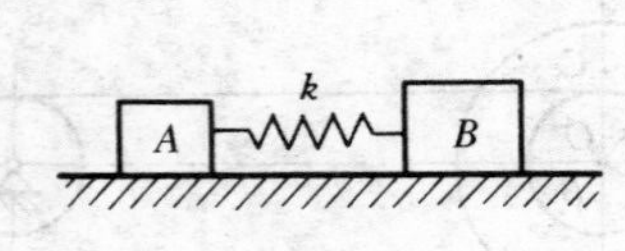
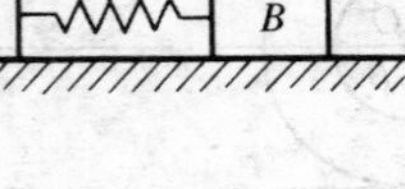

题 12-23 图

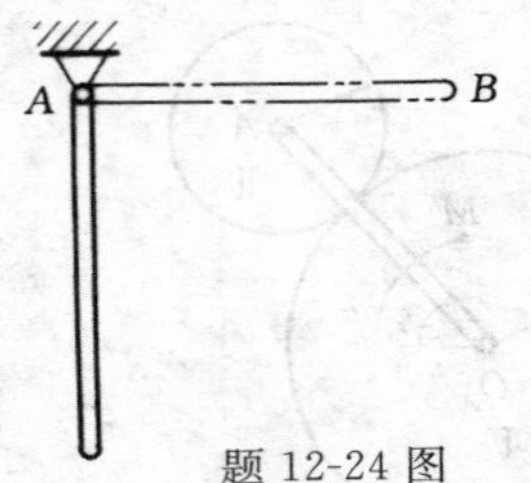

题 12-24 图

12-24　匀质杆 AB 的质量 $m=1.5$ kg，长度 $l=0.9$ m，在图示水平位置时从静止释放，试求当杆 AB 经过铅垂位置时的角速度及支座 A 的约束力。

答案　$\omega=5.72$ rad/s，$F_{Ax}=0$，$F_{Ay}=36.75$ N。

12-25　质量为 m、半径为 r 的匀质圆柱，开始时其质心位于与 OB 同一高度的点 C，如图所示。设圆柱由静止开始沿斜面滚动而不滑动，当它滚到半径为 R 的圆弧 AB 上时，试求在任意位置上对圆弧的正压力和摩擦力。

答案　$F_{\mathrm{N}}=\dfrac{7}{3}mg\cos\theta$，$F=\dfrac{1}{3}mg\sin\theta$。

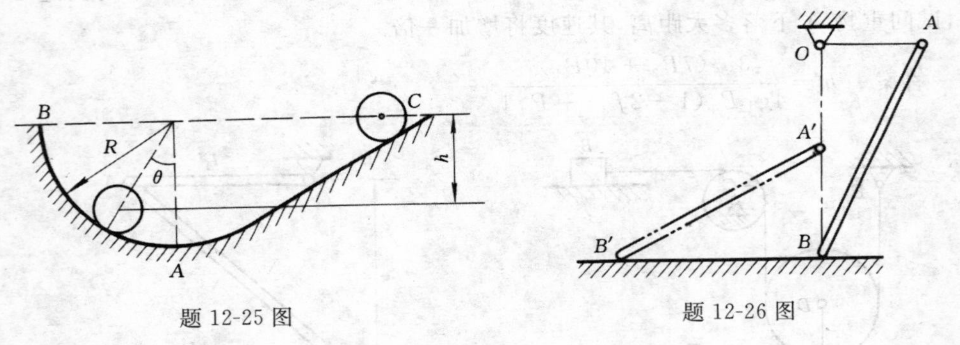

题 12-25 图　　　　题 12-26 图

12-26　匀质直杆 AB 重力为 P，长为 $2l$，一端用长为 l 的绳索 OA 拉住，另一端 B 放置在地面上，可以沿光滑地面滑动，如图所示。开始时系统处于静止，绳索 OA 位于水平位置，而点 O，B 在同一铅垂线上。试求当绳索 OA 运动到铅垂位置时，点 B 的速度、绳索的拉力以及地面的约束力。

答案　$v_B=\sqrt{gl}$，$F_{\mathrm{T}}=0.846P$，$F_{\mathrm{N}}=0.6537P$。

13 碰 撞

碰撞是物体运动的一种特殊形式，也是工程实际中的一种常见而又复杂的动力学问题，因为工程中的碰撞问题几乎都是对有约束物体的碰撞，而不是自由体间的碰撞。同摩擦问题一样，碰撞既有有利的一面，如锻锤、冲床、沉桩等，也有不利的一面，如飞机着陆、航天器对接、车辆的撞击等。

本章将根据碰撞现象的特征，给出基本假设，再定义恢复因数公式，然后运用冲量定理和冲量矩定理对物体的碰撞进行研究，最后介绍撞击中心的概念。

13.1 碰撞现象及其基本假设

碰撞现象的基本特征是在极短时间内（$10^{-4} \sim 10^{-3}$ s）物体的速度发生极大变化。由于其加速度非常大，因此，作用于物体的碰撞力具有很大的数值（约为一般力的几百倍，甚至上千倍）。这种在碰撞时出现的物体相互作用的巨大的力，称为碰撞力或瞬时力。物体撞击时力的传递物理机制非常复杂，要测量它的瞬时值比较困难，所以，在力学研究中，不是从微观角度研究碰撞过程，而是从宏观角度讨论碰撞开始和结束这两个时刻物体的速度、角速度等物理量的改变。碰撞力的变化可以图 13-1 表示。图中表明，碰撞开始和结束时力 F 为零，在碰撞过程中碰撞力的大小可以达到很大的值。图中用 F_{max} 和 F^* 分别表示碰撞力的最大值和平均值。碰撞力的变化相当复杂，且很难测定，而巨大的碰撞力在极短的时间里对物体的冲量却是有限值，称为碰撞冲量。

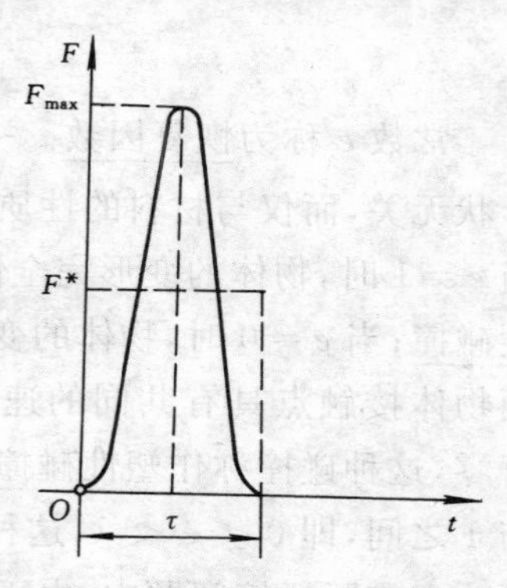

图 13-1 碰撞力的变化

由于碰撞过程的时间间隔 τ 极小，所以，在力学中，凡具有与 τ 同阶的量可忽略不计。根据碰撞现象的这一基本特征，在研究碰撞现象时，可作如下假设：

（1）由于碰撞过程非常短促，物体在碰撞发生的瞬间其位置基本上没有变化，因此在碰撞过程中物体的位移可以忽略不计。

（2）由于碰撞力巨大，以至在碰撞过程中相对于碰撞力而言，其他一切有限力（如重力、弹性力等）都可以忽略不计。

（3）相互碰撞的物体都视为刚体，也就是说物体在撞击的瞬间局部出现的变形只发生在撞击点附近的微小区域内，这样简化的碰撞模型称为局部变形的刚体碰撞。

13.2　恢复因数

两物体相碰撞时，在接触点处产生的相互作用的碰撞力仍然满足作用力与反作用力定律。如图 13-2 所示，在不考虑摩擦时，碰撞冲量 $\boldsymbol{I}$ 与 $\boldsymbol{I}'$ 应沿着互撞物体表面的公法线方向。

碰撞过程可以分为两个阶段。第一阶段为变形阶段，从两物体开始接触、互相挤压并产生微小变形，直到接触点的相对速度在公法线上的投影减小到零为止；在这一阶段中，碰撞物体主要是发生变形。第二阶段为恢复阶段，此时两物体由于弹性而恢复原来的变形，甚至达到两物体重新分离；在这个阶段中，接触点相对速度的法向分量正负号改变，绝对值增加。当然，实际碰撞过程比这复杂得多，两个阶段很难明确划分，这里所述的只是理想化的情形。

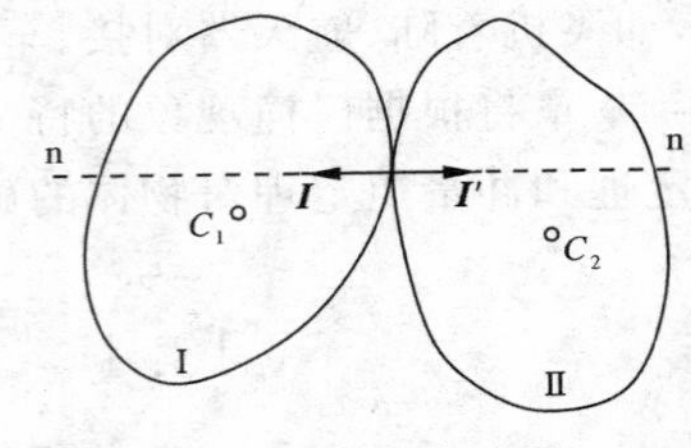

图 13-2　碰撞冲量

对于变形阶段的碰撞冲量 $\boldsymbol{I}_1$ 和恢复阶段的碰撞冲量 $\boldsymbol{I}_2$，一般情况下都存在塑性变形，冲量 $\boldsymbol{I}_2$ 通常小于冲量 $\boldsymbol{I}_1$。在这里我们引入从实验中归纳出来的牛顿假设：

$$e=\frac{I_2}{I_1} \tag{13-1}$$

常数 e 称为恢复因数。一般情况下，恢复因数与碰撞时的速度以及物体的大小形状无关，而仅与材料的性质有关。e 的值在 0 与 1 之间，当 $e=1$ 时，物体的变形完全恢复，动能没有损失，称作弹性碰撞；当 $e=0$ 时，物体的变形完全没有恢复，在碰撞后两物体接触点具有共同的速度，它们之间的相对速度等于零，这种碰撞称作塑性碰撞。对于一般物体，e 值介于 0 与 1 之间，即 $0<e<1$，这种碰撞称作弹塑性碰撞。

在实际碰撞问题中，由于碰撞时间极短，很难获得 $\boldsymbol{I}_1$ 和 $\boldsymbol{I}_2$。如考虑动量定理 $\boldsymbol{I}=m\boldsymbol{v}'-m\boldsymbol{v}$，只要能测出速度 $\boldsymbol{v}$ 和 $\boldsymbol{v}'$，就可确定碰撞冲量 $\boldsymbol{I}$ 的大小和方向。

为此设 v_{1n}，v_{2n} 为碰撞开始时第一个和第二个物体接触处的绝对速度法向分量，v'_{1n}，v'_{2n} 为碰撞结束时相应的绝对速度法向分量，则牛顿假设改变为

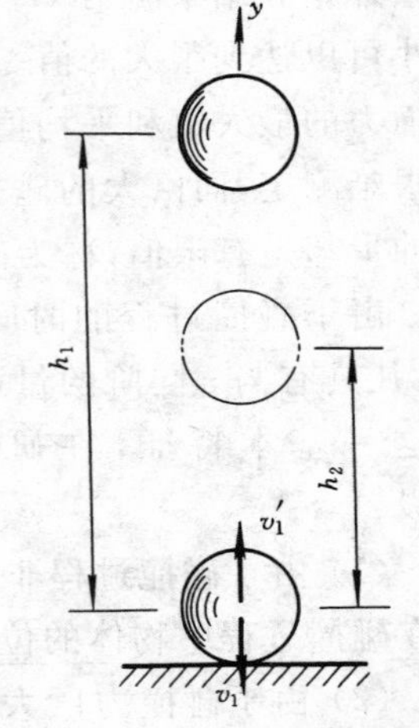

图 13-3　实验测定恢复因数

$$e=\frac{v_{2n}'-v_{1n}'}{v_{1n}-v_{2n}} \quad 0 \leqslant e \leqslant 1 \tag{13-2}$$

必须指出，牛顿假设只是实际碰撞过程的近似结果，它足够好地适用于局部变形的刚体碰撞。如果考虑碰撞时整个物体内部发生变形，则该假设不能应用。

依照牛顿假设，恢复因数也可用下述简单的实验方法来测定。设小球自高度 h_1 自由落下，碰撞固定平面后回弹高度为 h_2（图 13-3），则小球碰撞前后的速度分别为

$$v_1=\sqrt{2gh_1}, \quad v_1'=\sqrt{2gh_2}$$

因固定平面的速度 $v_2=v_2'=0$，则有

$$e=\frac{0-v_1'}{-v_1-0}=\frac{v_1'}{v_1}=\sqrt{\frac{h_2}{h_1}}$$

若测得 h_1 和 h_2，即可由上式求出恢复因数 e。

13.3 研究碰撞的矢量力学方法

13.3.1 碰撞的分类

具有光滑曲面的两物体相撞时，过其接触点可作一公法线 n—n。若碰撞时两物体的质心均位于公法线上，称为对心碰撞（图 13-4），否则称为偏心碰撞（图 13-2）。在对心碰撞情况中，若碰撞时两物体质心的速度都沿公法线，则称为对心正碰撞（图 13-4b)），否则称为对心斜碰撞（图 13-4c)）。

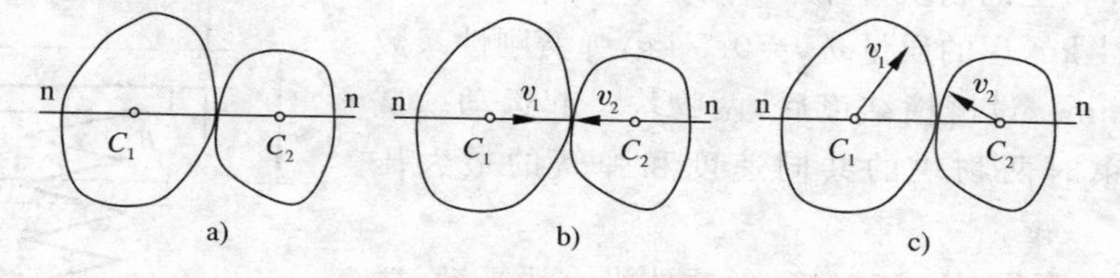

图 13-4 对心碰撞

当物体发生对心碰撞时，物体作平动，此时，可作为质点来研究；当物体发生偏心碰撞时，一般而言，物体将作任意运动。

13.3.2 冲量和冲量矩定理

分析碰撞过程的动量、动量矩定理常用其积分形式：冲量定理与冲量矩定理。由于在碰撞过程中伴随有能量损失现象，故针对碰撞问题，一般不能运用动能定理。

根据式(10-12)，有冲量定理：

$$m\boldsymbol{v}_C' - m\boldsymbol{v}_C = \sum \boldsymbol{I}_i^{\mathrm{E}} \tag{13-3}$$

式中，$\boldsymbol{v}_C$ 和 $\boldsymbol{v}_C'$ 分别表示碰撞开始和结束时质心的速度。

式(13-3) 表示，碰撞时，质点系动量的改变等于作用于质点系的外碰撞冲量之矢量和。

根据式(11-24)，有对静点 O 的冲量矩定理

$$\boldsymbol{L}_{O2} - \boldsymbol{L}_{O1} = \sum \int_0^{\tau} \boldsymbol{M}_O(\boldsymbol{F}_i^{\mathrm{E}})\mathrm{d}t = \sum \int_0^{\tau} \boldsymbol{r}_i \times \mathrm{d}\boldsymbol{I}_i^{\mathrm{E}}$$

式中，$\boldsymbol{L}_{O1}$，$\boldsymbol{L}_{O2}$ 分别是碰撞前后质点系对静点 O 的动量矩。因为在碰撞过程中，假设物体的位移忽略不计，因此，碰撞力作用点的矢径是个常量，故

$$\boldsymbol{L}_{O2} - \boldsymbol{L}_{O1} = \sum \boldsymbol{r}_i \times \int_0^{\tau} \mathrm{d}\boldsymbol{I}_i^{\mathrm{E}} \tag{13-4}$$

即碰撞时，质点系对任一静点 O 的动量矩的改变，等于作用于质点系的外碰撞冲量对同一点矩的矢量和。

若取质心 C 为矩心，式(13-4) 改写为

$$\boldsymbol{L}_{C2} - \boldsymbol{L}_{C1} = \sum \boldsymbol{r}_{Ci} \times \int_0^{\tau} \mathrm{d}\boldsymbol{I}_i^{\mathrm{E}} \tag{13-4'}$$

即碰撞时，质点系对质心 C 的动量矩的改变，等于作用于质点系的外碰撞冲量对同一点的矩的矢量和。

例 13-1 物块 A 自高度 $h = 4.9$ m 处自由落下，与安装在弹簧上的物块 B 相撞(图 13-5)。已知 A 的质量 $m_1 = 1$ kg，B 的质量 $m_2 = 0.5$ kg，弹簧刚性系数 $k = 10$ N/mm。设碰撞结束后，两物块一起运动。试求碰撞结束时两物块的共同速度和弹簧的最大压缩量。

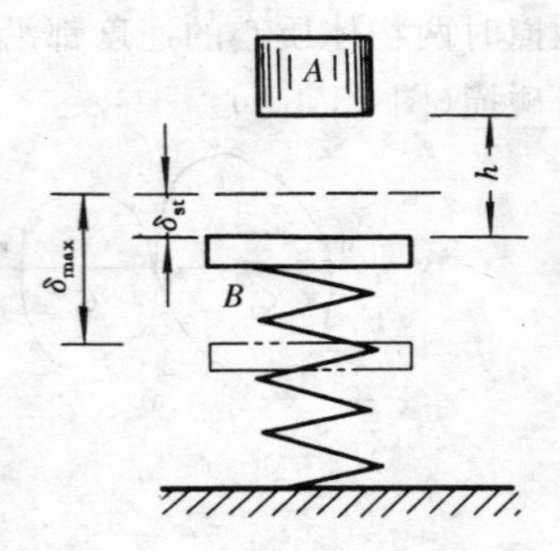

图 13-5 例 13-1 图

解 本题为对心正碰撞，两物体沿直线平动，碰撞前后，系统均为 1 个自由度。物块 A 落下与物块 B 接触的时候，碰撞开始。此后物块 A 的速度减小，物块 B 的速度增大，当二者速度相等时，碰撞结束。然后物块 A 和 B 一起压缩弹簧作减速运动，到速度等于零时，弹簧的压缩量达最大值。此后物块将向上运动，并将持续往复振动。碰撞开始时

$$v_1 = \sqrt{2gh} = 9.8 \text{ m/s}, \quad v_2 = 0$$

碰撞过程中，根据基本假设忽略重力冲量和弹簧力的冲量，沿竖直方向系统动量守恒。

$$m_1 v_1' + m_2 v_2' = m v_1$$

故碰撞后二者一起运动的速度为

$$v_1' = v_2' = \frac{m_1 v_1}{m_1 + m_2} = \frac{9.8}{1.5} = 6.533 \text{ m/s}$$

碰撞结束后弹簧的最大压缩量 $\delta_{\max}$ 可由动能定理求得

$$0 - \frac{1}{2}(m_1 + m_2)v_1'^2 = (m_1 + m_2)g(\delta_{\max} - \delta_{st}) + \frac{k}{2}(\delta_{st}^2 - \delta_{\max}^2)$$

整理后得

$$\delta_{\max}^2 - \frac{2(m_1 + m_2)g}{k}\delta_{\max} - \left(\frac{m_1 + m_2}{k}v_1'^2 - 2\frac{m_1 + m_2}{k}g\delta_{st} + \delta_{st}^2\right) = 0$$

注意到 $k\delta_{st} = m_2 g$，解得最大压缩量为 $\delta_{\max} = 81.49$ mm(另一负值解不合题意)。

例 13-2 沉桩过程如图 13-6 所示。落锤打桩机的锤的质量 $m_1 = 720$ kg，自高度 $h = 1$ m 处自由落下，打在桩上，使桩下沉 $\delta = 0.1$ m，桩的质量为 $m_2 = 80$ kg，设碰撞为塑性的。试求：(1) 桩陷入泥土时的平均阻力；(2) 打桩机的效率。

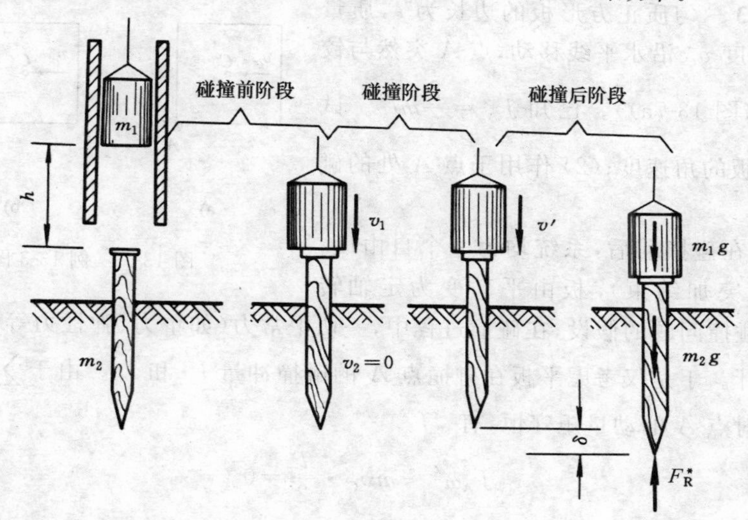

图 13-6 例 13-2 图

解 本题为对心正碰撞，两物体均沿直线平动。

(1) 锤落到桩顶处时的瞬时速度为 $v_1 = \sqrt{2gh}$ 。因是塑性碰撞，故碰撞结束时锤和桩具有共同速度 v'；而阻力是常力，忽略其冲量，由动量守恒定理得

$$(m_1 + m_2)v' = m_1 v_1$$

故

$$v' = \frac{m_1}{m_1 + m_2}\sqrt{2gh}$$

在碰撞结束后阶段，锤与桩一起以共同速度 v' 下沉 δ 后停止，若以 F_R^* 表示泥土对桩的平均阻力，运用动能定理，有

$$0-\frac{1}{2}(m_1+m_2)v'^2=(m_1g+m_2g-F_R^*)\delta$$

$$F_R^*=(m_1g+m_2g)+\frac{m_1^2gh}{\delta(m_1+m_2)}=71.34\ \text{kN}$$

(2) 在 $e=0$ 的情况下，打桩机的工作是希望锤和桩碰撞后具有较大的动能 $T=T_0-\Delta T$，以克服土体的阻力，从而使桩下沉，定义打桩机的效率为

$$\eta=\frac{T}{T_0}=\frac{T_0-\Delta T}{T_0}=1-\frac{\Delta T}{T_0}$$

因为 $T_0=\frac{1}{2}m_1v_1^2=\frac{1}{2}m_1(2gh)=m_1gh$，$T=\frac{1}{2}(m_1+m_2)v'^2=\frac{1}{2}\cdot\frac{m_1^2}{m_1+m_2}(2gh)$

得
$$\eta=\frac{m_1}{m_1+m_2}=1-\frac{m_2}{m_1+m_2}=0.9=90\%$$

例 13-3 匀质正方形板的边长为 l，质量为 m，以速度 v_C 沿水平线移动，点 A 突然与铰链 A 连接(图 13-7a))。已知 $J_A=\frac{2}{3}ml^2$。试求：(1) 平板的角速度；(2) 作用于点 A 处的碰撞冲量。

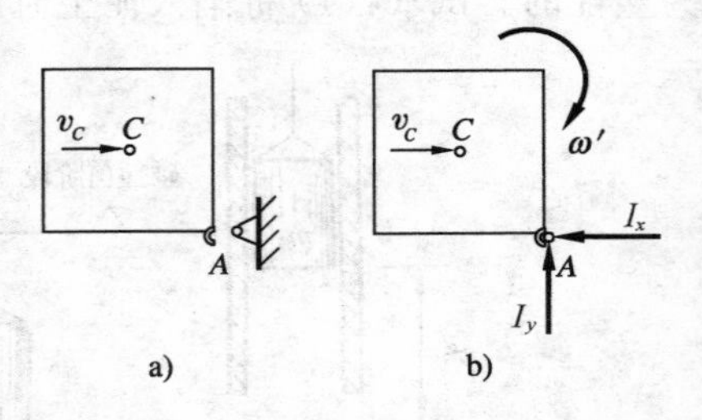

图 13-7 例 13-3 图

解 在碰撞前后，系统均为一个自由度，经过碰撞(突加约束)，板由平动变为定轴转动。根据碰撞问题的假设，在碰撞过程中，一切平常力(如重力、弹性力等)的冲量均可忽略不计。于是仅考虑平板在碰撞点 A 的碰撞冲量 I_x 和 I_y。由于 $\sum M_{Ai}(\boldsymbol{I})=0$，故平板对点 A 的动量矩守恒，有

$$J_A\omega'-mv_C\cdot\frac{l}{2}=0$$

即
$$\frac{2}{3}ml^2\omega'=\frac{1}{2}mv_Cl$$

得
$$\omega'=\frac{3v_C}{4l}$$

运用冲量定理求解作用于点 A 处的碰撞冲量，设碰撞后质心的速度为 v'_C，且 $v'_C=\frac{\sqrt{2}}{2}l\omega'$，则

$$mv'_C\cos45^\circ-mv_C=-I_x,\quad 得\quad I_x=\frac{5}{8}mv_C$$

$$mv'_C \sin 45° - 0 = I_y, \quad 得 \quad I_y = \frac{3}{8} m v_C$$

例 13-4 质量 $m_0 = 500$ kg 的重物从高度 $h = 1$ m 处落到刚性梁点 D。梁由固定铰支座 A 和刚性系数 $k = 20\,000$ N/cm 的弹簧支座 B 支承(图 13-8a))。重物对梁碰撞的恢复因数 $e = 0.5$,梁的质量 $m = 6\,000$ kg,长 $l = 4$ m。设梁的水平位置为碰撞前的平衡位置。试求梁在点 D 和支座 A 处承受的碰撞冲量以及弹性支座 B 的最大变形(视点 B 的运动沿着铅垂线)。

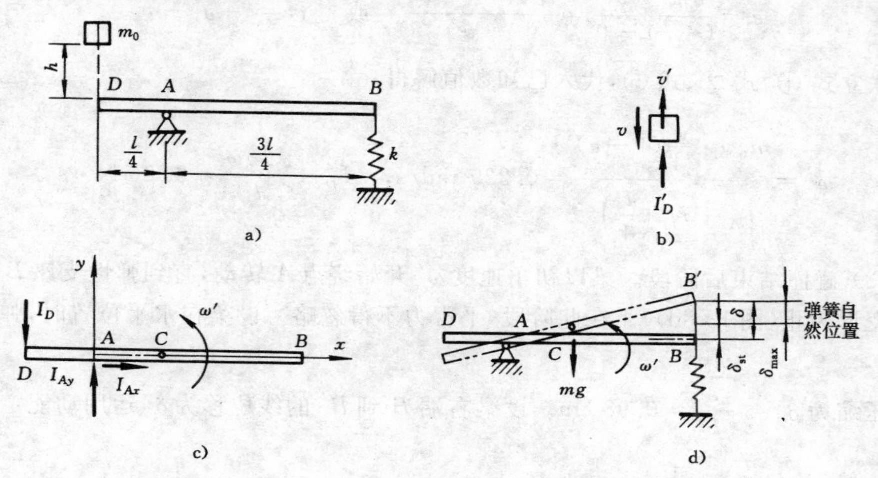

图 13-8 例 13-4 图

解 碰撞前后系统的自由度为 2,设碰撞后的运动学独立变量:重物的速度为 v,梁的角速度为 ω。将整个运动过程分成三个阶段。

(1) 碰撞前阶段。重物作自由落体运动,降落到梁端点 D 的速度为 $v = \sqrt{2gh} = 4.427$ m/s。

(2) 碰撞阶段。重物与梁的碰撞为弹塑性碰撞,碰撞开始时重物的速度为 $v = \sqrt{2gh}$,梁处于水平静止。设碰撞结束时重物的速度为 $\boldsymbol{v}'$,梁绕固定轴 A 转动的角速度为 ω'。点 D 的碰撞冲量为 $\boldsymbol{I}_D$,支座 A 处的约束冲量为 I_{Ax} 和 I_{Ay},点 B 处的弹簧力和梁的重力是平常力,在碰撞过程中忽略不计。受力分析如图 13-8b),c) 所示。对重物运用冲量定理,有

$$m_0 v' - m_0(-v) = I'_D \qquad ①$$

以梁为研究对象,运用冲量矩定理,有

$$J_A \omega' - 0 = I_D \cdot \frac{l}{4} \qquad ②$$

其中,$J_A = \frac{1}{12} m l^2 + m\left(\frac{l}{4}\right)^2 = \frac{7}{48} m l^2$。

将冲量定理投影于 x，y 轴，得

$$I_{Ax}=0 \qquad ③$$

$$m\cdot\frac{l}{4}\omega'-0=I_{Ay}-I_D \qquad ④$$

在碰撞处 D 有如下恢复因数关系式

$$e=\frac{v'_{Dy}-v'}{(-v)-0}=\frac{-\frac{l}{4}\omega'-v'}{-v} \quad \text{或} \quad ve=\frac{l}{4}\omega'+v' \qquad ⑤$$

联立式 ①、式 ②、式 ⑤，代入已知数值解得

$$\omega'=\frac{m_0 v\cdot\frac{l}{4}(1+e)}{J_A+m_0\left(\frac{l}{4}\right)^2}=0.229\ \text{rad/s},\quad I_D=\frac{4J_A\omega}{l}=3\,206\ \text{N}\cdot\text{s}$$

（3）碰撞结束后阶段。梁以初角速度 ω' 开始绕点 A 转动，直到弹性支座 B 达到最大变形为止（图 13-8d)）。在此阶段，平常力不得忽略。设梁在水平位置时，弹簧的静力压缩为 $\delta_{st}=\frac{\frac{mg}{3}}{k}=0.98$ cm。设梁右端 B 到 B' 的线位移为 δ，运用动能定理有

$$0-\frac{1}{2}J_A\omega'^2=\frac{1}{2}k[\delta_{st}^2-(\delta-\delta_{st})^2]-mg\cdot\frac{1}{3}\delta$$

考虑到梁处于水平位置时有平衡条件

$$k\delta_{st}\cdot\frac{3}{4}l-mg\cdot\frac{1}{4}l=0$$

得 $$\frac{1}{2}J_A\omega'^2=\frac{1}{2}k\delta^2,\quad \delta=\sqrt{\frac{J_A}{k}}\omega=1.916\ \text{cm}$$

所以，弹簧的最大变形为 $\delta_{max}=\delta-\delta_{st}=0.936$ cm

例 13-5 两根质量均为 m、长均为 l 的匀质杆 OA 和 AB 以铰链连接，并用铰链支座 O 约束后，互成直角地静止在光滑水平支承面上，如图 13-9a) 所示。如在杆 AB 的中点作用有一个与 AB 线成 $\varphi=45^\circ$ 角的水平冲量 $\boldsymbol{I}$，试求两杆的角速度。

解 本题只研究系统受碰撞冲量 $\boldsymbol{I}$ 作用后的碰撞过程。系统碰撞后具有 2 个自由度，以 ω'_1 和 ω'_2 为运动学独立变量。

先以杆 OA 为研究对象。约束力的碰撞冲量如图 13-9b) 所示。设撞击后杆 OA 的角速度为 ω'_1。因为是定轴转动，故杆端点 A 的速度 $v'_A=l\omega'_1$，对点 O 列出冲量矩定理，有

$$J_O\omega'_1-0=I'_{Ay}l \qquad ①$$

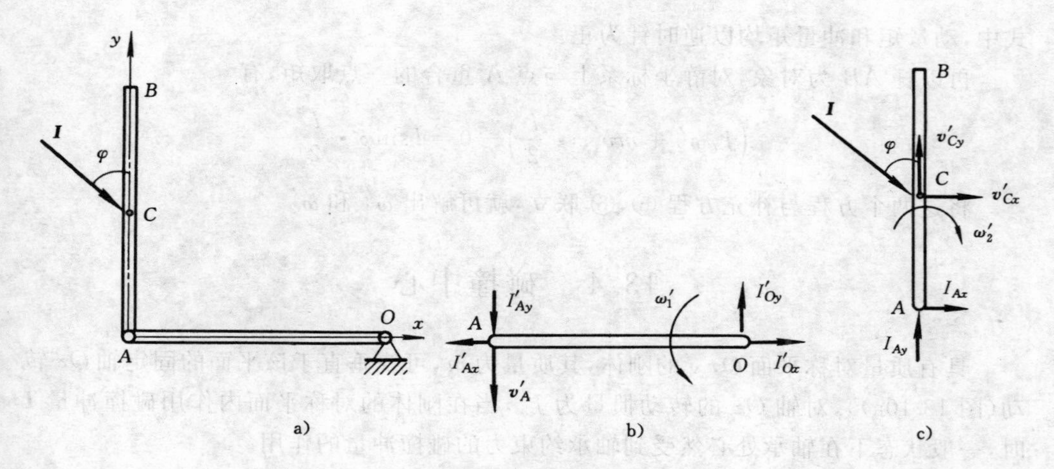

图 13-9 例 13-5 图

式中，$J_O=\dfrac{1}{3}ml^2$，再以杆 AB 为研究对象，杆 AB 上的碰撞冲量如图 13-9c) 所示。杆 AB 作平面运动，设碰撞后质心 C 的速度分量为 v'_{Cx}，v'_{Cy}，杆的角速度分量为 ω'_2。应用碰撞时的冲量定理和相对于质心的冲量矩定理，有

$$mv'_{Cx}-0=I\sin\varphi+I_{Ax} \quad ②$$

$$mv'_{Cy}-0=I_{Ay}-I\cos\varphi \quad ③$$

$$J_C\omega'_2-0=-I_{Ax}\cdot\frac{l}{2} \quad ④$$

其中
$$J_C=\frac{1}{12}ml^2$$

上述 4 个方程中有 6 个未知量：v'_{Cx}，v'_{Cy}，ω'_1，ω'_2，I_{Ax}，I_{Ay}，故还需列出运动学补充方程。从运动学可知，以点 A 为基点分析质心 C 的速度，有

$$v'_{Cx}=\frac{l}{2}\omega'_2 \quad ⑤$$

$$v'_{Cy}=-l\omega'_1 \quad ⑥$$

联立以上各式，解得
$$\omega'_1=\frac{3\sqrt{2}\,I}{8ml},\quad \omega'_2=\frac{3\sqrt{2}\,I}{4ml}$$

上述解法中，由于出现了不需求的碰撞冲量 I_{Ax} 和 I_{Ay}，因而求解较为麻烦。如果我们熟悉刚体对任意静点的动量矩计算，则可直接写出不包含点 A 的冲量方程。

先取两杆组成的系统为对象，对静点 O 写出冲量矩定理，有

$$\left(J_O\omega'_1-J_C\omega'_2-mv'_{Cx}\cdot\frac{l}{2}-mv'_{Cy}l\right)-0=I\cos\varphi\cdot l-I\sin\varphi\cdot\frac{l}{2}$$

式中，动量矩和冲量矩均以逆时针为正。

再以杆 AB 为对象，对静坐标系上与点 A 重合的一点取矩，有

$$\left(J_C\omega'_2 + mv'_{Cx} \cdot \frac{l}{2}\right) - 0 = I\sin\varphi \cdot \frac{l}{2}$$

将这两个方程与补充方程 ⑤，⑥ 联立，就可解出 ω'_1 和 ω'_2。

13.4 碰撞中心

具有质量对称平面 Oxy 的刚体，其质量为 m，可绕垂直于该平面的固定轴 Oz 转动(图 13-10a))，对轴 Oz 的转动惯量为 J_z，当在刚体的对称平面内作用碰撞冲量 $\boldsymbol{I}$ 时，一般状态下在轴承处必然受到轴承约束力的碰撞冲量的作用。

设质心 C 到转轴 O 的距离为 b，碰撞冲量 $\boldsymbol{I}$ 与水平线的夹角为 φ，而 $OO'=h$。假设碰撞前刚体具有初角速度 ω，求打击后刚体的角速度 ω' 及由于打击而在轴承处引起的瞬时约束力的冲量。

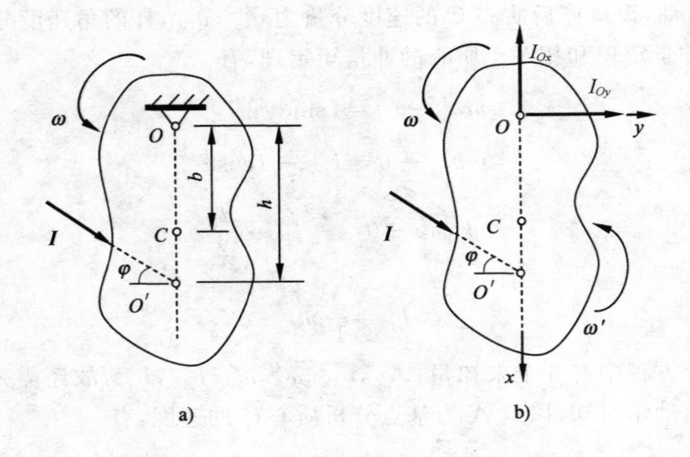

图 13-10 撞击中心

图 13-10b) 中的 I_{Ox}，I_{Oy} 分别表示轴承处碰撞约束力的冲量沿 x 轴和 y 轴的分量。由冲量定理和冲量矩定理得

$$mv'_{Cx} - mv_{Cx} = I\sin\varphi + I_{Ox} \quad ①$$

$$mv'_{Cy} - mv_{Cy} = I\cos\varphi + I_{Oy} \quad ②$$

$$J_z\omega' - J_z\omega = Ih\cos\varphi \quad ③$$

式中，v'_C 为碰撞后瞬时质心的速度，v_C 为碰撞前瞬时质心的速度。它们分别为

$$v'_{Cx} = 0, \quad v_{Cx} = 0, \quad v_{Cy} = \omega b, \quad v'_{Cy} = \omega' b \quad ④$$

由式 ③ 得
$$\omega' = \omega + \frac{h}{J_z} I\cos\varphi$$
代入式 ④,再代入式 ① 和式 ② 得
$$I_{Ox} = -I\sin\varphi$$
$$I_{Oy} = mb(\omega' - \omega) - I\cos\varphi = I\cos\varphi\left(\frac{mbh}{J_z} - 1\right)$$
为使轴承处碰撞约束力的冲量均等于零,必须同时满足以下两个条件:
$$\left.\begin{aligned} &\sin\varphi = 0, \quad \varphi = 0 \\ &h = \frac{J_z}{mb} \end{aligned}\right\} \tag{13-5}$$

由式(13-5) 决定的一点称为撞击中心。这表明,当碰撞冲量垂直于 OC 连线并作用于撞击中心时,可使轴承处的碰撞约束力冲量等于零。

对于一个长为 l 的匀质棒来说,当其一端铰接时,其撞击中心与支座端的距离为
$$h = \frac{J_O}{mb} = \frac{\frac{1}{3}ml^2}{m \cdot \frac{l}{2}} = \frac{2}{3}l$$
所以,当我们手执棒的一端以击物时,最好打在离手 $\frac{2}{3}l$ 处,这样,手将不会被震痛。

在工程实际中,约束力的碰撞冲量往往是有害的,应尽量减小或消除它。

思　考　题

13-1　试叙述恢复因数的物理意义。

13-2　两球 M_1 和 M_2 的质量分别为 m_1 和 m_2,开始时 M_2 不动,M_1 以速度 v_1 撞击 M_2。设恢复因数 $e = 1$,问在 $m_1 \ll m_2$,$m_1 = m_2$ 和 $m_1 \gg m_2$ 三种情况下,两球在碰撞后将如何运动?

13-3　某物体与固定平面发生碰撞后停止不动,问其恢复因数等于多大? 碰撞过程中能量损失多大?

13-4　如何提高锻锤和打桩的效率? 为什么?

13-5　绕质心轴转动的刚体,如受外力碰撞冲量作用,其轴承的约束力碰撞冲量是否能消除? 为什么?

习　题

13-1　一小球从高处自由落下与固定水平面相碰，经两次碰撞后，球自水平面回弹至$\frac{h}{2}$的高度。试求恢复因数。

答案　$e=\frac{1}{\sqrt[4]{2}}$。

13-2　图示为一质量为$m_1=0.05$ kg的子弹A，以$v_A=450$ m/s的速度射入一铅垂悬挂的匀质杆OB内，且$\varphi=60°$，木杆质量$m_2=25$ kg，长为$l=1.5$ m。O端为铰链连接。已知射入前木杆静止。试求子弹射入后木杆的角速度。

答案　$\omega=0.778$ rad/s。

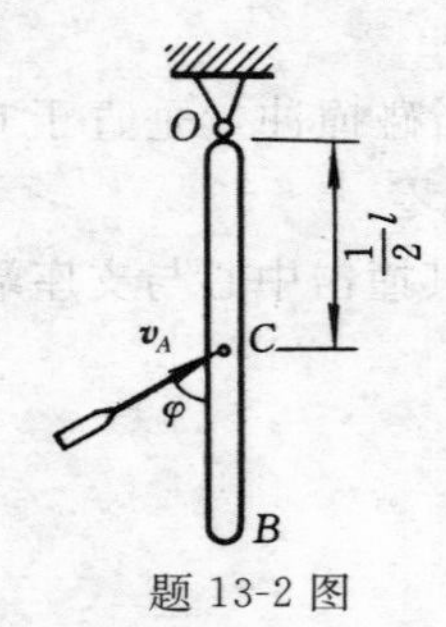

题 13-2 图

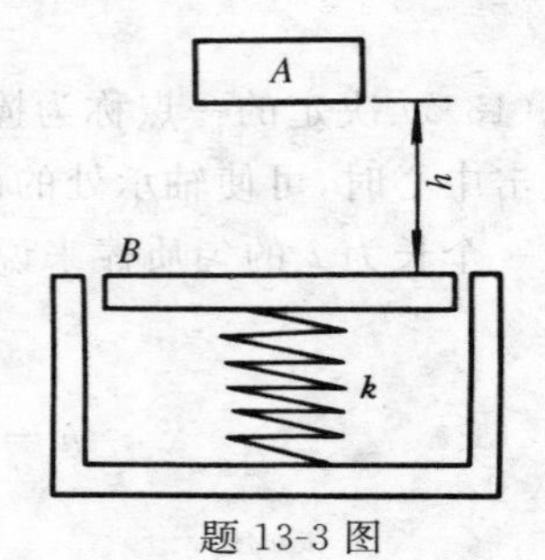

题 13-3 图

13-3　图示为一质量$m_1=30$ kg的物块A，自$h=2$ m高度自由落下，打在弹簧秤的秤盘B上，秤盘的质量$m_2=10$ kg。设碰撞为塑性的，弹簧的刚度$k=20$ kN/m，试求秤盘的最大位移和弹簧的最大压缩量。

答案　$\delta=0.2258$ m，$\delta_{\max}=0.230$ m。

13-4　图示球A，B的质量均为$m=1$ kg。球B静止悬挂在一根不可伸长的铅垂绳下。当A与B相撞时，A具有向右的初速度$v_A=25$ m/s。球的恢复因数$e=0.8$。试求碰撞后每个球的速度。

答案　$v_A'=15.13$ m/s，$v_B'=17.56$ m/s。

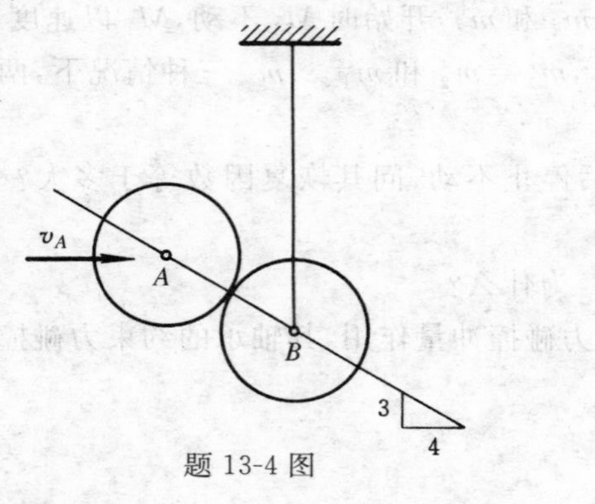

题 13-4 图

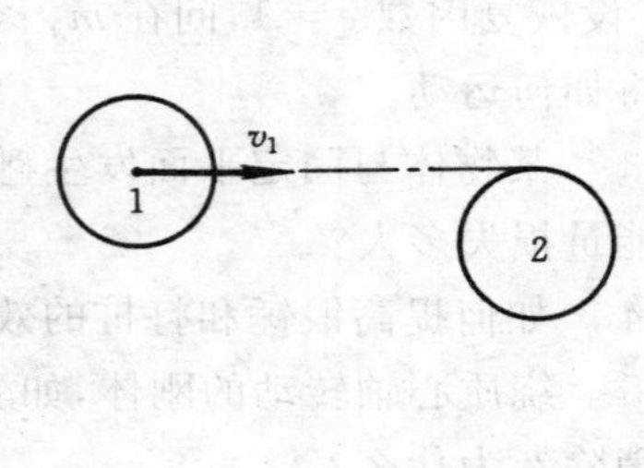

题 13-5 图

13-5　球 1 速度 $v_1=6\ \text{m/s}$，方向与静止球 2 相切，如图所示。两球半径相同、质量相等，不计摩擦。碰撞的恢复因数 $e=0.6$。试求碰撞后两球的速度。

答案　$v_1=3.174\ \text{m/s}$，$\theta=\arctan\dfrac{v_{1\text{n}}}{v_{1\tau}}=19.1^\circ$；$v_2=4.157\ \text{m/s}$，沿撞击点的法线方向。

13-6　一半径为 r 的匀质圆球置于桌面上，并有一水平碰撞冲量 $\boldsymbol{I}$ 作用如图所示。要使圆球与桌面不发生滑动，水平碰撞冲量应作用于何处？

答案　$h=\dfrac{7}{5}r$。

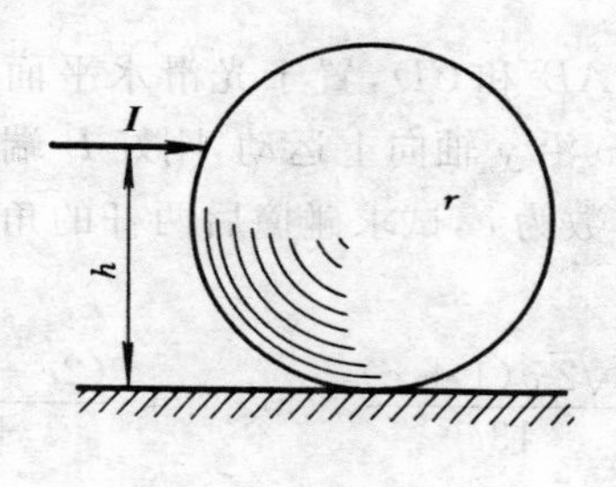

题 13-6 图

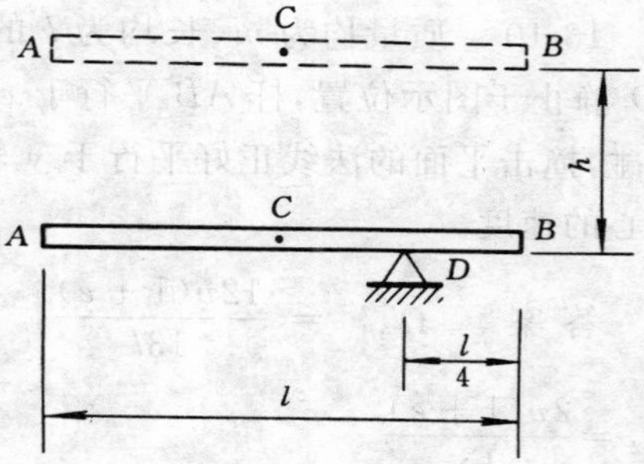

题 13-7 图

13-7　长为 l、质量为 m 的匀质杆 AB，水平地自由下落一段距离 h 后，与支座 D 碰撞$\left(BD=\dfrac{l}{4}\right)$，如图所示。假定碰撞是塑性的。试求碰撞后杆的角速度以及碰撞冲量 I。

答案　$\Omega=\dfrac{12}{7l}\sqrt{2gh}$，$I=\dfrac{4m}{7}\sqrt{2gh}$。

13-8　一质量为 m、半径为 r 的匀质圆柱在地面上以速度 v_C 向前滚动时，碰到一高为 $h(h<r)$ 的砖块相碰撞。设圆柱与砖块间的恢复因数为零，试求圆柱体碰撞后质心的速度 v'_C、柱体的角速度和碰撞冲量。

答案　$v'_C=\dfrac{1+2\cos\theta}{3}v_C$，$\omega=\dfrac{1+2\cos\theta}{3r}v_C$，$I_\text{n}=mv_C\sin\theta$，$I_\tau=mv_C\dfrac{1-\cos\theta}{3}$，其中，$\cos\theta=\dfrac{r-h}{r}$。

13-9　长均为 l、质量均为 m 的两杆 AB，BC 以铰链 B 连接并以铰链 A 支持，位于平衡位置如图所示。今在杆 BC 的中点作用一与杆垂直的冲量 $\boldsymbol{I}$，试求两杆的角速度。

答案　$\Omega_O=\dfrac{3I}{7ml}$，$\Omega_{AB}=\dfrac{6I}{7ml}$。

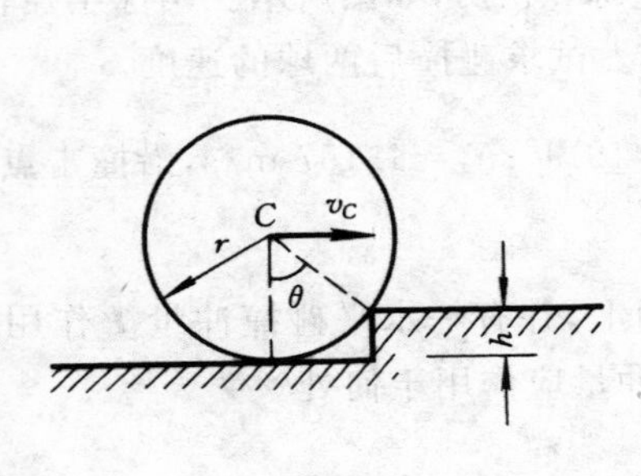

题 13-8 图

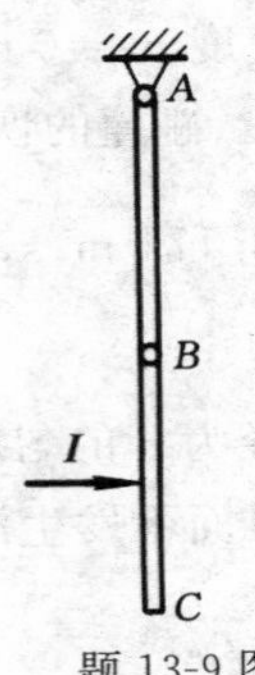

题 13-9 图

13-10 质量均为 m、长均为 l 的两匀质杆 AB 和 CD，置于光滑水平面上。杆 CD 静止于图示位置，杆 AB 平行于 x 轴以速度 v 沿 y 轴向上运动，刚好 B 端与 C 端相碰，撞击平面的法线正好平行于 y 轴。恢复因数为 e，试求碰撞后两杆的角速度和质心的速度。

答案 $\Omega_{AB}=\dfrac{12v(1+e)}{13l}$，$\Omega_{CD}=\dfrac{6\sqrt{2}v(1+e)}{13l}$，$v'_{C1}=\dfrac{(2e-11)v}{13}$，$v'_{C2}=\dfrac{2v(1+e)}{13}$。

13-11 一摆由一直杆及一圆盘组成。设杆长 l，圆盘的半径为 r，$l=4r$。当摆的撞击中心正好与圆盘的重心重合时，试求直杆重力 P_1 与圆盘重力 P_2 之比。

答案 $\dfrac{P_1}{P_2}=\dfrac{3}{28}$。

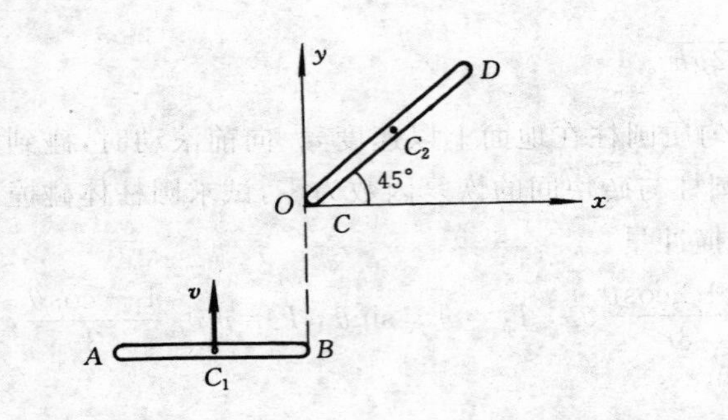

题 13-10 图

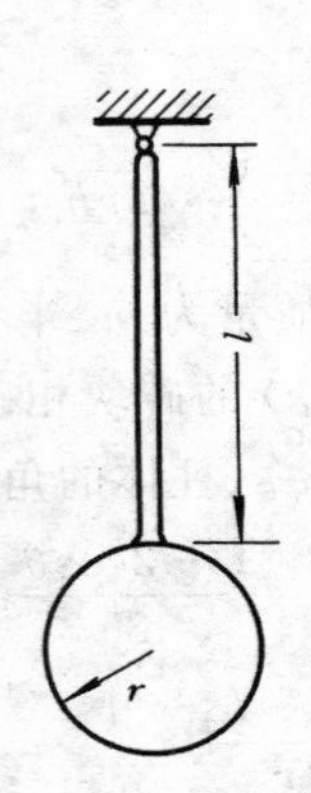

题 13-11 图

14 达朗贝尔原理

1743 年，达朗贝尔提出一个关于非自由质点动力学的原理，被称为达朗贝尔原理。这个原理的特点是：用静力学中研究平衡问题的方法来研究动力学问题，因此，又称为动静法。

动静法在工程技术中应用广泛，尤其适用于求动约束力和解决动强度等问题。

14.1 惯性力的概念

众所周知，有质量的物体的运动状态不会自行改变。开普勒最先提出："任何物体都将给予企图改变它运动状态的任何其他物体以阻力。"这种阻力就是达朗贝尔惯性力，简称为惯性力。

14.1.1 惯性力的大小与方向

定义：惯性力的大小等于质量与加速度的乘积，方向与加速度反向，用记号 $\boldsymbol{F}_{\mathrm{I}}$ 表示，即

$$\boldsymbol{F}_{\mathrm{I}}=-m\boldsymbol{a} \tag{14-1}$$

14.1.2 惯性力的作用物体

惯性力作为有质量物体对改变其运动状态的一种抵抗力，它到底作用在哪个物体上？

以图 14-1a) 为例来讨论，绳的一端连接一质量为 m 的小球，另一端用力拉住，使小球在光滑水平面上作匀速率圆周运动。

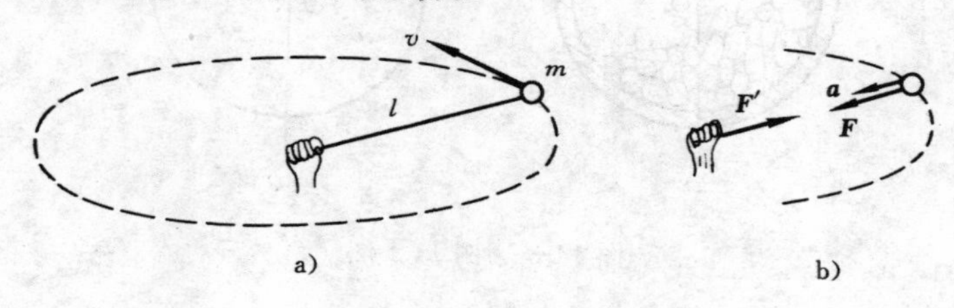

图 14-1 惯性力

小球在水平面内受到绳子拉力 $\boldsymbol{F}$ 的作用，迫使其改变运动状态，于是产生了法向加速度 $\boldsymbol{a}$；小球对绳的反作用力为 $\boldsymbol{F}'$(图 14-1b))。根据牛顿动力学基本定律，显

然，有$\boldsymbol{F}'=-\boldsymbol{F}=-m\boldsymbol{a}$。对比式(14-1)，可知$\boldsymbol{F}_{\mathrm{I}}=\boldsymbol{F}'=-m\boldsymbol{a}$，因此，小球的惯性力不是作用在小球上，而是作用在迫使小球产生加速度的绳子上。

由此得出惯性力的作用物体是施力物体的结论，即惯性力作用在施力物体上。

引入惯性力的概念，才能使动力学问题从形式上变成静力学问题。

14.2 质点系达朗贝尔原理

14.2.1 质点的达朗贝尔原理

设一质量为m的质点，在主动力$\boldsymbol{F}$和约束力$\boldsymbol{F}_{\mathrm{N}}$的作用下作曲线运动(图14-2)，其加速度为$\boldsymbol{a}$。根据质点动力学基本方程，有

$$m\boldsymbol{a}=\boldsymbol{F}+\boldsymbol{F}_{\mathrm{N}}$$

即

$$\boldsymbol{F}+\boldsymbol{F}_{\mathrm{N}}+(-m\boldsymbol{a})=\boldsymbol{0}$$

引入惯性力表达式(14-1)后，上式可改写成

$$\boldsymbol{F}+\boldsymbol{F}_{\mathrm{N}}+\boldsymbol{F}_{\mathrm{I}}=\boldsymbol{0} \tag{14-2}$$

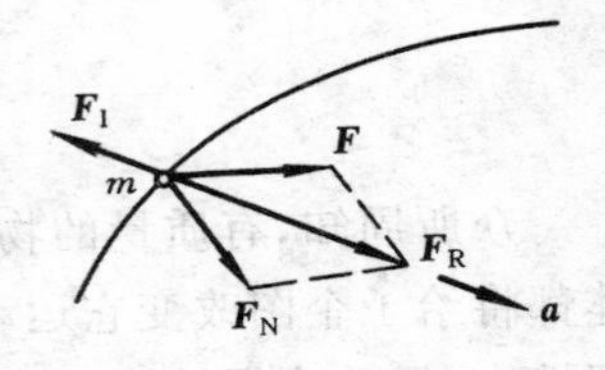

图14-2 质点的"平衡"

式(14-2)表明，当非自由质点运动时，如假想地把惯性力加在运动的质点上，则作用在质点上的真实力(包括主动力、约束力)与质点的惯性力构成一平衡力系。这就是质点的达朗贝尔原理。

例14-1 球磨机是一种破碎机械，在鼓室中装进物料和钢球(图14-3a))。当鼓室绕水平对称轴转动时，钢球被鼓室带到一定高度，此后脱离壳壁而以抛物线落下，与物料碰撞而达到破碎的目的。已知鼓室的转速为n(r/min)，半径为R。若钢球与壳壁间无滑动，试求钢球的脱离角$\theta_{\max}$。

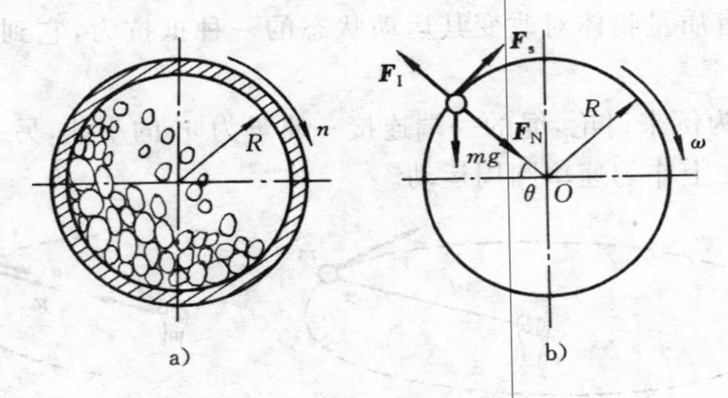

图14-3 例14-1图

解 以钢球为研究体，在未脱离壳壁前，钢球可看作非自由质点。设钢球的质量为m。为求出此时钢球的位置，应先求出钢球在任一位置时(以角θ表示)壳壁的约束力。钢球的重力为mg，受到法向约束力$\boldsymbol{F}_{\mathrm{N}}$、摩擦力$\boldsymbol{F}_{\mathrm{s}}$和惯性力$\boldsymbol{F}_{\mathrm{I}}$(图14-3b))，构成一平衡力系。由

$$\sum F_n = 0, \quad F_N + mg\sin\theta - F_I = 0$$

式中，F_I 的大小为

$$F_I = ma_n = m\omega^2 R = m\left(\frac{n\pi}{30}\right)^2 R$$

代入后求得

$$F_N = mg\left[\left(\frac{n\pi}{30}\right)^2 \frac{R}{g} - \sin\theta\right]$$

这就是钢球在任一位置 θ 时所受的法向约束力。显然，当钢球脱离壳壁时，$F_N = 0$，由此可求出脱离角 θ_{max} 为

$$\theta_{max} = \arcsin\frac{n^2\pi^2 R}{900g}\left(其中：\frac{n^2\pi^2 R}{900g} \leqslant 1\right)$$

即脱离角 θ_{max} 与鼓室转速有关。

14.2.2 质点系的达朗贝尔原理

设非自由质点系由 n 个质点 $A_1, A_2, \cdots, A_i, \cdots, A_n$ 组成，各质点均有力作用。在质点 A_i 上，作用有主动力 $\boldsymbol{F}_i$、约束力 $\boldsymbol{F}_{Ni}$，在此瞬时，质点具有加速度 $\boldsymbol{a}_i$，则该质点的惯性力 $\boldsymbol{F}_{Ii} = -m_i \boldsymbol{a}_i$（图 14-4）。

根据质点的达朗贝尔原理，对每一质点均可写出其平衡方程，即

$$\boldsymbol{F}_i + \boldsymbol{F}_{Ni} + \boldsymbol{F}_{Ii} = \boldsymbol{0} \quad (i = 1, 2, \cdots, n) \qquad (14\text{-}3)$$

式(14-3)表明：质点系中每个质点上真实力和假想加上的惯性力，在形式上组成平衡力系。这就是质点系的达朗贝尔原理。

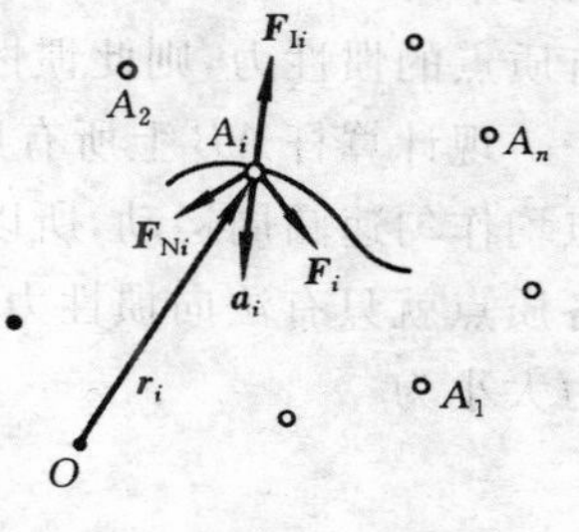

图 14-4　质系的"平衡"

由于质点系中每个质点都受到假想平衡力系作用，则此 n 个质点组成的力系必定组成平衡力系，并且呈空间分布。利用静力学中力系简化的方法，向任一点 O 简化，可得到质点系形式上的平衡条件，即

$$\left.\begin{aligned} &\sum \boldsymbol{F}_i + \sum \boldsymbol{F}_{Ni} + \sum \boldsymbol{F}_{Ii} = \boldsymbol{0} \\ &\sum \boldsymbol{M}_O(\boldsymbol{F}_i) + \sum \boldsymbol{M}_O(\boldsymbol{F}_{Ni}) + \sum \boldsymbol{M}_O(\boldsymbol{F}_{Ii}) = \boldsymbol{0} \end{aligned}\right\}$$

在质点系中，由于内力具有成对性，所以，上式可写为

$$
\left.\begin{array}{l}
\sum \boldsymbol{F}_i^{\mathrm{E}} + \sum \boldsymbol{F}_{\mathrm{N}i} + \sum \boldsymbol{F}_{\mathrm{I}i} = \boldsymbol{0} \\
\sum \boldsymbol{M}_O(\boldsymbol{F}_i^{\mathrm{E}}) + \sum \boldsymbol{M}_O(\boldsymbol{F}_{\mathrm{N}i}) + \sum \boldsymbol{M}_O(\boldsymbol{F}_{\mathrm{I}i}) = \boldsymbol{0}
\end{array}\right\} \tag{14-4}
$$

实际应用这一定理时，同在静力学中一样，仍然是用投影方程，并可选取不同的考察对象来建立平衡方程求解。

例 14-2 长为 $l=l_1+l_2$、质量为 m 的匀质杆 AB，受水平绳 DE 的约束与竖直线成 θ 角，并以匀角速度 ω 转动(图 14-5a))。试求绳的拉力和 A 处的约束力。

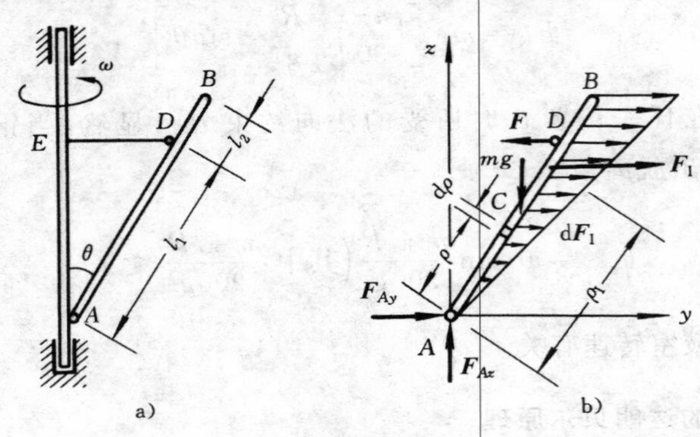

图 14-5 例 14-2 图

解 以匀质杆 AB 为研究体，作用于杆上的外力有：重力 mg、绳拉力 $\boldsymbol{F}$、铰链 A 的约束力 $\boldsymbol{F}_{Ay}$ 和 $\boldsymbol{F}_{Az}$(设此瞬时杆在 yOz 平面内)。由动静法可知，如在杆上加上所有质点的惯性力，则此惯性力系与作用于杆上的所有外力形成一平衡力系。

现计算杆 AB 上所有质点的惯性力。因该杆绕轴 AE 以匀角速度 ω 转动，杆上各点均作匀速圆周运动，所以，杆中各质点的切向加速度为零，只有法向加速度。这样各质点就只有法向惯性力，其分布如图 14-5b) 所示。在杆长 ρ 处，取微段 $\mathrm{d}\rho$，其惯性力大小为

$$
\mathrm{d}F_{\mathrm{I}} = \left(\frac{m}{l}\mathrm{d}\rho\right)\omega^2\rho\sin\theta
$$

这些惯性力的合力为 $\boldsymbol{F}_{\mathrm{I}}$，其大小为

$$
F_{\mathrm{I}} = \int_0^l \frac{m}{l}\omega^2\rho\sin\theta\,\mathrm{d}\rho = \frac{ml\omega^2}{2}\sin\theta
$$

$\boldsymbol{F}_{\mathrm{I}}$ 的作用点位置可根据合力矩定理求得，即

$$
F_{\mathrm{I}}\rho_{\mathrm{I}}\cos\theta = \int_0^l \frac{m}{l}\omega^2\sin\theta\cos\theta\rho^2\,\mathrm{d}\rho = \frac{ml^2}{3}\omega^2\sin\theta\cos\theta
$$

将 F_{I} 值代入，解得

$$\rho_1 = \frac{2}{3} l$$

应用动静法，列出平衡方程：

$$\sum M_A(\boldsymbol{F}_i) = 0, \quad F l_1 \cos\theta - mg\frac{l}{2}\sin\theta - F_1 \rho_1 \cos\theta = 0$$

得
$$F = \frac{ml\sin\theta}{6l_1}\left(2l\omega^2 + \frac{3g}{\cos\theta}\right)$$

由
$$\sum F_{iy} = 0, \quad F_{Ay} + F_1 - F = 0$$

得
$$F_{Ay} = \frac{ml\sin\theta}{2l_1}\left[\frac{1}{3}(2l - 3l_1)\omega^2 + \frac{g}{\cos\theta}\right]$$

由
$$\sum F_{iz} = 0, \quad F_{Az} - mg = 0$$

得
$$F_{Az} = mg$$

例 14-3　一匀质圆环放置在以匀角速 ω 旋转的粗糙圆平台中央，如图 14-6a）所示。已知圆环平均半径为 r，单位体积的质量为 ρ，圆环的截面积为 A。试求圆环由于转动在截面上引起的动应力（单位面积的内力）。

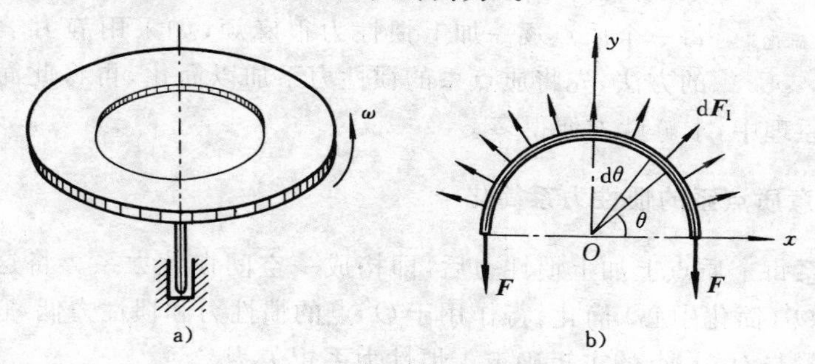

图 14-6　例 14-3 图

解　要计算圆环由于转动引起的动应力，必须先计算圆环由于转动而产生的动内力。在计算动内力时，根据圆环的对称性，动内力在各径向截面均相等，故截取半个圆环为研究体。在半圆环的两个截面上，其内力用 $\boldsymbol{F}$ 表示；虽然圆台平面是粗糙的，但由于圆环放在圆台中央，当圆环与圆台以同一匀角速度转动时，圆环的质心没有运动趋势，所以圆环底部没有摩擦力；半圆环的惯性力系分布如图 14-6b）所示，对应于微小单元质量 dm 的惯性力可表示为

$$\mathrm{d}F_1 = r\omega^2 \mathrm{d}m = r\omega^2(\rho r \mathrm{d}\theta \cdot A)$$

应用质点系的动静法，这半圆环的拉力 $\boldsymbol{F}$ 和惯性力系组成一平衡力系。因此，选取图示的投影轴 Oxy 后，有平衡方程：

$$\sum F_{iy}=0,\quad \sum \mathrm{d}F_{\mathrm{I}y}-2F=0$$

式中，$\mathrm{d}F_{\mathrm{I}y}$ 表示微元的惯性力 $\mathrm{d}F_{\mathrm{I}}$ 在 y 轴上的投影，代入 $\mathrm{d}F_{\mathrm{I}}$ 的表达式后得

$$\int_0^{\pi}\rho A r^2\omega^2\sin\theta\,\mathrm{d}\theta-2F=0$$

$$F=\frac{1}{2}\rho A r^2\omega^2\int_0^{\pi}\sin\theta\,\mathrm{d}\theta=\rho A r^2\omega^2=\rho A v^2$$

式中，v 为圆环边缘的线速度。设截面的拉应力为 σ_l，可视为均匀分布，则环缘的拉应力为

$$\sigma_l=\frac{F}{A}=\rho v^2$$

可以看出，环缘的拉应力与其线速度的平方成正比。

14.3 质点系惯性力系的简化

应用达朗贝尔原理求解质点系问题时，需对每一个质点加上惯性力，这些惯性力形成一惯性力系。对特殊的质点系而言，每一个质点逐一加上惯性力很麻烦，如采用静力学中力系简化的方法，先将质点系的惯性力系加以简化，再将此简化结果应用到达朗贝尔原理中，求解就方便得多。

14.3.1 任意质点系的惯性力系简化

在质点系每个质点上加上惯性力后，即构成一空间惯性力系。将这空间惯性力系向任一点 O'（简化中心）简化，得作用于 O' 点的惯性力和惯性力偶，它们分别由惯性力系的主矢与对 O' 点的主矩确定。惯性力系主矢为

$$\boldsymbol{F}_{\mathrm{I}}=\sum \boldsymbol{F}_{\mathrm{I}i}=-\sum m_i\boldsymbol{a}_i=-\frac{\mathrm{d}}{\mathrm{d}t}\sum m_i\boldsymbol{v}_i$$

因为 $$\boldsymbol{p}=\sum m_i\boldsymbol{v}_i=m\boldsymbol{v}_C$$

所以 $$\boldsymbol{F}_{\mathrm{I}}=\frac{\mathrm{d}\boldsymbol{p}}{\mathrm{d}t}=-m\boldsymbol{a}_C \tag{14-5}$$

式中，$\boldsymbol{p}$ 是质点系的动量。可见惯性力系主矢与简化中心的选择无关，是一个不变量。

将惯性力系向点 O' 简化，设 $\boldsymbol{\rho}_i$ 为质点系内任一质点 i 相对于 O' 点的矢径（图 14-7），则

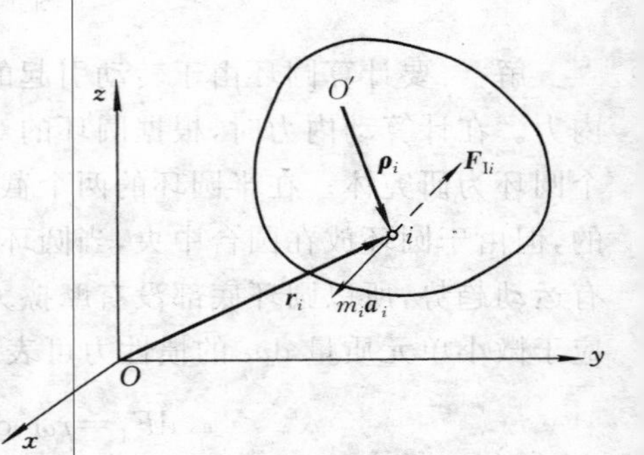

图 14-7 惯性力系简化

$$
\begin{aligned}
\boldsymbol{M}_{IO'}(\boldsymbol{F}_I) &= \sum \boldsymbol{M}_{IO'}(\boldsymbol{F}_{Ii}) = -\sum \boldsymbol{\rho}_i \times m_i \boldsymbol{a}_i \\
&= -\sum \boldsymbol{\rho}_i \times m_i \frac{\mathrm{d}\boldsymbol{v}_i}{\mathrm{d}t} \\
&= -\sum \left[\frac{\mathrm{d}}{\mathrm{d}t}(\boldsymbol{\rho}_i \times m_i \boldsymbol{v}_i) - \frac{\mathrm{d}\boldsymbol{\rho}_i}{\mathrm{d}t} \times m_i \boldsymbol{v}_i\right] \\
&= -\frac{\mathrm{d}}{\mathrm{d}t}\sum(\boldsymbol{\rho}_i \times m_i \boldsymbol{v}_i) + \sum(\boldsymbol{v}_i - \boldsymbol{v}_{O'}) \times m_i \boldsymbol{v}_i
\end{aligned}
$$

由于 $\sum \boldsymbol{v}_i \times m_i \boldsymbol{v}_i = \mathbf{0}$，$\sum \boldsymbol{\rho}_i \times m_i \boldsymbol{v}_i = \boldsymbol{L}_{O'}$，则

$$
\boldsymbol{M}_{IO'}(\boldsymbol{F}_I) = -\frac{\mathrm{d}\boldsymbol{L}_{O'}}{\mathrm{d}t} - \boldsymbol{v}_{O'} \times m\boldsymbol{v}_C \tag{14-6}
$$

可见，惯性力系主矩与简化中心的选择有关。

若 O' 为静点 O，$\boldsymbol{v}_{O'} = \mathbf{0}$，则

$$
\boldsymbol{M}_{IO} = -\frac{\mathrm{d}\boldsymbol{L}_O}{\mathrm{d}t} \tag{14-7}
$$

若 O' 为质点 C，$\boldsymbol{v}_{O'} \times m\boldsymbol{v}_C = \boldsymbol{v}_C \times m\boldsymbol{v}_C = \mathbf{0}$，则

$$
\boldsymbol{M}_{IC} = -\frac{\mathrm{d}\boldsymbol{L}_C}{\mathrm{d}t} \tag{14-8}
$$

结合式(14-4)，有

$$
m\boldsymbol{a}_C = \sum \boldsymbol{F}_I^E + \sum \boldsymbol{F}_{Ni}
$$

$$
\frac{\mathrm{d}\boldsymbol{L}_O}{\mathrm{d}t} = \sum \boldsymbol{M}_O(\boldsymbol{F}_i^E) + \sum \boldsymbol{M}_O(\boldsymbol{F}_{Ni}) \quad (O' \text{ 为静点 } O)
$$

$$
\frac{\mathrm{d}\boldsymbol{L}_C}{\mathrm{d}t} = \sum \boldsymbol{M}_C(\boldsymbol{F}_i^E) + \sum \boldsymbol{M}_C(\boldsymbol{F}_{Ni}) \quad (O' \text{ 为质心 } C)
$$

它们分别是质心运动定理和动量矩定理，因此达朗贝尔原理综合了质心运动定理和动量矩定理，在求解动力学综合问题时，可以用达朗贝尔原理取代这两个定理，但它不能取代动能定理。必须指出，惯性力主矢 $\boldsymbol{F}_I$ 必须画在简化中心上，其惯性力主矩的下标必须对应简化中心。

14.3.2 作常见运动的特殊刚体的惯性力系简化

将一般质点系的简化结果用到刚体上，对不同运动的刚体，可选择不同的简化中心。

1. 刚体作移动

惯性力系向质心 C 简化，其惯性力主矢

$$
\boldsymbol{F}_I = -m\boldsymbol{a}_C
$$

惯性力主矩 $\boldsymbol{M}_C(\boldsymbol{F}_I) = -\frac{\mathrm{d}\boldsymbol{L}_C}{\mathrm{d}t} = -J_C\boldsymbol{\alpha}$，因为 $\boldsymbol{\alpha} = \mathbf{0}$，所以 $\boldsymbol{M}_C(\boldsymbol{F}_I) = \mathbf{0}$。可见，刚体作

移动时，惯性力系向质心 C 简化，得到作用在质心上的一个合惯性力（图 14-8），也就是合惯性力必须画在质心上。

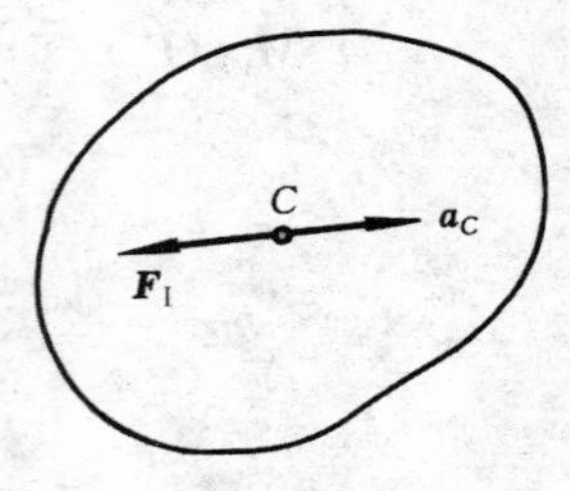

图 14-8　移动刚体的惯性力

2. 刚体作定轴转动

这里仅讨论具有质量对称的平面，且转动轴垂直于对称平面的刚体（图 14-9a）），这时可将惯性力系先简化为在对称面内的平面力系，再向轴心 O 简化（图 14-9b））。其惯性力主矢

$$\boldsymbol{F}_{\mathrm{I}}=-m\boldsymbol{a}_C$$

惯性力主矩

$$M_O(\boldsymbol{F}_{\mathrm{I}})=-\frac{\mathrm{d}L_O}{\mathrm{d}t}=-J_O\alpha$$

简记为

$$M_{\mathrm{I}O}=-J_O\alpha$$

刚体作定轴转动时，惯性力系向轴心 O 简化，得到一个惯性力主矢和一个惯性力主矩。

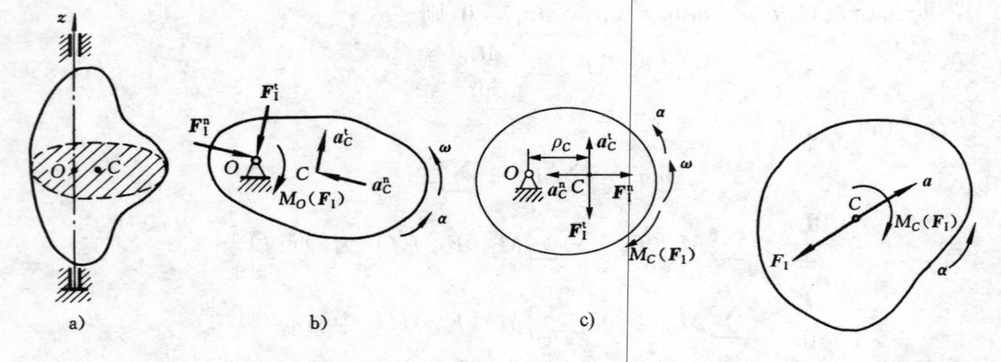

图 14-9　定轴转动刚体的惯性力　　图 14-10　平面运动刚体的惯性力

3. 刚体作平面运动

对于刚体具有质量对称平面，且刚体运动的平面平行于该对称平面的情况，惯性力系可先简化为在对称平面内的平面力系，而后再将惯性力系向质心 C 简化（图 14-10），其惯性力主矢

$$\boldsymbol{F}_{\mathrm{I}}=-m\boldsymbol{a}_C$$

惯性力主矩

$$M_C(\boldsymbol{F}_{\mathrm{I}})=-\frac{\mathrm{d}L_C}{\mathrm{d}t}=-J_C\alpha$$

简记为

$$M_{\mathrm{I}C}=-J_C\alpha$$

刚体作平面运动时，惯性力系向质心 C 简化，得到一个惯性力主矢和一个惯性力主矩。

可简化为平面问题的定轴转动刚体，也可向质心 C 简化（图 14-9c））。

主矢：

$$\boldsymbol{F}_{\mathrm{I}}=-m\boldsymbol{a}_C$$

即

$$F_{\mathrm{I}}^{\mathrm{n}}=m\rho_C\omega^2,\ F_{\mathrm{I}}^{\mathrm{t}}=m\rho_C\alpha$$

主矩：

$$M_C(\boldsymbol{F}_{\mathrm{I}})=\frac{\mathrm{d}L_C}{\mathrm{d}t}=-J_C\alpha=M_{\mathrm{I}C}$$

因此，平面问题的定轴转动刚体可以看成是平面运动刚体的特殊情况。

讨论：(1) 一般情况下，满足惯性力系可以简化为平面问题的定轴转动刚体，其一般条件为：$\boldsymbol{p}\cdot L_z\boldsymbol{k}=0$（此时 z 轴为定轴转动刚体的惯性主轴）。而具有质量对称面且垂直于转轴只是满足该式的某一特殊情况；同样地，满足惯性力系可以简化为平面问题的平面运动刚体，其一般条件为：$\boldsymbol{p}\cdot L_C\boldsymbol{k}=0$（此时平面的法线方向与刚体的惯性主轴之一重合），而满足有质量对称面且平行于刚体运动的平面的条件亦是其特殊情况。

(2) 无论是满足惯性力系可以简化为平面问题的定轴转动刚体还是平面运动刚体，如果对整个系统采用达朗贝尔原理进行分析，还需要满足力的条件，即作用于刚体的所有主动力，可简化为过质心的该平面的平面力系。此外，能简化为平面运动的刚体，还需要起始时刚体作平行于该平面的平面运动。

同样，需要指出，惯性力主矢 $\boldsymbol{F}_{\mathrm{I}}$ 必须画在简化中心上，其惯性力主矩的下标必须对应简化中心。当然，如果利用力线平移定理，可得到不作用在质心 C 的惯性力系的合力。但一般情况下，没有必要去寻找惯性力合力作用线的位置。

对于刚体系统，一旦完成惯性力系简化之后（即在刚体上假想地加上惯性力系后），在形式上就转化为“平衡”问题，给问题的求解带来极大的灵活与方便。

达朗贝尔原理求解刚体系统动力学问题

例 14-4 电动绞车安装在一端固定的梁上（图 14-11a)）。绞盘与电机固结在一起，对转轴的转动惯量为 J。今绞车以等加速度 a 提升重物。已知：重物的重力为 $\boldsymbol{P}_1$，匀质梁的重力为 $\boldsymbol{P}_2$，绞车的重力为 $\boldsymbol{P}_3$，绞盘的半径为 r。试求固定端 A 处的约束力。

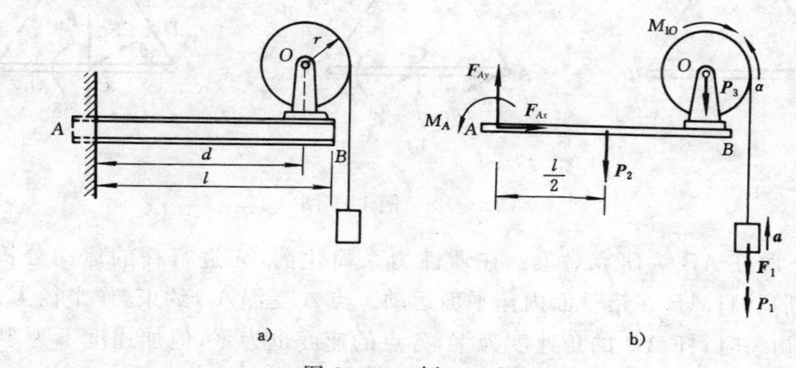

图 14-11 例 14-4 图

解 以整体为研究对象，作用于系统上的力有：重力 $\boldsymbol{P}_1$，$\boldsymbol{P}_2$，$\boldsymbol{P}_3$，支座 A 处的约束力 $\boldsymbol{F}_A$，约束力偶 M_A（图 14-11b)）。

再分析机构的运动和惯性力系的简化。被提升的重物作移动，惯性力系可简化为一通过质心的合力，其大小为 $F_{\mathrm{I}}=\dfrac{P_1}{g}a$，方向与加速度 a 的方向相反。绞盘作定轴转动，因质心在转轴上，所以惯性力系向轴心简化，得一惯性力偶，其大小为 $M_{\mathrm{IO}}=J\alpha=J\ \dfrac{a}{r}$，其转向与角加速度 α 相反。

应用动静法，由

$$\sum F_{ix}=0,\quad F_{Ax}=0$$

$$\sum F_{iy}=0,\quad F_A-P_1-P_2-P_3-F_{\mathrm{I}}=0$$

得
$$F_A=P_1\left(1+\frac{a}{g}\right)+P_2+P_3$$

由 $\sum M_A(\boldsymbol{F}_i)=0,\quad M_A-M_{\mathrm{IO}}-P_2\dfrac{l}{2}-P_3d-(P_1+F_{\mathrm{I}})(d+r)=0$

求得
$$M_A=P_2\frac{l}{2}+P_3d+P_1(d+r)+\left[\frac{J}{r}+\frac{P_1}{g}(d+r)\right]a$$

所得结果中，由重力引起的是静约束力；带有加速度 a 的部分是由惯性力引起的，显然是动约束力。

需要说明的是，对于物体系统，惯性力系的简化，是每个物体各自向适宜的点简化。

例 14-5 用长均为 l 的两绳将长为 l、质量为 m 的匀质杆悬挂在水平位置（图 14-12a））。若突然剪断绳 BO，试求刚剪断瞬时另一绳子 AO 的拉力及杆的角加速度。

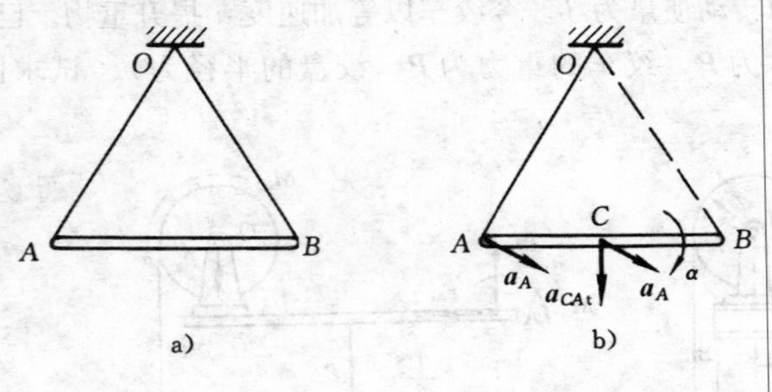

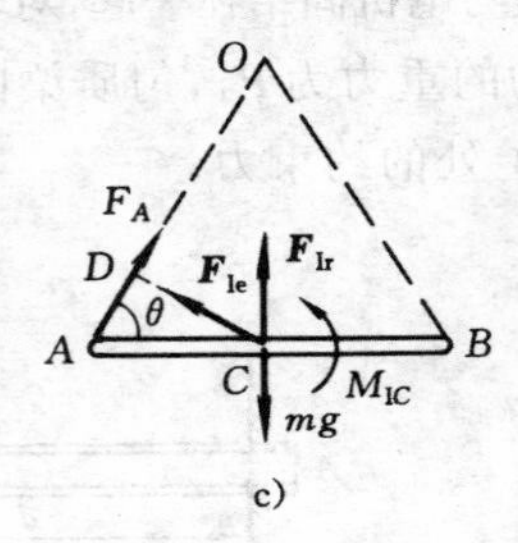

图 14-12　例 14-5 图

解　取杆 AB 为研究对象。在惯性力系简化前，先进行杆的运动分析。绳子 BO 被剪断后，杆 AB 在铅垂面内作平面运动。点 A 受绳 AO 约束，作半径为 l 的圆周运动。在初瞬时，杆 AB 的角速度为零，各点的速度也为零，但加速度不为零，杆 AB 的角加速度也不等于零。利用刚体作平面运动求加速度的基点法，以点 A 为基点，则质心 C 的加速度可表示为（图 14-12b））

$$\boldsymbol{a}_C=\boldsymbol{a}_A+\boldsymbol{a}_{CA\mathrm{t}}$$

其中，$a_{CAt}=\alpha\frac{l}{2}$。

现在将惯性力系向质心 C 简化，得到作用在点 C 的一个惯性力主矢和一个惯性力主矩(图 14-12c))。惯性力主矢的两个分量大小为

$$F_{\mathrm{Ie}}=ma_A,\quad F_{\mathrm{Ir}}=m\alpha\frac{l}{2}$$

惯性力主矩大小为

$$M_{\mathrm{IC}}=J_C\alpha=\frac{1}{12}ml^2\alpha$$

杆 AB 受约束力 F_A，主动力 mg 以及惯性力系 $\boldsymbol{F}_{\mathrm{Ie}}$，$\boldsymbol{F}_{\mathrm{Ir}}$，$M_{\mathrm{IC}}$ 作用处于“平衡”。在这个力系中，基本的未知量为 F_A，a_A，α 三个，因此，利用动静法，对此平面力系可建立三个独立的平衡方程，求出这三个未知量。

对 F_A 与 F_{Ie} 的交点 D 取矩，即

$$\sum M_{iD}=0,\quad -(mg-F_{\mathrm{Ir}})\frac{l}{2}\sin^2\theta+M_{\mathrm{IC}}=0$$

将 $\theta=60^\circ$ 代入得

$$\alpha=\frac{18}{13}\cdot\frac{g}{l}$$

由

$$\sum M_{iC}=0,\quad -F_A\sin\theta\cdot\frac{l}{2}+M_{\mathrm{IC}}=0$$

得

$$F_A=\frac{2\sqrt{3}}{13}mg$$

本题不要求 a_A，即 F_{Ie}，故可选择适当的方程，使这一未知量不出现在方程中。可见用了动静法，求解时灵活性更大。

例 14-6 匀质圆盘 O 的半径 $r=0.45\ \mathrm{m}$、质量 $m_1=20\ \mathrm{kg}$，匀质杆长 $l=1.2\ \mathrm{m}$、质量 $m_2=10\ \mathrm{kg}$，其连接方式和约束条件如图 14-13a) 所示。若在圆盘上作用一力偶矩 $M=20\ \mathrm{N\cdot m}$，试求在运动开始($\omega_0=0$，$\omega_{AB}=0$) 时：(1) 圆盘和杆的角加速度；(2) 轴承 A 的约束力。

解 对系统进行运动分析，圆盘作定轴转动，杆 AB 作平面运动(相对圆盘作定轴转动)，系统的自由度 $k=2$，以 α_1 和 α_2 为运动学独立变量，各刚体分别进行惯性力系的简化。

以 A 为基点分析 C(图 14-13b))，则有 $a_C=a_A+a_{CA}=\alpha_1 r+\alpha_2\frac{l}{2}$。

圆盘绕质心转动，将惯性力系向点 O 简化，得一惯性力偶，其力偶矩为

$$M_{\mathrm{IO}}=J_O\alpha_1=\frac{1}{2}m_1r^2\alpha_1$$

杆 AB 作平面运动，将惯性力系向质心 C 简化，得惯性力为

$$F_{\mathrm{I}}=m_2a_C=m_2\left(\alpha_1 r+\alpha_2\frac{l}{2}\right)$$

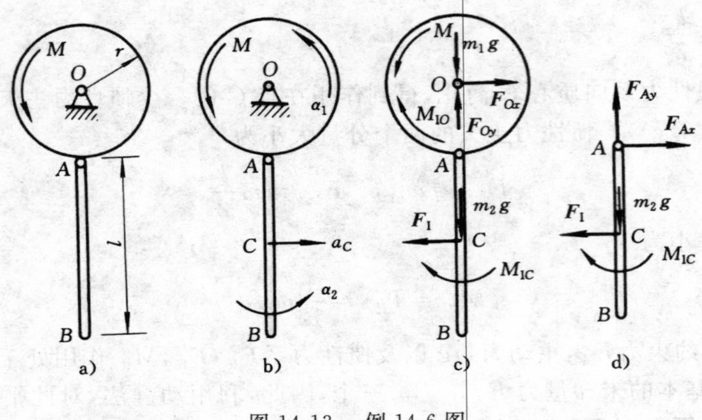

图 14-13　例 14-6 图

惯性力偶矩为

$$M_{IC}=J_C\alpha_2=\frac{1}{12}m_2l^2\alpha_2$$

系统受主动力 M, m_1g, m_2g, 约束力 $\boldsymbol{F}_{Ox}$, $\boldsymbol{F}_{Oy}$ 和惯性力系 M_{IO}, $\boldsymbol{F}_I$, M_{IC} 作用，构成平面"平衡"力系(图 14-13c))。在这个力系中，有未知量 $\boldsymbol{F}_{Ox}$, $\boldsymbol{F}_{Oy}$, α_1, α_2。考虑到题中不要求力 $\boldsymbol{F}_{Ox}$, $\boldsymbol{F}_{Oy}$，则由

$$\sum M_{iO}=0,\quad M-M_{IO}-F_I\left(r+\frac{l}{2}\right)-M_{IC}=0$$

得 $$M-\left(\frac{1}{2}m_1r^2+m_2r^2+m_2r\frac{l}{2}\right)\alpha_1-\left(m_2r\frac{l}{2}+\frac{1}{3}m_2l^2\right)\alpha_2=0 \quad ①$$

式①中有两个未知量，另取杆 AB 为研究对象(图 14-13d))，在该力系中有未知量 $\boldsymbol{F}_{Ax}$, $\boldsymbol{F}_{Ay}$, α_1, α_2。虽然也有四个未知量，但连同整个系统一起考虑，α_1 和 α_2 不是新出现的未知量。现对点 A 取矩，即

$$\sum M_A(\boldsymbol{F}_i)=0,\quad -M_{IC}-F_I\frac{l}{2}=0$$

得 $$\alpha_1r+\alpha_2\frac{2}{3}l=0 \quad ②$$

联立式①,②得

$$\alpha_1=\frac{4M}{(2m_1+m_2)r^2}=7.9\ \text{rad/s}^2,\quad \alpha_2=-\frac{6M}{(2m_1+m_2)rl}=-4.44\ \text{rad/s}^2$$

现可求连接点 A 处的约束力，由

$$\sum F_{ix}=0,\quad F_{Ax}-F_I=0$$

得
$$F_{Ax}=F_{\mathrm{I}}=m_2\left(\alpha_1 r+\alpha_2\frac{l}{2}\right)=8.91\ \mathrm{N}$$

$$\sum F_{iy}=0,\quad F_{Ay}-m_2 g=0$$

得
$$F_{Ay}=m_2 g=98\ \mathrm{N}$$

本题若用平面运动微分方程求解，研究杆 AB 时，为了不让力 $\boldsymbol{F}_{Ax}$ 和 $\boldsymbol{F}_{Ay}$ 出现，必须对任意动点 A 取动量矩，则必须考虑修正项。因此，本题用动静法求解，其优点非常明显。

对于多个外约束的单自由度系统(即运动学独立变量为一个)，求解任意运动瞬时的加速度和约束力的问题，可以联合应用动能定理来求解。

例 14-7 机构如图 14-14a) 所示。已知滚轮 C 半径为 r_2、质量为 m_3、对质心 C 的回转半径为 ρ_C，半径为 r_1 的轴颈沿水平梁作无滑动的滚动。定滑轮 O 半径为 r、质量为 m_2、回转半径为 ρ，重块 A 质量为 m_1。试求：(1) 重块 A 的加速度；(2) 水平段绳的张力；(3) D 处的约束力。[(2)(3) 可表示成重块 A 加速度的函数]

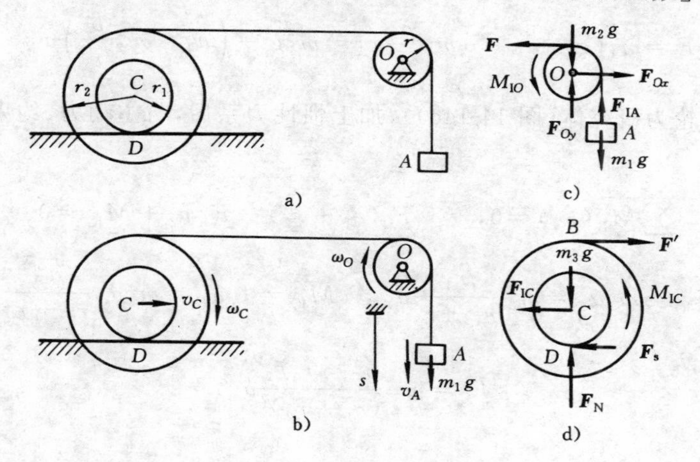

图 14-14 例 14-7 图

解 (1) 系统具有一个自由度(即运动学独立变量为一个)，选重块 A 下降高度 s 为广义坐标，则先由动能定理建立系统的运动与主动力之间的关系(图 14-14b))，有

$$T_2=\frac{1}{2}m_1 v_A^2+\frac{1}{2}(m_2\rho^2)\omega_O^2+\frac{1}{2}m_3 v_C^2+\frac{1}{2}(m_3\rho_C^2)\omega_C^2$$

式中
$$\omega_O=\frac{v_A}{r},\quad v_C=\frac{r_1}{r_1+r_2}v_A,\quad \omega_C=\frac{v_C}{r_1}=\frac{v_A}{r_1+r_2}$$

代入得
$$T_2=\frac{1}{2}\left[m_1+m_2\frac{\rho^2}{r^2}+m_3\frac{r_1^2+\rho_C^2}{(r_1+r_2)^2}\right]v_A^2$$

$$T_1 = \text{const}$$

$$\sum W_i = m_1 g s$$

由动能定理 $T_2 - T_1 = \sum W_i$，两边对时间 t 求导数，得

$$\alpha_A = \frac{m_1}{m_1 + m_2 \dfrac{\rho^2}{r^2} + m_3 \dfrac{r_1^2 + \rho_C^2}{(r_1 + r_2)^2}} g$$

(2) 以定滑轮 O 与重物 A 的组合为研究体(图 14-14c))，物 A，C 分别加上惯性力系后与主动力、约束力形成“平衡”力系。

$$\sum M_O(\boldsymbol{F}_i) = 0, \quad Fr + M_{IC} + (F_{IA} - m_1 g)r = 0$$

式中 $$M_{IO} = J_O \alpha_O = m_2 \rho^2 \frac{a_A}{r}, \quad F_{IA} = m_1 a_A$$

代入得 $$F = m_1(g - a_A) + m_2 \frac{\rho^2}{r^2} a_A = m_1 g - \left(m_1 + m_2 \frac{\rho^2}{r^2}\right) a_A$$

(3) 以滚轮为研究体(图 14-14d))，加上惯性力系后，与主动力、约束力形成“平衡”力系。由

$$\sum M_B(\boldsymbol{F}_i) = 0, \quad -F_s(r_1 + r_2) - F_{IC} r_2 + M_{IC} = 0$$

式中 $$F_{IC} = m_3 a_C = m_3 \frac{r_1}{r_1 + r_2} a_A, \quad M_{IC} = J_C \alpha_C = m_3 \rho_C^2 \frac{a_A}{r_1 + r_2}$$

代入得 $$F_s = m_3 \frac{\rho_C^2 - r_1 r_2}{(r_1 + r_2)^2} a_A$$

由 $\sum F_{iy} = 0$，$F_N - m_3 g = 0$，得

$$F_N = m_3 g$$

例 14-8 匀质杆 AB 长为 l、质量为 m_1，质量为 m_2 的物块 B 在常力 $\boldsymbol{F}$ 作用下，由 $\theta_0 = 30°$ 无初速开始运动。不计滑块 A 的质量(图 14-15a))。试求杆 AB 运动到铅垂位置时：(1) 重物 B 的速度；(2) 滑道对系统的约束力。

解 (1) 本题为单自由度问题，可先由动能定理来确定物块 B 的速度。

由题意知 $T_1 = 0$，当杆 AB 运动到铅垂位置时，运动分析如图 14-15b) 所示，A 为速度瞬心。

$$T_2 = \frac{1}{2} m_1 v_C^2 + \frac{1}{2} J_C \omega^2 + \frac{1}{2} m_2 v_B^2$$

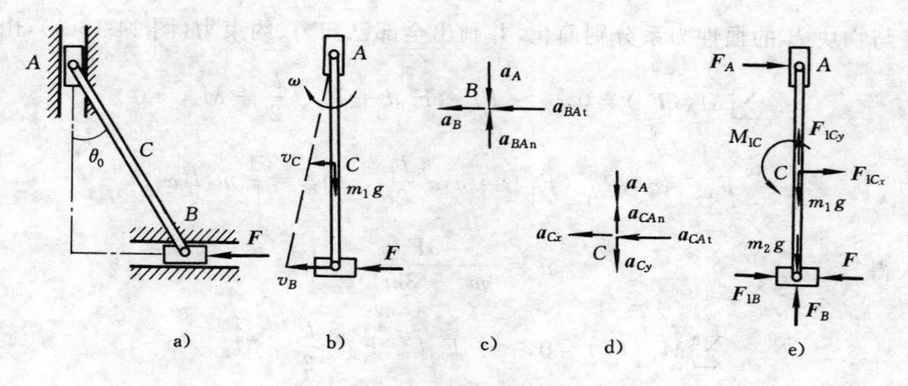

图 14-15　例 14-8 图

式中
$$v_C = \frac{v_B}{2}, \quad \omega = \frac{v_B}{l}, \quad J_C = \frac{1}{12} m_1 l^2$$

代入得
$$T_2 = \frac{1}{2}\left(\frac{1}{3} m_1 + m_2\right) v_B^2$$

系统具有理想约束，主动力的功为

$$\sum W_i = Fl\sin\theta_0 - m_1 g \frac{l}{2}(1-\cos\theta_0) = \frac{1}{2}Fl - \frac{1}{2}\left(1-\frac{\sqrt{3}}{2}\right) m_1 g l$$

代入动能定理公式 $T_2 - T_1 = \sum W_i$，得

$$v_B^2 = \frac{Fl - \left(1-\dfrac{\sqrt{3}}{2}\right) m_1 g l}{\dfrac{1}{3} m_1 + m_2} = \frac{3}{2} \cdot \frac{2F-(2-\sqrt{3}) m_1 g}{m_1 + 3m_2} l$$

设系统处于铅垂位置时，杆中心 C 的加速度如图 14-15d）所示，角加速度设为顺时针转向，这样就有 $\boldsymbol{a}_{Cx}$，$\boldsymbol{a}_{Cy}$，α 三个未知量，由于系统是单自由度，则以点 A 为基点研究点 B，在 v_B 已知的条件下，$a_B = a_{BAt} = \alpha l$，$a_A = a_{BAn} = \dfrac{v_B^2}{l}$（图 14-15c））。再以点 A 为基点研究点 C（图 14-15d）），则

$$a_{Cx} = a_{CAt} = \alpha \frac{l}{2},$$

$$a_{Cy} = a_A - a_{CAn} = \frac{v_B^2}{l} - \frac{v_C^2}{\dfrac{l}{2}}$$

$$= \frac{1}{2} \cdot \frac{v_B^2}{l} = \frac{3}{4} \cdot \frac{2F-(2-\sqrt{3}) m_1 g}{m_1 + 3m_2}$$

将杆与物块 B 的惯性力系分别简化，并画出全部已知力、约束力(图 14-15e))，由

$$\sum M_A(\boldsymbol{F}_i)=0,\quad -Fl+F_{IB}l+F_{ICx}\frac{l}{2}+M_{IC}=0$$

式中

$$F_{IB}=m_2\alpha l,\quad F_{ICx}=m_1\alpha\frac{l}{2},\quad M_{IC}=\frac{1}{12}m_1l^2\alpha$$

代入得

$$\alpha=\frac{3F}{(m_1+3m_2)l}$$

由

$$\sum M_B(\boldsymbol{F}_i)=0,\quad -F_Al-F_{ICx}\frac{l}{2}+M_{IC}=0$$

得

$$F_A=\frac{m_1}{2(m_1+3m_2)}F$$

由

$$\sum F_{iy}=0,\quad F_B+F_{ICy}-(m_1+m_2)g=0$$

式中

$$F_{ICy}=m_1a_{Cy}$$

代入得

$$F_B=(m_1+m_2)g-\frac{3}{4}\cdot\frac{2F-(2-\sqrt{3})m_1g}{m_1+3m_2}m_1$$

本例可以用动能定理与平面运动微分方程联立求解，现用动能定理与动静法求解，在列写方程时更方便。同时必须指出，求解角加速度的方法不是唯一的，若将杆设置于任意角 θ 位置，利用动能定理对时间 t 求导，也可求出角加速度。

14.4 一般转动刚体的轴承动约束力

刚体作定轴转动时，由于转动刚体的质量不均匀性及制造和安装上的偏差，使惯性力系不能自成平衡力系，从而引起轴承的附加动约束力，以致缩短机器零件寿命或产生振动。因此，研究附加动约束力产生的原因及得到消除附加动约束力的条件，在工程中具有重要意义。

14.4.1 转动刚体的惯性力系简化

以一般转动刚体(质心不位于转轴，或不存在质量对称平面，或质量对称平面不垂直转轴) 为力学模型来研究惯性力系的简化结果。

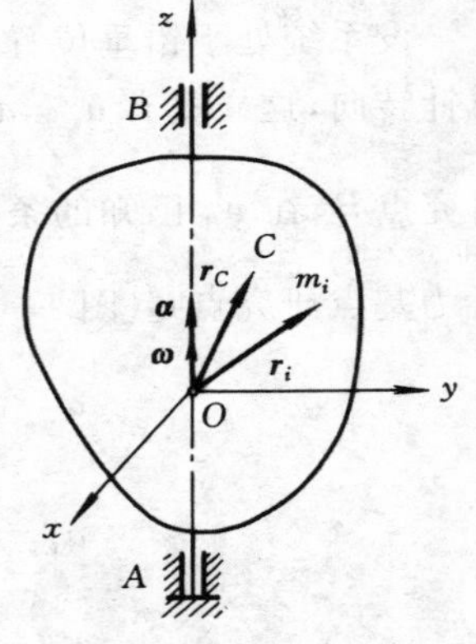

图 14-16 一般定轴转动刚体惯性力系的简化

设刚体绕 z 轴转动，在任意瞬时，其角速度 $\boldsymbol{\omega}=\omega\boldsymbol{k}$，角加速度 $\boldsymbol{\alpha}=\alpha\boldsymbol{k}$，则刚体上任一点的加速度 $\boldsymbol{a}_i=\boldsymbol{\alpha}\times\boldsymbol{r}_i+\boldsymbol{\omega}\times\boldsymbol{v}_i$，将惯性力系向转轴上任一静点 O 简化(图

14-16)，其惯性力系的主矢、主矩分别为

$$\boldsymbol{F}_{\mathrm{I}}=-\sum m_i\boldsymbol{a}_i=-m\boldsymbol{a}_C=-m(\boldsymbol{\alpha}\times\boldsymbol{r}_C+\boldsymbol{\omega}\times\boldsymbol{v}_C)$$

$$\boldsymbol{M}_{\mathrm{IO}}=\sum\boldsymbol{M}_O(\boldsymbol{F}_{\mathrm{I}i})=-\sum\boldsymbol{r}_i\times m_i\boldsymbol{a}_i=-\sum\boldsymbol{r}_i\times m_i(\boldsymbol{\alpha}\times\boldsymbol{r}_i)-\sum\boldsymbol{r}_i\times m_i(\boldsymbol{\omega}\times\boldsymbol{v}_i)$$

式中

$$\boldsymbol{r}_i=x_i\boldsymbol{i}+y_i\boldsymbol{j}+z_i\boldsymbol{k},\quad \boldsymbol{r}_C=x_C\boldsymbol{i}+y_C\boldsymbol{j}+z_C\boldsymbol{k}$$

$$\boldsymbol{\alpha}\times\boldsymbol{r}_i=\alpha\boldsymbol{k}\times(x_i\boldsymbol{i}+y_i\boldsymbol{j}+z_i\boldsymbol{k})=\alpha(-y_i\boldsymbol{i}+x_i\boldsymbol{j})$$

$$\boldsymbol{v}_i=\boldsymbol{\omega}\times\boldsymbol{r}_i=\omega\boldsymbol{k}\times(x_i\boldsymbol{i}+y_i\boldsymbol{j}+z_i\boldsymbol{k})=\omega(-y_i\boldsymbol{i}+x_i\boldsymbol{j})$$

$$\boldsymbol{\omega}\times\boldsymbol{v}_i=\omega\boldsymbol{k}\times\omega(-y_i\boldsymbol{i}+x_i\boldsymbol{j})=-\omega^2(x_i\boldsymbol{i}+y_i\boldsymbol{j})$$

代入得

$$\boldsymbol{F}_{\mathrm{I}}=m(y_C\alpha+x_C\omega^2)\boldsymbol{i}+m(-x_C\alpha+y_C\omega^2)\boldsymbol{j}\tag{14-9}$$

$$\begin{aligned}\boldsymbol{M}_{\mathrm{IO}}=&-\sum(x_i\boldsymbol{i}+y_i\boldsymbol{j}+z_i\boldsymbol{k})\times m_i\alpha(-y_i\boldsymbol{i}+x_i\boldsymbol{j})+\\&\sum(x_i\boldsymbol{i}+y_i\boldsymbol{j}+z_i\boldsymbol{k})\times m_i\omega^2(x_i\boldsymbol{i}+y_i\boldsymbol{j})\\=&-\alpha\sum m_i[-x_iz_i\boldsymbol{i}-y_iz_i\boldsymbol{j}+(x_i^2+y_i^2)\boldsymbol{k}]+\omega^2\sum m_i(-y_iz_i\boldsymbol{i}+x_iz_i\boldsymbol{j})\\=&(\alpha\sum m_ix_iz_i-\omega^2\sum m_iy_iz_i)\boldsymbol{i}+(\alpha\sum m_iy_iz_i+\omega^2\sum m_ix_iz_i)\boldsymbol{j}-\\&\alpha\sum m_i(x_i^2+y_i^2)\boldsymbol{k}\end{aligned}$$

式中，$\sum m_i(x_i^2+y_i^2)=J_z$ 是刚体对 z 轴的转动惯量，$\sum m_ix_iz_i=J_{xz}$，$\sum m_iy_iz_i=J_{yz}$ 分别是刚体对轴 x,z 和对轴 y,z 的惯性积。

于是

$$\boldsymbol{M}_{\mathrm{IO}}=(J_{xz}\alpha-J_{yz}\omega^2)\boldsymbol{i}+(J_{yz}\alpha+J_{xz}\omega^2)\boldsymbol{j}-J_z\alpha\boldsymbol{k}\tag{14-10}$$

14.4.2 转动刚体上的约束力

设转动刚体在静力主动力 $\boldsymbol{F}_1,\boldsymbol{F}_2,\cdots,\boldsymbol{F}_n$ 及轴承 A,B 处的约束力和假想地作用在刚体上的惯性力系(图 14-17)作用下处于“平衡”，用动静法可写出下列方程：

$$\left.\begin{aligned}&\sum F_{ix}=0,\quad \sum F_{ix}+F_{Ax}+F_{Bx}+F_{\mathrm{I}x}=0\\&\sum F_{iy}=0,\quad \sum F_{iy}+F_{Ay}+F_{By}+F_{\mathrm{I}y}=0\\&\sum F_{iz}=0,\quad \sum F_{iz}+F_{Az}=0\\&\sum M_{Ox}=0,\quad \sum M_{Ox}(\boldsymbol{F}_i)+F_{Ay}l_1-F_{By}l_2+M_{\mathrm{IO}x}=0\\&\sum M_{Oy}=0,\quad \sum M_{Oy}(\boldsymbol{F}_i)-F_{Ax}l_1+F_{Bx}l_2+M_{\mathrm{IO}y}=0\\&\sum M_{Oz}=0,\quad \sum M_{Oz}(\boldsymbol{F}_i)+M_{\mathrm{IO}z}=0\end{aligned}\right\}\tag{*}$$

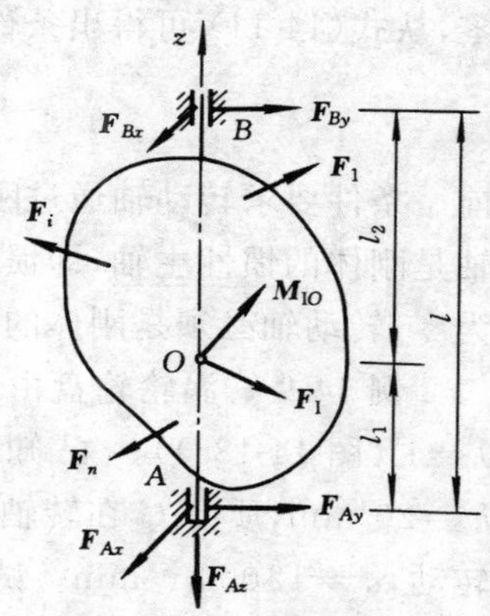

图 14-17 一般定轴转动刚体的“平衡”

将惯性力系简化结果[式(14-9)、式(14-10)中有关项]代入，注意到式(*)中第六式得到的是刚体定轴转动微分方程。所以由前面五式得轴承约束力为

$$\left.\begin{aligned}
F_{Ax} &= -\frac{1}{l}\left[l_2\sum F_{xi} - \sum M_{Oy}(\boldsymbol{F}_i) + ml_2(x_C\omega^2 + y_C\alpha) - J_{yz}\alpha - J_{xz}\omega^2\right] \\
F_{Ay} &= -\frac{1}{l}\left[l_2\sum F_{yi} - \sum M_{Ox}(\boldsymbol{F}_i) + ml_2(y_C\omega^2 - x_C\alpha) + J_{xz}\alpha - J_{yz}\omega^2\right] \\
F_{Az} &= -\sum F_{zi} \\
F_{Bx} &= -\frac{1}{l}\left[l_1\sum F_{xi} - \sum M_{Oy}(\boldsymbol{F}_i) + ml_1(x_C\omega^2 + y_C\alpha) + J_{yz}\alpha + J_{xz}\omega^2\right] \\
F_{By} &= -\frac{1}{l}\left[l_1\sum F_{yi} - \sum M_{Ox}(\boldsymbol{F}_i) + ml_1(y_C\omega^2 - x_C\alpha) - J_{xz}\alpha + J_{yz}\omega^2\right]
\end{aligned}\right\} \tag{14-11}$$

在式(14-11)中，F_{Az} 与运动无关，这是一个静力平衡方程。其他约束力都由两部分组成：一部分是由主动力的静力作用引起的，称为静约束力；另一部分是由转动刚体的惯性力系引起的，称为动约束力。

14.4.3 动平衡的概念

当转动刚体上不产生动约束力时，则刚体上的惯性力系主矢必须为零，惯性力系主矩必须为 $\boldsymbol{M}_{IO} = -J_z\alpha\boldsymbol{k}$，即惯性力系主矩只与主动力系主矩平衡$\left[\sum M_{Oz}(\boldsymbol{F}_i) + M_{IOz} = 0\right]$，这种状态称为动平衡。

由式(14-11)表示的动约束力中，与角速度有关的各项都与 ω^2 成正比。对于高速转动的转子，会产生动约束力的可能性很大，应设法予以减小直至消除。

如何才能消除动约束力呢？刚体转动时，一般 $\omega \neq 0, \alpha \neq 0$，要使动约束力等于零，从式(14-11)可得出条件：

$$x_C = y_C = 0, \quad J_{yz} = J_{xz} = 0$$

前一条件要求转动轴通过刚体的质心，即惯性力系的主矢为零；后一条件则要求转动轴是刚体的惯性主轴，即惯性力系的主矩必须与转轴重合。也就是说，欲使动约束力为零，转动轴必须是刚体的中心惯性主轴(即通过质心的惯性主轴)。

例 14-9 涡轮轮盘由于轴孔不正，装在轴上时，轴与轮盘面的法线 $C\zeta$ 成夹角 $\theta = 1°$(图 14-18a))。已知匀质轮盘质量 $m = 20$ kg，半径 $R = 200$ mm，厚度 $h = 20$ mm，质心 C 在转轴上，其到两端轴承的距离 $CA = CB = l = 0.5$ m，轴作匀速转动，$n = 12000$ r/min。试求轴承的动约束力。

解 以涡轮及轴为研究体，在涡轮上设坐标系 $Cxyz$(与涡轮固结)。现求涡轮上惯性力系的简化结果。因为 $\boldsymbol{a}_C = \boldsymbol{0}$，所以 $\boldsymbol{F}_I = \boldsymbol{0}$，即惯性力系的主矢为零。由式

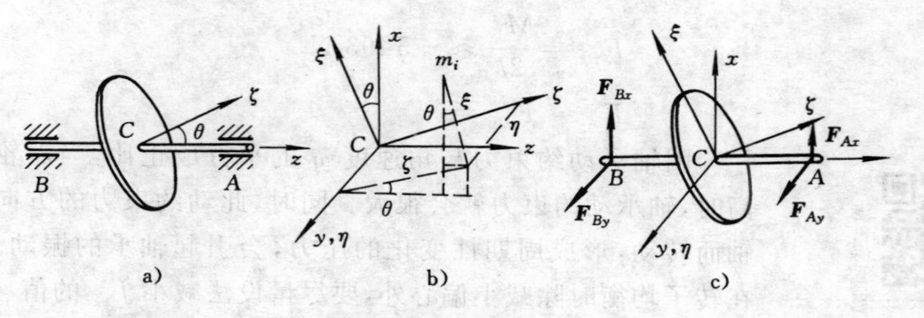

图 14-18　例 14-9 图

(14-10) 得惯性力系的主矩：$M_{Ix}=-J_{yz}\omega^2$，$M_{Iy}=J_{xz}\omega^2$。

因为 Cy 轴沿涡轮的直径，它是轮的对称轴之一，根据惯性主轴的概念知，此轴为涡轮的中心惯性主轴之一，所以 $J_{yz}=0$，即 $M_{Ix}=0$。

由于有偏角 $\theta=1°$，Cz 轴不是惯性主轴，因此，需计算 J_{xz}。

为了计算 J_{xz}，在圆盘上作出中心惯性主轴 $C\zeta$ 以及与之垂直的轴 $C\xi$，$C\eta$，并设在图示瞬时 η 轴与 y 轴重合(图 14-18b))，于是盘上一点坐标变换为

$$x_i=\xi_i\cos\theta+\zeta_i\sin\theta$$

$$z_i=-\xi_i\sin\theta+\zeta_i\cos\theta$$

$$J_{xz}=\sum m_i x_i z_i=\sum m_i(\xi_i\cos\theta+\zeta_i\sin\theta)(-\xi_i\sin\theta+\zeta_i\cos\theta)$$

$$=\sin\theta\cos\theta\sum m_i(\xi_i^2-\zeta_i^2)+(\cos^2\theta-\sin^2\theta)\sum m_i\zeta_i\xi_i$$

因 ζ 轴是轮盘的对称轴，有 $\sum m_i\zeta_i\xi_i=0$，得

$$J_{xz}=(J_\zeta-J_\xi)\sin\theta\cos\theta$$

式中，J_ζ 与 J_ξ 是圆盘分别对 ζ 轴和 ξ 轴的转动惯量。由表 11-1，有

$$J_\zeta=\frac{1}{2}mR^2$$

$$J_\xi=\frac{1}{12}m(3R^2+h^2)$$

于是，$M_{Iy}=J_{xz}\omega^2=\sin\theta\cos\theta\left[\frac{1}{2}mR^2-\frac{1}{12}m(3R^2+h^2)\right]\left(\frac{n\pi}{30}\right)^2$

$$=\frac{m}{24}(h^2-3R^2)\sin2\theta\left(\frac{n\pi}{30}\right)^2$$

$$=\frac{20}{24}(0.02^2-3\times0.2^2)\sin2°(400\pi)^2=-5\,492.74\ \text{N}\cdot\text{m}$$

涡轮轴的受力如图 14-18c) 所示，由式(14-11)，其 A，B 处的动约束力为

$$F_{Ax}=-\frac{M_{Iy}}{2l}\approx5\,493\ \text{N}$$

$$F_{Bx}=\frac{M_{Iy}}{2l}\approx -5\,493\ \mathrm{N}$$

$$F_{Ay}=F_{By}=0$$

因轴承动约束力与角速度 ω 的平方成正比，当涡轮转速很高时，轴承动约束力就会很大。同时，此动约束力的方向随同转轴而转动，形成周期性变化的压力，会引起轴承的振动。因此，在转子均衡时除减小偏心外，要尽量设法减小 J_{xz} 的值。本例中的动约束力约是静约束力(98 N) 的 56 倍。

思　考　题

14-1　第 8 章中的牵连惯性力、科氏惯性力与第 14 章中的达朗贝尔惯性力有何异同点？

14-2　质点系惯性力系的主矢量和主矩分别与质点系的动量和动量矩有什么关系？惯性力系的主矢量和主矩有何物理意义？

14-3　半径为 R、质量为 m 的匀质圆盘沿直线轨道作纯滚动如图所示。在某瞬时，圆盘具有角速度 ω、角加速度 α，试分析惯性力系向质心 C 和接触点 A 的简化结果。

14-4　质量为 m、长为 l 的匀质杆 OA 绕轴 O 在铅垂平面内作定轴转动，如图所示。已知某瞬时圆盘具有角速度 ω、角加速度 α，试分别以质心 C 和转轴 O 为简化中心，分析杆惯性力系的简化结果，并确定出惯性力系合力的大小、方向和作用线位置。

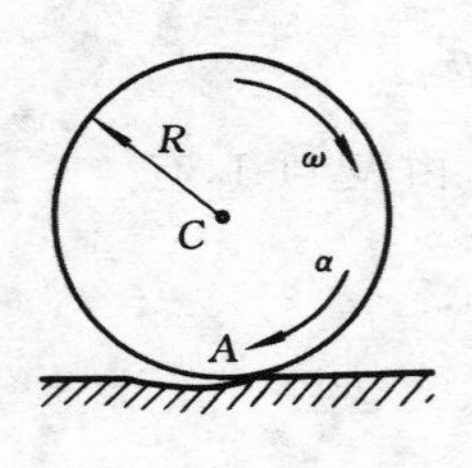

思考题 14-3 图

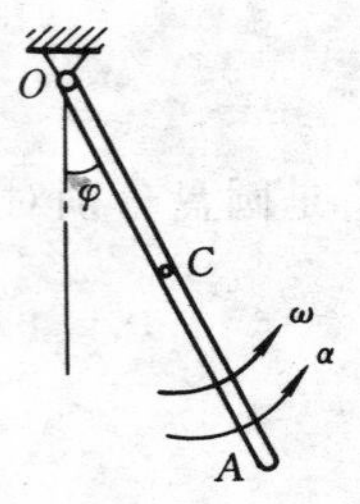

思考题 14-4 图

14-5　两相同的匀质轮如图所示，图 a) 中用力 $\boldsymbol{F}$ 拉动，图 b) 中挂一重为 $\boldsymbol{F}$ 的重物。试问两轮的角速度是否相同？为什么？

14-6　方形匀质薄板固连于水平转轴，并绕此轴以匀角速度转动，点 C 为平板质心，如图所示。其中图 a) 中的轴沿平板对角线；图 b) 中的轴通过质心但不垂直于平板；图 c) 中的轴通过质心且垂直于平板；图 d) 中的轴垂直于平板但不通过质心。试分析哪几种情况轴承受的动约束力为零。

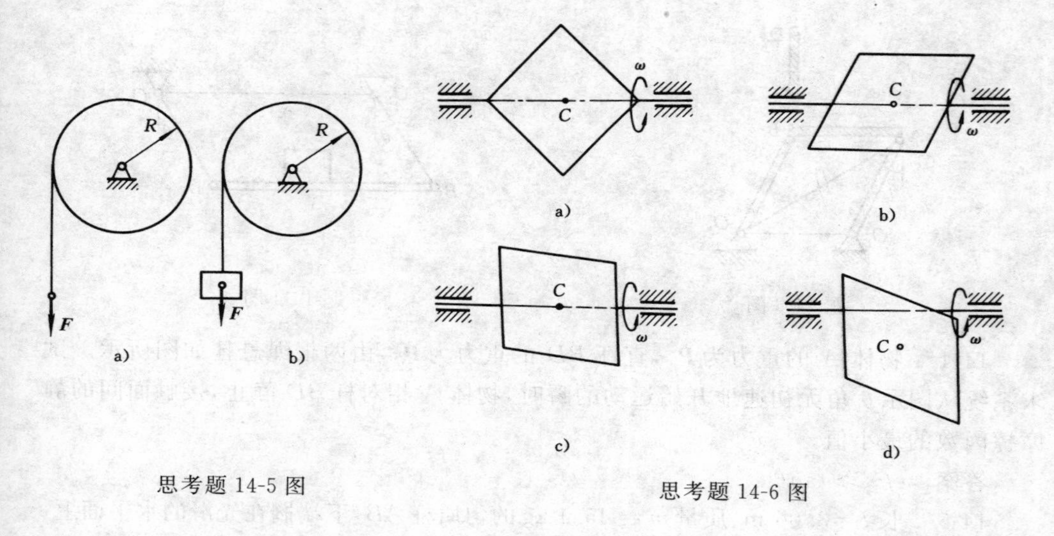

思考题 14-5 图

思考题 14-6 图

习　题

14-1　匀质杆长为 $2l$、重力为 $\boldsymbol{P}$，以匀角速度 ω 绕铅垂轴转动，杆与轴交角为 θ，尺寸 b。试求轴承 A，B 处由于转动而产生的附加动约束力。

答案　$F_A = F_B = \dfrac{l^2\omega^2\sin\theta\cos\theta}{6bg}P$。

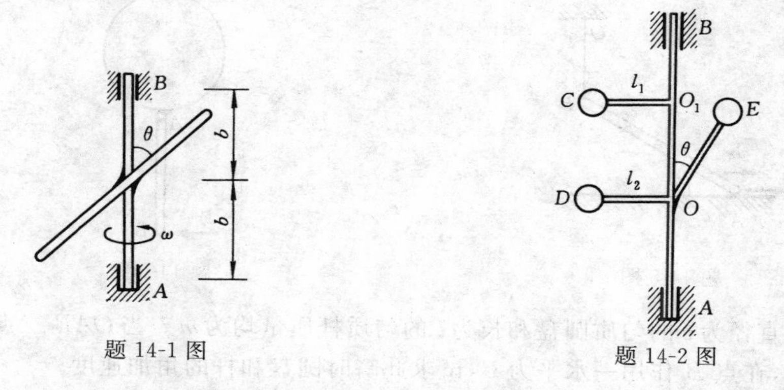

题 14-1 图

题 14-2 图

14-2　一长为 l、质量为 m_1 的匀质杆 OE 刚接在以等角速度转动的铅垂直轴上，$\theta = 30°$；在杆端固结一质量为 m_2 的质点 E。已知 $l_1 = l_2 = \dfrac{2}{3}l$，$\overline{OO_1}$ 长为 l，试求使轴承 A，B 处不发生附加动约束力，在点 C，D 处应加质点的质量。

答案　$m_C = 0.217(m_1 + 3m_2)$，$m_D = 0.158m_1 + 0.101m_2$。

14-3　两长 $l = 1$ m 的匀质杆 AB 和 BD，质量均为 $m = 3$ kg，焊接成直角的刚体。已知 $\theta = 30°$，试求切断绳 O_2A 瞬时，链杆 O_1A 和 O_2B 的力。

答案　$F_A = -5.39$ N(压)，$F_B = -45.6$ N(压)。

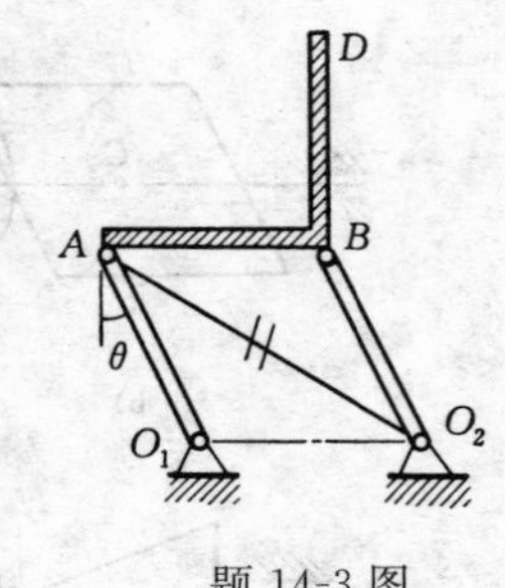

题 14-3 图

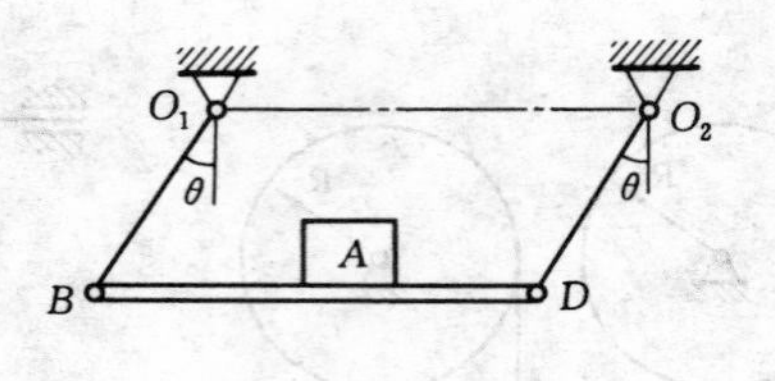

题 14-4 图

14-4　物体 A 的重力为 $\boldsymbol{P}_1$，直杆 BD 的重力为 $\boldsymbol{P}_2$，由两根绳悬挂如图所示。试求系统从图示 θ 角无初速地开始运动的瞬时，物体 A 相对杆 BD 静止，接触面间的静摩擦因数的最小值。

答案　$f_s \geqslant \tan\theta$。

14-5　长 $l=3.05$ m、质量 $m=45.4$ kg 的匀质杆 AB，下端搁在光滑的水平面上，上端用长 $h=1.22$ m 的绳系住。当绳子铅垂时，$\theta=30°$，点 A 以匀速 $v_A=2.44$ m/s 开始向左运动。试求此瞬时：(1) 杆的角加速度；(2) 需加在 A 端的水平力 F_A；(3) 绳的拉力 F_B。

答案　(1) $\alpha=1.85$ rad/s^2；　(2) $F_A=64$ N；　(3) $F_B=321$ N。

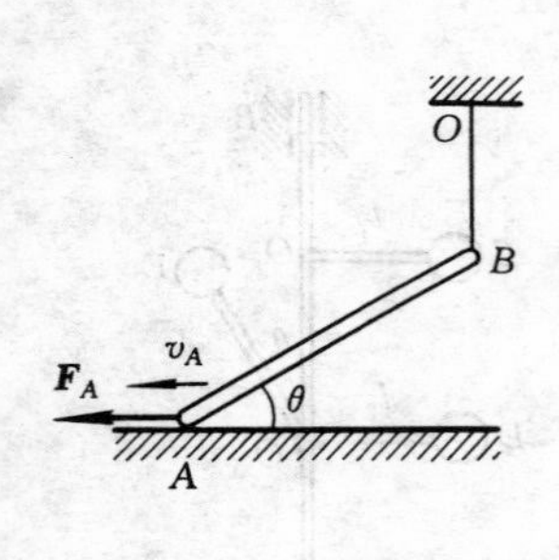

题 14-5 图

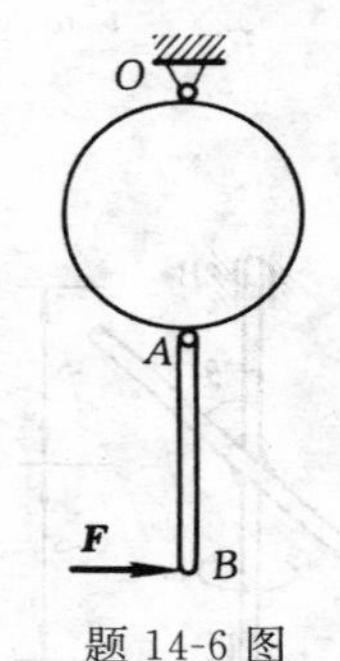

题 14-6 图

14-6　直径为 l 的匀质圆盘和长为 l 的匀质杆质量均为 m。当 OAB 三点在同一竖直线上时，在点 B 作用一水平力 $\boldsymbol{F}$，试求此瞬时圆盘和杆的角加速度。

答案　$\alpha=\dfrac{4F}{5ml}$，$\alpha_{AB}=\dfrac{21F}{5ml}$。

14-7　边长 $l=200$ mm、$h=150$ mm 的匀质矩形板，质量 $m=27$ kg，由两个销钉 A 和 B 悬挂。试求突然撤去销钉 B 的瞬时：(1) 平板的角加速度；(2) 销钉 A 的约束力。

答案　(1) $\alpha=47$ rad/s^2；　(2) $F_{Ax}=-95.34$ N；$F_{Ay}=137.72$ N。

14-8　在图示系统中，轮 A 上绕有软绳。已知轮质量与平板质量均为 m，$r=\dfrac{R}{2}$，轮对于轮心的回转半径 $\rho=\dfrac{2}{3}R$，轮与平板间的静摩擦因数为 f_s，地面光滑。

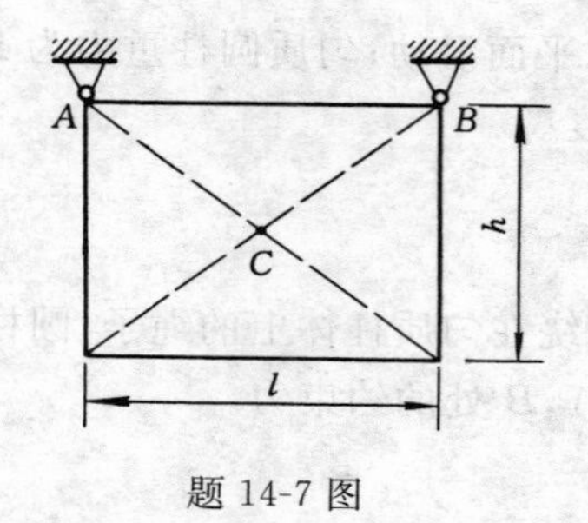

题 14-7 图

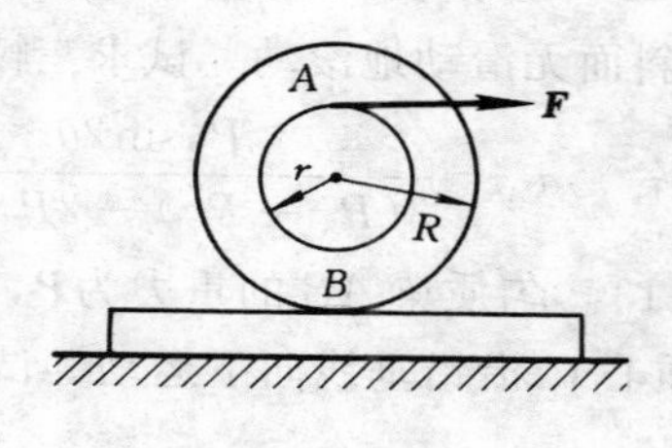

题 14-8 图

试求使轮子在小车上作纯滚动的水平力 $\boldsymbol{F}$ 的大小。

答案　$F \leqslant 34 f_s mg$。

14-9　匀质杆 AB 长为 l、质量为 m，用绳悬挂如图所示，$\theta = 45°$。试求切断绳 OA 瞬时，绳 OB 的拉力。

答案　$F_B = \dfrac{\sqrt{2}}{5} mg$。

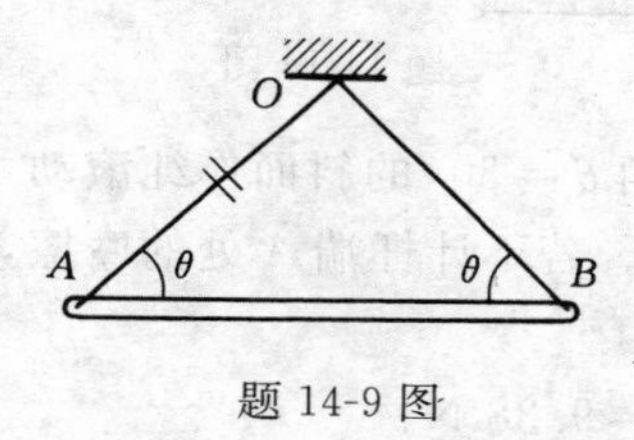

题 14-9 图

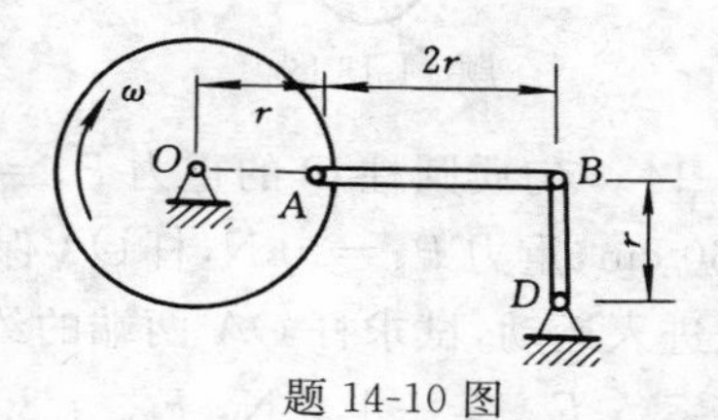

题 14-10 图

14-10　匀质杆每长 r 其质量为 m，已知圆盘在铅垂平面内绕 O 轴作匀角速 ω 转动。试求图示 BD 线竖直、OAB 线水平时，作用在 AB 杆上点 A 和点 B 的力。

答案　$F_{Ax} = -3mr\omega^2$，$F_{Ay} = mg$，$F_{Bx} = \dfrac{1}{2} mr\omega^2$，$F_{By} = mg$。

14-11　重力为 $\boldsymbol{P}$ 的匀质圆柱体，沿倾角为 θ 的悬臂梁作纯滚动。圆柱无初速地开始运动，试求圆心下移距离为 s 时，O 处的约束力。

答案　$F_{Ox} = \dfrac{1}{3} P \sin 2\theta$，$F_{Oy} = P\left(1 - \dfrac{2}{3}\sin^2\theta\right)$，$M_O = Ps\cos\theta$。

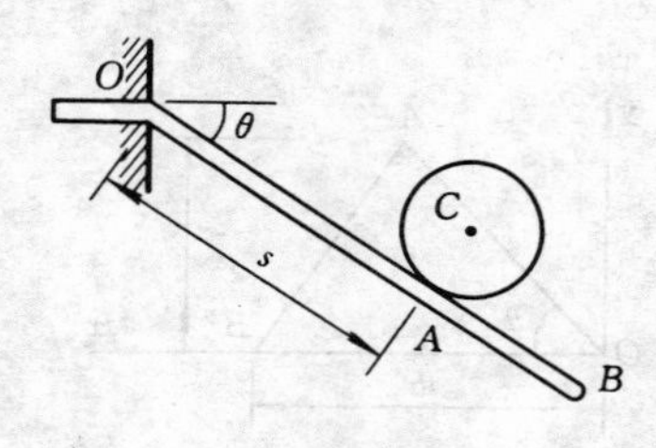

题 14-11 图

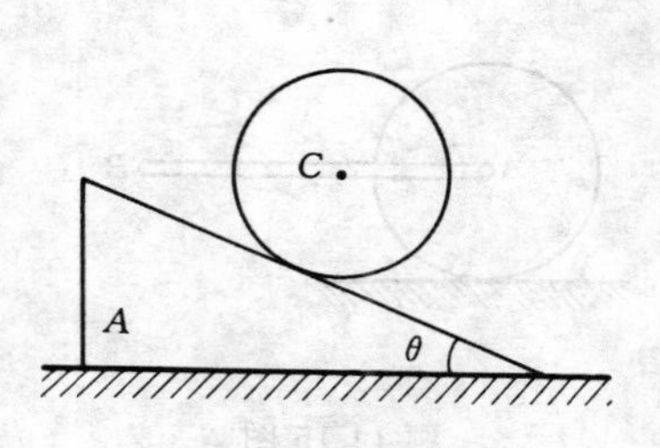

题 14-12 图

14-12　三棱柱 A 的重力为 $\boldsymbol{P}_1$，可沿光滑水平面滑动；匀质圆柱重力为 $\boldsymbol{P}_2$，倾角为 θ 的斜面无滑动地滚动。试求三棱柱的加速度。

答案　$a_A = \dfrac{P_2 \sin 2\theta}{3(P_1 + P_2) - 2P_2\cos^2\theta} g$。

14-13　匀质梁 AB 的重力为 $\boldsymbol{P}$，在中点系一绕在匀质柱体上的绳子，圆柱的质量为 m，质心 C 沿铅垂线向下运动。试求梁支座 A，B 处的约束力。

答案　$F_A = \dfrac{P}{2} + \dfrac{mg}{6}$，$F_B = \dfrac{P}{2} + \dfrac{mg}{6}$。

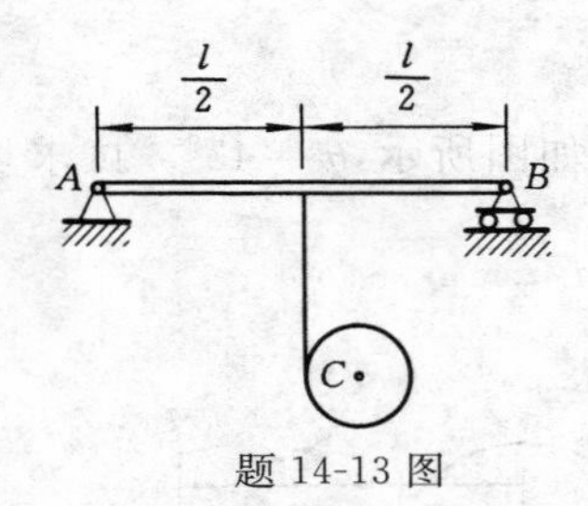

题 14-13 图

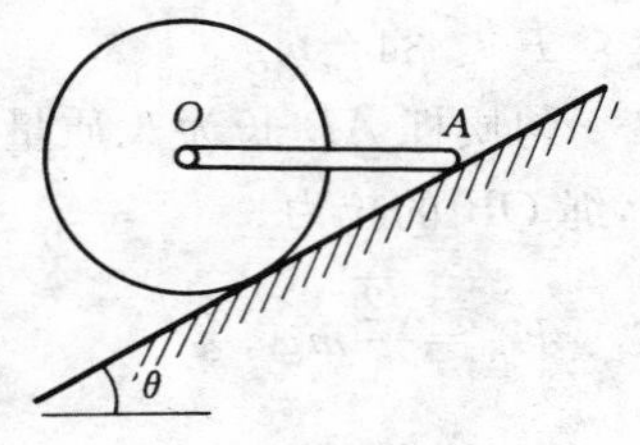

题 14-14 图

14-14　匀质圆柱 O 的重力 $P_1 = 40$ N，沿倾角 $\theta = 30°$ 的斜面作纯滚动，匀质杆长 $l = 60$ cm，重力 $P_2 = 20$ N，杆 OA 保持水平方位。若不计杆端 A 处的摩擦，系统无初速地进入运动，试求杆 OA 两端的约束力。

答案　$F_{Ox} = -1.8$ N，$F_{Oy} = 8.127$ N，$F_A = 9.38$ N。

14-15　长为 l、质量为 m 的匀质杆与半径为 r、质量为 m 的匀质圆盘相连，如图所示。圆盘置于粗糙的水平面上。试求杆 AB 从水平位置无初速释放后运动到铅垂位置时：(1) 杆 AB 的角速度 ω_{AB} 和圆心 A 的速度 v_A；(2) 杆 AB 的角加速度 α_{AB} 和圆心 A 的加速度 a_A；(3) 地面对圆盘的约束力。

答案　(1) $\omega_{AB} = \sqrt{\dfrac{30}{7} \cdot \dfrac{g}{l}}$，$v_A = \sqrt{\dfrac{6}{35} gl}$；(2) $\alpha_{AB} = 0$，$a_A = 0$；

(3) $F_s = 0$，$F_N = \dfrac{29}{7} mg$。

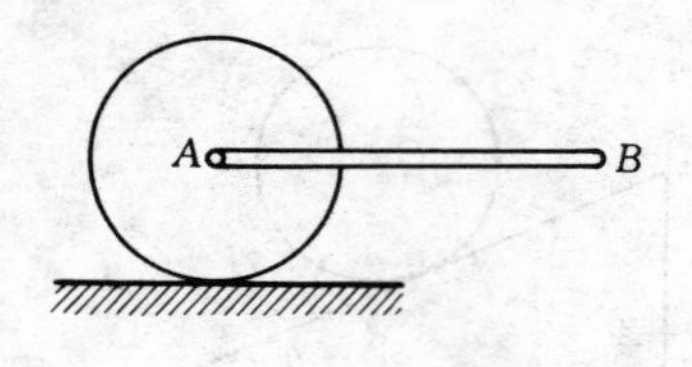

题 14-15 图

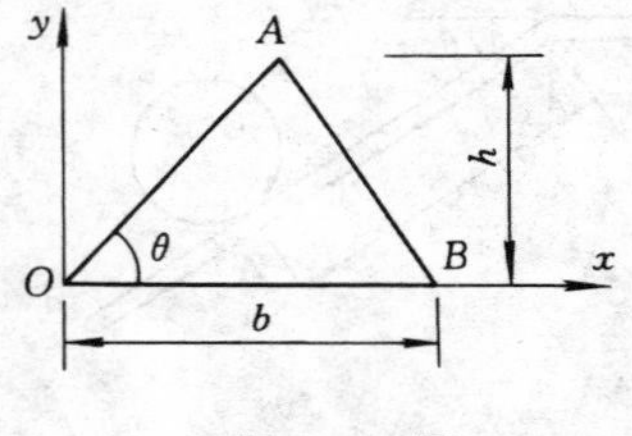

题 14-16 图

14-16　匀质等厚三角形板，已知角 θ，底长为 b，高为 h，单位面积的质量为 ρ。

试求对 x 轴和 y 轴的惯性积。

答案　$J_{xy}=\dfrac{\rho b^2h^2}{24}\left(1+\dfrac{2h}{b\tan\theta}\right)$。

14-17　长方形薄板的质量为 m，边长为 b，h。当板面处于水平位置时，在其轴上作用一力偶矩 M，试求板的角加速度以及支座 A，O 处的附加动约束力。

答案　$\alpha=\dfrac{6M(b^2+h^2)}{mb^2h^2}$，$F_{Oz}=-\dfrac{1}{2}\cdot\dfrac{M(b^2-h^2)}{bh\sqrt{b^2+h^2}}$，$F_{Az}=\dfrac{1}{2}\cdot\dfrac{M(b^2-h^2)}{bh\sqrt{b^2+h^2}}$，

$F_{Oy}=F_{Ay}=0$。

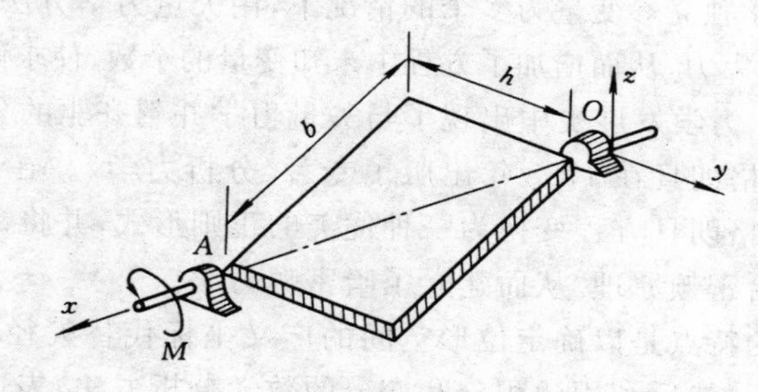

题 14-17 图

15 虚位移原理

虚位移原理、动力学普遍方程、拉格朗日方程、哈密顿原理是分析力学的主要内容。

在牛顿基本定律基础上建立起来的力学体系，被称作矢量力学。矢量力学对于不受约束的自由体研究最为便利；但对于多约束的质点系，在运动学独立参变量为多个的情况下，用矢量力学方法建立动力学方程，不可避免地会出现约束力，从而增加了方程中未知变量的个数，使求解过程复杂化。

从18世纪开始，力学发展史中出现了与矢量力学并驾齐驱的分析力学。作为分析力学的奠基人，拉格朗日在1788年出版了专著《分析力学》。在拉格朗日之后，哈密顿于1834年将拉格朗日方程变换为一种优美的正则形式，并将动力学的基本规律归纳为变分形式的哈密顿原理，从而建立了哈密顿力学。

分析力学体系的特点是以确定位形空间的广义坐标代替矢径，以能量和功的描述代替力矢量的分析，然后利用微积分和变分的数学分析方法，表述出力学统一的原理和公式。

本章先讨论虚位移原理，其余问题将在下一章予以讨论。

虚位移原理用动力学的方法来建立受约束质点系的平衡条件，与本书静力学在原理和方法上都不相同。

在刚体静力学中，对于多刚体系统，每个平衡方程中往往会出现多个未知约束力，因此需解多元联立方程。虚位移原理利用理想约束的约束力不做功，对结构只要将需要求的约束力逐个释放出来，变成主动力来求解；而对机构往往是求主动力之间（例如驱动力和工作阻力之间）的关系，不需求约束力。可见用虚位移原理求解会特别简便。

虚位移原理是在确定广义坐标的基础上，以力在可能位移上所做虚功之和必须为零来描述非自由质点系的平衡条件。所以虚位移原理也称为分析静力学。

分析静力学与刚体（几何）静力学比较还有一个不同点，就是分析力学不仅可以求系统的平衡位置，而且能判定系统平衡位置的稳定性。

15.1 虚位移的概念与分析方法

15.1.1 虚位移的概念

虚位移原理虚位移的概念与分析方法

在非自由质点系中，由于约束的作用，各质点的位移必须遵循约束所限定的条件，即各质点的位移必须为以不破坏约束为前提的任意微小位移。这个位移实际上并未发生，而是假想的，因此它并不需要经历时间。从这个意义上来讲，这是一种虚设的位移。由此引出虚位移的定义：质点（或质点系）在给定瞬时，为约束所容许的任何微小位移，称为质点（或质点系）的虚位移或可能位移。通常记作 $\delta \boldsymbol{r}$，δ 为变分符号，它表示变量与时间历程无关的微小变更，以区别于实位移 $\mathrm{d}\boldsymbol{r}$。

例如，受固定曲面 S 约束的质点 A，在满足曲面约束的条件下，质点 M 在曲面该点的切面 T 上的任何方向上的微小位移 $\delta \boldsymbol{r}$（图 15-1），即为该质点的虚位移；而任何脱离此切面的位移，必定破坏了曲面对质点的约束条件，都不是虚位移。

又如杠杆 AB 受铰链 O 约束（图 15-2），设杆转过一微小角 $\delta\theta$，直杆上除点 O 外，均获得了相应的位移。观察杆上点 M，经过一段弧长 $\overset{\frown}{MM'}$，到达点 M'，因 $\delta\theta$ 是微小的，点 M' 的虚位移 $\delta \boldsymbol{r}_M$（即弦长 $\overline{MM'}$）近似地等于弧长 $\overset{\frown}{MM'}$，并认为垂直于 OM，即

$$\delta \boldsymbol{r}_M = \overline{OM}\delta\theta$$

同样，$\delta \boldsymbol{r}_A = \overline{OA}\delta\theta$，$\delta \boldsymbol{r}_B = \overline{OB}\delta\theta$，方向如图 15-2 所示。

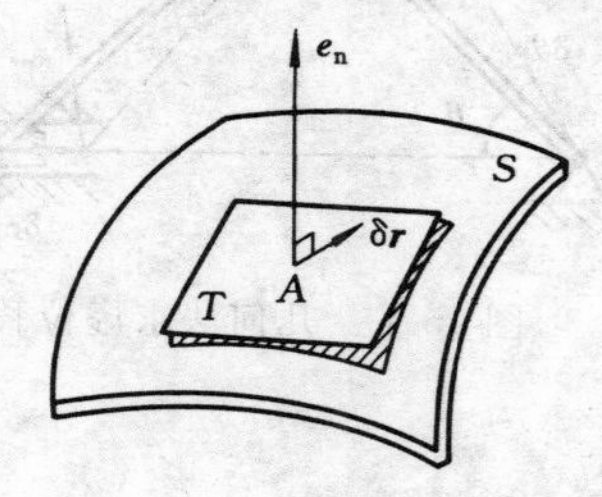

图 15-1　虚位移

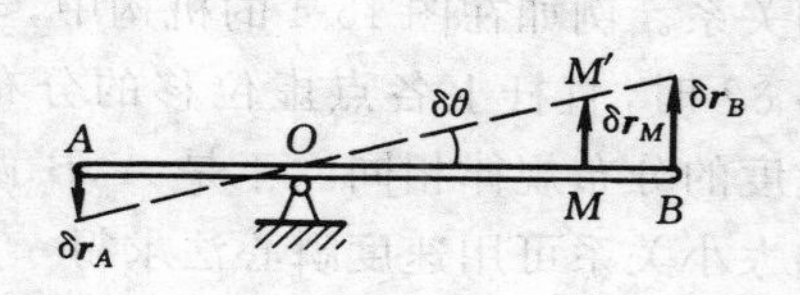

图 15-2　虚位移的图示方法

那么，虚位移与实位移有何区别呢？虚位移是可能位移，它是一个纯粹的几何概念，它仅依赖于约束条件；而实位移是真实位移，不仅取决于约束条件，还与时间和作用力有关。因此二者存在以下差异：

如一个静止质点可以有虚位移，但肯定没有实位移；虚位移是微小位移，而实位移可以是微小值，也可以是有限值。

虚位移与实位移的关系如下：

（1）在定常系统中，微小的实位移是虚位移之一（图 15-3a））。$\mathrm{d}\boldsymbol{r} \in \delta \boldsymbol{r}$。

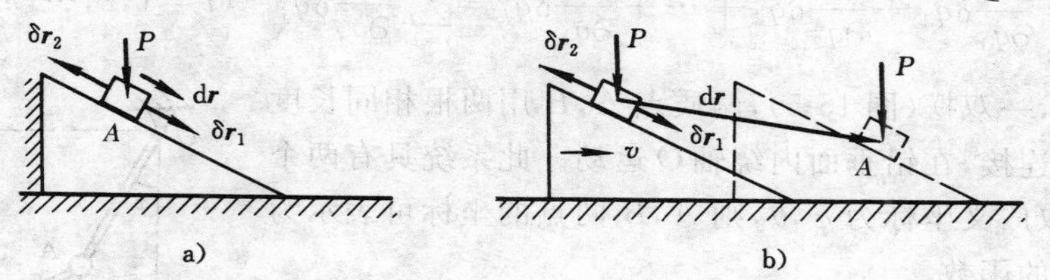

图 15-3　虚位移与实位移的区别

（2）在非定常系统中，微小的实位移不再成为虚位移之一。如图 15-3b）所示滑

块 A 搁在倾角为 θ 的斜面上，斜面以速度 $\boldsymbol{v}$ 沿水平方向运动。在任何时间滑块的虚位移($\delta\boldsymbol{r}_1,\delta\boldsymbol{r}_2$) 沿斜面，而在 Δt 时间内，滑块的实位移则为 $\mathrm{d}\boldsymbol{r}$，它由沿斜面的相对位移与随三棱体运动的牵连位移合成而得。

15.1.2　虚位移的分析方法

受约束质点系，为了不破坏约束条件，质点系内各质点的虚位移必须满足一定的关系，而且独立的虚位移个数等于质点系的自由度数目。下面介绍分析质点系虚位移关系的两种方法。

1. 几何法

在定常约束条件下，微小的实位移是虚位移之一。因此，可以用质点间实位移的关系来给出质点间虚位移的关系。由运动学知，质点无限小实位移与该点的速度正成比，$\mathrm{d}\boldsymbol{r}=\boldsymbol{v}\mathrm{d}t$，所以可用分析速度的方法来建立质点间虚位移的关系。例如在图 15-4 的机构中，当给以虚位移 $\delta\theta$ 时，直杆上各点虚位移的分布规律都与速度的分布规律相同。于是 A,B 两点虚位移的大小关系可用速度瞬心法求得

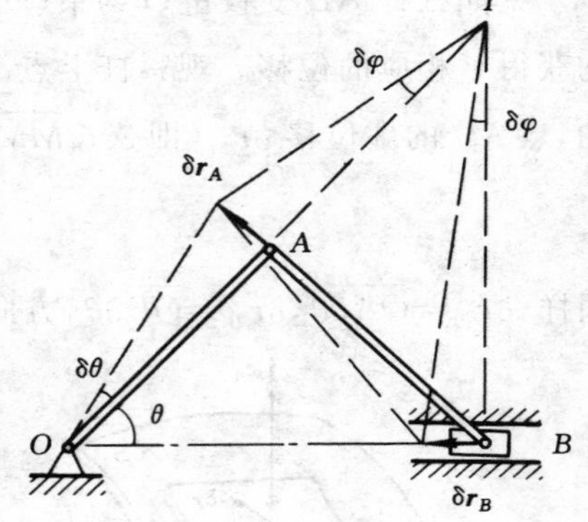

图 15-4　几何法求虚位移

$$\frac{\delta\boldsymbol{r}_A}{\delta\boldsymbol{r}_B}=\frac{IA\delta\varphi}{IB\delta\varphi}=\frac{IA}{IB}$$

2. 解析法

设由 n 个质点组成的质点系受到 s 个完整、双侧和定常的约束，具有 $k=3n-s$ 个自由度。以 k 个广义坐标 $q_1,q_2,\cdots,q_k$ 来确定质点系的位置。当质点系发生虚位移时，各广义坐标分别有微小的变更(称为广义虚位移)$\delta q_1,\delta q_2,\cdots,\delta q_k$，任一质点的虚位移 $\delta\boldsymbol{r}_i$ 可表示为 k 个独立变分 $\delta q_1,\delta q_2,\cdots,\delta q_k$ 的函数。即对式(8-5)$\boldsymbol{r}_i=\boldsymbol{r}_i(q_1,q_2,\cdots,q_k)(i=1,2,\cdots,n)$ 用类似求微分的方法得到其变分(虚位移)为

$$\delta\boldsymbol{r}_i=\frac{\partial\boldsymbol{r}_i}{\partial q_1}\delta q_1+\frac{\partial\boldsymbol{r}_i}{\partial q_2}\delta q_2+\cdots+\frac{\partial\boldsymbol{r}_i}{\partial q_k}\delta q_k=\sum_{j=1}^{k}\frac{\partial\boldsymbol{r}_i}{\partial q_j}\delta q_j\quad(i=1,2,\cdots,n)\qquad(15\text{-}1)$$

例如，一双摆(图 15-5)，两质点 A,B 用两根相同长度的刚性杆连接，在铅垂面内绕轴 O 运动。此系统具有两个自由度，取广义坐标为 φ,θ，则 A,B 两点的坐标可表示为广义坐标的函数。

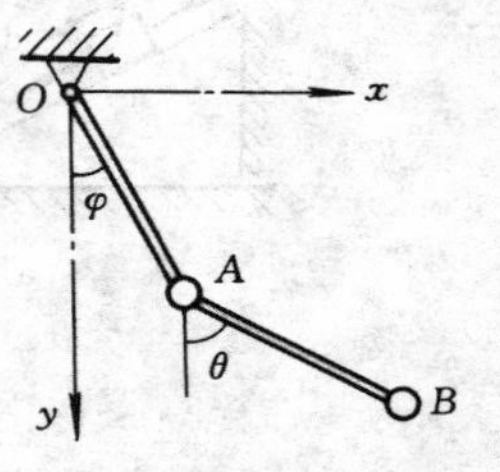

图 15-5　解析法求虚位移

$$\left.\begin{aligned} x_A &= l\sin\varphi \\ y_A &= l\cos\varphi \\ x_B &= l\sin\varphi + l\sin\theta \\ y_B &= l\cos\varphi + l\cos\theta \end{aligned}\right\} \quad ①$$

对式 ① 求变分，即得各点的虚位移表示为独立变分 $\delta\varphi$，$\delta\theta$ 的函数为

$$\left.\begin{aligned} \delta x_A &= \frac{\partial x_A}{\partial\varphi}\delta\varphi + \frac{\partial x_A}{\partial\theta}\delta\theta = l\cos\varphi\delta\varphi \\ \delta y_A &= \frac{\partial y_A}{\partial\varphi}\delta\varphi + \frac{\partial y_A}{\partial\theta}\delta\theta = -l\sin\varphi\delta\varphi \\ \delta x_B &= \frac{\partial x_B}{\partial\varphi}\delta\varphi + \frac{\partial x_B}{\partial\theta}\delta\theta = l\cos\varphi\delta\varphi + l\cos\theta\delta\theta \\ \delta y_B &= \frac{\partial y_B}{\partial\varphi}\delta\varphi + \frac{\partial y_B}{\partial\theta}\delta\theta = -l\sin\varphi\delta\varphi - l\sin\theta\delta\theta \end{aligned}\right\} \quad ②$$

15.2 虚位移原理及应用

在讲述虚位移原理之前，先引入虚功和理想约束的概念。

15.2.1 虚功

作用于质点或质点系上的力在给定虚位移上所做的功称为虚功，记作 $\delta W = \boldsymbol{F}\delta\boldsymbol{r}$。虚功的计算与力在真实微小位移上所做的元功的计算是一样的。但须指出，由于虚位移是假想的，不是真实发生的，故虚功也是假想的。

15.2.2 理想约束

如果约束力在质点系的任何虚位移中所做的元功之和等于零，那么这种约束就称为理想约束。以 $\boldsymbol{F}_{\mathrm{N}i}$ 表示第 i 个质点受到的约束力合力，$\delta\boldsymbol{r}_i$ 表示该质点的虚位移，则质点系的理想约束条件为

$$\sum_{i=1}^{n}\boldsymbol{F}_{\mathrm{N}i}\cdot\delta\boldsymbol{r}_i = 0 \tag{15-2}$$

能满足式(15-2) 的理想约束不外乎下列四种类型：

(1) $\delta\boldsymbol{r}_i = \boldsymbol{0}$，即约束处无虚位移，如固定端约束、铰支座等；

(2) $\boldsymbol{F}_{\mathrm{N}i} \perp \delta\boldsymbol{r}_i$，即约束力与虚位移相垂直，如光滑接触面约束等；

(3) $\boldsymbol{F}_{\mathrm{N}i} = \boldsymbol{0}$，即约束点上约束力的合力为零，如铰链连接(销钉上受到的是一对大小相等、方向相反的力) 等；

(4) $\sum_{i=1}^{n}\boldsymbol{F}_{\mathrm{N}i}\cdot\delta\boldsymbol{r}_i = 0$，即一个约束在一处约束力的虚功不为零，但若干处的虚功

之和为零。如连接两质点的无重刚性杆(图 15-6a)),此刚杆为二力杆,两端受力大小相等,方向相反,作用线沿杆轴;而 A,B 两点的虚位移分别为 $\delta\boldsymbol{r}_A$ 和 $\delta\boldsymbol{r}_B$,且 $|\delta\boldsymbol{r}_A|\neq|\delta\boldsymbol{r}_B|$,但在刚性杆约束下,两点虚位移沿杆轴的投影应相等,即

$$\delta r_A\cos\varphi_A=\delta r_B\cos\varphi_B$$

因此,有
$$\sum_{i=1}^{2}\boldsymbol{F}_{\mathrm{N}i}\cdot\delta\boldsymbol{r}_i=F_A\delta r_A\cos\varphi_A-F_B\delta r_B\cos\varphi_B=0$$

再如对于跨过滑轮的不可伸长的绳在力 F_A 与 F_B 作用下处于平衡(图 15-6b)),则 $F_A=F_B$,虽然虚位移 $|\delta\boldsymbol{r}_A|\neq|\delta\boldsymbol{r}_B|$,但在绳约束不失效的条件下,仍可建立与上述类似的关系式,得到同样的结果。

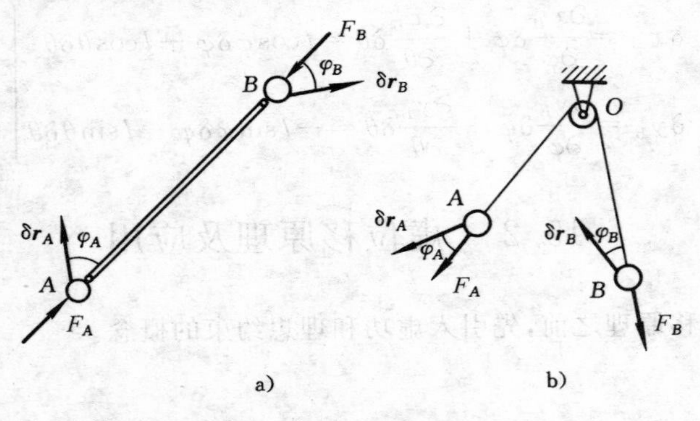

图 15-6　理想约束

和其他类型的约束一样,理想约束是从实际约束中抽象出来的理想模型,它代表了相当多的实际约束的力学性质。

15.2.3　虚位移原理(虚功原理)

虚位移原理(虚功原理)是约·伯努利在 1717 年提出的,可表述为具有双侧、定常、理想约束的质点系,在给定位置上保持平衡的必要与充分条件是:所有主动力在质点系的任何虚位移中的元功之和等于零。

以 $\boldsymbol{F}_i$ 表示作用于质点系中某质点上主动力的合力,$\delta\boldsymbol{r}_i$ 表示该质点的虚位移,则虚位移原理的矢量表达式为

$$\delta W=\sum_{i=1}^{n}\boldsymbol{F}_i\cdot\delta\boldsymbol{r}_i=0 \tag{15-3}$$

也可用解析式表示为

$$\delta W=\sum_{i=1}^{n}(F_{xi}\delta x_i+F_{yi}\delta y_i+F_{zi}\delta z_i)=0 \tag{15-4}$$

式中，F_{xi}，F_{yi}，F_{zi} 和 δx_i，δy_i，δz_i 分别表示主动力 $\boldsymbol{F}_i$ 和虚位移 $\delta\boldsymbol{r}_i$ 在 x，y，z 轴上的投影。

现在证明虚位移原理。先证明必要性，再证明充分性。

(1) 必要性。命题：如质点系处于平衡，则式(15-3) 成立。

当质点系平衡时，系中各质点均应平衡，因而作用于第 i 个质点上的主动力的合力 $\boldsymbol{F}_i$ 与约束力的合力 $\boldsymbol{F}_{Ni}$ 之和必为零，即

$$\boldsymbol{F}_i + \boldsymbol{F}_{Ni} = \boldsymbol{0} \qquad (i = 1,2,\cdots,n)$$

令此质点具有任意虚位移 $\delta\boldsymbol{r}_i$，则 $\boldsymbol{F}_i$ 与 $\boldsymbol{F}_{Ni}$ 在虚位移上的元功之和必等于零，有

$$(\boldsymbol{F}_i + \boldsymbol{F}_{Ni}) \cdot \delta\boldsymbol{r}_i = 0 \qquad (i = 1,2,\cdots,n)$$

将 n 个等式相加，得

$$\sum_{i=1}^{n}(\boldsymbol{F}_i + \boldsymbol{F}_{Ni}) \cdot \delta\boldsymbol{r}_i = \sum_{i=1}^{n}\boldsymbol{F}_i \cdot \delta\boldsymbol{r}_i + \sum_{i=1}^{n}\boldsymbol{F}_{Ni} \cdot \delta\boldsymbol{r}_i = 0$$

根据理想约束条件 $\sum_{i=1}^{n}\boldsymbol{F}_{Ni} \cdot \delta\boldsymbol{r}_i = 0$，故得

$$\sum_{i=1}^{n}\boldsymbol{F}_i \cdot \delta\boldsymbol{r}_i = 0$$

(2) 充分性。命题：如式(15-3) 成立，则质点系开始时处于静止(注意：分析静力学中的平衡概念，是指质点系内各个质点相对惯性系原来处于静止，在主动力系作用下仍然保持静止状态)。

采用反证法。设式(15-3) 成立，而质点系不平衡；则在质点系中至少有 1 个质点将离开平衡位置从静止开始作加速运动，这时该质点在主动力、约束力的合力 $\boldsymbol{F}_{Ri} = (\boldsymbol{F}_i + \boldsymbol{F}_{Ni})$ 作用下必有实位移 $\mathrm{d}\boldsymbol{r}_i$，且实位移方向与合力方向一致，于是 $\boldsymbol{F}_{Ri}$ 将做正功。在定常约束的情况下，实位移 $\mathrm{d}\boldsymbol{r}_i$ 必为虚位移 $\delta\boldsymbol{r}_i$ 之一。于是，有

$$\boldsymbol{F}_{Ri} \cdot \delta\boldsymbol{r}_i = (\boldsymbol{F}_i + \boldsymbol{F}_{Ni}) \cdot \delta\boldsymbol{r}_i > 0$$

对于每一个进入运动的质点，都可以写出这样类似的不等式，而对于平衡的质点仍可得到等式。将所有质点的表达式相加，必有

$$\sum_{i=1}^{n}(\boldsymbol{F}_i \cdot \delta\boldsymbol{r}_i + \boldsymbol{F}_{Ni} \cdot \delta\boldsymbol{r}_i) > 0$$

由理想约束条件 $\sum_{i=1}^{n}\boldsymbol{F}_{Ni} \cdot \delta\boldsymbol{r}_i = 0$，上式成为

$$\sum_{i=1}^{n}\boldsymbol{F}_i \cdot \delta\boldsymbol{r}_i > 0$$

此结果与证明中所假设的条件矛盾。所以，质点系不可能进入运动，而必定成平衡。

虚位移原理是求解平衡问题最一般的原理，对任何质点系均适用。对于受理想

约束的复杂系统的平衡问题，由于不会出现约束力，从而避免了解联立方程，使计算过程大为简化。

应该指出，虽然应用虚位移原理的条件是质点系应具有理想约束，但也可以用于有摩擦的情况，只要把摩擦力当作主动力，在虚功方程中计入摩擦力所做的虚功即可。如果系统中有弹簧存在，需要把弹簧断开，用弹簧力表示。

例 15-1 在图 15-7a) 所示平面机构中，已知两杆长均为 $b+h$，物块的重力为 P，弹簧的原长为 l，刚性系数为 k。试求机构的平衡位置(以 θ 表示)。

解 本机构的自由度为 1，取 θ 为广义坐标，建立如图 15-7b) 所示的直角坐标。

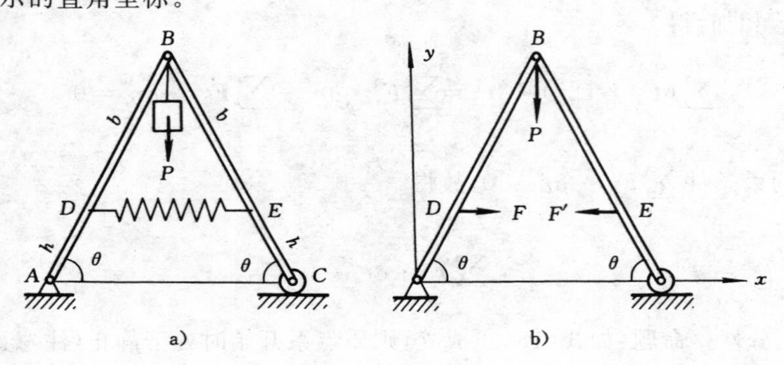

图 15-7 例 15-1 图

由于机构处于一般位置，故可以利用解析式求解。先作主动力的投影。主动力有重力和一对弹性力。有

$$F_{By}=-P, \quad F_{Dx}=F, \quad F_{Ex}=-F' \tag{①}$$

对应力的投影，写出相应的坐标为

$$y_B=(b+h)\sin\theta, \quad x_D=h\cos\theta, \quad x_E=(h+2b)\cos\theta \tag{②}$$

对式 ② 进行变分，得

$$\delta y_B=(b+h)\cos\theta\delta\theta, \quad \delta x_D=-h\sin\theta\delta\theta, \quad \delta x_E=-(h+2b)\sin\theta\delta\theta \tag{③}$$

将式 ①，③ 代入式(15-4)，有

$$(-P)(b+h)\cos\theta\delta\theta+F(-h\sin\theta\delta\theta)+(-F')[-(h+2b)\sin\theta\delta\theta]=0$$

注意到 $F=F'$，整理后得

$$[-P(b+h)\cos\theta+2Fb\sin\theta]\delta\theta=0$$

因 $\delta\theta\neq 0$，故

$$-P(b+h)\cos\theta+2Fb\sin\theta=0$$

式中，弹性力 $F=k\Delta l=k(2b\cos\theta-l)$，代入得

$$\tan\theta=\frac{P(h+b)}{2kb(2b\cos\theta-l)}$$

上式是关于 θ 的超越方程，由此可解出 θ 值，得到平衡位置。

例 15-2 一多跨静定梁尺寸如图 15-8a) 所示，已知竖直力 P_1，P_2，力偶矩 M。试求支座 B 处的约束力。

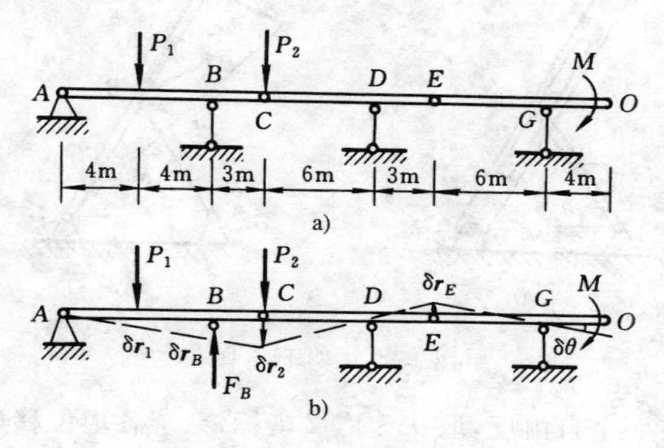

图 15-8 例 15-2 图

解 原结构受约束后无自由度，不可能发生位移。为了应用虚位移原理求支座 B 的约束力，可将支座 B 去除，代之以约束力 F_B（将此力看作主动力）。这样，整个结构有了1个自由度。接着作运动分析，梁 AC 作定轴转动，梁 CE 和梁 EO 均作平面运动，画出虚位移如图 15-8b) 所示。根据式(15-3)，建立虚功方程为

$$P_1\delta r_1-F_B\delta r_B+P_2\delta r_2+M\delta\theta=0 \qquad ①$$

由几何关系有

$$\frac{\delta r_1}{\delta r_B}=\frac{4}{8}=\frac{1}{2},\quad \frac{\delta r_2}{\delta r_B}=\frac{11}{8}$$

$$\frac{\delta\theta}{\delta r_B}=\frac{1}{\delta r_B}\cdot\frac{\delta r_0}{4}=\frac{1}{\delta r_B}\cdot\frac{\delta r_E}{6}=\frac{1}{6\delta r_B}\cdot\frac{3\delta r_2}{6}=\frac{1}{12}\times\frac{11}{8}=\frac{11}{96}$$

代入式 ① 有

$$\left(P_1-F_B\times 2+P_2\times\frac{11}{4}+M\times\frac{11}{48}\right)\delta r_1=0$$

因为 $\delta r_1\neq 0$，所以
$$P_1-2F_B+\frac{11}{4}P_2+\frac{11}{48}M=0$$

得
$$F_B=\frac{1}{2}P_1+\frac{11}{8}P_2+\frac{11}{96}M$$

从上例可知，用虚位移原理求解约束力，只需逐个释放对应的约束，代之以力，使系统有一个自由度。这样虚功方程中只含一个未知力，使计算大为简化。

例 15-3 刨床急回机构如图 15-9a) 所示，已知曲柄 AB 长 $r=0.5\ \mathrm{m}$，摇杆 CD 长 $l=2r$，在曲柄上作用有矩为 $M=60\ \mathrm{N\cdot m}$ 的力偶。试求当 $\theta=60^\circ$，$\overline{CB}=r$ 时，机构平衡所需的水平力 F。

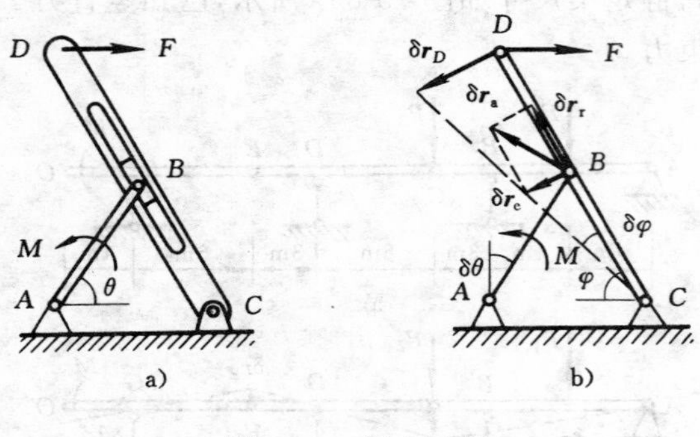

图 15-9 例 15-3 图

解 系统具有一个自由度，取 θ 为广义坐标，系统各虚位移如图 15-9b) 所示。根据 $\sum \boldsymbol{F}_i \delta \boldsymbol{r}_i=0$，有

$$M\delta\theta - F\delta r_D \sin\varphi = 0$$

又根据点的合成运动中的速度合成定理，有

$$\delta \boldsymbol{r}_{\mathrm{a}} = \delta \boldsymbol{r}_{\mathrm{e}} + \delta \boldsymbol{r}_{\mathrm{r}}$$

即
$$\delta r_{\mathrm{a}} \cos[180^\circ - (\theta+\varphi)] = \delta r_{\mathrm{e}}$$

注意到在图示位置 $\varphi=\theta=60^\circ$，又 $\delta r_A = r\delta\theta$，代入得 $\delta r_{\mathrm{e}} = \dfrac{1}{2} r\delta\theta$，而 $\delta\varphi = \dfrac{\delta r_{\mathrm{e}}}{r}$，$\delta r_D = l\delta\varphi = 2\delta r_{\mathrm{e}} = r\delta\theta$，代入到虚位移原理中，得

$$M\delta\theta - Fr\delta\theta\frac{\sqrt{3}}{2} = 0$$

即
$$\left(M - \frac{\sqrt{3}}{2}Fr\right)\delta\theta = 0$$

又 $\delta\theta \neq 0$，得
$$F = \frac{2M}{\sqrt{3}r} = \frac{2\times 60}{\sqrt{3}\times 0.5} = 138.56\ \mathrm{N}$$

例 15-4 一刚架尺寸及载荷如图 15-10a) 所示。已知 $F_1=10\ \mathrm{kN}$，$F_2=80\ \mathrm{kN}$，$M=200\ \mathrm{kN\cdot m}$。试求固定端支座 A 的约束力。

解 为了便于计算，将 F_2 分解为

$$F_{2x}=F_2\cos 60°=40\ \text{kN}$$

$$F_{2y}=F_2\sin 60°=40\sqrt{3}\ \text{kN}$$

为求固定端 A 的约束力偶，将固定端用铰链支座及约束力偶 M_A（视为主动力偶矩）来替换。这样折杆 AC 可绕点 A 转动，系统具有一个自由度。折杆 CB 作平面运动，其速度瞬心及各点的虚位移关系如图 15-10b）所示。为方便计算，对于有转动中心的刚体，通常用力对转动中心求矩并乘以虚转角来计算虚功，则此时虚功方程为

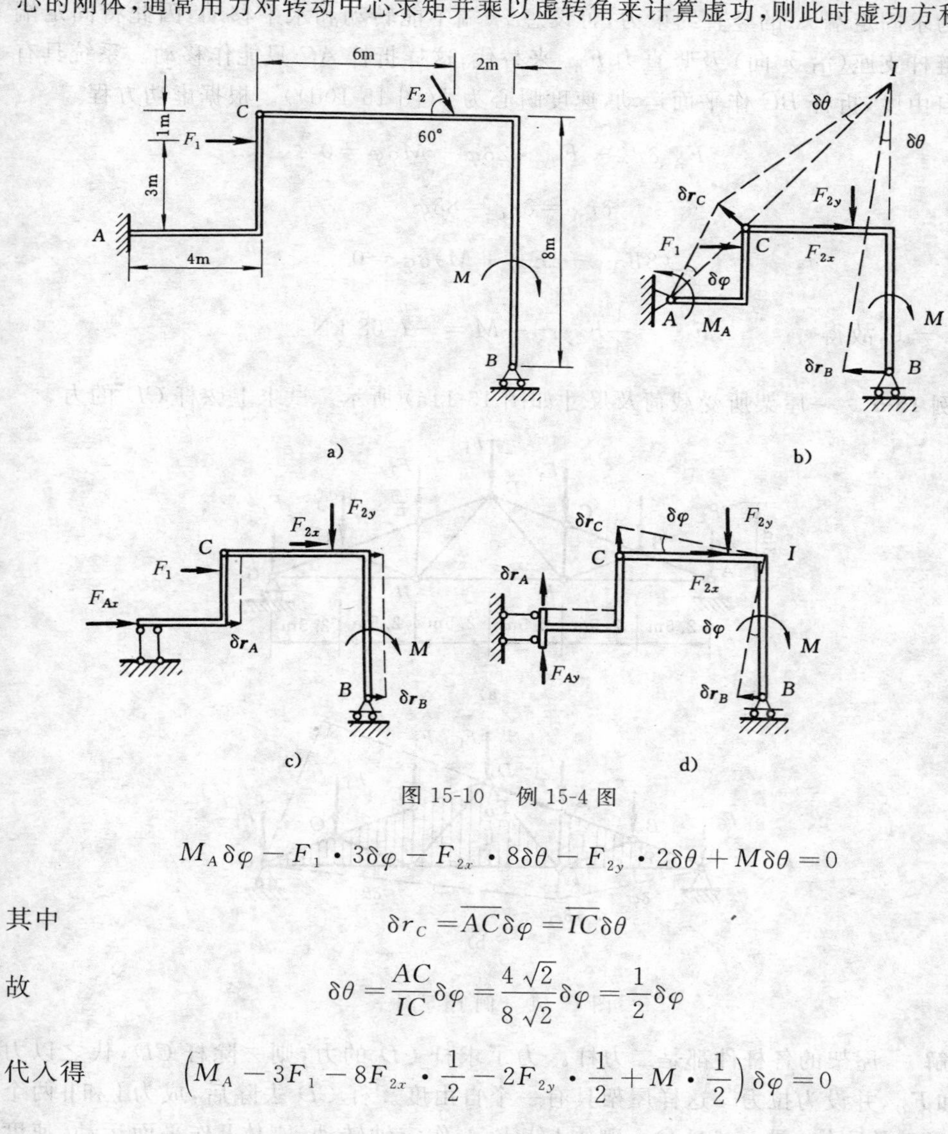

图 15-10　例 15-4 图

$$M_A\delta\varphi-F_1\cdot 3\delta\varphi-F_{2x}\cdot 8\delta\theta-F_{2y}\cdot 2\delta\theta+M\delta\theta=0$$

其中
$$\delta r_C=\overline{AC}\delta\varphi=\overline{IC}\delta\theta$$

故
$$\delta\theta=\frac{AC}{IC}\delta\varphi=\frac{4\sqrt{2}}{8\sqrt{2}}\delta\varphi=\frac{1}{2}\delta\varphi$$

代入得
$$\left(M_A-3F_1-8F_{2x}\cdot\frac{1}{2}-2F_{2y}\cdot\frac{1}{2}+M\cdot\frac{1}{2}\right)\delta\varphi=0$$

因 $\delta\varphi\neq 0$，得
$$M_A=3F_1+4F_{2x}+F_{2y}-\frac{1}{2}M=159\ \text{kN}\cdot\text{m}$$

为求固定端 A 的水平约束力，可设想 A 端不能转动和铅垂移动，因此将固定端用双链杆支座（沿 y 向）及水平力 F_{Ax} 来替代；这样折杆 AC 只能作移动。系统具有一个自由度，折杆 BC 作移动（图 15-10c））。根据虚功方程

$$F_{Ax}\delta r_A + F_1\delta r_A + F_{2x}\delta r_A = 0$$

因 $\delta r_A \neq 0$，故得 $$F_{Ax} = -F_1 - F_{2x} = -50\ \text{kN}$$

为求固定端 A 的竖直约束力，可设想 A 端不能转动和水平移动，因此将固定端用双链杆支座（沿 x 向）及竖直力 F_{Ay} 来替代；这样折杆 AC 只能作移动。系统具有一个自由度，折杆 BC 作平面运动，速度瞬心为 I（图 15-10d））。根据虚功方程

$$F_{Ay}\delta r_A - F_{2y}\cdot 2\delta\varphi + M\delta\varphi = 0$$

式中 $$\delta r_A = \delta r_C = 8\delta\varphi$$

即 $$(8F_{Ay} - 2F_{2y} + M)\delta\varphi = 0$$

因 $\delta\varphi \neq 0$，故得 $$F_{Ay} = \frac{1}{4}F_{2y} - \frac{1}{8}M = -7.68\ \text{kN}$$

例 15-5 一屋架所受载荷及尺寸如图 15-11a) 所示。试求上弦杆 CD 的力。

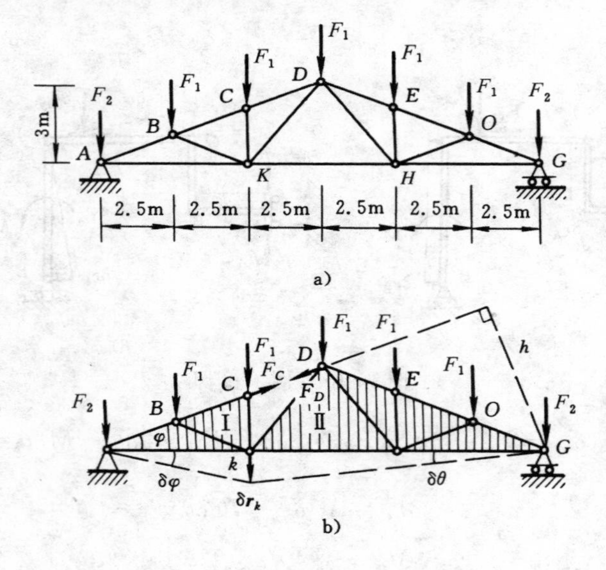

图 15-11 例 15-5 图

解 屋架的各杆件都是二力杆。为了求杆 CD 的力，则去除杆 CD，代之以力 F_C 和 F_D，并设为拉力。这样屋架具有一个自由度。杆 CD 去除后，成为Ⅰ和Ⅱ两个相互运动的刚体（图 15-11b））。刚体Ⅰ绕点 A 作定轴转动，刚体Ⅱ作平面运动，速度瞬心在点 G。由虚功方程

$$F_1 \times 2.5\delta\varphi + F_1 \times 5\delta\varphi + F_1 \times 7.5\delta\theta + F_1 \times 5\delta\theta + F_1 \times 2.5\delta\theta + F_D h\delta\theta = 0$$

其中
$$5\delta\varphi = 10\delta\theta$$

式中，h 是瞬心 G 到力 F_D 作用线的垂直距离，由图中几何关系知：

$$h = \overline{AG}\sin\varphi = 15 \times \frac{3}{\sqrt{7.5^2 + 3^2}} = 5.57 \text{ m}$$

代入得
$$7.5F_1\delta\varphi + (15F_1 + F_D h)\delta\theta = 0$$

即
$$(15F_1 + 15F_1 + 5.57F_D)\delta\theta = 0$$

因为 $\delta\theta \neq 0$，故得
$$F_D = -\frac{30F_1}{5.57} = -5.39F_1$$

所得结果为负值，表示 F_D 为压力。本题中 F_2 的作用点 A，G 均无位移，F_C 与点 C 虚位移垂直，故在虚功方程中均不出现。

15.3 广义力及以广义力表示的质点系平衡条件

15.3.1 广义力

在受约束的质点系中，各质点的虚位移 $\delta\boldsymbol{r}_i$ 不一定是独立的虚位移，因此在求解过程中，还要建立各质点之间不独立的虚位移关系。现直接用广义坐标的变分来表示各质点虚位移，则广义坐标的变分称作广义虚位移，各广义虚位移是相互独立的。用式(15-1) 的虚位移来表达质点系主动力的虚功，有

$$\delta W = \sum \boldsymbol{F}_i \cdot \delta\boldsymbol{r}_i = \sum_{i=1}^{n} \boldsymbol{F}_i \cdot \sum_{j=1}^{k} \frac{\partial \boldsymbol{r}_i}{\partial q_j}\delta q_j$$

交换上式中 i 与 j 相加的次序，得

$$\delta W = \sum_{j=1}^{k}\left(\sum_{i=1}^{n} \boldsymbol{F}_i \cdot \frac{\partial \boldsymbol{r}_i}{\partial q_j}\right)\delta q_j \tag{15-5}$$

令
$$Q_j = \left(\sum_{i=1}^{n} \boldsymbol{F}_i \cdot \frac{\partial \boldsymbol{r}_i}{\partial q_j}\right) \quad (j = 1, 2, \cdots, k)$$

式(15-5) 又可写成

$$\delta W = \sum_{j=1}^{k} Q_j \delta q_j \tag{15-6}$$

Q_j 为对应于广义虚位移 δq_j 的力，称作<u>广义力</u>。据此可知，广义力的数目与广义坐标的数目相等。由于 $Q_j\delta q_j$ 具有功的量纲，因此广义力 Q_j 的量纲取决于广义坐

标 q_j 的量纲。当 q_j 为长度时,Q_j 为力;当 q_j 为角度时,Q_j 为力偶。

广义力的解析表达式为

$$Q_j=\sum_{i=1}^{n}\left(F_{ix}\frac{\partial x_i}{\partial q_j}+F_{iy}\frac{\partial y_i}{\partial q_j}+F_{iz}\frac{\partial z_i}{\partial q_j}\right)\quad (j=1,2,\cdots,k)\tag{15-7}$$

质点系的广义力有两种计算方法:

(1) 解析法。

列写出主动力在坐标系上的投影和主动力作用点的位置坐标(为广义坐标的函数),代入式(15-7),便可求出质点系的广义力。

(2) 几何法。

对于有 k 个自由度的质点系,加上 $k-1$ 个"锁",使质点系只有一个广义虚位移 δq_j 不等于零,这样质点系的虚功为

$$\delta W_j=Q_j\delta q_j$$

得

$$Q_j=\frac{\delta W_j}{\delta q_j}$$

即每次只给出一个对应于广义坐标的虚位移,就可以求出相应的广义力。

15.3.2 以广义力表示的质点系平衡条件

根据质点系的虚位移原理可知

$$\delta W=\sum_{j=1}^{k}Q_j\delta q_j=0\tag{15-8}$$

由于各广义虚位移是彼此独立的,所以式(15-8) 成立,必有

$$Q_j=0\quad (j=1,2,\cdots,k)\tag{15-9}$$

因此虚位移原理也可叙述为具有双侧、定常、理想约束的质点系,在给定位置上保持平衡的必要与充分条件是:所有与广义坐标对应的广义力均等于零。这就是以广义力表示的质点系平衡条件。

例 15-6 机构由两匀质杆铰接而成(图 15-12a))。已知杆 OA 长为 l_1,质量为 m_1,杆 AB 长为 l_2,质量为 m_2。在自由端 B 作用一水平力 F。试求系统在铅垂平面内处于平衡时,杆 OA,AB 与铅垂线的夹角 θ_1,θ_2。

解 此质点系有两个自由度,选广义坐标为 θ_1 和 θ_2。

(1) 解析法。

建立直角坐标如图 15-12b) 所示,根据式(15-7),有

$$Q_{\theta_1}=F_{Cy}\frac{\partial y_C}{\partial\theta_1}+F_{Dy}\frac{\partial y_D}{\partial\theta_1}+F_{Bx}\frac{\partial x_B}{\partial\theta_1}$$

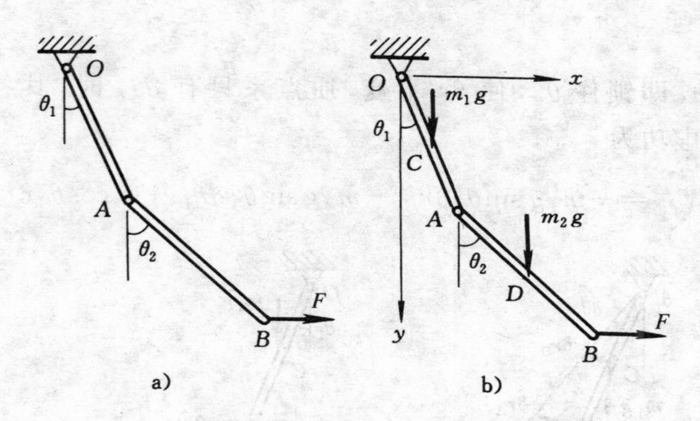

图 15-12　例 15-6 图

$$Q_{\theta_2}=F_{Cy}\frac{\partial y_C}{\partial \theta_2}+F_{Dy}\frac{\partial y_D}{\partial \theta_2}+F_{Bx}\frac{\partial x_B}{\partial \theta_2}$$

式中,各主动力的投影分别为

$$F_{Cy}=m_1 g,\quad F_{Dy}=m_2 g,\quad F_{Bx}=F$$

与主动力相关的坐标分别为

$$y_C=\frac{l_1}{2}\cos\theta_1$$

$$y_D=l_1\cos\theta_1+\frac{l_2}{2}\cos\theta_2$$

$$x_B=l_1\sin\theta_1+l_2\sin\theta_2$$

其对广义坐标的偏导数分别为

$$\frac{\partial y_C}{\partial \theta_1}=-\frac{l_1}{2}\sin\theta_1,\quad \frac{\partial y_C}{\partial \theta_2}=0$$

$$\frac{\partial y_D}{\partial \theta_1}=-l_1\sin\theta_1,\quad \frac{\partial y_D}{\partial \theta_2}=-\frac{l_2}{2}\sin\theta_2$$

$$\frac{\partial x_B}{\partial \theta_1}=l_1\cos\theta_1,\quad \frac{\partial x_B}{\partial \theta_2}=l_2\cos\theta_2$$

则对应于广义坐标 θ_1 和 θ_2 的广义力分别为

$$Q_{\theta_1}=-\frac{1}{2}m_1 g l_1\sin\theta_1-m_2 g l_1\sin\theta_1+F l_1\cos\theta_1$$

$$Q_{\theta_2}=-\frac{1}{2}m_2 g l_2\sin\theta_2+F l_2\cos\theta_2$$

根据广义力描述的平衡条件式(15-9)可知,所有广义力等于零。

由 $Q_{\theta_1}=0$,得 $$\theta_1=\arctan\frac{2F}{(m_1+2m_2)g}$$

由 $Q_{\theta_2}=0$,得 $$\theta_2=\arctan\frac{2F}{m_2 g}$$

(2) 几何法。

先令 $\delta\theta_2=0$，即锁住 θ_2，使 θ_2 不变，质点系只有 $\delta\theta_1$ 时，其各点虚位移如图 15-13a) 所示，其虚功为

$$\delta W_{\theta_1}=-m_1 g\sin\theta_1\delta r_C-m_2 g\sin\theta_1\delta r_D+F\cos\theta_1\delta r_B \qquad ①$$

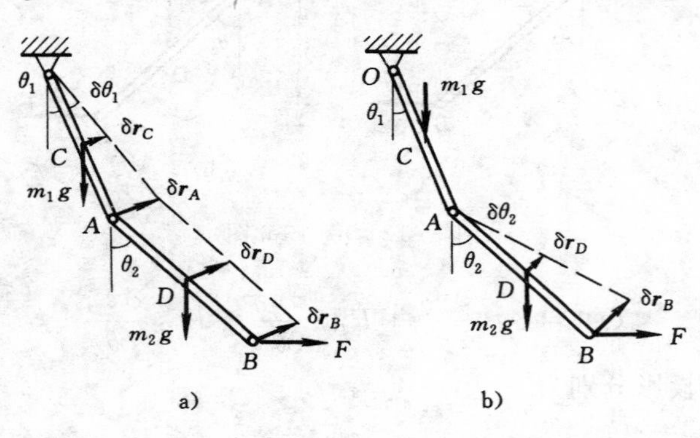

图 15-13 各点虚位移

因 $$\delta r_B=\delta r_D=\delta r_A=2\delta r_C=l_1\delta\theta_1$$

代入式 ①，有 $$\delta W_{\theta_1}=\left(-\frac{1}{2}m_1 g\sin\theta_1-m_2 g\sin\theta_1+F\cos\theta_1\right)l_1\delta\theta_1$$

得广义力 $$Q_{\theta_1}=\frac{\delta W_{\theta_1}}{\delta\theta_1}=-\frac{1}{2}m_1 g l_1\sin\theta_1-m_2 g l_1\sin\theta_1+F l_1\cos\theta_1$$

再令 $\delta\theta_1=0$，即锁住 θ_1，使 θ_1 不变，质点系只有 $\delta\theta_2$ 时，其各点虚位移如图 15-13b) 所示，其虚功为

$$\delta W_{\theta_2}=-m_2 g\sin\theta_2\delta r_D+F\cos\theta_2\delta r_B \qquad ②$$

因 $$\delta r_B=2\delta r_D=l_2\delta\theta_2$$

代入式 ②，有 $$\delta W_{\theta_2}=\left(-\frac{1}{2}m_2 g\sin\theta_2+F\cos\theta_2\right)l_2\delta\theta_2$$

得广义力 $$Q_{\theta_2}=\frac{\delta W_{\theta_2}}{\delta\theta_2}=-\frac{1}{2}m_2 g l_2\sin\theta_2+F l_2\cos\theta_2$$

两种方法得到的结果相同。

15.4 势力场中质点系的平衡条件及平衡稳定性

15.4.1 势力场中质点系的广义力及平衡条件

当主动力 $\boldsymbol{F}_i(i=1,2,\cdots,n)$ 均为有势力，从第 12 章中有势力的概念知其式为

$$F_{xi}=-\frac{\partial V}{\partial x_i},\quad F_{yi}=-\frac{\partial V}{\partial y_i},\quad F_{zi}=-\frac{\partial V}{\partial z_i}$$

则主动力系在虚位移中的元功之和可表示为

$$\delta W=\sum_{i=1}^{n}\boldsymbol{F}_i\cdot\delta\boldsymbol{r}_i=\sum_{i=1}^{n}(F_{xi}\delta x_i+F_{yi}\delta y_i+F_{zi}\delta z_i)$$

$$=-\sum_{i=1}^{n}\left(\frac{\partial V}{\partial x_i}\delta x_i+\frac{\partial V}{\partial y_i}\delta y_i+\frac{\partial V}{\partial z_i}\delta z_i\right)=-\delta V$$

将上式代入式(15-3),得

$$\delta V=0$$

此式表明,在势力场中质点系处于平衡时,势能具有驻值。

若用广义坐标表示势能函数为

$$V=V(q_1,q_2,\cdots,q_k)$$

则

$$\delta V=\frac{\partial V}{\partial q_1}\delta q_1+\frac{\partial V}{\partial q_2}\delta q_2+\cdots+\frac{\partial V}{\partial q_k}\delta q_k=\sum_{j=1}^{k}\frac{\partial V}{\partial q_j}\delta q_j$$

因 $\delta W=-\delta V$,与式(15-8)的关系为

$$\sum_{j=1}^{k}Q_j\delta q_j=-\sum_{j=1}^{k}\frac{\partial V}{\partial q_j}\delta q_j$$

有

$$Q_j=-\frac{\partial V}{\partial q_j}\quad(j=1,2,\cdots,k)\tag{15-10}$$

由式(15-9)可得质点系的平衡条件为

$$\frac{\partial V}{\partial q_j}=0\quad(j=1,2,\cdots,k)\tag{15-11}$$

应用此公式求解具有理想约束的有势力系统的平衡问题时,选取合适的广义坐标,并将势能表示为广义坐标的函数,然后将此函数对广义坐标求偏导数,即可得所需的平衡方程。

例 15-7 在图 15-14 所示平面机构中,各杆长均为 l,在铰链 A 处挂一重力为 P 的重物,在物块 B 上系以刚度系数为 k 的弹簧。当 $\varphi=\varphi_0$ 时,弹簧为原长。试求机构的平衡条件。

解 机构具有一个自由度,取广义坐标为 φ。作用在系统上的主动力均为有势力。在图示任意位置($\varphi<\varphi_0$)时,重力 P 的势能(取水平轴 OB 为重力势能的零点)为

$$V_1=Pl\sin\varphi$$

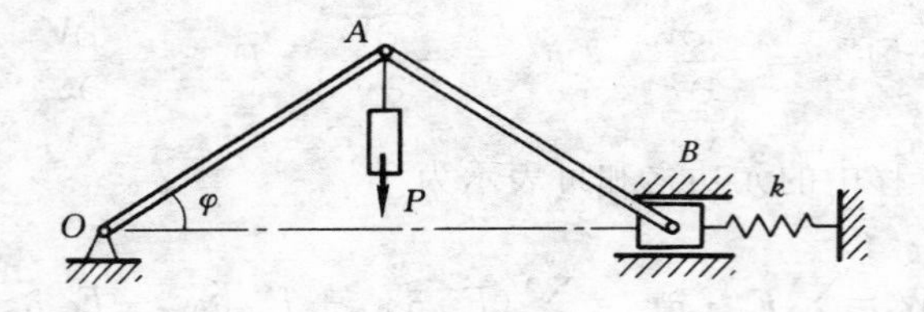

图 15-14　例 15-7 图

弹簧的净压缩 $\delta=2l(\cos\varphi-\cos\varphi_0)$，则弹性力的势能（取弹簧原长为弹性势能的零点）为

$$V_2=\frac{1}{2}k\delta^2=2kl^2(\cos\varphi-\cos\varphi_0)^2$$

因此，系统的总势能为

$$V=V_1+V_2=Pl\sin\varphi+2kl^2(\cos\varphi-\cos\varphi_0)^2$$

由式（15-11）得机构的平衡条件得

$$\frac{\partial V}{\partial\varphi}=Pl\cos\varphi-4kl^2(\cos\varphi-\cos\varphi_0)\sin\varphi=0$$

即
$$P=4kl(\cos\varphi-\cos\varphi_0)\tan\varphi$$

例 15-8　重力为 P 的平台，用三组相同的弹簧等距离地支承（图 15-15a)），每组弹簧的刚度系数为 k，平台长为 $2l$，台面中点为 D。如台面重心有一偏心距 e（e 较小），试求台面的平衡位置。

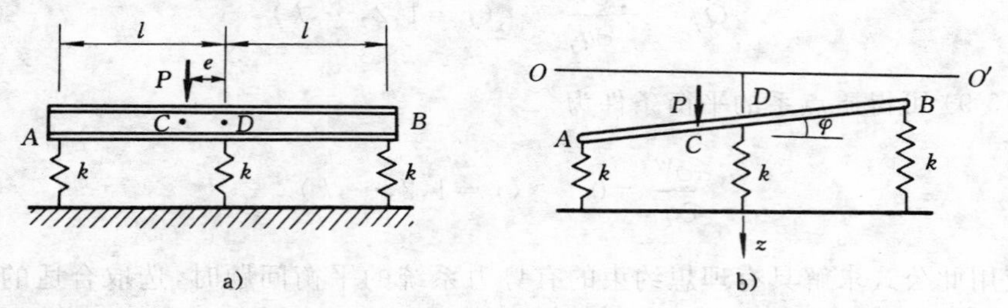

图 15-15　例 15-8 图

解　系统具有两个自由度，取 D 点的铅垂坐标 z（z 从弹簧未变形的水平位置起算）和平台对水平线的转角 φ 为广义坐标（图 15-15b)）。

若以弹簧未变形的位置 $O—O'$ 作为重力势能和弹性势能的零点，系统的总势能为

$$V=-Pz_C+\frac{1}{2}kz_A^2+\frac{1}{2}kz^2+\frac{1}{2}kz_B^2$$

式中 $$z_C = z + e\varphi,\ z_A = z + l\varphi,\ z_B = z - l\varphi$$

代入有 $$V = -P(z + e\varphi) + \frac{1}{2}k(z + l\varphi)^2 + \frac{1}{2}kz^2 + \frac{1}{2}k(z - l\varphi)^2$$

系统的平衡条件为

$$\frac{\partial V}{\partial z} = 0,\quad -P + k(z + l\varphi) + kz + k(z - l\varphi) = 0 \qquad ①$$

$$\frac{\partial V}{\partial \varphi} = 0,\quad -Pe + kl(z + l\varphi) - kl(z - l\varphi) = 0 \qquad ②$$

由式 ①,② 得到平台的平衡位置为

$$z = \frac{P}{3k},\quad \varphi = \frac{Pe}{2kl^2}$$

15.4.2 质点系在势力场中平衡的稳定性

当质点系只受有势力作用后处于平衡,则系统的机械能守恒,质点系是保守系统。若质点系在某一位置处于平衡,却可能具有不同的平衡状态。例如,三个相同的匀质小球放置在图 15-16 所示的波形曲面与平面上,A,B,C 三点均是平衡位置,却有不同的平衡状态。小球在下凹曲面的最低点 A 处的平衡,是指当小球受到某种微小扰动后,小球在重力作用下总能回到原平衡位置或在原位置附近运动,这种平衡状态称为稳定平衡;小球在上凸曲面的最高点 B 处的平衡,是指当小球被扰动后,小球在重力作用下将远离原平衡位置,这种平衡状态称为不稳定平衡;小球在水平面上点 C 处的平衡,是指当小球受到扰动后,能在任意位置继续保持平衡,这种平衡状态称为随遇平衡。

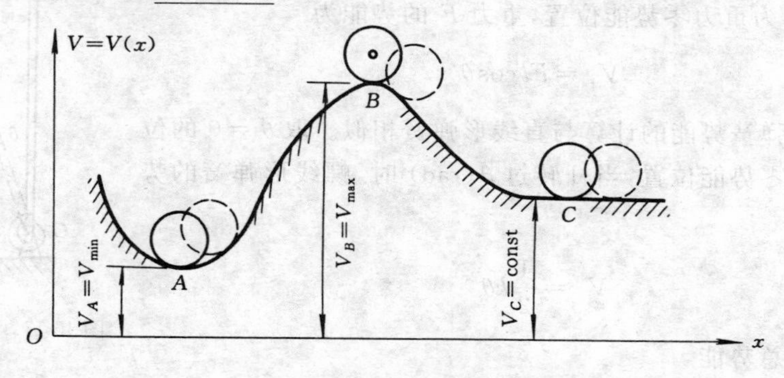

图 15-16 平衡的三种状态

研究平衡的稳定性具有很大的实际意义。一般情况下,工程结构要求在稳定平衡的状态下工作。这样就需要判别结构平衡是否具有稳定性。

下面仅讨论具有理想约束的单自由度保守系统的平衡稳定性。以 q 为广义坐

标，系统的势能可表示为

$$V=V(q)$$

系统平衡的充要条件可写为

$$\frac{\mathrm{d}V}{\mathrm{d}q}=0$$

由上式可求出平衡位置 $q=q_0$。

若 $\left.\frac{\partial^2 V}{\partial q^2}\right|_{q=q_0}>0$，势能将具有极小值，平衡是稳定的；

若 $\left.\frac{\partial^2 V}{\partial q^2}\right|_{q=q_0}<0$，势能将具有极大值，平衡是不稳定的；

若 $\left.\frac{\partial^2 V}{\partial q^2}\right|_{q=q_0}=0$，要根据更高阶的导数来判断是否稳定。

如果在各阶导数中，第一个非零导数是偶数阶的，并且为正值，则势能为极小，平衡是稳定的；若为负值，则势能为极大，平衡是不稳定的。如果所有各阶导数均为零，表明 V 是常量，平衡将是随遇的。

例 15-9 杆长为 l，在铰链支座 O 处系以螺线形弹簧（扭转弹簧）。在 A 端受有重力 F（图 15-17）。已知螺线形弹簧扭转刚度系数为 k（即单位转角所需的扭矩），当杆在铅垂位置时，螺线弹簧无形变。试讨论杆在铅垂位置的平衡稳定性。

解 本系统为具有一个自由度的保守系统。以 θ 为广义坐标。杆处于图示平面内任一位置 OA' 时，系统的势能是力 F 的势能与螺线形弹簧势能之和。

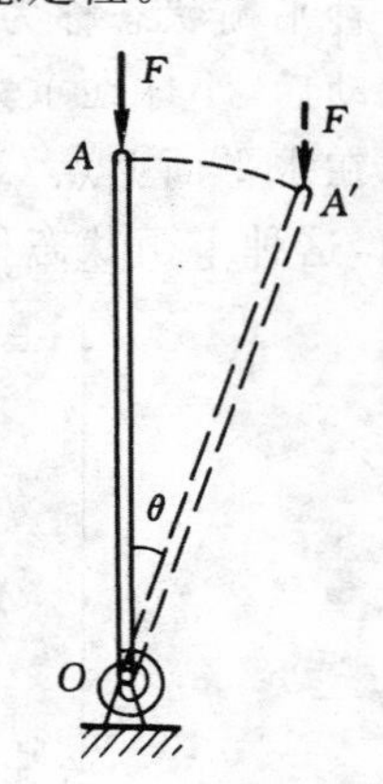

图 15-17 例 15-9 图

取点 O 为重力零势能位置，重力 F 的势能为

$$V_1=Fl\cos\theta$$

螺线形弹簧势能的计算与直线形弹簧相似。取 $\theta=0$ 的位置为弹簧的零势能位置，当杆转过 θ(rad) 时，螺线形弹簧的势能为

$$V_2=\frac{1}{2}k\theta^2$$

于是系统的总势能

$$V=Fl\cos\theta+\frac{1}{2}k\theta^2 \quad ①$$

由 $\frac{\mathrm{d}V}{\mathrm{d}\theta}=0$ 找出平衡位置，即

$$-Fl\sin\theta+k\theta=0 \quad ②$$

显然，$\theta=0$ 为式②的一个根，即杆在铅垂位置是它的一个平衡位置。另外，对于满足式② $\theta>0$ 的解，也都是杆的平衡位置。这里仅讨论杆在铅垂位置的平衡稳定性。

由
$$\frac{\mathrm{d}^2V}{\mathrm{d}\theta^2}=k-Fl\cos\theta$$

当 $\theta=0$ 的平衡位置代入
$$\frac{\mathrm{d}^2V}{\mathrm{d}\theta^2}=k-Fl$$

由判断平衡稳定性的条件可知：

(1) 当 $F<\frac{k}{l}$ 时，$\left.\frac{\mathrm{d}^2V}{\mathrm{d}\theta^2}\right|_{\theta=0}>0$，平衡是稳定的；

(2) 当 $F>\frac{k}{l}$ 时，$\left.\frac{\mathrm{d}^2V}{\mathrm{d}\theta^2}\right|_{\theta=0}<0$，平衡是不稳定的；

(3) 当 $F=\frac{k}{l}$ 时，$\left.\frac{\mathrm{d}^2V}{\mathrm{d}\theta^2}\right|_{\theta=0}=0$，是否稳定待定。

为了判定条件(3)压杆的稳定性，应考虑势能 V 的更高阶导数。

因
$$\left.\frac{\mathrm{d}^3V}{\mathrm{d}\theta^3}\right|_{\theta=0}=\left.Fl\sin\theta\right|_{\theta=0}=0$$

而
$$\left.\frac{\mathrm{d}^4V}{\mathrm{d}\theta^4}\right|_{\theta=0}=\left.Fl\cos\theta\right|_{\theta=0}=Fl>0$$

所以，当 $F=\frac{k}{l}$ 时，系统在 $\theta=0$ 的势能仍为极小值，平衡还是稳定的。

由此可见，当 $F\leqslant\frac{k}{l}$ 时，杆在 $\theta=0$ 的位置是稳定平衡；当 $F>\frac{k}{l}$ 时，杆在 $\theta=0$ 的位置为不稳定平衡。

例 15-10 一长为 l、质量为 m 的匀质杆，在点 B 系以刚度系数为 k 的弹簧，点 A 搁在光滑的水平面上（图 15-18）。当杆 AB 直立时，弹簧无形变。已知 $mg\leqslant 2kl$。试求杆的平衡位置(φ)及其平衡的稳定性。

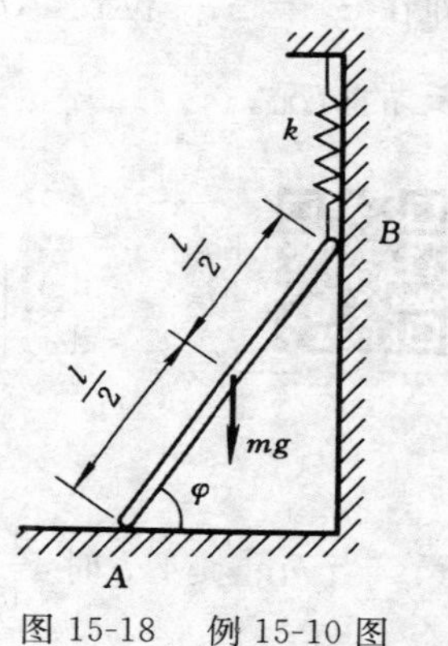

图 15-18 例 15-10 图

解 本例为一个自由度系统，取 φ 为广义坐标，以水平面为重力零势面，以弹簧原长处为弹性力的零势点，则系统的势能为

$$V=mg\,\frac{l}{2}\sin\varphi+\frac{1}{2}k(l-l\sin\varphi)^2 \quad ①$$

势能 V 对广义坐标 φ 的一阶导数为

$$\frac{\mathrm{d}V}{\mathrm{d}\varphi}=\frac{l}{2}\cos\varphi[mg-2kl(1-\sin\varphi)] \quad ②$$

令$\frac{\mathrm{d}V}{\mathrm{d}\varphi}=0$，即得系统的平衡位置为

$$\cos\varphi=0 \quad ③$$

$$mg-2kl(1-\sin\varphi)=0 \quad ④$$

由式③得
$$\varphi_1=\frac{\pi}{2},\quad \varphi_2=-\frac{\pi}{2}$$

由式④得
$$\varphi_3=\arcsin\left(1-\frac{mg}{2kl}\right)$$

接下来确定这三个位置的平衡稳定性。

$$\frac{\mathrm{d}^2V}{\mathrm{d}\varphi^2}=\frac{l}{2}[(2kl-mg)\sin\varphi+2kl\cos2\varphi] \quad ⑤$$

或
$$\frac{\mathrm{d}^2V}{\mathrm{d}\varphi^2}=\frac{l}{2}[(2kl-mg)\sin\varphi+2kl(1-2\sin^2\varphi)] \quad ⑥$$

当$\varphi_1=\frac{\pi}{2}$时，由式⑤得

$$\left.\frac{\mathrm{d}^2V}{\mathrm{d}\varphi^2}\right|_{\varphi_1=\frac{\pi}{2}}=\frac{1}{2}\left[(2kl-mg)\sin\frac{\pi}{2}+2kl\cos\pi\right]=-\frac{1}{2}mg<0$$

因而，在$\varphi_1=\frac{\pi}{2}$位置，杆AB的平衡是不稳定的。

当$\varphi_2=-\frac{\pi}{2}$时，仍由式⑤得

$$\left.\frac{\mathrm{d}^2V}{\mathrm{d}\varphi^2}\right|_{\varphi_1=-\frac{\pi}{2}}=\frac{mgl}{2}\left(1-\frac{4kl}{mg}\right)<0$$

即在$\varphi_2=-\frac{\pi}{2}$位置，AB杆的平衡也是不稳定的；不过图示机构实际上不可能出现φ_2的情况。

当$\varphi_3=\arcsin\left(1-\frac{mg}{2kl}\right)$时，由式⑥得

$$\left.\frac{\mathrm{d}^2V}{\mathrm{d}\varphi^2}\right|_{\varphi=\varphi_3}=\frac{l}{2}\left\{(2kl-mg)\left(1-\frac{mg}{2kl}\right)+2kl\left[1-2\left(1-\frac{mg}{2kl}\right)^2\right]\right\}$$
$$=mgl\left(1-\frac{mg}{4kl}\right)$$

当$mg<4kl$时，$\left.\frac{\mathrm{d}^2V}{\mathrm{d}\varphi^2}\right|_{\varphi=\varphi_3}>0$，即只要$\varphi_3$存在，杆$AB$的平衡是必然稳定的。

思　考　题

15-1　试确定下列图示系统的自由度：

(a) 各链杆铰接，滑块 D 可在水平槽内运动；

(b) 圆柱可绕固定铅垂轴转动，小物块 M 可在圆柱表面的槽内运动；

(c) 系统由楔块 A 及滚子 B 组成，A 可在水平面上运动，分别讨论滚子 B 只滚动不滑动和又滚又滑两种情况。

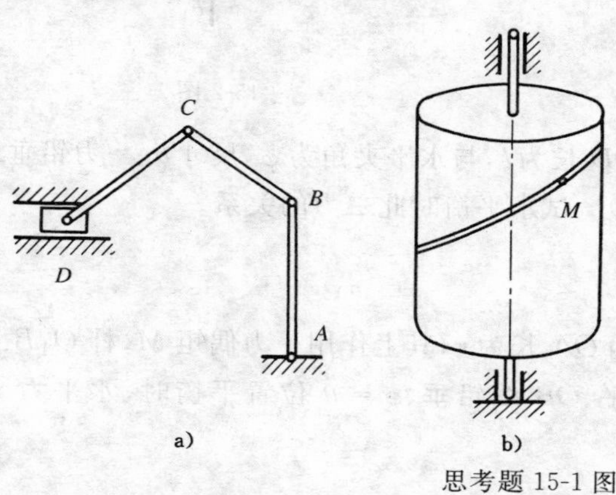

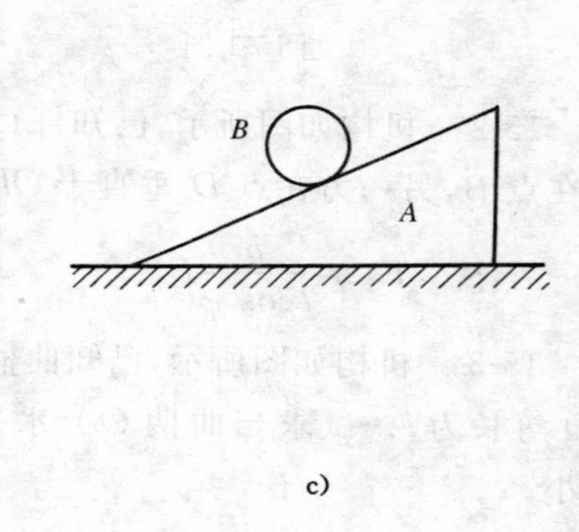

思考题 15-1 图

15-2　滑轮组如图所示，试写出：(1) 系统的约束方程；(2) 系统的自由度；(3) A，B 两物体的虚位移关系。如果水平面是粗糙的，试问物块 A 所受的摩擦力方向是否与该物体的虚位移方向相反？为什么？

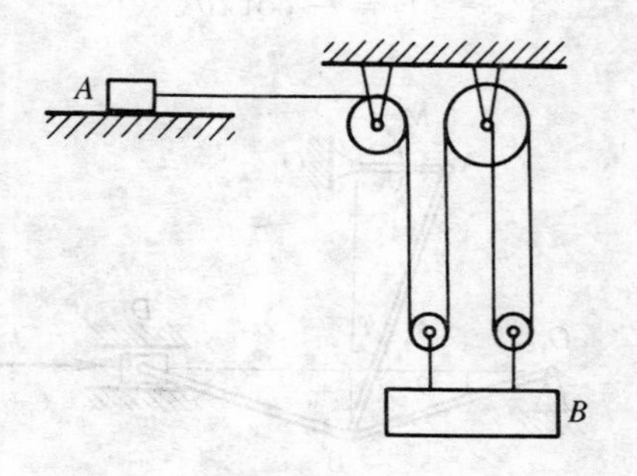

思考题 15-2 图

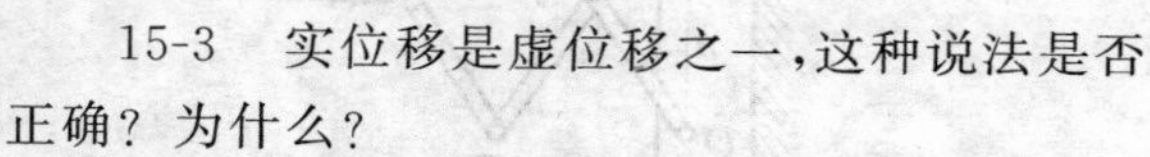

15-3　实位移是虚位移之一，这种说法是否正确？为什么？

15-4　在何种情况下，能应用解析法求解质点系的平衡问题？

15-5　广义力与广义坐标有什么联系？计算广义力时，其相应的广义虚位移 δq 是否可任意选取？

15-6　如果物体仅受重力作用，物体平衡的稳定性与其重心的位置有何关系？

习　题

15-1　图示曲柄连杆机构处于平衡状态，已知角 φ，θ。试求竖直力 F_1 与水平力 F_2 的比值。

答案　$\dfrac{F_2}{F_1}=\dfrac{\cos\varphi\cos\theta}{\sin(\varphi-\theta)}$。

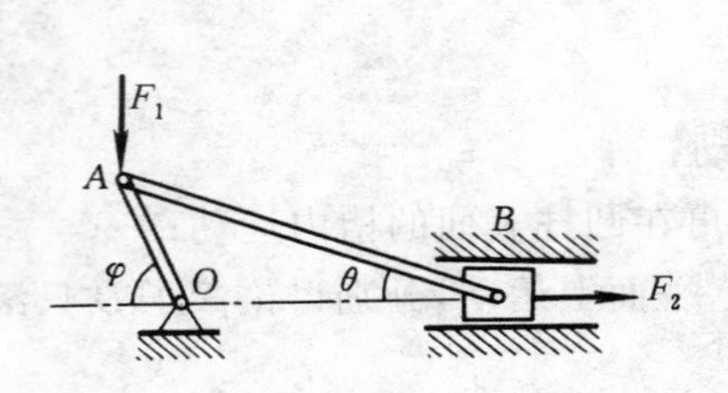

题 15-1 图

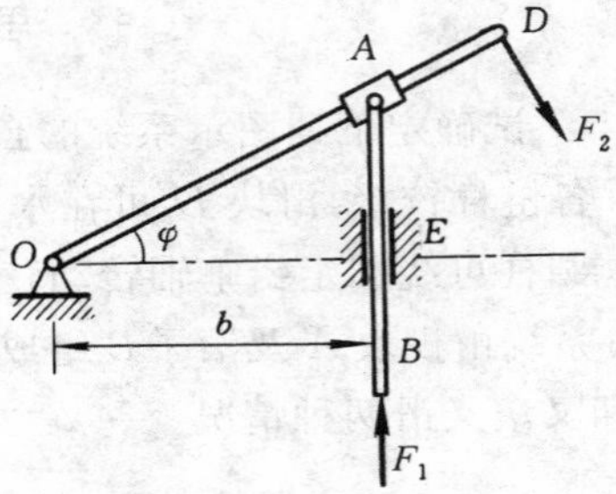

题 15-2 图

15-2　机构如图所示，已知杆 OD 长为 l，与水平夹角为 φ，尺寸 b，一力铅垂地作用在点 B，另一力在点 D 垂直于 OD。试求平衡时此二力的关系。

答案　$F_2=\dfrac{b}{l\cos^2\varphi}F_1$。

15-3　机构如图所示，已知曲柄 OA 长为 r，其上作用一力偶矩 M，杆 O_1B 与杆 BD 等长为 l。试求当曲柄 OA 水平、OB 线铅垂、$\varphi=\theta$ 位置平衡时，水平力 F 的大小。

答案　$F=\dfrac{M}{r}\cot 2\theta$。

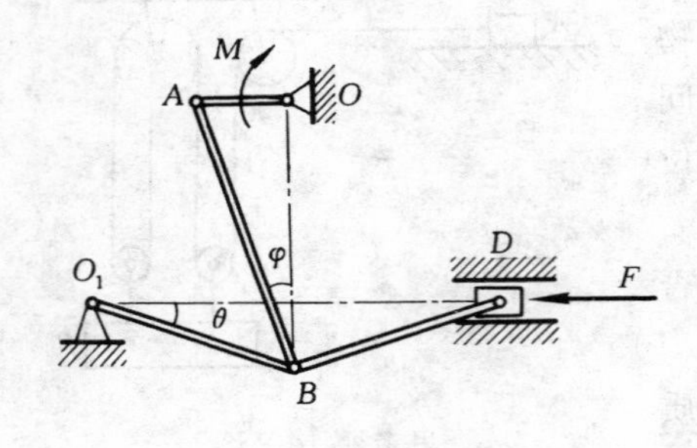

题 15-3 图

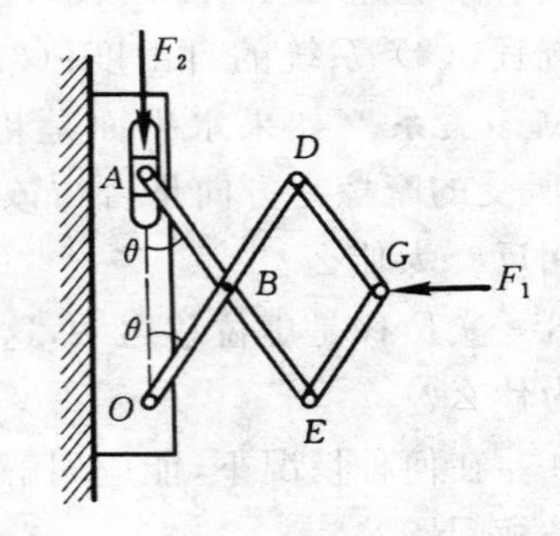

题 15-4 图

15-4　在图示机构中，$OB=BD=AB=BE=DG=EG=l$。平衡时角为 θ。试求力 F_1 与 F_2 的关系。

答案　$F_1=\dfrac{2}{3}F_2\tan\theta$。

15-5　在图示机构中，已知每根杆长 l，弹簧的刚度系数为 k，当 $\theta=30^\circ$ 时弹簧无形变。试求平衡时悬挂物的重力 P 与角度 θ 之间的关系。

答案　$P=0.8kl(2\sin\theta-1)$。

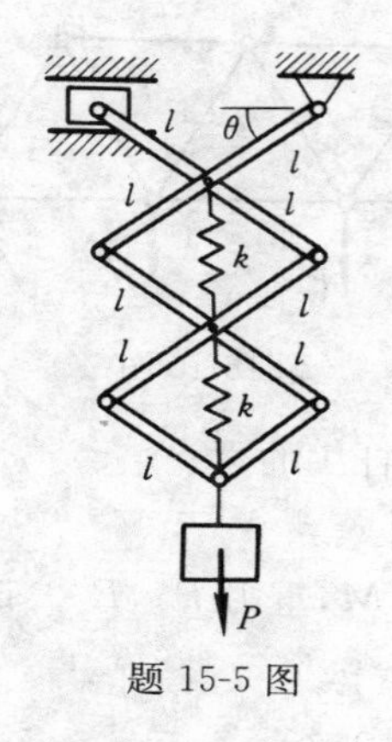

题 15-5 图

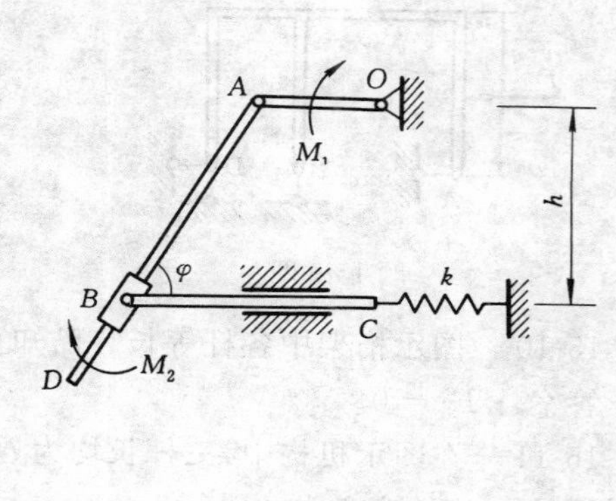

题 15-6 图

15-6　在图示机构中，曲柄 OA 长为 r，点 O 离滑道高为 h，$h=2r$，弹簧的刚度系数为 k，在杆 OA 上作用力偶矩 M_1。若机构在图示 $\varphi=60°$ 位置（OA 平行于水平杆 BC）处于平衡，试求作用在杆 AD 上的力偶矩 M_2 的大小及弹簧的变形量 δ。

答案　$M_2=\dfrac{8\sqrt{3}}{3}M_1$，$\delta=\dfrac{\sqrt{3}}{kr}M_1$。

15-7　在图示结构中，已知重力 $P_1=2\ \text{kN}$，$P_2=3\ \text{kN}$，$l_1=0.3\ \text{m}$，$l_2=0.2\ \text{m}$。试求支座 C 的约束力。

答案　$F_{Cx}=2.25\ \text{kN}$，$F_{Cy}=4.5\ \text{kN}$。

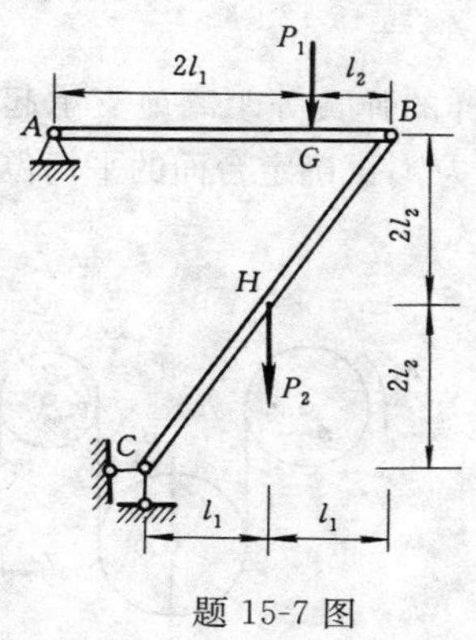

题 15-7 图

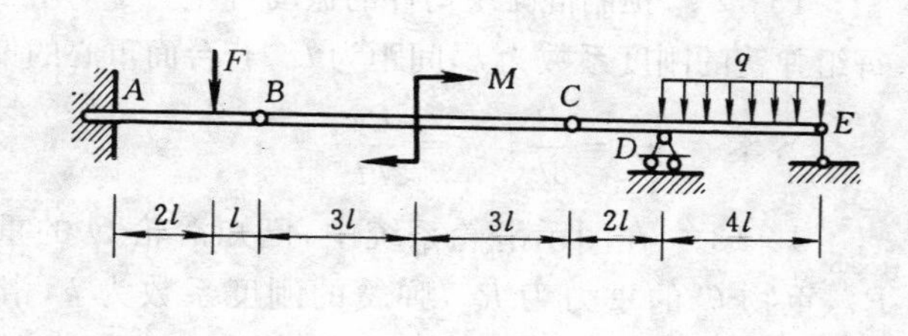

题 15-8 图

15-8　在图示多跨梁中，已知 $F=5\ \text{kN}$，$q=2\ \text{kN/m}$，$M=12\ \text{kN}\cdot\text{m}$，$l=1\ \text{m}$。试求支座 A 的约束力。

答案　$F_{Ax}=0$，$F_{Ay}=3\ \text{kN}$，$M_A=4\ \text{kN}\cdot\text{m}$。

15-9　静定刚架如图所示。已知 $F=4\ \text{kN}$，$h=5\ \text{m}$。试求支座 D 的水平约束力。

答案　$F_{Dx}=-2\ \text{kN}$。

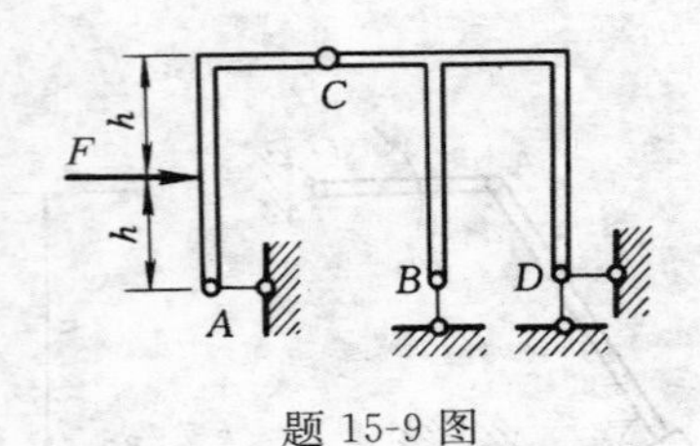

题 15-9 图

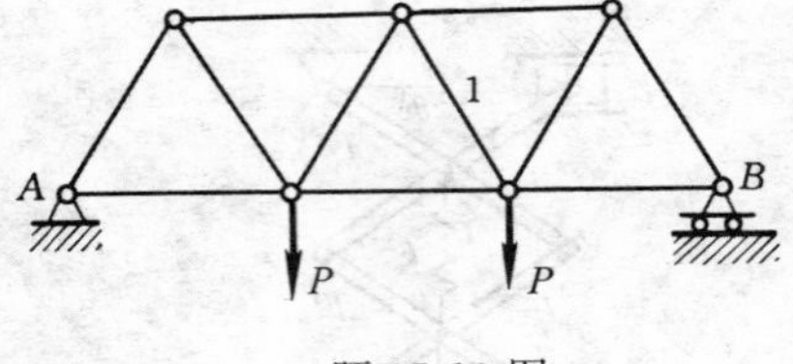

题 15-10 图

15-10　图示桁架中各杆等长。已知重力 P，试求杆 1 的力。

答案　$F_1=0$。

15-11　在图示机构中，三杆长均为 l，已知力偶矩 M，重力 P_1，P_2。试求对应广义坐标 φ_1，φ_2 的广义力。

答案　$Q_{\varphi1}=(P_1+P_2)l\cos\varphi_1-M$，$Q_{\varphi2}=P_2l\cos\varphi_2$。

习题 15-12 至习题 15-13 用广义坐标表示的平衡条件求解。

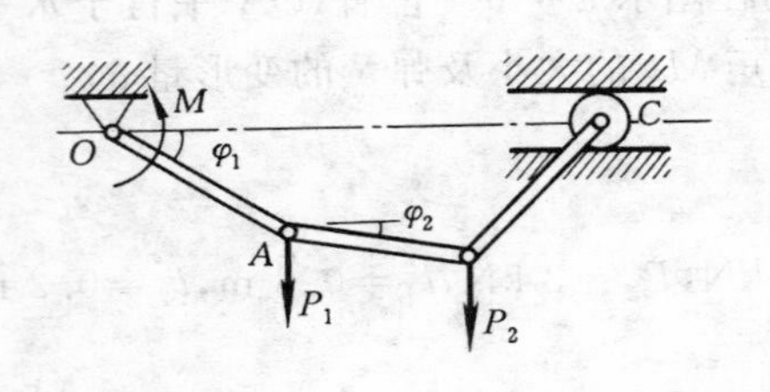

题 15-11 图

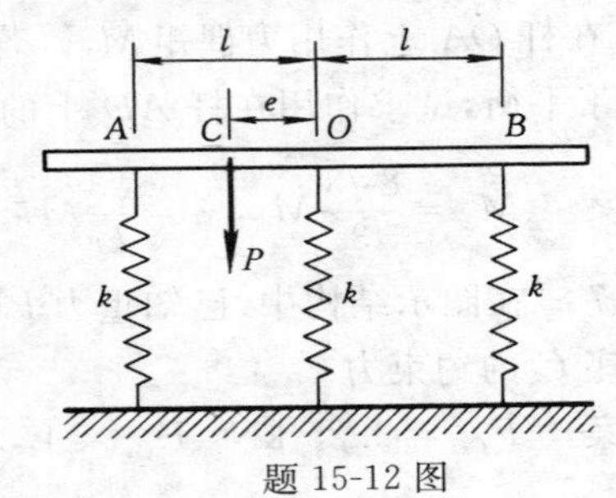

题 15-12 图

15-12　预制混凝土构件的振动台重力 P，用三组同样的弹簧等距离地支承起来。每组弹簧的刚度系数为 k，间距为 l。若台面重心的偏心距为 e，试确定台面的平衡位置。

答案　$y_O=\dfrac{P}{3k}$，$\varphi=\dfrac{Pe}{2kl^2}$。

15-13　在图示滑轮系统中，已知滑轮 O 的重力为 P_1，重物 C 的重力为 P_2，弹簧的刚度系数为 k，滑轮 A 的半径为 r。试求系统平衡时作用在滑轮 A 上的力偶矩 M 和弹簧的变形 δ。

答案　$M=\dfrac{(P_1+P_2)r}{2}$，$\delta=\dfrac{P_1+P_2}{2k}$。

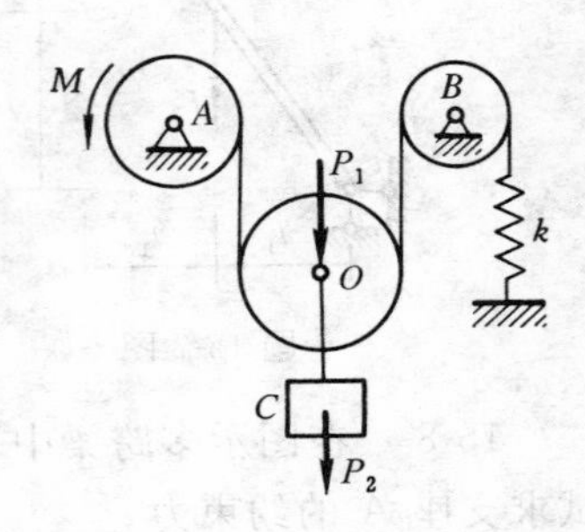

题 15-13 图

16 拉格朗日方程和哈密顿原理

在本章之前，由牛顿定律 $m\boldsymbol{a}=\boldsymbol{F}$ 建立起来的动力学体系中，除动能定理外，在求解问题过程中，都不可避免地出现大量的未知约束力，而动能定理本身难以求解多自由度系统的问题。

因此，对多约束、多自由度系统的动力学问题，拉格朗日应用达朗贝尔原理，将虚位移原理推广到动力学，从而建立了著名的“拉格朗日方程”，开创了分析动力学新体系。在本章讲述的分析动力学中，以完整的系统为对象，介绍了动力学普遍方程、拉格朗日方程及力学的变分原理。

16.1 动力学普遍方程

应用达朗贝尔原理，可将动力学问题从形式上转化为静力学平衡问题，而虚位移原理是解决静力学平衡问题的普遍原理。因此，将达朗贝尔原理与虚位移原理相结合，就可以得出求解动力学问题普遍适用的方程——动力学普遍方程。

动力学普遍方程求解刚体系统动力学问题

根据达朗贝尔原理，在质点系运动的任意瞬时，在每个质点上都假想地加上相应的惯性力 $\boldsymbol{F}_{\mathrm{I}i}=-m_i\boldsymbol{a}_i$，则作用于质点系的所有主动力、约束力与惯性力构成一平衡力系。

给质点系一虚位移，对于理想约束系统，所有约束力在任意虚位移中的元功之和为零，于是得到

$$\sum_{i=1}^{n}(\boldsymbol{F}_i+\boldsymbol{F}_{\mathrm{I}i})\cdot\delta\boldsymbol{r}_i=0 \quad 或 \quad \sum_{i=1}^{n}(\boldsymbol{F}_i-m_i\boldsymbol{a}_i)\cdot\delta\boldsymbol{r}_i=0 \tag{16-1}$$

也可写成解析形式，为

$$\sum_{i=1}^{n}\left[(F_{ix}-m_i\ddot{x}_i)\delta x_i+(F_{iy}-m_i\ddot{y}_i)\delta y_i+(F_{iz}-m_i\ddot{z}_i)\delta z_i\right]=0 \tag{16-2}$$

这就是动力学普遍方程，也称作达朗贝尔-拉格朗日原理。此方程表明：任一瞬时，作用在受理想约束的质点系上的主动力与惯性力，在质点系任意虚位移中的元功之和为零。

动力学普遍方程是动力学中普遍而统一的方程，对于任一质点系，所列动力学方程数与系统的自由度数相等。当涉及非定常约束时，由于质点系的虚位移

是瞬时的，可将非定常约束在此瞬时“冻结”起来，和定常约束一样来应用虚位移原理。

例 16-1　一摆长按规律 $l=l_0-vt(v=\text{const})$ 而变化的单摆(图 16-1a))，其质量为 m，试用动力学普遍方程建立此摆的运动微分方程。

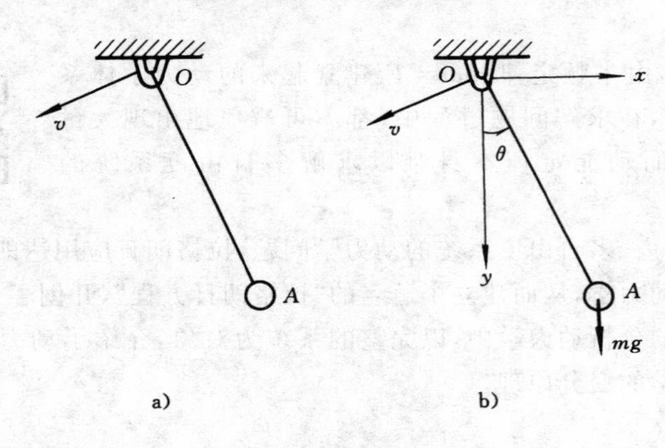

图 16-1　例 16-1 图

解　(1) 运动分析。

由于摆长的变化规律已知，摆锤 A 的位置可由广义坐标 θ 确定，即系统是一个受非定常约束的单自由度系统。取直角坐标如图 16-1b) 所示，摆锤 A 的加速度由解析法表示如下：

$$\left.\begin{aligned}x&=(l_0-vt)\sin\theta\\y&=(l_0-vt)\cos\theta\end{aligned}\right\}$$

$$\left.\begin{aligned}\dot{x}&=(l_0-vt)\dot{\theta}\cos\theta-v\sin\theta\\\dot{y}&=-(l_0-vt)\dot{\theta}\sin\theta-v\cos\theta\end{aligned}\right\}$$

$$\left.\begin{aligned}\ddot{x}&=(l_0-vt)(\ddot{\theta}\cos\theta-\dot{\theta}^2\sin\theta)-2v\dot{\theta}\cos\theta\\\ddot{y}&=-(l_0-vt)(\ddot{\theta}\sin\theta+\dot{\theta}^2\cos\theta)+2v\dot{\theta}\sin\theta\end{aligned}\right\}\qquad ①$$

(2) 虚位移分析。

摆锤 A 的虚位移也可用解析法计算，这时将 t 视为常量(时间冻结)，即

$$\left.\begin{aligned}\delta x&=(l_0-vt)\cos\theta\delta\theta\\\delta y&=-(l_0-vt)\sin\theta\delta\theta\end{aligned}\right\}\qquad ②$$

(3) 应用动力学普遍方程。

运用动力学普遍方程式(16-2)，有

$$(0-m\ddot{x})\delta x+(mg-m\ddot{y})\delta y=0\qquad ③$$

将式①,②代入式③化简后可得

$$-m(l_0-vt)^2\ddot{\theta}\delta\theta+2m(l_0-vt)v\dot{\theta}\delta\theta-mg(l_0-vt)\sin\theta\delta\theta=0$$

即
$$\ddot{\theta}-\frac{2v}{l_0-vt}\dot{\theta}+\frac{g}{l_0-vt}\sin\theta=0$$

上式为变摆长单摆的运动微分方程。

例 16-2 一曲柄连机杆如图 16-2a) 所示。已知曲柄 OA 长为 r、质量为 m_1，连杆 AB 长为 l、质量为 m_2，物块 B 质量为 m_3。系统在图示位置作用一力偶矩 M 于曲柄 OA，并无初速地开始运动，试求图示位置时曲柄的角加速度。

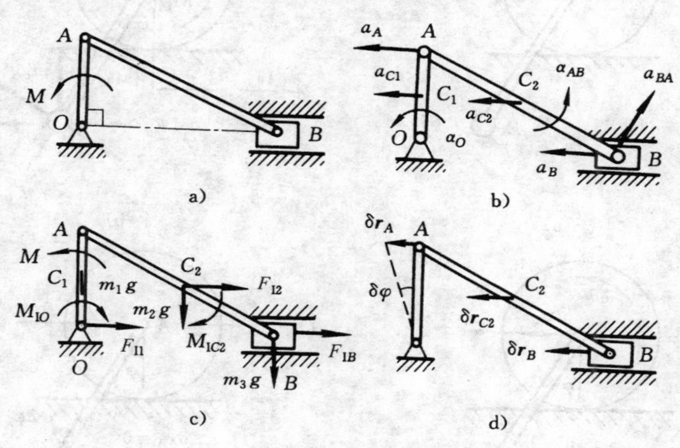

图 16-2　例 16-2 图

解 (1) 运动分析。

机构具有一个自由度，取独立的运动参量为 α_O。在图示位置机构无初速；以点 A 为基点研究点 B(图 16-2b))，并向竖直方向投影，有

$$a_{BA}=0,\text{则 }\alpha_{AB}=0,\text{得 }\boldsymbol{a}_A=\boldsymbol{a}_{C2}=\boldsymbol{a}_B$$

(2) 受力分析。

各杆惯性力系向各自的简化中心简化，其简化结果和机构上的主动力系如图 16-2c) 所示。

(3) 虚位移分析。

虚位移分析如图 16-2d) 所示。

(4) 应用动力学普遍方程。

根据 $\sum(\boldsymbol{F}_i-m\boldsymbol{a}_i)\cdot\delta\boldsymbol{r}_i=0$，有

$$(M-M_{IO})\delta\varphi-F_{IC2}\delta r_{C2}-F_{IB}\delta r_B=0$$

式中　$M_{IO}=\frac{1}{3}m_1r^2\alpha_O$，$F_{IC2}=m_2r\alpha_O$，$F_{IB}=m_3r\alpha_O$，$\delta r_{C2}=\delta r_B=r\delta\varphi$

代入为
$$\left(M-\frac{1}{3}m_1r^2\alpha_O\right)\delta\varphi-m_2r\alpha_Or\delta\varphi-m_3r\alpha_O\delta\varphi=0$$

得
$$\alpha_O=\frac{3M}{(m_1+3m_2+3m_3)r^2}$$

例 16-3 质量为 m_A、半径为 R 的匀质圆柱，放在粗糙的水平面上作纯滚动(图16-3a))，一摆长为 l、摆锤质量为 m_B 的单摆，摆杆 AB 不计质量，铰接在圆柱的质心上。试用动力学普遍方程建立此质点系的运动微分方程。

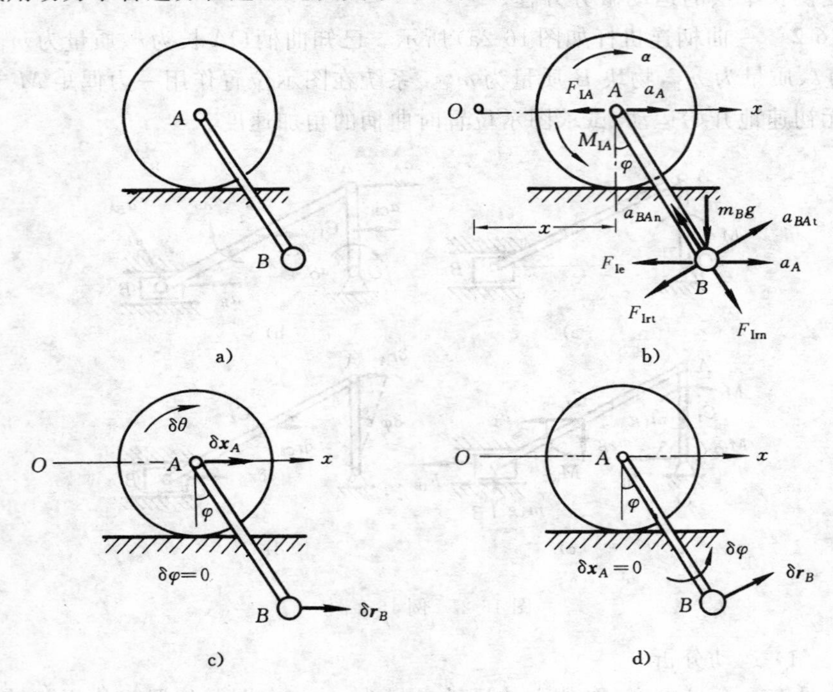

图 16-3 例 16-3 图

解 (1) 运动分析。

系统具有两个自由度，选取 x,φ 为广义坐标。圆柱的角加速度、圆柱质心的加速度以及摆锤的各项加速度，均可通过广义速度 $\dot{\varphi}$ 和广义加速度 $\ddot{x},\ddot{\varphi}$ 来表示(图16-3b))，其中

$$a_A=\ddot{x},\quad \alpha=\frac{\ddot{x}}{R},\quad a_{BAn}=\dot{\varphi}^2 l,\quad a_{BAt}=\ddot{\varphi}l \qquad ①$$

(2) 受力分析。

圆柱惯性力系的简化结果、摆锤的各项惯性力以及圆柱和摆锤的重力如图16-3b) 所示，其中

$$\left.\begin{aligned}&M_{IA}=J_A\alpha=\frac{1}{2}m_AR^2\alpha,\quad F_{IA}=m_Aa_A\\&F_{Ie}=m_Ba_A,\ F_{Irn}=m_Ba_{BAn},\ F_{Irt}=m_Ba_{BAt}\end{aligned}\right\} \qquad ②$$

(3) 虚位移分析。

先令 φ 保持不变，而给 x 有一变分 δx_A，可得质点的虚位移如图 16-3c) 所示，其中 $\delta\theta=\dfrac{\delta x_A}{R}$，$\delta r_B=\delta x_A$；再令 x 保持不变，而给 φ 有一变分 $\delta\varphi$，可得质点系的虚位移如图 16-3d) 所示，式中 $\delta r_B=r\delta\varphi$。

这两个虚位移是彼此独立的，由动力学普遍方程可建立两个运动微分方程。

(4) 应用动力学普遍方程。

分别对虚位移 δx_A 和 $\delta\varphi$ 应用动力学普遍方程，有

$$\left.\begin{aligned}&-M_{\mathrm{IA}}\delta\theta-F_{\mathrm{IA}}\delta x_A-F_{\mathrm{Ie}}\delta r_B-F_{\mathrm{Irt}}\cos\varphi\cdot\delta r_B+F_{\mathrm{Irn}}\sin\varphi\cdot\delta r_B=0\\&-(F_{\mathrm{Ie}}l\cos\varphi)\delta\varphi-(F_{\mathrm{Irt}}l)\delta\varphi-(m_Bgl\sin\varphi)\delta\varphi=0\end{aligned}\right\}\quad ③$$

将式 ①，② 代入式 ③ 化简后，可得

$$\left.\begin{aligned}&-\left(\frac{3}{2}m_A+m_B\right)\ddot{x}-m_Bl\ddot{\varphi}\cos\varphi+m_B\dot{\varphi}^2l\sin\varphi=0\\&\ddot{x}\cos\varphi+l\ddot{\varphi}+g\sin\varphi=0\end{aligned}\right\}$$

济事小课堂

上式为两自由度系统的运动微分方程组。

16.2 拉格朗日方程

由 16.1 节可以看出，动力学普遍方程既可以解决静力学问题，也可以解决动力学问题，具有广泛的应用范围，但其缺点是求解比较困难。为此，拉格朗日在此基础上推出了两种形式的动力学方程：第一类拉格朗日方程和第二类拉格朗日方程。它们各有特点，第一类拉格朗日方程对约束没有限制，适用于完整和非完整约束系统，而第二类拉格朗日方程仅适用于完整约束系统；但第二类拉格朗日方程由于方程数较少，分析时相对比较简便。因此，对于完整约束系统，第二类拉格朗日方程在工程中应用更为广泛。下面将主要介绍第二类拉格朗日方程，同时对第一类拉格朗日方程作简要介绍。

16.2.1 第二类拉格朗日方程

由于动力学普遍方程常采用直角坐标系描述，质点的坐标不完全独立，所以各质点的虚位移不独立，使得求解的过程不够简捷。对于完整约束系统，如采用广义坐标，则可以得到与自由度数相同的独立的运动微分方程。这种用广义坐标表示的动力学普遍方程称为第二类拉格朗日方程。

拉格朗日方程（第二类）求解刚体系统动力学问题

设一由 n 个质点组成的具有完整、理想约束的质点系，有 k 个自由度，以 k 个广义坐标 $q_1,q_2,\cdots,q_k$ 确定质点系的位置，则质点系中任一质点 m_i 的矢径为广义坐标

与时间的矢量函数，即

$$\boldsymbol{r}_i = \boldsymbol{r}_i(q_1, q_2, \cdots, q_k; t) \qquad (i = 1, 2, \cdots, n) \tag{16-3}$$

质点 m_i 的虚位移为

$$\delta \boldsymbol{r}_i = \sum_{j=1}^{k} \frac{\partial \boldsymbol{r}_i}{\partial q_j} \delta q_j \qquad (i = 1, 2, \cdots, n)$$

将上式代入动力学普遍方程式(16-1)，可得

$$\sum_{i=1}^{n} (\boldsymbol{F}_i - m_i \boldsymbol{a}_i) \cdot \sum_{j=1}^{k} \frac{\partial \boldsymbol{r}_i}{\partial q_j} \delta q_j = 0$$

即
$$\sum_{j=1}^{k} \left(\sum_{i=1}^{n} \boldsymbol{F}_i \cdot \frac{\partial \boldsymbol{r}_i}{\partial q_j} - \sum_{i=1}^{n} m_i \boldsymbol{a}_i \cdot \frac{\partial \boldsymbol{r}_i}{\partial q_j} \right) \delta q_j = 0$$

上式又可简写为

$$\sum_{j=1}^{k} (Q_j + Q_{\mathrm{I}j}) \delta q_j = 0 \tag{16-4}$$

其中，$Q_j = \sum_{i=1}^{n} \boldsymbol{F}_i \cdot \frac{\partial \boldsymbol{r}_i}{\partial q_j}$ 为广义力，相应地，将 $Q_{\mathrm{I}j}$ 称为广义惯性力，即

$$Q_{\mathrm{I}j} = -\sum_{i=1}^{n} m_i \boldsymbol{a}_i \cdot \frac{\partial \boldsymbol{r}_i}{\partial q_j} = \sum_{i=1}^{n} \boldsymbol{F}_{\mathrm{I}i} \cdot \frac{\partial \boldsymbol{r}_i}{\partial q_j} \tag{16-5}$$

由于 $\delta q_1, \delta q_2, \cdots, \delta q_k$ 是彼此独立的，要使它们取任意值时方程(16-4)都能满足，必须有

$$Q_j + Q_{\mathrm{I}j} = 0 \qquad (j = 1, 2, \cdots, k) \tag{16-6}$$

广义惯性力 $Q_{\mathrm{I}j}$ 可由质点系的动能表示，有

$$\begin{aligned} Q_{\mathrm{I}j} &= -\sum_{i=1}^{n} m_i \boldsymbol{a}_i \cdot \frac{\partial \boldsymbol{r}_i}{\partial q_j} = -\sum_{i=1}^{n} m_i \frac{\mathrm{d}\boldsymbol{v}_i}{\mathrm{d}t} \cdot \frac{\partial \boldsymbol{r}_i}{\partial q_j} \\ &= -\frac{\mathrm{d}}{\mathrm{d}t}\left(\sum_{i=1}^{n} m_i \boldsymbol{v}_i \cdot \frac{\partial \boldsymbol{r}_i}{\partial q_j} \right) + \sum_{i=1}^{n} m_i \boldsymbol{v}_i \cdot \frac{\mathrm{d}}{\mathrm{d}t}\left(\frac{\partial \boldsymbol{r}_i}{\partial q_j} \right) \end{aligned} \tag{16-7}$$

为了简化式(16-7)，需要导出 $\frac{\partial \boldsymbol{r}_i}{\partial q_j}$，$\frac{\mathrm{d}}{\mathrm{d}t}\left(\frac{\partial \boldsymbol{r}_i}{\partial q_j}\right)$ 与速度 $\boldsymbol{v}_i$ 的两个关系式。将式(16-3)对时间 t 求导为

$$\boldsymbol{v}_i = \frac{\mathrm{d}\boldsymbol{r}_i}{\mathrm{d}t} = \sum_{j=1}^{k} \frac{\partial \boldsymbol{r}_i}{\partial q_j} \dot{q}_j + \frac{\partial \boldsymbol{r}_i}{\partial t} \tag{16-8}$$

其中，$\dot{q}_j=\dfrac{\mathrm{d}q_j}{\mathrm{d}t}$ 为广义速度。将式(16-8) 对$\dot{q}_j$ 求偏导数得

$$\frac{\partial \boldsymbol{v}_i}{\partial \dot{q}_j}=\frac{\partial \boldsymbol{r}_i}{\partial q_j} \tag{16-9}$$

式(16-9) 为第一个关系式。再将式(16-8) 对任一广义坐标 q_l 求偏导数，有

$$\frac{\partial \boldsymbol{v}_i}{\partial q_l}=\sum_{j=1}^{k}\frac{\partial^2 \boldsymbol{r}_i}{\partial q_l \partial q_j}\dot{q}_j+\frac{\partial^2 \boldsymbol{r}_i}{\partial t \partial q_l} \tag{16-10}$$

此外，直接由矢径 $\boldsymbol{r}_i$ 对某个广义坐标 q_l 求偏导数后，再对时间 t 求导，得

$$\frac{\mathrm{d}}{\mathrm{d}t}\left(\frac{\partial \boldsymbol{r}_i}{\partial q_l}\right)=\sum_{j=1}^{k}\frac{\partial}{\partial q_j}\left(\frac{\partial \boldsymbol{r}_i}{\partial q_l}\right)\dot{q}_j+\frac{\partial}{\partial t}\left(\frac{\partial \boldsymbol{r}_i}{\partial q_l}\right) \tag{16-11}$$

比较式(16-10)、式(16-11)，可得

$$\frac{\partial \boldsymbol{v}_i}{\partial q_j}=\frac{\mathrm{d}}{\mathrm{d}t}\left(\frac{\partial \boldsymbol{r}_i}{\partial q_j}\right) \tag{16-12}$$

式(16-12) 为第二个关系式。将式(16-9)、式(16-12) 代入式(16-7)，得

$$\begin{aligned}Q_{\mathrm{I}j}&=-\frac{\mathrm{d}}{\mathrm{d}t}\sum_{i=1}^{n}m_i\boldsymbol{v}_i\cdot\frac{\partial \boldsymbol{v}_i}{\partial \dot{q}_j}+\sum_{i=1}^{n}m_i\boldsymbol{v}_i\cdot\frac{\partial \boldsymbol{v}_i}{\partial q_j}\\&=-\frac{\mathrm{d}}{\mathrm{d}t}\left[\frac{\partial}{\partial \dot{q}_j}\sum_{i=1}^{n}\left(\frac{1}{2}m_iv_i^2\right)+\frac{\partial}{\partial q_j}\sum_{i=1}^{n}\left(\frac{1}{2}m_iv_i^2\right)\right]\end{aligned}$$

注意到$\sum\limits_{i=1}^{n}\dfrac{1}{2}m_iv_i^2$ 是质点系的动能 T，便得到 $Q_{\mathrm{I}j}$ 用动能 T 表示的关系式

$$Q_{\mathrm{I}j}=-\frac{\mathrm{d}}{\mathrm{d}t}\left(\frac{\partial T}{\partial \dot{q}_j}\right)+\frac{\partial T}{\partial q_j} \tag{16-13}$$

将式(16-13) 代入式(16-6)，得

$$\frac{\mathrm{d}}{\mathrm{d}t}\left(\frac{\partial T}{\partial \dot{q}_j}\right)-\frac{\partial T}{\partial q_j}=Q_j \quad (j=1,2,\cdots,k) \tag{16-14}$$

这是一组用广义坐标表示的二阶微分方程，也就是第二类拉格朗日方程。因为第二类拉格朗日方程采用动能和广义力来表示，所以应用它能很简便地得到与系统的自由度相同、相互独立的运动微分方程。

如果系统中的主动力均为有势力，则广义力可表达为

$$Q_j=-\frac{\partial V}{\partial q_j} \quad (j=1,2,\cdots,k)$$

这时式(16-14) 可写成

$$\frac{\mathrm{d}}{\mathrm{d}t}\left(\frac{\partial T}{\partial \dot{q}_j}\right)-\frac{\partial T}{\partial q_j}=-\frac{\partial V}{\partial q_j}$$

注意到势能函数 V 中不包含广义速度$\dot{q}_j$，即 $\partial V/\partial \dot{q}_j=0$，于是有

$$\frac{\mathrm{d}}{\mathrm{d}t}\left[\frac{\partial}{\partial \dot{q}_j}(T-V)\right]-\frac{\partial}{\partial q_j}(T-V)=0 \qquad (j=1,2,\cdots,k)$$

或

$$\frac{\mathrm{d}}{\mathrm{d}t}\left(\frac{\partial L}{\partial \dot{q}_j}\right)-\frac{\partial L}{\partial q_j}=0 \qquad (j=1,2,\cdots,k) \tag{16-15}$$

式中

$$L=T-V$$

式(16-15) 称为<u>拉格朗日函数</u>，又可称为<u>动势</u>。

如果质点系所受的力除有势力外还有非有势力，将有势力部分的广义力由势能 V 来表示，而非有势力部分的广义力由 Q'_j 来表示，则拉格朗日方程可写为

$$\frac{\mathrm{d}}{\mathrm{d}t}\left(\frac{\partial T}{\partial \dot{q}_j}\right)-\frac{\partial T}{\partial q_j}=-\frac{\partial V}{\partial q_j}+Q'_j \qquad (j=1,2,\cdots,k)$$

或

$$\frac{\mathrm{d}}{\mathrm{d}t}\left(\frac{\partial L}{\partial \dot{q}_j}\right)-\frac{\partial L}{\partial q_j}=Q'_j \qquad (j=1,2,\cdots,k) \tag{16-16}$$

拉格朗日方程是解决具有完整约束的质点系动力学问题的普遍方程，对离散质点系统和多自由度的刚体系统尤为适用。

前面介绍的第二类拉格朗日方程只适用于完整约束系统，那么它为什么不满足非完整约束系统呢？这与自由度和广义坐标的定义有关。

第 8.4 节已对自由度、广义坐标作了介绍。自由度是指确定系统在任一时刻全部质点位置所需的独立参变量的个数，自由度数为质点系解除约束时的坐标数减去约束方程数。而广义坐标是指能够确定系统位置的、适当选取的独立变量，即用以确定质点系位置的独立参变量。广义坐标可以是笛卡尔坐标、极坐标等几何坐标，也可以是模态坐标等非几何坐标。系统广义坐标的数目与系统自由度数有一定关系。对于完整约束系统，广义坐标数等于自由度数；而对于非完整约束系统，广义坐标数大于自由度数。因为广义坐标只是用来描述系统位形的独立参数，而非完整约束并不限制系统的位形，所以非完整约束并不能使广义坐标数减少，但非完整约束限制了系统的运动，所以此时系统自由度会进一步减少。非完整约束系统的自由度一般用系统的虚位移来定义，即系统的自由度是独立的虚位移个数。

针对完整约束系统，可以通过约束方程事先消除系统的非独立坐标，并通过求解第二类拉格朗日方程求出系统的全部广义坐标；但对于非完整约束系统，广义坐标满足非完整约束方程，广义坐标不独立，因此式(16-4) 左边括号内的项不等于零，即式

(16-6)不成立，因此也无法推出第二类拉格朗日方程。但第一类拉格朗日方程由于未进行坐标缩减，因此它对完整和非完整约束系统均适用。

例 16-4 半径为 r、质量为 m 的半圆柱体在粗糙水平面上作无滑动的滚动(图 16-4)，试求其在平衡位置附近微幅摆动的周期。

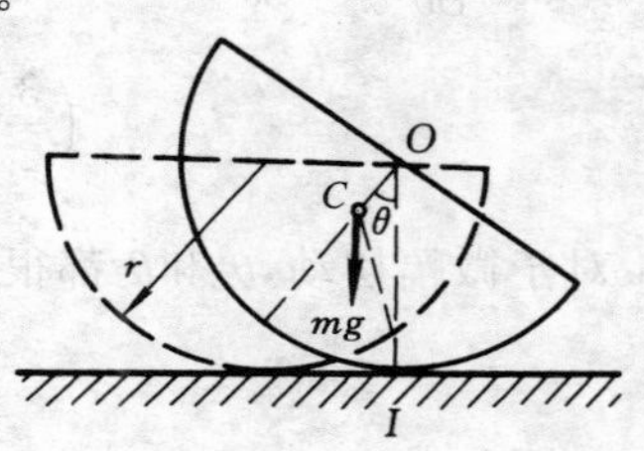

图 16-4　例 16-4 图

解 本题受到的约束是完整、理想的约束，因而可用第二类拉格朗日方程求解。

(1) 判定自由度和选取广义坐标。

半圆柱体作纯滚动，自由度数为 1，取广义坐标为 θ。

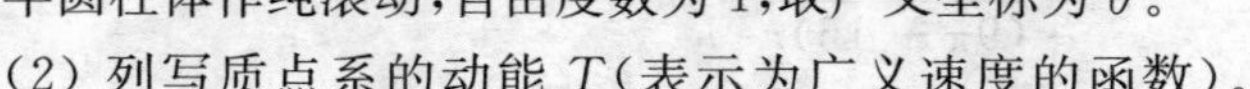

(2) 列写质点系的动能 T(表示为广义速度的函数)。

取点 C 为半圆柱体的质心，可知 $\overline{OC}=\dfrac{4r}{3\pi}$，半圆柱体对于速度瞬心 I 的转动惯量为

$$
\begin{aligned}
J_I &= J_C + m\overline{CI}^2 = J_O - m\overline{OC}^2 + m\overline{CI}^2 \\
&= \frac{1}{2}mr^2 - m\overline{OC}^2 + m(\overline{OC}^2 + r^2 - 2OCr\cos\theta) \\
&= \frac{3}{2}mr^2 - \frac{8}{3\pi}mr^2\cos\theta \\
&= \left(\frac{3}{2} - \frac{8\cos\theta}{3\pi}\right)mr^2
\end{aligned}
$$

半圆柱体的动能为

$$
T = \frac{1}{2}J_I\dot{\theta}^2 = \frac{1}{2}\left(\frac{3}{2} - \frac{8\cos\theta}{3\pi}\right)mr^2\dot{\theta}^2
$$

(3) 列写出广义力 Q_j。

由于主动力是重力，即为有势力，利用势能函数来列写，取通过点 O 的水平面为重力势能的零势面，则半圆柱体的重力势能为

$$
V = -mg\overline{OC}\cos\theta = -\frac{4r}{3\pi}mg\cos\theta
$$

则广义力为

$$
Q_\theta = -\frac{\partial V}{\partial \theta} = -\frac{4r}{3\pi}mg\sin\theta
$$

(4) 将动能和广义力代入拉格朗日方程。

$$
\frac{\partial T}{\partial \dot{\theta}} = \left(\frac{3}{2} - \frac{8\cos\theta}{3\pi}\right)mr^2\dot{\theta}
$$

$$
\frac{\mathrm{d}}{\mathrm{d}t}\left(\frac{\partial T}{\partial \dot{\theta}}\right) = \left(\frac{3}{2} - \frac{8\cos\theta}{3\pi}\right)mr^2\ddot{\theta} + \frac{8\sin\theta}{3\pi}mr^2\dot{\theta}^2
$$

$$
\frac{\partial T}{\partial \theta} = \left(\frac{4\sin\theta}{3\pi}\right)mr^2\dot{\theta}^2
$$

由$\dfrac{\mathrm{d}}{\mathrm{d}t}\left(\dfrac{\partial T}{\partial \dot{\theta}}\right)-\dfrac{\partial T}{\partial \theta}=Q_\theta$ 可得

$$\left(\frac{3}{2}-\frac{8\cos\theta}{3\pi}\right)\ddot{\theta}+\frac{4\sin\theta}{3\pi}\dot{\theta}^2+\frac{4g\sin\theta}{3\pi r}=0$$

对于微幅摆动,θ 和$\dot{\theta}$ 都很小,取 $\sin\theta\approx\theta$,$\cos\theta\approx 1$,并略去高阶微量项,则

$$\left(\frac{3}{2}-\frac{8}{3\pi}\right)\ddot{\theta}+\frac{4g}{3\pi r}\theta=0$$

或

$$\ddot{\theta}+\frac{8g}{(9\pi-16)r}\theta=0$$

由此得出圆柱体作微幅摆动的周期为$\tau=2\pi\sqrt{\dfrac{(9\pi-16)r}{8g}}$。

例 16-5 一单摆借连杆 AB 挂在刚性系数为 k 的铅垂弹簧上(图 16-5a)),摆长为 l,摆锤 D 的质量为 m。杆 AB 与 BD 的质量均不计。试用拉格朗日方程建立此摆的运动微分方程。

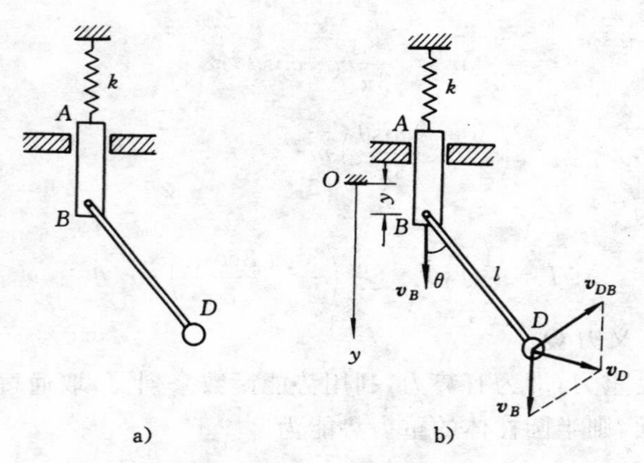

图 16-5 例 16-5 图

解 (1) 判定自由度和选取广义坐标。

整个系统有两个自由度,取杆 AB 的竖直移动距离 y(以点 B 的静平衡位置为坐标原点 O,轴 y 铅垂向下为正)和杆 BD 的转角 θ 为广义坐标(图 16-5b))。

(2) 列写质点系的动能 T(表示为广义速度的函数)。

摆锤 D 的动能为

$$T=\frac{1}{2}mv_D^2=\frac{1}{2}m(\dot{y}^2+l^2\dot{\theta}^2-2l\dot{\theta}\dot{y}\sin\theta)$$

(3) 列写出广义力 Q_j。

因系统中的主动力均为有势力,所以用势能来列写广义力。

取弹簧原长处为弹性势能的零位置及坐标原点 O 为重力势能的零位置，则系统的势能为

$$V=\frac{1}{2}k\left(y+\frac{mg}{k}\right)^2-mg(l\cos\theta+y)$$

$$=\frac{1}{2}ky^2-mgl\cos\theta+\frac{(mg)^2}{2k}$$

因而，对应于广义坐标 y 和 θ 的广义力分别为

$$Q_y=-\frac{\partial V}{\partial y}=-ky$$

$$Q_\theta=-\frac{\partial V}{\partial \theta}=-mgl\sin\theta$$

（4）将动能和广义力代入拉格朗日方程。

由 $\quad \dfrac{\partial T}{\partial \dot{y}}=m(\dot{y}-l\dot{\theta}\sin\theta)$，$\quad \dfrac{\mathrm{d}}{\mathrm{d}t}\left(\dfrac{\partial T}{\partial \dot{y}}\right)=m(\ddot{y}-l\ddot{\theta}\sin\theta-l\dot{\theta}^2\cos\theta)$，$\quad \dfrac{\partial T}{\partial y}=0$

得

$$m\ddot{y}-ml\ddot{\theta}\sin\theta-ml\dot{\theta}^2\cos\theta+ky=0 \qquad ①$$

由 $\quad \dfrac{\partial T}{\partial \dot{\theta}}=m(l^2\dot{\theta}-l\dot{y}\sin\theta)$，$\quad \dfrac{\mathrm{d}}{\mathrm{d}t}\left(\dfrac{\partial T}{\partial \dot{\theta}}\right)=m(l^2\ddot{\theta}-l\ddot{y}\sin\theta-l\dot{y}\dot{\theta}\cos\theta)$

$\quad \dfrac{\partial T}{\partial \theta}=-ml\dot{\theta}\dot{y}\cos\theta$

得

$$l\ddot{\theta}-\ddot{y}\sin\theta+g\sin\theta=0 \qquad ②$$

第二类拉格朗日方程如式(16-14)所示。该方程比较抽象，与常见的用二阶常微分方程表示的运动微分方程有所不同。根据质点系动能计算表达式的特点，可以从拉格朗日方程出发得到以二阶常微分方程表示的运动微分方程。

设由 n 个质点组成的受完整理想约束的质点系统，其自由度为 k，则其 k 个广义坐标可用向量 $\boldsymbol{q}(t)=\{q_1(t), q_2(t), \cdots, q_k(t)\}^{\mathrm{T}}$ 表示。设第 i 个质点的质量为 m_i，在惯性参考系内的位置由矢量 $\boldsymbol{r}_i$ 确定，$\boldsymbol{r}_i=\boldsymbol{r}_i(q_1, q_2, \cdots, q_k; t)$。于是可以证明，质点系的动能可写成如下形式：

$$T=\frac{1}{2}\sum_{i=1}^{n}m_i v_i^2=\frac{1}{2}\sum_{i=1}^{n}m_i\dot{\boldsymbol{r}}_i\cdot\dot{\boldsymbol{r}}_i \qquad (16\text{-}17)$$

令

$$T=T_0+T_1+T_2 \qquad (16\text{-}18)$$

式中，T_0，T_1，T_2 分别表达如下：

$$T_0=\frac{1}{2}\sum_{i=1}^{n}m_i\frac{\partial \boldsymbol{r}_i}{\partial t}\cdot\frac{\partial \boldsymbol{r}_i}{\partial t}$$

$$T_1=\sum_{j=1}^{k}B_j\dot{q}_j$$

$$T_2=\frac{1}{2}\sum_{j=1}^{k}\sum_{h=1}^{k}A_{jh}\dot{q}_j\dot{q}_h$$

其中，$A_{jh}=\sum_{i=1}^{n}m_i\frac{\partial \boldsymbol{r}_i}{\partial q_j}\cdot\frac{\partial \boldsymbol{r}_i}{\partial q_h}$，$B_j=\sum_{i=1}^{n}m_i\frac{\partial \boldsymbol{r}_i}{\partial t}\cdot\frac{\partial \boldsymbol{r}_i}{\partial q_j}$。

在上面各式中，T_0，A_{jh}，B_j 都是广义坐标 $\boldsymbol{q}(t)$ 和时间 t 的函数，即一般情况下，T 是广义速度 $\dot{\boldsymbol{q}}(t)=\{\dot{q}_1(t),\ \dot{q}_2(t),\ \cdots,\ \dot{q}_k(t)\}^{\mathrm{T}}$ 的非齐次二次式，其中 T_2，T_1，T_0 分别是 $\dot{\boldsymbol{q}}(t)$ 的齐二次式、齐一次式、齐零次式。对于定常系统，由于矢量 $\boldsymbol{r}_i$ 中不显含时间 t，所以 T_1，T_0 分别为零，此时 $T=T_2$ 为广义速度 $\dot{\boldsymbol{q}}(t)$ 的齐二次式。

将由式(16-18) 给出的动能表达式代入式(16-14) 给出的第二类拉格朗日方程，可以推导出如下一般形式的运动微分方程：

$$\sum_{j=1}^{k}A_{lj}\ddot{q}_j+\frac{1}{2}\sum_{j=1}^{k}\sum_{h=1}^{k}\left(\frac{\partial A_{lj}}{\partial q_h}+\frac{\partial A_{lh}}{\partial q_j}-\frac{\partial A_{jh}}{\partial q_l}\right)\dot{q}_j\dot{q}_h+$$

$$\sum_{j=1}^{k}\left(\frac{\partial A_{lj}}{\partial t}+\frac{\partial B_l}{\partial q_j}-\frac{\partial B_j}{\partial q_l}\right)\dot{q}_j+\frac{\partial B_l}{\partial t}-\frac{\partial T_0}{\partial q_l}=Q_l\ (l=1,\ 2,\ \cdots,\ k)$$

记 $[jh,\ l]=\frac{1}{2}\left(\frac{\partial A_{lj}}{\partial q_h}+\frac{\partial A_{lh}}{\partial q_j}-\frac{\partial A_{jh}}{\partial q_l}\right)$，$g_{lj}=-g_{jl}=\frac{\partial B_l}{\partial q_j}-\frac{\partial B_j}{\partial q_l}$，则

$$\sum_{j=1}^{k}A_{lj}\ddot{q}_j+\sum_{j=1}^{k}\sum_{h=1}^{k}[jh,l]\dot{q}_j\dot{q}_h+\sum_{j=1}^{k}g_{lj}\dot{q}_j+\sum_{j=1}^{k}\frac{\partial A_{lj}}{\partial t}\dot{q}_j+\frac{\partial B_l}{\partial t}-\frac{\partial T_0}{\partial q_l}=Q_l\ (l=1,\ 2,\ \cdots,\ k) \tag{16-19}$$

其中，$[jh,\ l]$ 称为克氏第一类记号，g_{lj} 为反对称项。式(16-19) 含有的类似 $g_{lj}\dot{q}_j$ 的带有反对称系数的线性速度项称为陀螺项，式(16-19) 是广义坐标 $\boldsymbol{q}(t)$ 的非线性微分方程。Q_l 为保守力和非保守力对应的广义力。

16.2.2　第一类拉格朗日方程

第二类拉格朗日方程虽然比较简单，但只适用于完整约束系统，且不能直接获得系统的约束反力。第一类拉格朗日方程未通过约束条件消除非独立坐标，而是采用质点系的全部坐标来描述非自由质点系的位形，因此它适用于完整和非完整约束系统，不仅可以求出约束力，而且便于用计算机来处理非自由质点系的动力学问题。

设系统的 n 个位形可用向量 $\boldsymbol{q}(t)=\{q_1(t),\ q_2(t),\ \cdots,\ q_n(t);\ t\}^{\mathrm{T}}$ 表示(注：这

里 n 不是指系统的质点数)；系统受 s_1 个完整约束和 s_2 个一阶线性非完整约束，约束方程分别为

$$f_\beta(q_1, q_2, \cdots, q_n; t)=0 \ (\beta=1, 2, \cdots, s_1) \tag{16-20}$$

$$\sum_{i=1}^{n} b_{\beta i}\dot{q}_i + b_\beta = 0 \ (\beta = s_1+1, s_1+2, \cdots, s_1+s_2) \tag{16-21}$$

式中，系数 $b_{\beta i}$，b_β 分别为坐标 $q_1, q_2, \cdots, q_n$ 和时间 t 的函数。

令 $s=s_1+s_2$，式(16-20)、式(16-21) 对坐标变分后的约束条件可统一写成：

$$\sum_{i=1}^{n} a_{\beta i}\delta q_i = 0 \ (\beta=1, 2, \cdots, s) \tag{16-22}$$

其中，前 s_1 个方程的系数 $a_{\beta i}=\dfrac{\partial f_\beta}{\partial q_i}$。对于动力学普遍方程 $\sum\limits_{i=1}^{N}(\boldsymbol{F}_i - m_i\boldsymbol{a}_i)\cdot\delta\boldsymbol{r}_i = 0$($N$ 为质点系的质点数)，如果 $\boldsymbol{r}_i$ 不用 k 个广义坐标而用 n 个坐标位形表示，即 $\boldsymbol{r}_i = \boldsymbol{r}_i(q_1, q_2, \cdots, q_n; t)$，则系统的动能为 $T=T(\dot{q}_1, \dot{q}_2, \cdots, \dot{q}_n; q_1, q_2, \cdots, q_n; t)$。仿照第二类拉格朗日方程的推导过程，可得

$$\sum_{i=1}^{n}\left[-\frac{\mathrm{d}}{\mathrm{d}t}\left(\frac{\partial T}{\partial \dot{q}_i}\right)+\frac{\partial T}{\partial q_i}+Q_i\right]\delta q_i = 0 \tag{16-23}$$

其中，Q_i 为与第 i 个坐标 $q_i(i=1, 2, \cdots, n)$ 对应的广义力。由于 n 个 δq_i 并不彼此独立，其中只有 $k=n-s$ 个是独立的，因此不能得出式(16-23) 中每个中括号内的表达式均为零的结论。不失一般性，假设 $q_1, q_2, \cdots, q_k$ 是独立坐标，而其他 s 个坐标 $q_{k+1}, q_{k+2}, \cdots, q_n$ 可以用 $q_1, q_2, \cdots, q_k$ 唯一地表示出来。当然这个假设在数学上要求 $a_{\beta i}(\beta=1, 2, \cdots, s; i=k+1, k+2, \cdots, n)$ 构成的行列式非奇异。若引入与约束方程对应的 s 个不定乘子 $\lambda_\beta(\beta=1, 2, \cdots, s)$(也称拉格朗日乘子，它代表约束力)，将式(16-22) 中的 s 个方程都乘以下标相同的不定乘子 λ_β，并依次与式(16-23) 相加得

$$\sum_{i=1}^{n}\left[-\frac{\mathrm{d}}{\mathrm{d}t}\left(\frac{\partial T}{\partial \dot{q}_i}\right)+\frac{\partial T}{\partial q_i}+Q_i+\sum_{\beta=1}^{s}\lambda_\beta a_{\beta i}\right]\delta q_i = 0 \tag{16-24}$$

若 $a_{\beta i}(\beta=1, 2, \cdots, s; i=k+1, k+2, \cdots, n)$ 构成的行列式非奇异，则可以适当选择不定乘子 λ_β，使得

$$-\frac{\mathrm{d}}{\mathrm{d}t}\left(\frac{\partial T}{\partial \dot{q}_i}\right)+\frac{\partial T}{\partial q_i}+Q_i+\sum_{\beta=1}^{s}\lambda_\beta a_{\beta i}=0 \ (i=k+1, k+2, \cdots, n) \tag{16-25}$$

事实上，可以把式(16-25) 看作以 λ_β 为未知数的 s 个代数方程，其系数矩阵的秩为 s，因此该方程一定有解。于是式(16-24) 变为

$$\sum_{i=1}^{k}\left[-\frac{\mathrm{d}}{\mathrm{d}t}\left(\frac{\partial T}{\partial \dot{q}_i}\right)+\frac{\partial T}{\partial q_i}+Q_i+\sum_{\beta=1}^{s}\lambda_\beta a_{\beta i}\right]\delta q_i=0 \tag{16-26}$$

由于 q_1, q_2, …, q_k 相互独立，由式(16-26) 可得

$$-\frac{\mathrm{d}}{\mathrm{d}t}\left(\frac{\partial T}{\partial \dot{q}_i}\right)+\frac{\partial T}{\partial q_i}+Q_i+\sum_{\beta=1}^{s}\lambda_\beta a_{\beta i}=0\ (i=1,\ 2,\ \cdots,\ k) \tag{16-27}$$

由式(16-25) 和式(16-27) 构成 n 个方程：

$$\frac{\mathrm{d}}{\mathrm{d}t}\left(\frac{\partial T}{\partial \dot{q}_i}\right)-\frac{\partial T}{\partial q_i}=Q_i+\sum_{\beta=1}^{s}\lambda_\beta a_{\beta i}\ (i=1,\ 2,\ \cdots,\ n) \tag{16-28}$$

式(16-28) 称为带乘子的拉格朗日方程，或称第一类拉格朗日方程。其中 $\sum\limits_{\beta=1}^{s}\lambda_\beta a_{\beta i}$ 称为广义约束反力。若主动力均为有势力，则式(16-28) 可以写成如下形式：

$$\frac{\mathrm{d}}{\mathrm{d}t}\left(\frac{\partial L}{\partial \dot{q}_i}\right)-\frac{\partial L}{\partial q_i}=\sum_{\beta=1}^{s}\lambda_\beta a_{\beta i}\ (i=1,\ 2,\ \cdots,\ n) \tag{16-29}$$

式(16-28) 或式(16-29) 共有 n 个常微分方程，但其中的未知量有 $n+s$ 个，而式(16-20) 和式(16-21) 共有 s 个约束方程(包括 s_1 个代数方程和 s_2 个一阶微分方程)。因此，将 n 个第一类拉格朗日方程式(16-28) 或式(16-29) 与 s 个约束方程式(16-20) 和式(16-21) 联立，构成 $n+s$ 个微分-代数方程组，即可求出全部未知量，即 n 个位形 $q_i(i=1,\ 2,\ \cdots,\ n)$ 和 s 个拉格朗日乘子 $\lambda_\beta(\beta=1,\ 2,\ \cdots,\ s)$。

将式(16-28) 或式(16-29) 与第二类拉格朗日方程比较，可以看出，第一类拉格朗日方程等号右边多出了 s 个作用于质点系的完整和非完整约束力。因此，第一类拉格朗日方程的实质是：解除完整和非完整约束，代以相应约束力，使系统成为自由质点系。第一类拉格朗日方程的优点是可以同时求出系统的坐标(代表位移) 和拉格朗日乘子(代表约束力)，且对完整约束和非完整约束系统都适用；缺点是方程较多、求解比较复杂。但随着计算机技术的发展，第一类拉格朗日方程将在工程中得到更为广泛的应用。

例 16-6 质量为 m、半径为 R 的均质圆盘，在水平面上作纯滚动，其上作用有主动力 F_x，F_y 和力偶 M。试采用第一类拉格朗日方程建立系统的运动微分方程，并求其所受的约束反力。

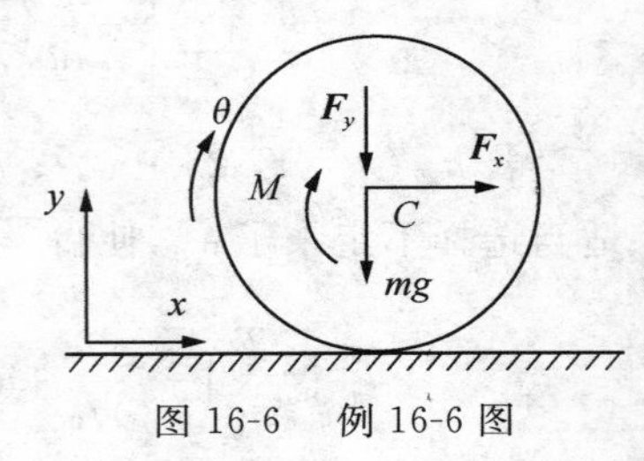

图 16-6 例 16-6 图

解 取系统的位形 $q=(x_C, y_C, \theta)^{\mathrm{T}}$，系统的动能为

$$T=\frac{1}{2}m(\dot{x}_C^2+\dot{y}_C^2)+\frac{1}{2}J_C\dot{\theta}^2$$

三个位置坐标对应的广义力分别为

$$Q_x = F_x;\ Q_y = -F_y - mg;\ Q_\theta = M$$

其约束方程为

$$f_1 = x_C - R\theta = 0;\ f_2 = y_C - R = 0$$

将它们代入第一类拉格朗日方程(16-28),得

$$m\ddot{x}_C = F_x + \lambda_1 \tag{a}$$

$$m\ddot{y}_C = -F_y - mg + \lambda_2 \tag{b}$$

$$J_C\ddot{\theta} = M - \lambda_1 R \tag{c}$$

对约束方程求两阶导数,得

$$\ddot{x}_C - R\ddot{\theta} = 0 \tag{d}$$

$$\ddot{y}_C = 0 \tag{e}$$

对上面 5 个方程式(a)— 式(e) 联立求解,可得:$\lambda_1 = \dfrac{mMR - J_C F_x}{J_C + mR^2}$, $\lambda_2 = F_y + mg$。

将 λ_1, λ_2 代入式(a)— 式(c),可得系统的 3 个微分方程。

若采用刚体平面运动微分方法进行分析,容易看出,λ_1, λ_2 分别为圆盘与地面的摩擦力和正压力。

16.3 拉格朗日方程的初积分

在一般情况下,由拉格朗日方程导出的非线性二阶常微分方程组,要求其积分是很困难的。但在特殊情况下,可方便地得到其初积分,使微分方程得以降阶。

16.3.1 广义能量积分与能量积分

系统中,如主动力均为有势力,约束是非定常的(但在有些情况下,拉格朗日函数 L 不显含 t,参见例 16-7,系统就具有一个初积分,即广义能量积分)。

$$\frac{\mathrm{d}L}{\mathrm{d}t} = \sum_{j=1}^{k}\left(\frac{\partial L}{\partial q_j}\dot{q}_j + \frac{\partial L}{\partial \dot{q}_j}\ddot{q}_j\right) + \frac{\partial L}{\partial t} \tag{16-30}$$

其中
$$\frac{\partial L}{\partial \dot{q}_j}\ddot{q}_j = \frac{\partial L}{\partial \dot{q}_j}\cdot\frac{\mathrm{d}\dot{q}_j}{\mathrm{d}t} = \frac{\mathrm{d}}{\mathrm{d}t}\left(\frac{\partial L}{\partial \dot{q}_j}\dot{q}_j\right) - \dot{q}_j\frac{\mathrm{d}}{\mathrm{d}t}\left(\frac{\partial L}{\partial \dot{q}_j}\right)$$

将式(16-15) 的$\dfrac{\mathrm{d}}{\mathrm{d}t}\left(\dfrac{\partial L}{\partial \dot{q}_j}\right) = \dfrac{\partial L}{\partial q_j}$代入,得到

$$\frac{\partial L}{\partial \dot{q}_j}\ddot{q}_j = \frac{\mathrm{d}}{\mathrm{d}t}\left(\frac{\partial L}{\partial \dot{q}_j}\dot{q}_j\right) - \frac{\partial L}{\partial q_j}\dot{q}_j \tag{16-31}$$

将式(16-31) 代入式(16-30),得

$$\frac{\mathrm{d}L}{\mathrm{d}t} = \sum_{j=1}^{k}\frac{\mathrm{d}}{\mathrm{d}t}\left(\frac{\partial L}{\partial \dot{q}_j}\dot{q}_j\right) + \frac{\partial L}{\partial t} \tag{16-32}$$

如果拉格朗日函数 L 不显含时间 t,有

$$\frac{\partial L}{\partial t} = 0 \tag{16-33}$$

将式(16-33) 代入式(16-32),得

$$\frac{\mathrm{d}L}{\mathrm{d}t} = \sum_{j=1}^{k}\frac{\mathrm{d}}{\mathrm{d}t}\left(\frac{\partial L}{\partial \dot{q}_j}\dot{q}_j\right)$$

将上式移项后得

$$\frac{\mathrm{d}}{\mathrm{d}t}\left(\sum_{j=1}^{k}\frac{\partial L}{\partial \dot{q}_j}\dot{q}_j - L\right) = 0$$

因此

$$\sum_{j=1}^{k}\frac{\partial L}{\partial \dot{q}_j}\dot{q}_j - L = \mathrm{const} \tag{16-34}$$

注意到 $L = T - V = T_2 + T_1 + T_0 - V$,而 T_2,T_1 分别是广义速度的齐二次、齐一次式,T_0 和 V 为广义速度的零次式。于是,根据欧拉齐次函数定理,有

$$\sum_{j=1}^{k}\frac{\partial L}{\partial \dot{q}_j}\dot{q}_j = 2T_2 + T_1$$

代入式(16-18),得

$$2T_2 + T_1 - T_2 - T_1 - T_0 + V = \mathrm{const}$$

即

$$T_2 - T_0 + V = \mathrm{const} \tag{16-35}$$

这就是广义能量积分。它表示由于约束是非定常的,系统的机械能不守恒。广义能量积分也称为雅可比积分,它是雅可比在研究相对运动时发现的。

如果质点系的约束是定常的,则

$$T_1 = T_0 = 0, T = T_2$$

式(16-35) 简化为

$$T + V = \mathrm{const} \tag{16-36}$$

这就是能量积分。它表示约束是定常、主动力均为有势力时,该质点系为保守系

统，系统的机械能守恒。

16.3.2 循环积分

在拉格朗日函数 L 中，不显含某一广义坐标 q_r，则该坐标称为循环坐标。当 q_r 为循环坐标时，显然有 $\frac{\partial L}{\partial q_r} \equiv 0$，于是拉格朗日方程式(16-15)变为下式

$$\frac{\mathrm{d}}{\mathrm{d}t}\left(\frac{\partial L}{\partial \dot{q}_r}\right)=0$$

即

$$\frac{\partial L}{\partial \dot{q}_r}=\text{const} \tag{16-37}$$

这就是循环积分。有几个循环坐标，就有几个循环积分。又因为 $L=T-V$，而 V 不含 $\dot{q}_r$，故

$$\frac{\partial L}{\partial \dot{q}_r}=\frac{\partial T}{\partial \dot{q}_r}=p_r=\text{const} \quad (r=1,2,\cdots,k) \tag{16-38}$$

p_r 称为广义动量。而循环积分表示的是对应于循环坐标的广义动量守恒。广义动量把矢量力学中的动量和动量矩都包括在内；对应于线广义坐标的广义动量为动量，对应于角广义坐标的广义动量则为动量矩。广义动量守恒不能简单地等同矢量力学中的动量守恒定理和动量矩守恒定理(参见例16-8)。

例16-7 矩形板在铅垂平面内以匀角速 ω 绕铅垂轴转动(图16-7a))，质量为 m 的小球 A(作为质点)沿着板上的直槽运动。试建立小球沿直槽运动的微分方程。

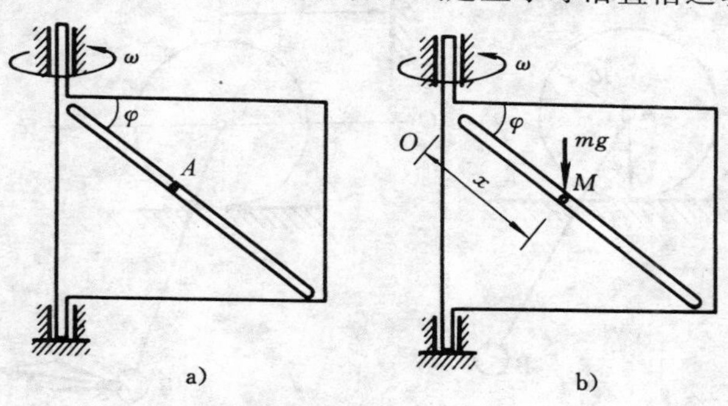

图16-7 例16-7图

解 (1) 判定自由度和选取广义坐标。

由于板的运动规律已知，则小球受直槽约束后的相对位置可用坐标 x 确定(图16-7b))，所以这是受非定常约束的单自由度系统。

(2) 列写系统的拉格朗日函数。

小球的绝对速度为 $\boldsymbol{v}_A=\boldsymbol{v}_e+\boldsymbol{v}_r$，则动能为

$$T=\frac{1}{2}m(\dot{x}^2+x^2\omega^2\cos^2\varphi)$$

小球所受的主动力为重力，取过点 O 处的水平面为零势面，则势能为

$$V=-mgx\sin\varphi$$

则拉格朗日函数 L 为

$$L=T-V=\frac{1}{2}m(\dot{x}^2+x^2\omega^2\cos^2\varphi)+mgx\sin\varphi$$

(3) 拉格朗日方程的初积分。

虽然该系统中的约束是非定常约束，但 L 中却不显含时间 t，故有广义能量守恒。从拉格朗日函数可以看出，$T_2=\frac{1}{2}m\dot{x}^2$，$T_0=\frac{1}{2}mx^2\omega^2\cos^2\varphi$，代入 $T_2-T_0+V=\text{const}$，有

$$\frac{1}{2}m\dot{x}^2-\frac{1}{2}mx^2\omega^2\cos^2\varphi-mgx\sin\varphi=\text{const}$$

上式为一阶运动微分方程，常数由初条件来定。若上式对时间 t 求导，即得二阶运动微分方程，有

$$\ddot{x}-x\omega^2\cos^2\varphi=g\sin\varphi$$

与直接应用拉格朗日方程式(16-14)求解的结果相同。

例 16-8 质量为 m_A、半径为 R 的匀质圆柱，放在粗糙的水平面上作纯滚动(图 16-8a))，一摆长为 l、摆锤质量为 m_B 的单摆，悬挂在圆柱的质心上。开始系统在 $x=0$，$\varphi=\varphi_0$ 位置无初速释放。试用拉氏方程的初积分求摆锤 B 的运动轨迹。

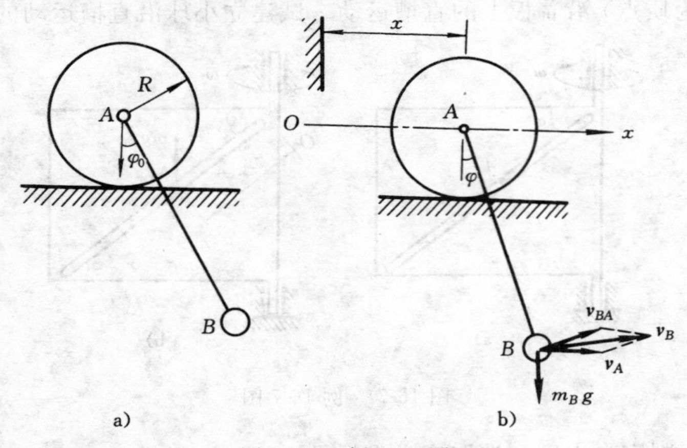

图 16-8 例 16-8 图

解 (1) 判定自由度和选取广义坐标。

圆柱 A 作纯滚动，只有一个自由度，摆锤 B 受绳的约束，相对于 A 也只有一个自由度，因此，系统具有两个自由度，取 x 和 φ 为广义坐标(图 16-8b))。

(2) 列写拉格朗日函数。

系统的动能为

$$T=\frac{1}{2}m_Av_A^2+\frac{1}{2}J_A\omega^2+\frac{1}{2}m_Bv_B^2$$

式中 $v_A=\dot{x}$， $J_A=\frac{1}{2}m_AR^2$， $\omega=\frac{\dot{x}}{R}$， $v_B^2=\dot{x}^2+(l\dot{\varphi})^2+2\dot{x}l\dot{\varphi}\cos\varphi$

代入得 $$T=\frac{3}{4}m_A\dot{x}^2+\frac{1}{2}m_B[\dot{x}^2+(l\dot{\varphi})^2+2\dot{x}l\dot{\varphi}\cos\varphi]$$

取通过点 A 的水平面为重力的零势能面，则系统的势能为

$$V=-m_Bgl\cos\varphi$$

于是，拉格朗日函数 L 为

$$L=T-V=\frac{3}{4}m_A\dot{x}^2+\frac{1}{2}m_B[\dot{x}^2+(l\dot{\varphi})^2+2\dot{x}l\dot{\varphi}\cos\varphi]+m_Bgl\cos\varphi$$

可见，在拉格朗日函数 L 中不包含 x，故 x 为循环坐标，其对应的循环积分为

$$\frac{\partial L}{\partial\dot{x}}=C_1$$

即 $$\frac{3}{2}m_A\dot{x}+m_B\dot{x}+m_Bl\dot{\varphi}\cos\varphi=C_1 \quad ①$$

显然，式 ① 并不表示质点系的动量在 x 轴上的投影守恒。事实上，由于水平面是粗糙的，它对圆柱有水平方向的摩擦力，质点系的动量在轴 x 上的投影不可能守恒。所以一般而言，广义动量守恒并不是矢量力学中动量意义上的守恒。在式 ① 中代入题给起始条件

$$t=0 \quad \dot{x}=0 \quad \dot{\varphi}=0$$

得 $$C_1=0$$

于是式 ① 成为

$$\frac{3}{2}m_A\dot{x}+m_B\dot{x}+m_Bl\dot{\varphi}\cos\varphi=0 \quad ②$$

将式 ② 分离变量后积分，x 和 φ 的积分下限分别为 0 和 φ_0，可得

$$\int_0^x \mathrm{d}x=\frac{-2m_Bl}{3m_A+2m_B}\int_{\varphi_0}^{\varphi}\cos\varphi\,\mathrm{d}\varphi$$

$$x=\frac{2m_Bl}{3m_A+2m_B}(\sin\varphi_0-\sin\varphi) \quad ③$$

而摆锤 B 的坐标 x_B 和 y_B 可直接从图上看出，为

$$x_B = x + l\sin\varphi \tag{④}$$

$$y_B = -l\cos\varphi \tag{⑤}$$

将式 ③ 代入式 ④，有

$$x_B = \frac{2m_B}{3m_A + 2m_B} l\sin\varphi_0 + \frac{3m_A}{3m_A + 2m_B} l\sin\varphi \tag{⑥}$$

由式 ⑤ 和式 ⑥ 消去 φ 即可得出摆锤 B 的轨迹方程为

$$\frac{\left(x_B - \dfrac{2m_B l\sin\varphi_0}{3m_A + 2m_B}\right)^2}{\left(\dfrac{3m_A l}{3m_A + 2m_B}\right)^2} + \frac{y_B^2}{l^2} = 1$$

显然，它是以 $\left(\dfrac{2m_B l\sin\varphi_0}{3m_A + 2m_B}, 0\right)$ 为中心的椭圆方程。

本题在拉格朗日函数 L 中，$T = T_2$，故还有能量积分。读者可自己列写。

例 16-9　半径为 $R = 3r$、质量为 m 的匀质圆环 A 置于光滑的水平面上，半径为 r、质量也为 m 的匀质圆盘可沿圆环内壁作纯滚动(图 16-9a))。设圆盘自 $\varphi_0 = 30°$ 位置，系统无初速释放，试用拉格朗日初积分求圆盘到达最低点时的角速度。

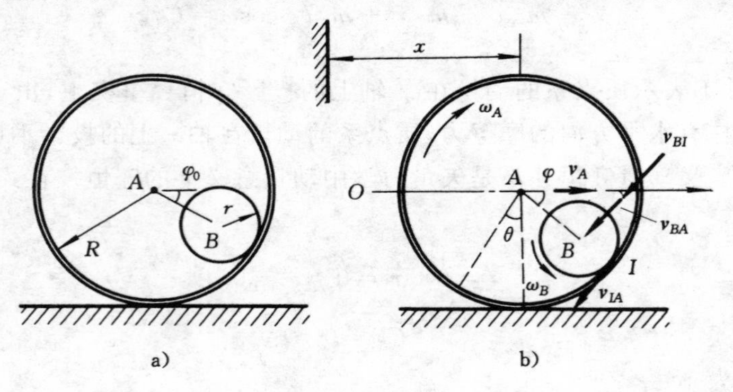

图 16-9　例 16-9 图

解　(1) 判定自由度和选取广义坐标。

由于水平面光滑，圆环只受到趋向水平面的约束，而圆盘相对圆环作纯滚动，所以只需一个运动参变量就可确定其相对位置，故系统有三个自由度。取广义坐标为 x, θ, φ(图 16-9b))。

(2) 列写系统的拉格朗日函数。

$$T = \frac{1}{2}mv_A^2 + \frac{1}{2}J_A\omega_A^2 + \frac{1}{2}mv_B^2 + \frac{1}{2}J_B\omega_B^2$$

式中，$v_A=\dot{x}$，$J_A=mR^2$，$\omega_A=\dfrac{\dot{x}}{R}$，$J_B=\dfrac{1}{2}mr^2$。

在列写速度 $\boldsymbol{v}_B$ 时，注意到线段 AB 的长度不变，可以看作刚杆，就能以点 A 为基点研究点 B，有

$$\boldsymbol{v}_B=\boldsymbol{v}_A+\boldsymbol{v}_{BA} \tag{①}$$

即 $$v_B^2=\dot{x}^2+(2r\dot{\varphi})^2+2\dot{x}(2r\dot{\varphi})\cos\left(\frac{\pi}{2}+\varphi\right)=\dot{x}^2+4r^2\dot{\varphi}^2-4\dot{x}r\dot{\varphi}\sin\varphi$$

又因圆盘沿圆环作纯滚动，圆盘上的点 I 与圆环上的点 I 具有相同的速度。以圆盘为研究对象，以点 A 为基点，研究点 I，有

$$\boldsymbol{v}_I=\boldsymbol{v}_A+\boldsymbol{v}_{IA} \tag{②}$$

再取点 I 为基点，研究点 B，有

$$\boldsymbol{v}_B=\boldsymbol{v}_I+\boldsymbol{v}_{BI} \tag{③}$$

将式 ①，③ 代入式 ②，导出

$$\boldsymbol{v}_{BA}=\boldsymbol{v}_{IA}+\boldsymbol{v}_{BI}$$

上式中三个速度矢量的方向始终相同。由 $v_{IA}=R\dot{\theta}$，$v_{BI}=r\omega_B$ 可得

$$\omega_B=\frac{2r\dot{\varphi}-R\dot{\theta}}{r}=2\dot{\varphi}-3\dot{\theta}$$

由此得

$$T=m\dot{x}^2+\frac{27}{4}mr^2\dot{\theta}^2+3mr^2\dot{\varphi}^2-3mr^2\dot{\varphi}\dot{\theta}-2mr\dot{x}\dot{\varphi}\sin\varphi$$

以过点 A 的水平面为重力零势能面，系统的势能为

$$V=-mg(R-r)\sin\varphi=-2mgr\sin\varphi$$

系统的拉格朗日函数 L 为

$$L=T-V=m\dot{x}^2+\frac{27}{4}mr^2\dot{\theta}^2+3mr^2\dot{\varphi}^2-3mr^2\dot{\varphi}\dot{\theta}-2mr\dot{x}\dot{\varphi}\sin\varphi+2mgr\sin\varphi$$

在拉格朗日函数 L 中不显含 x 和 θ，存在两个循环积分：

$$\frac{\partial L}{\partial \dot{x}}=2m(\dot{x}-r\dot{\varphi}\sin\varphi)=C_1 \tag{④}$$

$$\frac{\partial L}{\partial \dot{\theta}}=\frac{27}{2}mr^2-3mr^2\dot{\varphi}=C_2 \tag{⑤}$$

又因 L 中不显含时间 t，且 $T=T_2$，存在能量积分 $T+V=C_3$，即

$$m\dot{x}^2+\frac{27}{4}mr^2\dot{\theta}^2+3mr^2\dot{\varphi}^2-3mr^2\dot{\varphi}\dot{\theta}-2mr\dot{x}\dot{\varphi}\sin\varphi-2mgr\sin\varphi=C_3 \quad ⑥$$

系统初始状态为 $\varphi=\varphi_0=30°$，$\dot{x}_0=\dot{\theta}_0=\dot{\varphi}_0=0$，代入式 ④— 式 ⑥，得 $C_1=C_2=0$，$C_3=-mgr$。圆盘至最低点，即将 $\varphi=90°$ 代入式 ④，⑤，得

$$\dot{\varphi}=\frac{9}{2}\dot{\theta},\quad \dot{x}=r\dot{\varphi}=\frac{9}{2}r\dot{\theta}$$

代入式 ⑥，得

$$\dot{\theta}=\frac{2}{3}\sqrt{\frac{g}{15r}}$$

最后得

$$\omega_B=6\dot{\varphi}=4\sqrt{\frac{g}{15r}}$$

*16.4 哈密顿原理

哈密顿原理也叫"哈密顿最小作用量原理"，是哈密顿于 1834 年建立的。哈密顿原理在数学上是求某个泛函的极值(驻定值)问题，或称为变分问题。

16.4.1 变分知识

设有一个以时间 t 为基本变量的函数

$$q=q(t)$$

由于时间变化 $\mathrm{d}t$，引起运动坐标有一变化 $\mathrm{d}q$，称为函数 q 的微分，即

$$\mathrm{d}q=\dot{q}\mathrm{d}t$$

式中，$\dot{q}$ 是 q 对于 t 的一阶导数，它是真实运动对于时间的改变率。

现将函数 $q(t)$ 的形式作一个微小的改变，得到新的函数为

$$q_1(t)=q(t)+\varepsilon\eta(t)$$

式中，ε 是任意小的常量，$\eta(t)$是关于 t 的任意可微函数。可见 $q_1(t)$与 $q(t)$是不同的函数，将函数 $q_1(t)$对于 $q(t)$的改变量记为 δq，则

$$\delta q=q_1(t)-q(t)=\varepsilon\eta(t)$$

δq 是同一时刻 t，函数 $q_1(t)$ 与 $q(t)$ 的差值，所以，称其为等时变更或等时变分。变分 δq 与微分 $\mathrm{d}q$ 的差别可以从图 16-10 中看出。

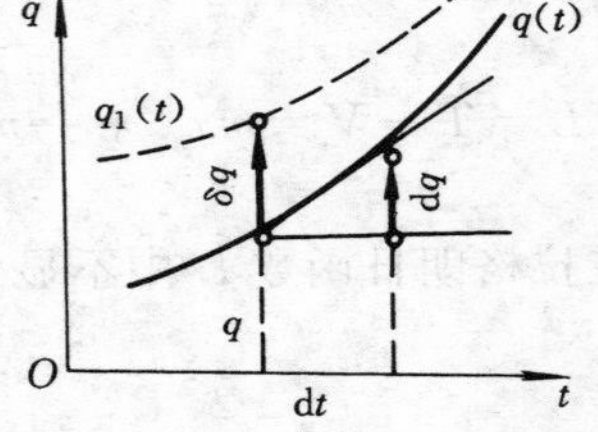

图 16-10 变分与微分的差别

变分 δq 与微分 $\mathrm{d}q$ 在概念上虽不同，其计算方法却是类似的。但必须指出，在计

算变分时,基本变量保持不变。例如,设质点系中某一质点的坐标 x 是广义坐标和时间 t 的函数

$$x=x(q,t)$$

注意到式中 $q=q(t)$,t 是基本变量。于是,x 的微分为

$$\mathrm{d}x=\frac{\partial x}{\partial q}\mathrm{d}q+\frac{\partial x}{\partial t}\mathrm{d}t$$

而 x 的变分为

$$\delta x=\frac{\partial x}{\partial q}\delta q$$

下面介绍关于变分运算的两个法则:

(1) 变分与微分的运算次序可以互换,即

$$\delta\dot{q}=\frac{\mathrm{d}}{\mathrm{d}t}\delta q \tag{16-39}$$

现证明如下:

$$\dot{q}=\lim_{\Delta t\to 0}\frac{q(t+\Delta t)-q(t)}{\Delta t}$$

$$\dot{q}_1=\lim_{\Delta t\to 0}\frac{[q(t+\Delta t)+\varepsilon\eta(t+\Delta t)]-[q(t)+\varepsilon\eta(t)]}{\Delta t}$$

由此可得 $$\delta\dot{q}=\dot{q}_1-\dot{q}=\lim_{\Delta t\to 0}\frac{\varepsilon\eta(t+\Delta t)-\varepsilon\eta(t)}{\Delta t}=\frac{\mathrm{d}}{\mathrm{d}t}\delta q$$

(2) 变分与积分的运算次序可以互换,即

$$\delta\int_{t_1}^{t_2}q\,\mathrm{d}t=\int_{t_1}^{t_2}\delta q\,\mathrm{d}t \tag{16-40}$$

现证明如下:

$$\int_{t_1}^{t_2}q\,\mathrm{d}t=\int_{t_1}^{t_2}q(t)\,\mathrm{d}t$$

$$\int_{t_1}^{t_2}q_1\,\mathrm{d}t=\int_{t_1}^{t_2}[q(t)+\varepsilon\eta(t)]\,\mathrm{d}t$$

得 $$\delta\int_{t_1}^{t_2}q\,\mathrm{d}t=\int_{t_1}^{t_2}q_1\,\mathrm{d}t-\int_{t_1}^{t_2}q\,\mathrm{d}t=\int_{t_1}^{t_2}\varepsilon\eta(t)\,\mathrm{d}t=\int_{t_1}^{t_2}\delta q\,\mathrm{d}t$$

16.4.2 哈密顿原理

哈密顿原理是一种积分形式的变分原理。设一个系统具有完整、理想的约束,在

主动力的作用下，自 t_1 至 t_2 时刻，系统的真实运动轨迹为 ACB（图 16-11），真实运动的轨迹称为正路，除了该正路之外，还可能有许多与正路非常接近的、为约束所容许的轨迹，如曲线 $AC'B$ 或 $AC''B$ 等，这些可能运动的轨迹，也称为旁路。除 t_1 与 t_2 瞬时外，都存在旁路与正路的差异，即

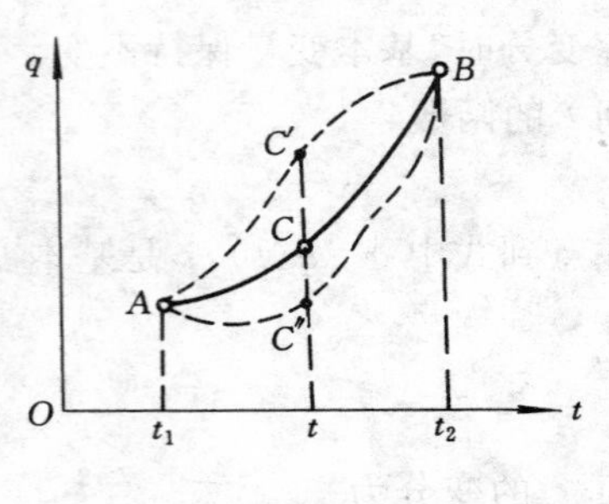

图 16-11　正路与旁路

$$\delta q_j = \varepsilon_j \eta_j(t) \qquad (j = 1, 2, \cdots, k)$$

$$(\delta q_j)_{t=t_1} = 0 \qquad (\delta q_j)_{t=t_2} = 0$$

哈密顿原理提供了一条区别真实运动和可能运动的准则，从而得到真实运动所必须遵循的规律。

下面从动力学普遍方程来推导哈密顿原理。

由
$$\sum_{i=1}^{n} (\boldsymbol{F}_i - m_i \boldsymbol{a}_i) \cdot \delta \boldsymbol{r}_i = 0$$

因为 $\sum_{i=1}^{n} \boldsymbol{F}_i \cdot \delta \boldsymbol{r}_i = \delta W$，将惯性力部分也写成虚功形式，即

$$\delta W_{\mathrm{I}} = \sum_{i=1}^{n} m_i \boldsymbol{a}_i \cdot \delta \boldsymbol{r}_i$$

于是有
$$\delta W = \delta W_{\mathrm{I}} \qquad ①$$

将 δW_{I} 变换为

$$\delta W_{\mathrm{I}} = \frac{\mathrm{d}}{\mathrm{d}t}\left(\sum_{i=1}^{n} m_i \boldsymbol{v}_i \cdot \delta \boldsymbol{r}_i\right) - \sum_{i=1}^{n} m_i \boldsymbol{v}_i \cdot \frac{\mathrm{d}}{\mathrm{d}t} \delta \boldsymbol{r}_i$$

根据式(16-39)，上式进一步改写为

$$\delta W_{\mathrm{I}} = \frac{\mathrm{d}}{\mathrm{d}t}\left(\sum_{i=1}^{n} m_i \boldsymbol{v}_i \delta \boldsymbol{r}_i\right) - \delta\left(\sum_{i=1}^{n} \frac{1}{2} m_i \boldsymbol{v}_i \cdot \boldsymbol{v}_i\right) = \frac{\mathrm{d}}{\mathrm{d}t}\left(\sum_{i=1}^{n} m_i \boldsymbol{v}_i \cdot \delta \boldsymbol{r}_i\right) - \delta T$$

式中，$T = \sum_{i=1}^{n}\left(\frac{1}{2} m_i v_i^2\right)$ 为系统的动能。将以上关系式代入式 ① 有

$$\delta T + \delta W = \frac{\mathrm{d}}{\mathrm{d}t}\left(\sum_{i=1}^{n} m_i \boldsymbol{v}_i \cdot \delta \boldsymbol{r}_i\right) \qquad ②$$

为了在 $(t_2 - t_1)$ 时间内区分真实运动和可能运动，将式 ② 两边同时乘以 $\mathrm{d}t$，并从 t_1 积分到 t_2，得

$$\int_{t_1}^{t_2} (\delta T + \delta W) \mathrm{d}t = \int_{t_1}^{t_2} \frac{\mathrm{d}}{\mathrm{d}t}\left(\sum_{i=1}^{n} m_i \boldsymbol{v}_i \cdot \delta \boldsymbol{r}_i\right) \mathrm{d}t = \sum_{i=1}^{n} m_i \boldsymbol{v}_i \cdot \delta \boldsymbol{r}_i \Bigg|_{t_1}^{t_2}$$

根据原假设，真实运动与可能运动在 t_1 与 t_2 瞬时具有相同的位置 A 与 B(参见图 16-11)，即 $\sum_{i=1}^{n} m_i \boldsymbol{v}_i \cdot \delta \boldsymbol{r}_i \Big|_{t_1}^{t_2} = 0$，于是得

$$\int_{t_1}^{t_2} (\delta T + \delta W) \mathrm{d}t = 0 \tag{16-41}$$

这就是真实运动区别于可能运动的准则。这个关系式是哈密顿原理在一般情况下的表达形式。

当系统上的主动力为有势力时，这时主动力的元功之和为

$$\delta W = \sum_{i=1}^{n} \boldsymbol{F}_i \cdot \delta \boldsymbol{r}_i = \sum_{i=1}^{n} (F_{ix} \delta x_i + F_{iy} \delta y_i + F_{iz} \delta z_i)$$

$$= -\sum_{i=1}^{n} \left(\frac{\partial V}{\partial x_i} \delta x_i + \frac{\partial V}{\partial y_i} \delta y_i + \frac{\partial V}{\partial z_i} \delta z_i \right) = -\delta V$$

再引入拉格朗日函数 $L = T - V$，于是，式(16-41) 可写成

$$\int_{t_1}^{t_2} \delta L \, \mathrm{d}t = 0 \qquad ③$$

根据式(16-40)，式 ③ 又可写成

$$\delta \int_{t_1}^{t_2} L \, \mathrm{d}t = 0 \tag{16-42}$$

令

$$s = \int_{t_1}^{t_2} L \, \mathrm{d}t \tag{16-43}$$

s 称为哈密顿作用量。于是，式(16-42) 成为

$$\delta s = 0 \tag{16-44}$$

式(16-44) 就是哈密顿原理的数学表达式。哈密顿原理可叙述为：具有理想和完整约束的质点系在有势力作用下，它的真实运动与具有相同起止位置的可能运动相比，对于真实运动哈密顿作用量有驻值，即对正路哈密顿作用量的变分等于零。

哈密顿原理适用于离散质点系统(见例 16-10) 和多自由度的刚体系统，尤为适用无限多自由度的连续系统(见例 16-11、例 16-12)。

例 16-10 在图 16-12a) 所示的弹簧摆中，摆锤 A 的质量为 m，弹簧的刚度系数为 k，弹簧的原长为 r_0。试用哈密顿原理建立弹簧摆的运动微分方程。

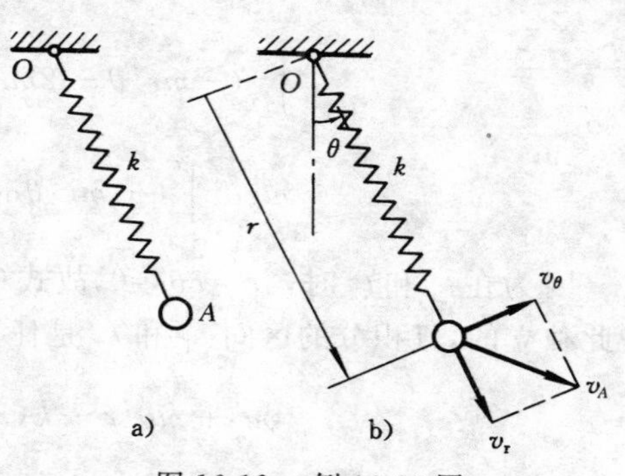

图 16-12 例 16-10 图

解 (1) 判定系统的自由度和选取广义坐标。

由于弹簧的形变,故系统具有两个自由度。取广义坐标为 r 和 θ(图 16-12b))。

(2) 列写系统的拉格朗日函数。

系统的动能为

$$T=\frac{1}{2}mv_A^2=\frac{1}{2}m(v_r^2+v_\theta^2)=\frac{1}{2}m(\dot{r}^2+r^2\dot{\theta}^2)$$

摆锤 A 的势能为

$$V=\frac{1}{2}k(r-r_0)^2-mgr\cos\theta$$

于是摆锤 A 的拉格朗日函数为

$$L=T-V=\frac{1}{2}m(\dot{r}^2+r^2\dot{\theta}^2)-\frac{1}{2}k(r-r_0)^2+mgr\cos\theta \quad ①$$

(3) 运用哈密顿原理。

$$\delta\int_{t_1}^{t_2}L\,\mathrm{d}t=0$$

即 $$\int_{t_1}^{t_2}[m\dot{r}\delta\dot{r}+mr^2\dot{\theta}\delta\dot{\theta}+m\dot{\theta}^2r\delta r-k(r-r_0)\delta r+mg\cos\theta\delta r-mgr\sin\theta\delta\theta]\,\mathrm{d}t=0 \quad ②$$

式中 $$\dot{r}\delta\dot{r}=\dot{r}\frac{\mathrm{d}}{\mathrm{d}t}\delta r=\frac{\mathrm{d}}{\mathrm{d}t}(\dot{r}\mathrm{d}r)-\ddot{r}\delta r \quad ③$$

$$r^2\dot{\theta}\delta\dot{\theta}=r^2\dot{\theta}\frac{\mathrm{d}}{\mathrm{d}t}\delta\theta=\frac{\mathrm{d}}{\mathrm{d}t}(r^2\dot{\theta}\delta\theta)-\frac{\mathrm{d}}{\mathrm{d}t}(r^2\dot{\theta})\delta\theta \quad ④$$

将式 ③ 和式 ④ 代入式 ②,化简后可得

$$\int_{t_1}^{t_2}[-m\ddot{r}+m\dot{\theta}^2r-k(r-r_0)+mg\cos\theta]\delta r\,\mathrm{d}t+$$

$$\int_{t_1}^{t_2}(-mr^2\ddot{\theta}-2mr\dot{r}\dot{\theta}-mgr\sin\theta)\delta\theta\,\mathrm{d}t+$$

$$m\dot{r}\delta r\Big|_{t_1}^{t_2}+mr^2\dot{\theta}\delta\theta\Big|_{t_1}^{t_2}=0 \quad ⑤$$

因为在 t_1 和 t_2 时,$\delta r=\delta\theta=0$,故式 ⑤ 的最后两项均等于零。又因为 δr 和 $\delta\theta$ 是彼此独立的,且积分的区间 t_1 和 t_2 是任意的,所以式 ⑤ 成立时,必有

$$\left.\begin{aligned}-m\ddot{r}+m\dot{\theta}^2r-k(r-r_0)+mg\cos\theta=0\\-mr^2\ddot{\theta}-2mr\dot{r}\dot{\theta}-mgr\sin\theta=0\end{aligned}\right\} \quad ⑥$$

式 ⑥ 就是弹簧摆的运动微分方程。

例 16-11 一张紧的钢弦如图 16-13a) 所示。设在振动过程中钢弦的张力 $\boldsymbol{F}$ 的数值保持不变，单位长度钢弦的质量为 m。试用哈密顿原理建立钢弦的横向振动微分方程。

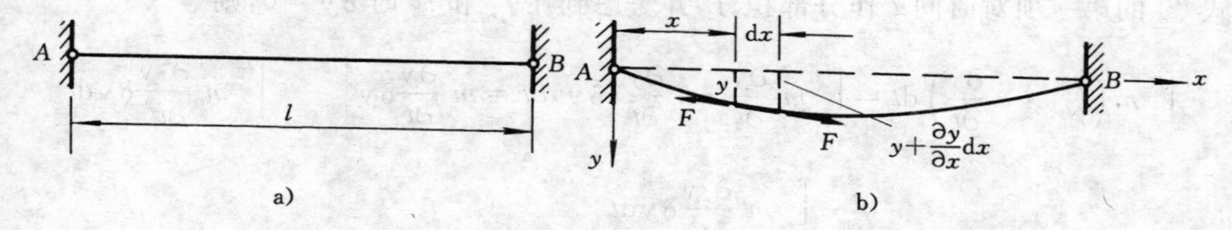

图 16-13 例 16-11 图

解 (1) 判定系统的自由度和选取广义坐标。

这是一个连续系统，具有无限多自由度。取坐标系 Axy 如图 16-13b) 所示。设钢弦振动时，在 x 处从平衡位置起算的位移为 $y(x,t)$，并以此为广义坐标。

(2) 列写系统的拉格朗日函数。

从钢弦上取长度为 dx 的微元，其动能为

$$dT=\frac{1}{2}(m\,dx)\left(\frac{\partial y}{\partial t}\right)^2$$

其变形势能为

$$dV=F\left[\sqrt{(dx)^2+\left(\frac{\partial y}{\partial x}dx\right)^2}-dx\right]\approx F\left[dx+\frac{1}{2}\left(\frac{\partial y}{\partial x}\right)^2dx-dx\right]$$

$$=\frac{1}{2}F\left(\frac{\partial y}{\partial x}\right)^2dx$$

因而，整个钢弦的动能和变形能分别为

$$T=\int_0^l\frac{1}{2}m\left(\frac{\partial y}{\partial t}\right)^2dx$$

$$V=\int_0^l\frac{1}{2}F\left(\frac{\partial y}{\partial x}\right)^2dx$$

于是，钢弦的拉格朗日函数为

$$L=T-V=\int_0^l\frac{1}{2}\left[m\left(\frac{\partial y}{\partial t}\right)^2-F\left(\frac{\partial y}{\partial x}\right)^2\right]dx \qquad ①$$

(3) 运用哈密顿原理。

$$\delta\int_{t_1}^{t_2}L\,dt=0$$

即

$$\int_{t_1}^{t_2}\int_0^l \left[m\left(\frac{\partial y}{\partial t}\cdot\delta\frac{\partial y}{\partial t}\right)-F\left(\frac{\partial y}{\partial x}\cdot\delta\frac{\partial y}{\partial x}\right)\right]\mathrm{d}x\,\mathrm{d}t=0 \quad ②$$

式 ② 的第一项对时间 t 作分部积分，并考虑到在 t_1 和 t_2 时 $\delta y=0$，则

$$\int_{t_1}^{t_2} m\left(\frac{\partial y}{\partial t}\cdot\delta\frac{\partial y}{\partial t}\right)\mathrm{d}t=\int_{t_1}^{t_2} m\frac{\partial y}{\partial t}\cdot\delta\frac{\partial y}{\partial t}(\delta y)\mathrm{d}t=m\frac{\partial y}{\partial t}\delta y\Big|_{t_1}^{t_2}-\int_{t_1}^{t_2} m\frac{\partial^2 y}{\partial t^2}\delta y\,\mathrm{d}t$$

$$=-\int_{t_1}^{t_2} m\frac{\partial^2 y}{\partial t^2}\delta y\,\mathrm{d}t \quad ③$$

式 ② 的第二项对坐标 x 作分部积分，并考虑到 A 端和 B 端都是固定不动的，即在 $x=0$ 和 $x=l$ 处，$\delta y=0$，则

$$\int_0^l F\left(\frac{\partial y}{\partial x}\cdot\delta\frac{\partial y}{\partial x}\right)\mathrm{d}x=\int_0^l F\frac{\partial y}{\partial x}\cdot\frac{\partial}{\partial x}(\delta y)\mathrm{d}x=F\frac{\partial y}{\partial x}\delta y\Big|_0^l-\int_0^l F\frac{\partial^2 y}{\partial x^2}\delta y\,\mathrm{d}x$$

$$=-\int_0^l F\frac{\partial^2 y}{\partial x^2}\delta y\,\mathrm{d}x \quad ④$$

将式 ③，④ 代入式 ②，可得

$$\int_{t_1}^{t_2}\int_0^l\left(F\frac{\partial^2 y}{\partial x^2}-m\frac{\partial^2 y}{\partial t^2}\right)\delta y\,\mathrm{d}x\,\mathrm{d}t=0 \quad ⑤$$

因为 $\delta y=\varepsilon\eta(x,t)$ 和积分区间 t_1 到 t_2 都是任意的，所以式 ⑤ 成立时必有

$$m\frac{\partial^2 y}{\partial t^2}=F\frac{\partial^2 y}{\partial x^2} \quad ⑥$$

式 ⑥ 就是钢弦的横向振动微分方程，也称为波动方程。

例 16-12 一等刚度悬臂梁受均布荷载 q 如图 16-14a) 所示，已知刚度为 EI，试求梁的挠度。

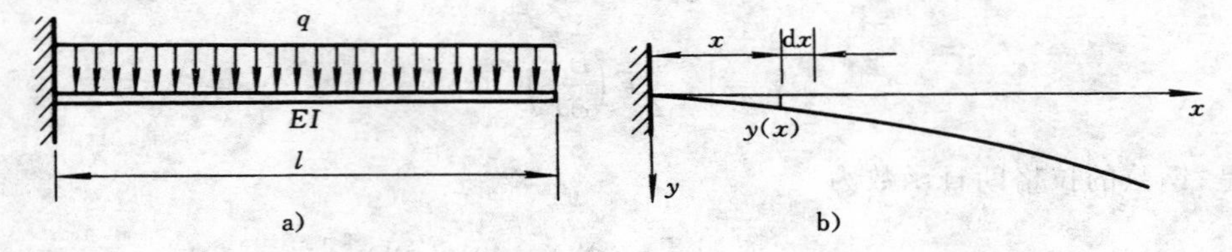

图 16-14 例 16-12 图

解 (1) 判定系统的自由度和选取广义坐标。

这是一个连续系统，具有无限多自由度。取坐标系 Axy 如图 16-14b) 所示。在 x 处从水平位置起算的位移为 $y(x)$，并以此为广义坐标。

(2) 列写系统的拉格朗日函数。

此为静力学问题，因为动能 $T \equiv 0$，所以哈密顿原理变为

$$\delta\int_{t_1}^{t_2} L\,\mathrm{d}t = 0 \Rightarrow \delta\int_{t_1}^{t_2} V\mathrm{d}t = 0 \Rightarrow \int_{t_1}^{t_2} \delta V\mathrm{d}t = 0$$

又因为静力学问题与时间无关，则

$$\int_{t_1}^{t_2} \delta V\mathrm{d}t = 0 \Rightarrow \delta V = 0$$

即哈密顿原理退化为虚位移原理。

梁的弹性势能为 $$V_1 = \frac{1}{2}\int_0^l EIy''^2(x)\mathrm{d}x$$

重力势能为 $$V_2 = -\int_0^l qy(x)\mathrm{d}x$$

系统的总势能为 $$V = \int_0^l \frac{1}{2}[EIy''^2(x) - 2qy(x)]\mathrm{d}x \quad ①$$

(3) 虚位移原理。

$$\delta V = 0$$

即 $$\int_0^l [-EI2y''(x)\delta y''(x) + q\delta y(x)]\mathrm{d}x = 0 \quad ②$$

因为 $$EIy''(x)\delta y''(x) = \frac{\partial}{\partial x}[EIy''(x)\delta y'(x)] - \frac{\partial}{\partial x}[EIy''(x)]\delta y'(x)$$

又因为 $$\frac{\partial}{\partial x}[EIy''(x)]\delta y'(x) = \frac{\partial}{\partial x}\left\{\frac{\partial}{\partial x}[EIy''(x)]\delta y(x)\right\} - \frac{\partial^2}{\partial x^2}[EIy''(x)]\delta y(x)$$

将以上关系式代入式 ② 得

$$\int_0^l \left\{\frac{\partial}{\partial x}[EIy''(x)\delta y'(x)] - \frac{\partial}{\partial x}\left\{\frac{\partial}{\partial x}[EIy''(x)]\delta y(x)\right\} + \frac{\partial^2}{\partial x^2}[EIy''(x)]\delta y(x) - q\delta y(x)\right\}\mathrm{d}x = 0$$

即 $$EIy''(x)\delta y'(x)\Big|_0^l - \frac{\partial}{\partial x}[EIy''(x)]\delta y(x)\Big|_0^l + \int_0^l \left[\frac{\partial^2}{\partial x^2}EIy''(x) - q\right]\delta y(x)\mathrm{d}x = 0$$

根据悬臂梁的边界条件，有 $x = 0$，固定端处，几何边界条件为位移为零、转角为

零，即

$$\delta y(x)=0,\quad \delta y'(x)=0$$

$x=0$，自由端处，力学边界条件是弯矩为零、剪力为零，即

$$EIy''(x)=0,\quad \frac{\partial}{\partial x}[EIy''(x)]=0$$

又因为 $\delta y(x)$ 的任意性，得

$$\frac{\partial^2}{\partial x^2}EIy''(x)=q,\quad 即\quad EI\frac{\partial^4}{\partial x^4}y(x)=q \qquad ③$$

式 ③ 为悬臂梁在等刚度情况下的挠曲线微分方程。

思　考　题

16-1　在应用动力学普遍方程时，为什么可将非定常约束冻结而取在某一瞬时为约束所许可的虚位移？

16-2　动力学普遍方程中应包括内力的虚功吗？

16-3　若研究的系统中有摩擦力，如何应用拉格朗日方程？

16-4　当研究质点系在非惯性坐标系中的相对运动时，拉格朗日方程是否适用？

16-5　当主动力均为有势力，则此系统就是保守系统吗？适用广义能量积分的问题，其能量守恒吗？

16-6　哈密顿原理只能应用于当主动力均为有势力的系统吗？

习　题

16-1　机构如图所示，已知两相同匀质杆长为 l，匀质圆盘半径为 r，沿水平面作纯滚动。杆与圆盘的重力均为 P。若系统在图示 $\varphi=60°$ 位置无初速地开始运动，试用动力学普遍方程求此瞬时杆 AC 的角加速度。

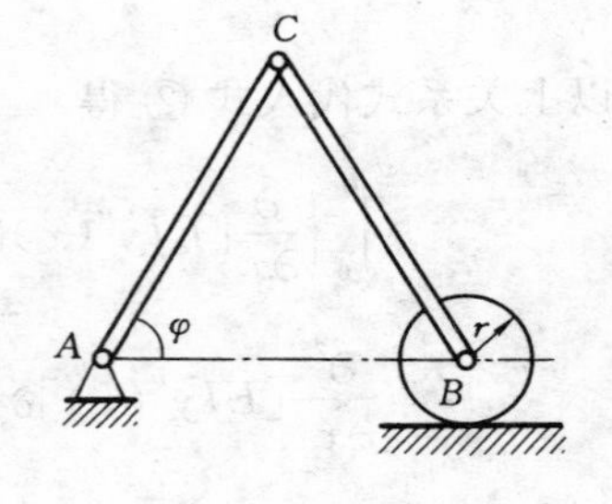

题 16-1 图

答案　$\alpha_{AC}=\dfrac{3g}{40l}$。

16-2　在图示系统中，已知匀质圆盘 A，B 的质量分别为 m_1 和 m_2，半径分别为 R_1 和 R_2。试用动力学普遍方程求两圆盘的角加速度。

答案　$\alpha_A=\dfrac{2m_2g}{(3m_1+2m_2)R_1}$，$\alpha_B=\dfrac{2m_1g}{(3m_1+2m_2)R_2}$。

16-3　变摆长单摆如图所示，已知小球的质量为 m，固定的圆柱体半径为 r。当小球位于铅垂位置时，下垂部分长为 l。试用拉格朗日方程建立此摆的运动微分方程。

答案　$(l+r\theta)\ddot{\theta}+r\dot{\theta}^2+g\sin\theta=0$。

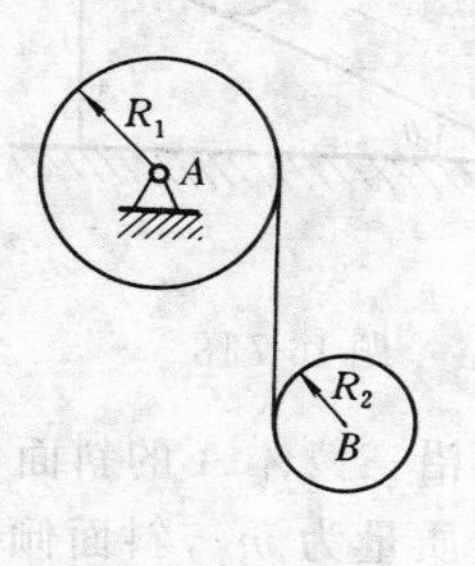

题 16-2 图

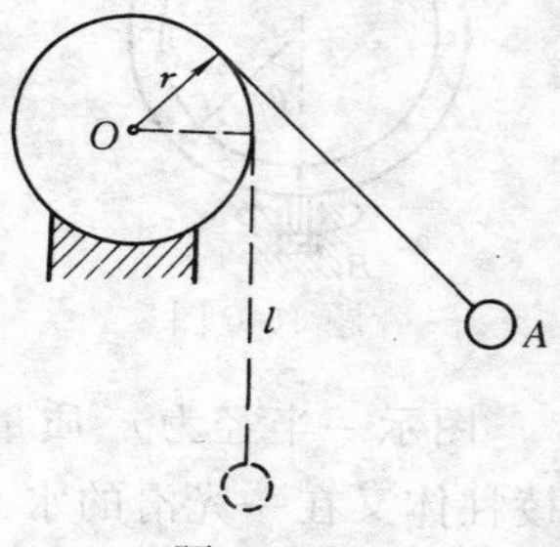

题 16-3 图

16-4　机构如图所示，已知平台 A 的质量为 m，弹簧的刚度系数为 k，半径为 r、质量为 $\frac{1}{2}m$ 的匀质圆盘 B 在平台 A 上作纯滚动，水平面光滑。试用拉格朗日方程建立此系统的运动微分方程。

答案　$3m\ddot{x}+mr\ddot{\varphi}+4kx=0$，$2m\ddot{x}+3mr\ddot{\varphi}+8kr\varphi=0$。

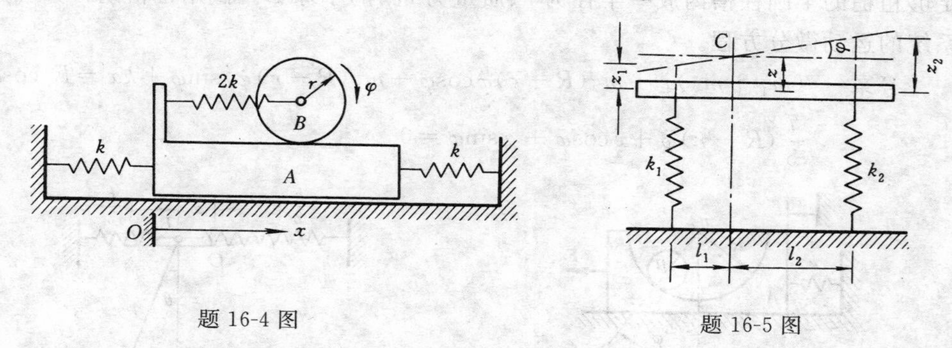

题 16-4 图

题 16-5 图

16-5　车厢的振动可以简化为支承于两个弹簧上的物体在铅垂面内的振动，如图所示。已知车厢的质量为 m，质心 C 的位置用 l_1 与 l_2 表示，车厢相对于质心 C 的转动惯量为 $J_C=m\rho^2$，两弹簧的刚度系数分别为 k_1 和 k_2。设水平位置为系统的初始平衡位置，试用拉格朗日方程建立车厢振动的微分方程。

答案　$m\ddot{z}+(k_1+k_2)z+(k_2l_2-k_1l_1)\varphi=0$，

$$m\rho^2\ddot{\varphi}+(k_2l_2-k_1l_1)z+(k_1l_1^2+k_2l_2^2)\varphi=0。$$

16-6　在图示机构中，质量为 m 的质点在一半径为 r 的圆环内运动，圆环对轴 AB 的转动惯量为 J。欲使此圆环在矩为 M 的力偶的作用下以等角速度绕铅垂轴 AB 转动。试用拉格朗日方程求力偶矩 M 和质点的运动微分方程。

答案　$\ddot{\theta}-\frac{\dot{\varphi}^2}{2}\sin 2\theta+\frac{g}{r}\sin\theta=0$，$M=mr^2\dot{\theta}\dot{\varphi}\sin 2\theta$。

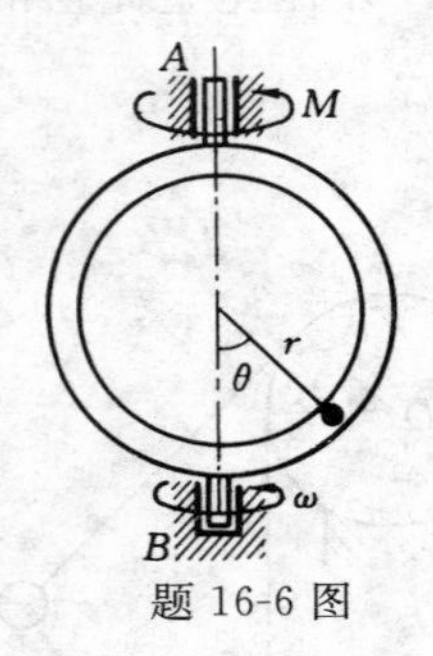

题 16-6 图

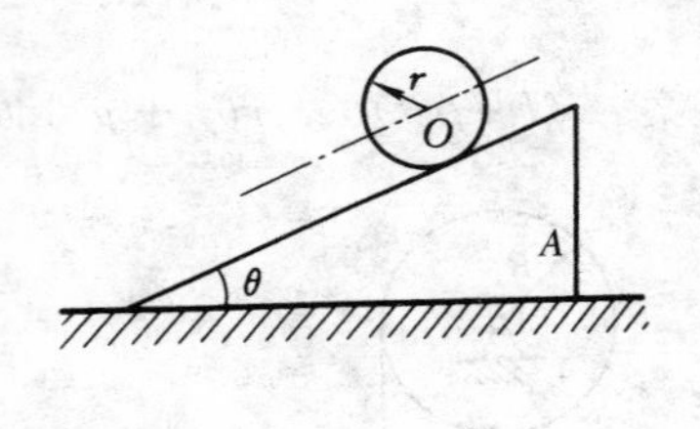

题 16-7 图

16-7　图示一半径为 r、质量为 m_1 的匀质圆柱体可沿三棱体 A 的斜面作无滑动滚下，而棱柱体又在一光滑的水平面上滑动。棱柱体的质量为 m_2，斜面倾角为 θ。试用拉格朗日方程求棱柱体 A 的加速度及圆柱体中心点 O 相对棱柱体的加速度。

答案　$\ddot{x}=\frac{m_1\sin 2\theta}{3m_2+m_1+2m_1\sin^2\theta}g$，$\ddot{x}_r=\frac{2(m_1+m_2)\sin\theta}{3m_2+m_1+2m_1\sin^2\theta}g$。

16-8　质量为 m_1 的物块 A 放在光滑水平面上，一端与水平放置、刚度系数为 k 的弹簧相连，一端作用一水平力 $F=F_0\cos\omega t$，式中，F_0，ω 为常数。在半径为 R、表面足够粗糙的半圆柱槽内放一半径为 r、质量为 m_2 的小球 B。试用拉格朗日方程建立系统的运动微分方程。

答案　$(m_1+m_2)\ddot{x}+m_2(R-r)\ddot{\varphi}\cos\varphi-m_2(R-r)\dot{\varphi}^2\sin\varphi+kx=F_0\cos\omega t$，

$\frac{7}{5}(R-r)\ddot{\varphi}+\ddot{x}\cos\varphi+g\sin\varphi=0$。

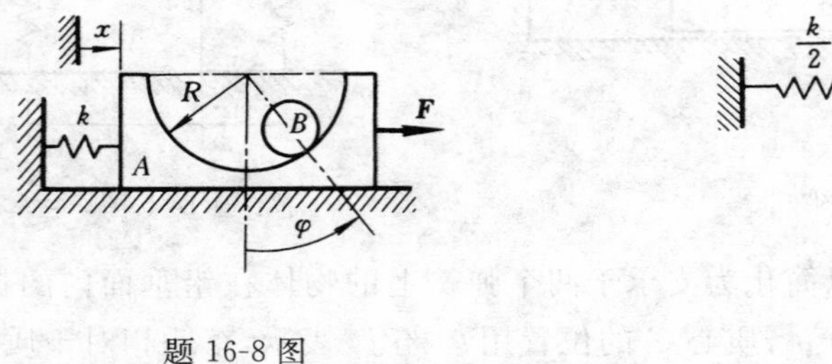

题 16-8 图

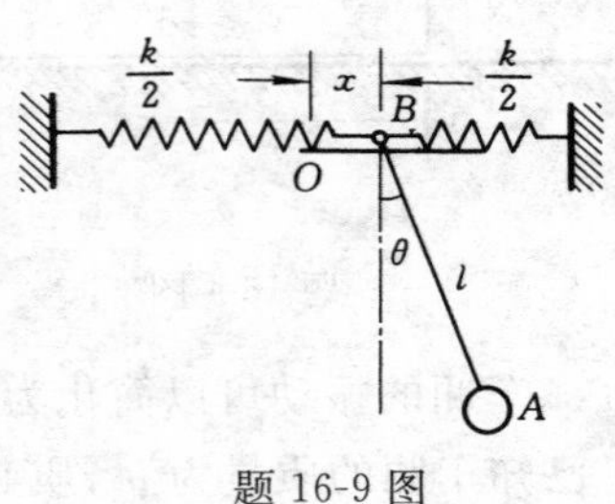

题 16-9 图

16-9　图示一单摆，摆锤 A 的质量为 m、摆长为 l，悬挂点 O 系以刚度系数为 $\frac{k}{2}$ 的两根弹簧，点 B 只能沿水平方向运动。试用哈密顿原理建立摆的运动微分方程，并求其微幅振动的周期。

答案　$m\ddot{x}+ml\ddot{\theta}\cos\theta-ml\dot{\theta}^2\sin\theta+kx=0$，

$ml^2\ddot{\theta}+ml\ddot{x}\cos\theta+mgl\sin\theta=0$，$T=2\pi\sqrt{\frac{l}{g}+\frac{m}{k}}$。

16-10　悬臂梁长为 l，受均布荷载 q 的作用，梁的抗弯刚度为 EI，不计剪切变形和梁的质量。试用哈密顿原理求梁的挠曲线方程。

答案　$y(x)=\frac{q}{24EI}(x^4-4lx^3+6l^2x^2)$。

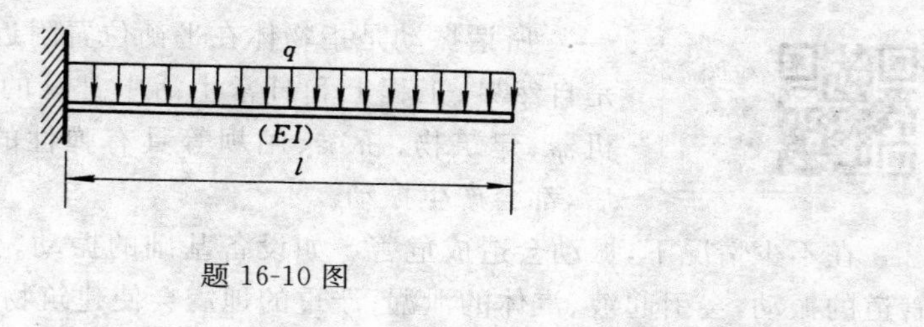

题 16-10 图

17 线性振动的基本理论

所谓振动是指物体在平衡位置附近所作的往复运动。振动是自然界、工程上和日常生活中常见的现象之一。例如,车辆、机器、建筑物、桥梁、闸坝等具有弹性的质量系统,在受到激扰后,都会产生振动。

在不少情况下,振动会造成危害。如设备基础的振动,会影响产品加工的精度;管道的振动,会引起液、汽体的泄漏;严重的地震会使建筑物剧烈振动以致倒塌破坏,造成生命、财产的巨大损失。但当人们掌握了振动的规律以后,就可以设法避免或减轻振动所造成的危害,并可利用振动的特性制造各种机械或仪表来为人类服务,例如混凝土振捣器、振动式压路机、振动筛、地震仪等。

当振动物体作微幅振动(简称微振动)时,它的位移和速度都很小,可认为弹性力、阻尼力(不包括干滑动摩擦情况)及惯性力分别是位移、速度及加速度的一次函数(线性)。这时振动可用常系数线性微分方程来描述,称为线性振动。本章将介绍单自由度系统与两个自由度系统的微振动(线性振动)的基本理论。

17.1 单自由度系统的自由振动

17.1.1 单自由度系统自由振动力学模型的抽象

很多实际振动可以简化为单自由度问题来研究。图 17-1a) 表示一电动机连同基础支承于弹性地基上,当只考虑基础沿铅垂方向振动时,此系统可以简化为一弹簧(代表弹性地基) 支承的质量体(代表电动机连同基础),如此就具备了振动系统的必要条件 —— 弹性恢复力与质量,构成单自由度振动系统,在一定条件下,就发生振动。一般情况下,这样的振动会受到气体或液体介质的阻力,或弹性材料中分子的内阻等,使振动逐渐消退,故上述这些可以简化为一阻尼器。于是这一系统就抽象成如图 17-1b) 所示的力学模型。

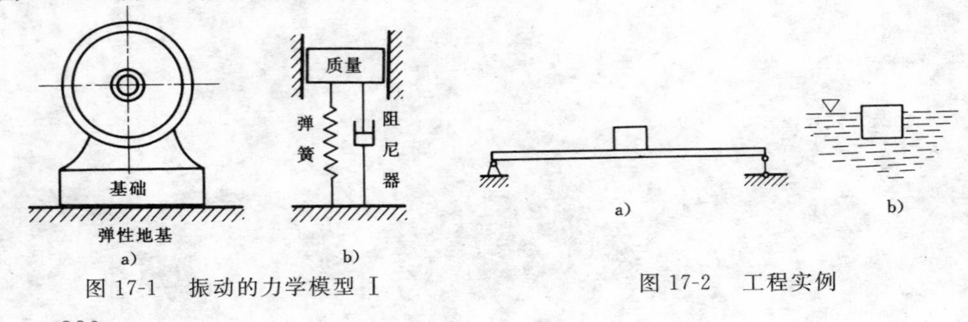

图 17-1 振动的力学模型 Ⅰ

图 17-2 工程实例

可以抽象成图 17-1b) 所示的力学模型的工程问题有很多。如图 17-2a) 所示一集中质量体安置在梁上，梁由于有弹性而相当于一个弹簧，若梁的质量比集中质量体的质量小很多，则整个系统也可以近似地简化为图 17-1b) 所示的力学模型；又如图 17-2b) 所示的在液体中漂浮的质量物体，同样可以简化为图 17-1b) 所示的力学模型。对于图 17-3a) 中的水塔，上部水箱(包括其中装的水) 的质量比下部支架的质量大得多，可以简化为图 17-3b) 所示的单自由度系统，也可以等价地用图 17-3c) 所示的模型来替代。

图 17-1b) 与图 17-3c) 所示的振动系统没有本质区别，属同一振动模型。

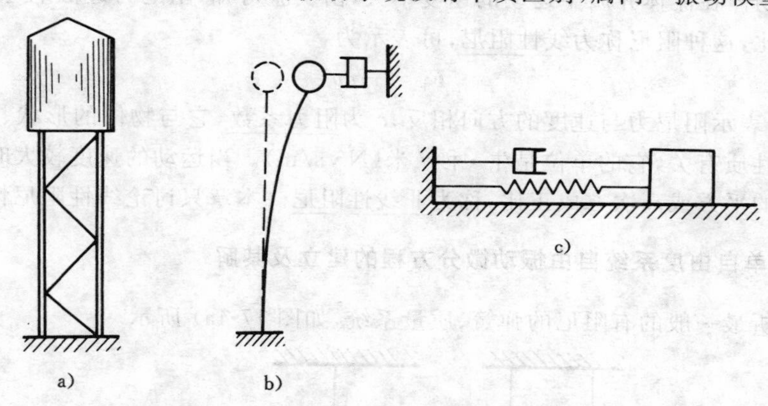

图 17-3　振动的力学模型 Ⅱ

17.1.2　线性恢复力与线性阻尼力

1. 线性恢复力

一个物体(或系统) 能够在其平衡位置附近振动，必须具备的条件之一是：当物体(或系统) 由于受到外界激扰而偏离平衡位置时，就受到一个使其回到平衡位置的力的作用。这个力称为恢复力，恢复力恒指向平衡位置。

恢复力的形式有多种。对弹簧而言，若弹簧的变形不大，保持在弹性范围之内，则弹性力 $\boldsymbol{F}$ 的大小与弹簧的伸长、缩短 $|q|$ 成正比，其大小可以表示为

$$F = k|q| \tag{17-1}$$

式中，k 为弹簧的刚度系数。式(17-1) 表明弹性力与弹簧的伸缩(等于物体偏离平衡位置的距离) 呈线性关系，这种恢复力称为线性恢复力。对于物体在液体中漂浮的情况，当物体偏离平衡位置 q 时，物体的重力与液体的浮力不平衡，二力之差等于物体受到的合力 F，其大小可表示为

$$F = \rho g S q \tag{17-2}$$

式中，ρ 为液体的密度；S 为物体的水截面积。对比式(17-1)，$\rho g S$ 相当于刚度系数 k。对于图 17-3 所示系统，根据弹性梁挠曲线方程，可以得到等效的刚度系数。

$$k=\frac{3EI}{l^3} \tag{17-3}$$

式中，EI 为梁的刚度；l 为梁长。恢复力可用式(17-1)表示。

还有其他形式的恢复力，如单摆微小摆动时的恢复力与扭摆微小摆动时的恢复力，都可以简化为线性恢复力，这些恢复力的表示将在此后例子中给出。

2. 线性阻尼力

空气、水或油等流体介质的阻尼和材料的分子内阻等，都可以抽象成黏滞性阻尼。如果物体在流体介质中运动的速度不大，由实验可知，阻尼力近似地与速度的一次方成正比，这种阻尼称为线性阻尼，可表示为

$$\boldsymbol{F}_{c}=-c\boldsymbol{v} \tag{17-4}$$

式中，负号表示阻尼力与速度的方向相反；c 为阻力系数，它与物体的形状、尺寸及阻尼介质的性质有关，它的单位是牛·秒/米(N·s/m)。当运动的速度较大时，阻尼力将与速度的平方或高次方成正比，称为非线性阻尼。本章只讨论线性阻尼情况。

17.1.3 单自由度系统自由振动微分方程的建立及其解

现分析最一般的有阻尼的弹簧、质量系统，如图17-4a)所示。

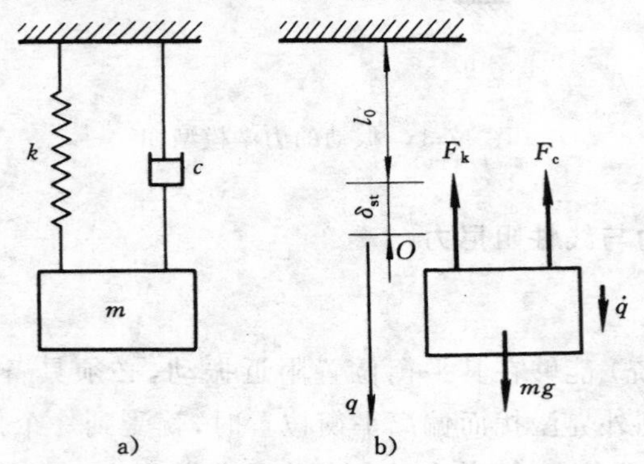

图17-4 振动问题的力学分析

设弹簧原长为 l_0，刚度系数为 k。在重力 mg 的作用下，弹簧的静变形为 δ_{st}，这一位置为静平衡位置。平衡时重力与弹性力相等，有

$$\delta_{st}=\frac{mg}{k} \tag{17-5}$$

为研究方便，取重物的平衡位置 O 为坐标原点，取 q 轴的正向铅垂向下(图17-4b))，则重物在任意位置 q 处的弹性力 F_k 的大小为

$$F_{kq}=-k(\delta_{st}+q)$$

物体在同一位置 q 处的阻尼力 F_c 的大小为

$$F_{cq} = -c\dot{q}$$

物体的运动微分方程为

$$m\ddot{q} = mg - k(\delta_{st} + q) - c\dot{q}$$

考虑式(17-5),则上式为

$$m\ddot{q} = -kq - c\dot{q}$$

或写成

$$\ddot{q} + \frac{c}{m}\dot{q} + \frac{k}{m}q = 0 \tag{17-6}$$

令 $2n = \frac{c}{m}$, $\omega_n^2 = \frac{k}{m}$,则式(17-6) 可写成

$$\ddot{q} + 2n\dot{q} + \omega_n^2 q = 0 \tag{17-7}$$

式中,n 为阻尼系数。

式(17-7) 是单自由度系统有阻尼自由振动微分方程的标准形式。它是一个二阶齐次常系数线性微分方程,其解可设为 $q = e^{rt}$,代入式(17-7) 后得特征方程为

$$r^2 + 2nr + \omega_n^2 = 0 \qquad ①$$

特征方程的两个根为

$$\left.\begin{aligned} r_1 &= -n + \sqrt{n^2 - \omega_n^2} \\ r_2 &= -n - \sqrt{n^2 - \omega_n^2} \end{aligned}\right\} \qquad ②$$

因此方程(17-7) 的通解为

$$q = c_1 e^{r_1 t} + c_2 e^{r_2 t} \tag{17-8}$$

上述解中,当特征根为实数或复数时,运动规律有很大不同。因此,下面按 $n > \omega_n$, $n = \omega_n$ 和 $n < \omega_n$ 三种情况分别进行讨论。

(1) 大阻尼情况。

当 $n > \omega_n$ 时,称为大阻尼情况,这时特征方程的根为两个不等的实根,即为式②,于是方程(17-7) 的解为

$$q = e^{-nt}\left(c_1 e^{\sqrt{n^2 - \omega_n^2}\,t} + c_2 e^{-\sqrt{n^2 - \omega_n^2}\,t}\right) \tag{17-9}$$

式中,c_1,c_2 为两个积分常数,由运动的起始条件来确定,运动图线如图 17-5 所示,可见不具有振动性质。

(2) 临界阻尼情况。

当 $n = \omega_n$ 时,称为临界阻尼情况,这时特征方程的根为两个相等的实根,即为 $r_1 = r_2 = -n$。于是,方程的解为

$$q = e^{-nt}(c_1 + c_2 t) \tag{17-10}$$

式中,c_1,c_2 为两个积分常数,由运动的起始条件决定,所表示的运动曲线类似于图

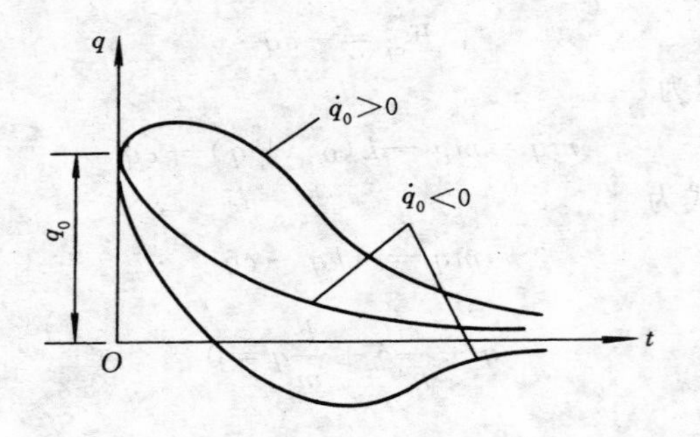

图 17-5 大阻尼时的运动图线

17-5，也不具有振动的特点。

(3) 小阻尼情况。

当 $n<\omega_n$ 时，阻力系数 $c<2\sqrt{mk}$，这时阻尼较小，称为小阻尼情况。这时特征方程的两个根为共轭复根

$$\left.\begin{aligned} r_1 &= -n+\mathrm{i}\sqrt{\omega_n^2-n^2} \\ r_2 &= -n-\mathrm{i}\sqrt{\omega_n^2-n^2} \end{aligned}\right\} \quad ③$$

于是方程(17-7)的解为

$$q=A\mathrm{e}^{-nt}\sin(\omega_d t+\theta) \tag{17-11}$$

式中，$\omega_d=\sqrt{\omega_n^2-n^2}$，$A$ 和 θ 为两个积分常数，设在初瞬时 $t=0$，物块的坐标为 $q=q_0$，速度为 $\dot{q}=\dot{q}_0$。为求 A 和 θ，现将式(17-11)两端对时间 t 求一阶导数，得物块的速度为

$$\dot{q}=A\mathrm{e}^{-nt}[-n\sin(\omega_d t+\theta)+\omega_d\cos(\omega_d t+\theta)] \quad ④$$

然后将初始条件代入式(17-11)和式④，得

$$q_0=A\sin\theta$$

$$\dot{q}_0=A(-n\sin\theta+\omega_d\cos\theta)$$

由上述两式解得

$$A=\sqrt{q_0^2+\frac{(\dot{q}_0+nq_0)^2}{\omega_n^2-n^2}} \tag{17-12}$$

$$\tan\theta=\frac{q_0\sqrt{\omega_n^2-n^2}}{\dot{q}_0+nq_0} \tag{17-13}$$

由式(17-11)画出振动的运动图线，如图 17-6 所示。

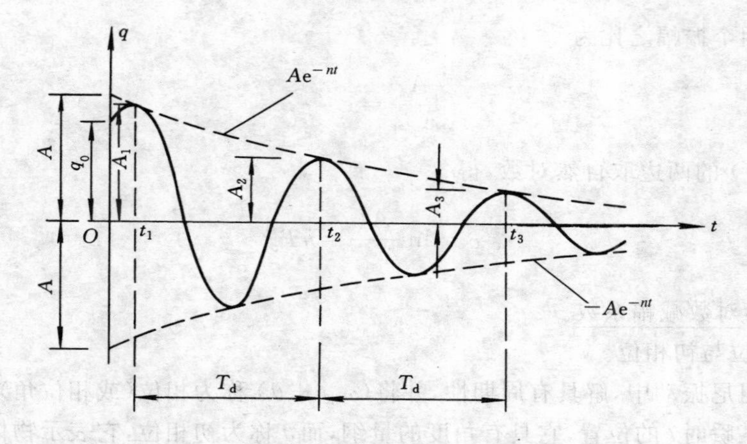

图 17-6　小阻尼时的运动图线

由图 17-6 可知,物体在其平衡位置附近作往复运动,但已不是作等幅的简谐运动了,而是按指数规律衰减,故称为衰减振动。

现在来看小阻尼振动时的特点。

① 周期与振动频率。

随着时间 t 的增加,小阻尼自由振动将消失,所以,其振动是瞬态的。在瞬态的振动过程中,若将质点从一个最大偏离位置到下一个最大偏离位置所需的时间称为衰减振动的周期,记为 T_d,如图 17-6 所示。由式(17-11)知

$$T_d=\frac{2\pi}{\omega_d}=\frac{2\pi}{\sqrt{\omega_n^2-n^2}} \tag{17-14}$$

衰减振动的振动频率 f_d 表示每秒振动的次数,其与周期的关系为

$$f_d=\frac{1}{T_d} \tag{17-15}$$

衰减振动的振动圆频率,即在 2π 时间内振动的次数为

$$\omega_d=2\pi f_d=\sqrt{\omega_n^2-n^2} \tag{17-16}$$

② 振幅的衰减。

由于振幅在不断地衰减,不是一个常数,所以,讨论相邻两个振幅的比。

设在某瞬时 t_i,振动达到的最大偏离值为 A_i,有

$$A_i=Ae^{-nt_i}\sin(\omega_d t_i+\theta)$$

经过一个周期 T_d 后,系统达到另一个比前者略小的最大偏离值 A_{i+1},为

$$A_{i+1}=Ae^{-n(t_i+T_d)}\sin[\omega_d(t_i+T_d)+\theta]$$

于是相邻两个振幅之比为

$$\frac{A_i}{A_{i+1}}=e^{nT_d} \tag{17-17}$$

对式(17-17)的两边取自然对数,得

$$\delta=\ln\frac{A_i}{A_{i+1}}=nT_d \tag{17-18}$$

δ 称为对数减幅系数。

③ 相位与初相位。

在小阻尼振动中,解具有周期性,并将($\omega_d t+\theta$)称为相位(或相位角),相位决定了物体在某瞬时 t 的位置,它具有角度的量纲,而 θ 称为初相位,它表示物体运动的初始位置。

例 17-1 图 17-7a)所示为一弹性杆支持的圆盘,弹性杆扭转刚度为 k_t,圆盘对杆轴 z 的转动惯量为 J_z。若圆盘外缘受到与转动成正比的切向阻力,而圆盘衰减扭振的周期为 T_d。试求圆盘所受阻力偶矩与转动的角速度的关系。

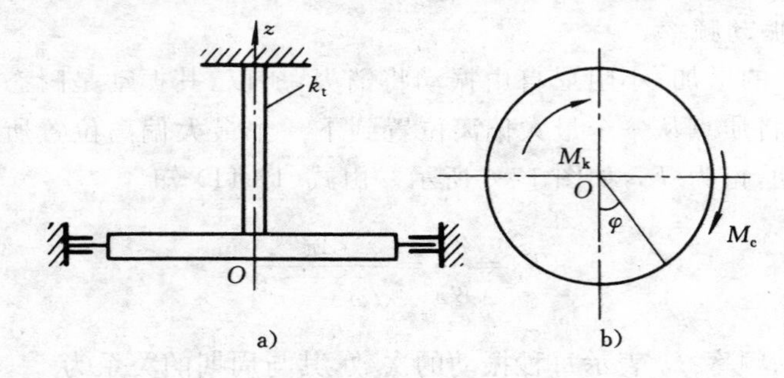

图 17-7 例 17-1 图

解 盘面上受到的外力系如图 17-7b)所示。对转轴 z 应用定轴转动微分方程为

$$J_z\ddot{\varphi}=-M_k-M_c$$

式中,恢复力偶矩 $M_k=k_t\varphi$;阻力偶矩 M_c 与转动角速度成正比,设 μ 为阻力偶系数,则 $M_c=\mu\omega=\mu\dot{\varphi}$,代入整理后得

$$\ddot{\varphi}+\frac{\mu}{J_z}\dot{\varphi}+\frac{k_t}{J_z}\varphi=0$$

与微分方程的标准形式[式(17-7)]比较后,由式(17-14),可得衰减振动周期为

$$T_d=\frac{2\pi}{\sqrt{\frac{k_t}{J_z}-\left(\frac{\mu}{2J_z}\right)^2}}$$

由此解得阻力偶系数为

$$\mu = \frac{2}{T_d}\sqrt{T_d^2 k_t J_z - 4\pi^2 J_z^2}$$

例 17-2　在图 17-4 的阻尼系统中，已知物体的质量 $m=10$ kg，衰减振动周期 $T_d=0.29$ s。欲使物体的振幅在 10 个周期后降为原来振幅的 $\frac{1}{100}$，试求阻力系数 c。

解　由本节知 $2n=c/m$，即 $c=2nm$，可知求 c 就是求 n。

设在 $t=t_1$ 时的振幅为 A_1，$t=t+10T_d$ 时的振幅为 A_{11}，将式(17-17)连乘 10 次，有

$$\frac{A_1}{A_{11}} = \frac{A_1}{A_2}\cdot\frac{A_2}{A_3}\cdot\cdots\cdot\frac{A_{10}}{A_{11}} = e^{10nT_d}$$

即

$$e^{10nT_d} = 100$$

得

$$n = \frac{\ln 100}{10T_d} = 1.59\ 1/\mathrm{s}$$

于是得阻力系数

$$c = 2nm = 2\times 1.59\times 10 = 31.8\ \mathrm{N\cdot s/m}$$

17.1.4　无阻尼自由振动的特例分析及固有频率的能量法

1. 无阻尼自由振动的特例分析

有时候，当系统只受空气阻力时，由于阻力系数极小，可将其略去不计，这样就成为无阻尼自由振动的特例。由于 c 为零，即 $n=0$，则振动微分方程的标准形式为

$$\ddot{q} + \omega_n^2 q = 0 \qquad (17\text{-}19)$$

其解为

$$q = A\sin(\omega_n t + \theta) \qquad (17\text{-}20)$$

其中

$$A = \sqrt{q_0^2 + \left(\frac{\dot{q}_0}{\omega_n}\right)^2} \qquad (17\text{-}21)$$

$$\tan\theta = \frac{\omega_n q_0}{\dot{q}_0} \qquad (17\text{-}22)$$

由式(17-20)画出振动的运动图线，如图 17-8 所示。

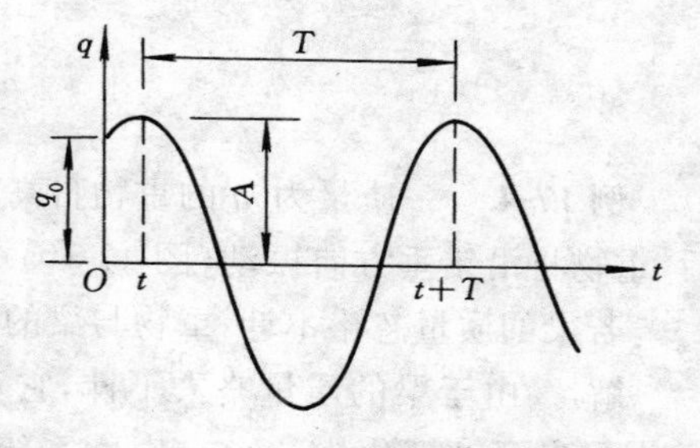

图 17-8　无阻尼时的运动图线

无阻尼自由振动与有阻尼自由振动对比，差别主要表现在两个方面。

(1) 周期缩短，频率增高。

将无阻尼时的周期用 T_n 表示，则由式(17-14)知

$$T_n = \frac{2\pi}{\omega_n} \qquad (17\text{-}23)$$

可见 $T_n < T_d$，即无阻尼自由振动相比有阻尼自由振动周期缩短。将无阻尼自由振动的频率称为固有频率，记为 f_n，则 $f_n = \frac{1}{T_n} > f_d$，即无阻尼自由振动相比有阻尼自由振动频率增高，其固有圆频率即 ω_n。

当阻尼很小时，阻尼对振动的周期和频率影响不大，一般可以认为

$$\omega_d \approx \omega_n \quad 即 \quad T_d \approx T_n$$

（2）振幅无衰减。

从图 17-8 运动图线可以看出，无阻尼振动的振幅无衰减，是等幅振动，式(17-21) 表示的就是振幅。

例 17-3 一单摆，摆锤质量为 m，摆长为 l(图 17-9a))。试求其在平衡位置附近作微小摆动时的运动微分方程及固有圆频率。

解 单摆的受力分析如图 17-9b) 所示，取广义坐标为 φ，由于不计阻尼，为无阻尼自由振动。对点 O 用动量矩定理有

$$\frac{\mathrm{d}}{\mathrm{d}t}[m(\dot{\varphi}l)l] = -(mg\sin\varphi)l$$

$mg\sin\varphi$ 为恢复力，是重力在切向 $\boldsymbol{e}_t$ 的分力，微幅摆动时，$\sin\varphi \approx \varphi$，则上式整理后写成

$$\ddot{\varphi} + \frac{g}{l}\varphi = 0$$

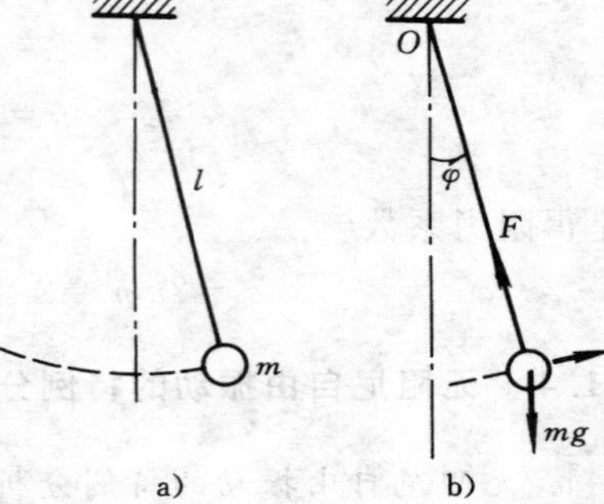

图 17-9 例 17-3 图

上式与无阻尼自由振动标准形式(17-19) 对比，即得固有圆频率为

$$\omega_n = \sqrt{\frac{g}{l}}$$

例 17-4 一质量为 m 的重物自高度 h 处无初速地自由落下，当重物与梁中处接触后，重物将沿铅垂方向振动(图 17-10a))。已知在重物重力作用下梁中点的静挠度为 δ_{st}。若梁的质量忽略不计，重物与梁的碰撞为塑性碰撞，试求重物的振动方程。

解 由于梁的质量略去不计，它对重物的作用相当于一弹簧，于是图 17-10a) 的振动系统可以简化为一个自由度系统(图 17-10b))，根据静挠度与弹簧的静变形相等，可得等效弹簧的刚度系数为

$$k = \frac{mg}{\delta_{st}}$$

由于不计阻尼，系统为无阻尼自由振动系统。现取重物的平衡位置 O 为坐标原点，q 轴向下为正(图 17-10b))。在任一瞬时位置，重物所受的力有重力 mg 及弹性力 $\boldsymbol{F}_k$，弹性力 $\boldsymbol{F}_k$ 在 q 轴上的投影为

$$F_{kq} = -k(\delta_{st} + q)$$

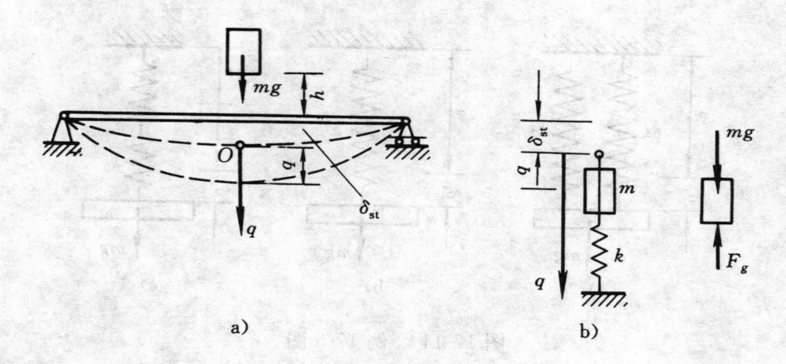

图 17-10　例 17-4 图

于是重物的振动微分方程为

$$m\ddot{q}=mg-k(\delta_{st}+q)=-kq$$

即

$$\ddot{q}+\omega_n^2 q=0$$

式中

$$\omega_n=\sqrt{\frac{k}{m}}=\sqrt{\frac{g}{\delta_{st}}}$$

由式(17-20) 可知重物的自由振动方程为

$$q=A\sin(\omega_n t+\theta)$$

其中,振幅 A 及初位相 θ 由式(17-21)、式(17-22) 分别求得,即

$$A=\sqrt{q_0^2+\left(\frac{\dot{q}_0}{\omega_n}\right)^2}=\sqrt{\delta_{st}^2+2h\delta_{st}}$$

$$\theta=\arctan\frac{\omega_n q_0}{\dot{q}_0}=\arctan\left(-\frac{\delta_{st}}{\sqrt{2h\delta_{st}}}\right)=\arctan\left(-\sqrt{\frac{\delta_{st}}{2h}}\right)$$

于是重物的自由振动微分方程最终表示为

$$q=\sqrt{\delta_{st}^2+2h\delta_{st}}\sin\left[\sqrt{\frac{g}{\delta_{st}}}t+\arctan\left(-\sqrt{\frac{\delta_{st}}{2h}}\right)\right]$$

例 17-5　已知质量为 m 的物块作移动,弹簧的刚度系数为 k_1 和 k_2。分别求并联(图 17-11a)) 弹簧与串联(图 17-11c)) 弹簧系统沿铅垂线振动的固有频率。

解　(1) 并联情况。

当物块在平衡位置时,两弹簧的静变形都是 δ_{st},其弹性力分别为 $k_1\delta_{st}$ 和 $k_2\delta_{st}$。由物块的平衡条件,得

$$mg=(k_1+k_2)\delta_{st}$$

如果用一根刚度系数为 k 的弹簧代替原来的两根弹簧,使该弹簧的静变形与原来两根弹簧所产生的静变形相等(图 17-11b)),则

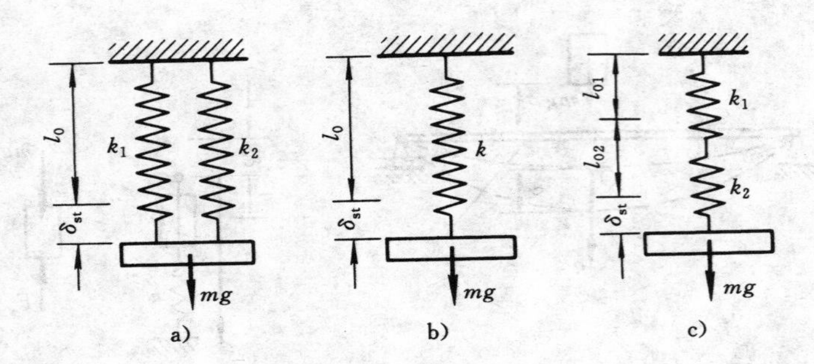

图 17-11　例 17-5 图

$$mg = k\delta_{st}$$

所以

$$k = k_1 + k_2 \tag{①}$$

式 ① 表示并联弹簧可以用一个刚度系数 $k = k_1 + k_2$ 的“等效弹簧”来代替，k 就是等效刚度系数。这一结果表明并联后总的刚度系数变大了。

（2）串联情况。

当物块在平衡位置时，它的静位移 δ_{st} 等于每根弹簧的静变形之和，即

$$\delta_{st} = \delta_{1st} + \delta_{2st}$$

因为弹簧是串联的，所以每根弹簧所受的拉力均等于重量 mg。于是

$$\delta_{1st} = \frac{mg}{k_1}, \quad \delta_{2st} = \frac{mg}{k_2}$$

同样用一根刚度系数为 k 的弹簧代替原来的两根弹簧，使该弹簧的静变形等于 δ_{st}（图 17-11b)），则

$$\delta_{st} = \frac{mg}{k}$$

因此

$$\frac{mg}{k} = \frac{mg}{k_1} + \frac{mg}{k_2}$$

即

$$\frac{1}{k} = \frac{1}{k_1} + \frac{1}{k_2}$$

得

$$k = \frac{k_1 k_2}{k_1 + k_2} \tag{②}$$

式 ② 表示串联弹簧的等效刚度系数。这一结果表明串联后总的刚度系数变小了。

2. *无阻尼自由振动求固有频率的能量法*

在振动问题中，系统的固有频率只取决于系统本身，而与振动初始条件无关，是工程中最为关注的物理量。对于无阻尼自由振动问题，除上述通过建立运动微分方程来确定固有频率外，注意到无阻尼自由振动时，振动系统是保守系统。故可利用机械能守恒定律来求其固有频率，这就是所谓的能量法。

图 17-12 为一单自由度无阻尼自由振动系统，其运动规律为$q=A\sin(\omega_{N}t+\theta)$。由于作用在系统上的力都是有势力，系统的机械能守恒，即

$$T+V=\text{const}$$

取平衡位置 O 为势能的零点，则系统在任一位置时，

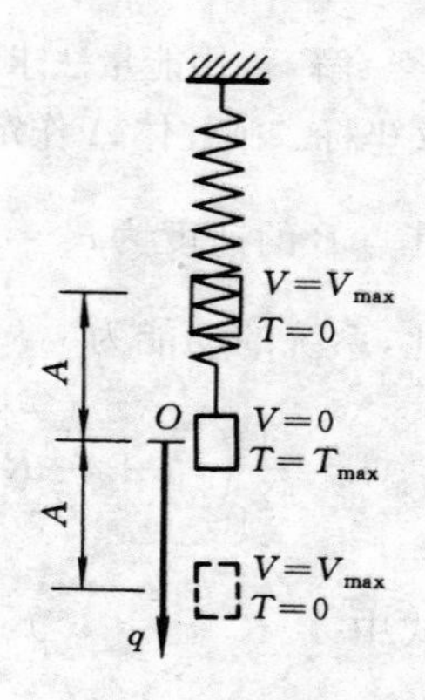

图 17-12　能量法计算固有频率

$$T=\frac{1}{2}m\dot{q}^{2}=\frac{1}{2}m\left[A\omega_{n}\cos(\omega_{n}t+\theta)\right]^{2}$$

$$V=-mgq+\frac{k}{2}\left[(\delta_{st}+q)^{2}-\delta_{st}^{2}\right]$$

$$=-mgq+k\delta_{st}q+\frac{k}{2}q^{2}$$

$$=\frac{1}{2}kq^{2}=\frac{1}{2}k\left[A\sin(\omega_{n}t+\theta)\right]^{2}$$

当系统在平衡位置时，$q=0$，速度$\dot{q}$ 为最大值，于是得势能为零，则动能具有最大值 T_{max}。由于速度的最大值$\dot{q}_{max}=\omega_{n}A$，则

$$T_{max}=\frac{1}{2}m\omega_{n}^{2}A^{2}$$

当系统在最大偏离位置($q_{max}=A$)时，速度为零，于是得动能为零，则势能具有最大值 V_{max}，为

$$V_{max}=\frac{1}{2}kA^{2}$$

根据机械能守恒定律，系统在任何位置的总机械能保持为常量，故在以上两位置的总机械能应相等，因而有

$$T_{max}=V_{max} \tag{17-24}$$

也即

$$\frac{1}{2}m\omega_{n}^{2}A^{2}=\frac{1}{2}kA^{2}$$

由此得

$$\omega_{n}=\sqrt{\frac{k}{m}}$$

与微分方程法所得结果相同。

例 17-6　机构如图 17-13 所示。刚性直杆 AB 的质量不计，在 A 端与一重力为 P_{1}、半径为 r_{1} 的匀质圆柱体固结；在 B 端用铰链与一重力为 P_{2}、半径为 r_{2} 的匀质圆柱连接，并可沿半径为 $R_{2}+r_{2}$ 的固定圆柱面作纯滚动；且 $P_{2}R_{2}<P_{1}R_{1}$。试求系统作微幅振动时的固有频率。

解　用能量法求解。取杆与铅垂线的夹角 φ 为广义坐标。圆柱体 A 作定轴转动，圆柱体 B 作平面运动，其点 B 的速度为 $v_B = R_2\dot{\varphi}$，角速度 $\omega_B = \frac{v_B}{r_2} = \frac{R_2}{r_2}\dot{\varphi}$，因此，系统的动能为

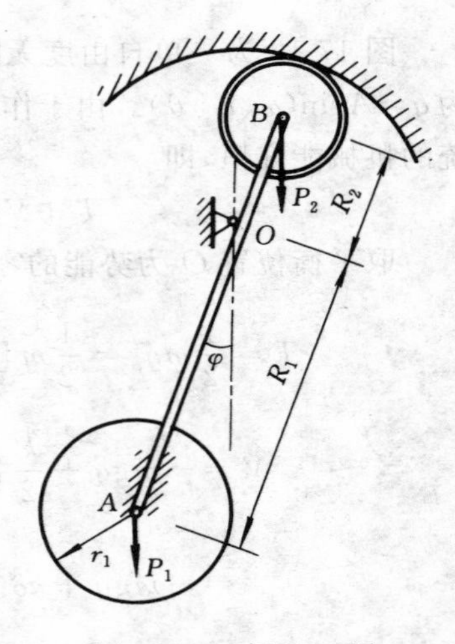

图 17-13　例 17-6 图

$$T = \frac{1}{2}\left(J_A + \frac{P_1}{g}R_1^2\right)\dot{\varphi}^2 + \frac{1}{2}\cdot\frac{P_2}{g}v_B^2 + \frac{1}{2}J_B\omega_B^2$$

式中
$$J_B = \frac{1}{2}\cdot\frac{P_2}{g}r_2^2$$

整理得 $T = \frac{1}{4g}[P_1(r_1^2 + 2R_1^2) + 3P_2R_2^2]\dot{\varphi}^2$

系统的势能只有重力势能。分别取圆柱 A，B 平衡位置为各自的零势能点，则系统的势能为

$$V = P_1R_1(1-\cos\varphi) - P_2R_2(1-\cos\varphi)$$

当圆柱体作微振动时，可认为 $\cos\varphi \approx 1 - \frac{\varphi^2}{2}$，因此，势能表达式可改写为

$$V = \frac{\varphi^2}{2}(P_1R_1 - P_2R_2)$$

由于最大速度 $\dot{\varphi}_{\max} = \omega_n A$，最大偏位 $\varphi_{\max} = A$，则相应的最大动能

$$T_{\max} = \frac{1}{4g}[P_1(r_1^2 + 2R_1^2) + 3P_2R_2^2]\omega_n^2A^2$$

最大势能
$$V_{\max} = \frac{1}{2}(P_1R_1 - P_2R_2)A^2$$

根据式(17-24)，得系统的固有圆频率为

$$\omega_n = \sqrt{\frac{2g(P_1R_1 - P_2R_2)}{P_1(r_1^2 + 2R_1^2) + 3P_2R_2^2}}$$

系统的固有频率为

$$f_n = \frac{\omega_n}{2\pi} = \frac{1}{2\pi}\sqrt{\frac{2g(P_1R_1 - P_2R_2)}{P_1(r_1^2 + 2R_1^2) + 3P_2R_2^2}}$$

17.2　单自由度系统的受迫振动

由于阻尼的存在，工程中的自由振动都会逐渐衰减而完全停止。但是若系统受

到外界持续不断的激励，使系统产生振动，这种振动就是受迫振动。

图 17-14　受迫振动的实例

外界对系统持续不断激励的形式多种各样。若以作用形式区分，可以分为外加激振力和外部持续的支承运动。例如，电动机由于转子偏心，在转动时引起振动，混凝土平板振捣器(图 17-14a))就利用了这一原理；又例如，车辆在凹凸不平的路面上行驶时，其受迫振动最简单的形式可用图(17-14b))表示。若以激励力(或支承运动)的波形来区分，可以分为周期激励与非周期激励。如上述电动机转速为常量，就可以得到图 17-15a) 所示的谐扰力；具有不对称凸轮的机器所产生的激励力(图 17-15b))，虽具有周期性，但不是简谐的；地震引起的激励力不具有周期性，如图 17-15c) 所示；爆炸的气体压力形成的激励力同样不具有周期性(图 17-15d))。本章只研究谐激励力(或谐支承运动)的情况。

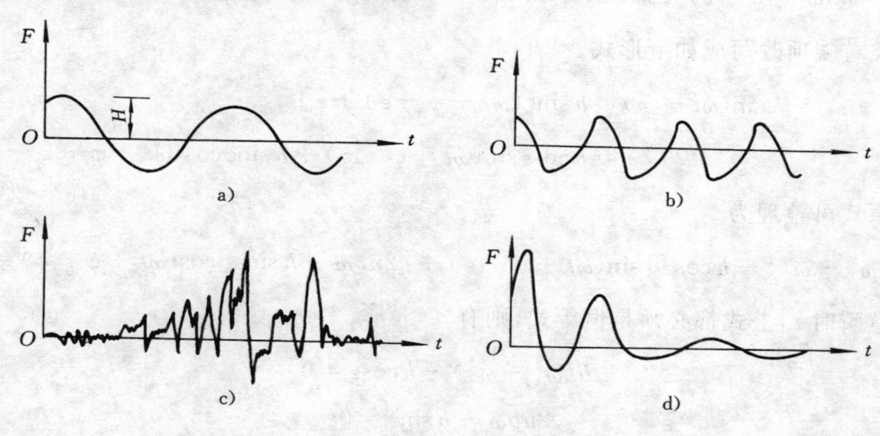

图 17-15　激振力的种类

设图 17-16 所示系统中除受弹性力 F_k 和黏滞阻尼力 F_c 作用外，还受到简谐激励力 F 的作用。已知

$$F = H\sin(\omega t + \varphi) \tag{17-25}$$

式中，H 为激励力的力幅，即激励力的最大值；ω 为激励力的圆频率；φ 为激振力的初位相。它们都是定值。于是物体的运动微分方程为

$$m\ddot{q}=-kq-c\dot{q}+H\sin(\omega t+\varphi)$$

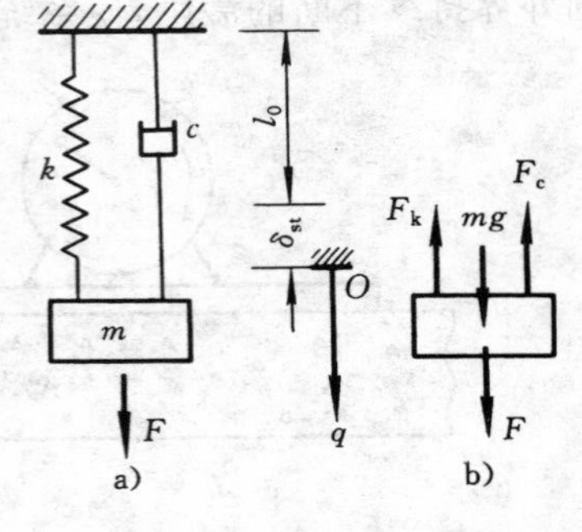

图 17-16　受迫振动的力学分析

同样，令 $\omega_n^2=\dfrac{k}{m}$，$2n=\dfrac{c}{m}$，再令 $h=\dfrac{H}{m}$，则上式可化为

$$\ddot{q}+2n\dot{q}+\omega_n^2 q=h\sin(\omega t+\varphi) \tag{17-26}$$

这就是有阻尼强迫振动的微分方程。它是一个二阶常系数线性非齐次微分方程。它的解由两部分组成，即

$$q=q_1+q_2 \tag{17-27}$$

其中，q_1 为对应于方程(17-26)的齐次方程的通解，根据阻尼的大小，分别由 17.1 节中的式(17-9)和式(17-10)表示衰减非周期运动，由式(17-11)表示衰减周期运动。q_1 只在振动开始后的短暂时间内有意义，随后即趋于消失，因此将 q_1 称为瞬态解，一般情况下 q_1 可以不予考虑。

q_2 为方程(17-26)的特解。设该特解的形式为

$$q_2=b\sin(\omega t+\varphi-\varepsilon) \tag{17-28}$$

式中，ω 为激励力的圆频率；b 和 ε 为待定常数，它由满足方程(17-26)的条件来决定。将式(17-28)代入式(17-26)，得

$$-b\omega^2\sin(\omega t+\varphi-\varepsilon)+2nb\omega\cos(\omega t+\varphi-\varepsilon)+\omega_n^2 b\sin(\omega t+\varphi-\varepsilon)=h\sin(\omega t+\varphi)$$

将上式右端项改写成如下形式

$$\begin{aligned}h\sin(\omega t+\varphi)&=h\sin[(\omega t+\varphi-\varepsilon)+\varepsilon]\\&=h\cos\varepsilon\sin(\omega t+\varphi-\varepsilon)+h\sin\varepsilon\cos(\omega t+\varphi-\varepsilon)\end{aligned}$$

这样原式可整理为

$$[b(\omega_n^2-\omega^2)-h\cos\varepsilon]\sin(\omega t+\varphi-\varepsilon)+[2nb\omega-h\sin\varepsilon]\cos(\omega t+\varphi-\varepsilon)=0$$

对任意瞬时 t，上式都必须是恒等式，则有

$$b(\omega_n^2-\omega^2)-h\cos\varepsilon=0$$

$$2nb\omega-h\sin\varepsilon=0$$

由此可解出

$$b=\frac{h}{\sqrt{(\omega_n^2-\omega^2)^2+4n^2\omega^2}} \tag{17-29}$$

$$\tan\varepsilon=\frac{2n\omega}{\omega_n^2-\omega^2} \tag{17-30}$$

将 b 和 ε 代入式(17-28)，就得到方程(17-26)的特解 q_2。b 称为有阻尼受迫振动的振幅，ω 为受迫振动的频率，ε 为有阻尼的受迫振动的相位落后于激励力的相位角。q_2 的运动不会衰减，始终存在，所以称为稳态解。

分析稳态解，可以得到简谐激励力作用下的受迫振动的特征：

(1) 受迫振动的圆频率就是激励力的圆频率 ω。

(2) 受迫振动的振幅 b 和相位差 ε 均与初条件无关，仅取决于振动系统本身和激励力物理参数。

(3) 频率、阻尼对受迫振动振幅的影响。

将式(17-29)改写为

$$b=\frac{h}{\omega_n^2}\cdot\frac{1}{\sqrt{\left[1-\left(\frac{\omega}{\omega_n}\right)^2\right]^2+4\left(\frac{n}{\omega_n}\right)^2\left(\frac{\omega}{\omega_n}\right)^2}}$$

令 $b_0=\frac{h}{\omega_n^2}=\frac{H/m}{k/m}=\frac{H}{k}$，这是在激励力的最大值 H 的静力下，物体偏离平衡位置的距离。再令 $\beta=\frac{b}{b_0}$ 为振幅比，$\lambda=\frac{\omega}{\omega_n}$ 为频率比，$\xi=\frac{n}{\omega_n}$ 为阻尼比，则有

$$\beta=\frac{1}{\sqrt{(1-\lambda^2)^2+4\xi^2\lambda^2}} \tag{17-31}$$

β 通常称为放大系数或动力系数。以 β 为纵轴，λ 为横轴，绘出振幅-频率特征曲线如图 17-17 所示。

从图上可以看到：① 当 $\lambda\ll 1$ 时，$\beta\approx 1$，即当激励力的圆频率远小于固有圆频率时，振幅接近于弹簧的静偏离；② 当 $\lambda\gg 1$ 时，$\beta\approx 0$，即当激励力的圆频率远大于固有圆频率时，振幅接近于零；③ 当 $\lambda\approx 1$ 时，β 急剧增大，此时阻尼对振幅的作用非常大。因此分有阻尼与无阻尼两种情况讨论。

有阻尼时，由 $d\beta/d\lambda=0$，可得到振幅取极大值时所对应的频率 $\omega_{cr}=\omega_n\sqrt{1-2\xi^2}$，称为共振频率，此时振幅 b 具有最大值 b_{max}。共振频率略小于系统的固有圆频率。相应的共振振幅为

$$b_{max}=\frac{b_0}{2\xi\sqrt{1-\xi^2}}$$

或

$$b_{max}=\frac{h}{2n\sqrt{\omega_n^2-n^2}}$$

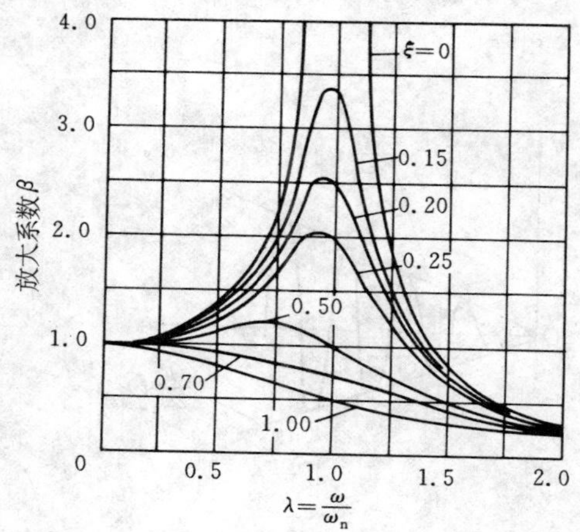

图 17-17　振幅-频率特征曲线

将共振频率附近的范围称为共振区。从上式看到，在共振区，阻尼对振幅有显著

作用。当阻尼比 $\xi > \frac{\sqrt{2}}{2}$ 时，振幅无极值；而当 $\xi \ll 1$ 时，共振的振幅为

$$b_{\max} \approx \frac{b_0}{2\xi}$$

无阻尼时，$\xi = 0$，则 $\omega = \omega_n$（即 $\lambda = 1$）时，发生共振，得到振幅 b 为无限大，但这无限大不可能在瞬间获得。所以在共振区原特解式(17-28) 已失去意义，应设特解如下：

$$q_2 = Bt\cos(\omega_n t + \varphi) \tag{17-32}$$

将此式代回式(17-26) 中，得

$$B = -\frac{h}{2\omega_n}$$

故共振时受迫振动的规律为

$$q_2 = -\frac{h}{2\omega_n} t\cos(\omega_n t + \varphi) \tag{17-33}$$

它的振幅为

$$b = \frac{h}{2\omega_n} t$$

由此可见，当共振时，无阻尼受迫振动的振幅随时间 t 无限地增大，其运动图线如图 17-18 所示。

在无阻尼时，微分方程的通解应由式(17-27) 表示，式中，q_1 部分不会衰减，不再有暂态情况出现。

(4) 阻尼对位相差 ε 的影响。

同样可将式(17-30) 改写为

$$\varepsilon = \arctan \frac{2\xi\lambda}{1 - \lambda^2} \tag{17-34}$$

以 λ 为横轴，ε 为纵轴，根据式(17-34) 可画出位相差频率特征曲线(图 17-19)。

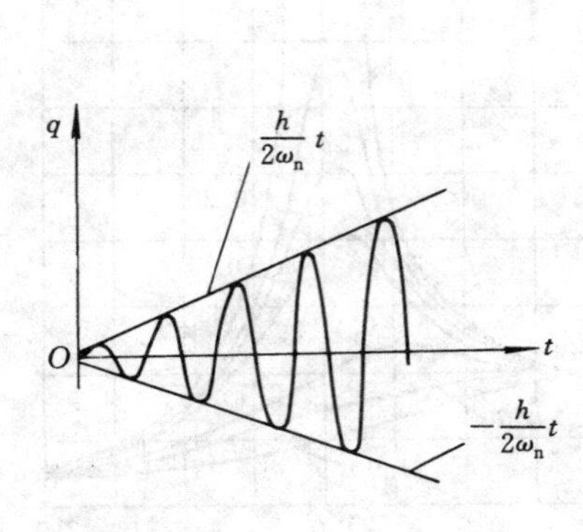

图 17-18　无阻尼受迫振动的共振特征

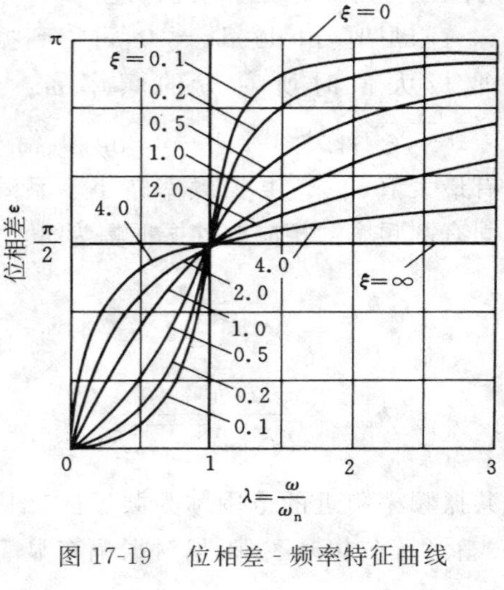

图 17-19　位相差 - 频率特征曲线

从图上可以看出：①$\lambda \ll 1$ 时，$\varepsilon \approx 0$，这时受迫振动与激励力可以认为是同向的；②$\lambda \gg 1$ 时，ε 随 λ 的增加而增加，趋向于 π，这时系统受迫振动的方向与激励力的方向相反；③$\lambda \approx 1$ 时，ε 的变化最为激烈，$\varepsilon = 90°$，不同阻尼值的曲线都交于一点。

例 17-7 质量为 m 的物体挂在刚度系数为 k 的弹簧一端，弹簧的另一端 A 沿铅垂线按规律 $q_e = d\sin\omega t$ 作简谐运动（图17-20a)），物体还受到阻力系数为 c 的黏滞性阻尼力的作用。试求物体受迫振动的运动规律。

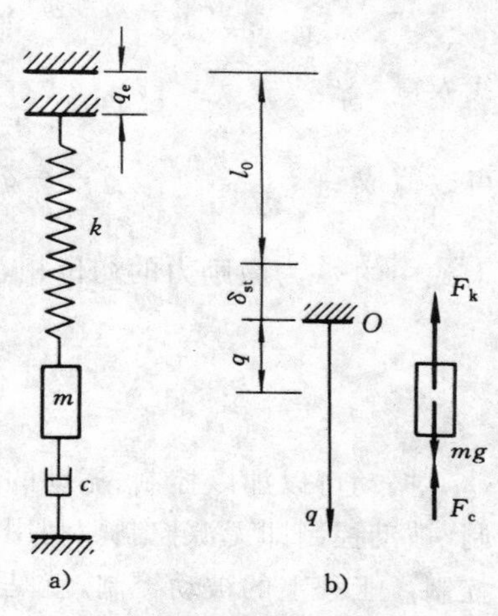

图 17-20 例 17-7 图

解 取 $q_e = 0$ 时系统的平衡位置 O 为坐标原点，q 轴铅垂向下。物体的受力如图 17-20b）所示。其微分方程为

$$m\ddot{q} = mg - k(\delta_{st} + q - q_e) - c\dot{q} = -kq + kq_e - c\dot{q}$$

可写成
$$\ddot{q} + \frac{c}{m}\dot{q} + \frac{k}{m}q = \frac{kd}{m}\sin\omega t$$

至此，持续的支承运动，通过弹性力转化为激励力。

如令 $2n = \dfrac{c}{m}$，$\omega_n^2 = \dfrac{k}{m}$，$h = \dfrac{kd}{m}$，就转化成微分方程的标准形式。其解为

$$q_2 = b\sin(\omega t + \varphi - \varepsilon)$$

对比激励力项，知 $\varphi = 0$，其中，b 与 ε 可由式（17-29）、式（17-30）分别求出。

例 17-8 总质量为 m 的电动机安装在简支梁的中央（图 17-21a)）。由于转子不均衡，相当于在与转动轴相距 e 处有一质量为 m_0 的偏心物块 A。已知梁在电机重量下的静挠度为 δ_{st}，阻力系数为 c。若电机转子以匀角速 ω 转动，试求电机受迫振动的微分方程。

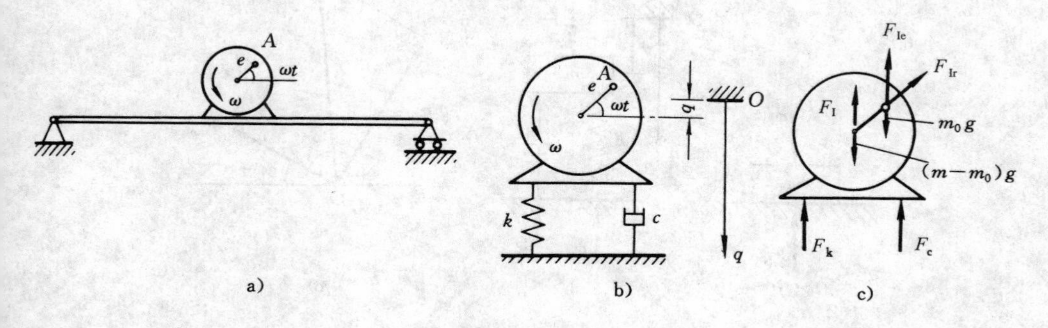

图 17-21 例 17-8 图

解 系统的力学模型简化如图 17-21b）所示。以电机在平衡位置时的中心 O 为

原点，q 轴铅垂向下，其受力分析如图 17-21c）所示，则用动静法有

$$(m-m_0)g+m_0g-F_k-F_e-F_{Ir}\sin\omega t-F_{Ie}-F_I=0$$

其中 $$F_k=k(\delta_{st}+q),\quad k\delta_{st}=mg,\quad F_e=c\dot{q}$$

$$F_{Ir}=m_0e\omega^2,\quad F_{Ie}=m_0\ddot{q},\quad F_I=(m-m_0)\ddot{q}$$

代入得 $$m\ddot{q}+c\dot{q}+kq=-m_0e\omega^2\sin\omega t$$

可改写成 $$\ddot{q}+\frac{c}{m}\dot{q}+\frac{k}{m}q=\frac{m_0}{m}e\omega^2\sin(\omega t+\varphi)$$

上式中的 φ 为激励力的初位相，是由负号凑入正弦函数求得，可知 $\varphi=-\pi$。

17.3 振动的隔离

振动可以加以控制，振动的控制可分为主动控制和被动控制，主动控制即有源控制，被动控制即无源控制。利用振动消除振害，是控制振动的目标。本节只研究被动控制。工程上的被动控制，就是在振源不能消除的情况下，将振源阻断，以减少对周围物体的影响，因此将振源阻断的措施称为隔振。隔振又可分为积极隔振（将振源隔离）和消极隔振（将精密仪器设备隔离，以免受外界振动的影响）。

积极隔振是防止振源将激振力直接传出；消极隔振是防止振源将激励位移直接传入。为此，都将在机器与地基之间设置隔振器（由金属弹簧、橡胶或软木等制成）。对相同的振源和振系，不论何种隔振，只要加以相同的隔振器，得到的隔振效果是相同的。现以积极隔振为例，设振源未隔振前，其传给地基的力就是激振力 F（图 17-22a）），即

$$F_N=F=H\sin\omega t$$

其最大值 $$F_{Nmax}=H$$

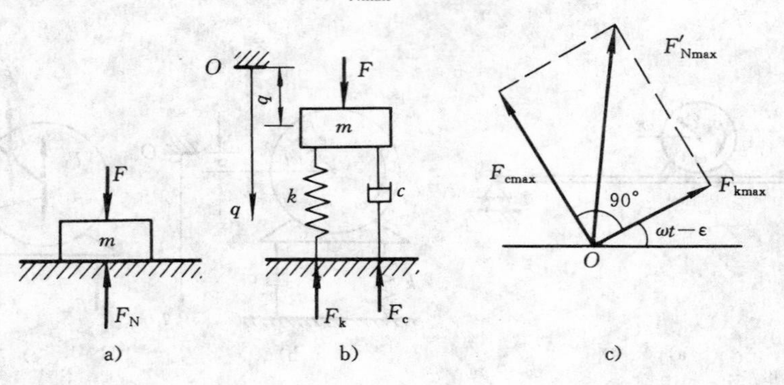

图 17-22 积极隔振的力学分析

采取隔振措施后（图 17-22b）），机器受迫振动的解为

$$q = b\sin(\omega t - \varepsilon)$$

传给地基的弹性力为

$$F_k = kq = kb\sin(\omega t - \varepsilon) = F_{kmax}\sin(\omega t - \varepsilon)$$

式中，$F_{kmax} = kb$。传给地基的阻尼力为

$$F_c = c\dot{q} = cb\omega\cos(\omega t - \varepsilon) = F_{cmax}\cos(\omega t - \varepsilon)$$

式中，$F_{cmax} = cb\omega$。这两部分的相位差为 90°，而频率相同，其合成（图 17-22c））结果为

$$F'_{Nmax} = \sqrt{F^2_{kmax} + F^2_{cmax}} = b\sqrt{k^2 + (c\omega)^2} = kb\sqrt{1 + 4\xi^2\lambda^2}$$

F'_{Nmax} 与 F_{Nmax} 的比值称为隔振因数，以 η 表示，则

$$\eta = \frac{F'_{Nmax}}{F_{Nmax}} = \frac{kb\sqrt{1 + 4\xi^2\lambda^2}}{H}$$

注意到 $\frac{H}{k} = b_0$，而 $\frac{b}{b_0} = \beta$，故有 $\frac{kb}{H} = \beta$，将 β 代入得

$$\eta = \frac{\sqrt{1 + 4\xi^2\lambda^2}}{\sqrt{(1-\lambda^2)^2 + 4\xi^2\lambda^2}} \tag{17-35}$$

对于不同的阻尼比，η 随 λ 的变化曲线如图 17-23 所示。从图上看出，只有当 $\lambda > \sqrt{2}$ 时隔振才会有效果（此时 $\eta < 1$）。因此，降低系统的固有频率，选择刚度系数小的弹簧作隔振弹簧，是最有效的措施。而增大阻尼只有在共振区才会有明显的作用。

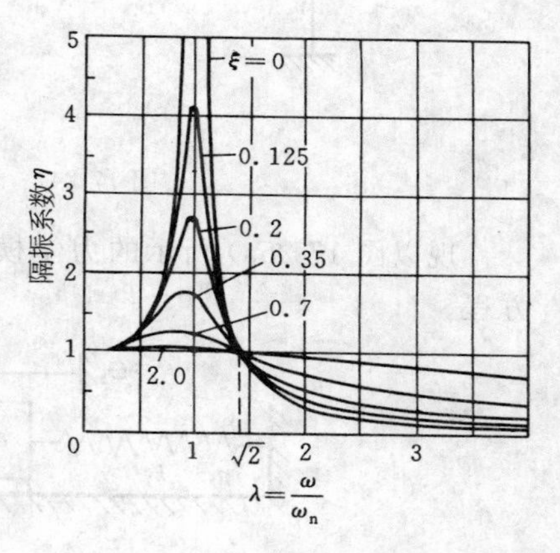

图 17-23　隔振的效果

对于消极隔振，隔振因数以 η' 表示，$\eta' = \frac{q'_{max}}{q_{max}}$，$q'_{max}$ 为隔振后的振幅，q_{max} 为隔振前的振幅，可得 $\eta' = \eta$。

17.4　两自由度系统无阻尼自由振动

多自由度系统的振动问题在工程中很普遍，而两自由度系统的振动问题和多自由度系统振动问题的研究方法类似，并具有许多共同的运动特征。

工程中，可简化为两自由度系统的振动问题有很多，如图 17-24a）所示的汽车车身（视为刚体）随重心上下垂直振动和绕横轴的俯仰摆动，可简化为两自由度的振动问题（图 17-24b））；又如图 17-24c）所示的两层刚架，假定两个横梁均为有质量的刚体，柱子均为不计质量的弹性体，考虑刚架水平振动时，也可简化为两自由度的振动问题（图 17-24d））。

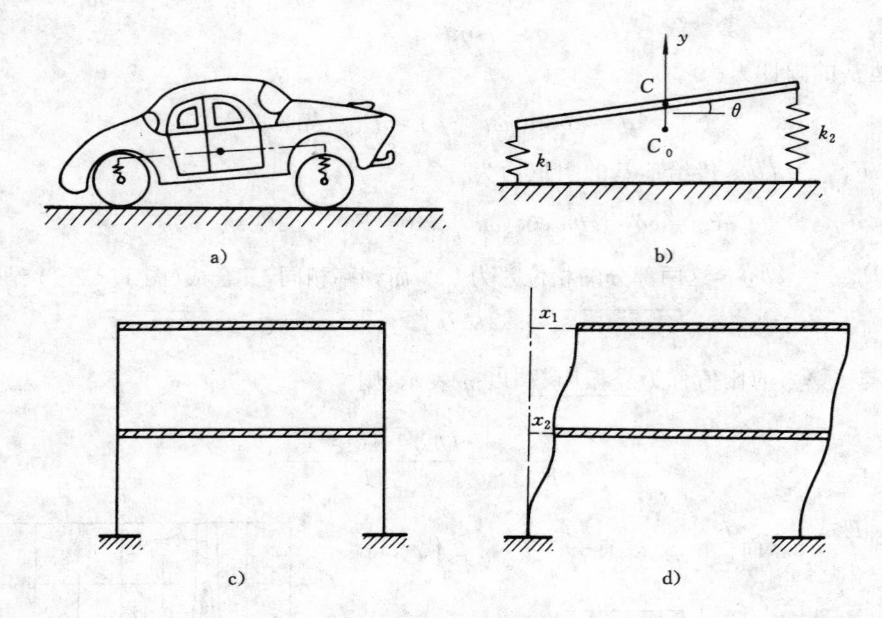

图 17-24　两自由度振动系统的力学模型

现以图 17-25a) 所示的力学模型来建立两自由度系统无阻尼自由振动的微分方程。

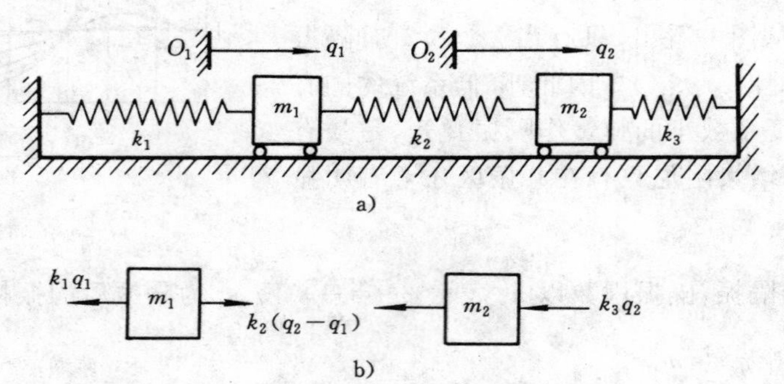

图 17-25　两自由度系统的振动分析

取广义坐标 q_1, q_2，两个质量物体的受力分析如图 17-25b) 所示。于是系统的运动微分方程为

$$m_1\ddot{q}_1 = -k_1q_1 + k_2(q_2 - q_1) = -(k_1 + k_2)q_1 + k_2q_2$$

$$m_2\ddot{q}_2 = -k_2(q_2 - q_1) - k_3q_2 = k_2q_1 - (k_2 + k_3)q_2$$

可改写为

$$\left.\begin{aligned}\ddot{q}_1+\frac{k_1+k_2}{m_1}q_1-\frac{k_2}{m_1}q_2=0\\ \ddot{q}_2-\frac{k_2}{m_2}q_1+\frac{k_2+k_3}{m_2}q_2=0\end{aligned}\right\}\tag{17-36}$$

为简化上式,令

$$C_1=\frac{k_1+k_2}{m_1},\quad C_2=\frac{k_2}{m_1},\quad C_3=\frac{k_2}{m_2},\quad C_4=\frac{k_2+k_3}{m_2}$$

于是上式为

$$\left.\begin{aligned}\ddot{q}_1+C_1q_1-C_2q_2=0\\ \ddot{q}_2-C_3q_1+C_4q_2=0\end{aligned}\right\}\tag{17-36$'$}$$

这是二阶常系数线性齐次微分方程组,设其特解为

$$\left.\begin{aligned}q_1=A_1\sin(\omega_{\mathrm{n}}t+\theta)\\ q_2=A_2\sin(\omega_{\mathrm{n}}t+\theta)\end{aligned}\right\}\tag{17-37}$$

式中,A_1,A_2 是振幅;ω_{n} 是系统振动的固有圆频率;θ 是系统的初相位。

将式(17-37) 代入式(17-36)′,得代数方程组

$$\left.\begin{aligned}(C_1-\omega_{\mathrm{n}}^2)A_1-C_2A_2=0\\ -C_3A_1+(C_4-\omega_{\mathrm{n}}^2)A_2=0\end{aligned}\right\}\tag{17-38}$$

式(17-38) 是振幅 A_1,A_2 的二元一次齐次代数方程组。如果下列行列式等于零,则式(17-38) 可解,即

$$\begin{vmatrix}C_1-\omega_{\mathrm{n}}^2 & -C_2\\ -C_3 & C_4-\omega_{\mathrm{n}}^2\end{vmatrix}=0\tag{17-39}$$

或

$$\omega_{\mathrm{n}}^4-(C_1+C_4)\omega_{\mathrm{n}}^2+(C_1C_4-C_2C_3)=0\tag{17-39$'$}$$

式(17-39)′ 称为频率方程,该方程的两个根为

$$\omega_{\mathrm{n1,2}}^2=\frac{C_1+C_4}{2}\mp\sqrt{\left(\frac{C_1+C_4}{2}\right)^2-(C_1C_4-C_2C_3)}\tag{17-40}$$

或改写为

$$\omega_{\mathrm{n1,2}}^2=\frac{C_1+C_4}{2}\mp\sqrt{\left(\frac{C_1-C_4}{2}\right)^2+C_2C_3}\tag{17-40$'$}$$

由式(17-40) 和式(17-40)′ 可见,ω_{n}^2 的两个根都是实数,而且都是正数。其中,第一个根 ω_{n1} 较小,称为振动系统的第一固有圆频率,也称为基频;第二个根 ω_{n2} 较大,称为振动系统的第二固有圆频率。由此可见,具有两自由度系统的振动系统有两

个固有频率，这两个固有频率只与系统的质量和刚度等有关，而与振动的初始条件无关。

将 ω_{n1}^2，ω_{n2}^2 分别代入齐次方程(17-38)，可得到 A_2 与 A_1 的两个比值

$$\left.\begin{aligned}\frac{A_{21}}{A_{11}}=\frac{C_1-\omega_{n1}^2}{C_2}=\frac{C_3}{C_4-\omega_{n1}^2}=\gamma_1\\ \frac{A_{22}}{A_{12}}=\frac{C_1-\omega_{n2}^2}{C_2}=\frac{C_3}{C_4-\omega_{n2}^2}=\gamma_2\end{aligned}\right\} \tag{17-41}$$

式中，γ_1 和 γ_2 为比例常数；A_{ij} 的第二个下标 j 表示对应的频率。这两个常数也只与系统的质量、刚度等参数有关，与运动的初始条件无关。

对应于第一固有圆频率 ω_{n1} 的振动称为第一主振动，其运动规律为

$$\left.\begin{aligned}q_1^{(1)}&=A_{11}\sin(\omega_{n1}t+\theta_1)\\ q_2^{(1)}&=\gamma_1A_{11}\sin(\omega_{n1}t+\theta_1)\end{aligned}\right\} \tag{17-42}$$

对应于第二固有圆频率 ω_{n2} 的振动称为第二主振动，其运动规律为

$$\left.\begin{aligned}q_1^{(2)}&=A_{12}\sin(\omega_{n2}t+\theta_2)\\ q_2^{(2)}&=\gamma_2A_{12}\sin(\omega_{n2}t+\theta_2)\end{aligned}\right\} \tag{17-43}$$

注意到振幅比：

$$\gamma_1=\frac{A_{21}}{A_{11}}=\frac{C_1-\omega_{n1}^2}{C_2}=\frac{1}{C_2}\left[\frac{C_1-C_4}{2}+\sqrt{\left(\frac{C_1-C_4}{2}\right)^2+C_2C_3}\right]>0$$

$$\gamma_2=\frac{A_{22}}{A_{12}}=\frac{C_1-\omega_{n2}^2}{C_2}=\frac{1}{C_2}\left[\frac{C_1-C_4}{2}-\sqrt{\left(\frac{C_1-C_4}{2}\right)^2+C_2C_3}\right]<0$$

可见，当系统作第一主振动时，两物体在振动中永远同相；当系统作第二主振动时，两物体在振动中永远反相，即相位差为 π 弧度。

主振动的型式称为主振型。图 17-26a)，b) 分别表示图 17-25 所示振动系统的两个主振型(或称为基振型及第二主振型)。

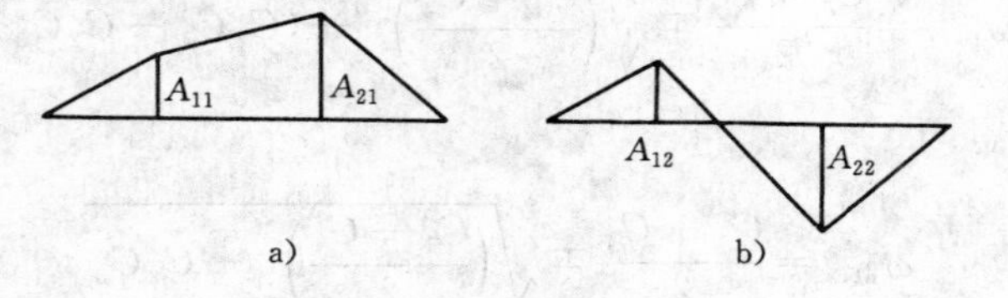

图 17-26　振型图

将代表系统主振动的特解式(17-42) 和特解式(17-43) 叠加起来，就得到式(17-36)′的通解，为

$$\left.\begin{aligned} q_1 &= A_{11}\sin(\omega_{n1}t+\theta_1)+A_{12}\sin(\omega_{n2}t+\theta_2) \\ q_2 &= \gamma_1 A_{11}\sin(\omega_{n1}t+\theta_1)+\gamma_2 A_{12}\sin(\omega_{n2}t+\theta_2) \end{aligned}\right\} \tag{17-44}$$

这就是两自由度系统的自由振动方程，其中四个积分常数 A_{11}，A_{12}，θ_1，θ_2 取决于系统运动的初始条件，即两个物体的初始位置和初始速度。

必须指出：式(17-44)表示的振动是由两个不同频率的谐振动合成的振动，当 ω_{n1} 与 ω_{n2} 可通约时，为周期性振动，反之为拟周期振动。

例 17-9 不计摆柄质量的两个质量均为 m 的摆，用刚度系数为 k 的弹簧连接如图 17-27a）所示，可在同一铅垂平面内摆动。今使其中左边一个摆离开图中虚线表示的平衡位置，而有一微小偏角 φ_0，两个摆的初始速度均为零。已知两个摆的长度均为 l，弹簧离悬挂点均为 l_0，试求这两个摆的运动规律。

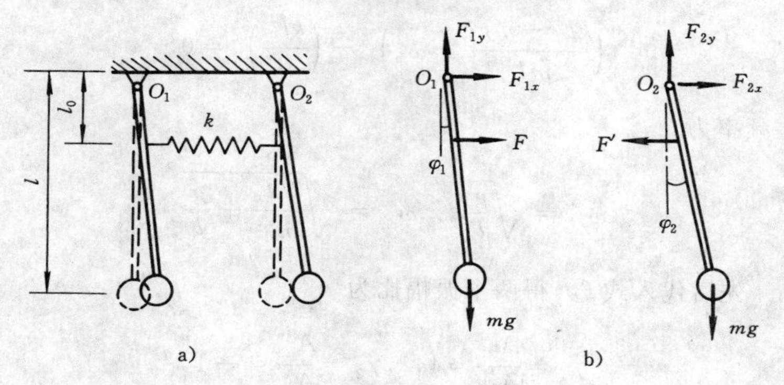

图 17-27 例 17-9 图

解 两个摆所组成的系统，其位置可由两个摆柄中心线与铅垂线夹角 φ_1，φ_2 来确定，所以是两个自由度。分别作两个摆的示力图（图 17-27b)），根据刚体定轴转动微分方程，并注意 φ_1，φ_2 都是微小角度，可写出

$$ml^2\ddot{\varphi}_1 = Fl_0 - mgl\varphi_1$$

$$ml^2\ddot{\varphi}_2 = -F'l_0 - mgl\varphi_2$$

因 $F=F'=k(l_0\varphi_2-l_0\varphi_1)$，故以上两式成为

$$\left.\begin{aligned} ml^2\ddot{\varphi}_1 &= kl_0^2(\varphi_2-\varphi_1)-mgl\varphi_1 \\ ml^2\ddot{\varphi}_2 &= -kl_0^2(\varphi_2-\varphi_1)-mgl\varphi_2 \end{aligned}\right\} \tag{①}$$

化简得

$$\left.\begin{aligned} \ddot{\varphi}_1+\frac{kl_0^2+mgl}{ml^2}\varphi_1-\frac{kl_0^2}{ml^2}\varphi_2 &= 0 \\ \ddot{\varphi}_2-\frac{kl_0^2}{ml^2}\varphi_1+\frac{kl_0^2+mgl}{ml^2}\varphi_2 &= 0 \end{aligned}\right\} \tag{②}$$

取特解的形式为

$$\varphi_1 = A_1\sin(\omega_n t + \theta)$$
$$\varphi_2 = A_2\sin(\omega_n t + \theta)$$

将上式代入式 ② 中，消去 $\sin(\omega_n t+\theta)$ 后，得

$$\left.\begin{aligned}\left(\frac{kl_0^2+mgl}{ml^2}-\omega_n^2\right)A_1-\frac{kl_0^2}{ml^2}A_2=0\\-\frac{kl_0^2}{ml^2}A_1+\left(\frac{kl_0^2+mgl}{ml^2}-\omega_n^2\right)A_2=0\end{aligned}\right\}\quad ③$$

由此得频率方程

$$\left(\frac{kl_0^2+mgl}{ml^2}-\omega_n^2\right)^2-\left(\frac{kl_0^2}{ml^2}\right)^2=0$$

解出两个主频率为

$$\omega_{n1}=\sqrt{\frac{g}{l}},\quad \omega_{n2}=\sqrt{\frac{2kl_0^2}{ml^2}+\frac{g}{l}}$$

将 ω_{n1} 及 ω_{n2} 先后代入式 ③，得两个振幅比为

$$\gamma_1=\frac{A_{21}}{A_{11}}=1,\quad \gamma_2=\frac{A_{22}}{A_{12}}=-1$$

对应的两个振型如图 17-28a)，b）所示。

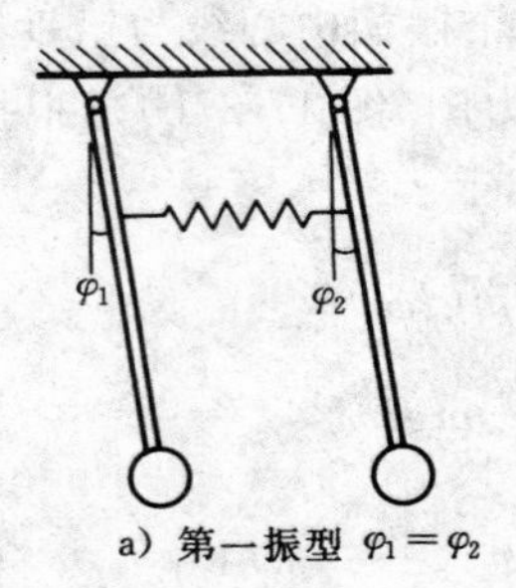

a）第一振型 $\varphi_1=\varphi_2$

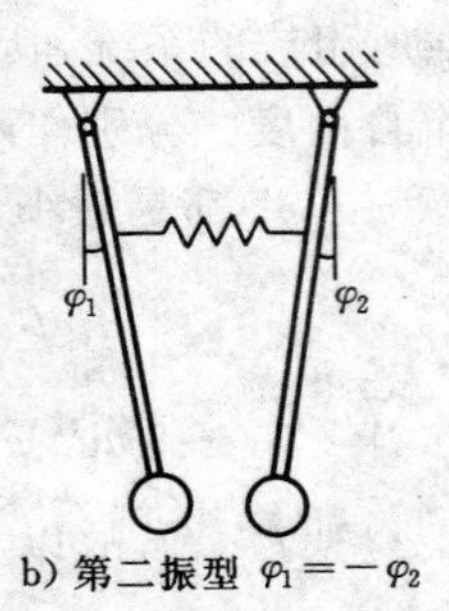

b）第二振型 $\varphi_1=-\varphi_2$

图 17-28　振型

微分方程 ② 的通解为

$$\varphi_1=A_{11}\sin(\omega_{n1}t+\theta_1)+A_{12}\sin(\omega_{n2}t+\theta_2)$$
$$\varphi_2=\gamma_1 A_{11}\sin(\omega_{n1}t+\theta_1)+\gamma_2 A_{12}\sin(\omega_{n2}t+\theta_2)$$

应用初条件：$t=0$ 时，$\varphi_1=\varphi_0$，$\varphi_2=0$，$\dot{\varphi}_1=\dot{\varphi}_2=0$，可得

$$\varphi_0 = A_{11}\sin\theta_1 + A_{12}\sin\theta_2$$

$$0 = A_{11}\sin\theta_1 - A_{12}\sin\theta_2$$

$$0 = A_{11}\omega_{n1}\cos\theta_1 + A_{12}\omega_{n2}\cos\theta_2$$

$$0 = A_{11}\omega_{n1}\cos\theta_1 - A_{12}\omega_{n2}\cos\theta_2$$

由这一组方程解出

$$\theta_1 = \theta_2 = \frac{\pi}{2}, \quad A_{11} = A_{12} = \frac{\varphi_0}{2}$$

于是,系统的运动方程为

$$\varphi_1 = \frac{\varphi_0}{2}(\cos\omega_{n1}t + \cos\omega_{n2}t)$$

$$\varphi_2 = \frac{\varphi_0}{2}(\cos\omega_{n1}t - \cos\omega_{n2}t)$$

在本题中,若初条件为 $t=0$ 时,$\varphi_1=\varphi_2=\varphi_0$,$\dot{\varphi}_1=\dot{\varphi}_2=0$,则 $\theta_1=\theta_2=\frac{\pi}{2}$,$A_{11}=\varphi$,$A_{12}=0$,系统的运动方程为

$$\varphi_1 = \varphi_0\cos\omega_{n1}t, \quad \varphi_2 = \varphi_0\cos\omega_{n1}t$$

即系统按第一主振型振动。

若初条件为 $t=0$ 时,$\varphi_1=\varphi_0$,$\varphi_2=-\varphi_0$,$\dot{\varphi}_1=\dot{\varphi}_2=0$,则 $\theta_1=\theta_2=\frac{\pi}{2}$, $A_{11}=0$, $A_{12}=\varphi_0$,系统的运动方程为

$$\varphi_1 = \varphi_0\cos\omega_{n2}t, \quad \varphi_2 = -\varphi_0\cos\omega_{n2}t$$

即系统按第二主振型振动。

例 17-10 在一悬臂梁的中点与自由端分别载有质量为 m_1 和 m_2 的集中质体(图17-29a))。若梁是等截面的,其质量可以不计,试求该系统的固有频率及振型。

解 由于梁的质量不计,而两个集中质体的位置可以用它们偏离平衡位置的坐标 y_1 和 y_2 来确定。所以系统是两自由度系统。

对于此种系统,可以通过建立"位移方程"来得到频率方程以及求振幅比的表达式,具体说

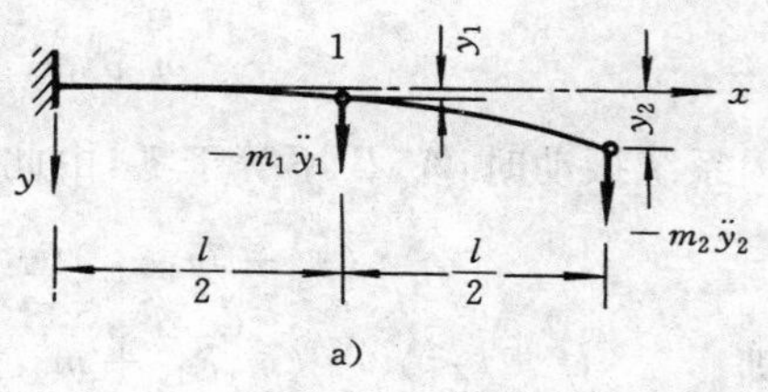

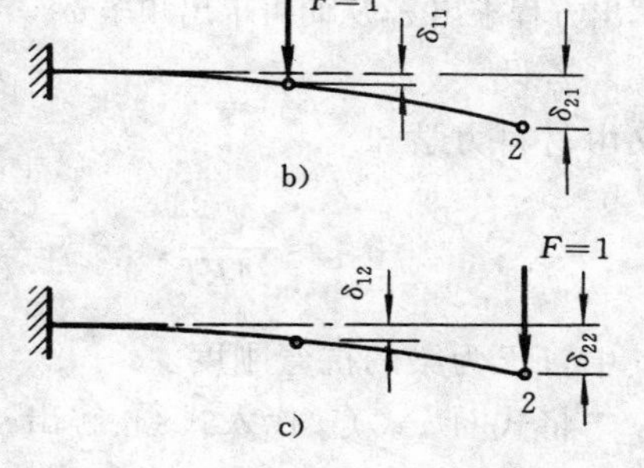

图 17-29 例 17-10 图

明如下：

当在悬臂梁的中点（点 1）作用一铅垂向下的单位力时，点 1 与自由端（点 2）的静力挠度（即位移）分别以 δ_{11} 与 δ_{21} 来表示（图17-29b））。当在点 2 作用一铅垂向下的单位力时，点 1 与点 2 的静力挠度（即位移）分别以 δ_{12} 与 δ_{22} 来表示（图 17-29c））。

以 $\ddot{y}_1$ 与 $\ddot{y}_2$ 表示梁振动时 1，2 两点的加速度，则两集中质量的惯性力分别为 $-m_1\ddot{y}_1$ 与 $-m_2\ddot{y}_2$。将这两个惯性力分别加在两集中质量上（图 17-29a）），在这两个惯性力的作用下，梁上 1，2 两点的位移（位移方程）应为

$$\left.\begin{aligned} y_1 &= -m_1\ddot{y}_1\delta_{11} - m_2\ddot{y}_2\delta_{12} \\ y_2 &= -m_1\ddot{y}_1\delta_{21} - m_2\ddot{y}_2\delta_{22} \end{aligned}\right\} \quad ①$$

这是一组二阶常系数线性微分方程，取其解为

$$y_1 = A_1\sin(\omega_n t + \theta)$$
$$y_2 = A_2\sin(\omega_n t + \theta)$$

代入式 ① 后，消去 $\sin(\omega_n t + \theta)$ 并整理得

$$\left.\begin{aligned} (1 - m_1\omega_n^2\delta_{11})A_1 - m_2\omega_n^2\delta_{12}A_2 &= 0 \\ -m_1\omega_n^2\delta_{21}A_1 + (1 - m_2\omega_n^2\delta_{22})A_2 &= 0 \end{aligned}\right\} \quad ②$$

用 ω_n^2 遍除以上两式，并令 $\tau^2 = \dfrac{1}{\omega_n^2}$，则可改写为

$$(\tau^2 - m_1\delta_{11})A_1 - m_2\delta_{12}A_2 = 0$$
$$-m_1\delta_{21}A_1 + (\tau^2 - m_2\delta_{22})A_2 = 0$$

因系统振动时，A，B 不等于零，由此可得频率方程

$$(\tau^2 - m_1\delta_{11})(\tau^2 - m_2\delta_{22}) - m_1m_2\delta_{12}\delta_{21} = 0$$

即 $$(\tau^2)^2 - (m_1\delta_{11} + m_2\delta_{22})\tau^2 + m_1m_2(\delta_{11}\delta_{22} - \delta_{12}\delta_{21}) = 0 \quad ③$$

解出方程求出 τ，从而可求出频率 ω_n。再将 ω_n 代入式 ② 便可求出振幅比，也就可知振型。

若设 $$m_1 = m_2 = m \quad ④$$

又由材料力学知

$$\delta_{11} = \frac{l^3}{24EI}, \quad \delta_{21} = \frac{5l^3}{48EI}, \quad \delta_{12} = \frac{5l^3}{48EI}, \quad \delta_{22} = \frac{l^3}{3EI} \quad ⑤$$

其中，EI 为梁的抗弯刚度。

将式 ④、式 ⑤ 代入式 ③ 解出

$$\tau_1^2 = 0.366\,\frac{ml^3}{EI}, \quad \tau_2^2 = 0.00833\,\frac{ml^3}{EI}$$

而 $$\omega_{n1}^2=\frac{1}{\tau_1^2}=2.73\frac{EI}{ml^3},\quad \omega_{n2}^2=\frac{1}{\tau_{21}^2}=120\frac{EI}{ml^3}$$

代入式(17-41),可求出两个主振动的振幅比为

$$\frac{A_{21}}{A_{11}}=3.12,\quad \frac{A_{22}}{A_{12}}=-0.32$$

对应的两个振型如图 17-30 所示。

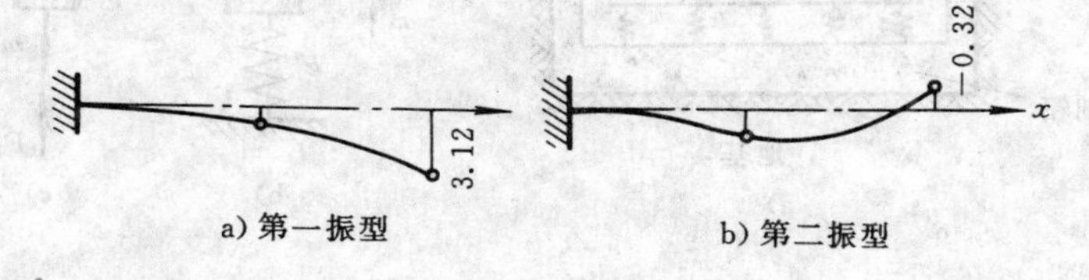

图 17-30 振型

由图可见,在第二振型中,梁上有一点的位移始终为零,即该点保持不动,这样的点称为节点。在第一振型中则没有节点。当用试验方法来测定两自由度系统的振型时,节点的无与有,可以帮助我们判别是第一振型还是第二振型。

例 17-11 为了减小由于锤头冲击引起的锻锤基础振动对周围精密的仪表设备和厂房结构的不利影响,对锻锤基础采取隔振措施,将弹性垫层(如弹簧、橡胶或软木等)放在基础和基础箱之间(图 17-31a))。如将砧块与基础视为一物体 m_2,基础箱为另一物体 m_1,则得到一个两自由度系统(图 17-31b))。当锤头与砧块发生冲击后,该系统作自由振动。已知锤头的质量 $m_3=3.15\times10^3$ kg,在冲击开始时的动能(称为打击能量)$T=7.8\times10^4$ J,两物体的质量分别为 $m_1=1.5\times10^5$ kg 和 $m_2=3.6\times10^5$ kg,弹性垫层的当量刚度系数 $k_2=3.62\times10^5$ kN/m,地基的当量刚度系数 $k_1=5.48\times10^6$ kN/m,锤头与砧块碰撞时的恢复因数 $e=0.5$。试求系统自由振动方程。

解 根据系统的受力情况(图 17-31c)),系统的运动微分方程为

$$\left.\begin{aligned}m_1\ddot{x}_1&=m_1g+F_2'-F_1=k_2(x_2-x_1)-k_1x_1\\ m_2\ddot{x}_2&=m_2g-F_2=-k_2(x_2-x_1)\end{aligned}\right\}\quad ①$$

令 $$\frac{k_1+k_2}{m_1}=C_1,\quad \frac{k_2}{m_1}=C_2,\quad \frac{k_2}{m_2}=C_3=C_4$$

则式 ① 可化为

$$\left.\begin{aligned}\ddot{x}_1+C_1x_1-C_2x_2=0\\ \ddot{x}_2-C_3x_1+C_3x_2=0\end{aligned}\right\}\quad ②$$

式 ② 与式(17-36)′ 相符,直接套用式(17-40)′,代入数据有

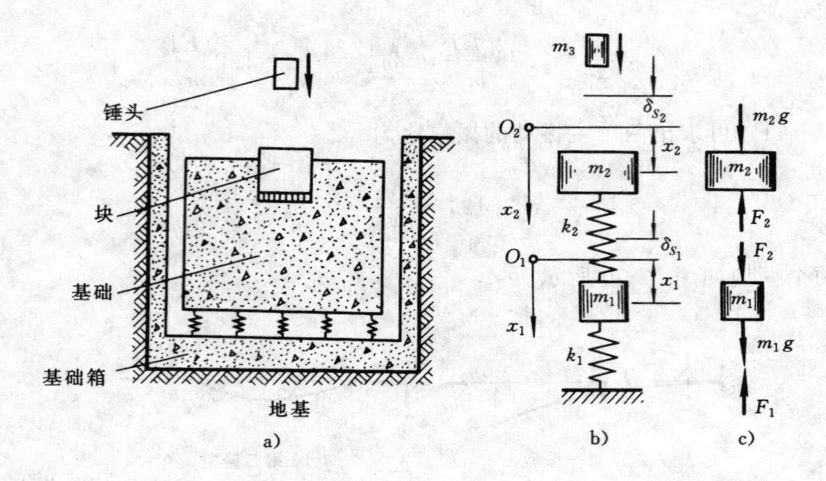

图 17-31 例 17-11 图

$$\omega_{n1}^2=\frac{C_1+C_4}{2}-\sqrt{\left(\frac{C_1-C_4}{2}\right)^2+C_2C_3}=0.94\times10^3$$

$$\omega_{n2}^2=\frac{C_1+C_4}{2}+\sqrt{\left(\frac{C_1-C_4}{2}\right)^2+C_2C_3}=38.96\times10^3$$

因此，系统的两个主频率为

$$\omega_{n1}=30.7\ \text{rad/s},\quad \omega_{n2}=197\ \text{rad/s}$$

由式(17-41)得两个振幅的比值

$$\gamma_1=\frac{A_{21}}{A_{11}}=\frac{C_1-\omega_{n1}^2}{C_2}=15.7$$

$$\gamma_2=\frac{A_{22}}{A_{12}}=\frac{C_1-\omega_{n2}^2}{C_2}=-0.025$$

系统的自由振动方程为

$$\left.\begin{aligned}x_1&=A_{11}\sin(\omega_{n1}t+\theta_1)+A_{12}\sin(\omega_{n2}t+\theta_2)\\x_2&=\gamma_1A_{11}\sin(\omega_{n1}t+\theta_1)+\gamma_2A_{12}\sin(\omega_{n2}t+\theta_2)\end{aligned}\right\}\quad ③$$

现根据系统运动的起始条件来确定四个积分常数 A_{11}，A_{12} 和 θ_1，θ_2。将式③对时间 t 求一阶导数，得

$$\left.\begin{aligned}\dot{x}_1&=A_{11}\omega_{n1}\cos(\omega_{n1}t+\theta_1)+A_{12}\omega_{n2}\cos(\omega_{n2}t+\theta_2)\\\dot{x}_2&=\gamma_1A_{11}\omega_{n1}\cos(\omega_{n1}t+\theta_1)+\gamma_2A_{12}\omega_{n2}\cos(\omega_{n2}t+\theta_2)\end{aligned}\right\}\quad ④$$

依题意可知系统运动的初始条件为

$t=0$ 时，　　$x_1=0, x_2=0, \dot{x}_1=0, \dot{x}_2=v_2'$　　⑤

其中，v'_2为砧块受锤头冲击结束时所获得的速度，即砧块开始振动时的速度。

设 v_2 为砧块在冲击开始时的速度，依题意可知 $v_2=0$；而 v_3 为锤头在冲击开始时的速度，其值由

$$T=\frac{1}{2}m_3 v_3^2$$

得

$$v_3=\sqrt{\frac{2T}{m_3}}=7.05\ \text{m/s}$$

再设 v'_3为碰后锤头的速度，若令 v_3，v'_2，v'_3指向均铅垂向下，则由动量定理及碰撞的恢复因数公式，得

$$m_3 v_3=m_3 v'_3+m_2 v'_2$$

$$e=\frac{v'_3-v'_2}{0-v_3}$$

两式联立得

$$v'_2=(1+e)\frac{m_3 v_3}{m_2+m_3}=0.09\ \text{m/s} \tag{⑥}$$

将式 ⑤ 和式 ⑥ 代入式 ③ 和式 ④，得

$$\left.\begin{aligned}A_{11}\sin\theta_1+A_{12}\sin\theta_2=0\\ \gamma_1 A_{11}\sin\theta_1+\gamma_2 A_{12}\sin\theta_2=0\end{aligned}\right\} \tag{⑦}$$

$$\left.\begin{aligned}A_{11}\omega_{n1}\cos\theta_1+A_{12}\omega_{n2}\cos\theta_2=0\\ \gamma_1 A_{11}\omega_{n1}\cos\theta_1+\gamma_2 A_{12}\omega_{n2}\cos\theta_2=v'_2\end{aligned}\right\} \tag{⑧}$$

由式 ⑦ 解得

$$\theta_1=\theta_2=0 \tag{⑨}$$

由式 ⑧ 解得

$$\left.\begin{aligned}A_{11}=\frac{v'_2}{(\gamma_1-\gamma_2)\omega_{n1}}\\ A_{12}=\frac{v'_2}{(\gamma_2-\gamma_1)\omega_{n2}}\end{aligned}\right\} \tag{⑩}$$

将 γ_1，γ_2，ω_{n1}，ω_{n2} 和 v'_2值代入式 ⑩，得

$$A_{11}=0.187\ \text{mm},\quad A_{12}=-0.029\ \text{mm}$$

又

$$\gamma_1 A_{11}=2.94\ \text{mm},\quad \gamma_2 A_{12}=0.0007\ \text{mm}$$

因此，系统的自由振动方程为

$$x_1=0.187\sin 30.7t-0.029\sin 197t$$

$$x_2=2.97\sin 30.7t+0.0007\sin 197t$$

如果不计各式的第二项,在实用上已够准确。由此可见,基础或基础箱的振幅都是很微小的。

17.5　两自由度系统无阻尼受迫振动　动力吸振器

如图 17-25a) 所示的无阻尼系统,若在质量 m_1 上加上简谐激振力 $F = H\sin\omega t$(图 17-32),则系统的运动微分方程为

$$\left.\begin{aligned} m_1\ddot{q}_1 &= -(k_1 + k_2)q_1 + k_2 q_2 + H\sin\omega t \\ m_2\ddot{q}_2 &= k_2 q_1 - (k_2 + k_3)q_2 \end{aligned}\right\} \tag{17-45}$$

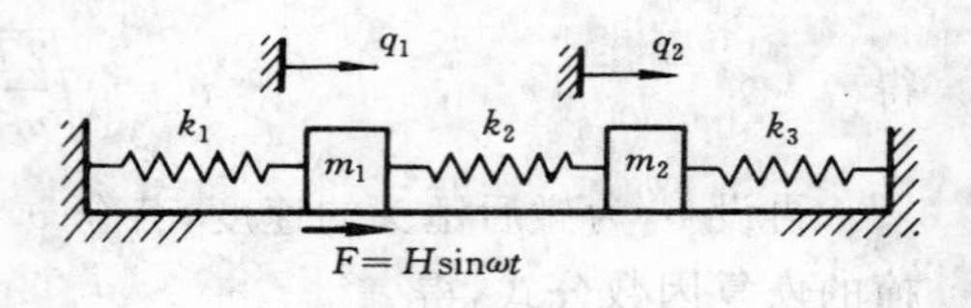

图 17-32　两自由度系统的受迫振动

令　$C_1 = \dfrac{k_1 + k_2}{m_1}$, $C_2 = \dfrac{k_2}{m_1}$, $C_3 = \dfrac{k_2}{m_2}$, $C_4 = \dfrac{k_2 + k_3}{m_2}$, $h = \dfrac{H}{m_1}$

则式(17-45) 可化为

$$\left.\begin{aligned} \ddot{q}_1 + C_1 q_1 - C_2 q_2 &= h\sin\omega t \\ \ddot{q}_2 - C_3 q_1 + C_4 q_2 &= 0 \end{aligned}\right\} \tag{17-46}$$

这是二阶常系数线性非齐次微分方程组,其通解是相应的齐次微分方程组的通解与其特解之和;前者在上一节已讨论,在此只需讨论其特解。

由于激励力是谐变的,与单自由度情况相类似,系统的受迫振动也是简谐运动。因此可设微分方程组(17-46) 的特解为

$$\left.\begin{aligned} q_1 &= b_1\sin\omega t \\ q_2 &= b_2\sin\omega t \end{aligned}\right\} \tag{17-47}$$

其中,b_1 和 b_2 为待定常数。将式(17-47) 代入式(17-46),得

$$\left.\begin{aligned} b_1(C_1 - \omega^2) - b_2 C_2 &= h \\ -b_1 C_3 + b_2(C_4 - \omega^2) &= 0 \end{aligned}\right\}$$

由上式解得

$$\left.\begin{aligned} b_1 &= \frac{h(C_4 - \omega^2)}{(C_1 - \omega^2)(C_4 - \omega^2) - C_2 C_3} \\ b_2 &= \frac{hC_3}{(C_1 - \omega^2)(C_4 - \omega^2) - C_2 C_3} \end{aligned}\right\} \tag{17-48}$$

将式(17-48) 代入式(17-47),便得到所要求的特解。该特解对应于系统的受迫振动。由以上所得结果可见,在简谐激扰力的作用下,系统中两物体的受迫振动都是简谐振动,其频率与激扰力的频率相同,其振幅 b_1,b_2 取决于系统本身的物理特性和激扰力的频率及幅值,与运动初条件无关。

下面分析受迫振动的振幅与激扰力频率之间的关系。

(1) 当激扰力的圆频率 ω 很小，ω^2 可略去不计时，由式(17-48) 可知，振幅

$$\left.\begin{aligned} b_1 &= \frac{hC_4}{C_1C_4 - C_2C_3} = \frac{H}{\dfrac{(k_1+k_2)(k_2+k_3)-k_2^2}{k_2+k_3}} \\ b_2 &= \frac{hC_3}{C_1C_4 - C_2C_3} = \frac{H}{\dfrac{(k_1+k_2)(k_2+k_3)-k_2^2}{k_2}} \end{aligned}\right\}$$

若令等效刚度

$$\left.\begin{aligned} k_1^* &= \frac{(k_1+k_2)(k_2+k_3)-k_2^2}{k_2+k_3} \\ k_2^* &= \frac{(k_1+k_2)(k_2+k_3)-k_2^2}{k_2} \end{aligned}\right\}$$

则

$$\left.\begin{aligned} b_1 &= \frac{H}{k_1^*} \\ b_2 &= \frac{H}{k_2^*} \end{aligned}\right\} \tag{17-49}$$

表示振幅 b_1 与 b_2 就是在干扰力力幅 H 静力作用下的位移。

若 $k_3=0$，有 $k_1^*=k_2^*$，即 $b_1=b_2=\dfrac{H}{k_1}$，两物体永远有相同的位移，弹簧 k_2 保持一定的长度。

(2) 当激扰力的圆频率等于系统的主频率之一时，由式(17-48) 可知 b_1 或 b_2 的分母为

$$(C_1-\omega^2)(C_4-\omega^2)-C_2C_3=\omega^4-(C_1+C_4)\omega^2+(C_1C_4-C_2C_3)$$

将上式与系统的频率方程(17-39)′ 比较，可知此时振幅 b_1 和 b_2 的分母为零，b_1 和 b_2 将趋于无限大，系统将发生共振现象。可见两自由度系统有两个共振频率。

由式(17-48) 可得振幅 b_1 和 b_2 的比值为

$$\frac{b_1}{b_2}=\frac{C_4-\omega^2}{C_3}$$

将上式与式(17-41) 比较，可知当 $\omega=\omega_{n1}$ 或 $\omega=\omega_{n2}$ 时，$\dfrac{b_1}{b_2}=\dfrac{A_{11}}{A_{21}}$ 或 $\dfrac{b_1}{b_2}=\dfrac{A_{12}}{A_{22}}$。这说明在任一共振情况下，受迫振动将按照相应的主振型振动。

以一特例来具体说明受迫振动的振幅随激扰力频率的变化情况。

设 $\quad m_1=2m,\quad m_2=m,\quad k_1=k_2=k,\quad k_3=0$

则有 $C_1=C_3=C_4=\dfrac{k}{m}$，$C_2=\dfrac{k}{2m}$，若令 $\omega_0=\sqrt{\dfrac{k}{2m}}$，则 $C_1=C_3=C_4=2\omega_0^2$，$C_2=\omega_0^2$。

式中，ω_0 为物体 m_1 和弹簧 k_1 组成单独系统时的固有圆频率。由式(17-40)′可求出两个共振频率为

$$\omega_1^2=\omega_{n1}^2=0.586\omega_0^2,\quad \omega_2^2=\omega_{n2}^2=3.414\omega_0^2$$

由式(17-48) 和式(17-29) 的比值得

$$\left.\begin{aligned}\alpha=\frac{b_1}{b_0}=\frac{1-\dfrac{\omega^2}{2\omega_0^2}}{2\left(1-\dfrac{\omega^2}{2\omega_0^2}\right)-1}\\ \beta=\frac{b_2}{b_0}=\frac{1}{2\left(1-\dfrac{\omega^2}{2\omega_0^2}\right)-1}\end{aligned}\right\}\tag{17-50}$$

式中，α 和 β 称为放大系数。放大系数 α 和 β 取决于比值 $\dfrac{\omega}{\omega_0}$。根据式(17-50) 可画出系统的振幅频率特征曲线(图 17-33)。

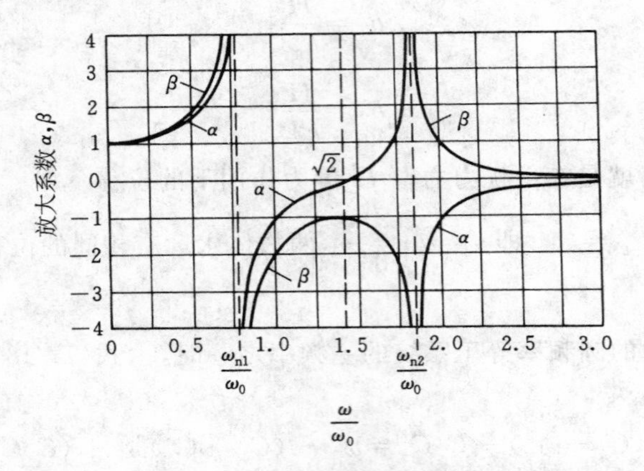

图 17-33 振幅-频率特征曲线

由图 17-33 可知：

(1) 当 $\omega=0$ 时，$\alpha=\beta=1$，即 $b_1=b_2=b_0$，也即在静力 H 作用下，两物体均自平衡位置发生位移 b_0。

(2) 当 $0<\omega<\omega_{n1}$ 时，α 和 β 随 ω 增大而增大，且均为正值，这表示两物体的振动均与激扰力同相。

(3) 当 $\omega=\omega_{n1}$ 时，α 和 β 均趋向无限大，系统发生共振。

(4) ω 比 ω_{n1} 略大一点时，α 和 β 仍很大，但均为负值，这表示两物体的振动是同相的，但均与激扰力反向。若 ω 继续增大，α 和 β 仍为负值，但其绝对值却减小。一直到 $\omega=\sqrt{2}\omega_0$ 时，$\alpha=0$，$\beta=-1$，即 $b_1=0$，$b_2=b_0$，但与激扰力反相。当 $\omega>\sqrt{2}\omega_0$ 时，$\alpha>0$，而 $\beta<0$，这表示两物体反相，但物体 m_1 与激扰力同相。

(5) 当 $\omega = \omega_{n2}$ 时，α 和 β 均又趋向无限大，系统又发生共振。

(6) 当 $\omega > \omega_{n2}$ 时，随 ω 增大，$\alpha < 0$，而 $\beta > 0$，这表示两物体仍反相，而物体 m_2 与激扰力同向，但两物体的振幅均逐渐减小。当 ω 远大于 ω_{n2} 时，α 和 β 均趋于零。

从上述分析得到，当 $\omega = \sqrt{2}\omega_0 = \sqrt{\frac{k_2}{m_2}} = \sqrt{C_3}$ 时，$\alpha = 0$。即当激扰力的圆频率等于由物体 m_2 和弹簧 k_2 所组成的单独系统的固有圆频率时，物体 m_1 虽受激扰力的作用，但其振幅为零。这一特征具有重要的实际意义，可以利用这一特性达到动力吸振的目的。

例如，一质量为 m_1 的机器安装在不计质量的梁上（图 17-34a)）。设机器的质量为 m_1，梁的刚度系数为 k_1，由于机器转子不均衡，将产生频率为 ω 的激扰力，从而发生受迫振动。为消除受迫振动所引起的不利影响，可在梁上用刚度系数为 k_2 的弹簧悬挂一质量为 m_2 的物块(图 17-34b))。于是原来的单自由度系统变成了两自由度系统。若使 $\sqrt{\frac{k_2}{m_2}} = \omega$，则由上一段的理论可知，机器的受迫振动振幅为零，即机器振动消失。这样附加的 k_2，m_2 系统就是一个简单的吸振装置，称为动力吸振器。

必须指出的是，只有当激扰力的圆频率与动力吸振器的固有圆频率相等时，动力吸振器才有吸振功效。当机器的转速比改变了，相应地，激扰力频率也发生了变化，则这种吸振器不再能吸振。对于频率可变的激扰力所产生的受迫振动，可采用阻尼吸振器来吸振。

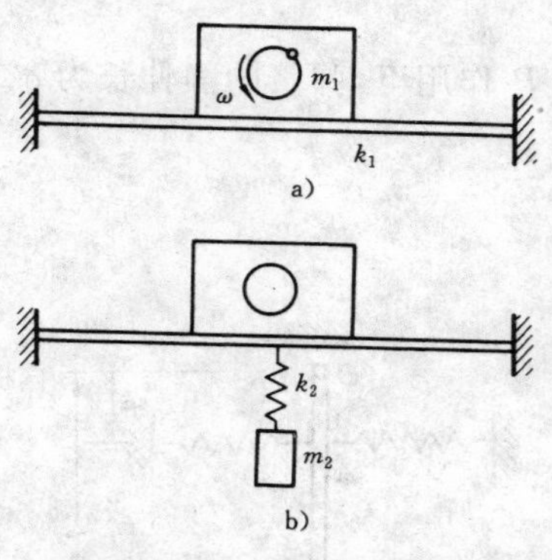

图 17-34　受迫振动

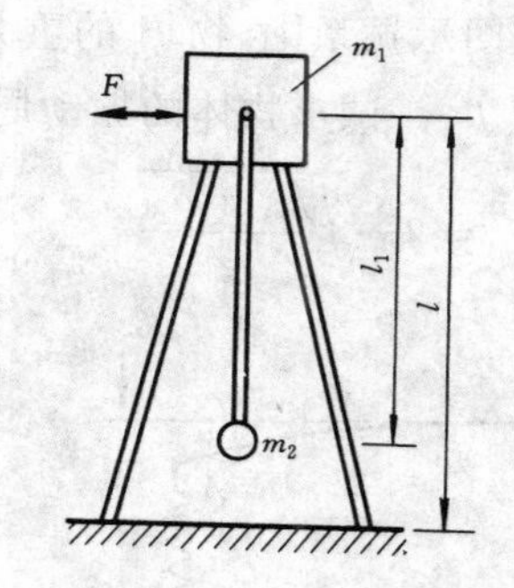

图 17-35　例 17-12 图

例 17-12　为消除支架顶端的质量块 m_1 的振动，采用如图 17-35 所示的摆式吸振器（看作摆杆质量不计的单摆）。作用于 m_1 上的水平激扰力 $F = H\sin\omega t$，支架的平均抗弯刚度为 EI。试求当 m_1 的振幅为零时，摆长应为多少？

解　根据动力吸振器的原理，吸振器本身的固有圆频率应等于 ω，吸振器为一单摆，其固有圆频率为 $\omega_n = \sqrt{\frac{g}{l}}$，得 $l_1 = \frac{g}{\omega_n^2} = \frac{g}{\omega^2}$。

思　考　题

17-1　如何决定物体的平衡位置？设物体的质量为 m，弹簧的原长为 l_0，刚度系数为 k，光滑斜面的倾角为 φ，如图所示，试求此物体的平衡位置。

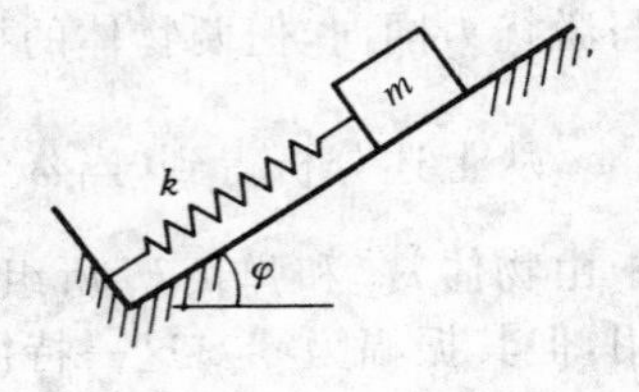

思考题 17-1 图

17-2　自由振动的固有频率由哪些因素决定？要提高或降低固有频率有什么方法？

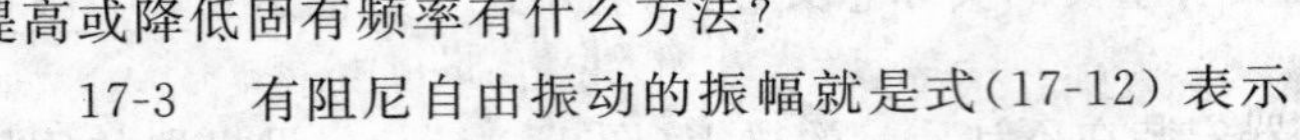

17-3　有阻尼自由振动的振幅就是式(17-12) 表示的 A 吗？

17-4　临界阻尼系数与什么因素有关？要调整临界阻尼系数有什么办法？

17-5　有阻尼受迫振动中，什么是稳态过程？与刚开始的一段运动有什么不同？

17-6　减振可以采用什么方法？

17-7　什么是主振动？两个主振动合成的结果是否为简谐振动？

17-8　两自由度振动系统在什么条件下按第一主振型或第二主振型振动？

17-9　动力吸振器吸振作用是根据什么原理？

17-10　试比较单自由度系统与两自由度系统的无阻尼自由振动与无阻尼受迫振动的异同点。

习　题

17-1　在图示振系中，物 B 的重力为 P，在 P 作用下，弹簧的静伸长为 δ_{st}，悬臂梁的静挠度为 f_{st}。试求物体的振动周期。

答案　$T_n = 2\pi\sqrt{\dfrac{f_{st}+\delta_{st}}{g}}$。

题 17-1 图

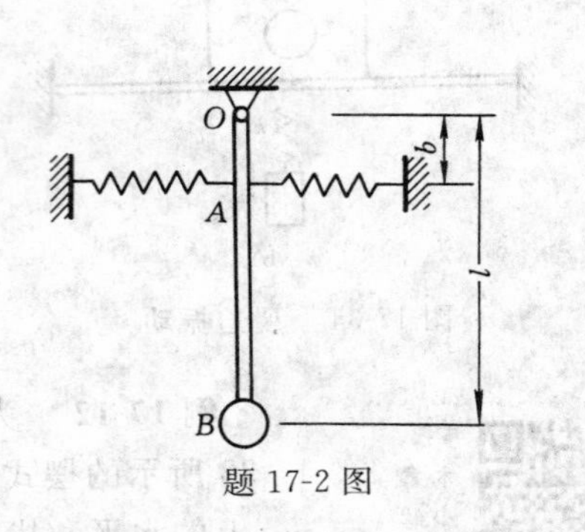

题 17-2 图

17-2　一摆如图所示，刚杆长为 l，B 端与质量为 m 的小球相连，两刚度系数为 k 的弹簧，装在与点 A 距离为 b 处。试求此摆微振动的固有频率。

答案　$f_n = \dfrac{1}{2\pi}\sqrt{\dfrac{2kb^2}{ml^2}+\dfrac{g}{l}}$。

17-3　一长为 l、重力为 P 的匀质杆在 A 端与两根刚度系数均为 k 的水平弹簧相连接，且作用有一铅垂常力 F，如图所示。欲使直杆微振动的圆频率趋向于零，试求力 F 的大小。

答案　$F=2kl-\dfrac{P}{2}$。

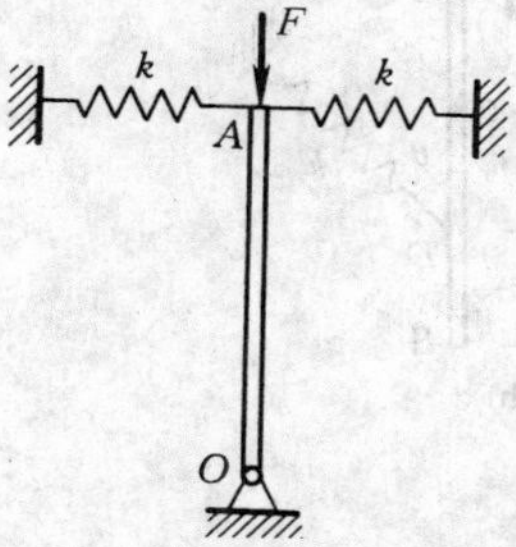

题 17-3 图

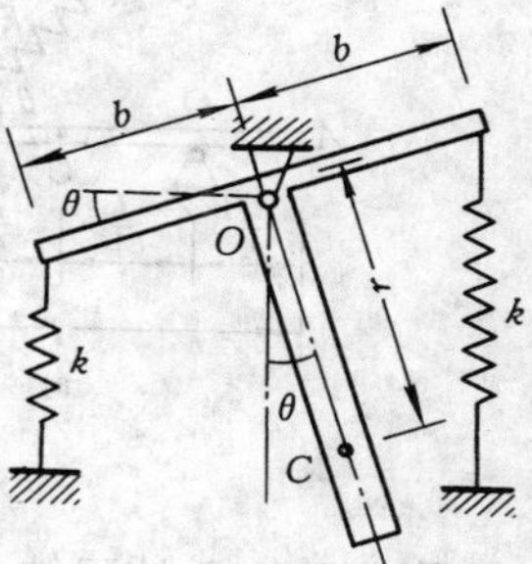

题 17-4 图

17-4　T 字形构件在铅垂面内绕点 O 摆动，每根弹簧的刚度系数均为 k，在 $\theta=0$ 的静平衡位置时有初张力 F_{st}，构件的质量为 m，质心在距 O 为 r 的点 C 处，尺寸 b 如图所示，对点 O 的转动惯量为 J_O。试求构件作微振动的周期。

答案　$T_{\mathrm{n}}=2\pi\sqrt{\dfrac{J_O}{mgr+2kb^2}}$。

17-5　在图示振系中，梁 AB 长为 l，弹簧的刚度系数为 k，在点 B 安装一重力为 P 的电动机。试求电动机微振动的固有圆频率与弹簧位置 x 的关系。

答案　$\omega_{\mathrm{n}}=\dfrac{x}{l}\sqrt{\dfrac{kg}{P}}$。

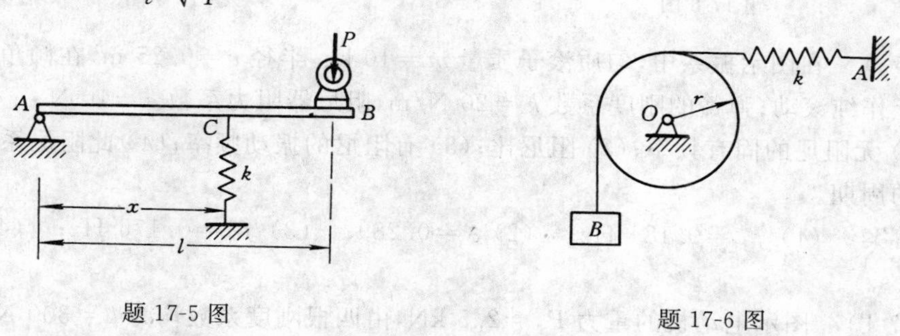

题 17-5 图　　　　题 17-6 图

17-6　在图示振系中，已知匀质圆盘半径 $r=0.15$ m，质量 $m_1=5$ kg，弹簧的刚度系数 $k=200$ N/m，重物 B 的质量 $m_2=10$ kg。试求系统的微振动的微分方程及固有圆频率。

答案　$\ddot{\varphi}+16\varphi=0$，　$\omega_{\mathrm{n}}=4$ rad/s。

17-7　匀质杆 AB 长为 l，质量为 m，在点 D 系着 $\theta=45^\circ$ 的倾斜弹簧，弹簧的刚

度系数为 k，位置如图所示。试求 a)、b) 两种情况下，杆微幅振动的固有圆频率。

答案　a) $\omega_n=\sqrt{\dfrac{6k}{7m}}$；　b) $\omega_n=\sqrt{\dfrac{6}{7}\left(\dfrac{k}{m}+\dfrac{2g}{l}\right)}$。

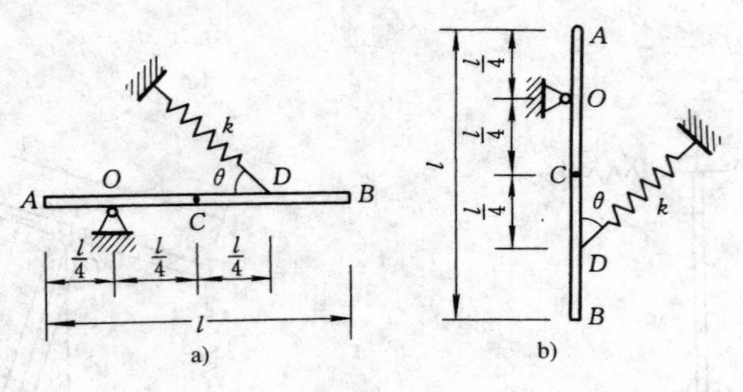

题 17-7 图

17-8　梁 OB 在 A 处固结一质量为 m 的小球，B 端与一刚度系数为 k 的弹簧相连。D 处有一阻力系数为 c 的阻尼器，尺寸 l 如图所示。试求系统的微振动的微分方程及周期。

答案　$\ddot{\varphi}+\dfrac{4c}{m}\dot{\varphi}+\dfrac{9k}{m}\varphi=0$，$T_d=\dfrac{2\pi m}{\sqrt{9mk-4c^2}}$。

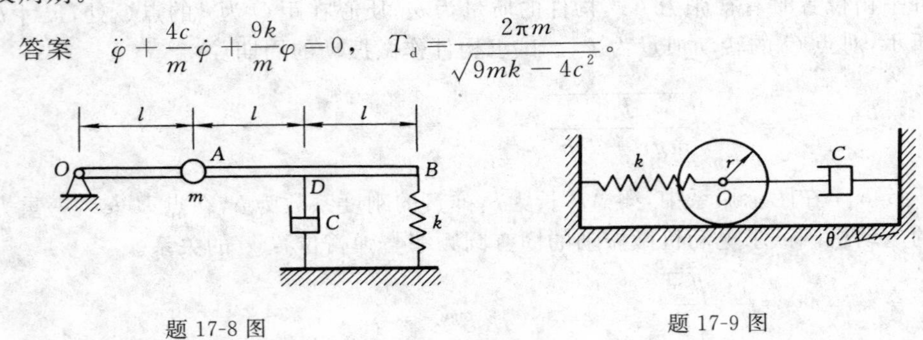

题 17-8 图

题 17-9 图

17-9　在图示振系中，匀质滚子质量 $m=10$ kg，半径 $r=0.25$ m，在倾角为 θ 的斜面上作纯滚动；弹簧的刚度系数 $k=20$ N/m，阻尼器阻力系数 $c=10$ N·s/m。试求：(1) 无阻尼的固有频率；(2) 阻尼比；(3) 有阻尼的振动频率；(4) 此阻尼系统自由振动的周期。

答案　(1) $f_n=0.184$ Hz；　(2) $\xi=0.289$；　(3) $f_d=0.176$ Hz；　(4) $T_d=5.677$ s。

17-10　图示电动机的重力 $P_0=2.5$ kN，由四根刚度系数均为 $k=300$ N/cm 的弹簧支持。由于电动机转子的质量分配不均，相当于在转子上有一重力 $P_1=2$ N 的偏心块，其偏心距 $e=1$ cm。试求：(1) 发生共振时的转速；(2) 当转速为 1 000 r/min 时，强迫振动的振幅。

答案　(1) $n_{cr}=207$ r/min；　(2) $B=0.836\times10^{-3}$ cm。

17-11　振系如图所示。已知曲柄 OD 长 $r=2$ cm，以匀角速 $\omega=7$ rad/s 转动，

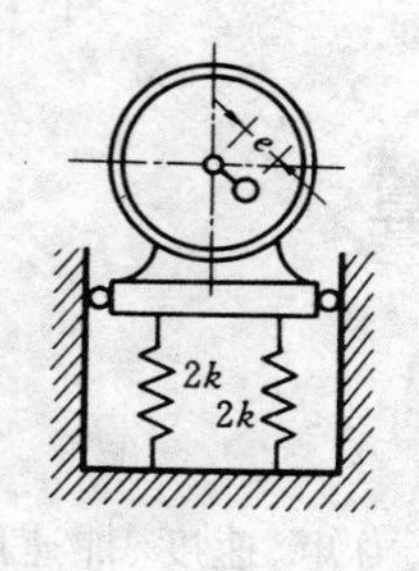

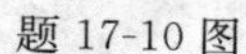
题 17-10 图

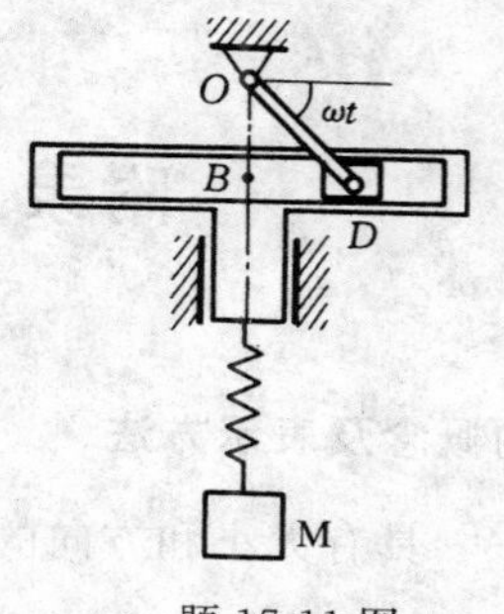

题 17-11 图

物体 M 的重力 $P=4\ \mathrm{N}$，弹簧在 0.4 N 的力作用下伸长 1 cm，试求物体 M 的强迫振动方程。

答案　$x=4\sin 7t\ \mathrm{cm}$。

17-12　电动机的重力 $P_0=12\ \mathrm{kN}$，装在一悬臂梁的自由端。已知电动机到固定端距离 $l=1.5\ \mathrm{m}$，电动机转子的重力 $P_1=2\ \mathrm{kN}$，以 $n=1\,500\ \mathrm{r/min}$ 的转速转动，其偏心距 $e=0.05\ \mathrm{mm}$。梁的弹性模量 $E=2\times10^7\ \mathrm{N/cm^2}$。试求梁的截面惯性矩 J 为何值时，其铅垂强迫振动的振幅不致超过 $B=0.5\ \mathrm{mm}$。

答案　$J\leqslant 16\,710\ \mathrm{cm^4}$（反向情形）。

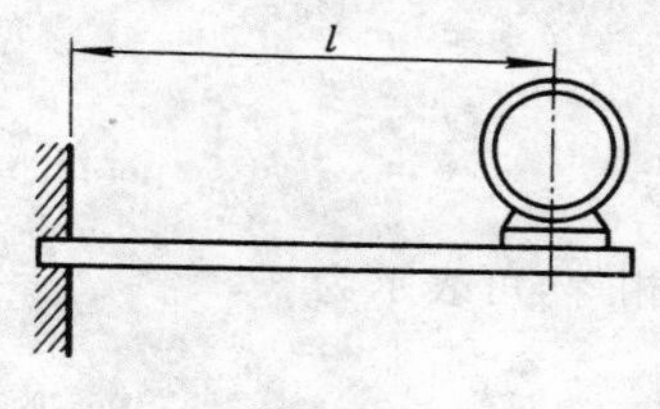

题 17-12 图

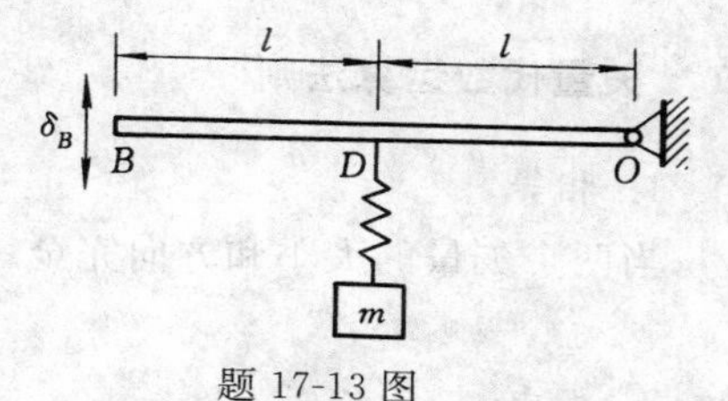

题 17-13 图

17-13　杆 OB 长为 $2l$ 上的点 D 与一刚度系数 $k=100\ \mathrm{N/m}$ 的弹簧相连，弹簧下挂一质量 $m=0.5\ \mathrm{kg}$ 的重物，如图所示。已知：$l=300\ \mathrm{mm}$，点 B 的微振方程为 $\delta_B=2\sin 14t$，式中 δ_B 以 mm 计，t 以 s 计。试求系统作微振动时，杆 OB 的 D 处所受力的最大值。

答案　$F_{D\max}=9.8\ \mathrm{N}$。

17-14　有一精密仪器在使用时要避免地坪振动的干扰，为此在仪器下安装 8 根相同的弹簧，如图所示。已知仪器的重力 $P=8\ \mathrm{kN}$，地坪的振动规律 $y_e=0.1\sin 10\pi t$，容许振动的振幅 $B=0.01\ \mathrm{cm}$。试求每根弹簧应有的刚度系数。

答案　$k=91.5\ \mathrm{N/cm}$。

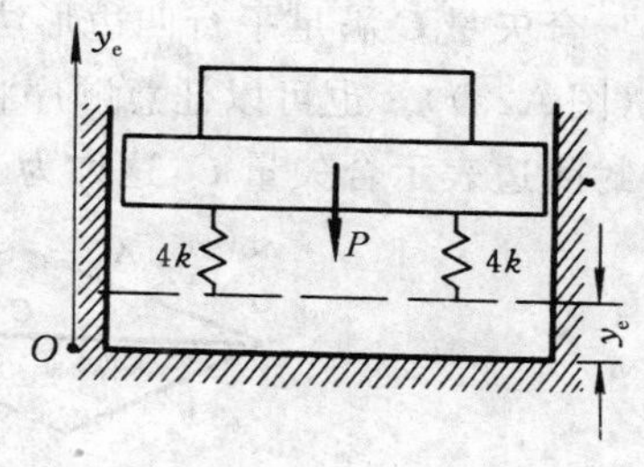

题 17-14 图

附录A 矢量的运算

A1 矢量的概念及表示方法

矢量——具有大小和方向的量。如物理学中的力、力矩、速度、加速度、动量、动量矩等。

矢量的几何表示为空间一有向线段，如图A1所示，一般以黑体符号表示，如$\boldsymbol{A}$，$\boldsymbol{F}$，$\boldsymbol{r}$等，或用带箭头的字符表示，如$\vec{A}$，$\vec{F}$，$\vec{r}$。印刷用黑体$\boldsymbol{A}$，$\boldsymbol{F}$，$\boldsymbol{r}$，书写用$\vec{A}$，$\vec{F}$，$\vec{r}$。

矢量的数值度量，称为矢量的模，通常记为$|\boldsymbol{A}|=A$。

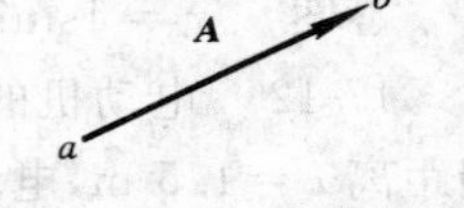

图A1 矢量的表示

数值等于零的矢量为零矢量；数值恒等于1的矢量称为单位矢量，例如将沿直角坐标x，y，z方向的单位矢量表示为$\boldsymbol{i}$，$\boldsymbol{j}$，$\boldsymbol{k}$。再引入该坐标系参考基的基矢量$\boldsymbol{e}^{\circ}$，则单位矢量$\boldsymbol{i}$，$\boldsymbol{j}$，$\boldsymbol{k}$可表示为基矢量$\boldsymbol{e}^{\circ}$的列阵为

$$\boldsymbol{e}^{\circ}=\{\boldsymbol{i}\quad \boldsymbol{j}\quad \boldsymbol{k}\}^{\mathrm{T}} \tag{A1}$$

A2 矢量代数运算法则

1. 相等

当两个矢量的大小和方向完全一致时，定义为相等，可表示为

$$\boldsymbol{A}=\boldsymbol{B} \tag{A2}$$

2. 数乘

将标量（数λ）与矢量$\boldsymbol{A}$相乘，有

$$\lambda\boldsymbol{A}=\boldsymbol{B} \quad 及 \quad \boldsymbol{B}=|\lambda|\boldsymbol{A} \tag{A3}$$

3. 加法

两个矢量之和仍为一个矢量

$$\boldsymbol{A}+\boldsymbol{B}=\boldsymbol{C} \tag{A4}$$

合矢量$\boldsymbol{C}$满足平行四边形法则，它等于以$\boldsymbol{A}$，$\boldsymbol{B}$矢量为邻边的平行四边形的对角线（图A2a)）。也可以任意顺序将矢量$\boldsymbol{A}$，$\boldsymbol{B}$首尾相连，从矢量$\boldsymbol{A}$始点指向矢量$\boldsymbol{B}$终点的封闭边表示合矢量$\boldsymbol{C}$，这称为三角形法则，如图A2b)所示。

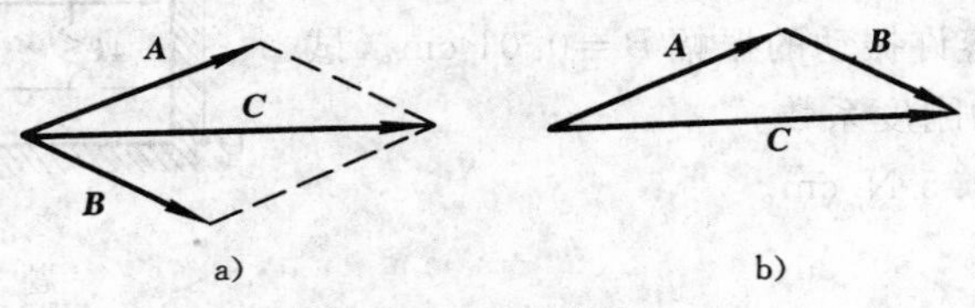

图A2 矢量的和

矢量相加服从如下结合律

$$\boldsymbol{A}+\boldsymbol{B}+\boldsymbol{C}=(\boldsymbol{A}+\boldsymbol{B})+\boldsymbol{C}=\boldsymbol{A}+(\boldsymbol{B}+\boldsymbol{C}) \tag{A5}$$

多个矢量相加满足多边形法则，即将这些矢量依次首尾相连，组成多边形，其合矢量由从起始点指向终点的封闭边表示。

4. 减法

两个矢量相减可看作加法的逆运算(图 A3)。

$$\boldsymbol{A}-\boldsymbol{B}=\boldsymbol{A}+(-\boldsymbol{B})=\boldsymbol{C} \tag{A6}$$

5. 标量积

两矢量的标量积(也称为点积) 为一标量，它定义为

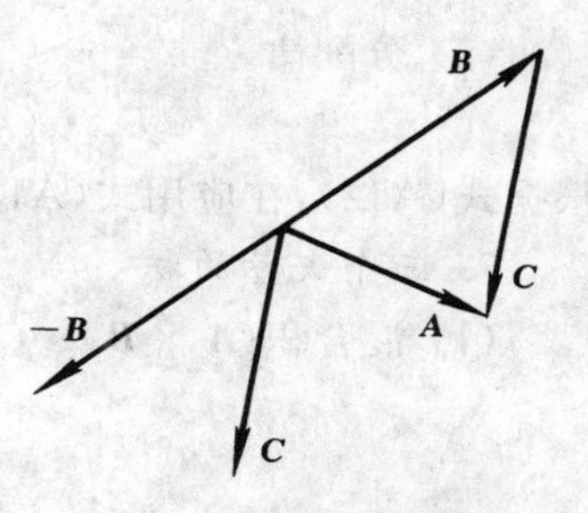

图 A3　矢量的差

$$\boldsymbol{A}\cdot\boldsymbol{B}=AB\ \cos\theta \tag{A7}$$

式(A7) 中，θ 为两个矢量间的夹角，如图 A4 所示。当两矢量相互垂直时，它们的点积为零，即 $\boldsymbol{A}\cdot\boldsymbol{B}=0(\theta=\pi/2)$。因此，两矢量的标量积，就是 **A** 矢量与 **B** 矢量在 **A** 矢量上的投影的乘积，或 **B** 矢量与 **A** 矢量在 **B** 矢量上的投影的乘积。

矢量的点积，服从如下交换律与分配律：

交换律
$$\boldsymbol{A}\cdot\boldsymbol{B}=\boldsymbol{B}\cdot\boldsymbol{A} \tag{A8}$$

分配律
$$(\boldsymbol{A}+\boldsymbol{B})\cdot\boldsymbol{C}=\boldsymbol{A}\cdot\boldsymbol{C}+\boldsymbol{B}\cdot\boldsymbol{C} \tag{A9}$$

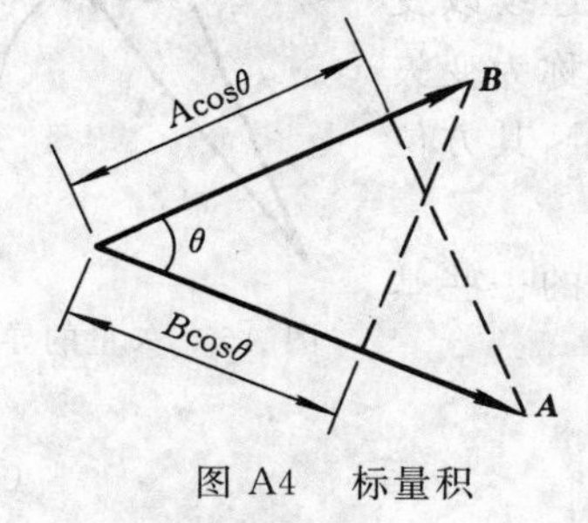

图 A4　标量积

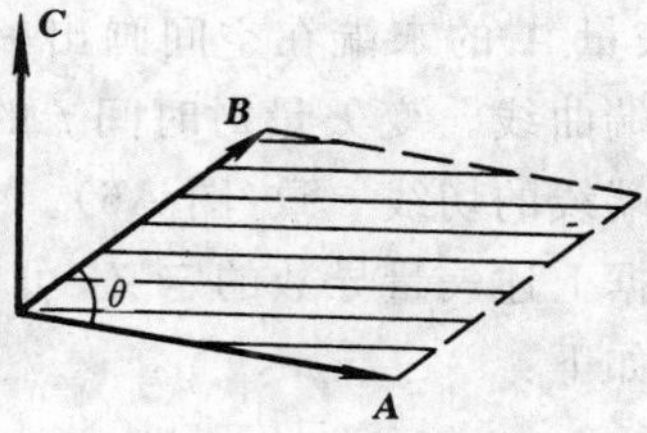

图 A5　矢量积

6. 矢量积

两矢量的矢量积(也称叉积) 仍为一矢量，其定义为

$$\boldsymbol{A}\times\boldsymbol{B}=\boldsymbol{C} \tag{A10}$$

叉积矢量 **C** 有如下几个性质(图 A5)：

(1) 矢量 **C** 的模等于 **A**,**B** 矢量构成的平行四边形面积：

$$|\ \boldsymbol{C}\ |=AB\sin\theta \tag{A11}$$

(2) 矢量 **C** 的方向垂直于 **A**,**B** 矢量构成的平面。

(3) 矢量 **C** 的指向按 **A**,**B**,**C** 构成右手系的法则确定。当两矢量相互平行时，它们的叉积为零，即 $\boldsymbol{A}\times\boldsymbol{B}=\boldsymbol{0}\ (\theta=0)$。

(4) 无交换律性。

在矢量叉积中不再适用交换律，即

$$\boldsymbol{A}\times\boldsymbol{B}=-\boldsymbol{B}\times\boldsymbol{A} \tag{A12}$$

(5) 分配律。

$$(\boldsymbol{A}+\boldsymbol{B})\times\boldsymbol{C}=\boldsymbol{A}\times\boldsymbol{C}+\boldsymbol{B}\times\boldsymbol{C} \tag{A13}$$

根据式(A12)，在应用式(A13)时，必须遵循叉积的顺序。

7. 三个矢量的积

(1) 混合积$(\boldsymbol{A}\times\boldsymbol{B})\cdot\boldsymbol{C}$是一个标量，可表示为

$$(\boldsymbol{A}\times\boldsymbol{B})\cdot\boldsymbol{C}=\begin{vmatrix} A_x & A_y & A_z \\ B_x & B_y & B_z \\ C_x & C_y & C_z \end{vmatrix} \tag{A14}$$

混合积服从如下交换律：

$$(\boldsymbol{A}\times\boldsymbol{B})\cdot\boldsymbol{C}=(\boldsymbol{B}\times\boldsymbol{C})\cdot\boldsymbol{A}=(\boldsymbol{C}\times\boldsymbol{A})\cdot\boldsymbol{B} \tag{A15}$$

(2) 二重矢积$(\boldsymbol{A}\times\boldsymbol{B})\times\boldsymbol{C}$是一个矢量，它满足如下展开律：

$$(\boldsymbol{A}\times\boldsymbol{B})\times\boldsymbol{C}=\boldsymbol{B}(\boldsymbol{A}\cdot\boldsymbol{C})-\boldsymbol{A}(\boldsymbol{B}\cdot\boldsymbol{C}) \tag{A16}$$

A3 矢量的微分运算法则

设以时间 t 为自变量的变矢量 $\boldsymbol{A}$，当自变量 t 连续改变时，变矢量 $\boldsymbol{A}$ 的末端在空间画出一条曲线，此曲线称为变矢量的矢端曲线。变矢量对时间 t 的导数仍为一矢量，其方位与矢量端线的切线一致(图 A6)。

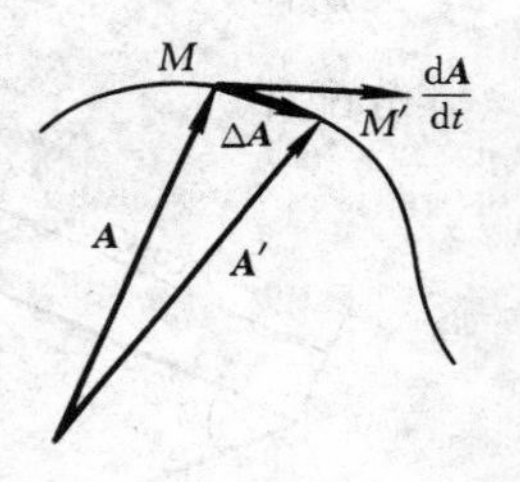

图 A6 矢量的导数

根据上述矢量导数的定义，可以得出矢量导数的一些基本性质如下：

(1) 常矢量导数：$$\frac{\mathrm{d}\boldsymbol{A}}{\mathrm{d}t}=\boldsymbol{0} \tag{A17}$$

(2) 矢量和的导数：$$\frac{\mathrm{d}}{\mathrm{d}t}(\boldsymbol{A}+\boldsymbol{B}-\boldsymbol{C})=\frac{\mathrm{d}\boldsymbol{A}}{\mathrm{d}t}+\frac{\mathrm{d}\boldsymbol{B}}{\mathrm{d}t}-\frac{\mathrm{d}\boldsymbol{C}}{\mathrm{d}t} \tag{A18}$$

(3) 标量与矢量积的导数：

设 λ 为标量，则 $$\frac{\mathrm{d}}{\mathrm{d}t}(\lambda\boldsymbol{A})=\frac{\mathrm{d}\lambda}{\mathrm{d}t}\boldsymbol{A}+\lambda\frac{\mathrm{d}\boldsymbol{A}}{\mathrm{d}t} \tag{A19}$$

(4) 两矢量点积的导数：$$\frac{\mathrm{d}}{\mathrm{d}t}(\boldsymbol{A}\cdot\boldsymbol{B})=\frac{\mathrm{d}\boldsymbol{A}}{\mathrm{d}t}\cdot\boldsymbol{B}+\boldsymbol{A}\cdot\frac{\mathrm{d}\boldsymbol{B}}{\mathrm{d}t} \tag{A20}$$

(5) 两矢量叉积的导数：$$\frac{\mathrm{d}}{\mathrm{d}t}(\boldsymbol{A}\times\boldsymbol{B})=\frac{\mathrm{d}\boldsymbol{A}}{\mathrm{d}t}\times\boldsymbol{B}+\boldsymbol{A}\times\frac{\mathrm{d}\boldsymbol{B}}{\mathrm{d}t} \tag{A21}$$

由上列公式可以导出关于矢量导数的投影定理。

定理:矢量导数在定轴上的投影等于此矢量在该轴上投影的导数。

在定坐标系 $Oxyz$ 上,解析地表示矢量

$$\boldsymbol{A} = A_x\boldsymbol{i} + A_y\boldsymbol{j} + A_z\boldsymbol{k}$$

则其导数为

$$\frac{\mathrm{d}\boldsymbol{A}}{\mathrm{d}t} = \frac{\mathrm{d}A_x}{\mathrm{d}t}\boldsymbol{i} + \frac{\mathrm{d}A_y}{\mathrm{d}t}\boldsymbol{j} + \frac{\mathrm{d}A_z}{\mathrm{d}t}\boldsymbol{k}$$

根据矢量导数的定义,$\frac{\mathrm{d}\boldsymbol{A}}{\mathrm{d}t}$ 也为一矢量,设它在 x,y,z 轴上的投影为 $\left(\frac{\mathrm{d}\boldsymbol{A}}{\mathrm{d}t}\right)_x$,$\left(\frac{\mathrm{d}\boldsymbol{A}}{\mathrm{d}t}\right)_y$,$\left(\frac{\mathrm{d}\boldsymbol{A}}{\mathrm{d}t}\right)_z$,则

$$\frac{\mathrm{d}\boldsymbol{A}}{\mathrm{d}t} = \left(\frac{\mathrm{d}\boldsymbol{A}}{\mathrm{d}t}\right)_x\boldsymbol{i} + \left(\frac{\mathrm{d}\boldsymbol{A}}{\mathrm{d}t}\right)_y\boldsymbol{j} + \left(\frac{\mathrm{d}\boldsymbol{A}}{\mathrm{d}t}\right)_z\boldsymbol{k}$$

于是得到

$$\left(\frac{\mathrm{d}\boldsymbol{A}}{\mathrm{d}t}\right)_x = \frac{\mathrm{d}A_x}{\mathrm{d}t};\quad \left(\frac{\mathrm{d}\boldsymbol{A}}{\mathrm{d}t}\right)_y = \frac{\mathrm{d}A_y}{\mathrm{d}t};\quad \left(\frac{\mathrm{d}\boldsymbol{A}}{\mathrm{d}t}\right)_z = \frac{\mathrm{d}A_z}{\mathrm{d}t}$$

附录 B　利用科学计算器求解理论力学问题

在求解理论力学问题时，经常涉及多元线性方程组的求解，当方程组数量较多时，仅靠人工计算往往会很困难，因此有必要在求解理论力学问题时，使用计算工具提高解题效率，这里主要讲解科学计算器的用法。

科学计算器是一种便捷的计算工具，其品牌型号各异，功能水平也各不相同。普通的科学计算器可以进行基本的函数计算以及简单的统计计算，高级的科学计算器还可以进行微积分、方程求解、复数、概率分布、数据表格、矩阵、向量、回归分析、进制转换等计算。这里以型号为卡西欧 fx-999CN CW 中文版的科学计算器为例，对计算器的操作及其在理论力学中常用的功能进行简要介绍。

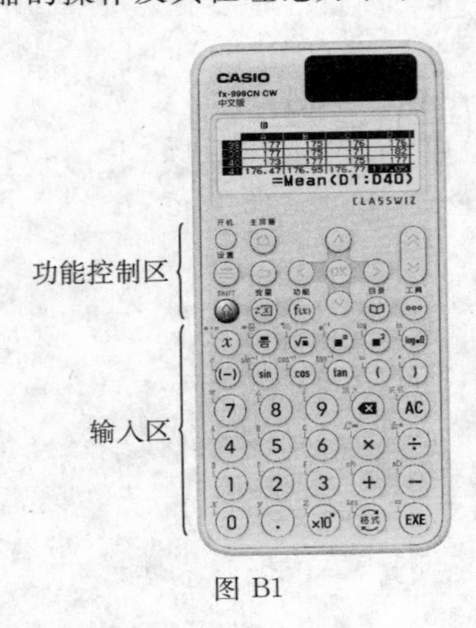

图 B1

卡西欧 fx-999CN CW 中文版科学计算器的面板如图 B1 所示，分为两大区域。上面三行是功能控制区，通过这个区域的按键可以实现对计算器的大多数控制操作。下面六行是输入区，这个区域的每个按键都有两种功能：要实现印在按键表面的功能直接按这个按键即可；要实现印在按键左上方的功能，需要先按功能控制区的[SHIFT]键，再按对应的按键。例如要输入圆周率 π，这个记号印在按键[7]的左上方，因此按键过程为：[SHIFT][7](π)。

卡西欧 fx-999CN CW 总共有 12 个功能应用，如图 B2 所示。按[开机]键开机，然后按[主屏幕]键打开主屏幕，使用方向键([∧][∨][<][>])可以查看所有的功能应用。选中应用后，按[OK]键即可进入。

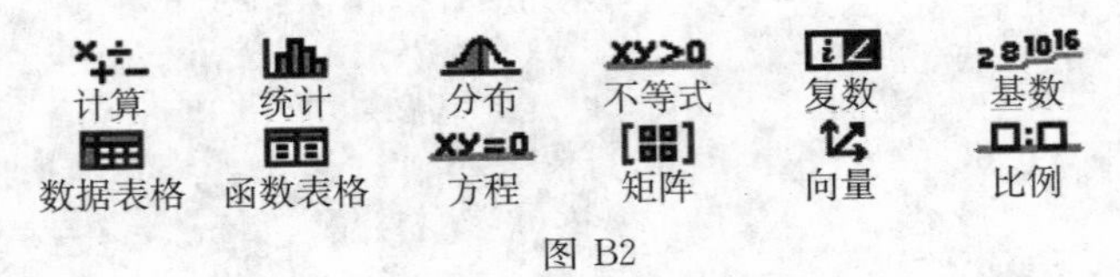

图 B2

求解理论力学问题常用的线性方程组功能需要在“方程”应用中使用，在 fx-999CN CW 中文版上，按[主屏幕]键，然后再找到“方程”应用，按[OK]键进入。以下通过两道例题来具体说明这一功能的用法。

【例 1】　如图 B3a) 所示的组合梁(不计自重)由 AC 和 CD 铰接而成。已知：$F=$

20 kN，均布荷载 $q=10\ \text{kN/m}$，$M=20\ \text{kN}\cdot\text{m}$，$l=1\ \text{m}$。试求固定端 A 及支座 B 的约束力。

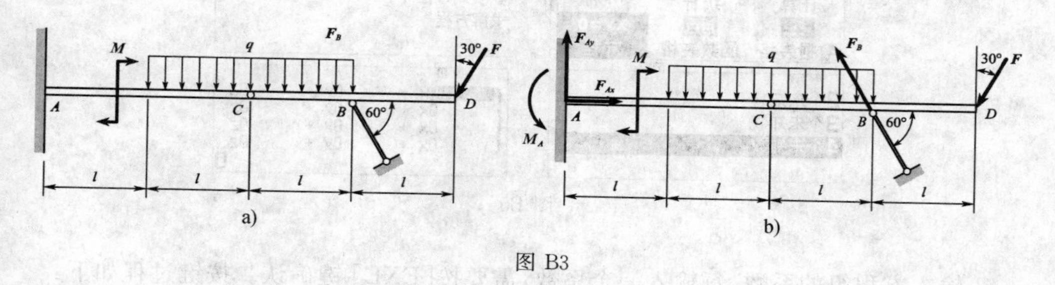

图 B3

解　先以整体为研究对象，组合梁在主动力 $\boldsymbol{M}$，$\boldsymbol{F}$，$\boldsymbol{q}$ 和约束力 $\boldsymbol{F}_{Ax}$，$\boldsymbol{F}_{Ay}$，$\boldsymbol{M}_A$ 及 $\boldsymbol{F}_B$ 作用下平衡，受力如图 B3b) 所示。其中均布载荷的合力通过点 C，大小为 $2ql$。列平衡方程：

$$\sum F_x = F_{Ax} - F_B\cos 60^\circ - F\sin 30^\circ = 0$$

$$\sum F_y = F_{Ay} + F_B\sin 60^\circ - 2ql - F\cos 30^\circ = 0$$

$$\sum M_A(\boldsymbol{F}_i) = M_A - M - 2ql\cdot 2l + F_B\sin 60^\circ\cdot 3l - F\cos 30^\circ\cdot 4l = 0$$

以上三个方程中包含有四个未知量，必须再补充方程才能求解。为此，可取 CD 这一段梁为研究对象，受力如图 B4 所示，列力矩方程：

$$\sum M_C(\boldsymbol{F}_i) = F_B\sin 60^\circ\cdot l - ql\cdot\frac{l}{2} - F\cos 30^\circ\cdot 2l = 0$$

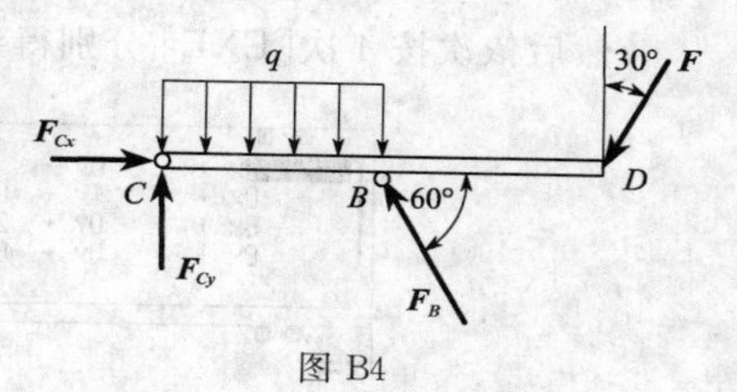

图 B4

使用卡西欧 fx-999CN CW 计算。令 $F_{Ax}=x$，$F_{Ay}=y$，$F_B=z$，$M_A=t$，整理以上四个方程并代入已知量，有

$$x - \cos 60^\circ\cdot z = 20\sin 30^\circ$$

$$y + \sin 60^\circ\cdot z = 20\times 10\times 1 + 20\cos 30^\circ$$

$$(\sin 60^\circ\times 3\times 1)z + t = 20 + 2\times 10\times 1\times 2\times 1 + 20\cos 30^\circ\times 4\times 1$$

$$(\sin 60^\circ\times 1)z = 10\times 1\times\frac{1}{2} + 20\cos 30^\circ\times 2\times 1$$

按[主屏幕]键，选择“方程”应用，按[OK]键进入；选择“线性方程组”，按[OK]键确认；选择“4 个未知数”，按[OK]键确认，此时出现方程组系数的输入界面；如图 B5 所示。

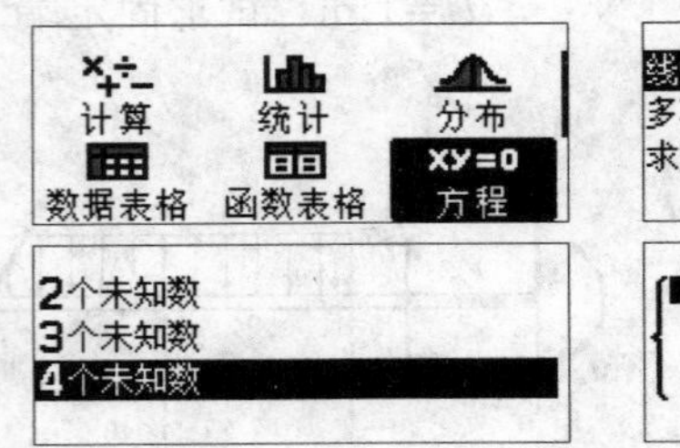

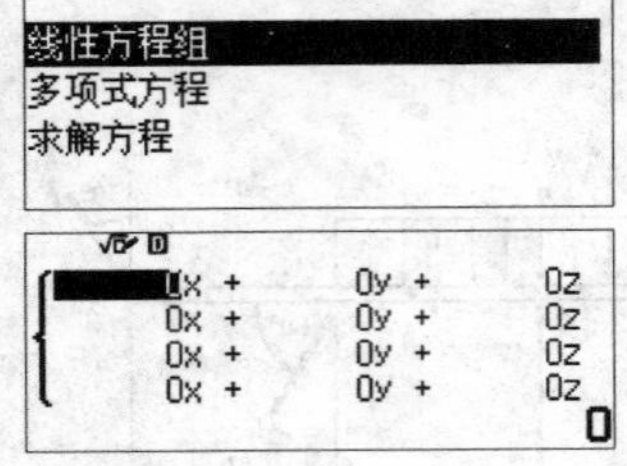

图 B5

输入方程组的系数，每输入一个系数，需要按［EXE］键确认。按键过程如下：

1［EXE］［>］［(−)］［cos］60［)］［EXE］［>］20［sin］30［)］［EXE］

［>］1［EXE］［sin］60［)］［EXE］［>］2［×］10［×］1［+］20［cos］30［)］［EXE］

［>］［>］［sin］60［)］［×］3［×］1［EXE］1［EXE］20［+］2［×］10［×］1［×］2［×］1［+］20［cos］30［)］［×］4［×］1［EXE］

［>］［>］［sin］60［)］［×］1［EXE］［>］10［×］1［×］1［$\frac{\blacksquare}{\square}$］2［+］20［cos］30［)］［×］2［×］1［EXE］

然后依次按 4 次［EXE］分别得到 x,y,z,t 的值，如图 B6 所示。

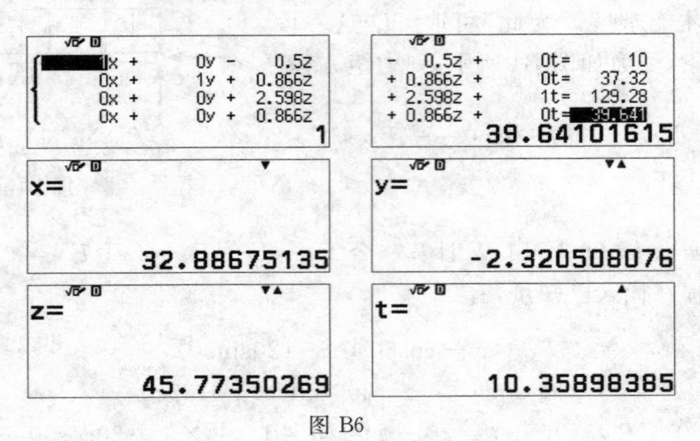

图 B6

由此得到：

$F_{Ax}=32.89\ \mathrm{kN}$，$F_{Ay}=-2.32\ \mathrm{kN}$，$F_B=45.77\ \mathrm{kN}$，$M_A=10.36\ \mathrm{kN\cdot m}$

其中负号表示力的实际方向与图 B3b）中的假设方向相反。

【例 2】 在图 B7a）中，皮带的拉力 $F_2=2F_1$，曲柄上作用有 $F=2\ 000\ \mathrm{N}$ 的铅垂力。已知皮带轮的直径 $D=400\ \mathrm{mm}$，曲柄长 $R=300\ \mathrm{mm}$，皮带 1 和皮带 2 与铅垂线

间的夹角分别为 α 和 β，$\alpha=30°$，$\beta=60°$（图 B7b)），其他尺寸如图 B7 所示（单位：mm）。求皮带拉力和轴承约束力。

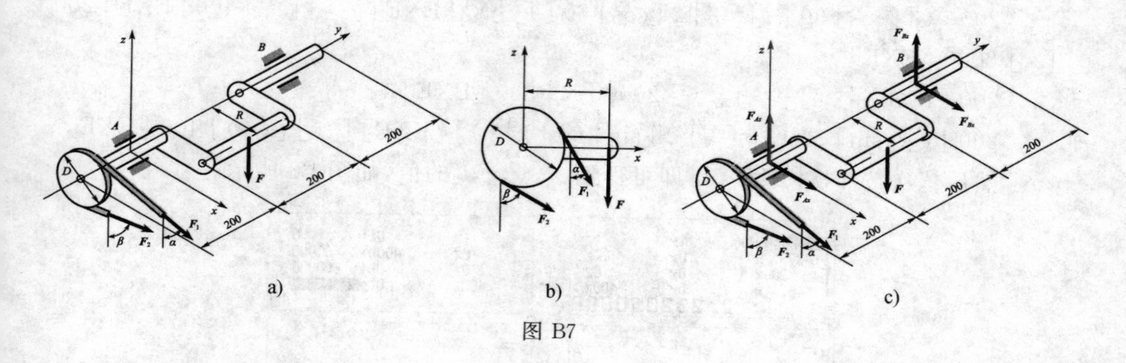

图 B7

以整个轴为研究对象，受力分析如图 B7c) 所示，其上有力 $\boldsymbol{F}_1$，$\boldsymbol{F}_2$，$\boldsymbol{F}$ 及轴承约束力 $\boldsymbol{F}_{Ax}$，$\boldsymbol{F}_{Az}$，$\boldsymbol{F}_{Bx}$，$\boldsymbol{F}_{Bz}$。轴受空间任意力系作用，选坐标轴如图所示，列平衡方程：

$$\sum F_x = F_1\sin\alpha + F_2\sin\beta + F_{Ax} + F_{Bx} = 0$$

$$\sum F_y = 0$$

$$\sum F_z = -F_1\cos\alpha - F_2\cos\beta - F + F_{Az} + F_{Bz} = 0$$

$$\sum M_x(\boldsymbol{F}) = 200F_1\cos\alpha + 200F_2\cos\beta - 200F + 400F_{Bz} = 0$$

$$\sum M_y(\boldsymbol{F}) = FR - D(F_2 - F_1)/2 = 0$$

$$\sum M_z(\boldsymbol{F}) = 200F_1\sin\alpha + 200F_2\sin\beta - 400F_{Bx} = 0$$

其中，$F_2=2F_1$。

以上 5 个独立方程加上补充条件，可以求解 6 个未知量。

使用卡西欧 fx-999CN CW 求解。令 $F_1=x$，$F_2=2F_1=2x$，$F_{Ax}=y$，$F_{Bx}=z$，$F_{Az}=s$，$F_{Bz}=t$，整理原方程组并代入已知量，得

$$(\sin30° + 2\sin60°x + y + z = 0 \quad ①$$

$$-(\cos30° + 2\cos60°)x + s + t = 2\ 000 \quad ②$$

$$200(\cos30° + 2\cos60°)x + 400t = 200 \times 2\ 000 \quad ③$$

$$200x = 2\ 000 \times 300 \quad ④$$

$$200(\sin30° + 2\sin60°)x - 400z = 0 \quad ⑤$$

卡西欧 fx-999CN CW 只能解最高四元一次的方程组，因此观察以上方程，只有式 ② 含有未知数 s，故先选取方程 ①，③，④，⑤ 联立求解。

按[主屏幕] 键，选择“方程” 应用，按[OK] 键进入；选择“线性方程组”，按[OK] 键确认；选择“4 个未知数”，按[OK] 键确认，此时出现方程组系数的输入界面；输入

方程组的系数,按键:

[sin] 30 [)] [+] 2 [sin] 60 [)] [EXE] 1 [EXE] 1 [EXE] [>] [>]

200 [(] [cos] 30 [)] [+] 2 [cos] 60 [)] [)] [EXE] [>] [>] 400 [EXE] 200 [×] 2000 [EXE]

200 [EXE] [>] [>] [>] 2000 [×] 300 [EXE]

200 [(] [sin] 30 [)] [+] 2 [sin] 60 [)] [)] [EXE] [>] [(—)] 400 [EXE]

然后依次按 4 次[EXE] 键即可得到 x,y,z,t 的值,如图 B8 所示。

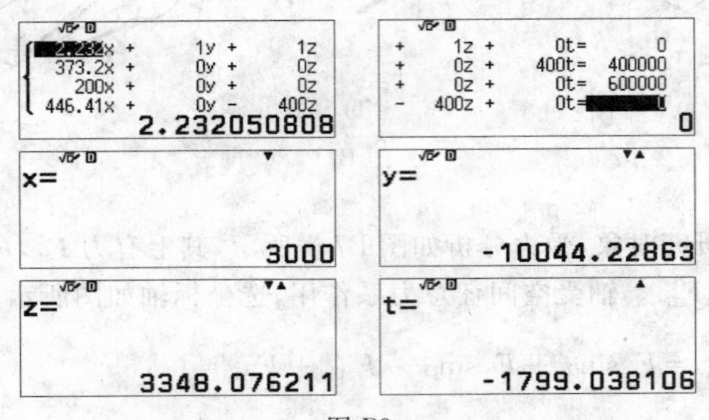

图 B8

再按[主屏幕] 键,选择"计算" 应用,按[OK] 键进入。利用已经解出的未知量,求解第 ② 个方程中的 s。按键:

2000 [+] [(] [cos] 30 [)] [+] 2 [cos] 60 [)] [)] [×] 3000 [—] [(] [(—)] 1799.04 [)] [EXE]

计算得到 s 的值,如图 B9 所示。

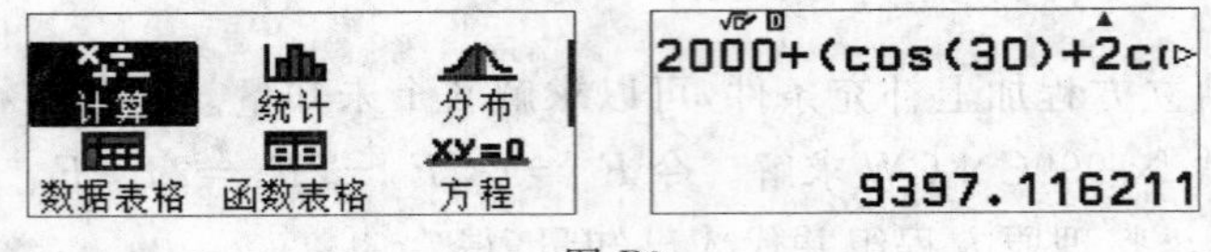

图 B9

由此得到

$$F_1 = 3\ 000\ \mathrm{N}, \qquad F_2 = 2F_1 = 6\ 000\ \mathrm{N}$$

$$F_{Ax} = -10\ 044\ \mathrm{N}, \quad F_{Bx} = 3\ 348\ \mathrm{N}$$

$$F_{Az} = 9\ 397\ \mathrm{N}, \qquad F_{Bz} = -1\ 799\ \mathrm{N}$$

其中,负号表示力的实际方向与图 B7c) 中假设的方向相反。

参考文献

[1] 同济大学理论力学教研室. 理论力学[M]. 2版. 上海:同济大学出版社,1995.

[2] 哈尔滨工业大学理论力学教研组,王铎,赵经文. 理论力学[M]. 北京:高等教育出版社,1997.

[3] 吴镇. 理论力学[M]. 上海:上海交通大学出版社,1997.

[4] [德]K. 马格努斯,H. H. 缪勒. 工程力学基础[M]. 张维,等,译. 北京:北京理工大学出版社,1997.

[5] 贾书惠,李万琼. 理论力学[M]. 北京:高等教育出版社,2002.

[6] 刘延柱,杨海兴,朱本华. 理论力学[M]. 2版. 北京:高等教育出版社,2001.

[7] 范钦珊. 工程力学教程[M]. 北京:高等教育出版社,1998.

[8] 清华大学理论力学教研组. 理论力学[M]. 官飞,李苹,罗远祥,修订. 4版. 北京:高等教育出版社,1995.

[9] 朱照宣,周起钊,殷金生. 理论力学[M]. 北京:北京大学出版社,1982.

[10] 谢传锋. 动力学(Ⅰ)(Ⅱ)[M]. 北京:高等教育出版社,1999.

[11] 武清玺,冯奇. 理论力学[M]. 北京:高等教育出版社,2003.

[12] [美]L. 米罗维奇. 振动分析基础[M]. 上海交通大学理论力学教研室,译. 上海:上海交通大学出版社,1982.

[13] 金艳,齐威. 理论力学[M]. 上海:上海交通大学出版社,2018.

[14] 周又和. 理论力学[M]. 北京:高等教育出版社,2015.